CAX工程应用丛书

ADAMS 2020 虚拟样机技术从入门到精通

陈峰华　编著

清华大学出版社
北　京

内 容 简 介

本书注重基础、突出实例讲解，分为基础与实例两部分，共17章。其中，基础部分包括软件及动力学理论简介、动力学模型建立基础、ADAMS运动学分析、ADAMS静力学分析及线性化分析、求解器算法以及ADAMS应用基础、载荷施加、后处理分析等内容；实例部分包括多刚体分析、刚-柔耦合分析、多柔体分析、耐久性分析、振动分析、参数化分析和车辆分析等内容。本书下载文件中配有书中实例的几何模型以及实例的分析模型，方便读者查阅。

本书结合作者多年科研实践和本科生与研究生的相关教学经验编撰而成，可作为理工科院校相关专业的高年级本科生、研究生及教师学习ADAMS软件的教材或参考书，也可作为从事汽车交通、铁道、石油化工、航空航天、机械制造、国防工业、造船等科学研究的工程技术人员使用ADAMS软件的参考书。

图书在版编目（CIP）数据

ADAMS2020 虚拟样机技术从入门到精通/陈峰华编著.—北京：清华大学出版社，2021.7（2024.3重印）
（CAX 工程应用丛书）
ISBN 978-7-302-58436-0

I. ①A… II. ①陈… III. ①机械工程－计算机仿真－应用软件－高等学校－教材 IV. ①TH-39

中国版本图书馆 CIP 数据核字（2021）第 117221 号

责任编辑：王金柱
封面设计：王　翔
责任校对：闫秀华
责任印制：丛怀宇

出版发行：清华大学出版社
网　　址：https://www.tup.com.cn，https://www.wqxuetang.com
地　　址：北京清华大学学研大厦A座　　**邮　　编**：100084
社 总 机：010-83470000　　**邮　　购**：010-62786544
投稿与读者服务：010-62776969，c-service@tup.tsinghua.edu.cn
质量反馈：010-62772015，zhiliang@tup.tsinghua.edu.cn
印 装 者：天津鑫丰华印务有限公司
经　　销：全国新华书店
开　　本：203mm×260mm　　**印　　张**：27.25　　**字　　数**：762 千字
版　　次：2021 年 8 月第 1 版　　**印　　次**：2024 年 3 月第 3 次印刷
定　　价：109.00 元

产品编号：093200-01

本书介绍的软件ADAMS是专门用于机械产品虚拟样机开发的工具，通过虚拟试验和测试，在产品开发阶段就可以帮助设计者发现设计缺陷，并提出改进的方法。

ADAMS研究复杂系统的运动学关系和动力学关系，以计算多体系统动力学为理论基础，结合高速计算机来对产品进行仿真计算，得到各种试验数据，帮助设计者发现问题并解决问题。本书主要介绍ADAMS的使用方法，由于涉及较多的理论知识，尤其是力学方面的知识，因此请读者参考多体系统动力学和结构动力学方面的书籍。

本书内容介绍

本书以ADAMS 2020 版本为基础，涉及的内容包括刚性体建模、柔性体建模、参数化设计、优化计算、振动分析、控制系统等，详细介绍了ADAMS/View、ADAMS/PostProcsser、ADAMS/Autoflex、ADAMS/Vibration、ADAMS/Controls、ADAMS/Car等模块的使用方法，所介绍的不仅是入门内容，更多的是高级应用的内容。

全书共分为 17 章，各章安排如下：

第 1 章　简要介绍ADAMS 2020 的新功能、ADAMS软件的基本算法，包括ADAMS建模中的一些基本概念、运动学分析算法、动力学分析算法、静力学分析及线性化分析算法以及ADAMS软件积分器等内容。

第 2 章　首先介绍ADAMS 2020 的工作界面、零件库、约束库和设计流程，然后讲解ADAMS中工作界面的设置以及物体、约束副和施加载荷的创建，最后分析讲解后处理中的动画显示和输出测量曲线等。

第 3 章　介绍载荷的施加方式以及各种载荷的作用，并通过实例具体讲解各种载荷的施加方式。

第 4 章　讲解后处理的使用方法，通过后处理计算标记点（Marker）的位移、速度和加速度，计算运动副关联的两个构件之间的相对位移、速度和加速度等。

第 5 章　通过一个卡车模型和 3 个具体实例帮助读者熟悉刚体建模、定义材料属性、施加驱动和约束及仿真分析、后处理等操作步骤，以达到掌握运用ADAMS进行刚体建模的目的。

第 6 章　介绍刚-柔耦合建模的知识，通过 3 个具体的实例讲解刚-柔耦合仿真模型的建立及求解和后处理等内容。

第 7 章　首先介绍多柔体仿真的工程背景，然后讲解多柔体系统动力学中的几个突出问题，最后通过两个实例具体讲解多柔体系统动力学仿真的使用方法。

第 8 章　首先介绍机电联合仿真的基础知识，然后对控制工具栏进行详细讲解，最后通过实例讲解机电一体化联合仿真的实践与应用。通过本章的学习，读者可以掌握利用控制器进行仿真控制设置以及实现机电一体联合仿真的方法。

第 9 章　首先介绍三维建模软件与ADAMS之间的交换接口，然后讲解Pro/E和SOLID模型导入ADAMS的步骤，最后给出UG与ADAMS之间双向模型交换的一个典型实例，讲解两者之间模型转换的方法。

第 10 章　首先对参数化建模做简单介绍，然后通过双摆臂独立前悬架机构实例对参数化建模做详尽的阐述和分析，最后利用前悬架机构优化设计分析实例对机构优化设计进行深入分析。通过本章的学习，读者可以掌握参数化建模和分析的步骤，以及通过参数化建模来分析不同变量对系统的影响。

第 11 章　首先介绍振动分析模块，然后通过实例讲解刚性体模型建立振动模型、振动参数的输入和输出以及模型的测试、验证、精化及优化等，最后通过实例讲解柔性体模型建立振动模型的过程。通过本章的学习，读者可以掌握振动模型的输入和输出，振动仿真模型测试、验证、精化及优化，以及结果后处理方法等相关知识。

第 12 章　以 3 个耐久性例子为基础介绍耐久性模块的使用，通过实例的学习和分析，使读者对耐久性模块能够有深入的了解和认识，学会通过耐久性模块查看模型的应力和应变信息，并生成报告文件。

第 13 章　首先介绍ADAMS二次开发用户界面的定制，然后讲解宏命令的使用方法，最后讲解循环命令和条件命令的使用。

第 14 章　首先介绍ADAMS的主要文件，然后讲解求解器（Solver）模型语言分类并对每个模型语言与语法附带一个例子，最后介绍求解器（Solver）命令及仿真控制文件。通过本章的学习，读者可以深刻理解ADAMS中几何、约束、力元等的实质，脱离ADAMS/View环境，直接利用ADAMS/Solver进行一些高级应用。

第 15 章　首先介绍用户子程序种类和使用的基础知识，然后通过例子讲解GFOSUB用户子程序及常用的子程序，最后对功能子程序进行概述，重点讲解SYSARY和SYSFNC功能子程序。通过本章的学习，读者将具备基本的开发用户子程序的能力。

第 16 章　通过简要讲解ADAMS中专业车辆模块ADAMS/Car，再通过创建悬吊系统、整车装配等来展示如何应用这个专业模块进行设计和仿真设计，使读者掌握用车辆模块创建整车模型以及进行仿真设计的方法。

第 17 章　首先介绍ADAMS函数的基础知识，然后通过例子讲解驱动约束、定义和调用系统状态变量、测量及请求的定义和调用等。通过本章的学习，读者将对函数有进一步的认识和了解，增进对函数的掌握和理解。

本书最后的附录给出ADAMS中常用的使用技巧，帮助读者在学习过程中更快地掌握软件的使用技巧，提高工作效率。

配书资源——素材文件与教学视频

为方便读者使用本书，本书还提供了实例素材文件，读者可以直接在软件环境下调用，方便上机演练。另外，编者还为本书录制了软件基础操作及部分实例的教学视频，读者可以扫描下述二维码下载：

如果下载有问题，请电子邮件联系booksaga@126.com，邮件主题为“ADAMS2020 虚拟样机技术从入门到精通”。

技术支持

为了方便解决本书疑难问题，读者朋友在学习过程中遇到与本书有关的技术问题，可以发邮件到邮箱comshu@126.com，编者会尽快给予解答。读者也可以访问微信公众号“算法仿真在线”在相关栏目下留言获取帮助。

虽然在本书的编写过程中编者力求叙述准确、完善，但是由于水平有限，书中欠妥之处在所难免，希望读者和同仁能够及时指出，共同促进本书质量的提高。

编　者

2020 年 9 月

目 录
Contents

第1章 ADAMS 2020简介

本章主要介绍ADAMS软件的基本算法，包括ADAMS建模中的一些基本概念、运动学分析算法、动力学分析算法、静力学及线性化分析算法以及对ADAMS求解器的介绍。通过本章的学习，我们可以对ADAMS软件的基本算法有较深入的了解，为今后合理选择求解器进行仿真分析提供理论基础，为更好地使用ADAMS打下良好的理论基础。

知识要点

- 掌握 ADAMS 软件的基本概念、运动学分析算法、动力学分析算法。
- 掌握 ADAMS 静力学及线性化分析算法。
- 掌握ADAMS求解器。

1.1 ADAMS 2020 新功能

ADAMS是由美国Mechanical Dynamics Inc公司研制的集建模、求解、可视化技术于一体的虚拟样机软件，是目前世界上使用范围最广、最负盛名的机械系统仿真分析软件。

使用这套软件可以产生复杂机械系统的虚拟样机，真实地仿真其运动过程，并且可以迅速地分析和比较多种参数方案，直至获得优化的工作性能，从而大大减少了昂贵的物理样机制造及试验次数，提高了产品设计质量，大幅度地缩短产品研制周期和费用。该软件从 20 世纪 90 年代开始在我国的机械制造、汽车交通、航空航天、铁道、兵器、石油化工等领域得到应用，为各领域中的产品设计、科学研究做出了贡献。

ADAMS包含的模块有ADAMS/View、ADAMS/PostProcsser、ADAMS/Autoflex、ADAMS/Vibration、ADAMS/Control、ADAMS/Car等。

2012 版ADAMS 引入了新的ADAMS/ViewFlex模块，使用户在无须脱离ADAMS环境或者依赖于外部有限元建模（FEM）或有限元分析（FEA）软件的情况下即可创建柔性体。该功能技术支持来自嵌入式MSC Nastran，整体在ADAMS后台运行实现，从而提高了设计效率，使高保真建模变得更容易。

MSC ADAMS 2017 可以帮助工程师快速创建和测试机械系统的模型，并拥有操作简单，分析速度快的特点。

MSC ADAMS 2020 官方版是一款由MSC公司推出的专业多体动力学和运动分析软件，这是最新版本，仅适用于 64 位操作系统。MSC ADAMS 2020 新版本的ADAMS带来了全新的性能，包括模拟齿轮噪音、高效的建模命令语言等功能，同时还改进了有限元部件性能。

ADAMS 2020 有以下特色：

（1）软件界面友好，操作简单，易学易用。

（2）三维实体、弹性体碰撞和冲击分析，摩擦、间隙分析。

（3）极好的解算稳定性，最早支持SMP并行计算。

（4）支持系统参数化实验设计、优化分析。

（5）独特的振动分析能力，能在频域中分析机构任意运动状态下的系统振动性能。

（6）提供多学科软件接口，包括与CAD、FEA、CSD（控制仿真软件）之间的接口。

（7）提供凝聚了丰富行业应用经验、实际工程问题的专业化产品。

ADAMS 2020 可辅助工程师研究运动部件的动力学特性以及在整个机械系统内部荷载和作用力的分布情况。用过ADAMS尽早进行系统级设计验证可以提升工程效率、降低产品开发成本。工程师可评估并管理包括运动、结构、驱动和控制在内的各学科之间复杂的相互作用，以便更好地优化产品设计的性能、安全性和舒适度。凭借广泛的分析能力，ADAMS可充分利用高性能计算环境对大型问题进行优化。

1.2 ADAMS多体系统动力学的建模、分析和计算方法

ADAMS采用世界上广泛流行的多刚体系统动力学理论中的拉格朗日方程方法建立系统的动力学方程。它选取系统内每个刚体质心在惯性参考系的3个直角坐标和确定刚体方位的3个欧拉角作为笛卡儿广义坐标，用带乘子的拉格朗日方程处理具有多余坐标的完整约束系统或非完整约束系统，导出以笛卡儿广义坐标为变量的运动学方程。

ADAMS的计算程序应用了吉尔（Gear）的刚性积分算法以及稀疏矩阵技术，大大提高了计算效率。

1.2.1 广义坐标的选择

动力学方程的求解速度在很大程度上取决于广义坐标的选择。研究刚体在惯性空间中的一般运动时，用它的连体基的原点（一般与质心重合）确定位置，用连体基相对惯性基的方向余弦矩阵确定方位。

为了解析和描述方位，必须规定一组转动广义坐标表示方向余弦矩阵。

- 第一种方法是用方向余弦矩阵本身的元素作为转动广义坐标，但是变量太多，同时还要附加6个约束方程。
- 第二种方法是用欧拉角或卡尔登角作为转动坐标，它的算法规范，缺点是在逆问题中存在奇点，在奇点位置附近数值计算容易出现困难。
- 第三种方法是用欧拉参数作为转动广义坐标，它的变量不太多，由方向余弦计算欧拉角时不存在奇点。

ADAMS软件用刚体的质心笛卡儿坐标和反映刚体方位的欧拉角作为广义坐标，由于采用了不独立的广义坐标，因此系统动力学方程虽然是最大数量，但却是高度稀疏耦合的微分代数方程，适用于稀疏矩阵的高效求解。

1.2.2 多体系统动力学研究状况

多体系统动力学的核心问题是建模和求解，其系统研究开始于20世纪60年代。从20世纪60年代到80年代，多体系统动力学侧重于多刚体系统的研究，主要是研究多刚体系统的自动建模和数值求解。

到了20世纪80年代中期，多刚体系统动力学的研究已经取得一系列成果，尤其是建模理论趋于成熟，

不过更稳定、更有效的数值求解方法仍然是研究的热点。

20 世纪 80 年代之后，多体系统动力学的研究更偏重于多柔体系统动力学。这个领域也正式被称为计算多体系统动力学，至今仍然是力学研究中最有活力的分支之一，但已经远远超过一般力学的含义。

1. 多体系统动力学研究的发展

机械系统动力学分析与仿真是随着计算机技术的发展而不断成熟的，多体系统动力学是其理论基础。计算机技术自诞生以来，几乎渗透到科学计算和工程应用的每一个领域。

数值分析技术与传统力学的结合曾在结构力学领域取得了辉煌的成就，出现了以ANSYS、NASTRAN等为代表的应用极为广泛的结构有限元分析软件。

计算机技术在机构的静力学分析、运动学分析、动力学分析以及控制系统分析上的应用在 20 世纪 80 年代形成了计算多体系统动力学，并产生了以ADAMS和DADS为代表的动力学分析软件。两者共同构成计算机辅助工程（CAE）技术的重要内容。

多体系统是指由多个物体通过运动副连接的复杂机械系统。多体系统动力学的根本目的是应用计算机技术进行复杂机械系统的动力学分析与仿真。它是在经典力学基础上产生的新学科分支，在经典刚体系统动力学的基础上经历了多刚体系统动力学和计算多体系统动力学两个发展阶段，目前已趋于成熟。

多刚体系统动力学是基于经典力学理论的，多体系统中最简单的情况（自由质点）和一般简单的情况（少数多个刚体）是经典力学的研究内容。

多刚体系统动力学就是为多个刚体组成的复杂系统的运动学和动力学分析建立适宜计算机程序求解的数学模型，并寻求高效、稳定的数值求解方法。经典力学逐步发展成多刚体系统动力学，在发展过程中形成了各具特色的多个流派。

早在 1687 年，牛顿就建立起牛顿方程，解决了质点的运动学和动力学问题。刚体的概念最早由欧拉于 1775 年提出，他采用反作用力的概念隔离刚体，以描述铰链等约束，并建立了经典力学中的牛顿-欧拉方程。

1743 年，达朗贝尔研究了约束刚体系统，区分了作用力和反作用力，达朗贝尔将约束反力称为“丢失力”，并形成了虚功原理的初步概念。

1788 年，拉格朗日发表了《分析力学》，系统地研究了约束机械系统。他系统地考虑了约束，提出了广义坐标的概念，利用变分原理考虑系统的动能和势能，得出第二类拉格朗日方程——最少数量坐标的二阶常微分方程（ODE），并利用约束方程与牛顿定律得出带拉格朗日乘子的第一类拉格朗日方程——最大数量坐标的微分代数方程（DAE）。

虚功形式的动力学普遍方程尚不能解决具有非完整约束的机械系统问题，1908 年，若丹给出了若丹原理——虚功率形式的动力学普遍方程，利用若丹原理可方便地讨论碰撞问题和非完整系统的动力学问题。

对于由多个刚体组成的复杂系统，理论上采用经典力学的方法，即以牛顿-欧拉方法为代表的矢量力学方法和以拉格朗日方程为代表的分析力学方法。

这种方法对于单刚体或者少数几个刚体组成的系统是可行的，但随着刚体数目的增加，方程复杂度成倍增长，寻求其解析解往往是不可能的。后来计算机数值计算方法的出现使得面向具体问题的程序数值方法成为求解复杂问题的一条可行道路，即针对具体的多刚体问题列出其数学方程，再编制数值计算程序进行求解。

对于每一个具体的问题都要编制相应的程序进行求解，虽然可得到合理的结果，但是这个过程长期重复是让人不可忍受的，于是寻求一种适合计算机操作的程序化的建模和求解方法就变得非常迫切了。在这个时候，也就是 20 世纪 60 年代初期，航天领域和机械领域分别展开了对于多刚体系统动力学的研究，并且形成了不同派别的研究方法。

最具代表性的几种方法是罗伯森-维滕堡（Roberson-Wittenburg）方法、凯恩（Kane）方法、旋量方法和变分方法。

（1）罗伯森与维滕堡于 1966 年提出一种分析多刚体系统的普遍性方法，简称为R/W方法。这种方法的主要特点是利用图论的概念及数学工具描述多刚体系统的结构，以邻接刚体之间的相对位移作为广义坐标，导出适合于任意多刚体系统的普遍形式动力学方程，并利用增广体概念对方程的系数矩阵做出物理解释。

R/W方法以十分优美的风格处理了树结构多刚体系统；对于非树系统，通过铰切割或刚体分割方法将非树系统转变成树系统进行处理。

（2）凯恩方法是在 1965 年左右形成的分析复杂系统的一种方法，利用广义速率代替广义坐标描述系统的运动，直接利用达朗伯原理建立动力学方程，并将矢量形式的力与达朗伯惯性力直接向特定的基矢量方向投影以消除理想约束力，兼有矢量力学和分析力学的特点，既适用于完整系统，也适用于非完整系统。

（3）旋量方法是一种特殊的矢量力学方法（或牛顿-欧拉方法，简称为N/E方法）。其特点是将矢量与矢量矩合为一体，采用旋量的概念，利用对偶数作为数学工具，使N/E方程具有极其简明的表达形式，在开链和闭链空间机构的运动学和动力学分析中得到广泛运用。

（4）变分方法是不同于矢量力学或分析力学的另一类分析方法。高斯最小拘束原理是变分方法的基本原理。保保夫和里洛夫从这一原理出发，发展了两种不同风格的计算方法。该方法有利于结合控制系统的优化进行综合分析，而且其不受铰的约束数目的影响，适用于带多个闭环的复杂系统。

这几种方法构成了早期多刚体系统动力学的主要内容，借助计算机数值分析技术，解决由多个物体组成的复杂机械系统动力学分析问题，但是多体系统动力学在建模与求解方面的自动化程度相对于结构有限元分析的成熟来说相差甚远。

正是为了解决多体系统动力学建模与求解的自动化问题，美国Chace和Haug于 20 世纪 80 年代提出了适合计算机自动建模与求解的多刚体系统笛卡儿建模方法。这种方法不同于以罗伯森-维滕堡方法为代表的拉格朗日方法，以系统中的每个物体为单元，建立固结在刚体上的坐标系。刚体的位置相对于一个公共参考基进行定义，其位置坐标统一为刚体坐标系基点的笛卡儿坐标与坐标系的方位坐标，再根据铰约束和动力学原理建立系统的数学模型进行求解。

20 世纪 80 年代，Haug等人确立了“计算多体系统动力学”这门新的学科，使多体系统动力学的研究重点由多刚体系统走向侧重多柔体系统，柔性多体系统动力学也成为计算多体系统动力学的重要内容。

柔性多体系统动力学在 20 世纪 70 年代逐渐引起人们的注意。一些系统（如高速车辆、机器人、航天器、高速机构、精密机械等）中柔性体的变形对系统的动力学行为产生了很大影响。

二十多年来，柔性多体系统动力学一直是研究热点，这期间产生了许多新的概念和方法，有浮动标记法、运动-弹性动力学方法、有限段方法以及绝对节点坐标法等，其中浮动标记法最早是在航天领域研究中提出来的。

计算多体系统动力学是指用计算机数值手段来研究复杂机械系统的静力学分析、运动学分析、动力学分析以及控制系统分析的理论和方法。相比于多刚体系统，对于柔性体和多体与控制混合问题的考虑是其重要特征。其具体任务为：

- 建立复杂机械系统运动学和动力学程序化的数学模型。要开发实现这个数学模型的软件系统，用户只需输入描述系统的基本数据，借助计算机就能自动进行程序化处理。
- 开发和实现有效的处理数学模型的计算方法与数值积分方法，自动得到运动学规律和动力学响应。
- 实现有效的数据后处理，采用动画显示、图表或其他方式提供数据处理结果。

计算多体系统动力学的产生极大地改变了传统机构动力学分析的面貌，使工程师从传统的手工计算中解放了出来，只需根据实际情况建立合适的模型，就可由计算机自动求解，并可提供丰富的结果分析和利用手段，对于原来不可能求解或求解极为困难的大型复杂问题，也可利用计算机的强大计算功能顺利求解。而且现在的动力学分析软件提供了与其他工程辅助设计或分析软件的强大接口功能，与其他工程辅助设计和分析软件一起提供了完整的计算机辅助工程（CAE）技术。

2. 多体系统动力学研究活动

自 20 世纪 60 年代以来，国内外在多体系统动力学方面多次召开了深具意义的会议。国际范围内的会议有 1977 年由国际理论和应用力学学会（International Union of Theoretical and Applied Mechanics，IUTAM）发起的在德国慕尼黑由Magnus主持召开的第一次多刚体系统动力学讨论会。自此，国际多体系统动力学研究活动如雨后春笋般涌现。

国内有影响的教材和专著主要有：

- 刘延柱，洪嘉振，杨海兴. 多刚体系统动力学[M]. 北京：高等教育出版社，1989
- 黄文虎，邵成勋. 多柔体系统动力学[M]. 北京：科学出版社，1996
- 陆佑方. 柔性多体系统动力学[M]. 北京：高等教育出版社，1996
- 洪嘉振. 计算多体系统动力学[M]. 北京：高等教育出版社，1999

以上教材仅提供参考，关于多体力学的图书很多，读者可自行查阅学习。

3. 多体系统动力学研究现状

计算多体系统动力学中所研究的多体系统根据系统中物体的力学特性可分为多刚体系统、柔性多体系统和刚柔混合多体系统。

多刚体系统是指忽略系统中物体的弹性变形而将其当作刚体来处理的系统，这类系统常处于低速运动状态。柔性多体系统是指系统在运动过程中会出现物体的大范围运动与物体的弹性变形的耦合，从而必须把物体当作柔性体处理的系统，大型、轻质而高速运动的机械系统常属于此类。如果柔性多体系统中有部分物体当作刚体来处理，那么该系统就是刚柔混合多体系统，这是多体系统中最一般的模型。

1.2.3 多体系统建模理论

对于多刚体系统，从 20 世纪 60 年代到 80 年代，在航天和机械两个领域形成了两类不同的数学建模方法，分别称为拉格朗日方法和笛卡儿方法；20 世纪 90 年代，在笛卡儿方法的基础上又形成了完全笛卡儿方法。这几种建模方法的主要区别在于对刚体位形描述的不同。

航天领域形成的拉格朗日方法是一种相对坐标方法，以Roberson-Wittenburg方法为代表，它以系统每个铰的一对邻接刚体为单元，以一个刚体为参考物，另一个刚体相对该刚体的位置由铰的广义坐标（又称拉格朗日坐标）来描述，广义坐标通常为邻接刚体之间的相对转角或位移。

这样开环系统的位置完全可由所有铰的拉格朗日坐标阵 q 所确定。其动力学方程的形式为拉格朗日坐标阵的二阶微分方程组，即

$$A(q,t)\ddot{q} = B(q,\dot{q},t) \tag{1-1}$$

这种形式首先在解决拓扑为树的航天器问题时推出。其优点是方程个数最少，树系统的坐标数等于系统自由度，而且动力学方程易转化为常微分方程组（Ordinary Differential Equations，ODES）。但方程呈严重非线性，为使方程具有程序化与通用性，在矩阵 A 与 B 中常常包含描述系统拓扑的信息，其形式相当复杂，而且在选择广义坐标时需人为干预，不利于计算机自动建模。不过目前对于多体系统动力学的研究比较深入，采用拉格朗日方法的几种应用软件也取得了较好的效果。

对于非树系统，拉格朗日方法要采用切割铰的方法以消除闭环，这引入了额外的约束，使得产生的动力学方程为微分代数方程，不能直接采用常微分方程算法去求解，需要专门的求解技术。

机械领域形成的笛卡儿方法是一种绝对坐标方法，即Chace和Haug提出的方法，以系统中每一个物体为单元，建立固结在刚体上的坐标系，刚体的位置相对于一个公共参考基进行定义，其位置坐标（也可称为广义坐标）统一为刚体坐标系基点的笛卡儿坐标与坐标系的方位坐标，方位坐标选用欧拉角或欧拉参数。

单个物体位置坐标在二维系统中为 3 个、三维系统中为 6 个（如果采用欧拉参数为 7 个）。对于由N个刚体组成的系统，位置坐标阵q中的坐标个数为 $3N$（二维）或 $6N$（或 $7N$）（三维）。由于铰约束的存在，因此这些位置坐标不独立。系统动力学模型的一般形式可表示为

$$\left.\begin{aligned} &A\ddot{q} + \Phi_q^T \lambda = B \\ &\Phi(q,t) = 0 \end{aligned}\right\} \tag{1-2}$$

式中，Φ为位置坐标阵q的约束方程，Φ_q为约束方程的雅可比矩阵，λ为拉格朗日乘子。这类数学模型就是微分-代数方程组（Differential Algebraic Equations，DAES），也称为欧拉-拉格朗日方程组（Euler-Lagrange Equations），其方程个数较多，但系数矩阵呈稀疏状，适合计算机自动建立统一的模型进行处理。笛卡儿方法对于多刚体系统的处理不区分开环与闭环（树系统与非树系统），统一处理。目前国际上最著名的两个动力学分析商业软件ADAMS和DADS都采用这种建模方法。

完全笛卡儿坐标方法由Garcia和Bayo于 1994 年提出，是另一种形式的绝对坐标方法。这种方法的特点是避免使用一般笛卡儿方法中的欧拉角或欧拉参数，而是利用与刚体固结的若干参考点和参考矢量的笛卡儿坐标描述刚体的空间位置与姿态。

参考点选择在铰的中心，参考矢量沿铰的转轴或滑移轴，通常可由多个刚体共享而使未知变量减少。完全笛卡儿坐标所形成的动力学方程与一般笛卡儿方法本质相同，只是其雅可比矩阵为坐标线性函数，便于计算。

至于柔性多体系统，从计算多体系统动力学角度看，柔性多体系统动力学的数学模型首先应该和多刚体系统与结构动力学有一定的兼容性。当系统中的柔性体变形不计时就退化为多刚体系统，当部件间的大范围运动不存在时就退化为结构动力学问题。

柔性多体系统不存在连体基，通常选定一个浮动坐标系描述物体的大范围运动，物体的弹性变形将相对该坐标系定义。弹性体相对于浮动坐标系的离散将采用有限单元法与现代模态综合分析方法。

在用集中质量有限单元法或一致质量有限单元法处理弹性体时用节点坐标来描述弹性变形。

在用正则模态或动态子结构等模态分析方法处理弹性体时用模态坐标描述弹性变形。这就是莱肯斯首先提出的描述柔性多体系统的混合坐标方法，即用坐标阵 $p=(q^T a^T)^T$ 描述系统的位形，其中q为浮动坐标系的位形坐标、a为变形坐标。考虑到多刚体系统的两种流派，在柔性多体系统动力学中也相应提出了两种混合坐标，即浮动坐标系的拉格朗日坐标加弹性坐标与浮动坐标系的笛卡儿坐标加弹性坐标。

根据动力学基本原理推导的柔性多体系统动力学方程形式同式（1-1）和式（1-2），只是将q用p代替，即柔性多体系统具有与多刚体系统类似的动力学数学模型。

1.2.4 多体系统动力学数值求解

多刚体系统拉格朗日方法产生的形如式（1-1）的动力学数学模型是形式复杂的二阶常微分方程组（ODES），系数矩阵包含描述系统拓扑的信息。对于该类问题的求解，通常采用符号-数值相结合的方法或者全数值的方法。

符号-数值方法是先采用基于计算代数的符号计算方法进行符号推导，得到多刚体系统拉格朗日模型系数矩阵简化的数学模型，再用数值方法求解ODE问题。鉴于计算机技术的发展，目前全数值方法也较为流行，就是将多刚体系统拉格朗日数学模型当作一般ODE问题进行求解，这方面的技术已经较为成熟。

多刚体系统笛卡儿方法产生的形如式（1-2）的动力学数学模型是著名的微分-代数方程组（DAES）。DAE问题是计算多体系统动力学领域的热点问题。

柔性多体系统的动力学数学模型形式与多刚体系统相同，借鉴多刚体系统数学模型的求解方法。只是混合坐标中描述浮动坐标系运动的刚体坐标q通常是慢变大幅值的变量，而描述相对于浮动坐标系弹性变形的坐标a却为快变微幅的变量，两类变量出现在严重非线性与时变的耦合动力学方程中，其数值计算呈病态，将出现多刚体系统中见不到的数值计算困难。

综上所述，多体系统动力学问题的求解集中于微分-代数方程组的求解。下面将简要地介绍一下DAE问题的求解方法。

1. 微分-代数方程组的特性

多刚体系统采用笛卡儿方法建模生成的微分-代数方程组为：

$$M(q,t)\ddot{q} + \Phi_q^T(q,t)\lambda - Q(q,\dot{q},t) = 0 \tag{1-3}$$

$$\Phi(q,t) = 0 \tag{1-4}$$

其中，q、$\dot{q}$、$\ddot{q} \in R^n$ 分别是系统位置、速度、加速度向量，$\lambda \in R^m$ 是拉格朗日乘子，$t \in R$ 是时间，$M \in R^{n\times n}$ 为机械系统惯性矩阵，$\Phi_q \in R^{m\times n}$ 为约束雅可比矩阵，$Q \in R^n$ 为外力向量，$\Phi_q \in R^m$ 为位置约束方程。

将式（1-4）对时间求一阶和二阶导数，得到速度和加速度约束方程：

$$\dot{\Phi}(q,\dot{q},t) = \Phi_q(q,t)\dot{q} - \upsilon(q,t) = 0 \tag{1-5}$$

$$\ddot{\Phi}(q,\dot{q},\ddot{q},t) = \Phi_q(q,t)\ddot{q} - \eta(q,\dot{q},t) = 0 \tag{1-6}$$

其中，$\upsilon = -\Phi_t(q,t)$ 称为速度右项，$\eta = -(\Phi_q\dot{q})_q\dot{q} - 2\Phi_{qt}\dot{q} - \Phi_{tt}$ 称为加速度右项。

给定方程组初始条件：

$$\left.\begin{aligned} q(0) &= q_0 \\ \dot{q}(0) &= \dot{q}_0 \end{aligned}\right\} \tag{1-7}$$

微分-代数方程组的特性和需要注意的问题有：微分-代数方程问题不是常微分方程（ODE）问题；由式（1-3）和（1-4）组成的微分-代数方程组是指标 3 问题，通过对约束方程求导，化为由式（1-3）~（1-6）组成的微分-代数方程组后，其指标降为 1；微分-代数方程数值求解的关键在于避免积分过程中代数方程的违约现象；初值式（1-7）与位置约束式（1-4）及速度约束式（1-5）的相容性；微分-代数方程组的刚性问题。

2. 微分-代数方程组积分技术

自 20 世纪 70 年代以来，国际上对微分-代数方程问题做了大量的研究，新的算法不断涌现。根据对位置坐标阵和拉格朗日乘子处理技术的不同，将微分-代数方程组问题的处理方法分为增广法和缩并法。

（1）增广法

传统的增广法是把广义坐标加速度$\ddot{q}$和拉格朗日乘子λ作为未知量同时求解，再对加速度$\ddot{q}$进行积分，求出广义坐标速度$\dot{q}$及广义坐标位置q，包括直接积分法和约束稳定法。近十年来，在传统增广法的基础上又发展形成了超定微分-代数方程组（ODAEs）方法等新的算法。

- 直接积分法：将式（1-3）和式（1-6）联立在一起，同时求出$\ddot{q}$与λ，然后对$\ddot{q}$积分得$\dot{q}$和q。该方法未考虑式（1-4）和式（1-5）的坐标和速度违约问题，积分过程中误差积累严重，极易发散。在实际的数值计算过程中，并不直接采用直接积分法，但在直接积分法的基础上发展了一系列控制违约现象的数值方法。
- 约束稳定法：将控制反馈理论引入微分-代数方程组的数值积分过程以控制违约现象。通过把式（1-6）右边量替换为含位置约束和速度约束的参数式，保证位置约束和速度约束在式（1-3）和式（1-6）联立求解时恒满足。该方法稳定性好，响应快，但如何选择参数式中速度项和位置项适当的系数是一个问题。
- 超定微分-代数方程组（ODAEs）法：将系统速度作为变量引入微分-代数方程组，从而将原来的二阶DAE化为超定的一阶DAE，再为所得方程组引入未知参数，根据模型的相容性消除系统的超定性，如此可使数值计算的稳定性明显改变；或者将系统位置、速度、加速度向量和拉格朗日乘子向量联立作为系统广义坐标，再将由式（1-3）、式（1-4）、式（1-5）和式（1-6）组成的微分-代数方程组及速度与位置、加速度与速度的微分关系式作为约束，化二阶DAE为超定的一阶DAE，再根据系统相容性引入两个未知参数，消除超定性，这样所得的最终约化模型更为简单，但方程组要多n个。在ODAE方法的基础上产生了一系列新的更为有效的算法。
- 解耦ODAE法：在ODAE方法的基础上，发展形成了一类解耦思想，就是在ODAEs的基础上对常用的隐式ODE方法采用预估式，再按加速度、速度和位置的顺序进行求解。后来进一步发展形成了无须对隐式ODE方法利用预估式的解耦思想，进一步提高了效率。

（2）缩并法

缩并法就是通过各种矩阵分解方法将描述系统的n个广义坐标用p个独立坐标表达，从而将微分-代数方程组从数值上化为与式（1-1）类似的数学模型，以便于用ODE方法进行求解。传统的缩并法包括LU分解法、QR分解法、SVD分解法以及可微零空间法等，后来在传统缩并法的基础上产生了局部参数化缩并方法等新的算法。缩并法中的这些具体方法分别对应着约束雅可比矩阵的不同分解。

- LU分解法：又称为广义坐标分块法。把广义位置坐标q用相关坐标u和独立坐标v分块表示，再将约束雅可比矩阵Φ_q用LU分解法分块，得到广义坐标速度$\dot{q}$、加速度$\ddot{q}$用独立坐标速度$\dot{v}$、加速度$\ddot{v}$表达的式子。将这两个表达式代入式（1-3），就可得到形如式（1-1）的关于独立坐标加速度$\ddot{v}$的二阶微分方程。该算法可靠、精确，并可控制误差，但效率稍低。
- QR分解法：通过对约束雅可比矩阵Φ_q正交分解的结果做微分流型分析，得到可选作受约束系统独立速度的$\dot{z}$，并将微分-代数方程组化作二阶微分方程，如此可保证在小时间间隔内由$\dot{z}$积分引起的广义坐标的变化不会导致大的约束违约。
- SVD分解法：把约束雅可比矩阵Φ_q做奇异值分解所得的结果分别用于式（1-3）和式（1-6），得到缩并后的系统动力学方程。在该方法推导过程中没有用到式（1-4）和式（1-5），所以也存在位置和速度违约问题，可用约束稳定法改善其数值性态。
- 可微零空间法：通过Gram-Schmidt正交化过程自动产生约束雅可比矩阵Φ_q的可微、唯一的零空间基来对系统方程降阶。具体做法是对由$\Phi_q \in R^{m\times n}$和任意矩阵$B \in R^{(n-m)\times n}$构造的矩阵$P \in R^{n\times n}$采用

Gram-Schmidt正交化过程，将 P 化为正交非奇异矩阵 V 。再引入新的速度矢量 $\dot{z} \in R^n$，使满足 $\dot{z} = V^T \dot{q}$，将新速度矢量 $\dot{z}$ 和加速度矢量 $\ddot{z}$ 按正交化结果分块，得到新的独立速度矢量 $\dot{z}_I$ 和加速度矢量 $\ddot{z}_I$。如此可将微分-代数方程组化为关于新的独立加速度矢量 $\ddot{z}_I$ 的动力学方程。

- 局部参数化缩并方法：先将式（1-3）~式（1-6）改写为等价的一阶形式，再用微分流形理论的切空间局部参数化方法将等价的欧拉-拉格朗日方程降为参数空间上的常微分方程。

总的说来，微分-代数方程组数值求解的方法都可归为增广法或缩并法。除了上面所介绍的这些增广法和缩并法所运用的增广和缩并技术外，近几年来还出现了不少独具特色的处理算法，或者是在数值求解算法中独具匠心，或者是针对某些具体情况做了专门研究。

3. 相容性问题和刚性问题

- 初值相容性问题：在微分-代数方程组的数值求解过程中，给定的位置和速度初始条件与微分-代数方程组中的位置和速度约束的相容性是值得注意的一个问题。相容性是微分-代数方程组有解的必要条件。
- 刚性问题：现代机械系统的复杂性会由于系统的耦合而使所得到的微分-代数方程组呈现刚性特性。对于刚性问题的求解，目前最常用的方法是隐式方法。隐式方法不但用于求解刚性问题，而且相比于显式方法具有更好的稳定性和计算精度。近几年来，无论是在LU分解法的基础上发展起来的新缩并法，还是基于ODAE方法的增广法或是基于多体系统正则方程的解法，应用的无不是隐式方法。

1.2.5 计算多刚体系统动力学自动建模

系统的力学模型是对实际问题的力学抽象。要进行动力学的求解，需要由系统的力学模型得到系统的数学模型，这其中的关键就在于组装系统运动方程中所有的系数矩阵。

计算多体系统动力学是基于约束的运动学和动力学，不仅指运动的速度方程和加速度方程是在约束方程的基础上建立，动力学的运动方程在约束方程的约束下形成微分-代数方程，也指在多体系统动力学分析过程中系统运动方程的各种导数不是实时采用求导算法进行计算，而是采用基于约束的计算方法。

所谓基于约束的计算方法，是指对于有限的约束类型，包括运动学约束和驱动约束，针对每一种约束计算出在系统运动方程中所需的各种导数的相应代数形式，然后在建立数学模型时组装成系统运动方程中各种导数的组合式。如此，在计算导数时只需代入广义坐标、时间及其他相关参数即可，避免了导数实时计算所花的大量费用。

1.2.6 多体系统动力学中的刚性问题

刚性（Stiff）问题存在于多刚体系统动力学的某些情形中，更普遍地存在于多柔体系统动力学中，是多体系统动力学的一个重要问题。刚性首先在常微分方程求解理论中提出，并形成了完整的定义和求解理论。常微分方程刚性理论是多体系统动力学中刚性问题的理论基础，这里先介绍常微分方程刚性问题，再讨论多体系统动力学刚性问题。

微分方程的刚性问题是微分方程的一个重要问题，微分-代数方程（DAE）中同样存在刚性问题。微分-代数方程早期的数值求解中并没有考虑到这个问题，采用的大多是显式方法，到了 20 世纪 80 年代才发现一些隐式方法不但具有更好的适应性，而且可用于求解刚性问题。

1. 刚性方程与刚性稳定性

为描述刚性方程的性质，先考虑线性系统：

$$\frac{dy}{dt}=Ay(t)+\phi(t)\text{，}\quad t\in[a,b] \tag{1-8}$$

其中，$y(t)=[y_1(t),\ldots,y_m(t)]^T\in R^m$为解向量函数，$\phi(t)=[\phi_1(t),\ldots,\phi_m(t)]^T\in R^m$为已知向量函数，$A\in R^{m\times m}$为常系数矩阵，设其特征值为$\lambda_j=\alpha_j+i\beta_j$，$j=1,\ldots,m$，相应的特征向量为$\xi_j$。

定义若在线性系统中，A的特征值$\lambda_j(j=1,\ldots,m)$应满足：

$$\begin{cases}\mathrm{Re}(\lambda_j)<0,\ j=1,\ldots,m\\ s=\max\limits_{1\leqslant j\leqslant m}|\mathrm{Re}(\lambda_j)|/\min\limits_{1\leqslant j\leqslant m}|\mathrm{Re}(\lambda_j)|>>1\end{cases},\ j=1,\ldots,m$$

则称式（1-8）为刚性方程，比值s为刚性比，通常刚性比s达到$O(10^p)(p\geqslant 1)$就认为是刚性的。

对于非线性系统：

$$\frac{dy}{dt}=f(t,y) \tag{1-9}$$

令$\bar{y}(t)$为式（1-9）满足初始条件$y(a)=y_0$的精确解，在解$\bar{y}(t)$的邻域内对方程做线性逼近：

$$\frac{dy}{dt}=J(t)[y-\bar{y}(t)]+f(t,\bar{y}(t)) \tag{1-10}$$

或

$$\frac{dy}{dt}=J(t)y+F(t) \tag{1-11}$$

其中，$J(t)$是在点$(t,\bar{y}(t))$处$f(t,y)$的雅可比（Jacobi）矩阵$\partial f(t,y)/\partial y$的值，若矩阵$J(t)$的特征值$\lambda_j=\lambda_j(t)(j=1,\ldots,m)$满足：

$$\begin{cases}\mathrm{Re}(\lambda_j)<0,\ j=1,\ldots,m\\ s(t)=\max\limits_{1\leqslant j\leqslant m}|\mathrm{Re}(\lambda_j)|/\min\limits_{1\leqslant j\leqslant m}|\mathrm{Re}(\lambda_j)|>>1\end{cases}$$

则称方程（1-9）为刚性方程，$s(t)$称为在t处的局部刚性比。

在刚性方程中，刚性比$s>>1$，矩阵A或$J(t)$是病态的，故刚性方程也称为病态方程或坏条件方程。

刚性方程数值积分过程中存在快变分量$\max|\mathrm{Re}(\lambda_j)|$和慢变分量$\min|\mathrm{Re}(\lambda_j)|$的差别，快变分量要求积分步长很小，而慢变分量则使得在该步长条件下计算步数很多，舍入误差较大，这就是刚性方程数值求解的困难所在。

考虑到实际问题中可能会出现单个方程情形，或者矩阵A的特征值有实部为零或实部为很小正数的情形，给出与实际问题更为接近的刚性方程的定义。

定义 若线性系统满足条件：

（1）矩阵A的所有特征值实部小于不大的正数。

（2）A至少有一个特征值的实部是很大的负数。

（3）对应于具有最大负实部的特征值的解分量变化是缓慢的。

对于刚性方程数值稳定性的讨论，一般是针对试验方程进行的。

$$\frac{dy}{dt}=\lambda y，\ y(0)=y_0 \tag{1-12}$$

定义 一个数值方法以定步长h解试验方程(1-12)，得到线性差分方程的解y_n，当$n\to\infty$时，若$y_n\to 0$，则称该方法对步长h是绝对稳定的。

定义 一个数值方法称为A稳定的，如果它的绝对稳定域包含整个左半平面$\mathrm{Re}(h\lambda)<0$。

对于A稳定，存在如下结论：

（1）任何显式线性多步法（包括显式RK方法）不可能是A稳定的。

（2）A稳定的隐式线性多步法的阶不超过 2。

（3）具有最小误差常数的 2 阶A稳定隐式线性多步法是梯形法。

A稳定的条件过于苛刻，满足条件的数值方法太少。为了突破这个限制，放宽稳定性条件，给出$A(\alpha)$稳定的定义。再从刚性问题特点出发，给出刚性稳定性定义。

定义 一个数值方法称为$A(\alpha)$稳定的，如果它的绝对稳定域包含无限的楔形区域$W_\alpha=\{h\lambda\,|-\alpha<\pi-\arg(h\lambda)<\alpha\}$，$\alpha\in(0,\pi/2)$。

定义 一个数值方法称为刚性稳定的，如果它是收敛的，并存在正常数D、α、θ使在区域$R_1=\{h\lambda|\mathrm{Re}（h\lambda）\leqslant -D\}$是绝对稳定的，而在区域R2=$\{h\lambda|-D<\mathrm{Re}（h\lambda）<\alpha, |\mathrm{Im}（h\lambda）|<\theta\}$上具有高精度且是绝对稳定或相对稳定的。

2. 刚性微分方程的数值方法

常微分方程组初值问题：

$$\left.\begin{aligned}&y'=f(t,y),t\in[a,b]\\&y(a)=y_0\end{aligned}\right\} \tag{1-13}$$

其中，$y=[y_1,\ldots,y_m]^T\in R^m$为解向量，$f=[f_1,\ldots,f_m]^T\in R^m$为已知向量函数，$y_0\in R^m$为已知初始向量。

对于常微分方程组初值问题，常用的方法有 3 种。

（1）线性多步法（LMM）

$$y_n=\sum_{i=1}^{k}\alpha_i y_{n-i}+h\sum_{i=0}^{k}\beta_i f(t_{n-i},y_{n-i}) \tag{1-14}$$

当$\beta_0=0$时为显式公式，当$\beta_0\neq 0$时为隐式公式。当$k=1$时称为单步法，当$k>1$时称为多步法。

（2）预估校正法（PECE）

$$\overline{y}_n=\sum_{i=1}^{k}\overline{\alpha}_i y_{n-i}+h\sum_{i=1}^{k}\overline{\beta}_i f(t_{n-i},y_{n-i}) \tag{1-15}$$

$$y_n=\sum_{i=1}^{k}\alpha_i y_{n-i}+\beta_0 hf(t_n,\overline{y}_n)+h\sum_{i=1}^{k}\beta_i f(t_{n-i},y_{n-i}) \tag{1-16}$$

式（1-15）为显式预估公式，式（1-16）为隐式校正公式。

（3）龙格-库塔法（RKM）

$$y_n = y_{n-1} + h\sum_{i=1}^{s} b_i k_i \tag{1-17}$$

$$k_i = f(t_{n-1} + c_i h, y_{n-1} + h\sum_{j=1}^{s} a_{ij} k_j), i = 1,\ldots,s \tag{1-18}$$

如果 $j \geqslant i$ 时 $a_{ij} = 0$，式（1-17）和（1-18）就是显式RK方法。如果 $j > i$ 时 $a_{ij} = 0$，而对角元素 a_{ii} 不全为 0，式（1-17）和（1-18）就称为半隐式RK方法；若此时 a_{ii} 均相等，则称为对角隐式RK方法，简称为DIRK方法。

在这些求解常微分方程初值问题数值方法的基础上产生了求解刚性常微分方程的几类方法，分别是以BDF方法为代表的线性多步法和隐式龙格-库塔方法。BDF方法是一类特殊的隐式线性多步法。一般的隐式龙格-库塔方法计算量较大，这里只给出一类特殊的隐式龙格-库塔方法：对角隐式RK方法。

（1）向后差分公式（BDF）

$$y_n = \sum_{i=1}^{k} \alpha_i y_{n-i} + h\beta_0 f(t_n, y_n) \tag{1-19}$$

BDF方法是隐式线性多步法，为k步k阶方法。当k=1,2 时，BDF方法是A稳定的，当k=3～6 时，BDF方法是 $A(\alpha)$ 稳定和刚性稳定的。实用的BDF方法只能取k=1～6。

（2）对角隐式龙格-库塔方法（DIRK）

$$y_n = y_{n-1} + h\sum_{i=1}^{s} b_i k_i \tag{1-20}$$

$$k_i = f(t_{n-1} + c_i h, y_{n-1} + h\sum_{j=1}^{i-1} a_{ij} k_j + h a_{ii} k_i), i = 1,\ldots,s \tag{1-21}$$

$$a_{11} = a_{22} = \ldots = a_{ss} \tag{1-22}$$

对角隐式龙格-库塔方法常用的有 2 级 3 阶和 3 级 4 阶两个公式，都是A稳定的。此外，还有A稳定的 4 级 4 阶公式，但给不出A稳定的更高阶DIRK公式。DIRK方法解高频振荡的问题比Gear方法（BDF方法）好，但对高精度问题比不上Gear方法好，且计算量比Gear方法大。

1.3 ADAMS 建模基础

ADAMS利用带拉格朗日乘子的第一类拉格朗日方程导出最大数量坐标的微分-代数方程（DAE）。它选取系统内每个刚体质心在惯性参考系中的 3 个直角坐标和确定刚体方位的 3 个欧拉角作为笛卡儿广义坐标，用带乘子的拉格朗日第一类方程处理具有多余坐标的完整约束系统或非完整约束系统，导出以笛卡儿广义坐标为变量的动力学方程。

1.3.1 参考标记

在计算系统中构件的速度和加速度时需要指定参考标记作为该构件速度和加速度的参考坐标系。在机械系统的运动分析过程中，有两种类型的参考标记——地面参考标记和构件参考标记。地面参考标记是一个惯性参考系，固定在一个绝对静止的空间中。

通过地面参考标记建立机械系统的绝对静止参考体系，属于地面标记上任何一点的速度和加速度均为零。

对于大多数问题，将地球近似为惯性参考标记，即使地球是绕着太阳旋转且有自转。每一个刚性体都有一个与之固定的参考标记，即构件参考标记。刚性体上的各点相对于该构件参考标记是静止的。

1.3.2 坐标系的选择

机械系统的坐标系广泛采用直角坐标系，常用的笛卡儿坐标系就是一个采用右手规则的直角坐标系。运动学和动力学的所有矢量均用沿 3 个单位坐标矢量的分量来表示。坐标系固定在一个参考标记上，也相对于参考框架而运动。合理地设置坐标系可简化机械系统的运动分析。在机械系统运动分析过程中，经常使用以下 3 种坐标系。

（1）大地坐标系（Ground Coordinate System）。大地坐标系又称为静坐标系，是固定在地面标记上的坐标系。在ADAMS中，所有构件的位置、方向和速度都用大地坐标系表示。

（2）局部构件参考坐标系（Local Part Reference Frame，LPRF）。这个坐标系固定在构件上并随构件运动。每个构件都有一个局部构件参考坐标系，通过局部构件参考坐标系在大地坐标系的位置和方向来确定一个构件的位置和方向。在ADAMS中，局部构件参考坐标系默认与大地坐标系重合。

（3）标记点坐标系（Marker System）。标记点坐标系是为了简化建模和分析在构件上设立的辅助坐标系。有两种类型的标记点坐标系，即固定标记和浮动标记。固定标记固定在构件上，并随构件运动。通过固定标记在局部构件参考坐标系中的位置和方向来确定固定标记坐标系的位置和方向。固定标记用来定义构件的形状、质心位置、作用力和反作用力的作用点、构件之间的连接位置等。浮动标记相对于构件运动，在机械系统的运动分析过程中有些力和约束需要使用浮动标记来定位。

动力学方程的求解速度在很大程度上取决于广义坐标的选择。研究刚体在惯性空间中的一般运动时，用它的质心标记坐标系确定位置，用质心标记坐标相对大地坐标系的方向余弦矩阵确定方位。为了解析地描述方位，必须规定一组转动广义坐标来表示方向余弦矩阵。第一种方法是用方向余弦矩阵本身的元素作为转动广义坐标，但是变量太多，同时还要附加 6 个约束方程；第二种方法是用欧拉角或卡尔登角作为转动坐标，它的算法规范，缺点是在逆问题中存在奇点，在奇点位置附近数值计算容易出现困难；第三种方法是用欧拉参数作为转动广义坐标，它的变量不太多，由方向余弦计算欧拉角时不存在奇点。

ADAMS 软件用刚体 B_i 的质心笛卡儿坐标和反映刚体方位的欧拉角作为广义坐标，即 $q_i=[x,y,z,\psi,\theta,\varphi]^T$，$q=[q_1^T,q_2^T,\cdots,q_n^T]^T$。由于采用了不独立的广义坐标，因此系统动力学方程虽然是最大数量，但却是高度稀疏耦合的微分代数方程，适用于稀疏矩阵的高效求解。

1.4 ADAMS运动学分析

1.4.1 ADAMS运动学方程

利用ADAMS建立机械系统仿真模型时，系统中构件与地面或构件与构件之间存在运动副的连接，这些运动副用系统广义坐标表示为代数方程。设表示运动副的约束方程数为nh，则用系统广义坐标矢量表示的运动学约束方程组为：

$$\Phi^K(q)=[\Phi_1^K(q),\Phi_2^K(q),\dots,\Phi_{nh}^K(q)]^T=0 \tag{1-23}$$

考虑运动学分析，为使系统具有确定运动，要使系统实际自由度为零，就要为系统施加等于自由度（$nc-nh$）的驱动约束：

$$\Phi^D(q,t)=0 \tag{1-24}$$

在一般情况下，驱动约束是系统广义坐标和时间的函数。驱动约束在其集合内部及其与运动学约束合集中必须是独立和相容的。在这种条件下，驱动系统运动学上是确定的，将做确定运动。

由式（1-23）表示的系统运动学约束和式（1-24）表示的驱动约束组合成系统所受的全部约束：

$$\Phi(q,t)=\begin{bmatrix}\Phi^K(q,t)\\ \Phi^D(q,t)\end{bmatrix}=0 \tag{1-25}$$

式（1-25）为nc个广义坐标的非线性方程组，其构成了系统位置方程。

对式（1-25）求导，得到速度约束方程为：

$$\dot{\Phi}(q,\dot{q},t)=\Phi_q(q,t)\dot{q}+\Phi_t(q,t)=0 \tag{1-26}$$

若令$\upsilon=-\Phi_t(q,t)$，则速度方程为：

$$\dot{\Phi}(q,\dot{q},t)=\Phi_q(q,t)\dot{q}-\upsilon=0 \tag{1-27}$$

对式（1-26）求导，可得加速度方程为：

$$\ddot{\Phi}(q,\dot{q},\ddot{q},t)=\Phi_q(q,t)\ddot{q}+(\Phi_q(q,t)\dot{q})_q\dot{q}+2\Phi_{qt}(q,t)\dot{q}+\Phi_{tt}(q,t)=0 \tag{1-28}$$

若令$\eta=-(\Phi_q\dot{q})_q\dot{q}-2\Phi_{qt}\dot{q}-\Phi_{tt}$，则加速度方程为：

$$\ddot{\Phi}(q,\dot{q},\ddot{q},t)=\Phi_q(q,t)\ddot{q}-\eta(q,\dot{q},t)=0 \tag{1-29}$$

矩阵Φ_q为雅可比矩阵，如果Φ的维数为m，q的维数为n，那么Φ_q的维数为$m\times n$矩阵，其定义为$(\Phi_q)_{(i,j)}=\partial\Phi_i/\partial q_j$。这里$\Phi_q$为$nc\times nc$的方阵。

1.4.2 ADAMS 运动学方程的求解算法

在ADAMS仿真软件中，运动学分析研究零自由度系统的位置、速度、加速度和约束反力，因此只需求解系统的约束方程：

$$\Phi(q,t_n)=0 \tag{1-30}$$

运动过程中任一时刻 t_n 位置的确定均可由约束方程的Newton-Raphson迭代法求得：

$$\Phi_{q_j}\Delta q_j+\Phi(q_j,t_n)=0 \tag{1-31}$$

其中，$\Delta q_j=q_{j+1}-q_j$，表示第 j 次迭代。

t_n 时刻速度、加速度利用线性代数方程的数值方法求解。ADAMS中提供了两种线性代数方程求解方法：CALAHAN方法（由Michigan大学的Donald Calahan 教授提出）与HARWELL方法（由HARWELL的Ian Duff教授提出）。CALAHAN方法不能处理冗余约束问题，HARWELL方法能够处理冗余约束问题，但CALAHAN方法速度较快。

$$\dot{q}=-\Phi_q^{-1}\Phi_t \tag{1-32}$$

$$\ddot{q}=-\Phi_q^{-1}\left[(\Phi_q\dot{q})_q\dot{q}+2\Phi_{qt}\dot{q}+\Phi_{tt}\right] \tag{1-33}$$

1.5 ADAMS 动力学分析

1.5.1 ADAMS 动力学方程

ADAMS中用刚体B的质心笛卡儿坐标和反映刚体方位的欧拉角作为广义坐标，即 $q=[x,y,z,\psi,\theta,\varphi]^T$，令 $R=[x,y,z]^T$、$\gamma=[\psi,\theta,\phi]^T$、$q=[R^T,\gamma^T]^T$。

构件质心参考坐标系与大地坐标系间的坐标变换矩阵为：

$$A^{gi}=\begin{bmatrix}\cos\psi\cos\phi-\sin\psi\cos\theta\sin\phi & -\cos\psi\sin\phi-\sin\psi\cos\theta\cos\phi & \sin\psi\sin\theta\\ \sin\psi\cos\phi+\cos\psi\cos\theta\sin\phi & -\sin\psi\sin\phi+\cos\psi\cos\theta\cos\phi & -\cos\psi\sin\theta\\ \sin\theta\sin\phi & \sin\theta\cos\phi & \cos\theta\end{bmatrix} \tag{1-34}$$

定义一个欧拉转轴坐标系，该坐标系的 3 个单位矢量分别为上面 3 个欧拉转动的轴，因而 3 个轴并不相互垂直。该坐标系到构件质心坐标系的坐标变换矩阵为：

$$B=\begin{bmatrix}\sin\theta\sin\phi & 0 & \cos\theta\\ \sin\theta\cos\phi & 0 & -\sin\theta\\ \cos\theta & 1 & 0\end{bmatrix} \tag{1-35}$$

构件的角速度表达为：

$$\omega = B\dot{\gamma} \tag{1-36}$$

ADAMS中引入变量 ω_e 为角速度在欧拉转轴坐标系分量：

$$\omega_e = \dot{\gamma} \tag{1-37}$$

考虑约束方程，ADAMS利用带拉格朗日乘子的拉格朗日第一类方程的能量形式得到如下方程：

$$\frac{d}{dt}(\frac{\partial T}{\partial \dot{q}_j}) - \frac{\partial T}{\partial q_j} = Q_j + \sum_{i=1}^{n} \lambda_i \frac{\partial \Phi}{\partial q_j} \tag{1-38}$$

T为系统广义坐标表达的动能，q_j 为广义坐标，Q_j 为在广义坐标 q_j 方向的广义力，最后一项涉及约束方程和拉格朗日乘子，表达了在广义坐标 q_j 方向的约束反力。

ADAMS中近一步引入广义动量：

$$P_j = \partial T / \partial \dot{q}_j \tag{1-39}$$

简化表达约束反力为：

$$C_j = \sum_{i=1}^{n} \lambda_i \frac{\partial \Phi}{\partial q_j} \tag{1-40}$$

这样方程就简化为：

$$\dot{P}_j - \frac{\partial T}{\partial q_j} = Q_j - C_j \tag{1-41}$$

动能近一步表达为：

$$T = \frac{1}{2}\dot{R}^T M \dot{R} + \frac{1}{2}\dot{\gamma}^T B^T J B \dot{\gamma} \tag{1-42}$$

其中，M为构件的质量阵，J为构件在质心坐标系下的惯量阵。

将式（1-41）分别表达为移动方向与转动方向：

$$\dot{P}_R - \frac{\partial T}{\partial q_R} = Q_R - C_R \tag{1-43}$$

$$\dot{P}_\gamma - \frac{\partial T}{\partial q_\gamma} = Q_\gamma - C_\gamma \tag{1-44}$$

其中，$\dot{P}_R = \frac{d}{dt}\left(\partial T / \partial \dot{q}_R\right) = \frac{d}{dt}\left(M\dot{R}\right) = M\dot{V}$，$\frac{\partial T}{\partial q_R} = 0$。

式（1-43）简化为：

$$M\dot{V} = Q_R - C_R$$

$$P_\gamma = \left(\frac{\partial T}{\partial \dot{q}_\gamma}\right) = B^T J B \dot{\gamma}$$

B 中包含欧拉角，为了简化推导，ADAMS中并没有进一步推导 $\dot{P}_\gamma$，而是将其作为一个变量求解。这样ADAMS中每个构件就具有了如下 15 个变量（而非 12 个）和 15 个方程（而非 12 个）。

$$\text{变量：}\quad \left.\begin{aligned} &V=\left[V_x,V_y,V_z\right]^T \\ &R=\left[x,y,z\right]^T \\ &P_\gamma=\left[P_\psi,P_\theta,P_\phi\right]^T \\ &\omega_e=\left[\omega_\psi,\omega_\theta,\omega_\phi\right]^T \\ &\gamma=\left[\psi,\theta,\phi\right]^T \end{aligned}\right\} \tag{1-45}$$

$$\text{方程：}\quad \left.\begin{aligned} &M\dot{V}=Q_R-C_R \\ &V=\dot{R} \\ &\dot{P}_\gamma-\frac{\partial T}{\partial q_\gamma}=Q_\gamma-C_\gamma \\ &P_\gamma=B^TJB\omega_e \\ &\omega_e=\dot{\gamma} \end{aligned}\right\} \tag{1-46}$$

集成约束方程ADAMS可自动建立系统的动力学方程——微分-代数方程：

$$\left.\begin{aligned} &\dot{P}-\partial T/\partial q+\Phi_q{}^T\lambda+H^TF=0 \\ &P=\partial T/\partial \dot{q} \\ &u=\dot{q} \\ &\Phi(q,t)=0 \\ &F=f(u,q,t) \end{aligned}\right\} \tag{1-47}$$

其中，P为系统的广义动量，H为外力的坐标转换矩阵。

为了更好地说明ADAMS的建模过程，下面以一个单摆为例进行建模推导。

假设单摆的质量为M、惯量为I，杆长为 $2L$，并在O点以转动副与地面相连接约束在地面的OXY平面内。在单摆质心处建立单摆的跟随坐标系——局部构件参考坐标系Op-Xp-Yp，其坐标在大地坐标系OXY中为(x，y)，单摆的姿态角为θ。

系统的动能表达式：$$T=\frac{1}{2}\left(M\dot{x}^2+M\dot{y}^2+I\dot{\theta}^2\right)$$

广义动量表达式：
$$\begin{cases} \dfrac{\partial T}{\partial \dot{x}} = M\dot{x} \\ \dfrac{\partial T}{\partial \dot{y}} = M\dot{y} \\ \dfrac{\partial T}{\partial \dot{\theta}} = I\dot{\theta} \end{cases}$$

外力表达式：
$$H^T F = \begin{bmatrix} 0 \\ Mg \\ 0 \end{bmatrix}$$

约束方程：
$$\begin{cases} x - L\cos\theta = 0 \\ y - L\sin\theta = 0 \end{cases}$$

约束方程的雅克比矩阵：
$$\Phi_q = \begin{bmatrix} 1 & 0 & L\sin\theta \\ 0 & 1 & -L\cos\theta \end{bmatrix}$$

约束对应的拉格朗日乘子：
$$\lambda = \begin{bmatrix} \lambda_1 \\ \lambda_2 \end{bmatrix}$$

力、力矩平衡方程：
$$\dot{P} - {\partial T}/{\partial q} + {\Phi_q}^T \lambda + H^T F = 0 \Rightarrow \begin{bmatrix} M\dot{V}_x + \lambda_1 = 0 \\ M\dot{V}_y + \lambda_2 - Mg = 0 \\ \dot{P}_\theta + \lambda_1 L\sin\theta - \lambda_2 L\cos\theta = 0 \end{bmatrix}$$

动量矩表达式：
$$P = {\partial T}/{\partial \dot{q}} \Rightarrow P_\theta = I\omega_\theta$$

运动学关系方程：
$$u = \dot{q} \Rightarrow \begin{bmatrix} V_x - \dot{x} = 0 \\ V_y - \dot{y} = 0 \\ \omega_\theta - \dot{\theta} = 0 \end{bmatrix}$$

其方程集成表达为：
$$\begin{bmatrix} M\dot{V}_x + \lambda_1 = 0 \\ M\dot{V}_y + \lambda_2 - Mg = 0 \\ \dot{P}_\theta + \lambda_1 L\sin\theta - \lambda_2 L\cos\theta = 0 \\ P_\theta - I\omega_\theta = 0 \\ V_x - \dot{x} = 0 \\ V_y - \dot{y} = 0 \\ \omega_\theta - \dot{\theta} = 0 \\ x - L\cos\theta = 0 \\ y - L\sin\theta = 0 \end{bmatrix}$$

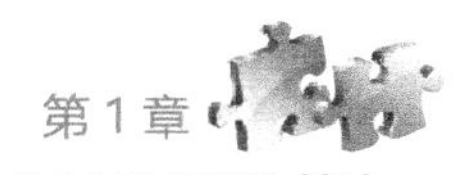

其中，系统需求解变量为：$\begin{bmatrix} x & y & \theta & V_x & V_y & \omega_\theta & P_\theta & \lambda_1 & \lambda_2 \end{bmatrix}^T$。

1.5.2 初始条件分析

在进行动力学、静力学分析之前，ADAMS会自动进行初始条件分析，以便在初始系统模型中各物体的坐标与各种运动学约束之间达成协调，保证系统满足所有的约束条件。

初始条件分析通过求解相应的位置、速度、加速度目标函数的最小值得到。

（1）对初始位置分析，需满足约束最小化问题。

Minimize：$C=\frac{1}{2}(q-q_0)^T W(q-q_0)$

Subject to：$\Phi(q)=0$

q为构件广义坐标，W为权重矩阵，q_0 为用户输入的值，若用户输入的值为精确值，则相应权重较大，并在迭代中变化较小。利用拉格朗日乘子将上述约束最小化问题变为如下极值问题：

$$L=\frac{1}{2}(q-q_0)^{\mathrm{T}}\mathrm{W}(q-q_0)+\Phi(q)^T\lambda \tag{1-48}$$

L 取最小值，则由 $\frac{\partial L}{\partial q}=0$、$\frac{\partial L}{\partial \lambda}=0$ 得：

$$\left.\begin{aligned} & W(q-q_0)+\left[\frac{\partial \Phi}{\partial q}\right]^T\lambda=0 \\ & \Phi(\mathrm{q})=0 \end{aligned}\right\} \tag{1-49}$$

因约束函数中存在广义坐标，故该方程为非线性方程，须用Newton-Raphson迭代求解。迭代方程如下：

$$\begin{bmatrix} [W] & \left[\frac{\partial \Phi}{\partial q}\right]^T \\ \left[\frac{\partial \Phi}{\partial q}\right] & [0] \end{bmatrix}\begin{Bmatrix} \Delta q \\ \Delta\lambda \end{Bmatrix}=\begin{Bmatrix} W(q-q_0)+\left[\frac{\partial \Phi}{\partial q}\right]^T\lambda \\ \Phi(q) \end{Bmatrix} \tag{1-50}$$

（2）对初始速度分析，需满足约束最小化问题。

Minimize：$C=\frac{1}{2}(\dot{q}-\dot{q}_0)^T W(\dot{q}-\dot{q}_0)$

Subject to：$\left[{\partial \Phi}/{\partial q}\right]\dot{q}+{\partial \Phi}/{\partial t}=0$

其中，$\dot{q}_0$ 为用户设定的准确的或近似的初始速度值，或者为程序设定的默认速度值；W 为对应 $\dot{q}_0$ 的加权系数。

再利用拉格朗日乘子将上述约束最小化问题变为如下极值问题：

$$L=\frac{1}{2}(\dot{q}-\dot{q}_0)^{\mathrm{T}}\mathrm{W}(\dot{q}-\dot{q}_0)+\left(\left[\partial\Phi/\partial q\right]\dot{q}+\partial\Phi/\partial t\right)^{T}\lambda \tag{1-51}$$

L 取最小值，得：

$$\left.\begin{aligned}&W(\dot{q}-\dot{q}_0)+\left[\frac{\partial\Phi}{\partial q}\right]^{T}\lambda=0\\&\left[\frac{\partial\Phi}{\partial q}\right]\dot{q}+\frac{\partial\Phi}{\partial t}=0\end{aligned}\right\} \tag{1-52}$$

该方程为线性方程组，可求解如下方程：

$$\begin{bmatrix}[W] & \left[\frac{\partial\Phi}{\partial q}\right]^{T}\\ \left[\frac{\partial\Phi}{\partial q}\right] & [0]\end{bmatrix}\begin{Bmatrix}\dot{q}\\ \lambda\end{Bmatrix}=\begin{Bmatrix}Wq_0\\ \left[\frac{\partial\Phi}{\partial t}\right]\end{Bmatrix} \tag{1-53}$$

（3）对初始加速度、初始拉氏乘子的分析可直接由系统动力学方程和系统约束方程的两阶导数确定。

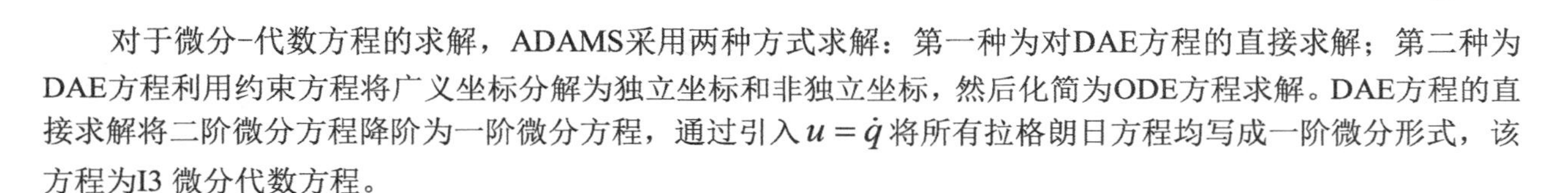

1.5.3　ADAMS 动力学方程的求解

对于微分-代数方程的求解，ADAMS采用两种方式求解：第一种为对DAE方程的直接求解；第二种为DAE方程利用约束方程将广义坐标分解为独立坐标和非独立坐标，然后化简为ODE方程求解。DAE方程的直接求解将二阶微分方程降阶为一阶微分方程，通过引入 $u=\dot{q}$ 将所有拉格朗日方程均写成一阶微分形式，该方程为I3 微分代数方程。

（1）I3 积分格式

$$\left.\begin{aligned}&\dot{P}-\partial T/\partial q+\Phi_q{}^{T}\lambda+H^{T}F=0\\&P=\partial T/\partial\dot{q}\\&u=\dot{q}\\&\Phi(q,t)=0\\&F=f(u,q,t)\end{aligned}\right\} \tag{1-54}$$

运用一阶向后差分公式，上述方程组对（u,q,λ）求导可得Jacobian矩阵，然后利用 Newton-Rapson 求解。当积分步长 h 减小并趋近于 0 时，上述Jacobian矩阵呈现病态。为了有效地监测速度积分的误差，可采用降阶积分方法（Index reduction methods）。通常来说，微分方程的阶数越少，其数值求解稳定性越好。

ADAMS还采用两种方法来降阶求解，即SI2（Stabilized-Index Two）和SI1（Stabilized-Index One）方法。

（2）SI2 积分格式

$$\left.\begin{array}{l}\dot{P}-\partial T/\partial q+\Phi_q{}^T\lambda+H^TF=0\\P=\partial T/\partial \dot{q}\\u-\dot{q}+\Phi_q{}^T\mu=0;(\mu=0)\\\Phi(q,t)=0\\\dot{\Phi}(q,u,t)=0\\F=f(u,q,t)\end{array}\right\}\tag{1-55}$$

上式能同时满足Φ和$\dot{\Phi}$求解不违约且当步长h趋近于0时Jacobian矩阵不会呈现病态现象。

（3）SI1 积分格式

$$\left.\begin{array}{l}\dot{P}-\partial T/\partial q+\Phi_q{}^T\dot{\eta}+H^TF=0\\P=\partial T/\partial \dot{q}\\u-\dot{q}+\Phi_q{}^T\dot{\xi}=0\\\Phi(q,t)=0\\\dot{\Phi}(q,u,t)=0\\F=f(u,q,t)\end{array}\right\}\tag{1-56}$$

上式中，为了对方程组降阶，引入$\dot{\eta}$和$\dot{\zeta}$来替代拉格朗日乘子，即$\dot{\eta}=\lambda$，$\dot{\zeta}=\mu$。这种变化有效地将上述方程组的阶数降为1。因为只需要微分速度约束方程一次来显式地计算表达式$\dot{\eta}$和$\dot{\zeta}$。

运用SI1积分器能够方便地监测q、u、η和ζ的积分误差，系统的加速度也趋向于更加精确。在处理有明显的摩擦接触问题时，SI1积分器十分敏感并具有挑剔性。

1.6 ADAMS 静力学及线性化分析

1.6.1 静力学分析

在进行静力学、准静力学分析时，将动力学方程的速度、加速度设置为零，则得到如下静力学方程：

$$\left.\begin{array}{l} -\partial T/\partial q + \Phi_q^T \lambda + H^T F = 0 \\ P = \partial T/\partial \dot{q} \\ u = 0 \\ \Phi(q,t) = 0 \\ F = f(u,q,t) \end{array}\right\} \tag{1-57}$$

该方程为非线性代数方程，利用Newton-Rapson迭代求解。

1.6.2　线性化分析

在系统的某点处，$q = q^*$、$u = u^*$ 可对系统的动力学方程进行线性化：

$$\left.\begin{array}{l} M\dot{u} + Cu + Kq = 0 \\ u = \dot{q} \end{array}\right\} \tag{1-58}$$

其中，M、C、K为常数阵。

1.7　ADAMS 求解器算法介绍

1.7.1　ADAMS 数值算法简介

运动学、静力学分析需求解一系列的非线性和线性代数方程。ADAMS采用了修正的Newton-Raphson迭代算法求解非线性代数方程，以及基于LU分解的CALAHAN方法和HARWELL方法求解线性代数方程。

对动力学微分方程，根据机械系统特性选择不同的积分算法；对刚性系统，采用变系数的BDF（Backwards Differentiation Formulation）刚性积分程序，它是自动变阶、变步长的预估校正法（Predict-Evaluate-Correct-Evaluate，PECE），并分别为I3、SI2、SI1 积分格式，在积分的每一步采用了修正的Newton-Raphson迭代算法。

对高频系统（High-Frequencies），采用坐标分块法（Coordinate-Partitioned Equation）将微分-代数（DAE）方程简化为常微分（ODE）方程，并分别利用ABAM（ADAMS-Bashforth- ADAMS-Moulton）方法和龙格-库塔（RKF45）方法求解。

在ADAMS中，具体方法如下：

- 线性求解器（求解线性方程），采用稀疏矩阵技术，以提高效率。
  - CALAHAN 求解器。
  - HARWELL 求解器。
- 非线性求解器（求解代数方程），采用Newton-Raphson迭代算法。

- DAE求解器（求解微分－代数方程），采用BDF刚性积分法。
  - SI2：GSTIFF、WSTIFF 与 CONSTANT_BDF。
  - SI1: GSTIFF、WSTIFF 与 CONSTANT_BDF。
  - I3：GSTIFF、WSTIFF、Dstiff 与 CONSTANT_BDF。
- ODE求解器（求解非刚性常微分方程）。
  - ABAM 求解器。
  - RKF45 求解器。

1.7.2 动力学求解算法介绍

微分-代数（DAE）方程的求解算法过程，ADAMS中DAE方程的求解采用了BDF刚性积分法，有如下几个操作步骤。

（1）预估阶段

用Gear预估-校正算法有效地求解微分-代数方程。首先，根据当前时刻的系统状态矢量值用泰勒级数预估下一时刻系统的状态矢量值：

$$y_{n+1} = y_n + \frac{\partial y_n}{\partial t} h + \frac{1}{2!} \frac{\partial^2 y_n}{\partial t^2} h^2 + \cdots \tag{1-59}$$

其中，时间步长$h = t_{n+1} - t_n$。这种预估算法得到的新时刻的系统状态矢量值通常不准确，由Gear$k+1$阶积分求解程序（或其他向后差分积分程序）来校正。

$$y_{n+1} = -h\beta_0 \dot{y}_{n+1} + \sum_{i=1}^{k} \alpha_i y_{n-i+1} \tag{1-60}$$

其中，y_{n+1}为$y(t)$在$t = t_{n+1}$时的近似值，β_0和α_i为Gear积分程序的系数值。

式（1-60）经过整理，可表示为：

$$\dot{y}_{n+1} = \frac{-1}{h\beta_0}[y_{n+1} - \sum_{i=1}^{k} \alpha_i y_{n-i+1}] \tag{1-61}$$

（2）校正阶段

求解系统方程G，若$G(y, \dot{y}, t) = 0$，则方程成立，此时的y为方程的解，否则继续。

求解Newton-Raphson线性方程，得到Δy，以更新y，使系统方程G更接近于成立。

$$J\Delta y = G(y, \dot{y}, t_{n+1})$$

其中，J为系统的雅可比矩阵。

利用Newton-Raphson迭代更新y：

$$y^{k+1} = y^k + \Delta y^k$$

重复以上步骤，直到Δy足够小。

（3）误差控制阶段

预估积分误差并与误差精度进行比较，若积分误差过大，则舍弃此步。

计算优化的步长h和阶数n。

若达到仿真结束时间，则停止，否则 $t = t + \Delta t$，重新进入第一步。

1.7.3　坐标缩减的微分方程求解过程算法

ADAMS程序提供ABAM（ADAMS-Bashforth and ADAMS-Moulton）和RKF45 积分程序，采用坐标分离算法将微分-代数方程减缩成用独立广义坐标表示的纯微分方程，然后用ABAM 或RKF45 程序进行数值积分。下面以ABAM为例介绍其求解过程。

坐标减缩微分方程的确定及其数值积分过程按以下步骤进行。

Step 01　坐标分离。将系统的约束方程进行矩阵的满秩分解，可将系统的广义坐标列阵 $\{q\}$ 分解成独立坐标列阵 $\{q^i\}$ 和非独立坐标列阵 $\{q^d\}$，即 $\{q\}=\{q^i \quad q^d\}^T$。

Step 02　预估。用ADAMS-Bashforth显式公式根据独立坐标前几个时间步长的值预估 t_{n+1} 时刻的独立坐标值 $\{q^i\}^P$，P表示预估值。

Step 03　校正。用ADAMS-Moulton隐式公式对上面的预估值根据给定的收敛误差限进行校正，以得到独立坐标的校正值 $\{q^i\}^C$，C表示校正值。

Step 04　确定相关坐标。确定独立坐标的校正值之后可由相应公式计算出非独立坐标和其他系统状态变量值。

Step 05　积分误差控制。与上面的预估-校正算法积分误差控制过程相同，如果预估值与校正值的差值小于给定的积分误差限就接受该解，进行下一时刻的求解；否则减小积分步长，重复第二步开始的预估步骤。

1.7.4　动力学求解算法特性比较

（1）I3 积分格式仅监控位移和其他微分方程的状态变量的误差。当积分步长变小时，Jacobian矩阵不能保持稳定，会出现奇异，积分易发散。积分过程不能监控速度和约束反力，因而速度、加速度、约束反力计算精度差一些。

（2）SI2 积分格式中考虑了速度约束方程，控制拉氏乘子的误差、速度误差，仿真结果更精确，给出速度、加速度较为精确的解。Jacobian矩阵在步长很小时仍能保持稳定。Jacobian矩阵小步长不会奇异、病态，增加了校正器在小步长时的稳定性和鲁棒性。校正阶段不会像I3 积分格式那样容易失败。

SI2 积分格式精确处理高频问题，但比I3 积分格式慢，驱动约束为速度时，输入必须可微、光滑。非光滑驱动约束运动输入会产生无限加速度，从而导致SI2 积分失败。位移驱动约束输入不能是变量的函数，速度、加速度输入是变量的函数，而I3 驱动约束输入是变量的函数，会给仿真带来不便。

（3）SI1 积分格式中考虑了速度约束方程，但并没有引入加速度约束方程，相对应引入了拉氏乘子的导数而使方程降阶，控制拉氏乘子的误差、速度误差，仿真结果很精确，Jacobian矩阵在步长很小时仍能保持稳定，增加了校正器在小步长时的稳定性和鲁棒性。

SI1 积分格式给出速度、加速度较为精确的解，监控所有状态变量，比如位移、速度和拉氏乘子，比SI2 精度高，但对具有摩擦、接触的模型很敏感。

上述 3 种积分方式的比较如表 1-1 所示。

表 1-1　积分方式比较

	I3	SI2	SI1
求解精度	位移精度高	位移、速度、加速度精度高	位移、速度、加速度、拉氏乘子精度高
求解稳定性	一般	好	好
求解速度	快	一般	一般
处理高频问题	中低频问题适合	高频适合	高频适合

1.7.5　求解器的特点比较

（1）Gstiff求解器为刚性稳定算法，采用多步、变阶（最高阶为 6）、变步长、固定系数算法，可直接求解DAE方程，有I3、SI2、SI1 三种积分格式。在预估中采用泰勒级数，而且其系数是假设步长不变而得到的固定系数，因而当步长改变时会产生误差。其特点是计算速度快，位移精度高，I3 格式时速度（尤其是加速度）会产生误差，通过最大步长来控制求解中步长的变化，从而提高精度，使仿真运行在定步长状态。当步长小时，Jacobian矩阵是步长倒数的函数会变成病态，SI2 及SI1 积分格式时，Jacobian矩阵步长很小时仍能保持稳定。该算法适用于很多仿真分析问题。

（2）Wstiff求解器为刚性稳定算法，采用多步、变阶（最高阶为 6）、变步长、变系数算法，可直接求解DAE方程，有I3、SI2、SI1 三种积分格式。在预估中采用NDF（Newton Divided Difference）公式，根据步长信息修改相应阶的系数，而且步长改变并不影响精度，因而更具健壮性、更稳定，但仿真时间比Gstiff长。

（3）Dstiff求解器为刚性稳定算法，采用多步、变阶（最高阶为 6）、变步长、变系数（固定第一个系数）算法，可直接求解DAE方程，ADAMS中仅有I3 一种积分格式。在预估中采用NDF（Newton Divided Difference）公式，固定第一个系数，从而使第一个系数与步长无关，其他可变系数随步长变化而变化，根据步长信息修改相应阶的系数，比较稳定，但仿真时间比Gstiff长。Dstiff求解器基于DASSL积分器，是由Petzold开发的。

（4）Constant_BDF求解器为刚性稳定算法，采用多步、变阶（最高阶为 6）、固定步长算法，可直接求解DAE方程，有I3、SI2、SI1 三种积分格式。在预估中采用NDF（Newton Divided Difference）公式，在SI2 积分格式时小步长非常稳定健壮，可解Gstiff失败的问题，位移、速度求解精度高，而且对加速度和力的不连续性没有Gstiff求解器敏感，有些问题没有Gstiff、Wstiff快，Hmax太大会导致结果不准，太小则速度太慢。

（5）ABAM求解器为非刚性稳定算法，采用多步、变阶算法（最高阶为 12）、变步长算法，适合求解低阻尼、瞬态系统，尤其适合求解非刚性系统但存在突变或高频的系统。ABAM利用坐标分块技术将DAE方程变为ODE方程，仅独立坐标被积分求解，其他非独立坐标利用约束方程（代数方程）求解。ABAM求解器是由L.F.Shampine和M.K.Gordon开发的。

（6）RKF45 非刚性稳定算法采用单步算法，是以上多步算法的补充，但在积分计算时计算导数费时，而且与其他算法相比不能给出高精度结果，且速度比ABAM积分器慢。L.FShampine H.A.Watts开发了DDERKF积分器。

1.7.6　刚性问题求解算法选择

数值刚性问题是指系统的特征值分布广泛，存在低频、高频，而且对应的高频部分具有较高阻尼，因而当系统有可能高频振动时高频阻尼会使其很快散掉。刚度比为系统隐藏的最高频率（对应较高阻尼）与系统表现出的最低频率（对应较低阻尼）的比值。

一般刚度比为 200 时称为刚性系统，刚度比为 20 以下时称为非刚性系统。非刚性系统的最高频率一定对应较小阻尼而被激发出。例如，具有柔性体的系统，柔体的高频都具有高阻尼，一般不会被激发，都是低频被激发，系统的高频被激发时系统则变为非刚性系统。刚性积分器对数值刚性系统的微分方程进行有效的积分，刚性积分器中积分器步长被限制为最高主动频率（系统表现出的最高频率）的倒数，而非刚性积分器中积分器步长被限制为最高频率（系统所有频率中的最高频率，包含隐藏频率）的倒数，这样非刚性积分器对数值刚性系统的微分方程积分的效率非常低。

在ADAMS中，如果一个系统是非数值刚性系统，就采用ABAM或RK45 积分器，也采用Gstiff、Wstiff、Dstiff、Constant_BDF积分器；如果系统是数值刚性系统，采用了ABAM或RK45，系统就不会收敛或计算速度奇慢。

数值刚性系统除在刚度方面存在较大差异外，还有一个很重要的特征是对应高频的阻尼较大，使较高频率被基本阻尼掉，而低频则处于未阻尼状态。当数值刚性系统采用ADAMS非刚性数值算法（如ABAM或RKF45）时会出现数值困难，很难收敛，而用刚性数值算法（如Gstiff、Wstiff、Dstiff或Constant_BDF）时则很快收敛。去掉阻尼后的物理刚性系统，若高频没有被阻尼掉，则为高频系统，采用非刚性数值算法（如ABAM或RKF45）以及刚性数值算法（如Gstiff、Wstiff、Dstiff或Constant_BDF）都较快收敛。这个例子说明数值刚性系统必须采用专用于求解刚性问题的数值方法。

1.8 本章小结

本章首先简明扼要地介绍了ADAMS 2020 的新功能，然后讲解了建模基础、动力学和运动学的基本理论和静力学及线性化分析，最后讲解了ADAMS求解器的算法。

通过本章的学习可以对ADAMS软件的基本算法有较深入的了解，为今后合理选择积分器进行仿真分析提供理论基础，并为更好地使用ADAMS打下良好的理论基础。

第 2 章 ADAMS 应用基础

使用ADAMS/View可直接创建机械系统模型，并对其进行全方位的运动学和动力学仿真分析。本章将介绍ADAMS/View的基础应用知识，包括设置工作环境、创建物体、创建约束副、施加力和力矩、进行仿真和播放动画、输出测量曲线等。通过对基本应用的练习和操作，熟悉和掌握ADAMS工作环境的设置、模型的建立、约束和载荷的施加及测量曲线的输出。

知识要点

- 熟悉和掌握ADAMS软件工作环境的设置。
- 掌握ADAMS模型的建立、约束和载荷的施加。
- 掌握ADAMS测量曲线的输出。

2.1 设置工作环境

在ADAMS/View中创建模型时，首先要设置工作环境。在欢迎对话框中，有两个选项栏：重力（Gravity）选项和单位（Units）选项，如图 2-1 所示。

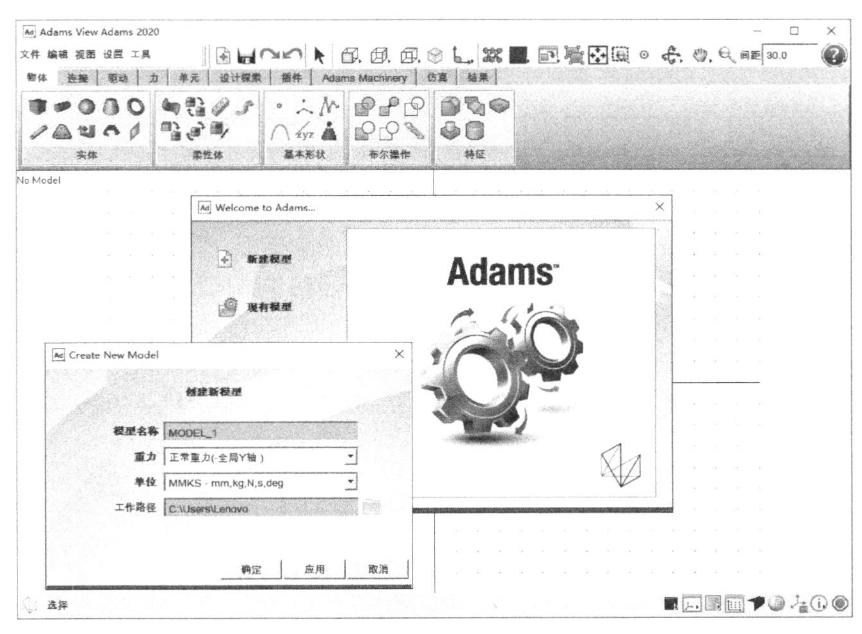

图 2-1　ADAMS 欢迎对话框

重力选项用于设置重力的有无及其方向，本例中的重力方向为大地坐标系Y轴的负向（-Y）；单位选项用于设置模型的单位，本例中的长度、质量、力、时间和角度的单位分别为毫米（mm）、千克（kg）、牛顿（N）、秒（s）和度（deg）。

除了在开始菜单设置重力和模型的单位外，使用ADAMS/View中的设置（Settings）菜单还可以更全面地设置模型的工作环境，如设置工作格栅、单位、重力及方向、国标的大小等。

ADAMS 2020 自动启动后，默认的单位为毫米（mm）、千克（kg）、牛顿（N）、秒（s）和度（deg）。

1. 设置工作格栅

Step 01 在ADAMS/View的菜单栏中，选择设置（Settings）菜单中的工作格栅（Working Grid）命令，如图 2-2 所示。系统弹出设置工作格栅对话框，如图 2-3 所示。

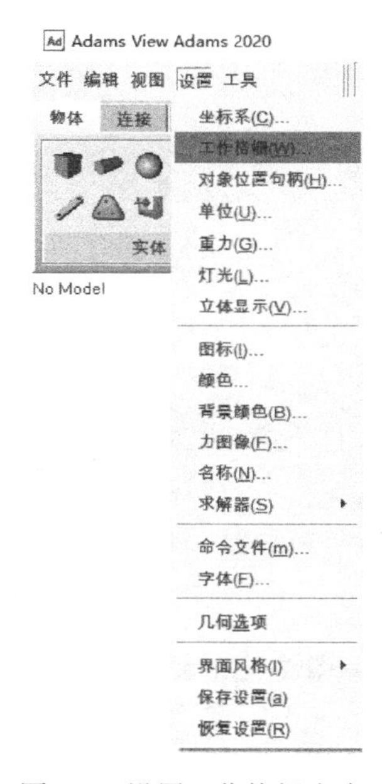

图 2-2　设置工作格栅命令

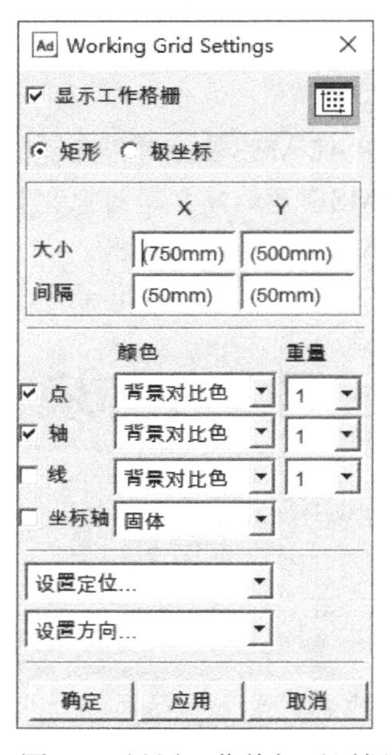

图 2-3　设置工作格栅对话框

Step 02 取消选择设置工作格栅对话框顶部的显示工作格栅（Show Working Grid）复选框关闭工作格栅。选中矩形（Rectangular）单选按钮，将工作格栅设置为矩形（见图 2-3），大小栏中的 750mm表示工作格栅在X方向的长度为 750 毫米，500mm表示工作格栅和Y方向的间距，如图 2-4 所示。

Step 03 选中极坐标（Polar）单选按钮，将工作格栅设为圆形，如图 2-5 所示。最大半径（Maximum Radius）栏中的 750mm表示工作格栅的最大半径为 750 毫米，圆的间隔（Circle Spacing）栏中的 50mm表示捕捉圆的半径间距为 50 毫米，半径增量（Radial Increments）栏中的 32 表示一个圆周有 32 个捕捉点，如图 2-6 所示。

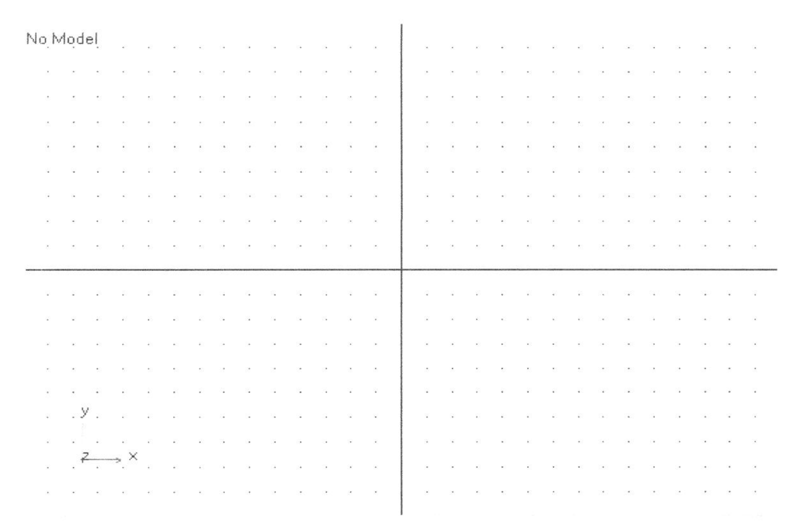

图 2-4　矩形工作格栅

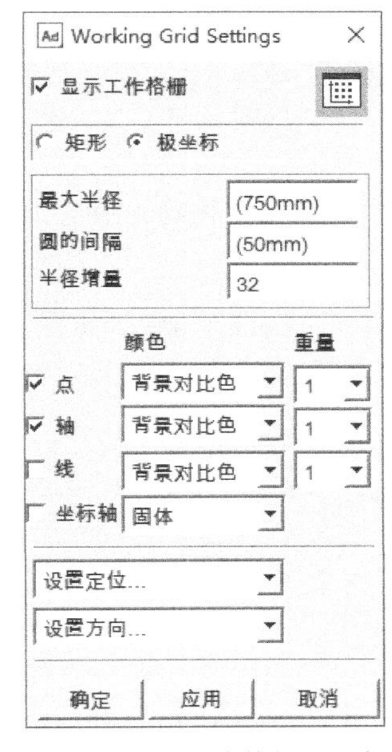

图 2-5　设置工作格栅对话框

图 2-6　圆形工作格栅

Step 04 设置工作格栅对话框底部的设置定位（Set Location）栏和设置方向（Set Orientation）栏分别用于确定工作格栅原点的位置和工作格栅的方向。

Step 05 设置定位栏中有两个选项，如图 2-7 所示，使用全局坐标原点（Global Origin）选项将工作格栅的原点设置在大地坐标系的原点上（系统默认的工作格栅的原点在大地坐标系的原点），使用选取...（Pick）选项用鼠标选择适当的位置作为工作格栅的原点。

Step 06 设置方向栏中有多个选项，如图 2-8 所示。其中，全局XY（Global XY）表示将大地坐标系的XY平面作为工作格栅的平面，显示平面（View Plane）表示将视图平面作为工作格栅的平面，XY轴（X-Y-Axes）表示通过选择X轴和Y轴确定工作格栅的平面。

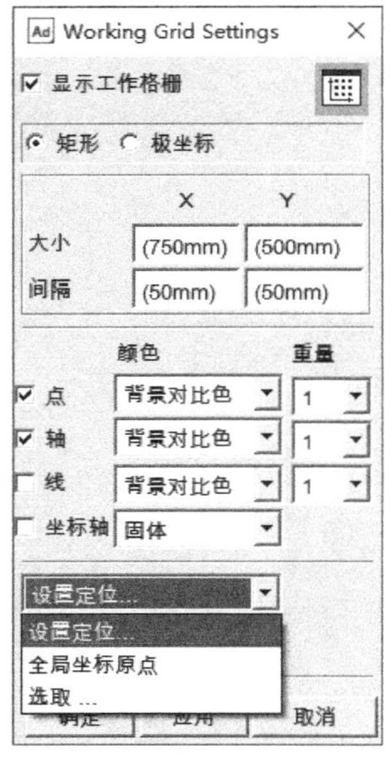

图 2-7　设置工作格栅位置

图 2-8　设置工作格栅方向

2. 设置模型的单位

模型的单位与系统的设计是密切联系的，只有正确地设置模型的单位才能建立正确的模型、得出正确的仿真结果。

Step 01　在ADAMS/View的菜单栏中选择设置（Settings）菜单中的单位（Units）命令，如图 2-9 所示。系统弹出设置单位对话框，如图 2-10 所示，分别单击对话框底部的MMKS、MKS、CGS、IPS四个按钮，可以设置不同的单位组合。

在 ADAMS 2020 中建立模型或从其他软件导入模型时一定要统一单位。

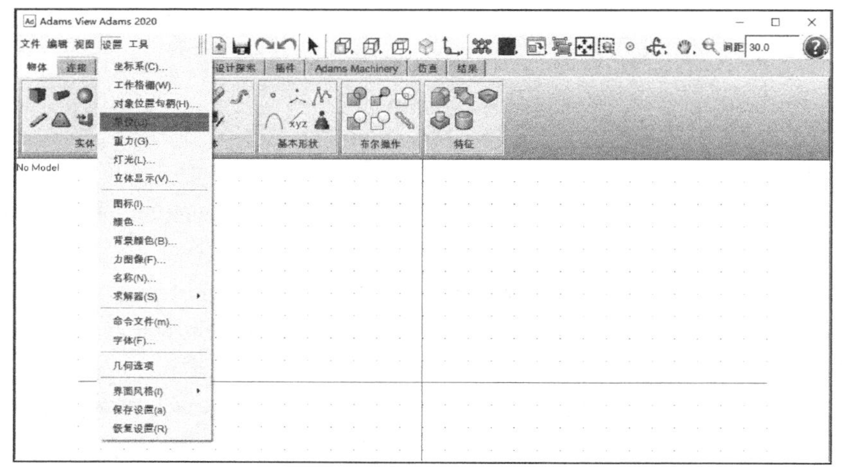

图 2-9　选择单位命令

图 2-10　设置单位对话框

Step 02 单击MMKS按钮将模型的长度单位设置为毫米、将模型的质量单位设置为千克、将模型的力的单位设置为牛顿、将模型的时间单位设置为秒、将模型的角度单位设置为度、将模型的频率单位设置为赫兹。如果这 4 种单位组合不能满足使用要求，就需要单独设置每个物理量的单位，方法是单击需要更改的单位栏尾部的下三角按钮，在弹出的下拉菜单中选择所需的单位，如图 2-11 所示。

图 2-11　单独设置单位对话框

3. 设置重力及其方向

绝大多数的机械系统都是在有重力场的情况下进行仿真的，ADAMS/View除了设置和关闭重力场外，还可以设置重力场的方向，以保证模型在真实环境下进行仿真。

Step 01 在ADAMS/View的菜单栏中，选择设置（Settings）菜单中的重力（Gravity）命令，如图 2-12 所示。

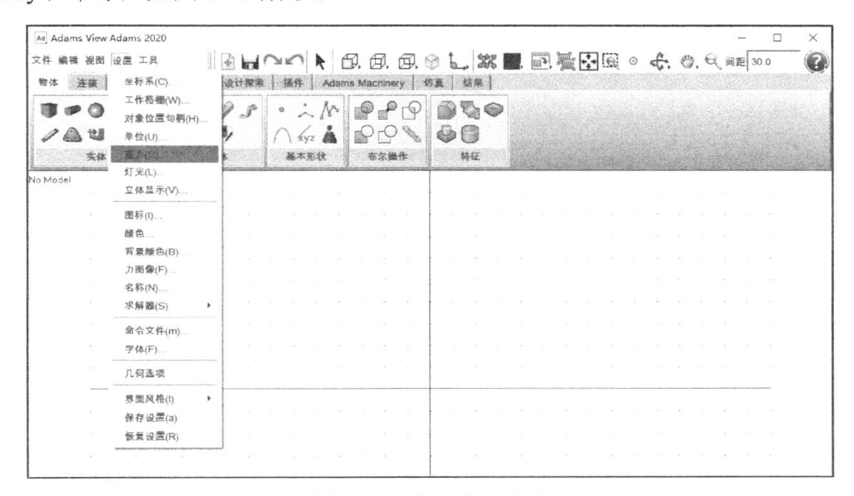

图 2-12　选择重力命令

Step 02 系统弹出设置重力对话框，如图 2-13 所示。对话框顶部的重力（Gravity）选项用于设置或关闭重力场，其前面的小窗口中有对号标记，表示模型中存在重力场。系统默认的重力方向为大地坐标系Y轴的负方向，其数值与模型的单位有关，如-9806.65mm · s^{-2}。通过单击对话框中的 6 个按钮将重力的方向设置为大地坐标系X轴的负方向、Y轴的负方向和Z轴的正方向。模型中重力的标记如图 2-14 所示。

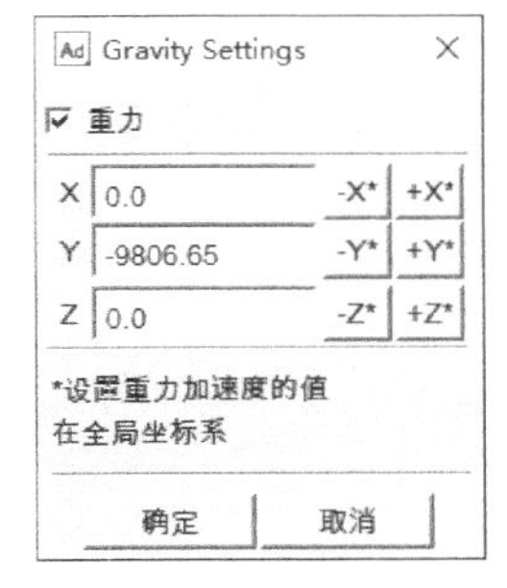

图 2-13　设置重力对话框

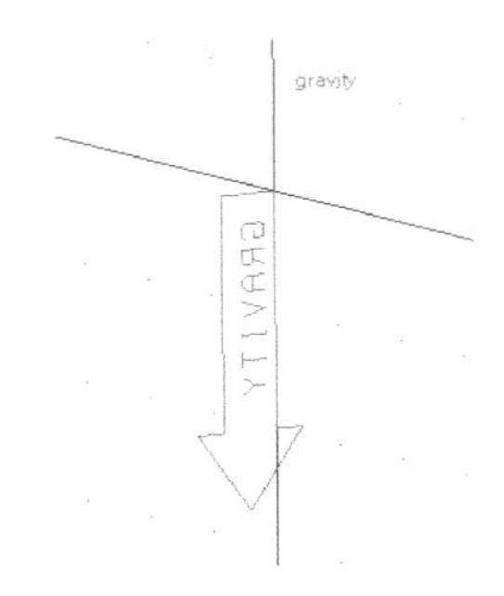

图 2-14　模型中的重力

4. 设置图标的大小

Step 01 在ADAMS/View的菜单栏中，选择设置（Settings）菜单中的图标（Icons）命令，如图 2-15 所示。

Step 02 系统弹出设置图标（Icon Settings）对话框，如图 2-16 所示。在设置图标对话框上半部分的新的数值（New Value）栏中有两个选项，即打开（On）和关闭（Off），分别表示打开和关闭整个模型的所有图标。在新的尺寸（New Size）栏中输入合适的值，改变整个模型的图标大小。

设置图标对话框下半部分用于设置不同类型对象（如Parts、Joints、Forces、Motions等）的图标打开、关闭以及图标的大小。

首先在设置属性（Specify Attributes for）栏中选择对象的类型。例如，选择运动副（Joints），在可见性（Visibility）栏中选择关闭（Off）就可以关闭模型中所有约束副的图标，在可见性（Visibility）栏中选择打开（On）就可以打开模型中所有约束副的图标；在图标大小（Size of Icons）栏中输入合适的值，即可改变模型中所有约束副的图标大小；在名称可见性（Name Visibility）栏中选择打开（On）或关闭（Off）即可打开或关闭模型中所有约束副的名称。

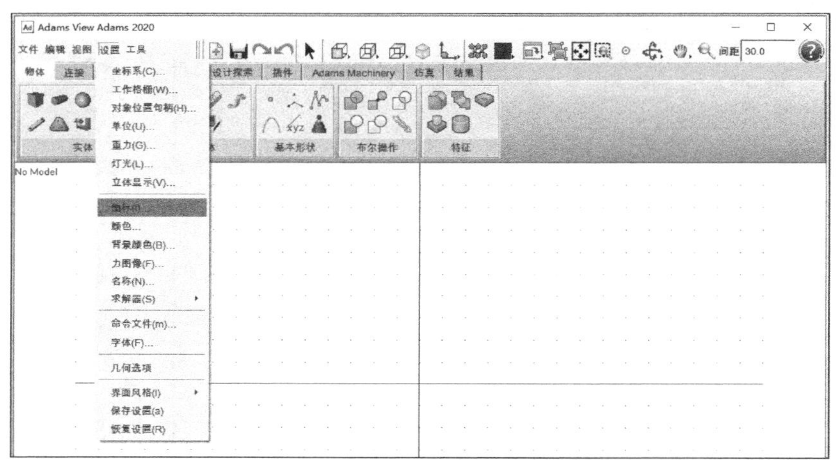

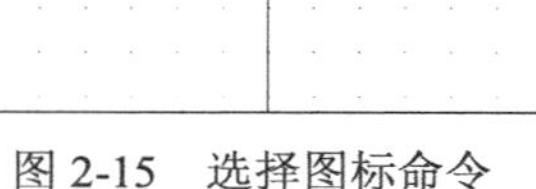

图 2-15 选择图标命令

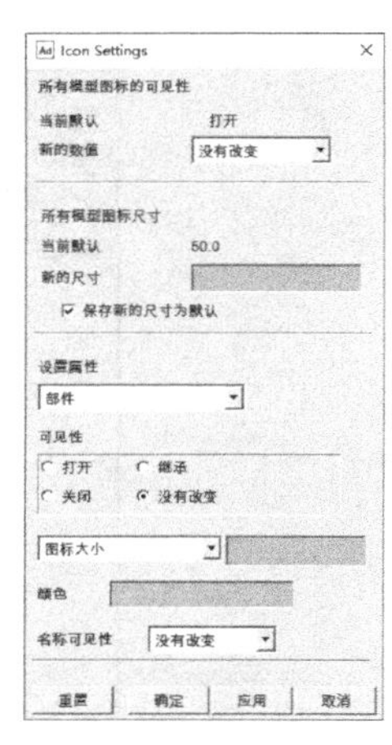

图 2-16 设置图标对话框

2.2 ADAMS 的界面

确认ADAMS软件已经由MDI公司的工程师安装成功，或者按照该软件的安装说明已经正确安装后，双击ADAMS/View在屏幕上的快捷图标，或者从开始菜单中选择程序，选择MSC software，再选择ADAMS 2020，再选择AView中的ADAMS View，即可启动ADAMS 2020，如图 2-17 所示。

ADAMS启动界面包括两部分：Welcome to ADAMS（欢迎对话框）和ADAMS View ADAMS 2020（工作窗口）。

欢迎对话框有以下 3 个选项。

- 新建模型（New Model）：创建一个新模型。
- 现有模型（Existing Model）：打开一个已经存在的模型。
- 退出（Exit）：退出ADAMS窗口。

选择“新建模型”，使用系统默认的文件名.MODEL_1，单击“确定”（OK）按钮即可创建一个名为

MODEL_1.bin的模型，如图 2-18 所示。

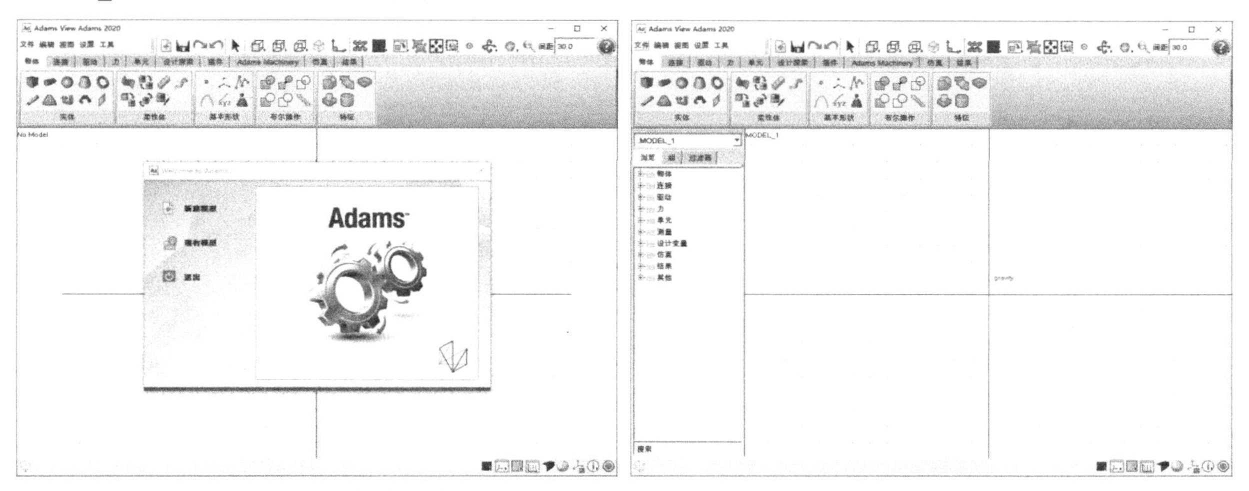

图 2-17　ADAMS 启动界面　　　　图 2-18　ADAMS 界面

在工作窗口的左上角显示模型的名称MODEL_1，左下角显示三维坐标系及其方向，工作窗口显示重力（Gravity）及其默认的-Y方向和工作捕捉点等。

在工作窗口的第一行显示常用工具，如保存、返回、视图等；第二行显示常用的建模、约束、驱动等；第三行则是子级窗口。

选择“文件”（File）菜单中的“保存数据库”（Save Database）命令，或者单击窗口中的保存按钮，保存创建的模型，如图 2-19 所示。

选择“文件”（File）菜单中的“退出”（Exit）命令，退出ADAMS/View，如图 2-20 所示。

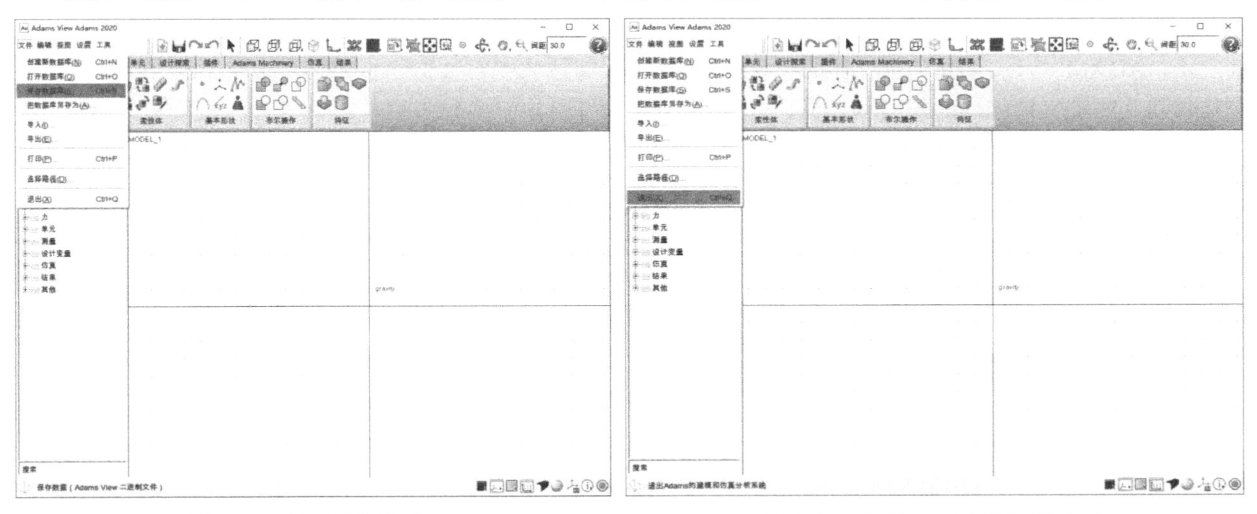

图 2-19　保存模型命令　　　　图 2-20　退出 ADAMS 2020 命令

2.3 ADAMS 的零件库

在ADAMS/View 标题栏第二行单击“物体”按钮，系统弹出零件库，如图 2-21 所示。

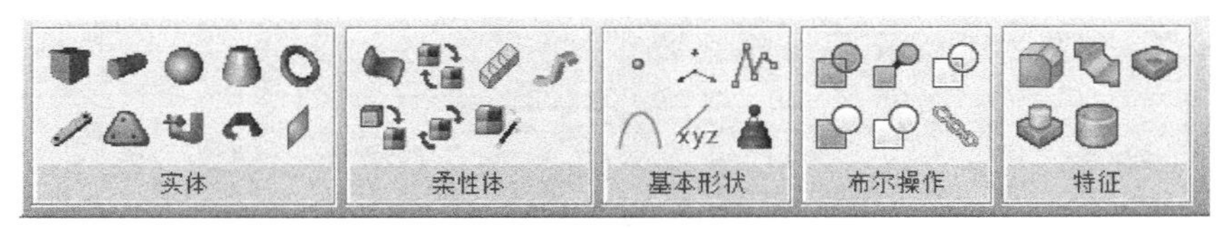

图 2-21　零件库

下面介绍ADAMS零件库中常用的几何零件及其属性。

（1）长方体（Rigid Box）：创建长方体时需要画出长方体的长度（Length）和高度（Height）。采用默认参数时，效果如图 2-22 所示。长方体的厚度（Depth）为长方体长度和高度中较小尺寸的两倍。创建长方体之前，要定义长方体的长度、高度和厚度。

（2）连杆（Rigid Box Link）：创建连杆需要画一条线来确定连杆的长度。默认情况下，ADAMS/View创建的连杆宽度（Width）为连杆长度的 10%、连杆的厚度为连杆长度的 5%，如图 2-23 所示。连杆两端的半径为连杆宽度的一半。创建连杆钱，可定义连杆的长度、宽度和厚度。

图 2-22　长方体

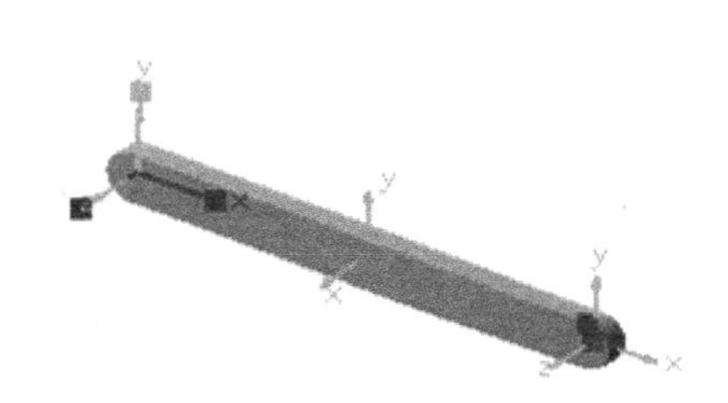

图 2-23　连杆

（3）圆柱体（Rigid Box Cylinder）：创建圆柱体需要画出圆柱体的中心线来确定圆柱体的长度。默认情况下，ADAMS/View创建的圆柱体的半径（Radius）为圆柱体中心线长度的 25%，如图 2-24 所示。在创建圆柱体前，需定义圆柱体的长度和半径。

（4）球体（Rigid Box Sphere）：创建球体需要定义原点（Center Point）和 3 个方向的半径，如图 2-25 所示。创建球体前，需定义球体的半径。

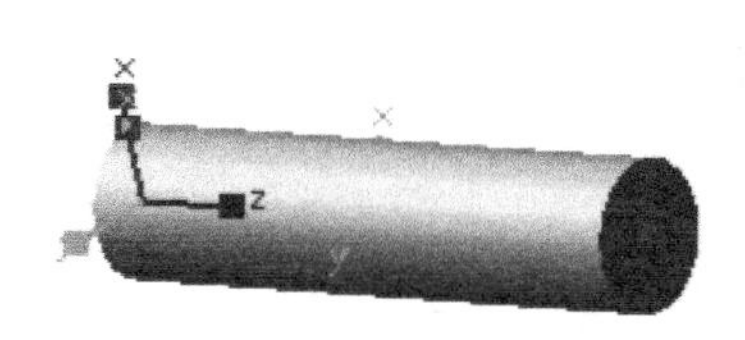

图 2-24　圆柱体

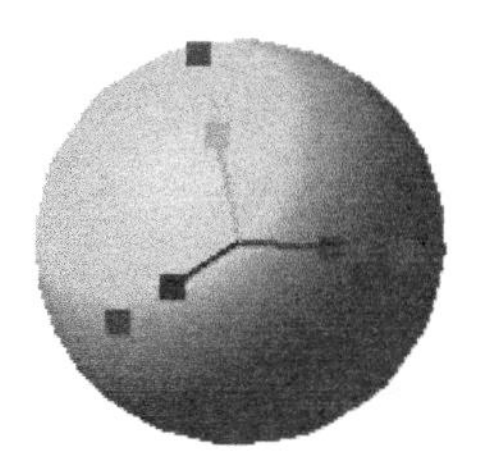

图 2-25　球体

（5）截锥体（Rigid Box Frustum）：创建截锥体需要画出截锥体的长度。默认情况下，ADAMS/View创建的截锥体的顶部半径（Top Radius）为截锥体长度的 12.5%，底部半径（Bottom Radius）为截锥体长度的 50%，如图 2-26 所示。创建截锥体前要定义其长度及其顶部和底部半径。

（6）圆环（Rigid Box Torus）：创建圆环需要定义圆环的中心（Center Point）和外径（Outer Radius）。默认情况下，ADAMS/View创建的圆环的外径与圆环内径之比为 3:1，如图 2-27 所示。创建圆环前，要定义圆环的内径和外径。

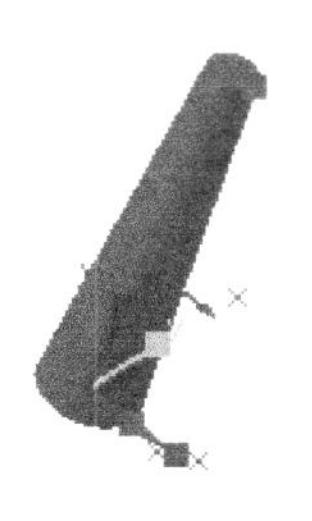

图 2-26　截锥体

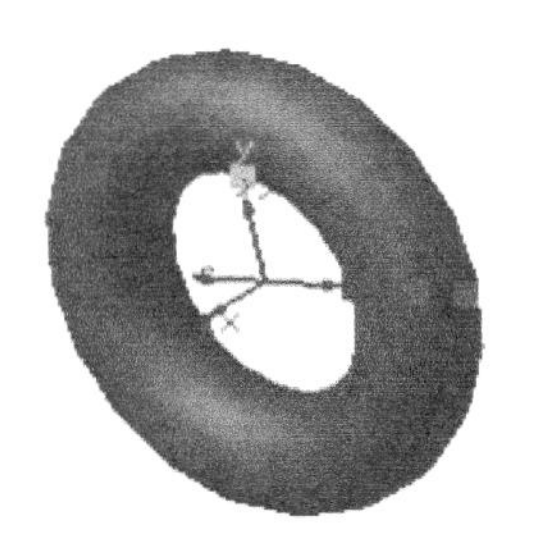

图 2-27　圆环

（7）拉伸体（Extrusion）：创建拉伸体需要画出拉伸体的截面（Profile）并定义其长度，ADAMS/View创建的拉伸体的伸长方向为屏幕Z轴的正方向，如图 2-28 所示。拉伸体的伸长方式有 4 种：向前（Forward）、圆心（About Center）、后退（Backward）和沿路径（Along Path），如图 2-29 所示。

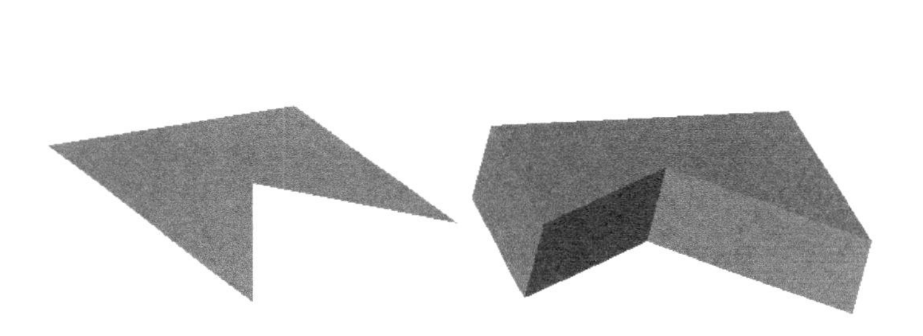

图 2-28　拉伸体

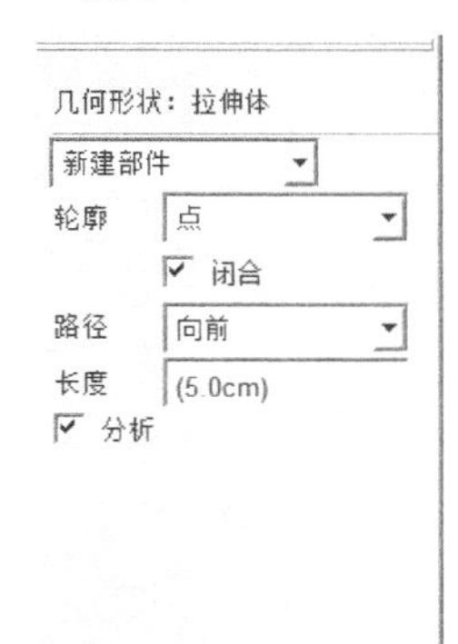

图 2-29　拉伸体的伸长方式

（8）旋转体（Revolution）：创建旋转体需要定义其旋转轴（Axis）和截面（Profile），如图 2-30 所示。

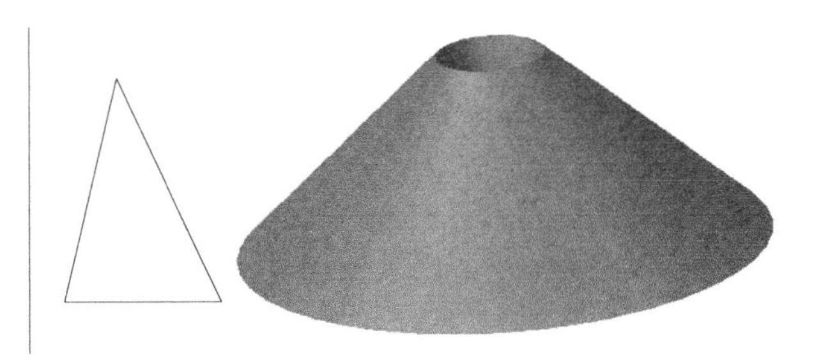

图 2-30　旋转体

（9）平面（Plate）：创建平面至少需要定义 3 个位置，通常需要先选取一点，再调整所需平面的大小，如图 2-31 所示。

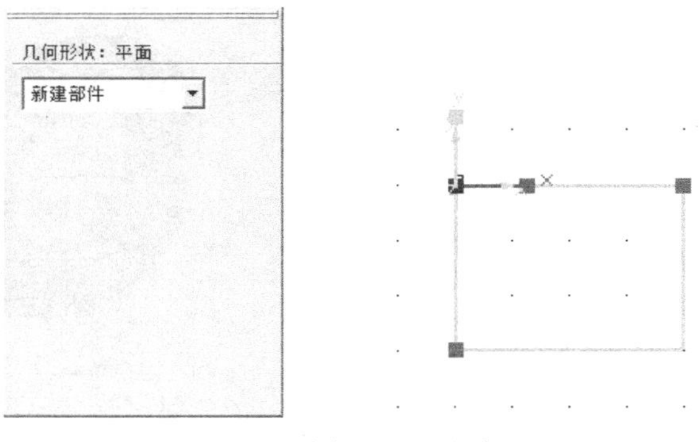

图 2-31　平面

2.4 ADAMS 的约束库

在ADAMS / View菜单栏中单击“连接”按钮，系统弹出ADAMS约束库图标，如图 2-32 所示。下面介绍ADAMS约束库中常用的约束副。

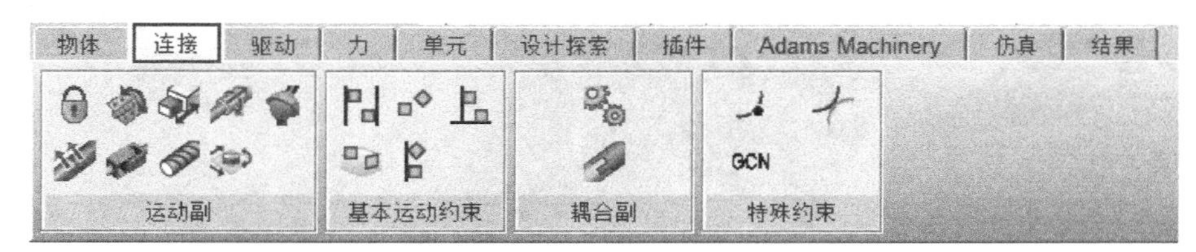

图 2-32　ADAMS 约束库

运动副主要包括五大部分：一般运动副、虚约束、运动发生器、高副、一般函数约束。

其中比较常用的是一般运动副，即旋转副、万向节副（虎克铰）、固定副、移动副、恒速度副、圆柱副等，如表 2-1 所示。

表 2-1　常用运动副工具

图标	名称	功能
	旋转副	构件 1 相对于构件 2 旋转 约束 2 个旋转和 3 个平移自由度
	移动副	构件 1 相对于构件 2 平移 约束 3 个旋转和 2 个平移自由度
	圆柱副	构件 1 相对于构件 2 既可以平移又可以旋转 约束 2 个旋转和 2 个平移自由度
	球副	构件 1 相对于构件 2 在球面内旋转 约束 3 个平移自由度
	固定副	构件 1 相对于构件 2 固定 约束 3 个旋转和 3 个平移自由度
	万向节副	构件 1 相对于构件 2 相对转动 约束 1 个旋转和 3 个平移自由度
	恒速度副	构件 1 相对于构件 2 恒速转动 约束 1 个旋转和 3 个平移自由度

（续表）

图标	名称	功能
	平面副	构件 1 相对于构件 2 在平面内运动 约束 2 个旋转和 1 个平移自由度
	螺纹副	构件 1 相对于构件 2 每旋转一周的同时将上升或下降一个螺矩 提供一个相对运动自由度
	齿轮副	构件 1 相对于构件 2 定速比啮合转动 提供定比传动关系
	耦合副	提供构件 1 和构件 2 的相对旋转或平移运动 两个构件的旋转轴或平移轴可不共面

下面对主要的约束副进行介绍。

（1）旋转副（Revolute Joint）：旋转副只允许两个物体绕一条共同的轴线旋转。旋转副在旋转轴线的任意位置，其方向决定旋转轴线的方向，如图 2-33 所示。一个旋转副从模型中去除 5 个自由度。

（2）移动副（Translational Joint）：移动副只允许两个物体沿一条轴线相互移动，移动副的位置不影响物体的运动，移动副的方向确定物体滑移的方向，如图 2-34 所示。一个移动副从模型中去除 5 个自由度。

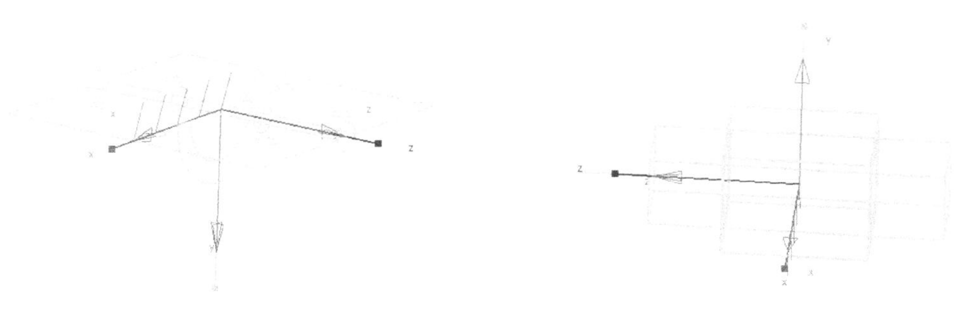

图 2-33　旋转副　　　　图 2-34　移动副

（3）圆柱副（Cylindrical Joint）：圆柱副允许两个物体沿一条轴线既滑动又旋转。圆柱副在轴线的任意位置，圆柱副的方向确定轴线的方向，如图 2-35 所示。一个圆柱副从模型中去除 4 个自由度。

（4）球副（Spherical Joint）：球副允许两个物体相对于一点自由转动，但是没有平移。球副的位置确定旋转点的位置，如图 2-36 所示。一个球副从模型中去除 3 个自由度。

图 2-35　圆柱副　　　　图 2-36　球副

（5）固定副（Fixed Joint）：固定副就是把两个物体固结在一起，两个物体没有相对运动。固定副的位置和方向都不影响仿真结果。因此，将其放在容易看见的位置，如图 2-37 所示。一个固定副从模型中去除 6 个自由度。

（6）万向节副（Hook/Universal Joint）：万向节副允许一个物体把旋转运动传递给另一个物体，并且两个物体的旋转轴线有夹角。万向节副的位置确定两个物体的连接点，方向如图 2-38 所示。一个万向节副从模型中去除 4 个自由度。

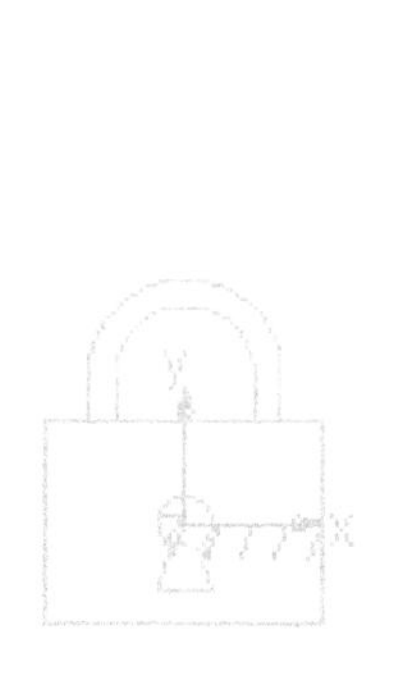

图 2-37　固定副

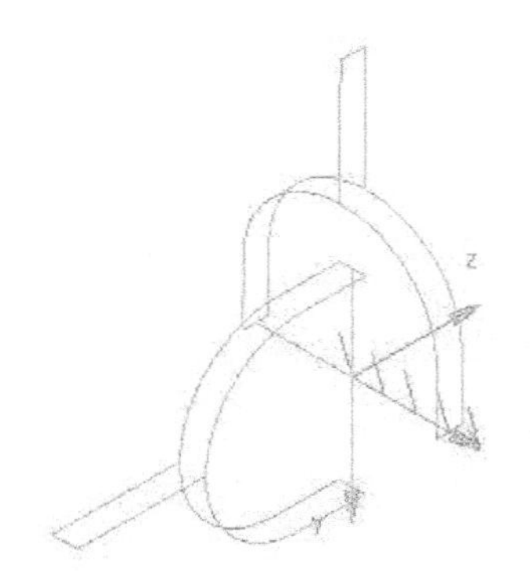

图 2-38　万向节副

（7）恒速度副（Constant-Velocity Joint）：恒速度副允许两个物体以相等的速度旋转。恒速度副的位置确定两个物体的连接点，方向如图 2-39 所示。一个恒速度副从模型中去除 4 个自由度。

（8）平面副（Planar Joint）：平面副的位置确定约束平面通过的点。平面副的矢量方向垂直于约束平面，如图 2-40 所示。一个平面副从模型中去除 3 个自由度。

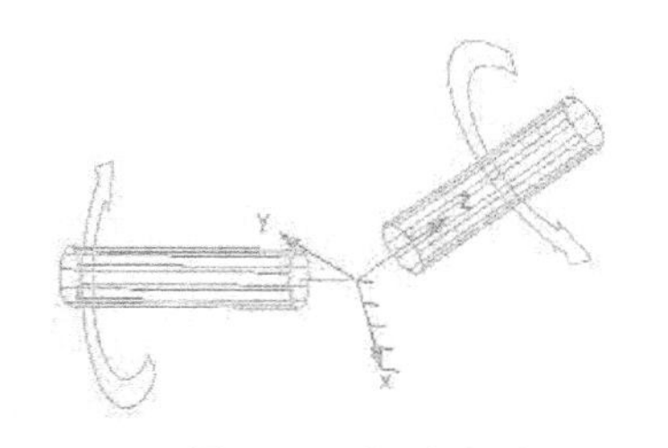

图 2-39　恒速度副

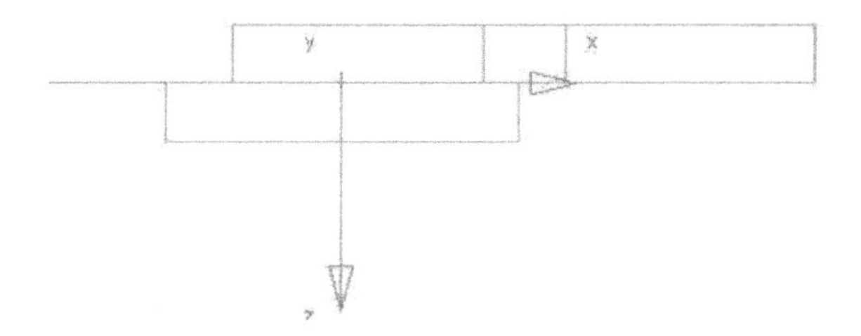

图 2-40　平面副

（9）螺纹副（Screw Joint）：螺纹副允许一个物体相对于另一个物体的轴线旋转，并且无轴向移动。确定螺纹副时，还需要定义螺距值，正的螺距值创建右手螺纹，负的螺距值创建左手螺纹，如图 2-41 所示。

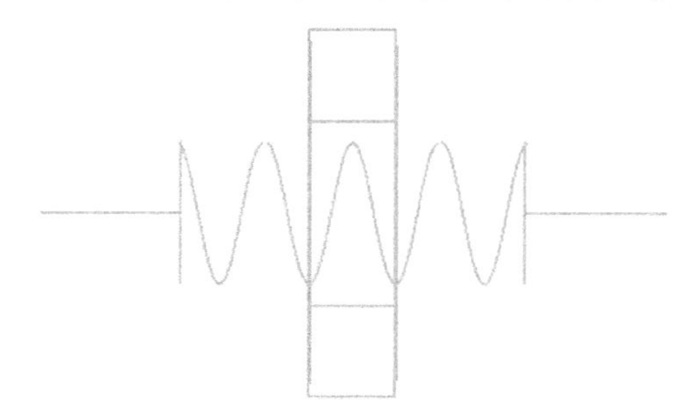

图 2-41　螺纹副

（10）齿轮副（Gear Joint）：齿轮副允许两个物体在共同的速度点以相同的速度运动。齿轮副通过耦合两个约束副连接两个物体，约束副为移动副、旋转副或圆柱副。根据约束副的不同，创建齿轮传动、螺旋传动、齿轮-齿条传动等，如图 2-42 所示。

（11）耦合副（Couple Joint）：耦合副把两个或三个约束副连接在一起，以一定的比例关系定义约束副之间的平移和 / 或旋转运动，如图 2-43 所示。

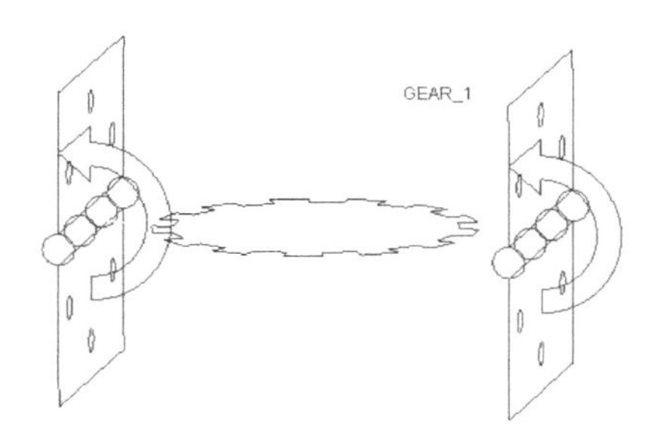

图 2-42　齿轮副

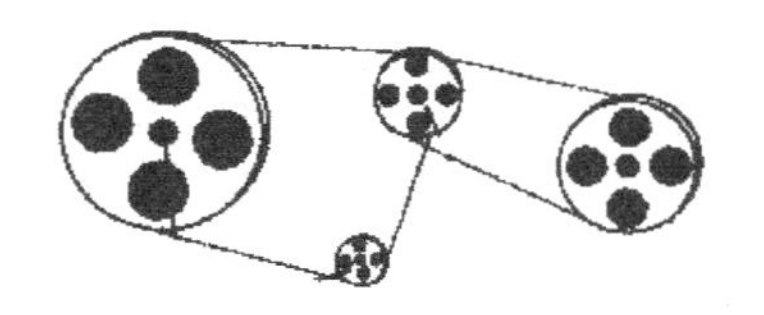

图 2-43　耦合副

（12）销-槽凸轮副（Pin-in-Slot Cam）：销-槽凸轮副允许一个物体上的固定点在第二个物体的曲线上自由翻转和滑动，固定在第二个物体的曲线既可以是开口曲线也可以是闭合曲线，如图 2-44 和图 2-45 所示。一个销-槽凸轮副从模型中去除 2 个自由度。

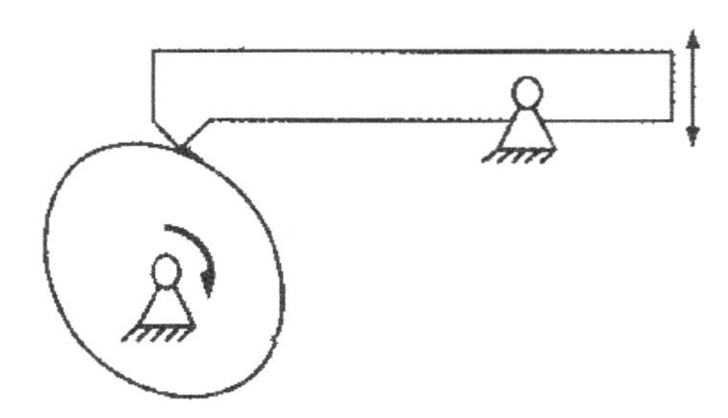

图 2-44　销-槽凸轮副（开口曲线）

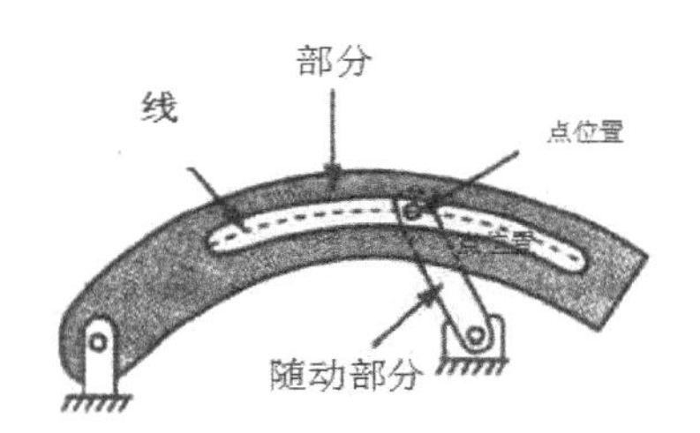

图 2-45　曲线-槽凸轮副（闭合曲线）

（13）曲线-曲线凸轮副（Curve-on-Curve Cam）：曲线-曲线凸轮副要求第一个物体的曲线必须和第二个物体的曲线接触，定义的这两条曲线必须在同一个平面内，两条曲线既可以为开口曲线，也可以为闭合曲线，如图 2-46 所示。一个曲线-曲线凸轮副从模型中去除 3 个自由度。

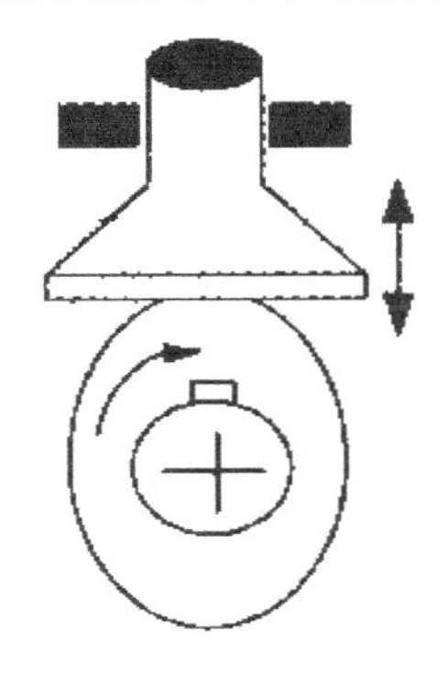

图 2-46　曲线-曲线凸轮副

2.5 ADAMS的设计流程

ADAMS的设计流程包括以下几方面。

1. 创建模型

在创建机械系统模型时，首先要创建构成模型的物体，它们具有质量、转动惯量等物理特性。创建物体的方法有两种：一种是使用ADAMS/View中的零件库创建形状简单的物体，另一种是使用ADAMS/Exchange模块从其他CAD软件（如UG）输入形状复杂的物体。

使用ADAMS/View创建的物体一般有 3 类：刚体、点质量和弹性体。其中，刚体拥有质量和转动惯量，但是不能变形；点质量是只有质量和位置的物体，没有方向；使用ADAMS/View还可以创建分离式的弹性连杆，并且向有限元分析软件（如ANSYS）输出载荷。

创建完物体后，需要使用ADAMS/View中的约束库创建两个物体之间的约束副。这些约束副确定物体之间的连接情况以及物体之间是如何相对运动的。

最后，施加力和力矩，以便模型按照设计要求进行运动仿真。

2. 测试和验证模型

创建完模型或者在创建模型的过程中对模型进行运动仿真，通过测试整个模型或模型的一部分来验证模型的正确性。在对模型进行仿真的过程中，ADAMS/View自动计算模型的运动特性，如距离、速度信息等。使用ADAMS/View测量这些信息以及模型中物体的其他信息，例如施加在弹簧上的力、两个物体之间的角度等。在进行仿真时，ADAMS/View通过测量曲线直观地显示仿真的结果，将机械系统的物理试验数据输入ADAMS/View中，并以曲线的形式叠加在ADAMS/View的仿真曲线中，通过比较这些曲线来验证所创建模型的精确程度。

3. 细化模型和迭代

通过初步地仿真分析确定模型的基本运动后，在模型中增加更复杂的因素，以细化模型。例如，增加两个物体之间的摩擦力、将刚性体改变为弹性体、将刚件约束副替换为弹性连接等。

为了便于比较不同的设计方案，定义设计点和设计变量，对模型进行参数化，这样就可以通过修改参数自动修改整个模型。

4. 优化设计

ADAMS/View自动进行多次仿真，以便找到机械系统设计的最优方案。

5. 定制界面

为了使ADAMS/View符合设计环境，定制ADAMS/View的界面，将经常需要改动的设计参数定制成菜单和便捷的对话窗口，还可使用宏命令执行复杂、重复的工作，提高工作效率。

2.6 创建物体

设置工作环境以后，开始创建构成模型的物体。ADAMS/View提供了零件库，可创建各种基本形状的物体。对于复杂形状的物体，一种方法是使用ADAMS/Exchange模块从其他软件（如UG）中输入零件模型；另一种方法是使用ADAMS/View创建包含零件特征点的简单物体，然后重新定义物体的质心、质量、转动惯量等物理特性。

1. 创建连杆

Step 01 单击主工具栏中的“物体”（Body）按钮，打开零件库，如图 2-47 所示。要想创建某个物体，直接单击相应的图标即可。

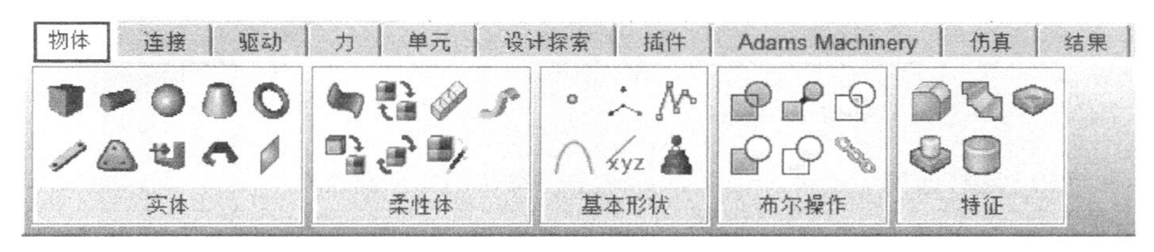

图 2-47　ADAMS/View 零件库

选择零件库中的连杆图标，在主工具箱中就会显示出连杆的选项，如图 2-48 所示。第一个栏中有 3 个选项，即新建部件（New Part）、添加到部件（Add to Part）和在地面上（On Ground），分别表示创建一个新物体、在一个已经存在的物体上创建连杆（此时连杆并不是一个独立的物体，而是参考物体上的一部分）、创建一个与地面固结的连杆。

长度（Length）栏用于定义连杆的长度，宽度（Width）栏用于定义连杆的宽度，深度（Depth）栏用于定义连杆的厚度。具体使用方法是：首先在相应的栏中输入数值，然后勾选复选框，即表示在创建的连杆中选用此值。如果不定义连杆的尺寸值，系统就会按照默认比例创建连杆。

Step 02 选择新建部件（New Part），不定义连杆的长度、宽度、厚度，然后用鼠标左键在绘图区选择一个点（系统会自动捕捉工作格栅）确定连杆的位置，再用鼠标在绘图区选择一个点（系统会自动捕捉工作格栅）确定连杆的大小和方向，即可创建一个连杆，如图 2-49 所示。

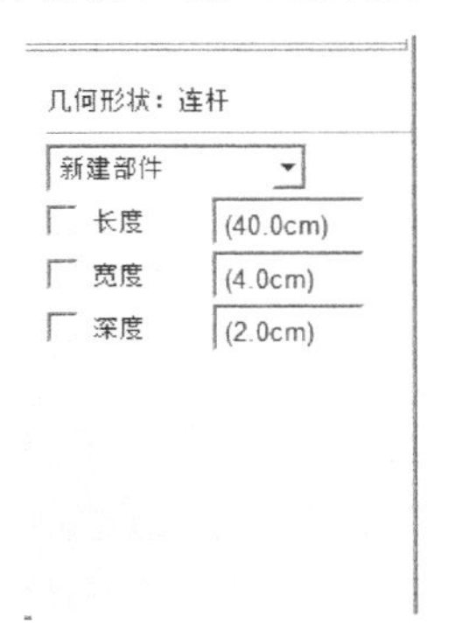

图 2-48　连杆选项

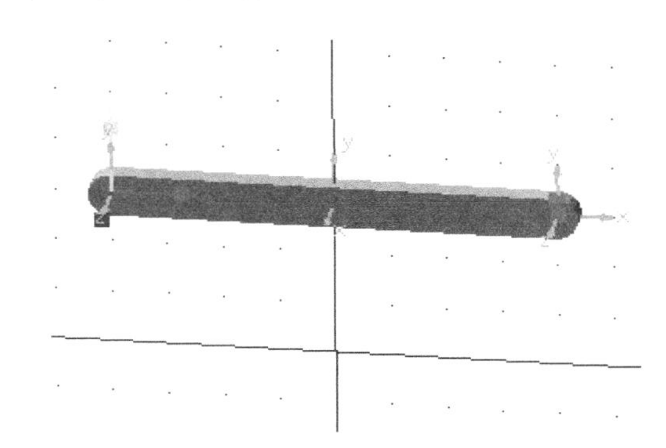

图 2-49　创建连杆

Step 03 选择新建部件（New Part），定义连杆的长度、宽度和厚度分别为 50cm、8cm和 3cm，如图 2-50 所示。首先在绘图区选择一个点（系统会自动捕捉工作格栅）确定连杆的位置，然后在绘图区选择一个点（系统会自动捕捉工作格栅）以确定连杆的方向，创建一个连杆，如图 2-51 所示。选中主工具栏中的旋转按钮，按住鼠标在绘图区中拖动，旋转模型。单击主工具栏中的前视图按钮，将模型调整到前视图状态。

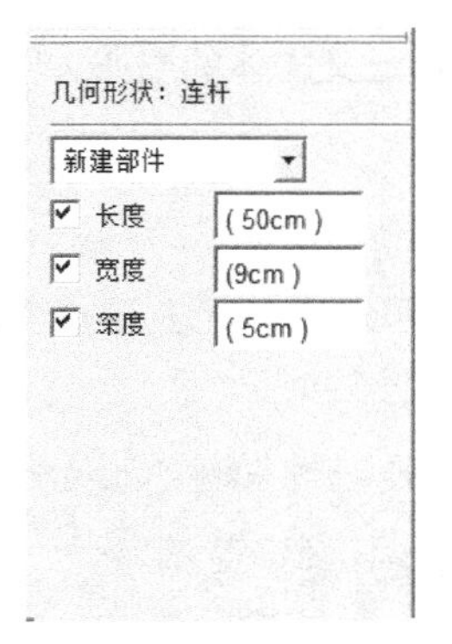

图 2-50　连杆选项

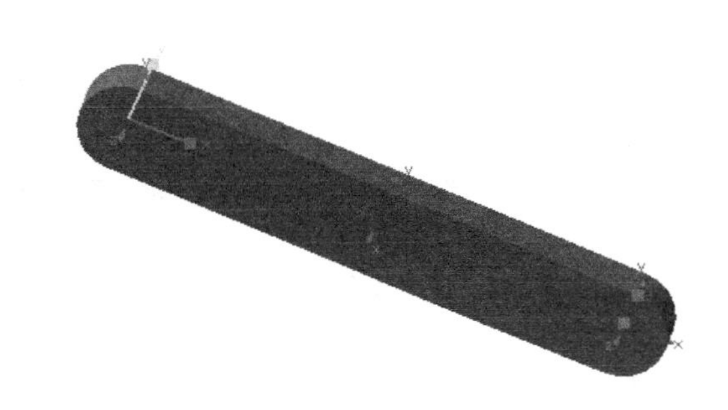

图 2-51　创建连杆

Step 04 将光标放置在创建的连杆上，右击，利用快捷菜单命令修改连杆的物理特性和几何特性。这里选择“Part：PART_2”中的修改（Modify）命令，如图 2-52 所示，修改连杆物体的物理特性，如连杆物体的材料、密度、质量、转动惯量等。系统弹出的Modify Body （修改物体）对话框如图 2-53 所示。

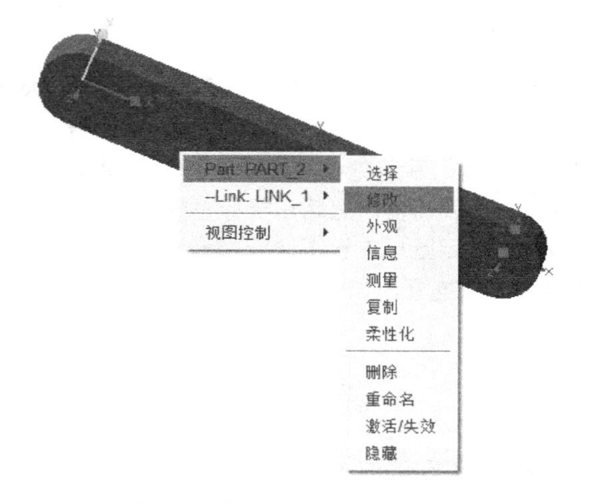

图 2-52　修改（Modify）命令

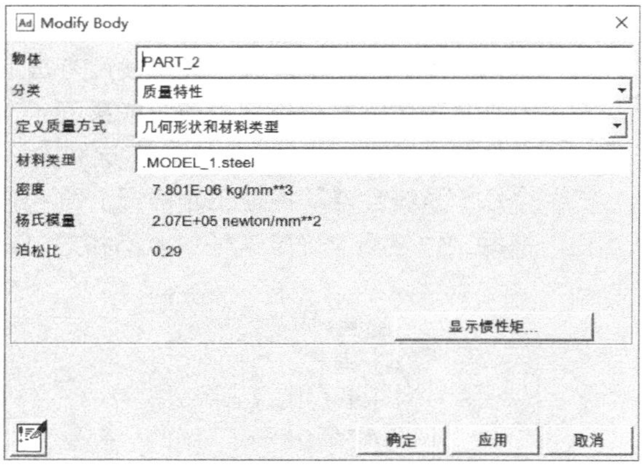

图 2-53　Modify Body（修改物体）对话框

Step 05 在Modify Body（修改物体）对话框的定义质量方式（Define Mass By）栏中选择几何形状和材料类型（Geometry and Material Type）选项，修改物体（Modify Body）的材料。具体方法是：将光标放在材料类型（Material Type）栏中，右击，在弹出的菜单中选择所需的材料，如图 2-54 所示。

Step 06 在Modify Body（修改物体）对话框的定义质量方式（Define Mass By）栏中选择几何形状和密度（Geometry and Density）选项，直接在密度 (Density）栏中修改物体（Modify Body）的密度，如图 2-55 所示。

Step 07 在Modify Body（修改物体）对话框的定义质量方式（Define Mass By）栏中选择用户输入（User Input）选项，重新输入物体的质量和转动惯量，如图 2-56 所示。在质心标记点（Center of Mass Marker）栏中需要输入质心的参考标记点（Marker），在惯性参考标记点（Inertia Reference Maker）栏中需要输入转动惯量的参考标记点。

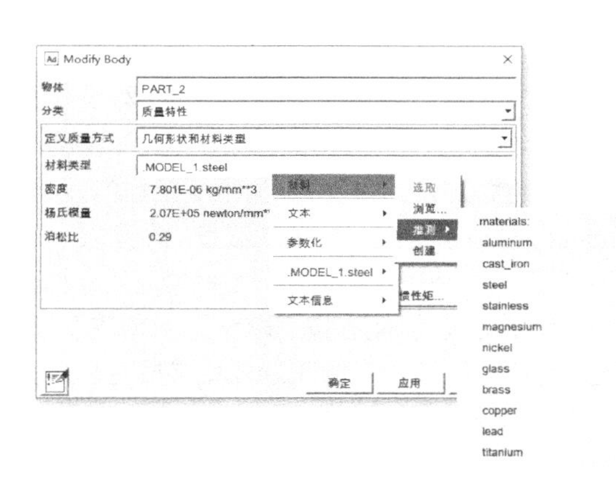

图 2-54　修改物体（Modify Body）材料

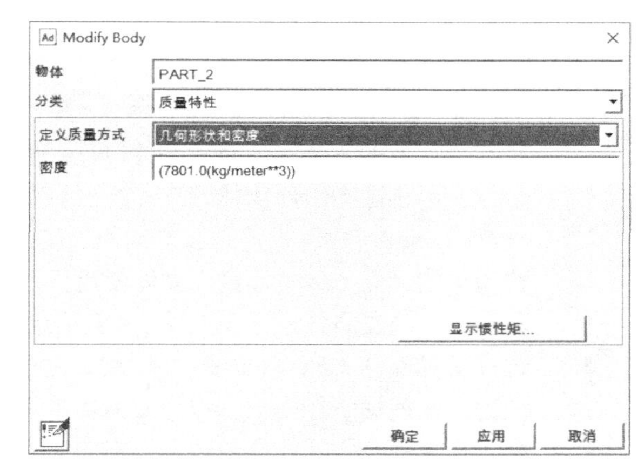

图 2-55　修改物体（Modify Body）密度

Step 08　将光标放置在创建的连杆上，右击，选择连杆（-Link:LINK_1）中的修改（Modify）命令，如图 2-57 所示，修改连杆的几何特性。

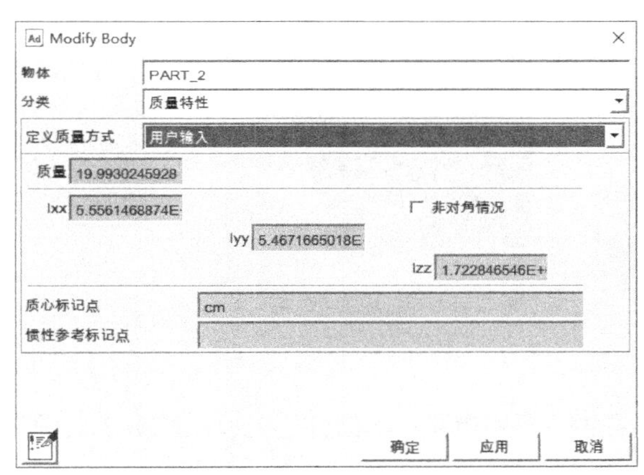

图 2-56　Modify Body（修改物体）对话框

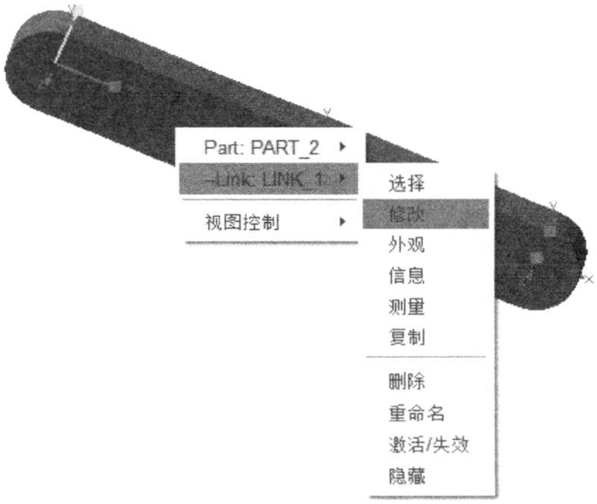

Part: PART_2
-Link: LINK_1
视图控制
选择
修改
外观
信息
测量
复制
删除
重命名
激活/失效
隐藏

图 2-57　修改连杆命令

Step 09　在修改连杆对话框中，通过修改宽度（Width）和深度（Depth）栏内的数值修改连杆的宽度和厚度，如图 2-58 所示。

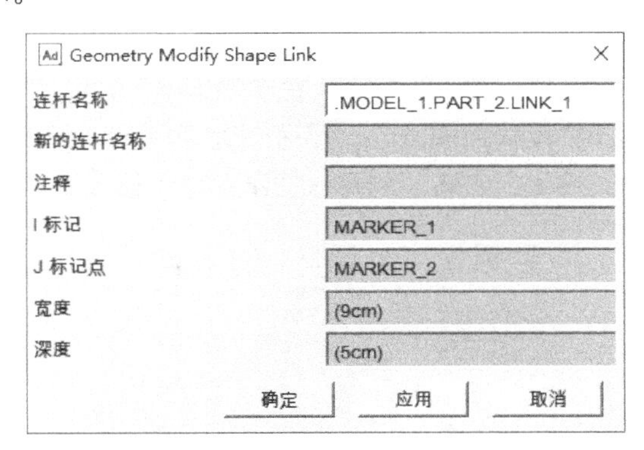

图 2-58　修改连杆的宽度和厚度

2. 创建长方体

Step 01 选择零件库中的立方体（Box）图标，在主工具栏中会显示出立方体的选项，如图 2-59 所示。第一个栏中的 3 个选项新建部件（New Part）、添加到部件（Add to Part）和在地面上（On Ground）分别表示创建一个新物体、在一个已经存在的物体上创建立方体、创建一个与地面固结的立方体。长度（Length）栏用于定义立方体的长度，高度（Height）栏用于定义立方体的高度，深度（Depth）栏用于定义立方体的厚度。具体使用方法是：首先在相应的栏中输入数值，然后勾选复选框，表示在创建的立方体中选用此值。如果不定义立方体的尺寸值，系统就会按照默认比例创建立方体。

Step 02 选择新建部件（New Part），不定义立方体的长度、高度、厚度，在绘图区依次选择两个点（系统会自动捕捉工作格栅）作为立方体的两个顶点，即可创建立方体，如图 2-60 所示。

Step 03 将光标放置在创建的立方体上，右击，利用快捷菜单命令修改立方体的物理特性和几何特性。

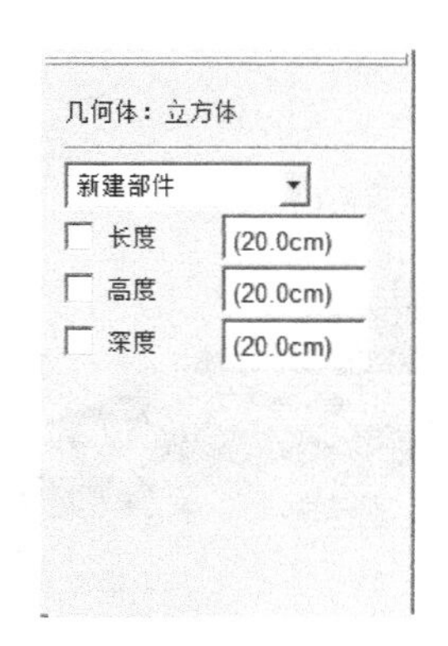

图 2-59　立方体选项

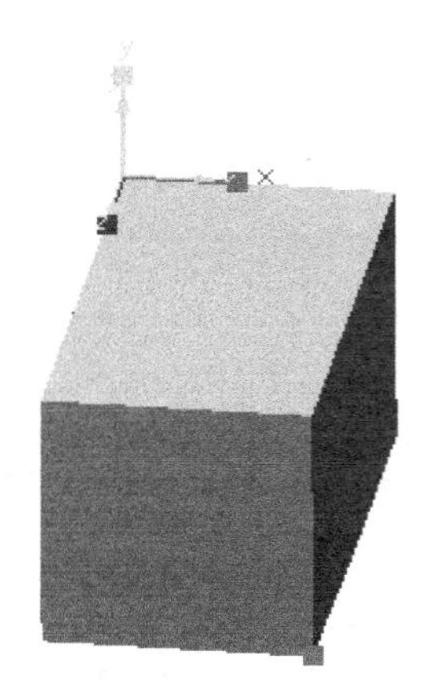

图 2-60　创建立方体

3. 创建圆柱

Step 01 选择零件库中的圆柱（Cylinder）图标，在主工具栏中显示出圆柱的选项，如图 2-61 所示。第一个栏中的 3 个选项新建部件（New Part）、添加到部件（Add to Part）和在地面上（On Ground）分别表示创建一个新物体、在一个已经存在的物体上创建圆柱、创建一个与地面固结的圆柱。长度（Length）栏用于定义圆柱的长度，半径（Radius）栏用于定义圆柱的半径。具体使用方法是：首先在相应的栏中输入数值，然后勾选复选框，表示在创建的圆柱中选用此值。如果不定义圆柱的尺寸值，系统会按照默认比例创建圆柱。

Step 02 选择新建部件（New Part），不定义圆柱的长度和半径，在绘图区依次选择两个点（系统合自动捕捉工作格栅）作为圆柱两端面的圆心，即可创建圆柱，如图 2-62 所示。

Step 03 将光标放置在创建的圆柱上，右击，利用快捷菜单命令修改圆柱的物理特性和几何特性。

图 2-61　圆柱选项

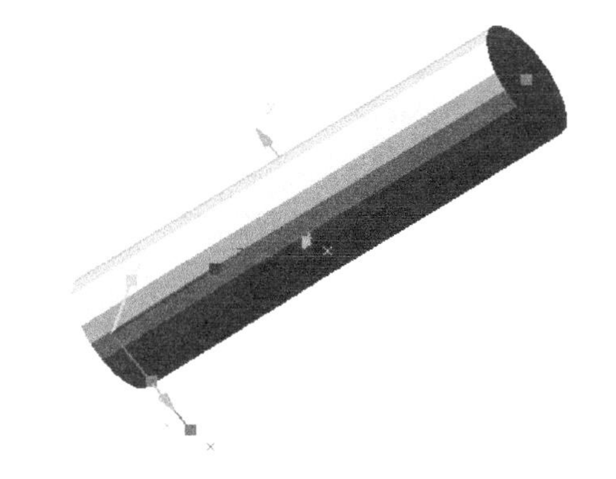

图 2-62　创建圆柱

4. 创建球

Step 01 选择零件库中的球（Sphere）图标，在主工具箱中显示出球的选项，如图 2-63 所示。第一栏的 3 个选项新建部件（New Part）、添加到部件（Add to Part）和在地面上（On Ground）分别表示创建一个新物体、在一个已经存在的物体上创建球、创建一个与地面固结的球。在半径（Radius）栏中输入球的半径，如果不预先设置球的半径，可在创建球时确定球的半径。

Step 02 选择新建部件（New Part），不定义球的半径，在绘图区选择一个点（系统会自动捕捉工作格栅）作为球的中心，再在绘图区选择一个点确定球的半径，创建球，如图 2-64 所示。

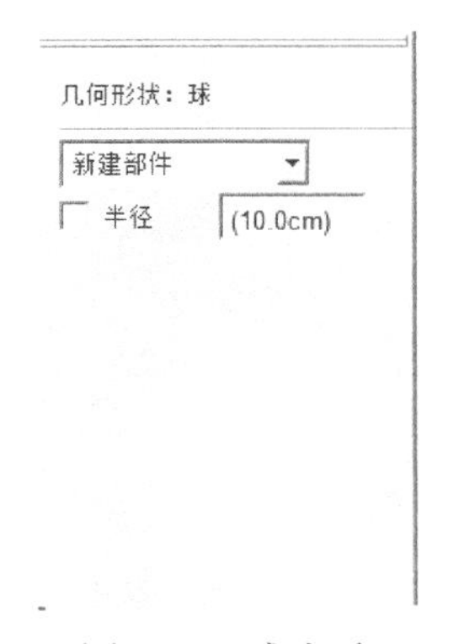

图 2-63　球选项

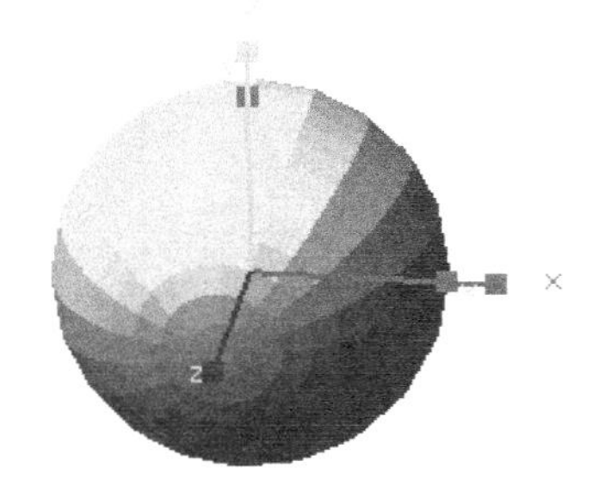

图 2-64　创建球

5. 创建锥台

Step 01 选择零件库中的锥台（Frustum）图标，在主工具栏显示出锥台的选项，如图 2-65 所示。第一个栏中的 3 个选项新建部件（New Part）、添加到部件（Add to Part）和在地面上（On Ground）分别表示创建一个新物体、在一个已经存在的物体上创建锥台、创建一个与地面固结的锥台。长度（Length）栏用于定义锥台的长度，底部半径（Bottom Radius）栏用于定义锥台的底面半径，顶部半径（Top Radius）栏用于定义锥台的顶面半径。如果不定义锥台的尺寸值，系统就会按照默认比例创建锥台。

Step 02 选择新建部件（New Part），不定义锥台的长度和半径，在绘图区依次选择两个点（系统会自动捕捉工作格栅）作为锥台两端面的圆心创建锥台，如图 2-66 所示。将光标放置在创建的锥台上，右击，利用快捷菜单命令修改锥台的物理特性和几何特性。

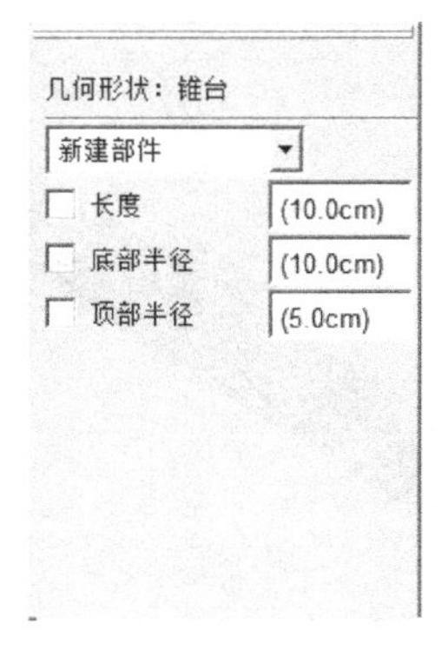

图 2-65　锥台选项

图 2-66　创建锥台

6. 创建圆环

Step 01 选择零件库中的圆环（Torus）图标，在主工具栏中显示圆环的选项，如图 2-67 所示。第一个栏中的 3 个选项新建部件（New Part）、添加到部件（Add to Part）和在地面上（On Ground）分别表示创建一个新物体、在一个已经存在的物体上创建圆环、创建一个与地面固结的圆环。截面半径（Minor Radius）栏用于定义圆环截面的半径，中心半径（Major Radius）栏用于定义圆环的轮廓半径。如果不定义圆环的尺寸值，系统会按照默认比例创建圆环。

Step 02 选择新建部件（New Part），不定义圆环的内径和外径，在绘图区选择一个点（系统会自动捕捉工作格栅）作为圆环的中心，再在绘图区选择一个点确定圆环的外征，即可创建圆环，如图 2-68 所示。

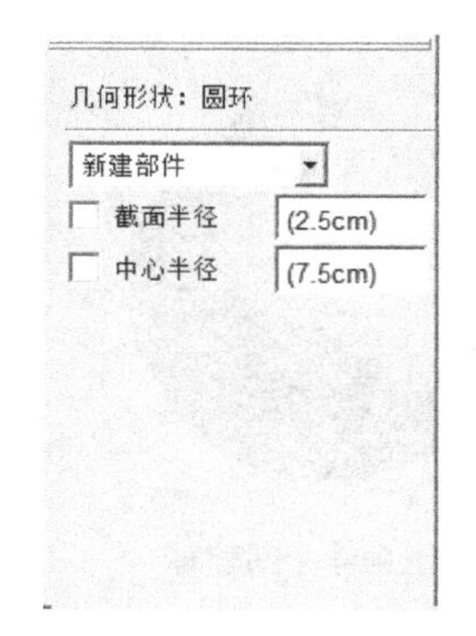

图 2-67　创建圆环对话框

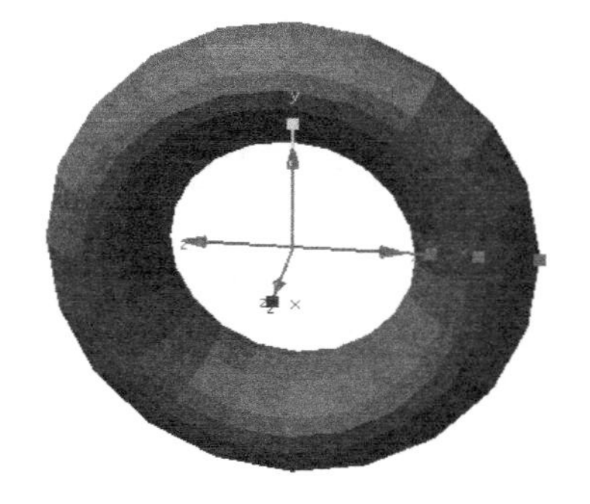

图 2-68　创建圆环

Step 03 将光标放置在创建的圆环上，右击，利用快捷菜单命令修改圆环的物理特性和几何特性。

7. 创建拉伸体

Step 01 选择零件库中的拉伸体（Extrusion）图标，在主工具栏中显示出拉伸体的选项，如图 2-69 所示。第一个栏中的 3 个选项新建部件（New Part）、添加到部件（Add to Part）和在地面上（On Ground）分别表示创建一个新物体、在一个已经存在的物体上创建拉伸体、创建一个与地面固结的拉伸体。如果选中闭合（Closed）复选框，ADAMS/View就创建一个由截面拉伸一定距离而形成的实体；如果取消选中闭合（Closed）复选框，ADAMS/View就将创建一个开口没有质量的薄壁物体。长度（Length）栏用于定义拉伸体的厚度；路径（Path）栏中的向前（Forward）、圆心（About Center）和后退（Backward）选项分别表示拉伸体的伸长方式为向截面的前方伸长、向截面的两侧伸长和向截面的后方伸长。

Step 02 选择新建部件（New Part）、闭合（Closed）和向前（Forward），在长度（Length）栏中设置拉伸体的厚度为 5.0 cm，在绘图区选择 5 个点（系统会自动捕捉工作格栅）形成拉伸体的截面，右击，完成拉伸体的创建，如图 2-70 所示。

图 2-69　拉伸体选项

图 2-70　创建实体拉伸体

Step 03 选择新建部件（New Part）和向前（Forward），不选择闭合（Closed），在长度（Length）栏中设置拉伸体的厚度为 7.0 cm，在绘图区选择 5 个点（系统会自动捕捉工作格栅）形成拉伸体的截面，右击，创建薄壁物体，如图 2-71 所示。

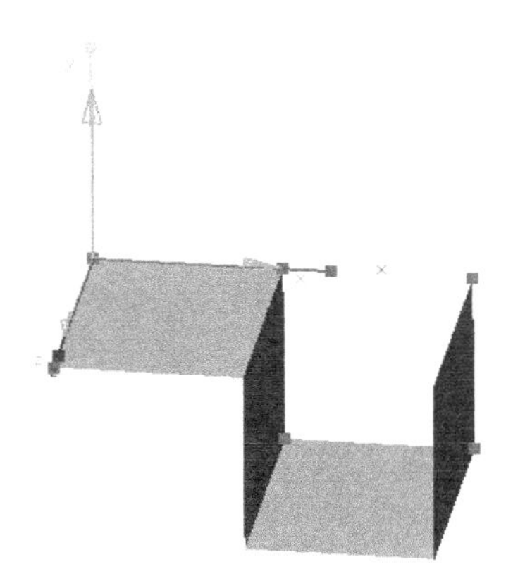
图 2-71　创建开口拉伸体

8. 创建旋转体

Step 01 选择零件库中的旋转体（Revolution）图标，在主工具栏中显示出旋转体的选项，如图 2-72 所示。第一个栏中的 3 个选项新建部件（New Part）、添加到部件（Add to Part）和在地面上（On Ground）分别表示创建一个新物体、在一个已经存在的物体上创建旋转体、创建一个与地面固结的旋转体。如果选中闭合（Closed）复选框，ADAMS/View就将创建一个由截面旋转而成的实体；如果取消选中闭合（Closed）复选框，ADAMS/View就将创建一个没有质量的薄壁物体。

Step 02 选择新建部件（New Part）和闭合（Closed），首先在绘图区选择两个点（系统会自动捕捉工作格栅）确定旋转体的旋转轴线，然后在旋转轴线的一侧选择若干个点确定旋转体的截面，右击，完成旋转体的创建，如图 2-73 所示。

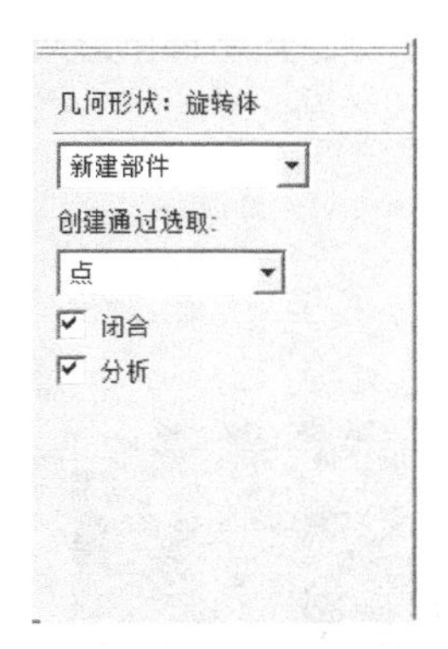

图 2-72 旋转体选项

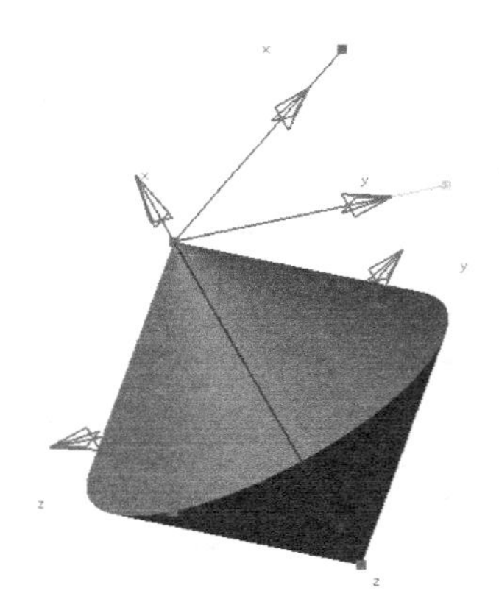
图 2-73 创建旋转体

9. 创建多边形板

Step 01 选择零件库中的多边形板（Plat）图标，在主工具栏中显示出多边形板的选项，如图 2-74 所示。第一个栏中的 3 个选项新建部件（New Part）、添加到部件（Add to Part）和在地面上（On Ground）分别表示创建一个新物体、在一个已经存在的物体上创建多边形板、创建一个与地面固结的多边形板。厚度（Thickness）栏用于确定平板的厚度，半径（Radius）栏用于确定平板的圆角半径。ADAMS/View创建的平板向截面的两侧伸长。

Step 02 选择新建部件（New Part），确定平板的厚度和圆角半径分别为 5.0cm和 2.0cm，先用鼠标左健在绘图区选择若干个点，再按鼠标右键创建平板，如图 2-75 所示。

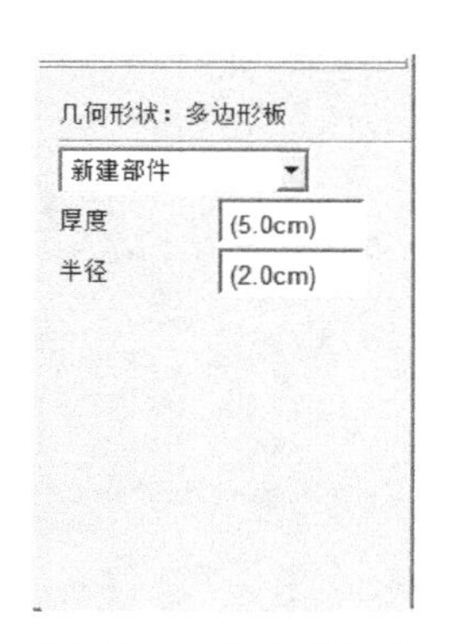

图 2-74 多边形板选项

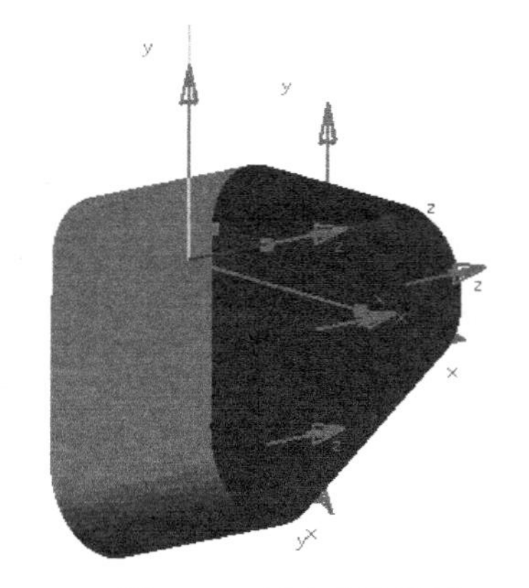
图 2-75 创建多边形板

10. 创建设计点

Step 01 选择零件库的点（Point）图标，在主工具栏中显示出点的选项，如图 2-76 所示。第一个栏的两个选项添加到地面（Add to Ground）和添加到部件（Add to Part）分别表示在地面上创建点和在已经存在的物体上创建点。第二个栏中的不能附着（Don't Attach）选项表示创建的点与物体不关联，邻近附着（Attach to Near）选项表示创建的点与物体关联，即通过修改点的位置修改物体（Modify Body）中特征点的位置。

Step 02 首先在绘图区创建一个圆柱体，然后确定设计点的选项为添加到部件（Add to Part）和邻近附着

（Attach to Near），接着选择连杆为参考物体，再选择连杆的一个特征点为点的位置，创建点，如图 2-77 所示（此处以圆柱为例）。

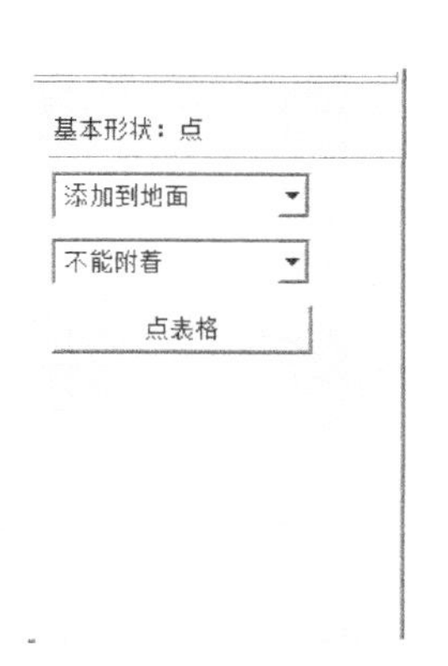

图 2-76　点选项

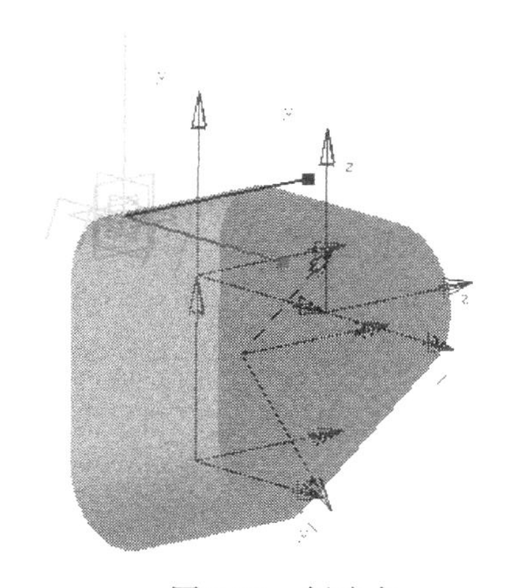

图 2-77　创建点

Step 03　将光标放置在创建的点上，右击，选择修改点的修改（Modify）命令，如图 2-78 所示。

Step 04　系统弹出编辑设计点对话框，如图 2-79 所示。更改设计点的坐标值（本例将Y坐标增加为 2mm），单击确定（OK）按钮。

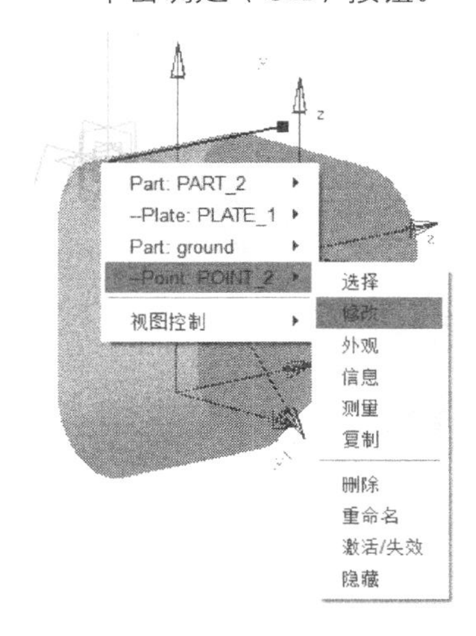

图 2-78　修改点命令

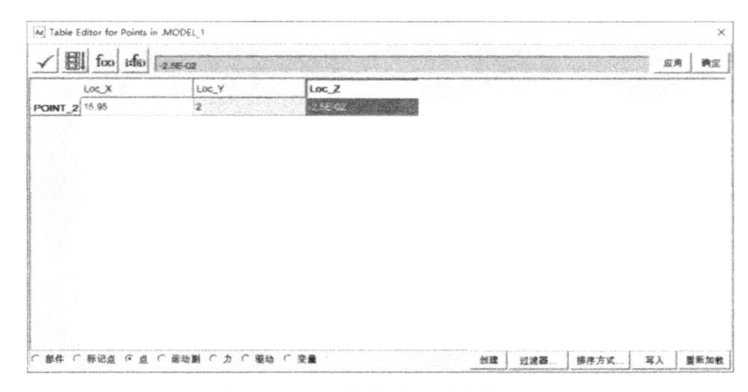

图 2-79　编辑点对话框

Step 05　由于点是与连杆关联的，因此点变化后连杆也会相应修改，如图 2-80 所示。

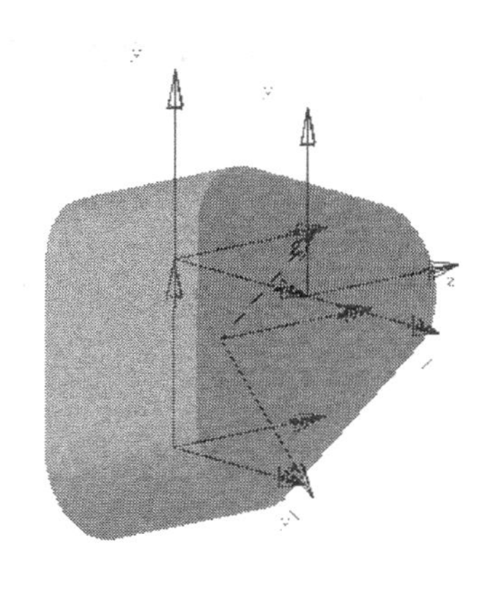

图 2-80　修改的点

11. 创建标记点（Marker）

Step 01　选择零件库中的标记点（Marker）图标，在主工具栏中显示出标记点的选项，如图 2-81 所示。第一个栏中的两个选项添加到地面（Add to Ground）和添加到部件（Add to Part）分别表示在地面上创建标记点（Marker）和在已经存在的物体上创建标记点（Marker）。第二个栏用于确定标记点（Marker）的方向，全局XY平面（Global XY Plane）表示标记点（Marker）的X、Y轴在大地坐标的XY平面，X、Y Axis表示不通过指定标记点（Marker）的X、Y轴方向确定其方向，X-Axis表示通过指定标记点（Marker）的X轴方向确定其方向。

Step 02　对于已经创建的标记点（Marker），可通过右键快捷菜单命令修改位置方向，如图 2-82 所示。

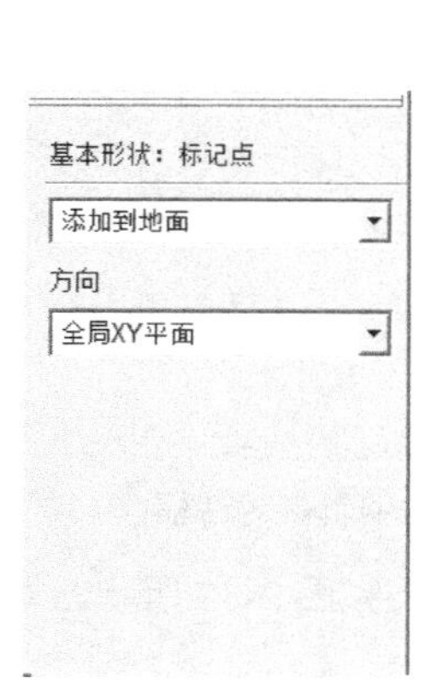

图 2-81　标记点选项

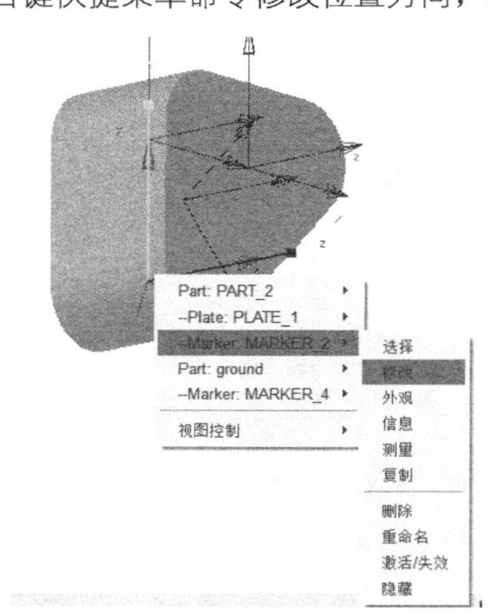

图 2-82　修改标记点命令

Step 03　系统弹出的修改标记点（Marker）对话框如图 2-83 所示。在位置（Location）栏中修改标记点（Marker）的X、Y、Z坐标；在方向（Orientation）栏中修改标记点（Marker）的方向，栏中的 3 个值按照 2-1-3 原则定义标记点（Marker）的方向，即第一个值表示标记点（Marker）绕其Z轴旋转的角度，第二个值表示标记点（Marker）绕其X轴旋转的角度，第三个值表示标记点（Marker）又绕其Z轴旋转的角度。

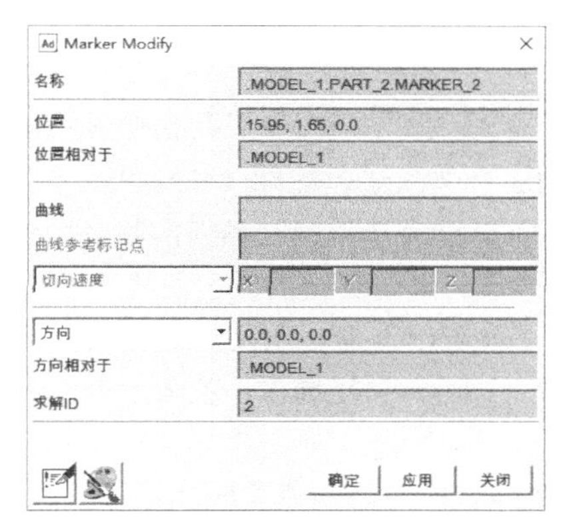

图 2-83　修改标记点（Marker）对话框

12. 创建多段线

Step 01　选择零件库中的多段线（Ployline）图标，在主工具栏中显示出多段线的选项，如图 2-84 所示。第一个栏中的 3 个选项新建部件（New Part）、添加到部件（Add to Part）和在地面上（On Ground）分别表示创建一条新的多段线、在一个已经存在的物体上创建多段线、创建一条与地面固结的多段线。第二个栏中的两个选项直线（OneLine）和多段线（Polyline）分别表示多段线由一条线段组成、由多条线段组成。选中闭合（Closed）复选框，表示创建一条闭合的多段线；取消选中闭合（Closed）复选框则表示创建一条开口的多段线。长度（Length）栏和角（Angle）栏表示定义多段线中每条线段的长度和角度。

Step 02　创建多段线时，先选择构成多段线的轮廓点，再右击完成多段线的创建。图 2-85 所示为创建的闭合和开口的多段线。

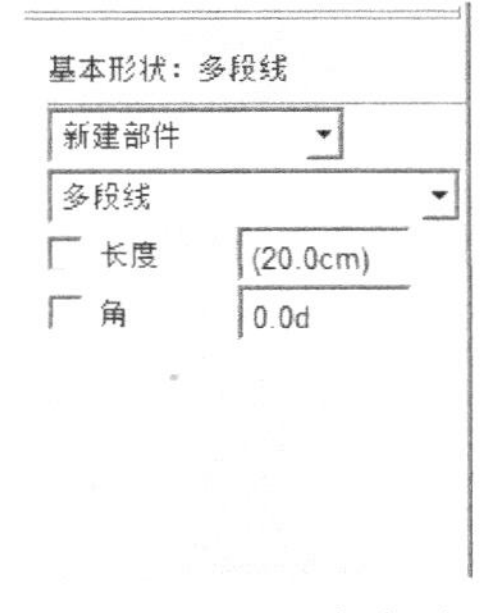

图 2-84　多段线选项

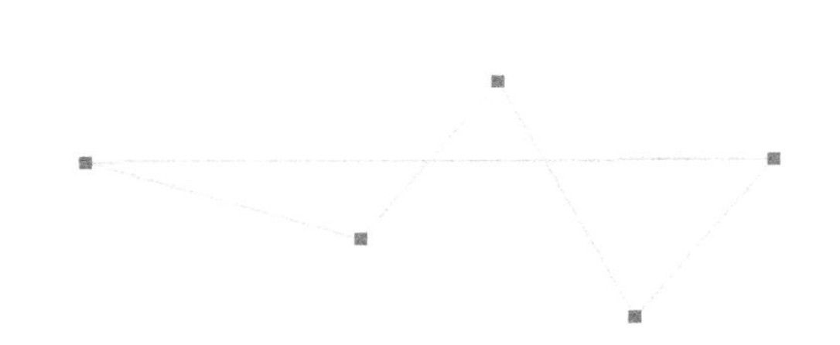

图 2-85　创建多段线

13. 创建圆弧

选择零件库中的圆弧（Arc）图标，在主工具栏中显示出圆弧的选项，如图 2-86 所示。第一个栏中的 3 个选项新建部件（New Part）、添加到部件（Add to Part）和在地面上（On Ground）分别表示创建一条新的圆弧、在一个已经存在的物体上创建圆弧、创建一条与地面固结的圆弧。选中圆（Circle）复选框，表示创建一个整圆。半径（Radius）栏用于定义圆弧的半径，起始角度（Start Angle）栏和终止角度（End Angle）栏用于确定圆弧的起始角度和终止角度。

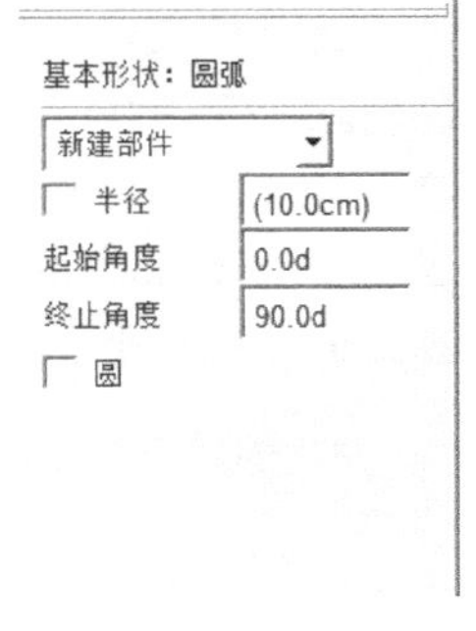

图 2-86　圆弧选项

14. 创建样条曲线

选择零件库中的样条曲线（Spline）图标，在主工具栏中显示出样条曲线的选项，如图 2-87 所示。第一个栏中的 3 个选项新建部件（New Part）、添加到部件（Add to Part）和在地面上（On Ground）分别表示创建一条新的样条曲线、在一个已经存在的物体上创建样条曲线、创建一条与地面固结的样条曲线。

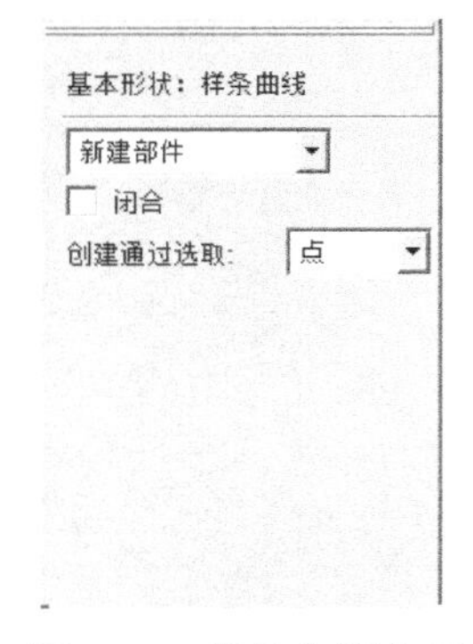

图 2-87　样条曲线选项

如果选中闭合（Closed）复选框，就表示创建一条闭合的样条曲线，这时至少需要选中 8 个点；如果取消选中闭合（Closed）复选框，就表示创建一条开口的样条曲线，这时至少需要选择 4 个点。

在创建通过选取（Create by picking）栏中选择点（Points）选项，表示通过选择轮廓点创建样条曲线；在创建通过选取（Create by picking）栏中选择曲线（Curve）选项，表示通过一条曲线拟合出一条样条曲线。

创建样条曲线时，用鼠标选择构成样条曲线的轮廓点，右击，完成样条曲线的创建。创建闭合的样条曲线时至少要选择 8 个轮廓点，创建开口的样条曲线时至少要选择 4 个轮廓点。

图 2-88 所示为创建的闭合和开口的样条曲线。图 2-89 所示为通过一条多段线拟合出一条闭合样条曲线。

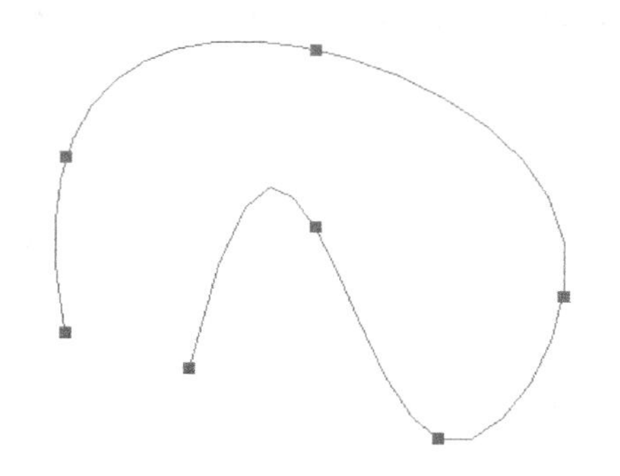
图 2-88　创建样条曲线

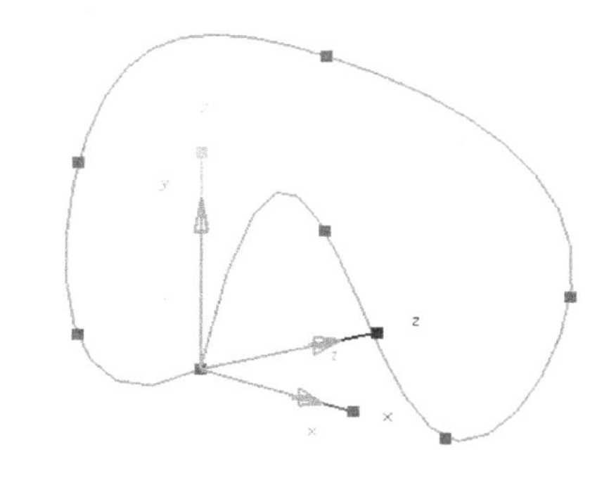
图 2-89　通过多段线拟合出的闭合样条曲线

2.7 创建约束副

创建了构成模型的物体后就需要使用约束副将它们连接起来，以定义物体之间的相对运动。ADAMS/View提供的约束副有理想约束（Idealized Joint）、虚约束（Joint Primitive）、高副约束（Contact）和运动驱动（Motions Generator）等类型。

理想约束通常是具有物理意义的约束副，如旋转副（Revolute Joint）、移动副（Translational Joint）、齿轮副（Gear Joint）等；虚约束（Joint Primitive）用于限制物体之间的相对运动，如限制一个物体的运动轨迹与另一个物体的运动轨迹必须平行等；高副约束（Contact）用于定义两个物体在运动过程中的接触情况；运动驱动（Motions Generator）用于驱动模型按一定的规律运动。本节主要介绍在建模过程中经常使用的理想约束和运动驱动。

1. 创建旋转副

单击主工具栏中的连接（Connectors，见图 2-90），打开ADAMS/View的完整约束库（见图 2-91）。想创建哪个约束，就在约束库中选择相应的图标。

图2-90　系统约束库按钮

图2-91　系统完整约束库

Step 01 单击约束库中的旋转副（Revolute Joint）图标，在主工具栏中显示出旋转副选项，如图2-92所示。第一个栏中的3个选项1个位置（1 Location）、2个物体-1个位置（2 Bodies-1 Locations）和2个物体-2个位置（2 Bodies-2 Locations）分别表示通过确定一个位置点创建物体和地面之间的旋转副、通过选择两个物体和一个位置点确定两个物体之间的旋转副、通过选择两个物体和两个位置点确定两个物体之间的旋转副。第二个栏中的两个选项垂直格栅（Normal To Grid）和选取几何特性（Pick Geometry Feature）分别表示旋转副的旋转轴线垂直于工作格栅所在的平面、选择一个方向作为旋转副旋转轴线的方向。

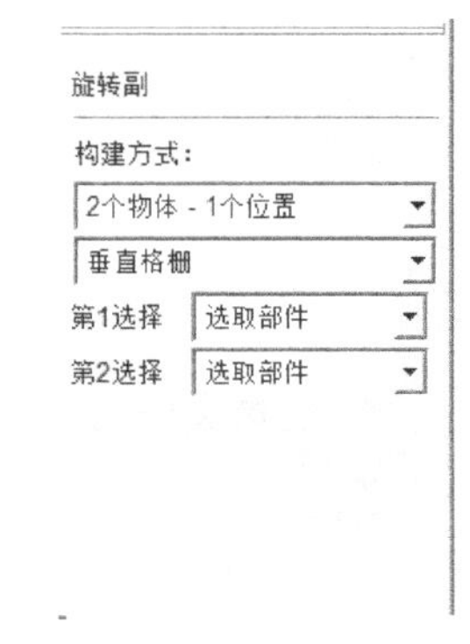

图2-92　旋转副选项

Step 02 创建一个圆柱和一个连杆：PART_1和PART_2，如图2-93所示。在旋转副选项中，选择1个位置（1 Location）和垂直格栅（Normal To Grid），再选择圆柱PART_1左边的标记点（Marker）作为旋转副的位置点，创建圆柱PART_1和地面之间的旋转副JOINT_1；选择2个物体 -1个位置（2 Bodies-1 Locations）和垂直格栅（Normal To Grid），再依次选择圆柱PART_1和连杆PART_2，然后选择圆柱和连杆连接处的标记点（Marker）作为旋转副的位置点，创建两个连杆之间的旋转副JOINT_2，如图2-94所示。

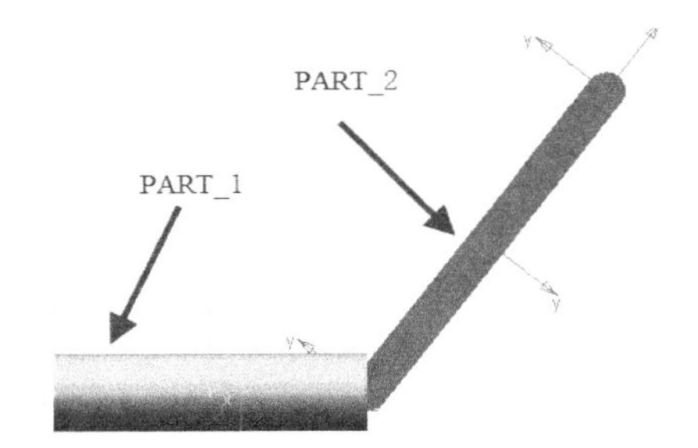

图2-93　创建连杆和圆柱

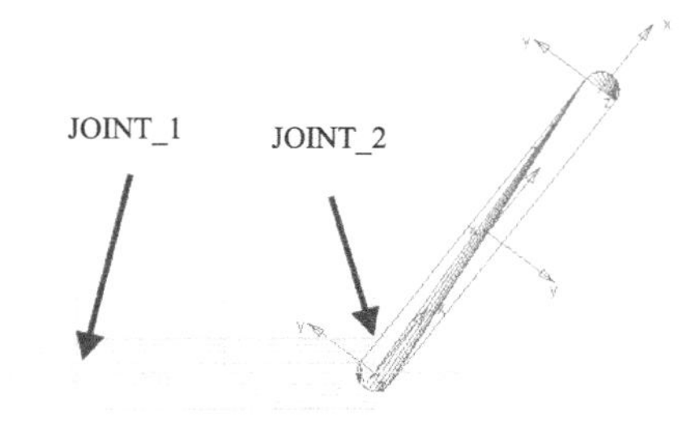

图2-94　创建旋转副

2. 创建平移副

Step 01 单击约束库中的平移副（Translational Joint）图标，在主工具栏中显示出平移副选项，如图2-95所示。第一个栏中的3个选项1个位置（1 Location）、2个物体 -1个位置（2 Bodies-1 Locations）和2个物体 -2个位置（2 Bodies-2 Locations）分别表示通过确定一个位置点创建物体和地面之间的平移副、通过选择两个物体和一个位置点确定两个物体之间的平移副、通过选择两个物体和两个位置点确定两个物体之间的平移副。第二个栏中的两个选项垂直格栅（Normal To Grid）和选取几何特性（Pick Geometry Feature）分别表示平移副的移动轴线垂直于工作格栅所在的平面、选择一个方向作为平移副移动轴线的方向。

Step 02 创建一个球体，在平移副选项中选择 1 个位置(1 Location)和选取几何特性(Pick Geometry Feature)，再选择球体的质心作为平移副的位置点。此时移动鼠标，系统通过显示一个箭头来指示平移副的方向，确定球体轴线的方向为平移副的方向，即可创建球体和地面之间的平移副，如图 2-96 所示。

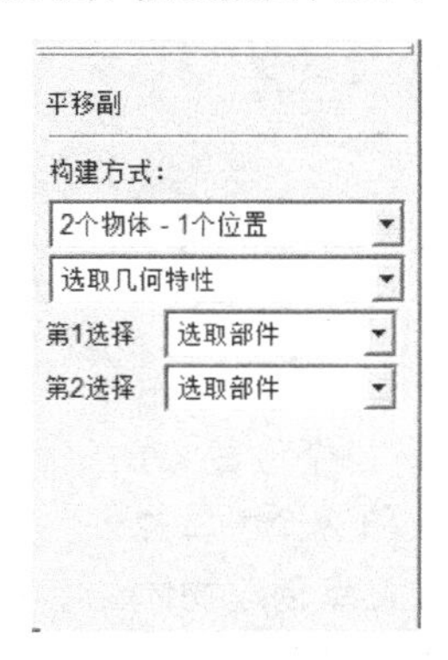

图 2-95　平移副选项

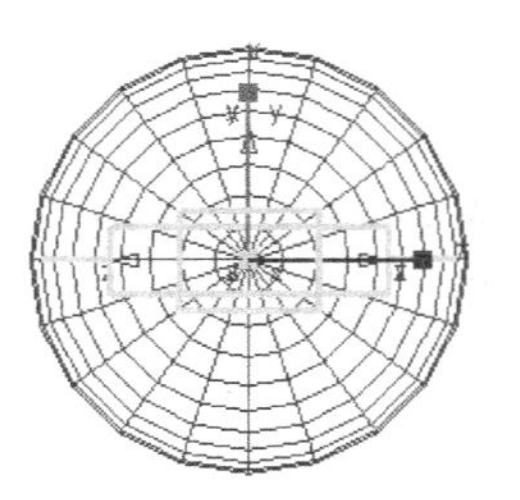

图 2-96　创建平移副

3. 创建圆柱副

Step 01 单击约束库中的圆柱副（Cylindrical Joint）图标，在主工具栏中显示出圆柱副的选项，如图 2-97 所示。第一个栏中的 3 个选项 1 个位置(1 Location)、2 个物体 - 1 个位置(2 Bodies-1 Locations)和 2 个物体 - 2 个位置（2 Bodies-2 Locations）分别表示通过确定一个位置点创建物体和地面之间的圆柱副、通过选择两个物体和一个位置点确定两个物体之间的圆柱副、通过选择两个物体和两个位置点确定两个物体之间的圆柱副。第二个栏中的两个选项垂直格栅（Normal To Grid）和选取几何特性（Pick Geometry Feature）分别表示圆柱副的移动和旋转轴线垂直于工作格栅所在的平面、选择一个方向作为圆柱副移动和旋转轴线的方向。

Step 02 创建一个圆柱体，在圆柱副选项中选择 1 个位置（1 Location）和选取几何特性（Pick Geometry Feature），再选择圆柱体的质心作为圆柱副的位置点，确定圆柱体轴线的方向为圆柱副的方向，创建圆柱体和地面之间的圆柱副，如图 2-98 所示。

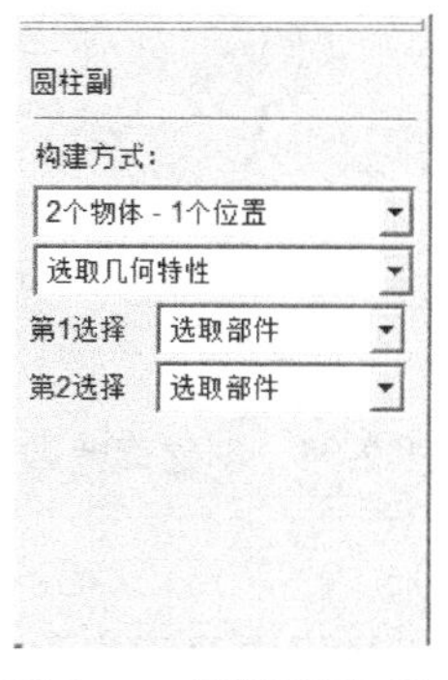

图 2-97　圆柱副选项

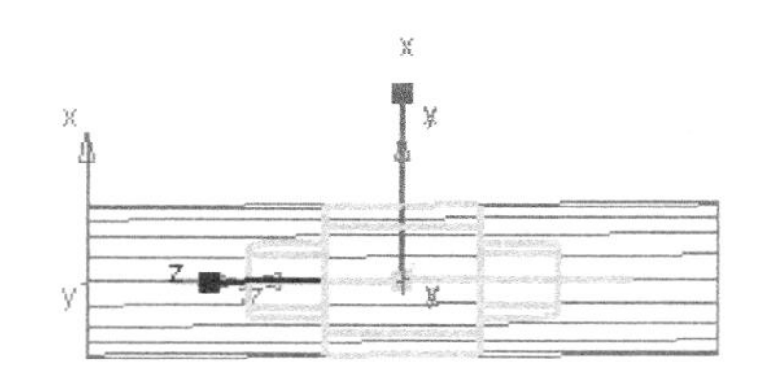

图 2-98　创建圆柱副

4. 创建球副

Step 01 单击约束库中的球副(Spherical Joint)图标，在主工具栏中显示出球副选项，如图 2-99 所示。第一个栏中的 3 个选项 1 个位置（1 Location）、2 个物体 - 1 个位置（2 Bodies-1 Locations）和 2 个物体 - 2 个位置(2 Bodies-2 Locations)，分别表示通过确定一个位置点创建物体和地面之间的球副、通过选择两个物体和一个位置点确定两个物体之间的球副、通过选择两个物体和两个位置点确定两个物体之间的球副。第二个栏中的两个选项垂直格栅（Normal To Grid）和选取几何特性（Pick Geometry Feature）分别表示球副标记点（Marker）的Z轴垂直于工作格栅所在的平面、选择一个方向作为球副标记点（Marker）Z轴的方向。指定球副的方向主要是为了方便测量球副中的力、力矩、位移、速度等的分量。由于球副在 3 个空间方向自由转动，因此通常使用垂直格栅（Normal To Grid）选项，以简化球副的创建。

Step 02 创建一个连杆，在球副选项中选择 1 个位置（1 Location）和垂直格栅（Normal To Grid），再选择连杆左边的标记点（Marker）作为球副的位置点，创建连杆和地面之间的球副，如图 2-100 所示。

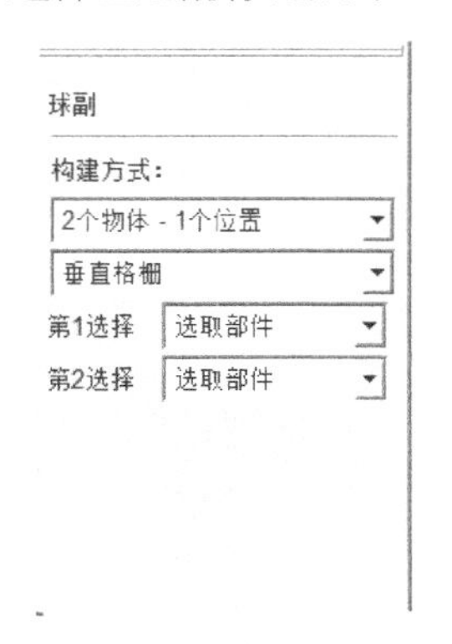

图 2-99　球副选项

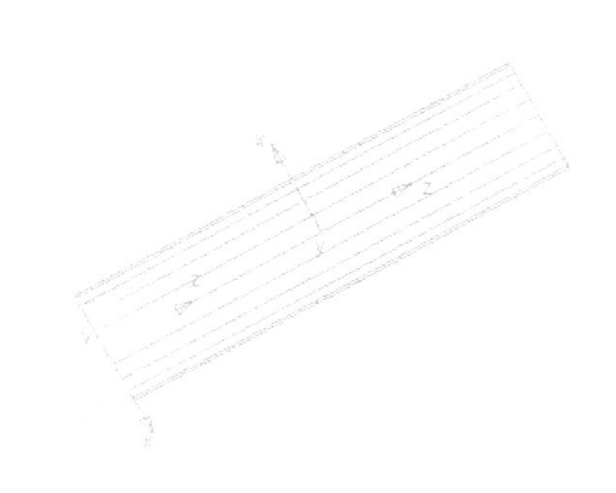

图 2-100　创建球副

5. 创建固定副

Step 01 单击约束库中的固定副（Fixed Joint）图标，在主工具栏中显示出固定副选项，如图 2-101 所示。第一个栏中的 3 个选项 1 个位置（1 Location）、2 个物体 - 1 个位置（2 Bodies-1 Locations）和 2 个物体 - 2 个位置（2 Bodies-2 Locations）分别表示通过确定一个位置点创建物体和地面之间的固定副、通过选择两个物体和一个位置点确定两个物体之间的固定副、通过选择两个物体和两个位置点确定两个物体之间的固定副。第二个栏中的两个选项垂直格栅（Normal To Grid）和选取几何特性（Pick Geometry Feature）分别表示固定副标记点（Marker）的Z轴垂直于工作格栅所在的平面、选择一个方向作为固定副标记点（Marker）Z轴的方向。在创建固定副时，它的位置和方向对整个机械系统的运动仿真没有影响，因此将其放置在任意位置，其方向选项一般选择垂直格栅（Normal To Grid）。

Step 02 创建一个连杆，在固定副选项中选择 1 个位置（1 Location）和垂直格栅（Normal To Grid），再选择平板前端的标记点（Marker）作为固定副的位置点，创建连杆和地面之间的固定副，如图 2-102 所示。

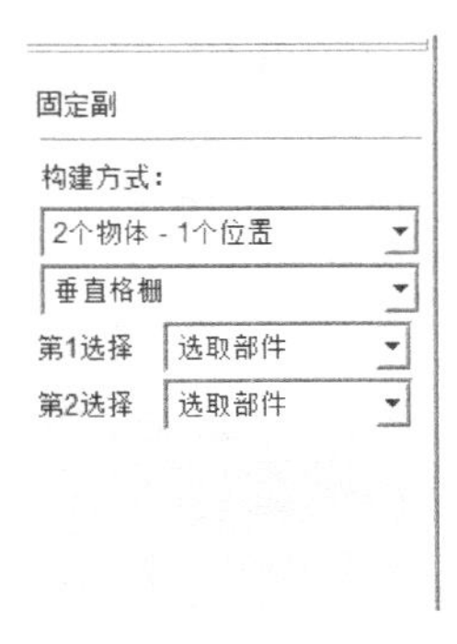

图 2-101　固定副选项

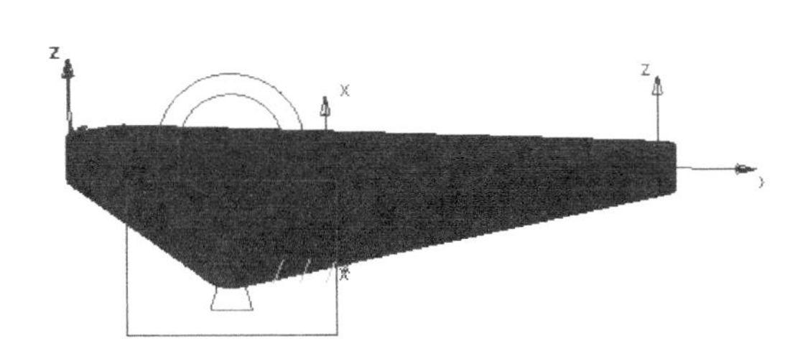

图 2-102　创建固定副

6. 创建万向节副

ADAMS/View约束库中的万向节副(Hook/Universal Joint)有两种方式:虎克(Hook)和通用(Universal)。这两种万向节的功能完全相同，区别在于确定万向节方向时选用的轴线不同。先单击万向节副的图标选择Hook万向节，再双击万向节副的图标选择万向节副（Hook/Universal Joint）。本节以Hook万向节为例介绍万向节副的使用方法。

单击万向节副的图标，在主工具栏中显示出虎克副选项，如图2-103所示。第一个栏中的3个选项1个位置(1 Location)、2个物体 - 1个位置(2 Bodies-1 Locations）和2个物体 - 2个位置（2 Bodies-2 Locations）分别表示通过确定一个位置点创建物体和地面之间的万向节副、通过选择两个物体和一个位置点确定两个物体之间的万向节副、通过选择两个物体和两个位置点确定两个物体之间的万向节副。第二个栏中的两个选项垂直格栅（Normal To Grid）和选取几何特性（Pick Geometry Feature）分别表示万向节副的两条旋转轴线均垂直于工作格栅所在的平面、选择两个方向作为万向节副两条旋转轴线的方向。

虎克副
构建方式:
2个物体 - 1个位置
选取几何特性
第1选择 选取部件
第2选择 选取部件

图2-103　万向节副选项

创建两个连杆：PART_1和PART_2，如图2-104所示。在万向节选项中选择2个物体-1个位置（2 Bodies-1 Locations）和选取几何特性（Pick Geometry Feature），再依次选择连杆PART_1 和连杆PART_2，然后选择两个连杆连接处的标记点（Marker）作为万向节副的位置点，再分别选择连杆PART_1 的轴线和连杆PART_2 的轴线作为万向节副的两条旋转轴线方向，创建两个圆柱体之间的万向节副，如图2-105所示。

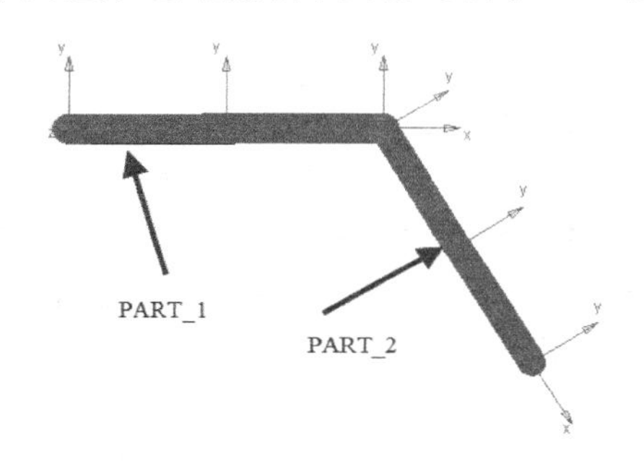

图2-104　创建两个连杆

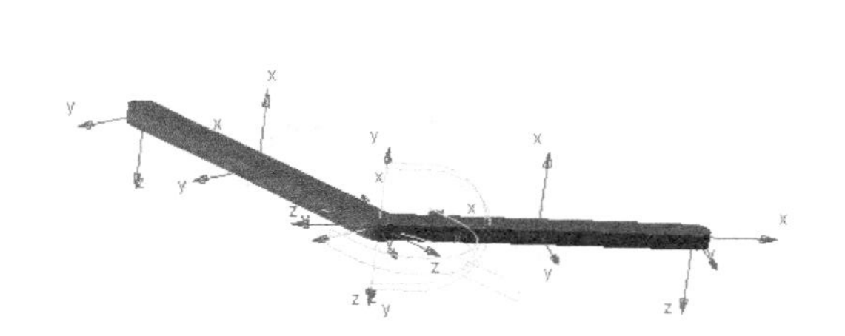

图2-105　创建虎克副

7. 创建恒速副

恒速副（Common Velocity Joint）的创建方法与虎克副（Hook/Universal Joint）的创建方法完全相同。单击恒速副的图标，在主工具栏中显示出恒速副的选项，如图2-106所示。第一个栏中的3个选项1个位置（1 Location）、2个物体 - 1个位置（2 Bodies-1 Locations）和2个物体 - 2个位置（2 Bodies-2 Locations）分别表示通过确定一个位置点创建物体和地面之间的恒速副、通过选择两个物体和一个位置点确定两个物体之间的恒速副、通过选择两个物体和两个位置点确定两个物体之间的恒速副。第二个栏中的两个选项垂直格栅（Normal To Grid）和选取几何特性（Pick Geometry Feature）分别表示恒速副的两条旋转轴线均垂直于工作格栅所在的平面、选择两个方向作为恒速副两条旋转轴线的方向。

创建两个连杆：PART_1 和PART_2，在恒速副选项中选择2个物体 - 1个位置（2 Bodies-1 Locations）和选取几何特性（Pick Geometry Feature），再依次选择连杆PART_1和连杆PART_2，将两个连杆连接处的标记点（Marker）作为恒速副的位置点，然后分别选择连杆PART_1 的轴线和连杆PART_2 的轴线作为恒速副的两条旋转轴线的方向，创建两个连杆之间的恒速副，如图2-107所示。

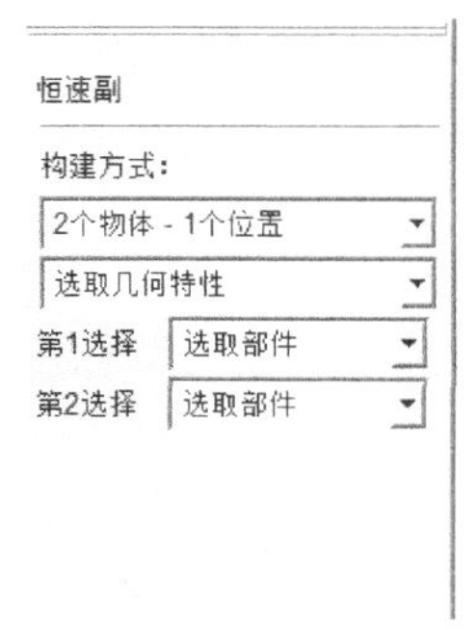

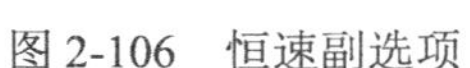
图 2-106　恒速副选项

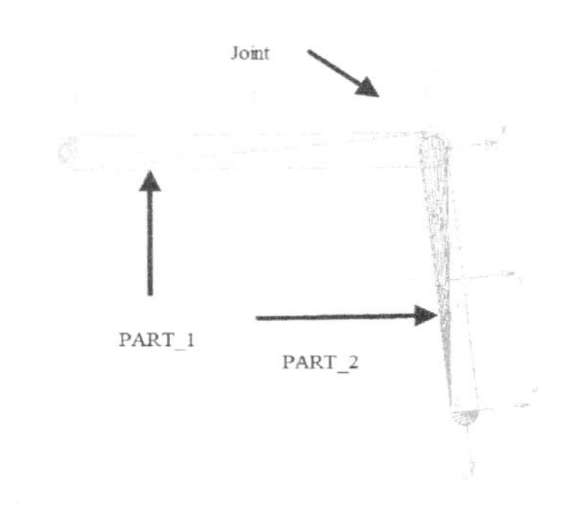

图 2-107　创建连杆和恒速副

8. 创建平面副

选择平面副（Planar Joint）的图标，在主工具栏中会显示出平面副选项，如图 2-108 所示。第一个栏中的 3 个选项 1 个位置（1 Location）、2 个物体 - 1 个位置（2 Bodies-1 Locations）和 2 个物体 - 2 个位置（2 Bodies-2 Locations）分别表示通过确定一个位置点创建物体和地面之间的平面副、通过选择两个物体和一个位置点确定两个物体之间的平面副、通过选择两个物体和两个位置点确定两个物体之间的平面副。第二个栏中的两个选项垂直格栅（Normal To Grid）和选取几何特性（Pick Geometry Feature）分别表示平面副的方向垂直于工作格栅所在的平面、选择一个方向作为平面副的方向。

创建两个长方体PART_1 和PART_2，在平面副选项中选择 2 个物体 - 1 个位置（2 Bodies-1 Locations）和选取几何特性（Pick Geometry Feature），再依次选择长方体PART_1 和长方体PART_2，然后选择长方体PART_1 和长方体PART_2 左边表面的连接点标记点（Marker）作为平面副的位置点，接着选择垂直向上的方向为平面副的方向，创建两个长方体之间的平面副JOINT_1，如图 2-109 所示。

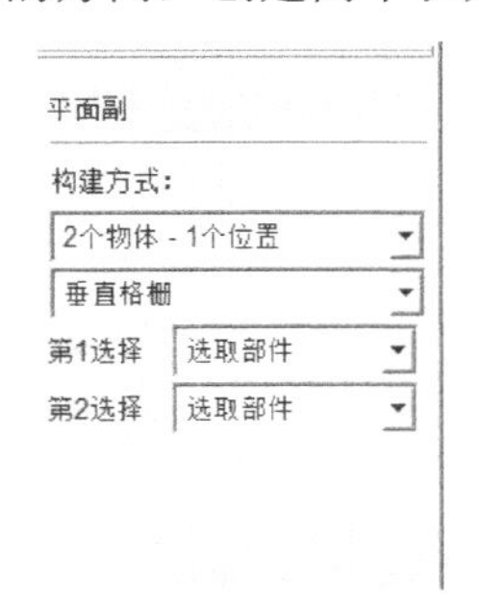

图 2-108　平面副选项

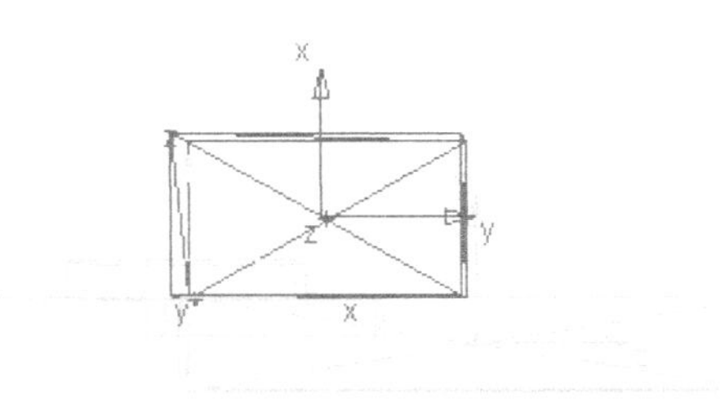

图 2-109　创建平面副

9. 创建螺旋副

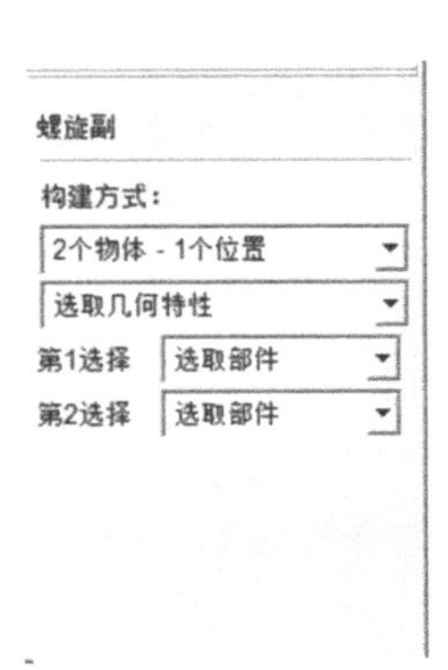

图 2-110　螺旋副选项

选择螺旋副（Screw Joint）的图标，在主工具栏中显示出螺旋副选项，如图 2-110 所示。第一个栏中的 3 个选项 1 个位置（1 Location）、2 个物体 - 1 个位置（2 Bodies-1 Locations）和 2 个物体 - 2 个位置（2 Bodies-2 Locations）分别表示通过确定一个位置点创建物体和地面之间的螺旋副、通过选择两个物体和一个位置点确定两个物体之间的螺旋副、通过选择两个物体和两个位置点确定两个物体之间的螺旋副。

第二个栏中的两个选项垂直格栅（Normal To Grid）和选取几何特性（Pick Geometry Feature）分别表示螺旋副的旋转方向和移动方向均垂直于工作格栅所在的平面、选择螺旋副的旋转方向和移动方向。螺旋副一般与圆柱副组合使用。

创建一个长方体和一个圆柱体，在螺旋副选项中选择 2 个物体-1 个位置（2

Bodies-1 Locations）和选取几何特性（Pick Geometry Feature），再依次选择长方体和圆柱体，然后选择长方体质心作为螺旋副的位置点，确定螺旋副的旋转方向和移动方向均为垂直向上的方向，创建长方体和圆柱体之间的螺旋副，如图 2-111 所示。

将光标放置在创建的螺旋副上，右击，选择修改（Modify）命令，系统弹出修改螺旋副对话框，如图 2-112 所示。在节圆（Pitch）栏中输入新数值修改螺旋副的螺距，输入正的螺距值表示螺旋副为右旋螺纹，输入负的螺距值表示螺旋副为左旋螺纹。

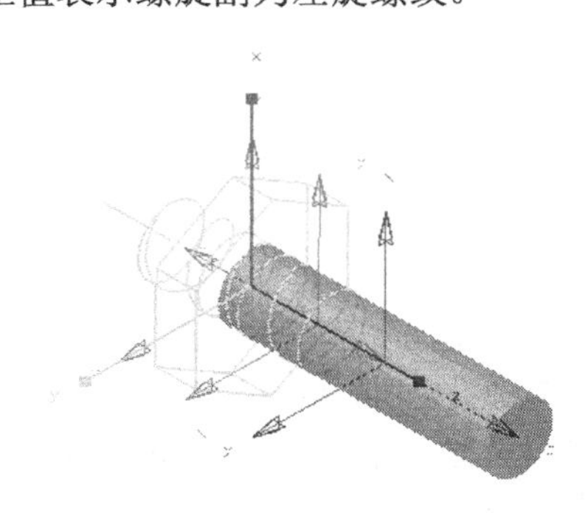

图 2-111　创建螺旋副

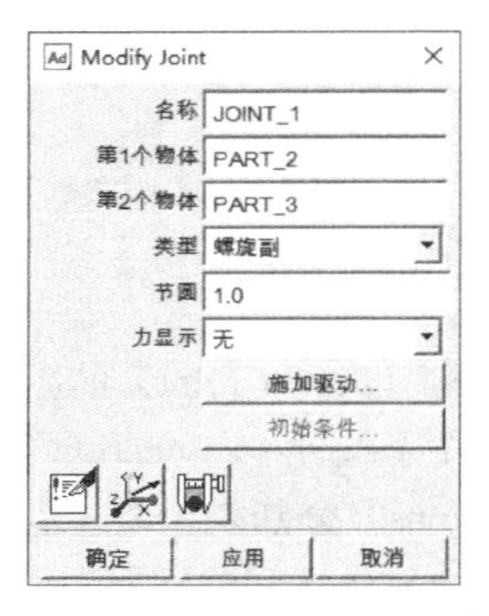

图 2-112　修改螺旋副对话框

10. 创建齿轮副

创建齿轮副首先要有 3 个物体，即第一个物体、第二个物体和支撑物体（可为地面），还要有两个约束副，即第一个物体与支撑物体之间的约束副和第二个物体与支撑物体之间的约束副，以及一个共同速度的标记点（Marker）。标记点（Marker）在支撑物体上，并且Z轴方向为两个物体共同运动的方向。

单击齿轮副（Gear Joint）的图标，系统会弹出创建齿轮副对话框，如图 2-113 所示。在齿轮副名称（Joint Name）栏中输入两个约束副，在共同速度标记点（Common Velocity Marker）栏中输入共同速度的标记点（Marker），单击确定（OK）按钮，完成齿轮副的创建。

首先创建两个齿轮（PART_1 和PART_2），再在两个齿轮的质心位置创建两个与地面连接的旋转副（JOINT_1 和JOINT_2），然后在地面上创建一个标记点（Marker），并保证标记点（Marker）Z轴的方向与工作格栅所在的平面垂直，如图 2-114 所示。

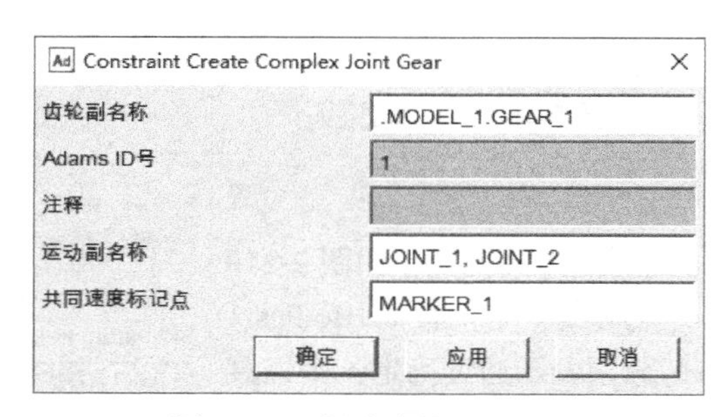

图 2-113　创建齿轮副选项

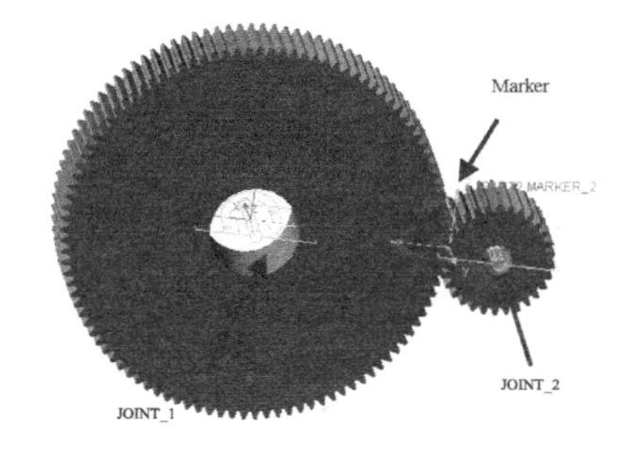

图 2-114　创建标记点（Marker）

在创建齿轮副对话框的齿轮副名称（Joint Name）栏中右击，在弹出的菜单中选择选取（Pick）命令，选择旋转副JOINT_1 和JOINT_2，系统会自动用逗号将它们隔开。在共同速度标记点（Common Velocity Marker）栏中右击，在弹出的菜单中选取（Pick）命令，再选择拥有共同速度的标记点（Marker）。单击创建齿轮副对话框的确定（OK）按钮，创建两个齿轮之间的齿轮副，如图 2-115 所示。

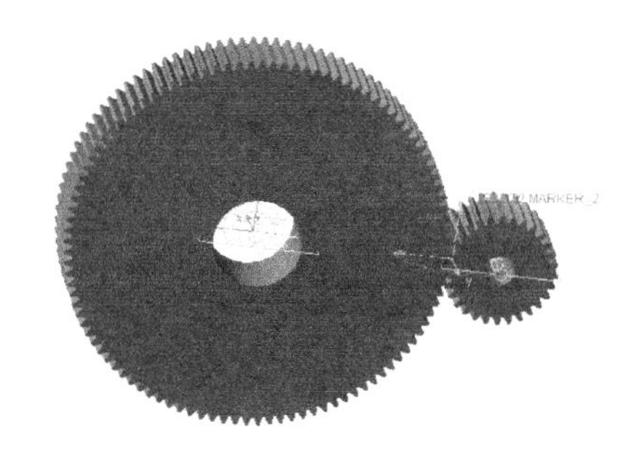

图 2-115　创建齿轮副

齿轮副是连接两个部件的约束副，实现两个部件的传动比。两个部件不一定是齿轮。

11. 创建耦合副

ADAMS/View提供的耦合副（Coupler Joint）是在两个或三个约束副之间建立一个运动比例关系。先单击耦合副图标，然后在模型中选择作为驱动的约束副和作为耦合的约束副即可创建耦合副约束。

创建一个球体和一个圆柱体（PART_1 和PART_2），再在球体和圆柱体的质心位置创建旋转副（Joint_2 和Joint_1）。选择耦合副的图标，再依次选择旋转副Joint_2 和Joint_1，创建两个约束副之间的耦合副COUPLER_1，如图 2-116 所示。

将光标放置在创建的耦合副上，右击，从弹出的菜单中选择修改（Modify）命令，系统弹出修改耦合副对话框，如图 2-117 所示。若比例（Scale）栏中的数值为 1.0，则表示这两个旋转副的旋转速度相等，通过修改这个值满足约束副之间传递增速或减速的运动关系。

12. 创建凸轮副

ADAMS/View提供了两种凸轮副。一种是销-槽凸轮副（Point-Curve Constraint），图标为 。创建这种凸轮副时需要选择一个物体上的一个点和另一个物体上的一条曲线。另一种是曲线-曲线凸轮副（2D Curve-Curve Constraint），图标为 。创建这种凸轮副时需要选择两个物体上相互接触的两条曲线。

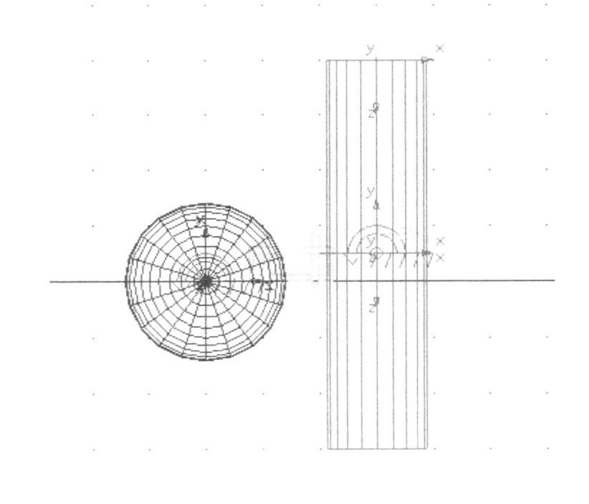

图 2-116　创建耦合副

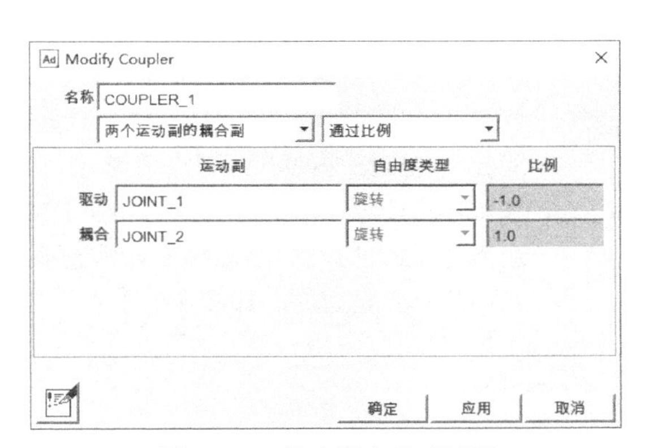

图 2-117　修改耦合副对话框

先创建两个连杆PART_1和PART_2，再创建两个连杆与地面连接的旋转副JOINT_1 和JOINT_2。在连杆PART_2 上创建一条样条曲线SPLINE_1。首先选择创建销-槽凸轮副，再选择连杆PART_1上与样条曲线

SPLINE_1 重合的标记点（Marker），然后选择连杆PART_2 上的样条曲线SPLINE_1，即在两个连杆之间创建了一个销-槽凸轮副PTCV_1，如图 2-118 所示。

13. 创建驱动

在ADAMS/View中通常使用的驱动有两种：直线驱动（Translational Joint Motion）和旋转驱动（Rotational Joint Motion）。它们配合约束副使用。直线驱动应用于移动副、圆柱副等约束副，旋转驱动应用于旋转副、圆柱副等约束副。创建驱动时，首先选择驱动的图标，然后用鼠标选择相应的约束副，就在这个约束副上创建了一个驱动。

将光标放置在创建的驱动上，右击，在弹出的菜单中选择修改（Modify）命令，系统弹出修改驱动对话框，如图 2-119 所示，在函数（时间）栏中输入驱动的运动方程。

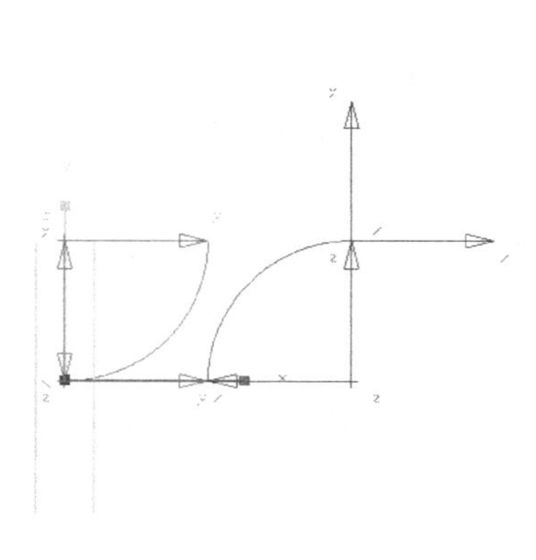

图 2-118　创建凸轮副

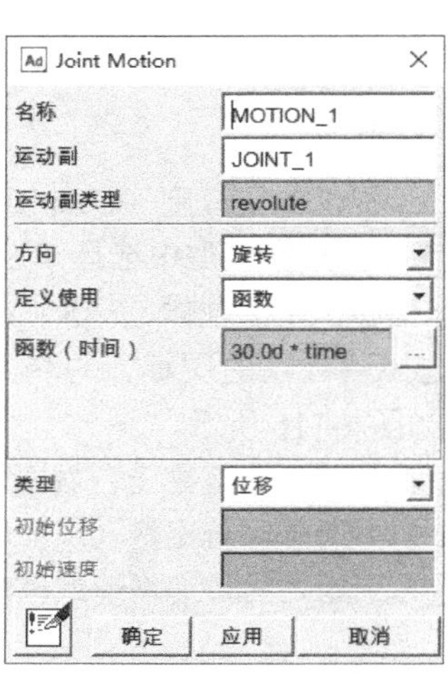

图 2-119　修改驱动对话框

2.8 施加力

1. 创建力

Step 01 单击力库中的力（Force）图标。在主工具栏中显示出力选项，如图 2-120 所示。

Step 02 创建两个圆柱PART_1 和PART_2，如图 2-121 所示。在力选项中选择空间固定（Space Fixed）和选取特征（Pick Geometry Feature），在特性（Characteristic）栏中选中力（Force）并输入 100。单击力（Force）图标，选择连杆PART_2，然后单击连杆连接处的标记点（Marker），再选择竖直向下的一点创建力，如图 2-122 所示。

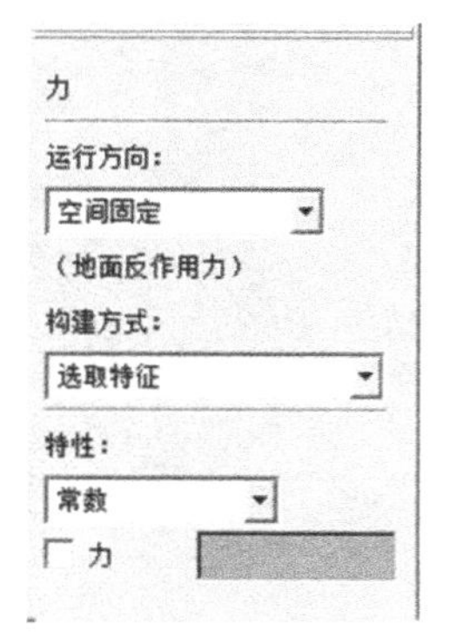

图 2-120　力对话框

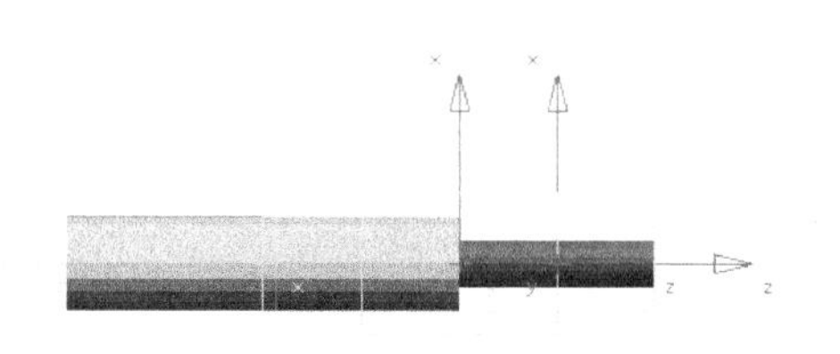

图 2-121　创建两个圆柱

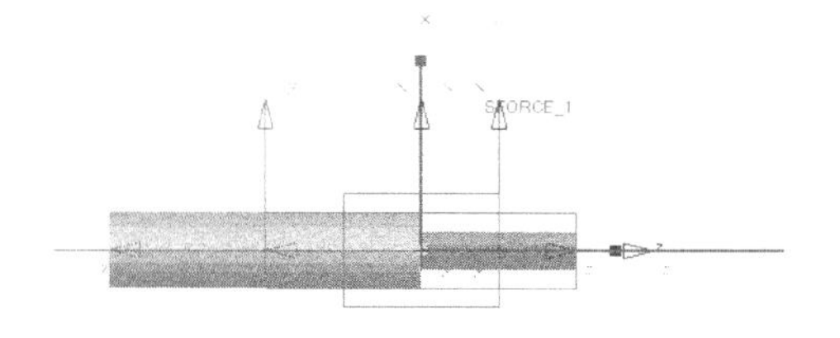

图 2-122　创建力

2. 创建力矩

单击力库中的力矩（Torque）图标，在主工具栏中显示出力矩选项，如图 2-123 所示。在运行方向（Run-Time Direction）栏中有如下 3 个选项。

- 空间固定（Space Fixed）选项：表示力矩的方向在空间上是固定的，不随物体的运动而改变。
- 物体固定（Body Fixed）选项：表示力矩的方向是与其作用的物体固定的，随着物体的运动，它相对于物体的方向是不变的。
- 两个物体（Two Bodies）选项：在两个物体之间创建力矩，它的方向在两个作用点的连线上。

在构建方式（Construction）栏中有两个选项：垂直于格栅（Normal To Grid）选项表示力矩的方向垂直于工作格栅所在的平面；选取几何特性（Pick Geometry Feature）选项表示需要指定力矩的方向。

在特性（Characteristic）栏中有 3 个选项：常数（Constant）选项需要输入一个常数作为力矩的值，ADAMS/View的默认值为 11；K和C选项需要输入刚度值和阻尼值，ADAMS/View根据这两个值创建力矩的函数方程；选择定制（Custom）选项时，ADAMS/View不给力矩赋值，需要在修改力矩对话框中输入力矩的值或力矩的函数表达式，如图 2-124 所示。力矩的创建方法和力的创建方法完全相同，这里不再介绍。

图 2-123　力矩选项

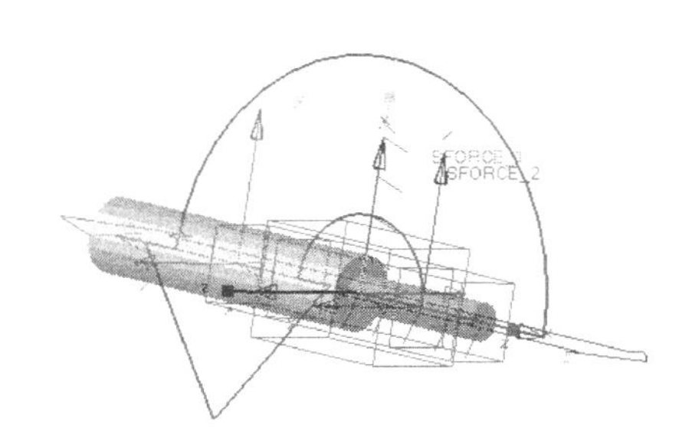

图 2-124　创建力矩

可以先创建力，再右击选择修改（Modify）命令，然后选择施加运动方程（Function）对力和力矩进行设置。

3. 创建拉压弹簧

ADAMS/View中的拉压弹簧（Spring）表示作用在两个物体之间的作用力，包括弹性力和阻尼力两部分，分别由拉压弹簧的刚度和阻尼系数以及两个作用点之间的距离计算出来。

如果将阻尼系数设置为 0，就是一个纯粹的拉压弹簧；如果将刚度设置为 0，就是一个纯粹的阻尼器。单击拉压弹簧图标，在主工具栏中显示出拉压弹簧选项，如图 2-125 所示。在刚度和阻尼（Stiffness Damping）

栏中输入弹簧的刚度系数（K）和阻尼系数（C）。

创建一个球体，在弹簧选项中输入拉压弹簧的刚度系数（K）和阻尼系数（C），分别为1和0.1。先选择球体标记点（Marker）作为拉压弹簧的作用点，再选择地面上的一点（系统会自动捕捉工作格栅）作为拉压弹簧的反作用点，即可在球体和地面之间创建一个拉压弹簧，如图2-126所示。

将光标放置在创建的拉压弹簧上，右击，选择修改（Modify）命令，系统弹出修改拉压弹簧对话框，如图2-127所示。在修改拉压弹簧对话框中修改拉压弹簧的刚度系数（Stiffness Coefficient）、阻尼系数（Damping Coefficient），并设置拉压弹簧的预载（Preload）。

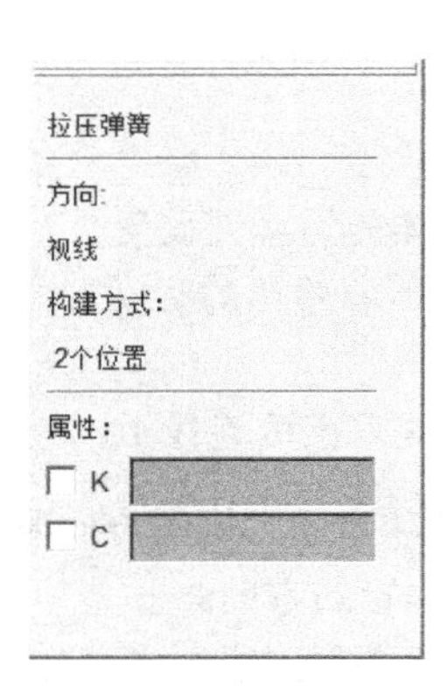

图2-125　拉压弹簧选项

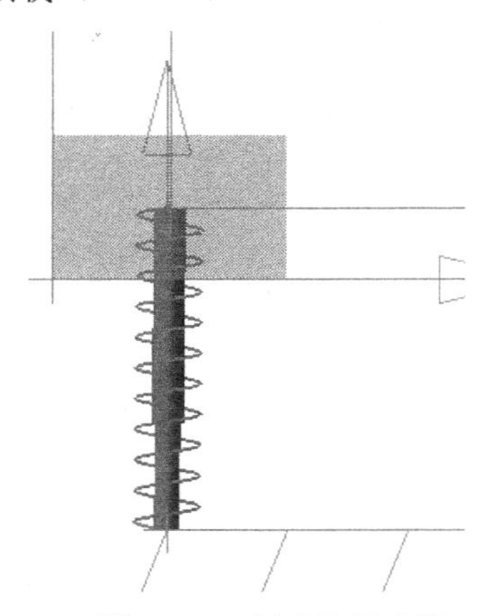

图2-126　创建拉压弹簧

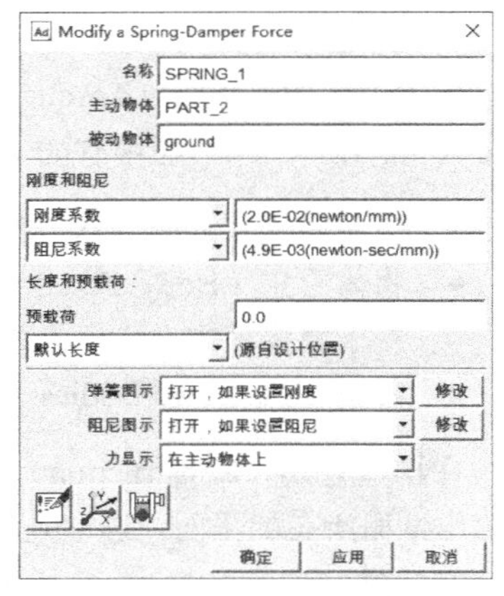

图2-127　修改拉压弹簧对话框

在约束建模的时候注意以下几点会对模型建立及设置有不少帮助。

（1）建模时，尽量使用一个运动副来完成两个部件之间的连接。如果有多个约束添加到两个部件上，那么每个约束的自由度有可能会重复，这样会导致意外结果。模型中多余的约束不影响仿真运行，建议去除多余约束。此外，还有约束的方向问题。因此，在建模时要在添加一个约束之后进行一次仿真，以检查是否有约束错误。

（2）在没有作用力的状态下通过运动学分析来检验样机。如果可能，建议在进行样机的动力学分析之前先进行运动学分析，再通过运动学分析确定样机在施加作用力之前的各种约束是否正确。有时，为了进行运动学分析需要添加一些临时约束。

（3）通过ADAMS/View提供的模型检查功能（在工具（Tools）菜单中选择验证模型（Model Verify）命令）对模型的自由度进行检查。

（4）设置驱动时，一定要注意部件选择的顺序。

（5）如果要将两个部件固定在一起，就定义一个不随时间变化的零值速度。

（6）在初始状态定义的速度产生非零的加速度对动力学仿真没有影响，但是如果此时对有关加速度和速度设置了传感器，那么在开始的2~3步内部迭代运算过程中传感器会检测到错误的结果，从而产生误动作。

（7）如果样机系统的自由度为零，而且含有用速度或加速度表达式定义的速度，该系统就不能进行运动学分析，而只能进行动力学分析。

2.9 仿真和动画

创建完成机械系统的模型后，ADAMS会自动调用ADAMS/Solver对模型进行仿真求解。在进行仿真之前，ADAMS/Solver通过计算模型的自由度判断是进行运动学仿真还是进行动力学仿真。如果整个模型的自由度为 0，就对其进行运动学仿真。

如果整个模型的自由度为 1 或大于1，就对其进行动力学仿真。在进行运动学仿真时，ADAMS/Solver计算出模型中任意点的位移、速度和加速度，这些值并不受施加在模型上的力的影响。

在进行动力学仿真时，ADAMS/Solver根据施加在模型上的外力和激励计算出模型中的位移、速度、加速度及其内部作用力。在使用ADAMS/Solver进行仿真的过程中，ADAMS/View中的模型也通过动画显示计算的结果。

在完成仿真后，ADAMS/View还具有重复播放这些动画的功能。在主工具栏中单击仿真（Simulation）按钮，弹出仿真界面，如图 2-128 所示。

仿真界面中各按钮的功能如下。

- ：开始仿真或继续仿真按钮。单击此按钮，ADAMS开始进行仿真；仿真一段时间停止后，再单击此按钮继续进行仿真。
- ：停止仿真按钮。在进行仿真的过程中，单击此按钮停止仿真。
- ：复位按钮。停止仿真后，单击此按钮使模型返回到开始仿真时的位置。
- ：静平衡按钮。单击此按钮对模型进行静平衡求解。
- ：重新播放按钮。在进行仿真后，单击此按钮重新播放上一次的仿真动画。

在仿真界面中还有一些仿真选项，意义如下。

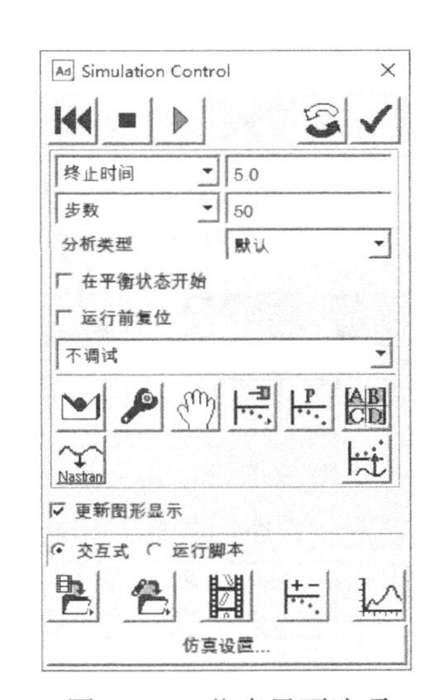

图 2-128 仿真界面选项

（1）在第一个栏中有两个选项：终止时间（End Time）和持续时间（Duration）。选择终止时间（End Time）选项，表示需要输入仿真的停止时间。例如，图 2-128 中的 5.0 即表示本次仿真的停止时间为 5s。选择持续时间（Duration）选项，表示每单击一次仿真按钮，仿真持续多长时间。

（2）在第二个栏中有两个选项：步数（Steps）和步长（Step Size）。选择步数（Steps）选项，表示在仿真过程中输出结果的总步数。例如，图 2-128 中的 50 表示在 5s的仿真过程中总共输出 50 次仿真结果。选择步长（Step Size）选项，表示确定在仿真过程中输出结果的步长。例如，输入 0.01，表示每隔 0.01s 输出一次仿真结果。

（3）在第三个栏分析类型（Sim Type）中有 4 个选项：默认（Default）、动力学（Dynamic）、运动学（Kinematic）和静态（Static）。选择默认（Default）选项，ADAMS/View根据模型的自由度自动进行运动学或动力学仿真，在大多数的仿真过程中都选用此选项；选择动力学（Dynamic）选项，确定仿真类型为动力学仿真；选择运动学（Kinematic）选项，确定仿真类型为运动学仿真；选择静态（Static）选项，对模型进行静平衡求解。

创建如图 2-129 所示的模型，单击按钮进入后处理窗口。

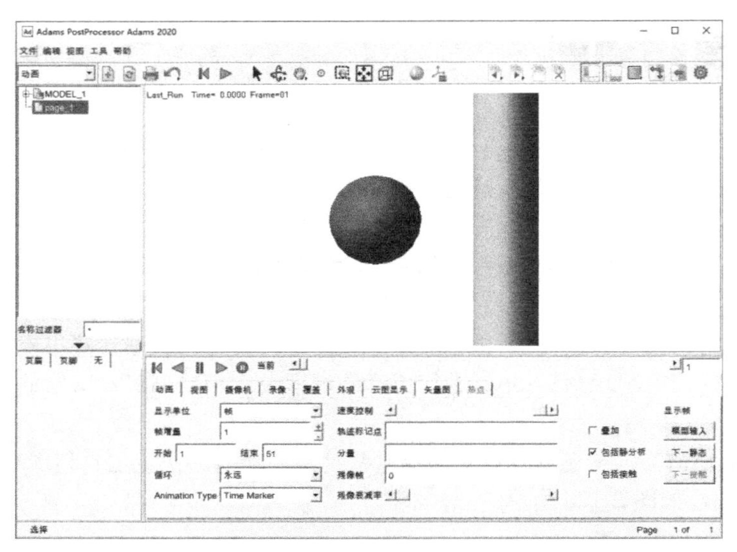

图 2-129　后处理窗口

在窗口左上角选择动画（Animation）选项，然后在空白区域右击，选择加载动画（Load Animation）系统自动加载仿真模型。

在后处理窗口中，几个常用的按钮说明如下。

- ▶：向前播放按钮，用于向前播放仿真动画。
- ◀：向后播放按钮，用于倒着播放仿真动画。
- ⏸：停止按钮，用于停止正在播放的动画。
- ⏮：复位按钮，用于使动画的界面返回到开始播放的位置。
- Ⓡ：录制按钮，用于录制仿真动画视频。

对于上一次的仿真过程，单击播放按钮，即可看到仿真的动画。如果想循环播放仿真动画，就选择循环（Loop）选项。

2.10 输出测量曲线

对模型进行仿真以后，用曲线的形式输出仿真结果。在ADAMS/View中几乎可以测量模型中的任意参数。例如，物体任意点的位移、速度、加速度等，约束副的相对位移、相对速度、相对加速度以及所受的力和力矩等，弹簧的变形量、变形速度、作用力等。

在测量仿真结果时将光标放置在需要测量的对象上，如物体、约束副、弹簧等。右击，在弹出的菜单中选择测量（Measure）命令，ADAMS/View弹出测量对话框，选择需要测量的目标特性（Characteristic），单击确定（OK）按钮，ADAMS/View生成仿真结束的测量曲线。

创建如图 2-129 所示的模型，设置仿真停止时间为 1s、输出结果的总步数为 100 步，进行仿真。

仿真结束后，将光标放在球体上，右击球体，选择测量（Measure）选项，在特性（Characteristic）框中选择质心位置（CM Position），表示测量球体的位移，在分量（Component）框中选择X表示测量球体X向位移，如图 2-130 所示。单击确定（OK）或应用（Apply）按钮，系统弹出测量曲线，如图 2-131 所示。

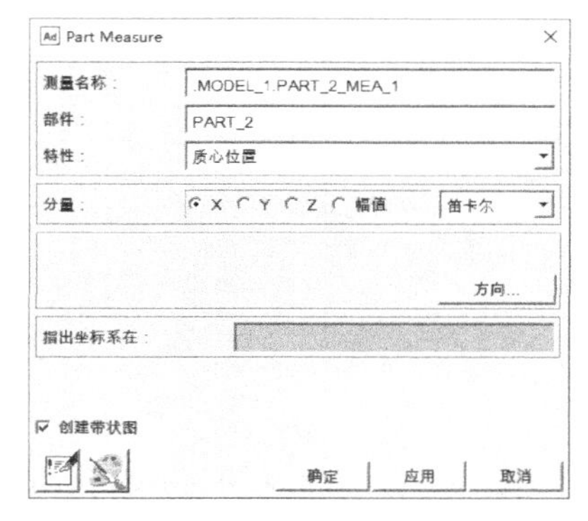

图 2-130　测量球体位置对话框

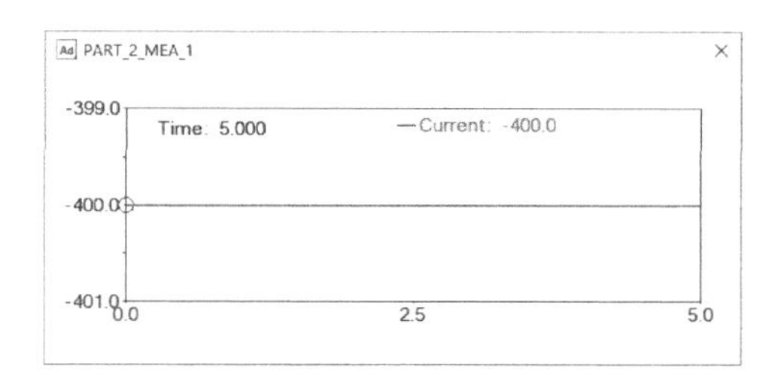

图 2-131　球体位置测量曲线

2.11 本章小结

本章首先简明扼要地介绍了ADAMS的工作界面、零件库、约束库和设计流程，然后具体讲解了在ADAMS中对工作界面的设置、创建物体、创建约束副和施加载荷，最后分析讲解了后处理中的动画显示、输出测量曲线。

通过本章的学习，读者可以掌握工作界面的设置、创建物体、创建约束副和施加载荷、后处理中的动画显示以及输出测量曲线等相关知识。

第3章 施加载荷

在一个系统中，构件与构件之间存在约束，所以构件与构件之间就会产生作用力与反作用力。这种力是成对出现的，而且是大小相等、方向相反的，这种力称为系统的内力。如果在约束上不存在摩擦，系统的内力对系统往往不做功，不会产生能量损失。在ADAMS/View中，载荷主要分为外部载荷、内部载荷和特殊载荷。通过本章的学习，应掌握载荷的定义和施加，为后面的学习打下坚实的基础。

知识要点

- 熟悉和掌握 ADAMS 外部载荷的属性和定义方式。
- 掌握 ADAMS 柔性连接和载荷的施加。
- 掌握ADAMS运动副上摩擦力的施加。

3.1 外部载荷的定义

外部载荷主要是指主矢和主矩，是系统内的构件与系统外的元素之间的作用力。外部载荷系统选择系统构件上的一个作用点，其方向相对于总体坐标系不变，也相对于构件不变。外部载荷的形式比较简单，分为单分量形式和多分量形式的力和力矩。

1. 单向力和单向力矩的定义

在ADAMS/View中，载荷主要分为外部载荷、内部载荷和特殊载荷。外部载荷主要是力、力矩和重力，内部载荷主要是构件之间的一些柔性连接关系，如弹簧、缓冲器、柔性梁接触以及约束上的摩擦等。在ADAMS/View中，载荷类型如图 3-1 所示。

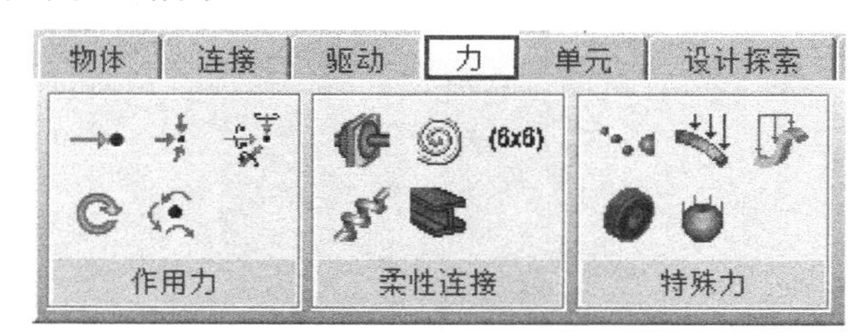

图 3-1　载荷模型

单击工具栏中的力(Force)图标或单向力矩按钮，然后根据需要选择相应的选项，如图 3-2 所示，定义单向力和力矩需要确定如下选项。

- 空间固定（Space Fixed）：空间固定力，力的方向相对总体坐标系不变，也就是在计算过程中力的方向不随受力构件位形的变换而改变。

- 物体运动（Body Moving）：构件固定力，力的方向相对受力构件的局部坐标系不变。由于构件受力后位置将发生改变，因此力的方向时刻发生变换。
- 两个物体（Two Bodies）：在两个构件上的两个点之间产生一对作用力和反作用力，力的方向在这两点的连线上。由于两个构件在计算过程中相对位置会发生改变，因此力的方向也会发生改变。
- 垂直格栅（Normal To Grid）：确定力的方向为垂直于工作格栅。
- 选取几何特性（Pick Geometry Feature）：手动定义力的方向，当鼠标在图形区移动时会出现一个方向箭头，当出现需要的方向时单击鼠标即可。

确定了相应的选项后，在图形区域选择相应的构件、作用点和相应的方向，即可在构件上定义作用力或力矩（在只选择一个构件的情况下）。

系统默认另一个构件是地面，并将构件作为第一个构件，将地面作为第二个构件，当只选择一个作用点时两个构件上的两个作用点重合。

系统会自动在第一个构件的作用点处固定一个坐标系I-标记点（I-Marker）作为受力点，在第二个构件的作用点处固定一个J-标记点（J-Marker）作为反作用力受力点。

通过单向力或者力矩编辑对话框来修改已经定义的力，如图 3-3 所示。例如，将力的方向更改为依赖于其他构件（在一个物体上（On One Body），随其他物体移动（Moving with Other Body））；将力的大小定义为函数，从而实现力的大小依赖于其他构件的位形、速度和加速度等。

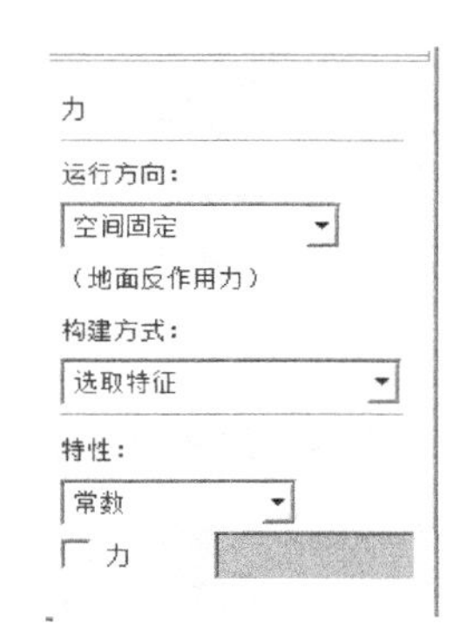

图 3-2　定义单向力的选项

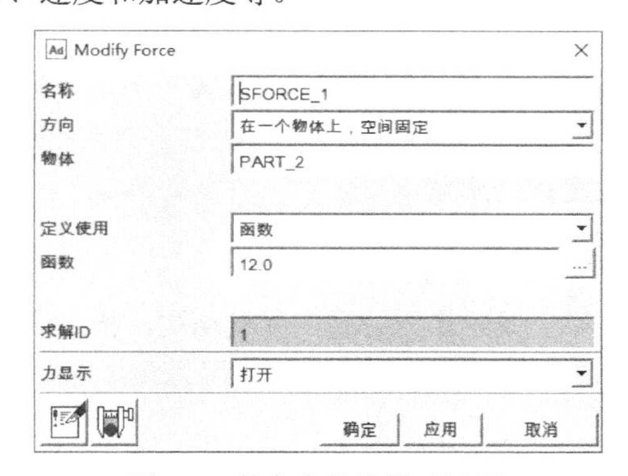

图 3-3　单向力的编辑对话框

2. 多分量力和多分量力矩的定义

单向力或单向力矩是直接根据力或力矩的幅值和力的方向来定义的。另外，还用力或力矩在坐标系 3 个坐标轴上的分量来确定力的大小和力的方向。多分量力和多分量力矩包括三分量力、三分量力矩和它们的组合力，也就是广义力。多分量力或多分量力矩需要确定在坐标系I-标记点（I-Marker）的 3 个坐标轴上每个分量的值。多分量力和力矩的定义过程与单向力和力矩的定义过程类似，只不过需要输入多个力或力矩的分量值。

单击工具栏的三分量力矩按钮或六分量力矩按钮后，选择相应的选项即可通过多分量力和力矩的编辑对话框来修改已经定义的力或力矩。图 3-4 所示是广义力的编辑对话框，其中X向分力（X Force）、Y向分力（Y Force）和Z向分力（Z Force）分别为I-标记点（I-Marker）坐标系上的 3 个力分量，X轴力矩（AX Torque）、Y轴力矩（AY Torque）和Z轴力矩（AZ Torque）分别为I-标记点（I-Marker）坐标系上的 3 个力矩分量。

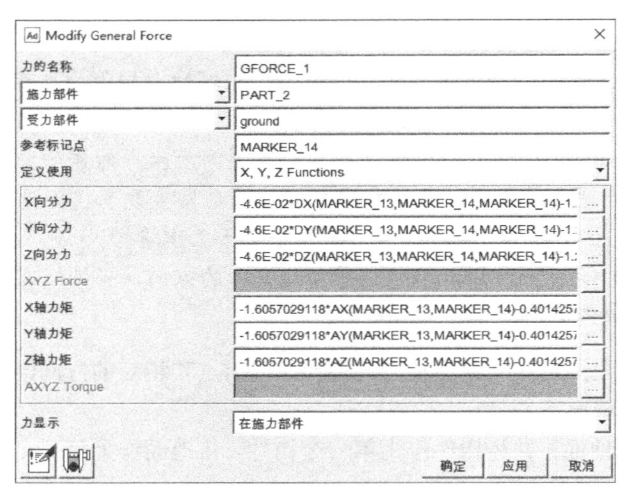

图 3-4　广义力的编辑对话框

3.2 柔性连接

除了刚性连接外，两个构件之间可能还有柔性连接关系。这些柔性连接关系包括阻尼器、弹簧、柔性梁和力场。柔性关系并不减少两个构件之间的自由度，只是在两个构件产生相对位移和相对速度时，这两个构件会产生一对与相对位移成正比的弹性力或力矩以及与速度成正比的阻尼力。这种弹性力与位移的方向相反，阻尼力与速度的方向相反，它们起阻碍两个构件相对运动的作用。柔性连接只考虑作用力和力矩，而不考虑柔性连接的质量。

1. 阻尼器的定义

阻尼器实际上是一个六分量的弹簧结构，指定沿J-标记（J-Marker）坐标轴上的刚度系数和三个旋转阻尼系数及预载荷。系统将按下式计算作用力和作用力矩。

$$\begin{bmatrix} F_x \\ F_y \\ F_z \\ T_x \\ T_y \\ T_z \end{bmatrix} = \begin{bmatrix} K_{11} & 0 & 0 & 0 & 0 & 0 \\ 0 & K_{22} & 0 & 0 & 0 & 0 \\ 0 & 0 & K_{33} & 0 & 0 & 0 \\ 0 & 0 & 0 & K_{44} & 0 & 0 \\ 0 & 0 & 0 & 0 & K_{55} & 0 \\ 0 & 0 & 0 & 0 & 0 & K_{66} \end{bmatrix} \begin{bmatrix} x \\ y \\ z \\ \theta_x \\ \theta_y \\ \theta_z \end{bmatrix} - \begin{bmatrix} C_{11} & 0 & 0 & 0 & 0 & 0 \\ 0 & C_{22} & 0 & 0 & 0 & 0 \\ 0 & 0 & C_{33} & 0 & 0 & 0 \\ 0 & 0 & 0 & C_{44} & 0 & 0 \\ 0 & 0 & 0 & 0 & C_{55} & 0 \\ 0 & 0 & 0 & 0 & 0 & C_{66} \end{bmatrix} \begin{bmatrix} v_x \\ v_y \\ v_z \\ \omega_x \\ \omega_y \\ \omega_z \end{bmatrix} + \begin{bmatrix} f_{xo} \\ f_{yo} \\ f_{zo} \\ t_{x0} \\ t_{y0} \\ t_{z0} \end{bmatrix}$$

式中，x、y、z分别为第一个构件上的I标记点（I-Marker）坐标系相对于第二个构件上的J-标记点（J-Marker）坐标系的相对位移；θ_x、θ_y、θ_z 分别表示I标记点（I-Marker）坐标系相对于J标记点（J-Marker）坐标系的相对角位移；v_i 和 ω_i 分别表示I-标记点（I-Marker）相对于J-标记点（J-Marker）的相对速度和相对角速度；f_{io} 和 t_{i0} 是预载荷。

阻尼器的定义过程与力的定义过程类似，唯一的区别是阻尼器的方向是I-标记点（I-Marker）和J-标记点（J-Marker）的Z轴方向。另外，通过阻尼器编辑对话框来修改相应的参数，如图 3-5 所示。在此对话框中修改刚度系数（Stiffness）、阻尼系数（Damping）以及预载荷（Preload）。

2. 弹簧和卷曲弹簧的定义

弹簧和卷曲弹簧与阻尼器类似，指定刚度系数和阻尼系数，只不过弹簧是用I-标记点（I-Marker）和J-标记点（J-Marker）定义原点间的距离、速度和方向来计算弹簧的作用力，而阻尼器是用分量的形式来计算阻尼器的作用力。弹簧用于计算力，而卷曲弹簧用于计算力矩。

定义弹簧和卷曲弹簧参数的物理意义与阻尼器参数的物理意义相同。定义方式类似，下式是弹簧作用力的计算公式：

$$F=-k(r-r_0)-c\frac{d_r}{d_t}+f$$

式中，k为弹簧的刚度系数，r和r_0 分别是弹簧的长度和初始长度，c为阻尼系数，f为预载荷。

如图 3-6 所示，通过弹簧编辑对话框修改弹簧的刚度系数、阻尼系数、预载荷等。另外，若有弹簧力和弹簧长度与速度之间的试验数据，就定义非线性弹簧，只需要将定义刚度和阻尼的选项设置为样条函数（Spline）：$F=f$（defo）和样条函数（Spline）：$F=f$（velo）即可。

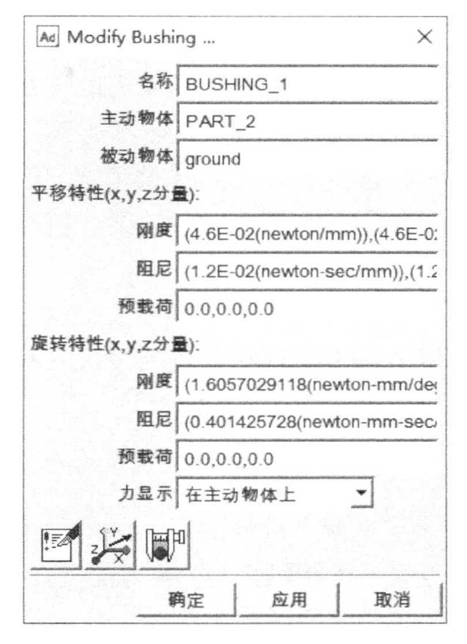

图 3-5　阻尼器编辑对话框

3. 无质量梁

Step 01　在力工具集中选择无质量梁工具。

Step 02　在第一个构件上选择梁的端点位置。第一个构件是作用力作用的构件。

Step 03　在第二个构件上选择梁的端点位置。第二个构件是反作用力作用的构件。

Step 04　选择梁截面的向上方向（Y方向）。

在产生无质量梁以后，使用弹出式对话框显示无质量梁的编辑对话框，通过梁编辑对话框修改无质量梁的坐标系、刚度和阻尼系数值、梁的长度和截面积等，如图 3-7 所示。

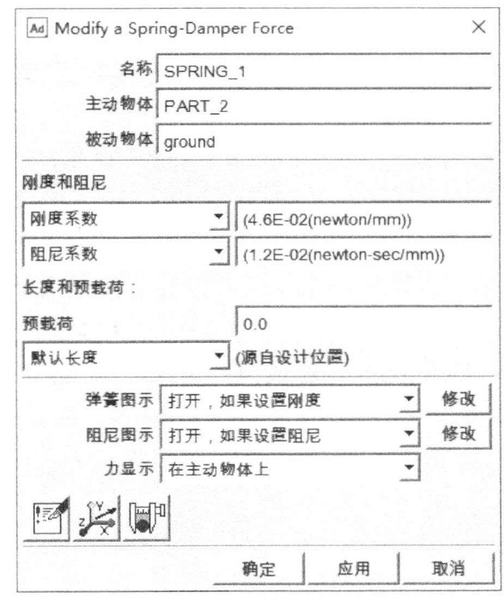

图 3-6　弹簧编辑对话框

Force Modify Element Like Beam

梁名称	.MODEL_1.BEAM_1
新的梁名称	
Adams ID号	1
注释	
Ixx	1.0
Iyy	1.0
Izz	1.0
Y方向剪切面积比	0.0
Z方向剪切面积比	0.0
杨氏模量	1.0
剪切模量	1.0
长度	(DM(MARKER_18, MARKER_19
截面面积	1.0
阻尼系数	0.0
积分格式	线性
I标记点名称	MARKER_18
J标记点名称	MARKER_19

确定　应用　取消

图 3-7　梁编辑对话框

4. 力场

力场工具提供了一种施加更一般情况的力和反作用力的工具，力场的计算公式同轴套力的计算公式相似，不同之处是力场计算公式中刚性和阻尼系数不为零。同时，考虑初始位移和转角。

因为力场工具提供了定义一般力的方法，所以也利用力场工具来定义一般情况下的梁，例如定义变截面肋梁或者使用非线性材料的梁。

利用力场工具(6x6)施加力场。产生力场的方法同施加轴套力相似，右击，选择力场的修改（Modify）命令，系统弹出编辑力场对话框，如图 3-8 所示。

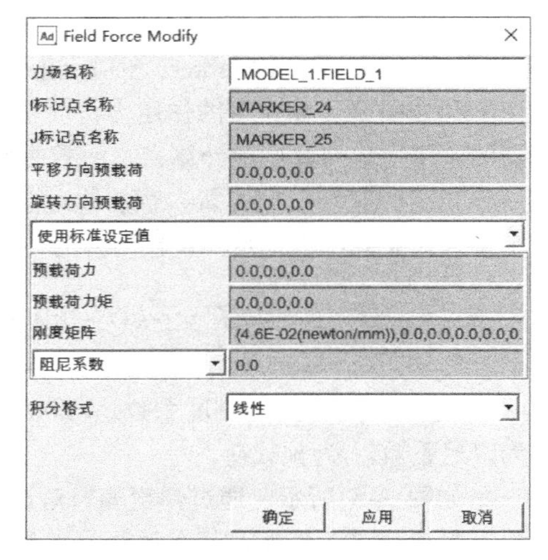

图 3-8　编辑力场对话框

5. 接触

当两个构件的表面之间发生接触时，两个构件就会在接触的位置产生接触力。接触力是一种特殊的力，分为两种类型的接触：一种是时断时续的接触，另一种是连续的接触。

在ADAMS / View中有两种计算接触力的方法，一种是补偿法（Restitution），另一种是冲击函数法（Impact）。补偿法需要确定两个参数：惩罚系数（Penalty）和补偿系数（Restitution）。惩罚系数确定两个构件之间重合体积的刚度，也就是说由于接触，一个构件的一部分体积要进入另一个构件内，惩罚系数越大，一个构件进入另一个构件的体积就越小，接触刚度就越大。

接触力是惩罚系数与插入深度的乘积。如果惩罚系数过小，就不能模拟两个构件之间的真实接触情况；如果惩罚系数过大，就会使计算出现问题，导致计算不能收敛，为此选用辅助的拉格朗日扩张法（Augmented Lagrangian），通过多步迭代来解决这个问题。

补偿系数决定两个构件在接触时能量的损失。冲击函数法根据冲击函数法（Impact）来计算两个构件之间的接触力，接触力由两个部分组成：一个是由两个件之间的相互切而产生的弹性力；另一个是相对速度产生的阻尼力。

单击工具栏中的接触按钮，弹出定义接触力对话框。对话框中各选项的含义如下。

（1）接触类型（Contact Type）：选择接触类型，然后拾取相应的几何元素，选择同一个构件上多个同类型的几何元素。若选择曲线时单击按钮，则可改变接触力的方向。定义两个构件接触时，需要设置计算接触力的方法和计算摩擦力的方法。

（2）法向力（Normal Force）：确定计算接触力的方法，有补偿法（Restitution）、冲击函数法（Impact）和用户自定义法（User Defined）。如果选择补偿法，就需要输入惩罚系数和补偿系数，还选择拉格朗日扩张法（Augmented Lagrange）。如果选择冲击函数法，就需要输入接触刚度（Stiffness）k、指数（Force Exponent）e、阻尼（Damping）d和切入深度（Penetration Depth），其中切入深度决定了何时阻尼达到最大值。

（3）摩擦力（Friction Force）：确定一个构件在另一个构件上滑动时摩擦力的计算方法，有库仑法（Coulomb）、没有摩擦力法（None）和用户自定义法（User Defined）。若选择库仑法（Coulomb），则需要设定静态系数 μ_s、动态系数 μ_d、静滑移速度 v_s 和动滑移速度 v_d。

3.3 在运动副上添加摩擦力

由于旋转副、滑移副、圆柱副、胡克副和球铰副只限制了两个构件的部分自由度，而没有限制在自由度的方向上，因此两个构件产生相对位移或相对旋转时就可以在能产生相对位移或相对旋转的自由度上定义摩擦，使系统在做动力学计算时考虑到摩擦力的存在。这样仿真出来的结果更符合实际。摩擦只能定义在摩擦副上，而不能定义在柔性连接上。

运动副限制了两个构件的相对平移自由度和相对旋转自由度，在这些被限制的自由度上会产生约束力和约束力矩。在ADAMS中约束力成为反作用力，相对于平动或旋转的自由度而言，垂直于移动或旋转自由度上的约束力矩称为弯曲力矩，而平行于移动或旋转自由度上的约束力矩称为扭转力矩。

这样对于平动自由度上的摩擦力而言，将弯曲力矩和扭转力矩除以力臂就等效为一个反作用力，再加上已经有的反作用力乘以一个摩擦系数后就可以计算出该滑移自由度上的摩擦力。同样，对于旋转自由度上的摩擦力而言，将反作用力乘以一个力臂就等效为一个力矩，再加上已经有的弯曲力矩和扭转力矩，乘以一个摩擦系数后就可以计算出摩擦力矩。

本节以旋转副为例讲解有关在运动副上添加摩擦力时各个选项的意义，首先单击连杆图标创建一个连杆，然后单击连杆图标，创建另一个连杆，接着单击旋转副图标，系统弹出创建旋转副对话框。采用默认设置，首先选择第一个连杆，然后选择另一个连杆，作用点选为两连杆的重合位置，方向沿垂直连杆平面，再单击确定（OK）按钮创建旋转副。

要编辑旋转副，右击旋转副，选择修改（Modify）命令，在旋转副编辑对话框中单击左下角的添加摩擦力按钮（见图3-9），弹出定义在滑移副上的摩擦力编辑对话框（见图3-10）。

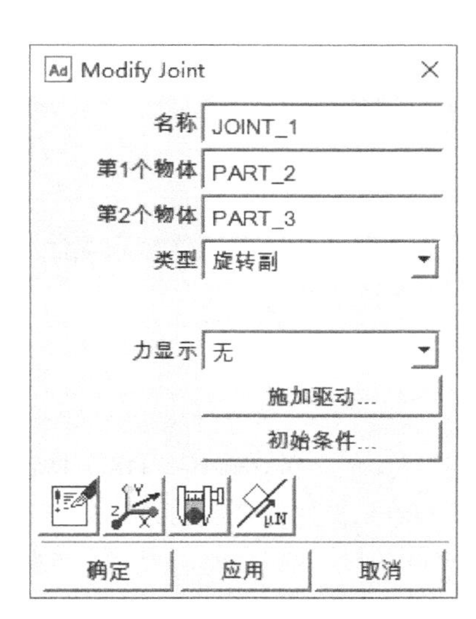

图3-9　添加摩擦力

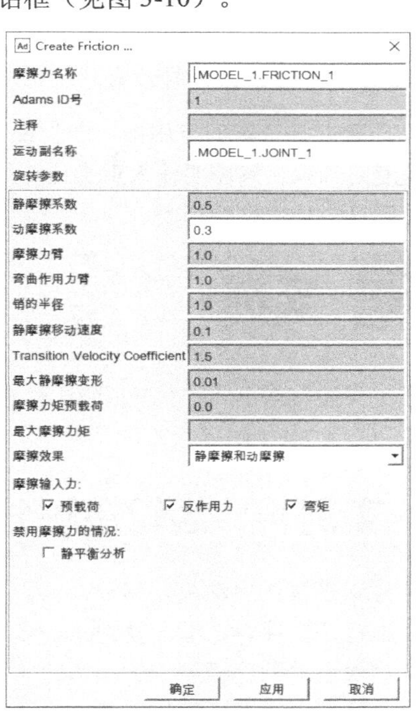

图3-10　摩擦力编辑对话框

摩擦力编辑对话框中各个选项的物理意义如下。

- 静摩擦系数（Mu Static）：是指物体没有相对移动时的摩擦系数。
- 动摩擦系数（Mu Dynamic）：是指物体匀速相对运动时的摩擦系数。
- 反作用力臂（Reaction Arm）：反作用力的力臂。利用扭转力矩除以反作用力的力臂就可以计算出等效扭转力矩的等效压力。

- 初始重叠（Initial Overlap）：滑移副沿滑移轴的初始位移值。弯曲力矩除以位移值就可以计算出弯曲力矩的等效压力。
- 重叠状态（Overlap Will）：滑移副位移值的变换情况，有 3 个选项，即保持为常值（Remain Constant）、增加（Increase）和减少（Decrease）。
- 弯曲因子（Bending Factor）：滑移副的弯曲系数，滑移副的弯曲大小。
- 静摩擦移动速度（Stiction Transition Velocity）：静态滑动速度，只有当滑移副的相对速度大于该值时，滑移副关联的两个构件才开始滑动，小于该值则滑移副关联的两个构件不产生相对移动。
- 最大静摩擦变形（Max Stiction Deformation）：在静摩擦时滑移副的最大位移。
- 预压摩擦（Friction Force Preload）：静摩擦预载荷，例如过盈装配而产生的装配压力。
- 最大摩擦力（Max Friction Force）：最大摩擦力。
- 摩擦效果（Effect）：确定在计算仿真时静摩擦和动摩擦阶段是否考虑摩擦力的作用。考虑摩擦力的作用可能会使计算变慢。如果在静摩擦和动摩擦阶段都需要考虑摩擦力，就选择静摩擦和动摩擦（Stiction and Sliding）；如果只在静摩擦阶段考虑摩擦力，就选择仅静摩擦（Stiction Only）；如果只在动摩擦阶段考虑摩擦力，就选择仅动摩擦（Sliding Only）。
- 摩擦输入力（Input Forces to Friction）：选择引起摩擦力的因素，选择预载荷、反作用力和弯曲力矩，选中的考虑，没有选中的不考虑。
- 禁用摩擦力的情况（Friction Inactive During）：若选中静平衡分析（Static Equilibrium），则计算静平衡时不考虑摩擦力的影响。

另外，还有一种特殊的作用力，即构件在重力场中所受的重力，单击工具栏中的重力按钮，弹出设置重力加速度对话框，只需要输入重力计算的在总体坐标系中的值即可。设置了重力加速度，模型中所有的构件都会受到重力加速度的影响。

3.4 实例

本节通过齿轮接触分析、小车越障柔性连接和射击 3 个例子生动详细地介绍接触连接和柔性连接的创建及仿真。

3.4.1 实例一：齿轮接触分析

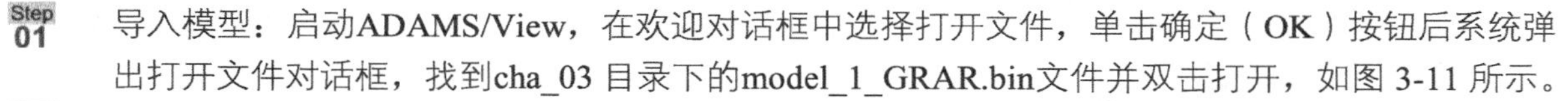

Step 01 导入模型：启动ADAMS/View，在欢迎对话框中选择打开文件，单击确定（OK）按钮后系统弹出打开文件对话框，找到cha_03 目录下的model_1_GRAR.bin文件并双击打开，如图 3-11 所示。

Step 02 删除齿轮副：模型中的小齿轮（即主动齿轮）与地面之间用旋转副Joint_1 连接，大齿轮即从动齿轮与地面之间用旋转副Joint_2 连接，主动齿轮与从动齿轮之间有一个齿轮副GEAR_1，右击齿轮副，在弹出的菜单中选择删除（Delete）命令，删除齿轮副。

model_1
齿轮副
旋转副Joint_1
旋转副
Joint_2
主动齿轮
从动齿轮

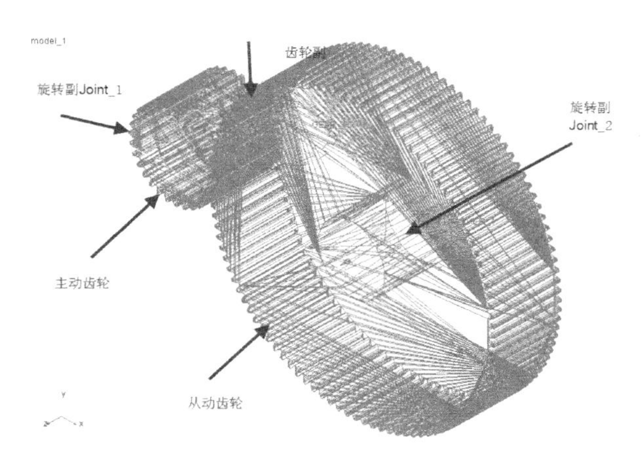

图 3-11　导入的模型

Step 03 添加接触：单击ADAMS/View菜单栏中的力（Forces）按钮，选择接触，系统弹出接触编辑对话框，如图 3-12 所示。在对话框的接触类型（Contact Type）栏中选择实体对实体（Solid to Solid）。在I实体（I Solid）中右击，在弹出的菜单中选择选取（Pick）命令，再单击从动齿轮。在J实体（J Solid）中右击，在弹出的菜单中选择选取（Pick）命令，再单击主动齿轮。其余选项采用默认设置，如图 3-13 所示。单击确定（OK）按钮，完成接触的定义。

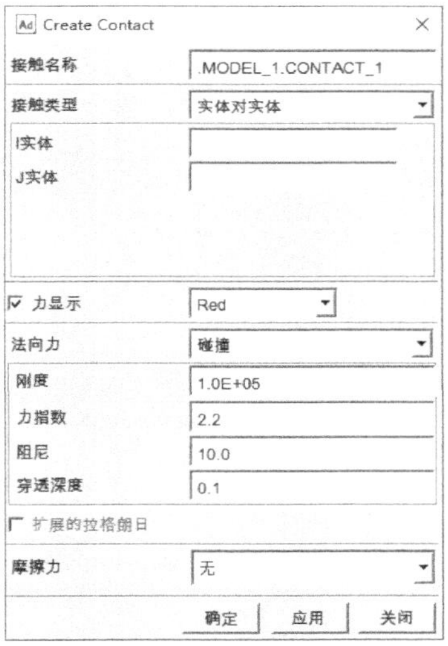

Create Contact
接触名称
.MODEL_1.CONTACT_1
接触类型
实体对实体
I实体
J实体
力显示
Red
法向力
碰撞
刚度
1.0E+05
力指数
2.2
阻尼
10.0
穿透深度
0.1
扩展的拉格朗日
摩擦力
无
确定
应用
关闭

图 3-12　接触编辑对话框

Modify Contact
接触名称
CONTACT_1
接触类型
实体对实体
I实体
SOLID2
J实体
SOLID1
力显示
Red
法向力
碰撞
刚度
1.0E+05
力指数
2.2
阻尼
10.0
穿透深度
0.1
扩展的拉格朗日
摩擦力
无
确定
应用
关闭

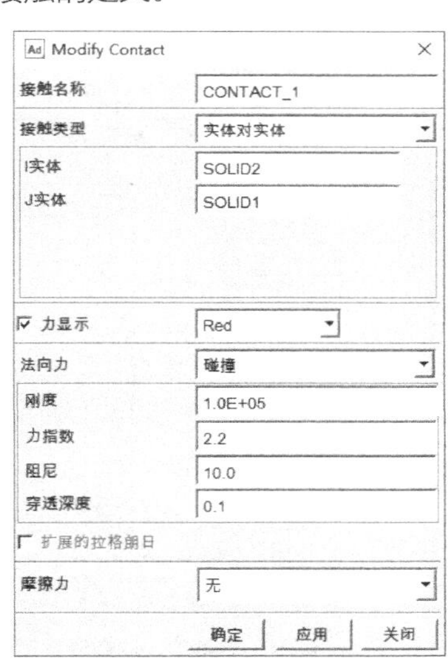

图 3-13　定义接触

Step 04 添加驱动：单击工具栏中的驱动按钮，系统弹出驱动设置对话框，在旋转速度（Rot Speed）对话框中输入 360，单击Joint_1，在主动齿轮旋转副上创建转速为 60 r/min的驱动，如图 3-14 所示。

Step 05 运行仿真：模型设置好后，进行仿真。单击菜单栏中的仿真（Simulation），系统弹出仿真工具栏，在工具栏中单击仿真按钮，系统弹出仿真设置对话框，如图 3-15 所示。将终止时间设置为 5.0s、步数设置为 500 步，单击开始仿真按钮，系统运行仿真。

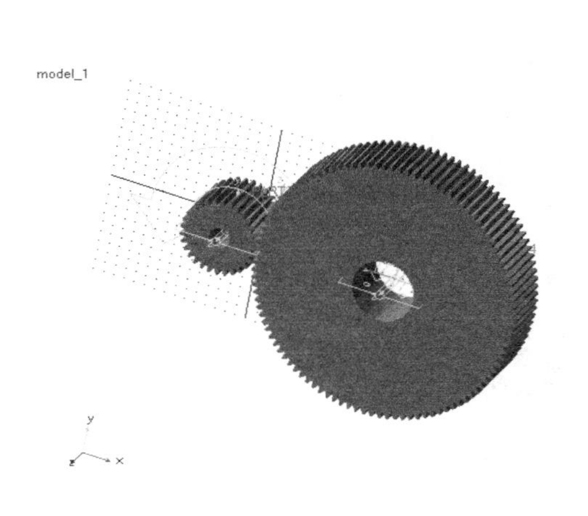

图 3-14 设置驱动

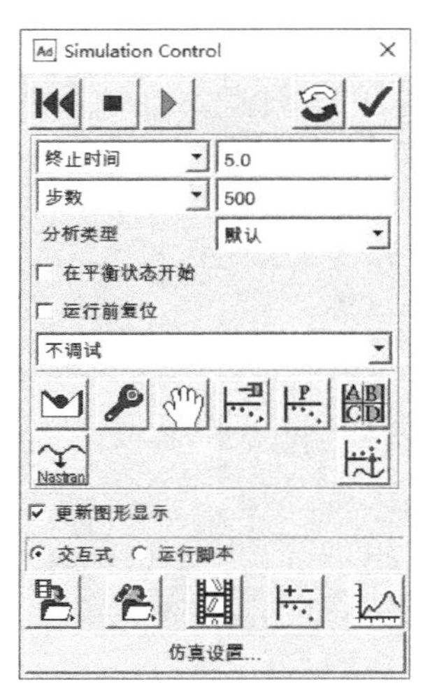

图 3-15 仿真设置对话框

Step 06 查看仿真结果：仿真结束后，单击仿真右下角的后处理按钮，进入后处理。在右下部分模型（Model）中选择.model_1，在资源（Source）中选择对象（Objects），在对象（Objects）中选择+CONTACT_1，在特征中选择单元力（Element Force），在分量中选择Mag，最后选中浏览（Surf）。在窗口中显示接触力随时间的变化趋势，如图 3-16 所示。

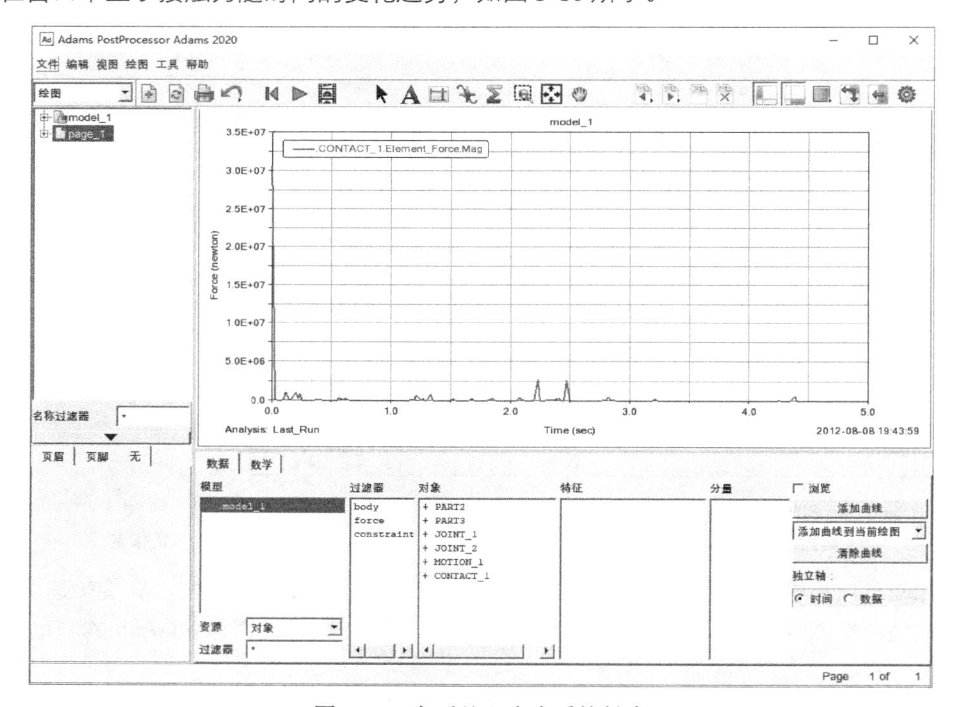

图 3-16 在后处理中查看接触力

3.4.2 实例二：小车越障柔性连接

Step 01 建立新模型：启动ADAMS/View，在欢迎对话框中选择新建模型（New Model），系统弹出建立新模型对话框，如图 3-17 所示。在模型名称（Model Name）中给模型定义一个名字，输

入.model_xiaoche，其余选项采用默认设置，单击确定（OK）按钮，进入ADAMS/View界面。

Step 02 导入模型：单击文件（File），选择导入（Import）命令，系统弹出导入模型对话框，如图 3-18 所示。在文件类型（File Type）选项中选择Parasolid（*.xmt_txt，*.x_t，*.xmt_bin，*.x_b）。

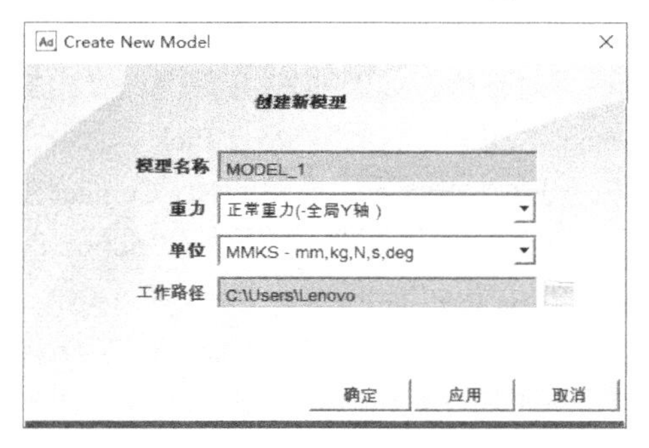

图 3-17 建立新模型对话框

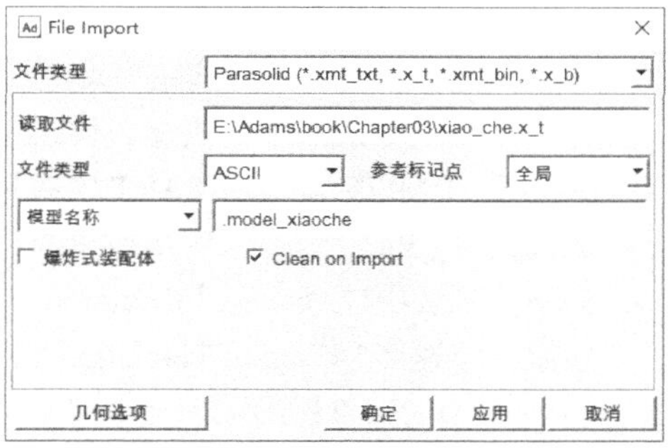

图 3-18 导入模型对话框

在读取文件（File To Read）中双击，找到 cha_03 文件夹下的 xiaoche_x_t 文件，在文件类型（File Type）中选择 ASCII，在模型名称（Model Name）中右击，选择模型（model）→推测（Guesses）→model_xiaoche，单击选中。单击确定（OK）按钮导入模型，如图 3-19 所示。

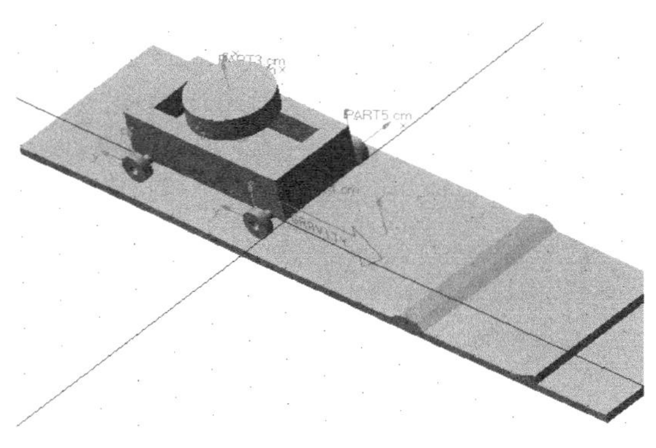

图 3-19 小车模型

Step 03 定义材料属性：导入模型之后，右击模型，选中 Part：PART_7，在级联菜单中选中修改（Modify），弹出编辑材料属性对话框，如图 3-20 和图 3-21 所示。

在分类（Category）中选择质量特性（Mass Properties），在定义质量方式（Define Mass By）中选择几何形状和材料类型（Geometry and Material Type），在材料类型（Material Type）中右击，依次选择弹出的材料（Material）→推测（Guesses）→steel，单击应用（Apply）或确定（OK）按钮完成对PART7 材料属性的定义。其他构件材料属性的定义与此类似，在此不再一一赘述。

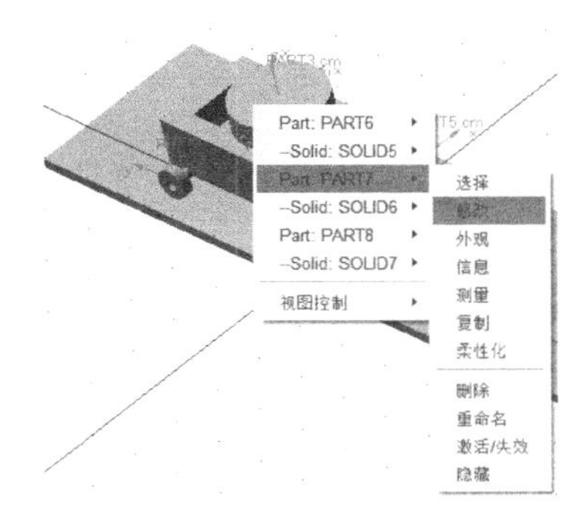

图 3-20 选中构件 7

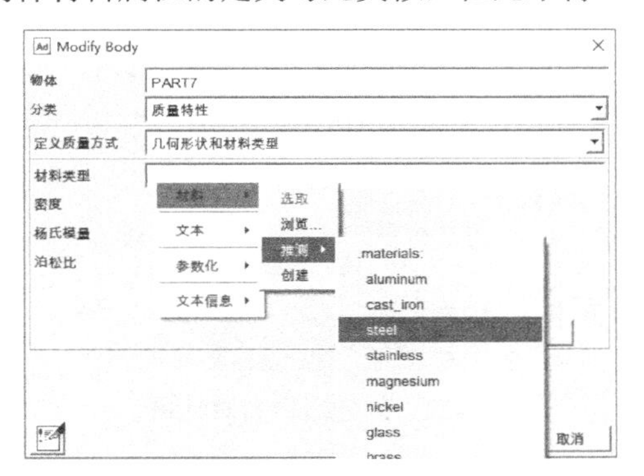

图 3-21 编辑材料属性对话框

Step 04 定义重力加速度：右击重力加速度，选择修改（Modify）命令，将重力加速度定义为沿-Z方向。

Step 05 创建约束：板（PART7）与地面（Ground）之间用固定副连接；在小车的四个轮子（PART2、

PART3、PART4、PART5）与车体（PART8）之间创建旋转副，单击旋转副图标，选择轮子PART2。再选择车体PART8，此时ADAMS提示选择作用点，选择轮子PART2 质心位置，移动鼠标，当鼠标指针指向X轴正方向时单击确定按钮，即可创建轮子与车体之间的旋转副，其他轮子与车体之间旋转副的创建与此一样。

Step 06 创建碰撞：单击碰撞力按钮，系统弹出创建碰撞力对话框，如图 3-22 所示。在弹出的对话框中的I实体（I Solid）中右击，弹出接触实体（Contact Solid），选择选取（Pick）命令，将指针指向板（PART7），选中PART7，在J实体（J Solid（s））中右击，弹出接触实体（Contact Solid）。选择选取（Pick）命令，将指针指向轮子（PART2），选中PART2。单击摩擦力（Friction Force），在下拉列表中选择库仑（Coulomb），在静平移速度（Stiction Transition Vel）框中输入 0.1，在摩擦平移速度（Friction Transition Vel）框中输入 10，单击确定（OK）按钮完成接触CONTACT_1的创建，如图 3-23 所示。其他三个轮子与板之间的接触CONTACT_2、CONTACT_3、CONTACT_4与此类似。

Step 07 创建柔性连接：定义车顶盖子（PART6）与车体（PART8）之间的柔性连接副为轴套力（Bushing），刚度K设置为 1.0e8，阻尼C设置为 0.2。具体操作是先单击轴套力（Bushing）连接副按钮，再在系统弹出的对话框中选择 2 个物体 - 1 个位置（2 Bodies-1 Locations）、选取几何特性（Pick Geometry Feature），选中K并输入 1.0e8，选中C并输入 0.2。单击车顶盖子（PART6）将其选中，单击车体（PART8）将其选中，移动鼠标至车体质心位置单击，当鼠标箭头指向X轴正方向时，单击左键确定，创建柔性连接。

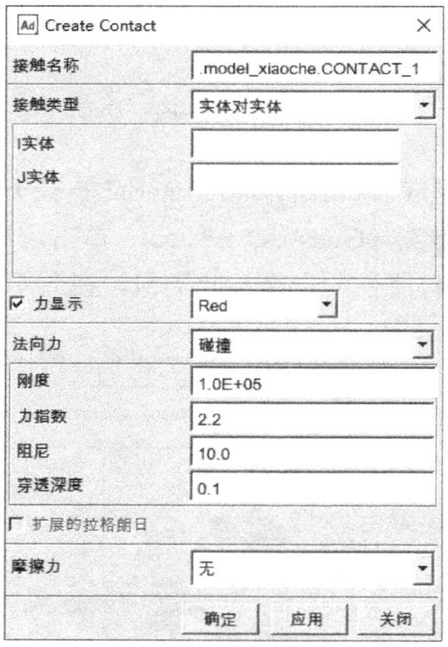

图 3-22　创建碰撞力对话框

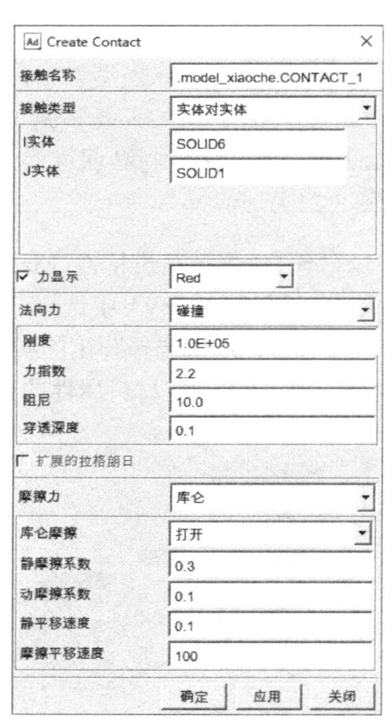

图 3-23　定义轮子与车体接触

Step 08 施加驱动：单击驱动按钮，系统弹出定义驱动对话框，如图 3-24 所示，在弹出的对话框中输入-3600，单击Joint_1 创建左轮驱动，单击Joint_2 创建右轮驱动。

Step 09 施加初始速度：给小车施加初始速度，单击小车车体PART8，在弹出的选项中选择修改（Modify）命令，系统弹出编辑车体属性对话框，在对话框的分类（Category）下拉菜单中选择速度初始条件（Velocity Initial Conditions），在平移速度（Translational Velocity Along）下选中地面（Ground），同时选中Y轴（Y Axis）并在后面的框中输入-1000，单击确定（OK）按钮完成初始速度的施加，如图 3-25 所示。

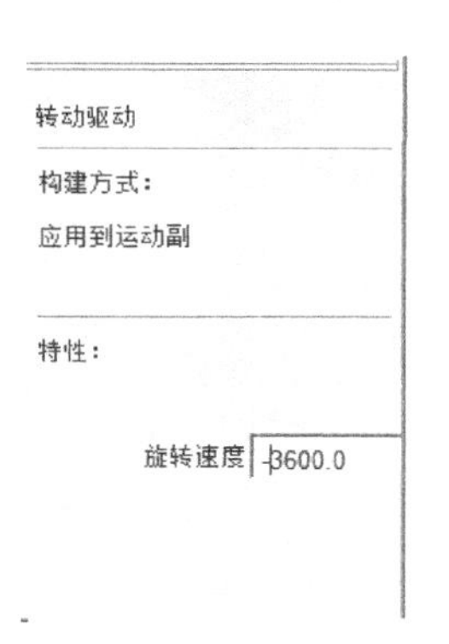

图 3-24　定义驱动

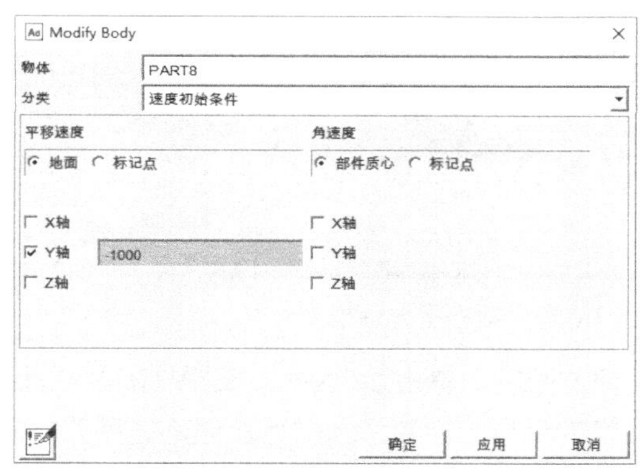

图 3-25　施加初始速度

Step 10　仿真：单击仿真按钮，系统弹出仿真设置对话框，如图 3-26 所示。在终止时间（End Time）中输入 0.7，在步数（Steps）中输入 100，其他采用默认设置，单击开始仿真按钮，ADAMS 开始仿真计算。

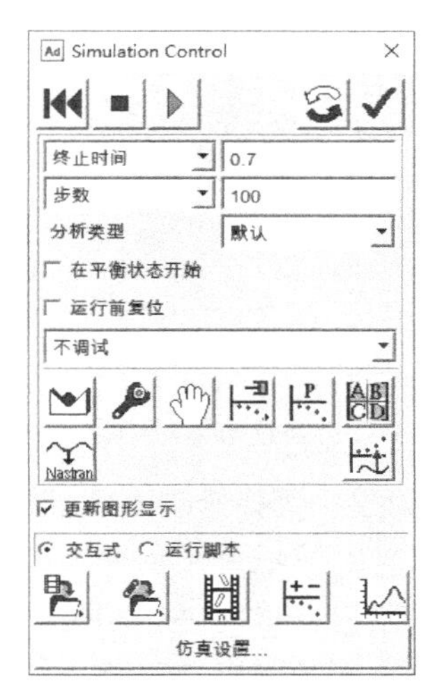

图 3-26　仿真设置对话框

Step 11　仿真回放：仿真结束后，单击回放按钮，查看仿真状态，看到小车在凹凸不平的板上颠簸前进。

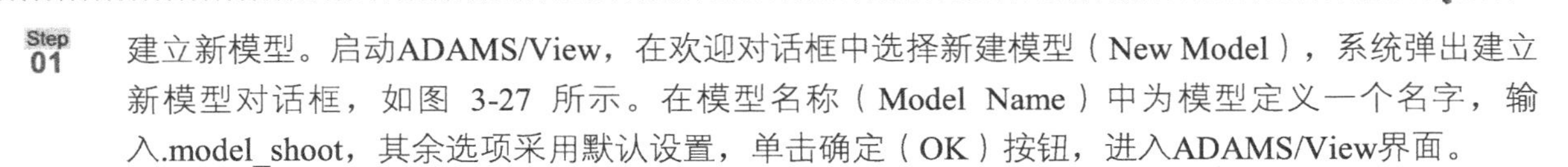

3.4.3　实例三：射击

Step 01　建立新模型。启动ADAMS/View，在欢迎对话框中选择新建模型（New Model），系统弹出建立新模型对话框，如图 3-27 所示。在模型名称（Model Name）中为模型定义一个名字，输入.model_shoot，其余选项采用默认设置，单击确定（OK）按钮，进入ADAMS/View界面。

Step 02　建立圆柱。单击圆柱图标，系统弹出创建圆柱对话框，如图 3-28 所示。按照图 3-28 所示的参数对圆柱进行设置，单击界面，向左上方 45° 移动鼠标，然后单击完成圆柱体的创建，如图 3-29 所示。

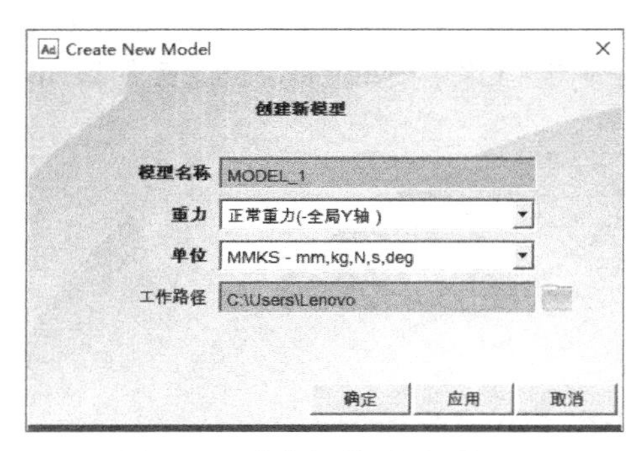

图 3-27　建立新模型对话框

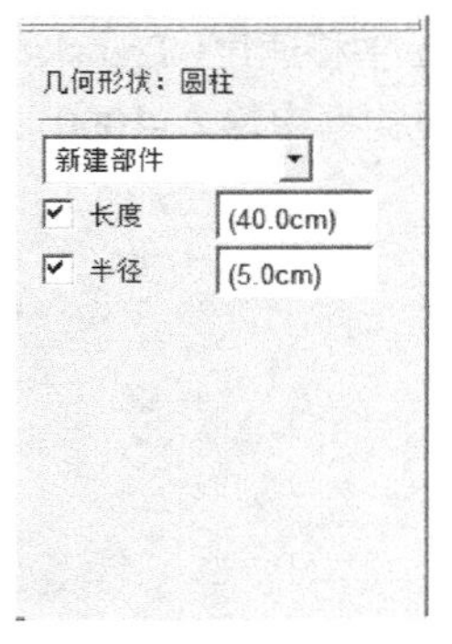

图 3-28　创建圆柱

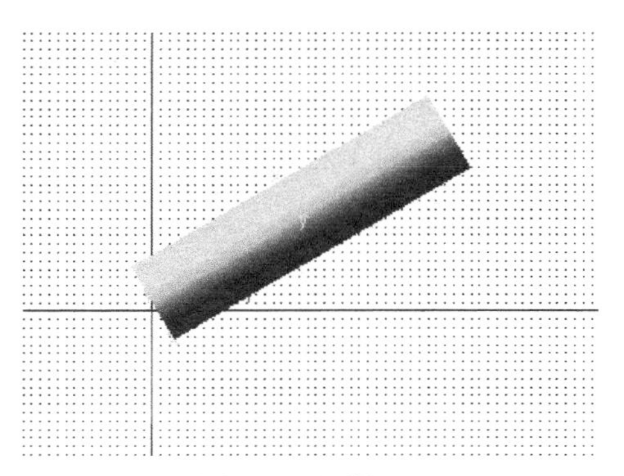

图 3-29　圆柱

Step 03 建立枪筒。单击图标，使圆柱的圆柱面朝向桌面，然后单击图标，再单击圆柱，选择要掏空的目标，接着移动鼠标左键，选择孔的方向，最后右击，如图 3-30 所示。

Step 04 建立子弹模型。单击图标，调整界面的视图，然后单击球体图标，系统弹出创建球体对话框，如图 3-31 所示，选中半径（Radius）并输入 35mm，移动鼠标指针至枪筒的上端，单击完成球体的创建，如图 3-32 所示。

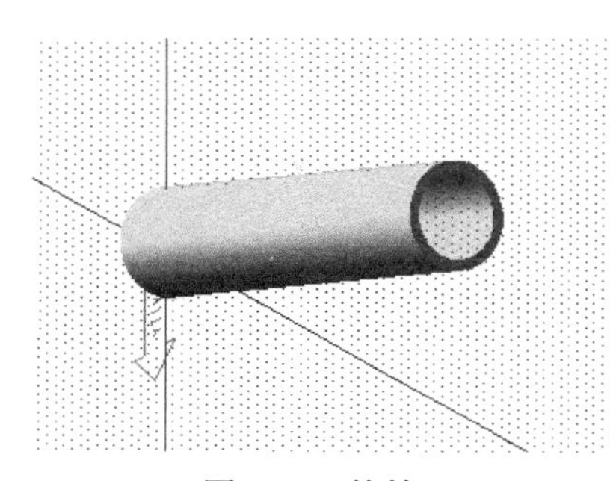

图 3-30　枪筒

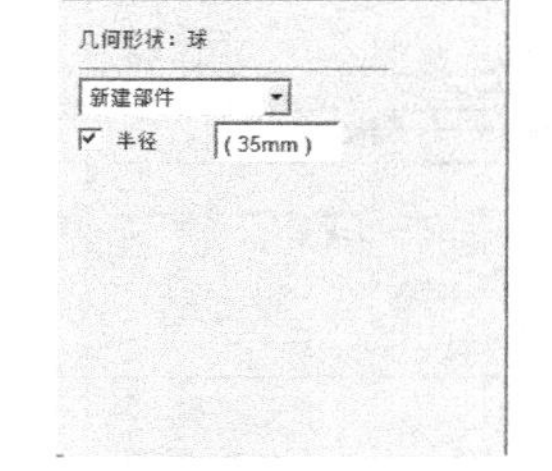

图 3-31　创建球体对话框

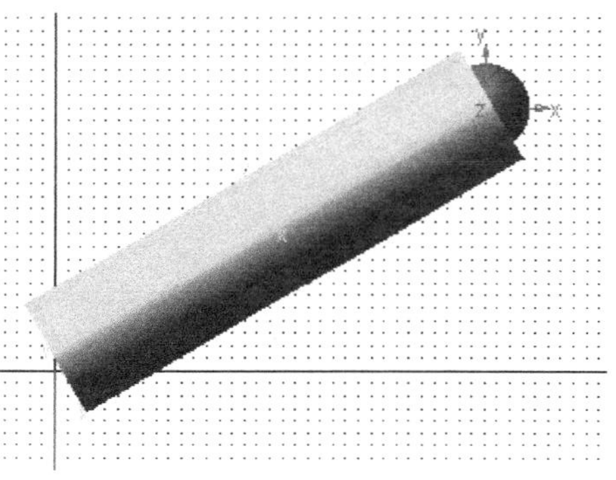

图 3-32　创建球体

Step 05 定义重力加速度。右击重力加速度，选择修改（Modify），将重力加速度定义为沿-Z方向。

Step 06 创建固定副。单击固定副图标，系统弹出创建固定副对话框，采用默认设置，单击枪筒，然后单击地面（Ground），在枪筒（Pare_2）的MARKER_2 点单击，完成固定副的创建。

Step 07 创建碰撞。单击碰撞力按钮，系统弹出创建碰撞力对话框。在I实体（I Solid）中右击，弹出接触实体（Contact Solid），选择选取（Pick），将指针指向枪筒（PART_2）；选中PART_2，在J实体（J Solid）中右击，弹出接触实体（Contact Solid），选择选取（Pick），将指针指向子弹（PART_3），选中PART_3。单击摩擦力（Friction Force），在下拉列表中选择库仑（Coulomb），在静平移速度（Stiction Transition Vel）框中输入 10，在摩擦平移速度（Friction Transition Vel）框中输入 10，单击确定（OK）按钮完成接触CONTACT_1 的创建，如图 3-33 所示。

Step 08 创建枪栓。单击圆柱图标，系统弹出创建圆柱对话框，如图 3-34 所示。移动鼠标，单击枪筒的中心，然后移动鼠标沿枪筒方向单击，完成枪栓的创建。

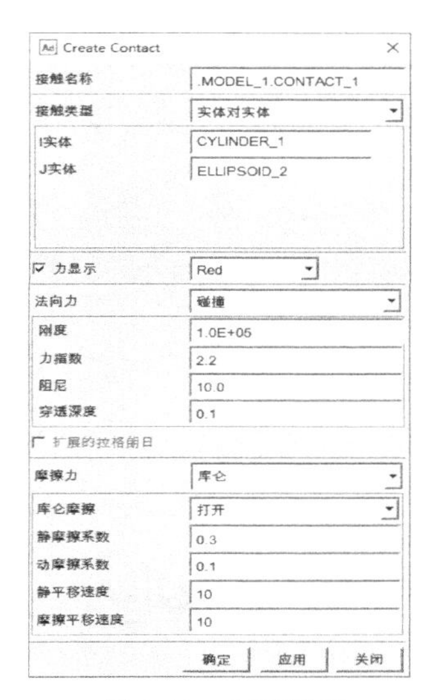

图 3-33　创建接触

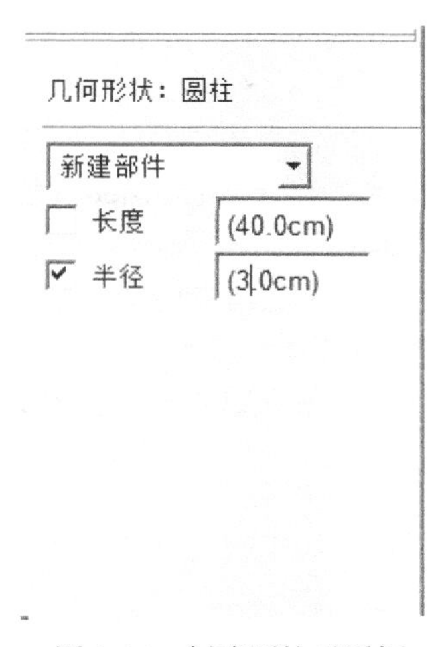

图 3-34　创建圆柱对话框

Step 09 创建碰撞。单击碰撞力按钮，系统弹出创建碰撞力对话框。在I实体（I Solid）中右击，弹出接触实体（Contact Solid），选择选取（Pick）命令，将指针指向枪栓（PART_4）；选中PART_4，在J实体（J Solid）中右击，弹出接触实体（Contact Solid），选择选取（Pick）命令，将指针指向子弹（PART_3），选中PART_3。单击摩擦力（Friction Force），在下拉列表中选择库仑（Coulomb），在静平移速度（Stiction Transition Vel）框中输入 10，在摩擦平移速度（Friction Transition Vel）框中输入 10，单击确定（OK）按钮完成接触CONTACT_2 的创建，如图 3-35 所示。

Step 10 创建弹簧。单击力（Force）菜单上的弹簧图标，单击枪筒的标记点（MARKER3），然后单击枪栓的中心点，完成弹簧的创建。双击弹簧，系统弹出修改弹簧对话框，在对话框中的刚度系数（Stiffness Coefficient）栏中输入 42.0，在预载荷（Preload）栏中输入 1.0E+04，单击确定（OK）按钮完成弹簧刚度和预载荷的定义，如图 3-36 所示。

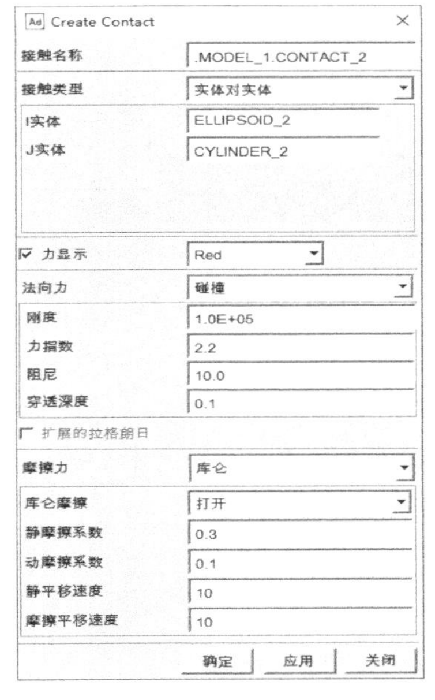

图 3-35　创建碰撞力对话框

图 3-36　修改弹簧对话框

Step 11 施加滑动副。单击驱动按钮，系统弹出创建滑动副对话框，如图 3-37 所示，在弹出的对话框中采用默认设置，单击枪筒，然后单击枪栓，移动鼠标，在枪筒的质心位置单击，完成滑动副的创建。

Step 12 仿真。单击仿真按钮，系统弹出仿真设置对话框，如图 3-38 所示。在终止时间（End Time）栏中输入 0.2，在步数（Steps）栏中输入 100，其他采用默认设置，单击开始仿真按钮，ADAMS 开始仿真计算。

Step 13 仿真回放。仿真结束后，单击回放按钮，查看仿真状态，可以看到子弹脱离枪筒射出的过程。

Step 14 后处理。按键盘上的快捷键F8，进入后处理窗口。在窗口的左上角单击，从中选择绘图（Plotting），在界面的下方采取如图 3-39 所示的设置。

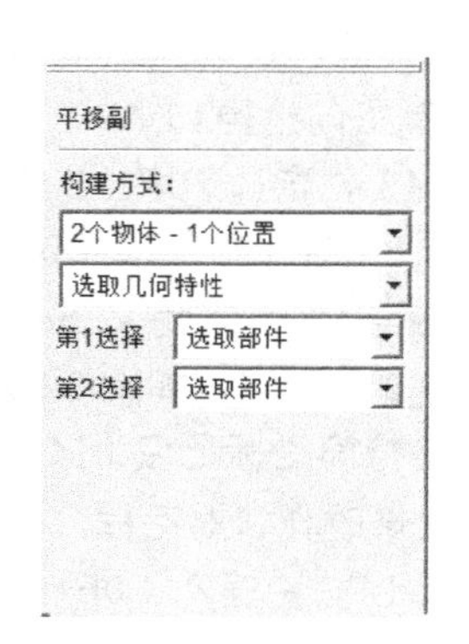

图 3-37 创建滑动副对话框

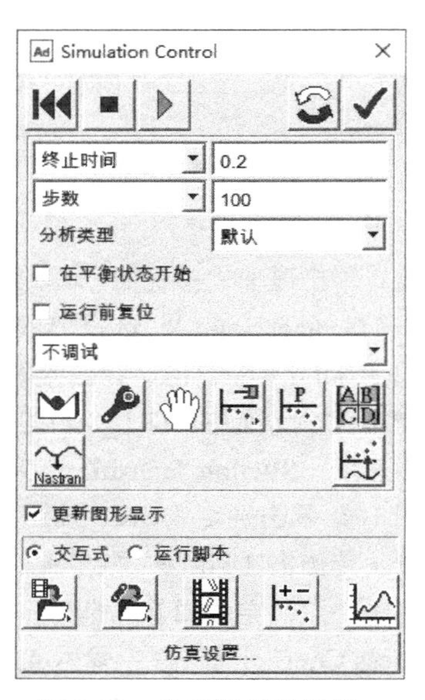

图 3-38 仿真设置对话框

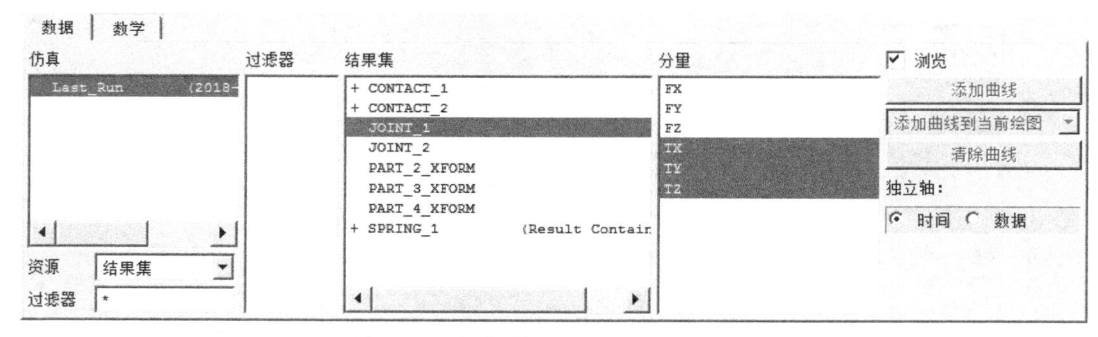

图 3-39 查看固定副处的力设置对话框

Step 15 选中浏览（Surf），系统弹出枪筒底部固定副处所受的力矩随时间的变化曲线，如图 3-40 所示。

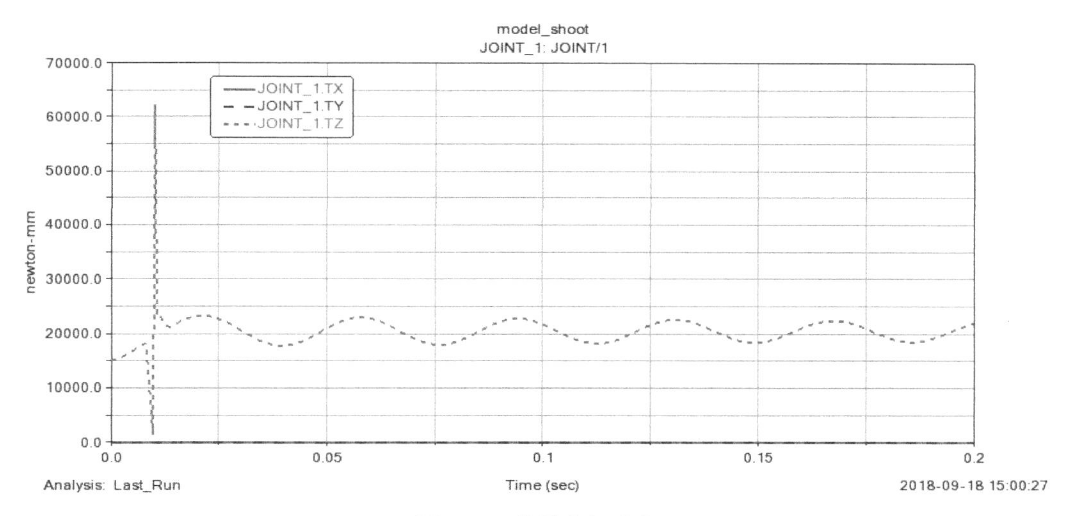

图 3-40　枪筒底部受力

Step 16 在界面的底部按照如图 3-41 所示进行设置，选中浏览（Surf），系统在界面上弹出如图 3-42 所示的曲线。

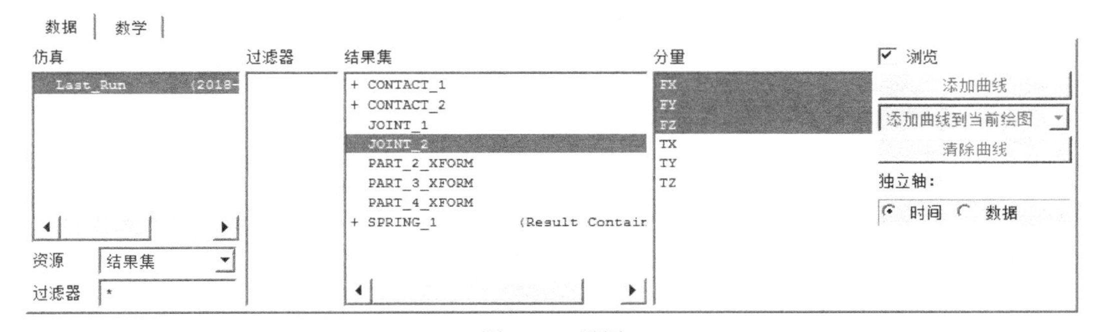

图 3-41　设置

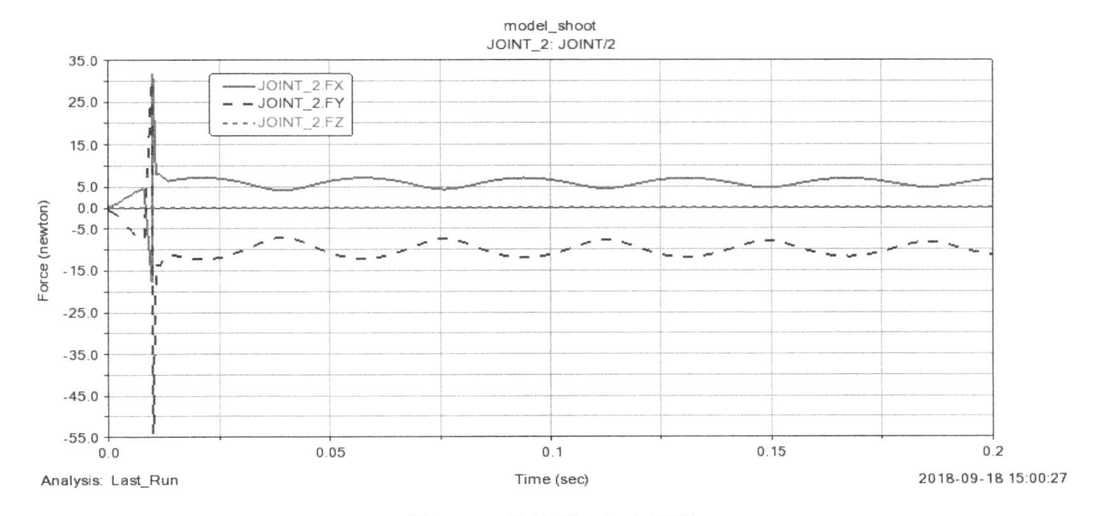

图 3-42　枪栓受力与力矩图

从图 3-42 可以看到枪栓在枪筒中运行时在 3 个坐标方向受力和力矩的变化趋势。在图 3-42 中，左端纵坐标代表枪栓受力，右端代表枪栓所受力矩。

Step 17 查看枪栓与子弹之间的碰撞力。单击界面下方的设置对话框，进行如图 3-43 所示的设置。

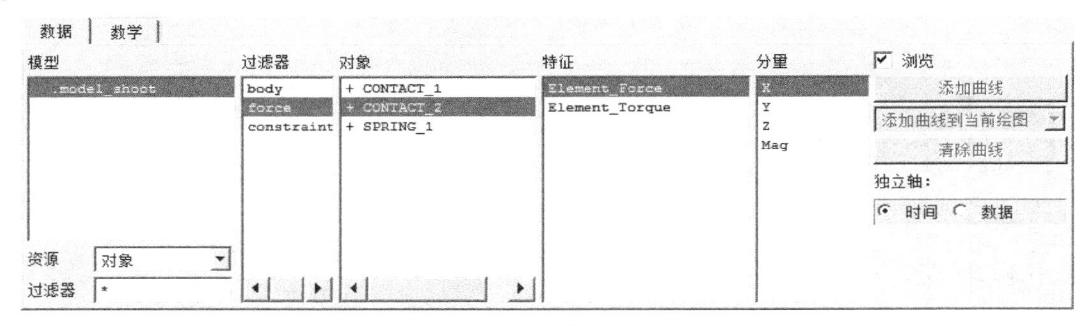

图 3-43 查看碰撞力设置

Step 18 选中浏览（Surf），系统弹出枪栓与子弹的碰撞力 X 向曲线图，如图 3-44 所示。从图 3-44 中可以看到枪栓与子弹在 0.008s这一时刻接触，枪栓将子弹打出枪筒，枪栓与子弹之间的作用力与反作用力大小是 8.3196N。

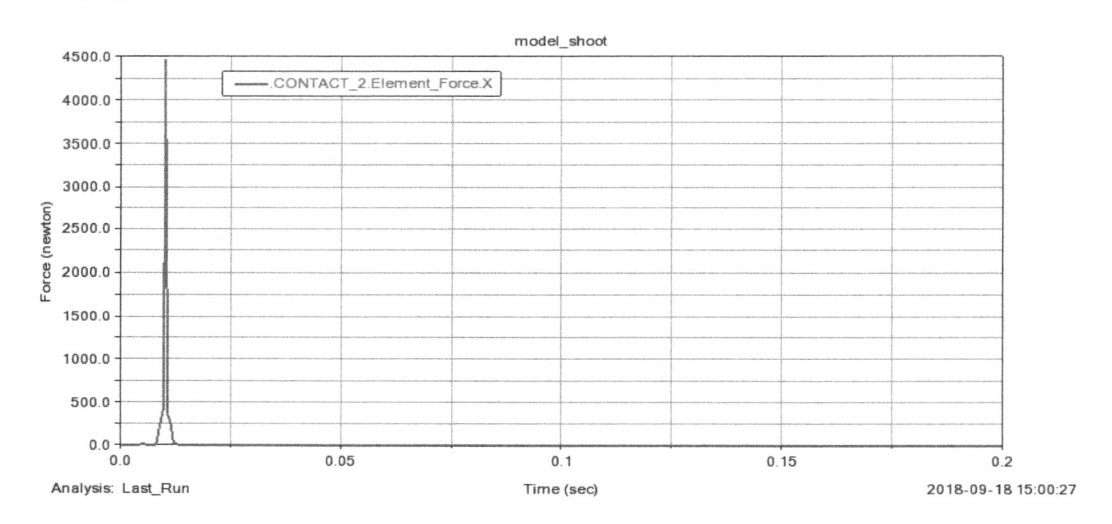

图 3-44 枪栓与子弹之间的碰撞力

3.5 本章小结

本章首先简明扼要地介绍了ADAMS中的外部载荷，其次对ADAMS中载荷的定义和施加、柔性连接的定义及在运动副上施加摩擦力进行了详细讲解，最后通过两个实例具体讲解了接触和柔性连接的施加及仿真。通过本章的学习，读者可以掌握载荷的施加方式以及如何在运动副上添加摩擦力。

第4章 计算求解与结果后处理

对于一个系统，在建立构件或者导入模型、定义材料属性、定义运动副和载荷等之后，前处理就已经基本结束了，接下来要对系统进行仿真计算。通过后处理计算标记点的位移、速度和加速度，计算运动副关联的两个构件之间的相对位移、速度和加速度。通过本章的学习可以为后面的后处理打下坚实的基础。

知识要点

- 熟悉求解计算类型和后处理界面的操作。
- 掌握模型的仿真控制方法和传感器的设置。
- 掌握后处理的使用技巧、曲线编辑和仿真动画输出。

4.1 计算求解

4.1.1 计算类型

1．装配计算

如果在建立构件时构件之间的位置并不是实际装配的位置，就利用运动副的约束关系将两个构件放置到正确的位置。

2．运动学计算

由于运动副和驱动会约束系统的自由度，因此当添加运动副和驱动后，相应的系统自由度就会减少。如果系统的自由度减少到零，那么系统各个构件的位置和姿态就可以在任意时刻由约束关系来确定，在计算仿真时系统会进行运动学计算，由于系统做平面运动，因此任意一个运动副添加旋转驱动，系统的自由度均为零，进行运动学仿真。在这种情况下，系统认为驱动提供任意大小的驱动载荷，只要能满足运动学关系就行。在运动学计算中，计算运动副的相对位移、速度、加速度、约束力和约束载荷以及任意标记点的位移、速度、加速度等数据。

3．动力学计算

模型上不会添加驱动，而是让其在重力的作用下运动。由于系统还有一个自由度未确定，因此系统进行动力学计算。在动力学计算中，将会考虑构件的惯性力，求解动力学方程，计算运动副的相对位移、速度、加速度、约束力和约束载荷以及任意标记点的位移、速度、加速度等数据。

4．静平衡计算

静平衡计算时，系统构件在载荷的作用下受力平衡。一个系统有多个静平衡位置，通过一定时间的运动学计算或动力学计算后让系统到达某一位置，再进行一次静平衡计算，这样就可以找到该位置附近的静平衡位置。一个系统可能会有多个静平衡位置，如果在静平衡位置处开始动力学计算，系统就会始终不动。

5．线性化计算

线性化计算将系统的非线性动力学方程线性化，这样就可以得到系统的共振频率和振型（模态）。

4.1.2　验证模型

在仿真计算之前，对系统的构成、系统的自由度、未定义质量的构件和过约束等情况进行查询，即便是在建立模型的过程中也要进行查询，以保证模型的准确性。依次单击菜单工具（Tools）→验证模型（Model Verify），系统弹出信息窗口，如图4-1所示，从中可以看到有关模型的详细信息。

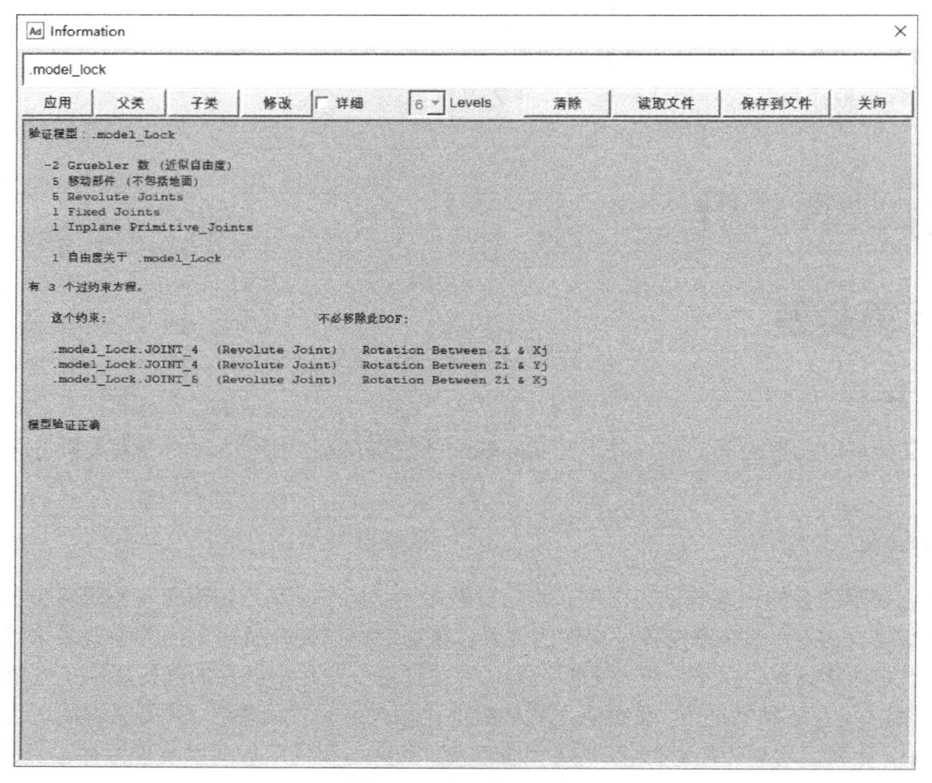

图4-1　验证模型信息

4.1.3　仿真控制

仿真控制决定仿真计算的类型、仿真时间、仿真步数和仿真步长等信息。可以使用两种仿真控制，一种是交互式，另一种是脚本式。交互式是普通的方式，完成多数的仿真，脚本控制不仅能完成交互式的所有功能，还能完成一些特殊的功能，如在仿真过程的模型中修改一些元素的参数或改变积分参数等。

1. 交互式仿真控制

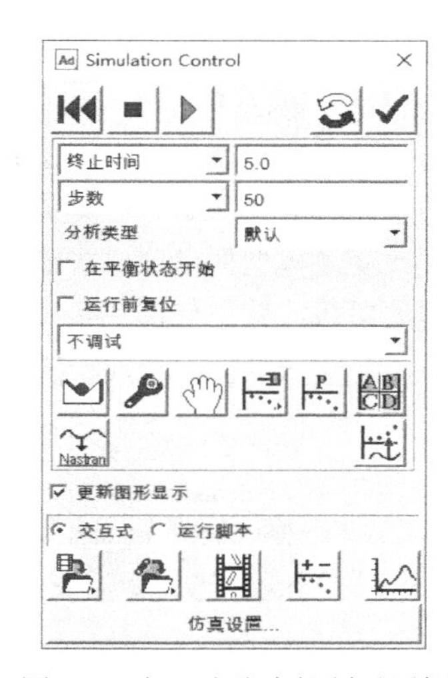

图 4-2 交互式仿真控制对话框

单击工具栏中的仿真计算按钮，弹出交互式仿真控制对话框，如图 4-2 所示。

交互式仿真控制对话框中的选项如下。

Step 01 控制按钮：运行仿真计算、终止仿真计算、返回仿真设置的起始位置、播放最后一次仿真的动画、验证模型。

Step 02 分析类型（Sim.Type）：仿真类型有默认（Default）、动力学（Dynamic）、运动学（Kinematic）和静态（Static）。如果选择默认，系统就会根据模型的自由度自动选择进行动力学计算还是运动学计算。

Step 03 仿真时间：有终止时间（End Time）和持续时间（Duration Time）两个选项。如果选择持续时间（Duration Time），当仿真结束后再次单击仿真计算按钮，就会从上次仿真计算结束的时间开始继续进行仿真计算。另外，如果需要进行静平衡和装配计算，可单击和按钮。

Step 04 仿真计算的步长和步数：如果选择步数（Steps），设置仿真步数，系统根据仿真的时间和步数计算仿真的时间间隔；如果选择步长（Step Size），就需要输入仿真计算的时间间隔。

Step 05 在平衡状态开始（Start at equilibrium）：在平衡位置处开始仿真计算，系统会在模型的当前位置处找到一个平衡位置，然后从该位置开始进行仿真计算。

Step 06 运行前复位（Reset before running）：在仿真计算时，从模型的起始位置开始仿真计算。

Step 07 仿真计算过程中的调试：不调试（No Debug）、Eprint（在信息窗口显示每帧计算信息）和表格（Table）表示在新窗口中显示每帧的迭代等信息。

Step 08 仿真设置：单击仿真设置（Simulation Settings）按钮后，弹出仿真设置对话框。设置目标不同，对话框中的内容也不一样。

2. 脚本仿真控制

脚本仿真控制相当于求解器性质的仿真控制命令，并读取相关的仿真控制参数。在运行脚本仿真控制以前，必须先创建脚本控制命令。单击按钮，系统弹出创建仿真控制脚本对话框，进行如下 3 种脚本仿真控制。

图 4-3 创建仿真控制脚本对话框

（1）简单运行（Simple Run）：简单脚本控制，在这种情况下只能进行运动学、动力学和静平衡计算控制。如图 4-3 所示，在脚本类型（Script Type）下拉列表中选择简单运行（Simple Run），在仿真类型（Simulation Type）下拉列表中选择仿真类型，有瞬态-默认、瞬态-动力学分析、瞬态-运动学分析和瞬态-静态分析，然后输入相应的仿真参数，创建仿真脚本。

（2）Adams视图命令（Adams View Commands）：ADAMS/View命令方式如图 4-4 所示。在脚本类型（Script Type）下拉列表中选择Adams View命令（Adams View

Commands），然后在下面的输入框中输入命令。在这种情况下需要知道ADAMS/View命令的语法格式。如果对命令语法不熟悉，可单击添加运行命令（Append Run Commands）按钮，之后出现新的对话框，如图4-5所示。在运行添加到脚本的命令（Run command to be appended to script）下拉列表中选择仿真类型，并输入相应的仿真参数，单击确定（OK）按钮，将仿真命令添加到命令的末尾。在这种情况下，如果用命令的方式改变了模型的参数，求解器不会理会这些参数，而是按一开始时的参数进行仿真计算。如果确实想修改模型的参数，就只能回到最初状态进行修改，而不能在仿真脚本中用命令来修改。

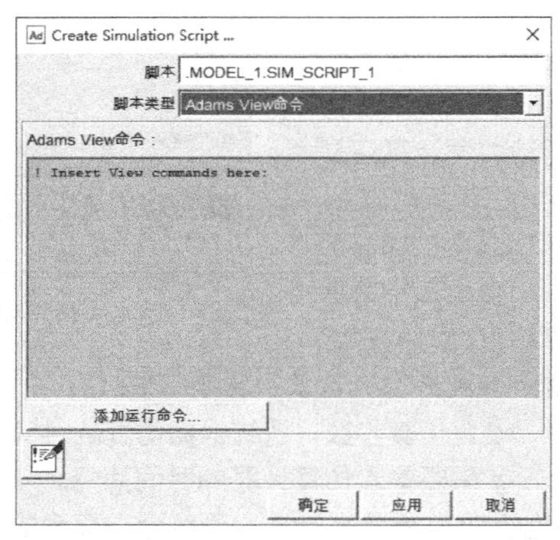

图4-4　创建ADAMS/View仿真脚本控制对话框

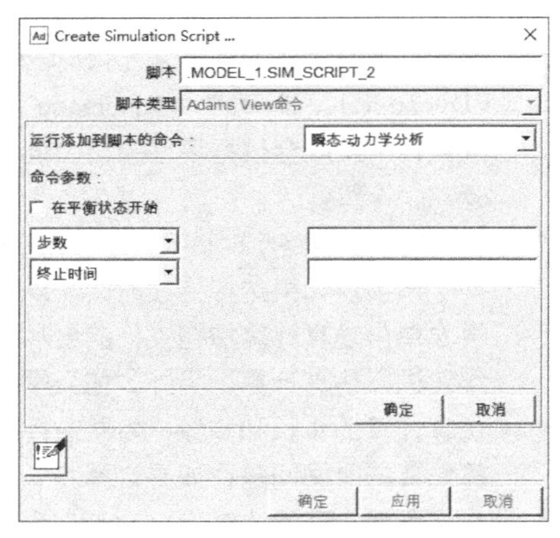

图4-5　添加运行命令

（3）Adams Solver命令（Adams Solver Commands）：求解器命令方式如图4-6所示。在脚本类型（Script Type）下拉列表中选择Adams Solver 命令（Adams Solver Commands），然后在下面的输入框中输入命令和参数，在添加ACF命令（Append ACF Command）下拉列表中选择仿真控制命令，就会弹出相应的对话框，输入参数即可。在这种仿真脚本控制下，可以修改模型中元素的参数，例如改变仿真步长、仿真精度、使元素失效或者有效等，因此在这种情况下可以完成常规仿真所不能完成的一些特殊计算。

以上是创建脚本的方法。在创建脚本后，需要执行脚本命令。单击菜单仿真（Simulation）→脚本控制（Script Controls）后，系统弹出执行脚本仿真控制对话框，如图4-7所示。在仿真脚本名称（Simulation Script Name）输入框中输入脚本命令的名称，然后单击▶按钮开始运行脚本仿真。

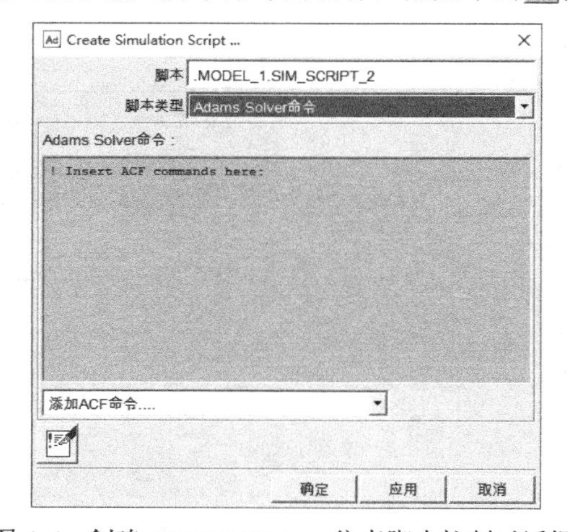

图4-6　创建ADAMS/Solver仿真脚本控制对话框

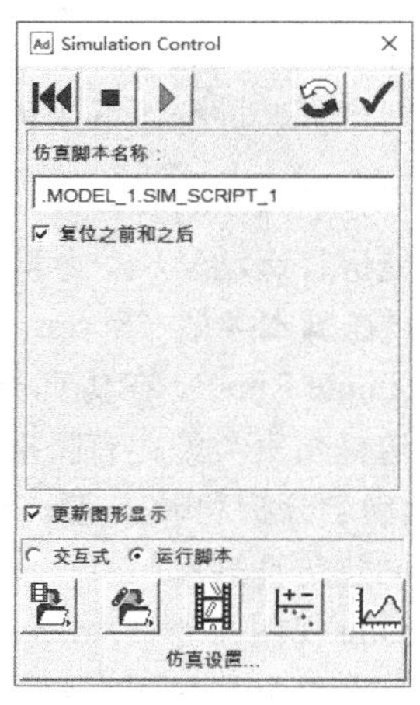

图4-7　执行脚本仿真控制对话框

4.1.4 传感器

与仿真控制密切联系的一个元素是控制器，传感器感知系统运行到某一个状态的时间，这种状态是系统模型元素之间的函数，也是时间的函数，例如两个标记点（Marker）之间的位置、速度、加速度等。当传感器感知到状态已经发生时，采取一定的动作，从而改变系统的运行方向，使系统采用另一种方式继续进行仿真计算。将脚本控制和传感器结合起来进行仿真控制可完成一些特殊的仿真控制，例如在某一状态下使约束失效、取消重力加速度等。

定义传感器需要定义传感器感知状态的事件以及事件发生后系统要执行的动作。单击工具栏的设计探索，创建新的传感器后，弹出定义传感器对话框，如图 4-8 所示。

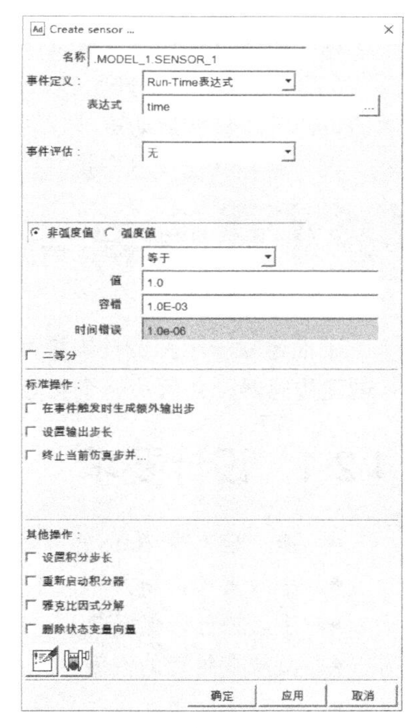

图 4-8 定义传感器对话框

1. 定义传感器感知的事件及事件发生的条件

定义传感器首先要定义传感器感知事件以及判断事件发生的条件。求解器在每一步计算过程中都会将事件的值与判断事件发生的值进行比较，当事件的值满足发生条件时就认为事件发生了，此时传感器会让系统执行一定的动作。

在定义传感器对话框中，事件定义（Event Definition）项定义传感器感知事件，通常用函数表达式来表示。事件定义选择用Run-Time表达式（Run-Time Expression）和用户自己定义的子程序（User-Written Subroutine）来表示。如果用运行过程函数来定义，在表达式（Expression）后的输入框中输入具体的函数表达式来定义，单击...按钮弹出函数构造器来创建复杂函数表达式。事件评估（Event Evaluation）项定义传感器事件的值，表示传感器返回值，如果时间是弧度值，还需要选择弧度值（Angular Values）项。判断事件发生的条件是等于某个目标值、大于等于某个目标值或者小于等于某个目标值。由于求解是在一定的步长范围内进行的，因此事件的值不可能与判断事件发生的值完全匹配，只要事件的值与判断事件发生的值在一定的误差范围内，就认为事件的值满足事件发生的值。当判断条件是等于时，事件发生的条件是事件落在真值区间范围内（下偏差（Value-Error Tolerance），上偏差（Value + Error Tolerance））；当判断条件是大于等于时，事件发生的条件是事件的值落在（下偏差（Value-Error Tolerance），+∞）范围内；当判断条件是小于等于时，事件发生的条件是事件落在（-∞，上偏差（Value + Error Tolerance））范围内。判断条件是等于的时候，如果仿真步长过大，事件的值就有可能跨越事件发生的范围，使传感器感知不到事件发生了。在这种情况下，需要减少仿真的步长。

2. 定义传感器产生的动作

当传感器的事件发生时需要由传感器产生一定的动作，从而改变求解器的方向。传感器产生的动作分为标准动作和特殊动作。

标准动作分为以下几种。

（1）在事件触发时生成额外输出步（Generate additional output step）：在传感器事件发生时再多计算一步。

（2）设置输出步长（Set output step size）：重新设置计算步长，需要输入新的仿真步长。

（3）终止当前仿真步并...（Terminate current step and）：当使用交互式仿真控制时，如果选择停止（Stop），就终止当前的仿真；如果选择继续（Continue），就继续当前的仿真命令并执行下一个仿真命令。

特殊动作分为以下几种。

（1）设置积分步长（Set integration step size）：设置下一步积分步长，以提高下一步的计算精度。

（2）重新启动积分器（Restart integration）：如果在设置积分步长时设置了计算精度，就使用该精度进行计算；如果没有设置，就重新调整积分阶次。

（3）雅克比因式分解（Refactorize Jacobian）：重新启动矩阵分解，以提高计算精度。另外，在不能收敛的条件下，重新启动矩阵分解有利于收敛。

（4）删除状态变量向量（Dump state variable vector）：将状态变量的值写到工作目录下的文件中。

4.2 实例一：仿真类型与传感器

下面建立一个弹簧挂锁模型，介绍如何使用机械系统动力学分析仿真软件ADAMS/View，熟悉仿真类型与创建传感器，并解决一个实际工程问题。

4.2.1 设计要求

- 能产生至少 700N的夹紧力。
- 手动夹紧，用力不大于 55N。
- 手动松开时做功最少。
- 必须在给定的空间内工作。
- 有震动时仍能保持可靠夹紧。

4.2.2 建模

建立和连接挂锁的各个部件，并同时验证各个部件的建立和连接是否正确。有了正确的模型后，即可在仿真环境下对其进行测试。

建造挂锁模型可分为两个基本部分：建造曲柄（pivot）和手柄（handle）、建造钩子（hook）和连杆（slider）。

1. 建造曲柄和手柄

Step 01 启动ADAMS/View并建立一个新的数据文件.Model_block。

Step 02 选择ADAMS/View，出现运行ADAMS/View的对话框。

Step 03 单击确定（OK）按钮，弹出欢迎用户使用的对话框。

2. 设置工作环境

Step 01 在设置（Settings）菜单中选择单位（Units），将长度单位设置为厘米（cm）。

Step 02 单击确定（OK）按钮。

Step 03 在设置（Settings）菜单中选择工作格栅（Working Grid），就会弹出工作格栅设置对话框。

Step 04 将工作格栅尺寸设置为 25、格距设置为 1。

Step 05 单击确定（OK）按钮。

Step 06 在设置（Setting）菜单中选择图标（Icons）命令，弹出图标（Icons）设置对话框，将模型图标（Model

Icons）的所有默认尺寸改为 2。

Step 07 单击确定（OK）按钮，完成工作环境的设置。

3. 建立设计点

Step 01 单击🔍图标并将工作格栅放大至整个工作平面。

Step 02 选择物体（Bodies），单击点（Point）图标 。

Step 03 按照表 4-1 所列的数据放置设计参考点。使用点的默认设置，即添加到地面（Add to Ground）和不能附着（Don’t Attach），创建的设计点如图 4-9 所示。

表 4-1　设置参考点位置

	X Location	Y Location	Z Location
POINT_1	0	0	0
POINT_2	3	3	0
POINT_3	2	8	0
POINT_4	-10	22	0

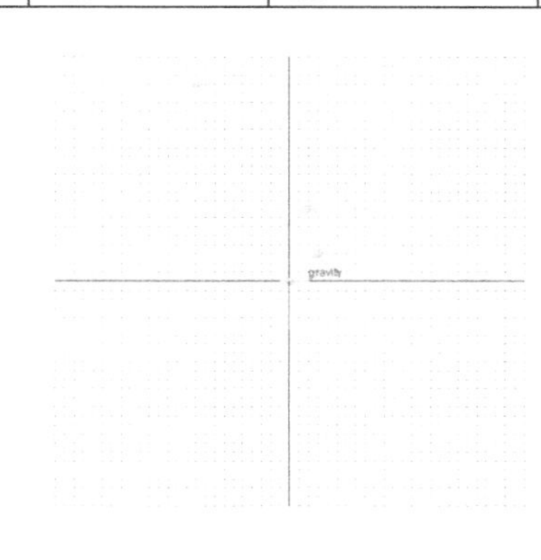

图 4-9　设计点

4. 建立曲柄

Step 01 单击物体（Bodies）打开工具包，选择工具按钮，把厚度和半径设为 1cm。

Step 02 选择POINT_1、POINT_2 和POINT_3，右击使曲柄闭合，如图 4-10 所示。

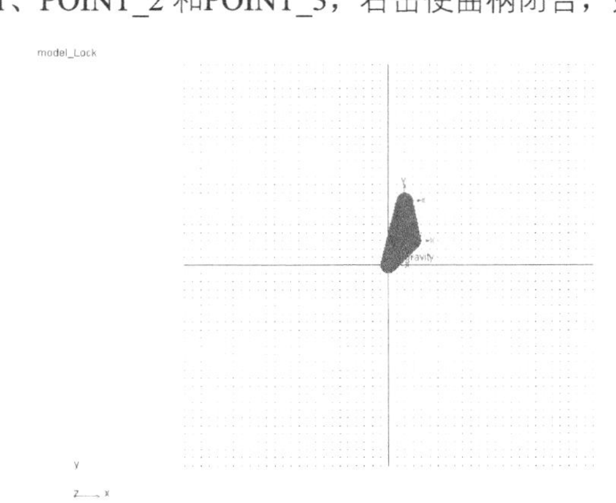

图 4-10　创建曲柄

5. 重命名曲柄

Step 01　将光标放在曲柄上。

Step 02　右击，在弹出的快捷菜单中选择Part:Part2，在级联菜单中选择重命名（Rename）。弹出Rename（重命名）对话框，如图 4-11 所示。

Step 03　模型名不变，修改物体（Modify Body）名称，将Part2 改为PivotD，如图 4-12 所示。

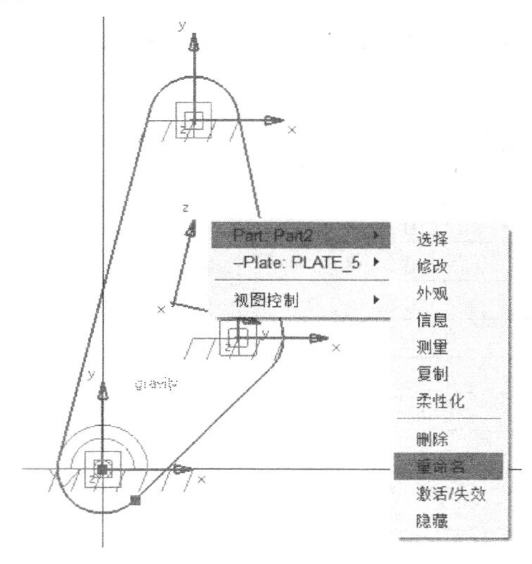

图 4-11　重命名操作

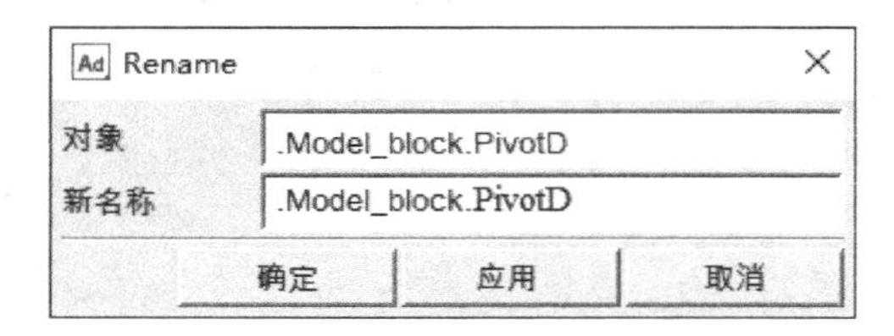

图 4-12　重命名曲柄

6. 建立手柄

Step 01　选择Link工具。

Step 02　在POINT_3 和POINT_4 之间建立连杆。依次选择POINT_3 和POINT_4，如图 4-13 所示。

Step 03　为连杆改名，将光标放在连杆上，右击，在弹出的快捷菜单中选择Part:Part3，在级联菜单中选择重命名（Rename），弹出Rename（重命名）对话框，模型名保持不变，修改物体（Modify Body）名称，将Part3 改为handle。

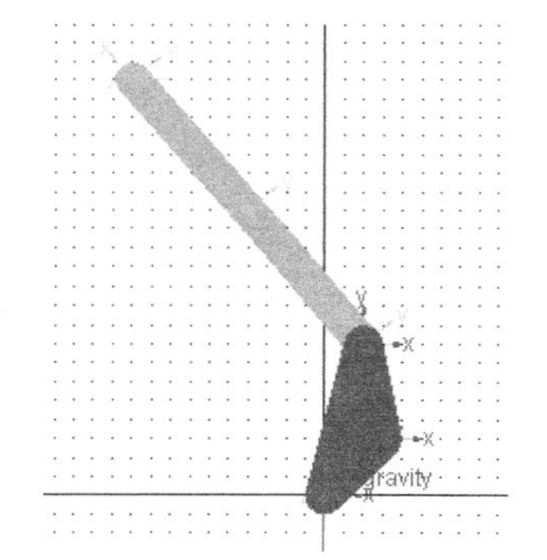

图 4-13　创建连杆

7. 用转动铰链连接各构件

Step 01　单击旋转副（Revolute Joint）按钮，在主对话框中将建造模式设置为 2 个物体 - 1 个位置（2 Bodies-1 Locations）和垂直格栅（Normal To Grid）。

Step 02　在POINT_1 处放置一个铰链。

Step 03　再次选择旋转副（Revolute Joint），在主对话框中将建造模式设置为 2 个物体 - 1 个位置（2 Bodies-1 Locations），选取曲柄、手柄和POINT_3。

8. 模拟模型的运动

Step 01　选择仿真（Simulation），系统弹出仿真工具栏。单击仿真工具按钮，系统弹出仿真设置对话框。

Step 02　设置模拟结束时间为 0.2 秒、输出步数为 100 步，单击开始仿真（Simulate Start）。

Step 03　模拟完毕，模型停留在模拟状态，单击重置（Reset）按钮 回到模型初始状态。

9. 观察参数化的作用

Step 01　单击 按钮放大Point_1 周围区域。

Step 02　选择Point_1，向左拖动，曲柄和铰链随Point_1 移动。

Step 03　单击撤销（Undo），回到初始布局。

10. 建造钩子

Step 01　单击创建点（Point）图标 ，按照表 4-2 创建POINT_5~ POINT_15 点。

表 4-2　钩子点坐标

	X Location	Y Location	Z Location
POINT_5	5	3	0
POINT_6	3	5	0
POINT_7	-6	6	0
POINT_8	-14	6	0
POINT_9	-15	5	0
POINT_10	-15	3	0
POINT_11	-14	1	0
POINT_12	-12	1	0
POINT_13	-12	3	0
POINT_14	-5	3	0
POINT_15	4	2	0

Step 02　单击物体（Bodies），系统打开模型工具包。单击 按钮，选择设置长度为 1cm，再按表 4-2 所列的值选取位置，最后右击使之闭合，如图 4-14 所示。

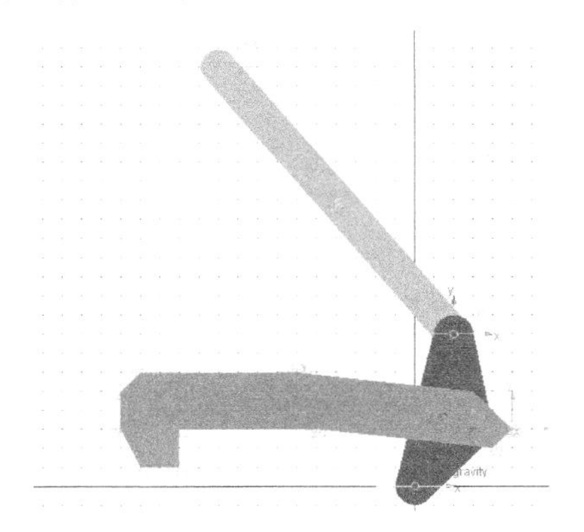

图 4-14　创建钩子

有的时候 ADAMS/View 会捕捉到最近的物体目标而不是捕捉坐标值。要避免这种情况，按住 Ctrl 键移动光标直到获得想要的坐标值。

Step 03　当将鼠标指针放在物体上时会出现对话窗口，利用鼠标右键选取几何外形。这时在拉伸体的各顶点处出现“热点”小方块，可使用这些热点修改拉伸体侧面外形的形状。

Step 04 为拉伸体改名，将光标放在拉伸体上，右击，在弹出的快捷菜单中选择Part:Part4，在级联菜单中选择重命名(Rename)，弹出Rename(重命名)对话框，模型名保持不变，修改物体(Modify Body)名称，将Part4 改为hook，单击确定（OK）按钮。

11. 建造连杆

Step 01 创建两个设计点POINT _16 和POINT _17，位置如表 4-3 所示。

Step 02 在两个新设计点之间建立连杆。首先单击连杆按钮，然后依次选择点POINT _16 和POINT _17。

Step 03 为连杆改名，将光标放在连杆上。右击，在弹出的快捷菜单中选择Part:Part5，在级联菜单中选择重命名（Rename），弹出Rename（重命名）对话框，模型名保持不变，修改物体（Modify Body）名称，将Part5 改为slider。

表 4-3　连杆关键点坐标

	X Location	Y Location	Z Location
POINT_16	-1	10	0
POINT_17	-6	5	0

12. 用转动铰链连接构件

再设立 3 个铰链，将构造模式设为 2 个物体 - 1 个位置（2 Bodies-1 Locations）和垂直格栅（Normal To Grid）。使用这种方式建立铰链时，先要选取两个构件，再选取位置。

在下述位置设置铰链。

Step 01 手柄与连杆之间的POINT_16：首先单击转动铰链按钮，然后选择手柄与连杆，再选择POINT_16，创建铰链。

Step 02 连杆与钩子之间的POINT_17：首先单击转动铰链按钮，然后选择连杆与钩子，再选择POINT_17，创建铰链。

Step 03 钩子与曲柄之间的POINT_2：首先单击转动铰链按钮，然后选择钩子与曲柄，再选择POINT_2，创建铰链。

4.2.3　模型运动初步仿真

Step 01 选择仿真（Simulation），系统弹出仿真工具栏。单击仿真工具按钮，系统弹出仿真设置对话框。

Step 02 设置模拟结束时间为 0.2 秒、输出步数为 100 步，单击开始仿真（Simulate Start）。

Step 03 模拟完毕，模型停留在模拟状态，单击重置（Reset）按钮 回到模型初始状态。

4.2.4　存储数据文件

在文件（File）菜单中选择保存数据库（Save Database），将文件名设为.Model_block。

4.2.5 生成地块及添加约束

1. 生成地块（Ground Block）

Step 01 打开工具包，选择，把生成方法新建部件（New Part）改为在地面上（On Ground）。

Step 02 创建点POINT_18（-2，1，0）和POINT_19（-18，-1，0）。

Step 03 为地块改名，将光标放在地块上。右击，在弹出的快捷菜单中选择Part:Part6，在级联菜单中选择重命名（Rename），弹出Rename（重命名）对话框，模型名保持不变，修改物体（Modify Body）名称，将Part6 改为r。

2. 添加一个面（Inplane）虚约束

Step 01 用工具动态选取（Dynamic Pick），把钩子末端区域放大。

Step 02 在菜单中选择连接（Connectors），出现运动副模板。

Step 03 选择点面约束（Inplane Joint Primitive），把建立方法设为 2 个物体-1 个位置(2 Bodies-1 Locations)和选取几何特性(Pick Geometry Feature ）。

Step 04 选取钩子和地块。

Step 05 沿着钩子的内侧面将光标上移，直到出现向上的箭头时再单击，在（-12，1，0）处单击，面虚约束如图 4-15 所示。

Step 06 单击适合视图（Fit）按钮，回到全局显示。

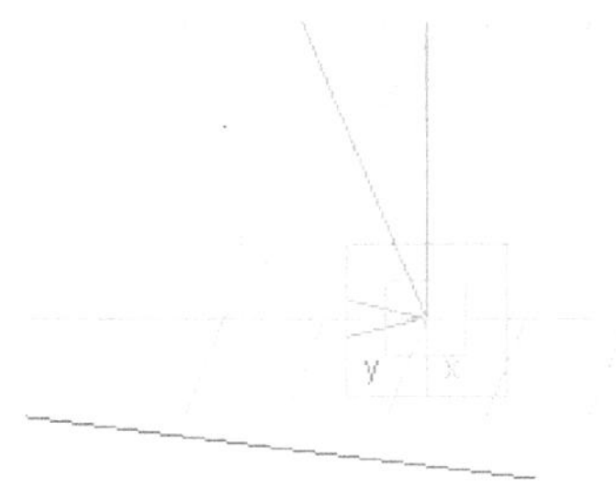

图 4-15　面虚约束

3. 添加一个拉压弹簧

Step 01 单击动态平移（Dynamic Translate）按钮，将模型向右移，给出增加拉压弹簧的空间。

Step 02 选择拉压弹簧阻尼器（Translational Spring-Damper），在地块与钩子之间建造弹簧。

Step 03 如图 4-16 所示，在弹簧生成对话框中选择 K和C。

Step 04 设置K值为 800、C值为 0.5。

拉压弹簧
方向:
视线
构建方式:
2个位置
属性:
K 800
C 0.5

图 4-16　创建弹簧

K 值和 C 值可以暂时不设置，采用默认设置。创建弹簧后右击，从弹出的菜单中单击修改（Modify）命令也可以修改 K 值和 C 值。

Step 05 选取（-14，1，0）（注意：一定要取钩子的顶点EXTRUSION_ 1.V16）和（-23，1，0）位置放置弹簧。

Step 06 单击适合视图（Fit），使模型满屏布置。

4. 添加一个手柄力

Step 01 在主工具栏中单击力（Force）按钮，将仿真时力的方向改为物体运动（Body Moving），在特性栏中选择常数（Constant），打开力值输入开关，输入 51.335。

Step 02 依次选取手柄、手柄末端的标志点位置（-10，22，0）作为力的起点，会出现力的矢量，移动到

（-17，16，0）位置松开鼠标，使力的方向与手柄垂直。

4.2.6 测量

1. 测量弹簧力

Step 01 把光标放在弹簧上右击，在弹出的菜单中选择测量（Measure）。

Step 02 在特性（Characteristic）栏中选择力（Force），如图 4-17 所示。

Step 03 单击确定（OK）按钮，出现弹簧测量图表，如图 4-18 所示。

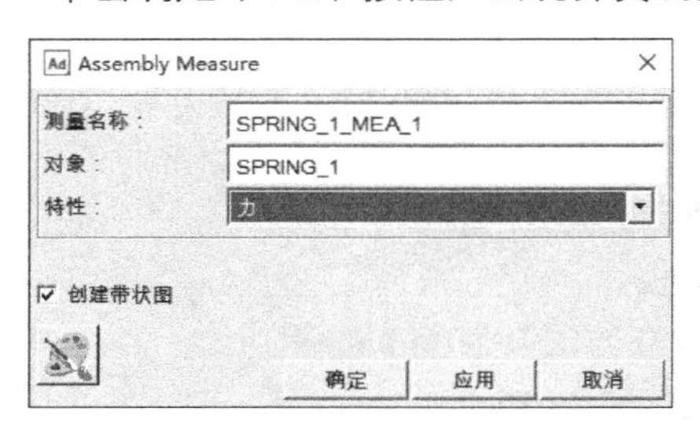

图 4-17 测量力对话框

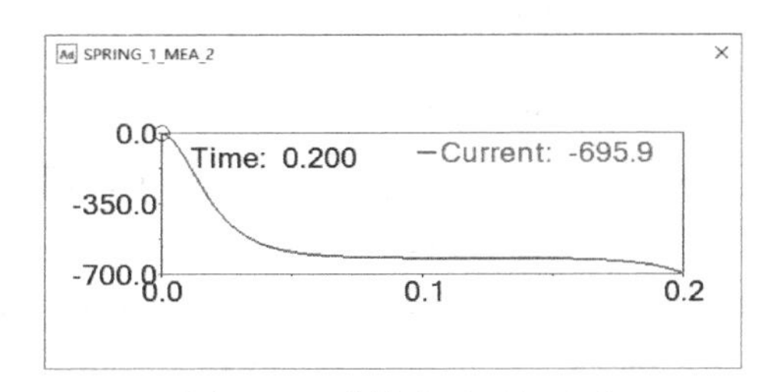

图 4-18 弹簧力随时间变化

Step 04 进行一次 0.2 秒、100 步的仿真。

Step 05 用重置（Reset）回到初始状态。

2. 角度测试

Step 01 单击设计探索（Design Exploration），在菜单中单击测量角度按钮，单击高级（Advanced）按钮，系统弹出测量角度对话框。

Step 02 在测量角度对话框中输入测量名称 .model_Lock.over_center。

Step 03 在开始标记点（First Marker）输入栏中右击，从弹出的菜单中选择标记点（Marker），再选择选取（Pick），选中MARKER_13；在中间标记点（Middle Marker）输入栏中选中MARKER_3；在最后标记点（Last Marker）输入栏中选中hook.cm，如图 4-19 所示。

Step 04 单击确定（OK）按钮，完成角度测量，如图 4-20 所示。

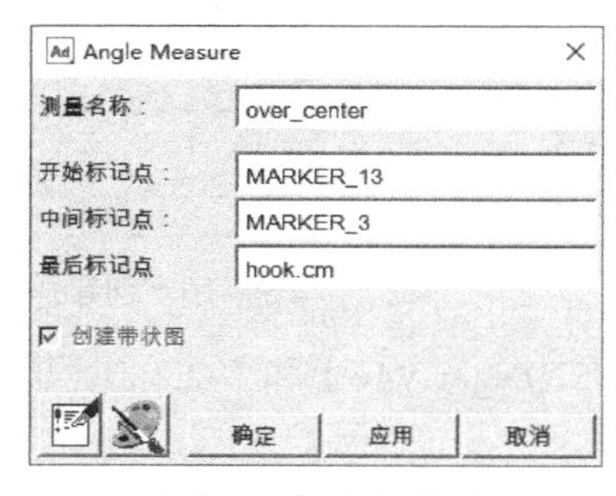

图 4-19 创建角度测量

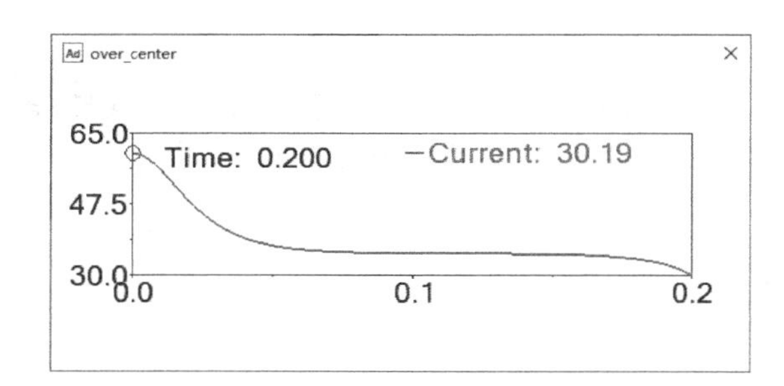

图 4-20 角度测量结果

4.2.7 生成传感器

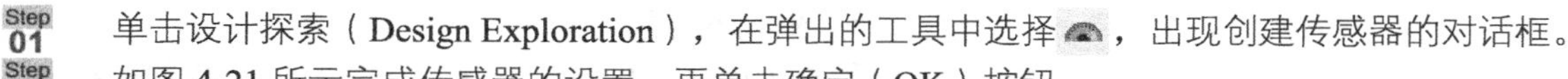

Step 01 单击设计探索（Design Exploration），在弹出的工具中选择，出现创建传感器的对话框。

Step 02 如图 4-21 所示完成传感器的设置，再单击确定（OK）按钮。

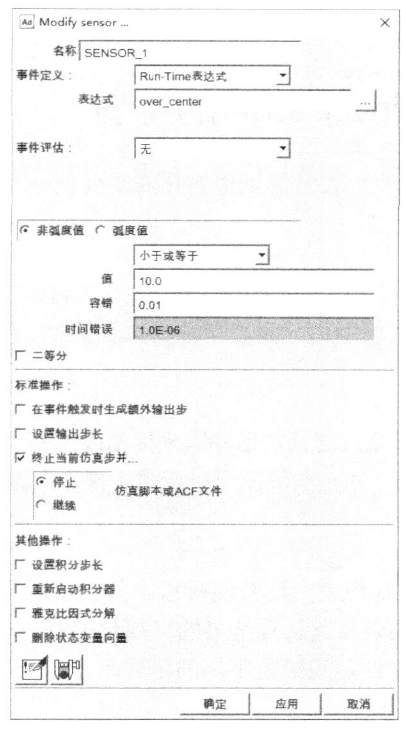

图 4-21　定义传感器

4.2.8　模型仿真

Step 01 单击仿真工具按钮，进行一次 0.2 秒、120 步的模拟。仿真中得到提示：由于传感器的作用，ADAMS/View停止仿真模拟。

Step 02 单击重置（Reset）回到模型初始状态。

Step 03 在模拟过程中，ADAMS/View对弹簧力和角度的测量反映了传感器的作用。图 4-22 和图 4-23 显示出ADAMS/View在挂锁锁紧时停止仿真模拟。

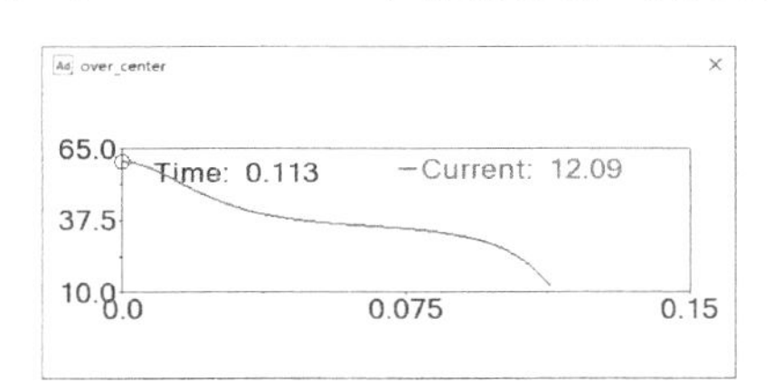

图 4-22　测量角度曲线

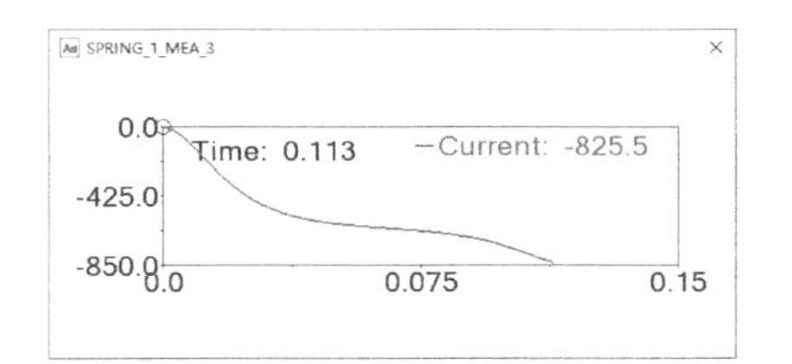

图 4-23　测量弹簧力曲线

4.3　ADAMS 后处理简介

ADAMS/ PostProcessor是ADAMS软件的后处理模块，绘制曲线和仿真动画的功能十分强大。利用ADAMS/ PostProcessor可以使用户更清晰地观察其他ADAMS模块（如ADAMS/ View、ADAMS/Car或ADAMS/ Engine）的仿真结果，也可将得到的结果转化为动画、表格或者HTML等形式，能够更确切地反映模型的特性，便于用户对仿真计算的结果进行观察和分析。

4.3.1 ADAMS/PostProcessor 的用途

ADAMS/PostProcessor在模型的整个设计周期中发挥着重要的作用，其用途主要包括以下 4 方面。

1. 模型调试

在 ADAMS/PostProcessor中，用户可选择最佳的观察视角来观察模型的运动，也可向前、向后播放动画，从而有助于对模型进行调试，还可从模型中分离出单独的柔性部件，以确定模型的变形。

2. 试验验证

如果需要验证模型的有效性，可输入测试数据并以坐标曲线图的形式表达出来，然后将其与ADAMS仿真结果绘于同一坐标曲线图中进行对比，并在曲线图上进行数学操作和统计分析。

3. 设计方案改进

在ADAMS/PostProcessor中，可在图表上比较两种以上的仿真结果，从中选择合理的设计方案。另外，可通过单击操作更新绘图结果。如果要加速仿真结果的可视化过程，可对模型进行多种变化，也可进行干涉检验，并生成一份关于每帧动画中构件之间最短距离的报告，帮助改进设计。

4. 结果显示

ADAMS/PostProcessor可显示运用ADAMS进行仿真计算和分析研究的结果。为增强结果图形的可读性，可改变坐标曲线图的表达方式，或者在图中增加标题和附注，或者以图表的形式来表达结果。为增加动画的逼真性，可将CAD几何模型输入动画中，也可将动画制作成小电影的形式。最终可在曲线图的基础上得到与之同步的三维几何仿真动画。

4.3.2 ADAMS/PostProcessor 的启动与退出

ADAMS/PostProcessor可单独运行，也可从其他模块（如ADAMS/ View、ADAMS/ Car、ADAMS/ Engine等）启动。下面将介绍如何单独启动ADAMS/PostProcessor，并解释如何在ADAMS/PostProcessor中运行附件和插件。

1. 直接启动 ADAMS/PostProcessor

在Windows操作系统中单击Windows开始菜单，在所有程序列表中找到并单击ADAMS/PostProcessor，直接启动进入ADAMS/PostProcessor窗口。

2. 在 ADAMS/View 或其他 ADAMS 模块中启动 ADAMS/PostProcessor

在ADAMS/View中的单击结果选项卡，然后单击PostProcessor图标 或按F8 键，进入后处理模块。

3. 退出 ADAMS/PostProcessor

退出ADAMS/PostProcessor的方法有很多，具体如下。

（1）在文件（File）菜单中选择退出（Exit）。

（2）如需从ADAMS/PostProcessor退回到ADAMS/View，可按快捷键F8。

（3）直接退出ADAMS/PostProcessor，按快捷键Ctrl＋Q。
（4）单击ADAMS/PostProcessor窗口右上角的关闭按钮。
（5）双击ADAMS/PostProcessor窗口右上角的 ⚙ 按钮。

4.3.3 ADAMS/PostProcessor 窗口介绍

启动ADAMS/PostProcessor后进入ADAMS/PostProcessor窗口，如图 4-24 所示。

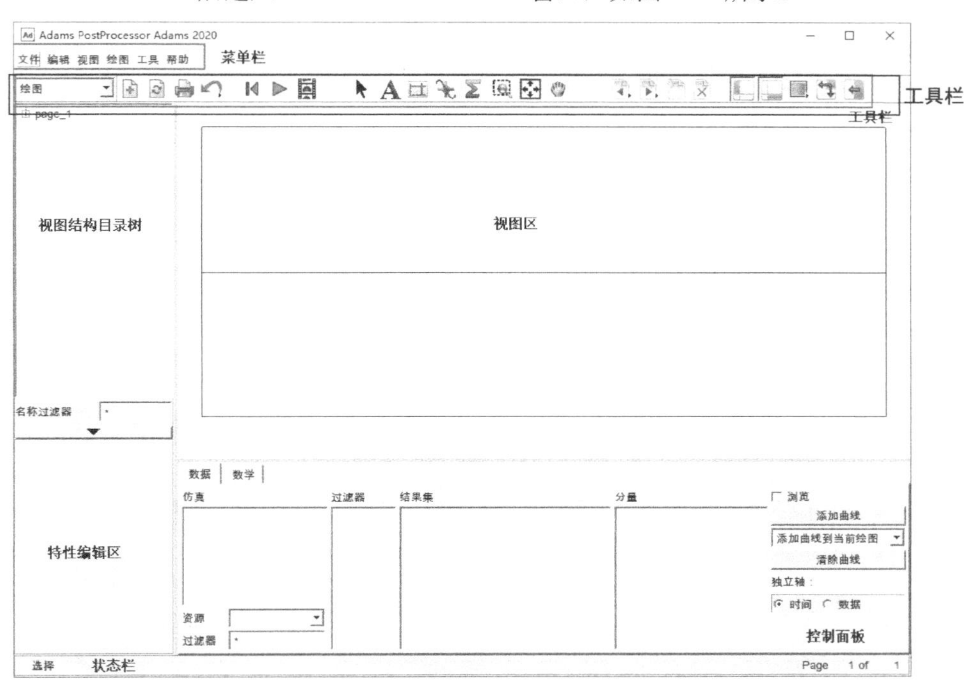

图 4-24 ADAMS/PostProcessor 窗口

ADAMS/PostProcessor窗口中各部分的功能如下。

- 视图区：显示当前页面，每页最多可分为 6 个视图，可同时显示不同的曲线、动画和报告。
- 菜单栏：包含几个下拉式菜单，完成后处理的操作。
- 工具栏：包含常用后处理功能的图标，可自行设置需要显示哪些图标。
- 视图结构目录树：显示模型或页面等级的树形结构。
- 特性编辑区：改变所选对象的特性。
- 状态栏：在操作过程中显示相关的信息。
- 控制面板：提供对结果曲线和动画进行控制的功能。

4.4 ADAMS/PostProcessor 使用技巧

启动ADAMS/PostProcessor后可建立新任务的记录，并对其进行操作，创建任务和添加数据。ADAM/PostProcessor使用单一窗口界面，可以更方便、快捷地输入信息，界面随所选择项目自动变化。界面操作包括工具栏、页面、窗口模式等。

4.4.1 创建任务和添加数据

启动ADAMS/PostProcessor后就开创了一个新任务，即记录。要把仿真结果导入记录中，需要先输入相应的结果数据。如果采用直接启动ADAMS/PostProcessor的方式，当对仿真结果进行操作之后，可保存记录并输出数据以供其他程序使用。

1. 创建新任务

每次单独启动ADAMS/processor时都会自动创建一个新任务，以进行工作。用户也可以随时创建新任务。创建新任务的方法是在文件（File）菜单中选择新建（New）。

2. 保存记录

在单独启动模式下，ADAMS/Postprocessor可将当前任务保存在记录里，以二进制文件的格式保存所有的仿真结果动画和绘制的曲线。

- 保存已存在并已命名的任务：从文件（File）菜单中选择保存（Save）。
- 保存一个新的未命名的文件或者以新的名字来保存文件：从文件（File）菜单中选择另存为（Save As），然后输入记录的名字；在不同的目录中保存文件，右击文件名称（File Name）栏，选择浏览（Browse），然后选择想要保存的目录，最后单击确定（OK）按钮。

3. 添加数据

通过不同文件格式输入数据到ADAMS/PostProcessor中以生成动画、曲线图和报告。输入的数据出现在视图结构目录树的顶端。不同文件格式的输入数据形式如表 4-4 所示。

表 4-4　不同文件格式的输入数据形式

文件格式	描述
ADAMS/View Command（.cmd）	一套 ADAMS/View 命令，包含模型信息，用于调入分析文件
ADAMS/Solver dataset（.adm）	用 ADAMS/Solver 数据语言描述模型信息
ADAMS/Solver analysis（.req，.res，.gra）	三种分析文件： * Graphics 包含来自仿真的图形输出，并包含能描述模型中各部件位置和方向的时间序列数据，可使 ADAMS/PostProcessor 生成模型动画 * Request 包含使 ADAMS/PostProcessor 产生仿真结果曲线的信息，也包含基于用户自定义信息的输出数据 * Result 包含在仿真过程中 ADAMS/PostProcessor 计算得出的一套基本的状态变量信息 可导入整套或者单个数据文件
Numeric data	按列编排的 ASCII 文件，包含其他应用程序输出的数据
Wavefront objects，Stereolithgraphy，Render，and shell	曲面
Report	以 HTML 或 ASCII 格式表示的报告数据

4. 输出数据

以数据电子表格的形式输出动画或曲线信息，并可用表格的形式输出曲线数据（HTML或者电子表格的形式）或者DAC和RPC III数据（仅适用于ADAMS/Durability）。也可将动画记录为AVI电影、TIFF文件或其他形式。

以表格形式输出曲线的步骤如下：

Step 01 选择一条曲线。
Step 02 从文件（File）菜单指向导出（Export），然后选中表格（Table）。
Step 03 输入该文件的名字。
Step 04 输入包含数据的曲线的名字。
Step 05 在HTML或Spreadsheet（电子表格）中任选一个。
Step 06 单击确定（OK）按钮。

4.4.2 工具栏的使用

ADAMS/PostProcessor包含若干工具栏，位于菜单栏下面。选择特定工具栏能完成相关的操作，达到特定的功能。

1. 基本工具栏

（1）主工具栏如图 4-25 所示。主工具栏按钮功能说明如表 4-5 所示。

图 4-25 主工具栏

表 4-5 主工具栏按钮功能说明

工具	功能
	输入文件
	重新载入更新的仿真结果以及最新的数据报告
	显示打印对话框以便打印该页面
	撤销上次操作
	重置动画到第一帧（仅在动画模式）
	播放动画（仅在动画模式）

（2）页面与视图工具栏如图 4-26 所示。页面与视图工具栏中的各个按钮及功能如表 4-6 所示。

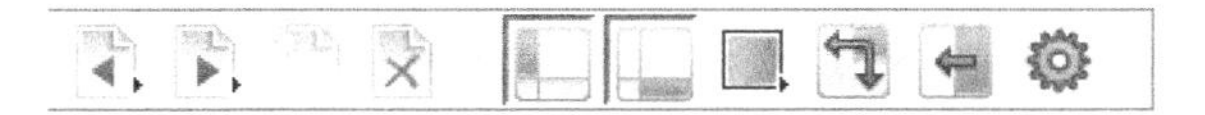

图 4-26 页面与视图工具栏

表 4-6 页面与视图工具栏说明

工具	功能
	显示前页或第一页
	显示下一页或最后一页
	以当前布局创建新页
	删除显示页
	打开或关闭目录树
	打开或关闭控制板

（续表）

工具	功能
	从 12 个标准页面布局中选择一个新的布局
	将所选择的视图扩展至覆盖整个页面
	将当前视图的数据交换到其他数据窗口

（3）动画工具如图 4-27 所示。动画工具栏中的各个按钮及功能如表 4-7 所示。

图 4-27　动画工具栏

表 4-7　动画工具栏说明

工具	功能
	选择模式
	旋转视图
	移动视图并设置比例
	将模型放到中间位置
	缩放视图
	将整个动画设置到适应整个窗口大小
	设置动画视图方位的工具
	线框模式与实体模式的切换开关
	光标默认显示的切换开关

该工具栏只有在 ADAMS/PostProcessor 的动画模式下才能显示。

（4）图表工具栏如图 4-28 所示。图表工具栏中的各个按钮及功能如表 4-8 所示。

图 4-28　图表工具栏

表 4-8　图表工具栏说明

工具	功能
	设置选择模式
A	增加文本
	创建一个规格线
	显示曲线的统计值，包括曲线上数据点的最大值、最小值和平均值
Σ	显示曲线编辑工具栏
	放大曲线图的一部分
	将曲线图以合适大小放在视图内

图表工具栏只有在 ADAMS/PostProcessor 的图表模式下才能显示出来。

2. 工具栏的设置与显示

（1）工具栏的打开和关闭：在视图（View）菜单中选中工具栏（Toolbars），然后选择需要打开或关闭的工具栏即可。

（2）设置工具栏的位置：

Step 01 在视图（View）菜单中选中工具栏（Toolbars），然后选择设置（Settings），打开工具栏设置对话框。

Step 02 选择工具栏项目的可见性以及所选工具栏的位置，所做的设置会立刻生效。

3. 工具栏的展开

在主工具栏中有一些工具是下拉式的，出现在顶部的是默认的工具或最近用过的工具。这样的工具栏在其右下角有一个小三角标记。要选择这种工具栏中的工具时，可右击右下角的一个小三角标记，在展开的工具栏中选择需要采用的工具。

4.4.3 窗口模式的设置

ADAMS/PostProcessor有 3 种不同的窗口模式：动画、曲线绘制和报告模式。其模式改变依赖于当前视图的内容，例如加载动画模式时在窗口顶端工具栏中的工具就会相应地发生改变，也可手动设置模式。

手动切换视图模式，可采用下面 3 种方法中的任意一种。

- 单击包含动画、绘图或报告的视图。
- 在主工具栏的选项菜单中选择所需要的模式选项。
- 右击视图窗口，再选择加载动画（Load Animation）、加载绘图（Load Plot）或者加载报告（Load Report）选项。

4.4.4 ADAMS/PostProcessor 的页面管理

用户通过创建新页来达到显示动画和曲线图的目的。ADAMS/PostProcessor中的一页最多有 6 个区，即视图，在每个区中都显示有动画和曲线。

1. 创建页面

从视图（View）菜单中指向页面（Page），然后选择新建（New）。当创建新页时，ADAMS/PostProcessor将自动为新页分配一个名字。

2. 重命名页面

在目录树中选中需要重命名的页，再从编辑（Edit）菜单中选择重命名（Rename），输入该页的新名字，最后单击确定（OK）按钮。

3. 显示页面

若需显示特定页面，可在目录树中选择需要显示的页面；或者从视图（View）菜单中指向页面（Page），然后选择显示（Display），再从页面列表中选择需要显示的页面。

如需进行页面导航，可从视图（View）菜单中指向页面（Page），然后通过选择下一页（Next page）、上一页（Previous page）、首先（First page）或最后（Last page）定位到后一页、前一页、第一页或最后一页。

4. 显示页眉和页脚

选中有关页面后，在特性编辑区中选择页眉（Header）或页脚（Footer），再分别选择左侧（Left）、右侧（Right）或中心（Center），然后在特性编辑区的相关区域输入有关信息，就可在页眉或页脚的相应区域加入文本或图形。

4.5 ADAMS/PostProcessor输出仿真结果的动画

ADAMS/PostProcessor的动画功能可以将其他ADAMS产品中通过仿真计算得出的动画画面进行重新播放，有助于更直观地了解整个物理系统的运动特性。当加载动画或者将ADAMS/PostProcessor设置为动画模式时，ADAMS/PostProcessor界面改变为允许对动画进行播放和控制。

4.5.1 动画类型

ADAMS/PostProcessor加载两种类型的动画：时域动画和频域动画（在ADAMS/Vibration中的一种正则模态动画）。如果在ADAMS产品中使用ADAMS/Vibration插件，可使用ADAMS/PostProcessor来观察受迫振动的动画。

1. 时域动画

当在ADAMS产品中以时间为单位进行仿真时，如在ADAMS/View、ADAMS/Solver中进行的动力学仿真分析，分析引擎将为仿真的每一步输出创建一个动画。画面随输出时间步长而依次生成，即时域动画。例如，在 0.0 到 10.0 秒的时间内完成仿真，以每 0.1 秒作为输出的步长，ADAMS/Solver将记录 101 步或帧的数据，它在 10 秒中的每十分之一秒创建一帧动画。

2. 频域动画

使用ADAMS/PostProcessor时，可观察到模型以其固有频率中的某个频率进行振动。它以特征值中的某个固有频率为操作点，将模型的变形动画循环地表现出来。从动画中可以看到柔性体中阻尼的影响，并显示特征值的列表。

当对模型进行线性化仿真时，ADAMS/Solver在指定工作点对模型进行线性化，并计算特征值和特征向量。ADAMS/PostProcessor利用这些信息来显示通过特征解预测的动画变形形状。

通过在正的最大变形量和负的最大变形量之间进行插值来生成一系列动画。动画循环地显示了柔性体的变形过程，与频域参数有关，称为频域动画。

4.5.2 加载动画

在单独启动的ADAMS/PostProcessor中演示动画，必须导入一些相应的文件，或者打开已存在的记录文件（.bin），然后导入动画。在使用其他ADAMS的产品（如ADAMS/View等）时使用ADAMS/PostProcessor。如果已经运行了交互式的仿真分析，所需的文件在ADAMS/PostProcessor中就已经是可用的了，只需直接导入动画即可。

对于时域动画，必须导入包含动画的图形文件（.gra）。该图形文件可由其他ADAMS产品（如ADAMS/View和ADAMS/Solver）创建。对于频域模型，必须导入ADAMS/Solver模型定义文件（.adm）和仿真结果文件（.res）。

1. 导入动画

从文件（File）菜单中选择导入（Import），然后输入相关的文件。

2. 在视图中载入动画

右击视图背景，弹出载入动画选项菜单，如图 4-29 所示。然后选择加载动画（Load Animation）载入时域仿真动画，或选择加载模态动画（Load Mode Shape Animation）载入频域仿真动画。

放大
适合
展开视图
更换视图
清除视图
加载动画
加载模态动画
加载绘图
加载报告
复制 ▸

图 4-29 载入动画选项菜单

4.5.3 动画演示

当演示时域动画时，ADAMS/PostProcessor按默认设置尽快显示每帧动画，默认状态下循环播放动画直到用户终止播放，也可以设置只播放一次或者先向前再向后播放动画。

- 向前播放动画：在控制面板中选择◀。
- 向后播放动画：在控制面板中选择▶。
- 一次播放一帧动画：在控制面板滑动杆两端单击向左或向右箭头按钮。
- 暂停动画：在控制面板中选择⏸。
- 将动画重置回起点：在控制面板中选择⏮。

在控制面板中设置循环（Loop），有以下几个选项。

- 永远（Forever）：不断地循环播放动画。
- 一次（Once）：只播放一次动画。
- 循环播放一次（Oscillate）：先向前播放动画，再向后播放动画（例如，在 100 帧动画中，先从 1 到 100 播放动画，再从 100 到 1 播放动画）。
- 循环播放连续（Oscillate Forever）：重复地向前、向后播放动画。

4.5.4 时域动画的控制

1. 播放部分时域动画

默认状况下，ADAMS/PostProcessor采用基于时间的动画画面。选择跳过一定数量的帧，仅仅播放以时间或帧数为单位的一部分动画。例如，要查看在 3.0s~5.5s之间的动画，可设定开始时间为 3.0s、结束时间为 5.5s。

Step 01 跳过帧数，在控制面板上选择动画（Animation），在帧增加栏帧增量（Frame Increment）中填入要跳过的帧数，然后播放动画。

Step 02 播放动画的一部分，在控制面板上选择动画（Animation），选择显示单位（Display Units）为帧（Frame）或时间（Time），在开始（Start）栏中填入开始的帧数或时间，并在结束（End）栏中填入结束的帧数或时间，然后播放动画。

Step 03 设置动画速度，通过改变时域动画中每帧动画之间的时间延迟来改变动画速度，通过使用控制面板上的滑动杆来引入时间延迟。默认状况下，当滑动杆向右时就是将动画尽可能快地播放；向左移动滑动杆可引入时间延迟，最大可达到 1s。

2. 演示特定动画帧

ADAMS/PostProcessor提供了播放特定动画帧的几个选项。一次播放一帧，或播放某特定时间的某一帧。此外，还可用动画帧表示：模型输入表示模型仿真前的状态，不表达模型部件的初始条件和静态解；下一静态，表示下一个静平衡状态；下一接触，表示构件之间的接触。

（1）在动画中演示某一帧：在控制面板上选择动画（Animation），然后单击并拖动最上端的控制条直至要演示的帧数或者时间，或在滑动条右端的输入框里填入要演示的帧数或者时间。

（2）演示代表模型输入的帧：在控制面板上选中动画（Animation），然后选择模型输入（Mode Input）。

3. 演示代表静平衡状态的帧

在控制面板上选择动画（Animation），然后选中包括静分析（Include Static），继续选择下一静态（Next Static）查看所有的静平衡状态位置。

4. 演示代表接触的帧

在控制面板上选择动画（Animation），然后选择包括接触（Include Contacts），继续选择下一接触（Next Contact）查看构件之间的所有接触。

5. 追踪点的轨迹

要在动画中追踪点的轨迹，首先在控制面板上选择动画（Animation），然后在轨迹标记点（Trace Marker）栏内输入要追踪轨迹的标记点（Marker）的名字。如果要在视图内选择一个标记点（Marker），需右击文字栏，然后从弹出的菜单内选择合适的命令。

6. 重叠动画帧

将基于时间的连续动画帧重叠起来。当选择叠加（Superimpose）切换按钮时，ADAMS/ PostProcessor将各动画帧重叠显示。在控制面板上选择动画（Animation），然后选中叠加（Superimpose）即可。

4.5.5 频域动画的控制

1. 选择观察模态和频率

在控制面板上选择模态动画（Mode Shape Animation），然后设置选项菜单为模态（Mode）并输入要使用的模态数字，或者设置选项菜单为频率（Frequency）并输入模态频率。

如果指定的是输入频率，ADAMS/PostProcessor将使用最接近该频率的模态。如果既没有指定模态又没有定义频率，ADAMS/PostProcessor将使用模型变形的第一阶模态。

2. 使用滑动条演示动画中的画帧

在控制面板中选择模态动画（Mode Shape Animation），然后单击并拖动最上端的滑动条，直到达到指定模态和频率，或者在滑动条右端的文字输入栏中输入指定模态和频率。

3. 控制每次循环画帧的数目

对于线性化模态形状动画，控制每次循环画帧的数目。在控制面板上选择模态动画（Mode Shape Animation），在每次循环帧数（Frames Per Cycles）文字栏中填入每次循环将演示的帧数，然后演示动画即可。

4. 设置线性化模态形状的显示

当演示频域动画时，设置构件从未变形位置开始平移或旋转变形比例的最大值，显示变形幅值是否随时间衰减，将一个模态重叠到另一个模态，还显示未变形的模型。

在设置频域显示控制参数时，在控制面板上选择模态动画（Mode Shape Animation），然后按需要选择选项。

5. 查看特征值

在一个信息窗口中显示预测特征解所有特征值的信息。一旦在信息窗口中显示了该信息，就将其以文件的形式保存。这些信息包括模态数（预测特征解的模态序号数）、频率（相应于模态的自然频率）、阻尼（模态的阻尼比）、特征值（列出特征值的实部和虚部）。

为查看特征值，从控制面板上选择特征值表（Table of Eigenvalues），弹出信息窗口，在查看了信息之后选择关闭（Close）。

4.5.6 记录动画

1. 创建动画的准备

Step 01 在创建动画之前，选择格式AVI、TIF、JPG、BMP和XPM（AVI格式仅适用于Windows）。

Step 02 给文件命名一个前缀。ADAMS/PostProcessor将为该文件分配一个唯一的数字以形成该文件的名字。例如，定义一个BLOCK的前缀，以.TIF格式保存，则该文件名字为BLOCK _001.tif、BLOCK _002.tif等。若没有定义文件名字，则前缀为frame（如frame_001.tif）。

Step 03 对于AVI格式，不压缩以保证图片质量，并设置关键画帧的间隔。默认情况下采用 1/5000 的压缩率。

2. 记录动画

在控制面板上，单击记录 Ⓡ，再单击播放 ▶。

3. 设置记录选项

在控制面板上选择录像（Record），然后选择保存动画的文件格式，在文件名称（Filename）文字栏中输入文件名字的前缀，如果选择AVI格式，需设置每秒的帧数目、压缩率，如有可能需设置关键帧之间的间隔时间。

4.6 ADAMS/PostProcessor 绘制仿真结果的曲线图

将仿真结果用曲线图的形式表达出来，能更深刻地了解模型的特性。ADAMS/PostProcessor能够绘制仿真自动生成结果的曲线图，包括间隙检查等，还可将结果以用户定义的量度或需求绘制出来，甚至将输入进来的测试数据绘制成曲线。绘制出的曲线由数据点组成，每个数据点代表在仿真中每个输出步长上创建的输出点的数据。

在创建了曲线之后，在曲线上进行后处理操作，比如通过信号处理进行数据过滤以及数学运算等，也可手动改变数值或者写表达式来定义曲线上的数值。

4.6.1 由仿真结果绘制曲线图的类型

ADAMS 提供了由几种不同类型的仿真结果绘制曲线图的功能。

- 对象（Object）：模型中物体的特性，如某个构件的质心位置等。如果要查看物体的特性曲线图，就必须先运行ADAMS/View，再进入ADAMS/PostProcessor，或者导入一个命令文件（.cmd）。
- 测量（Measure）：模型中可计量对象的特性，如施加在弹簧阻尼器上的力或者物体之间的相互作用。可直接在ADAMS产品中创建量度，或者导入测试数据作为量度。要查看量度，需要先运行ADAMS/View，再运行ADAMS/PostProcessor，或者导入一个模型和结果文件（.res）。
- 结果（Result）：ADAMS在仿真过程中计算出的一套基本状态变量。ADAMS在每个仿真输出步长上输出数据。一个结果的构成通常是以时间为横坐标的特定量（比如，构件的X方向位移或者铰链上Y方向的力矩）。
- 请求（Request）：要求ADAMS/Solver输出的数据，得到要考察的位移、速度、加速度或者力的信息。
- 系统模态：查看线性化仿真得到的离散特征值。
- 间隙分析：查看动画中物体之间的最小距离。

4.6.2 曲线图的建立

在绘制曲线图模式下，用控制面板选择需要绘制的仿真结果。在选择了仿真结果以绘制曲线后，安排结果曲线的布局，包括增加必要的轴线、确定量度单位的标签、确定曲线的标题以及描述曲线数据的标注等。

1. 控制面板的布局

绘制曲线图模式下的控制面板，如图 4-30 所示。

2. 绘制物体特性曲线

绘制物体特性数据的曲线，在控制面板上设置资源（Source）为对象（Objects），控制面板改变成显示所有绘制曲线图时可用的结果。再选择要绘制特性曲线的模型，从对象（Objects）菜单中选择要绘制特性的物体，对象（Objects）菜单中包含模型中所有构件的清单。

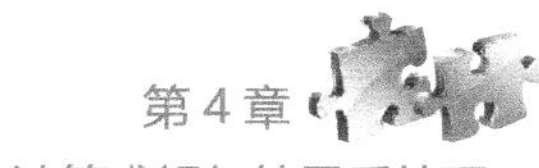

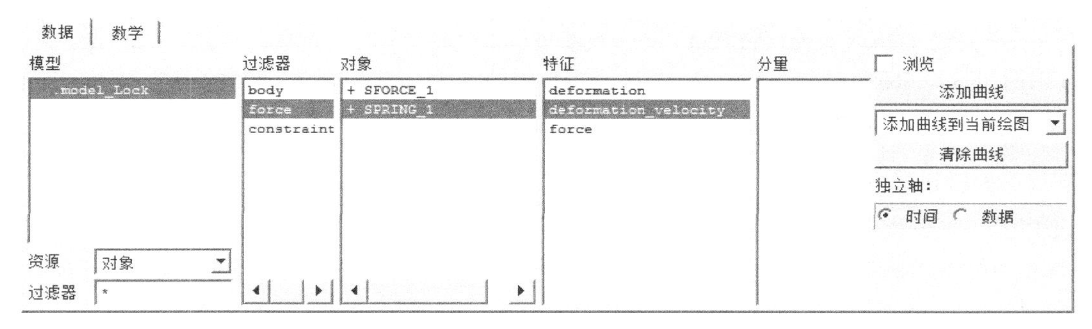

图 4-30　绘制曲线图模式下的控制面板

从特征（Characteristic）菜单中选择要绘制曲线的特征，然后从分量（Component）菜单中选择一种或多种需要绘制特征的分量。选择添加曲线（Add Curves）将数据曲线添加到当前曲线上。

3. 绘制量度曲线

在控制面板上设置资源（Source）为测量（Measures），控制面板改变成显示所有绘制曲线图时可用的量度。再从仿真（Simulation）菜单中选择一次仿真结果，该菜单中包含所有绘制成曲线的数据资源，当调入额外的仿真结果时也会添加到仿真（Simulation）菜单中。接着选择想要绘制的量度，并在控制面板上选择添加曲线（Add Curves）将曲线添加到当前页。

4. 绘制请求或结果曲线

在控制面板上设置资源（Source）为请求（绘制请求的分量）或结果（绘制来自仿真结果的分量），控制面板改变为显示所有绘制曲线图时可用的结果。再从仿真（Simulation）菜单中选择一次仿真结果，该菜单中包含所有创建曲线的数据资源，当调入额外的仿真结果时也会添加到仿真（Simulation）菜单中。然后从结果集（Result Sets）或请求（Request）菜单中选择一个结果或者请求，再从分量（Component）菜单中选择要绘制的分量，并选择添加曲线（Add Curves）将数据曲线添加到当前曲线图。

5. 绘制系统模态

在控制面板上设置资源（Source）为系统模态（System Modes），然后从特征值（Eigen）菜单中选择一个特征值，再选择添加曲线（Add Curves）添加曲线。

6. 查看测试数据

通过在文件（File）菜单中使用导入（Import）命令读入ASCII格式的文件可以很方便地导入测试数据。ADAMS/PostProcessor将测试数据以栏式文件的格式导入，并以量度的形式保存数据。一旦ADAMS/PostProcessor将测试数据以量度的形式导入，就可以像其他形式的量度一样对其进行绘图、显示和修改。

7. 快速浏览仿真结果

快速浏览仿真结果，而不用创建大量的曲线图页面。在控制面板的右端选择浏览（Surf），然后选择想要绘制的仿真结果，在做出选择后，ADAMS/PostProcessor能够在当前页面上自动清除当前曲线而显示新的仿真结果。继续选择仿真结果就在同一张页面上陆续绘制不同的曲线，而不用不断生成新的页面。

8. 在曲线图页面上添加多条曲线

添加曲线时首先要选择需要绘制的结果，然后从添加曲线（Add Curves）下的选项菜单中选择希望采用何种方式添加曲线：选择添加曲线到当前绘图（Add Curves to Current Plot）添加曲线到当前曲线图页面；选择每个绘图一个曲线（One Curves Per Plot）在一张新页面上创建该曲线；选择每对象、请求或结果一个绘图“One Plot Per Object，Request，Or Result”针对一项特定的物体、请求或结果创建一条新曲线（对于测量不可用）。

9. 使用除时间值外的横坐标轴

曲线图中用于绘制横坐标轴的默认数据是仿真时间。也可选择除仿真时间外的其他数据作为横坐标轴，在控制面板右端横坐标轴区域选择数据（Data），出现横坐标轴浏览器，然后选择想要作为横坐标轴的数据，再单击确定（OK）按钮。

4.6.3 曲线图上的数学计算

（1）对任一曲线上的数据进行数学计算，这些操作包括以下几项。

- 将一条曲线上的值与另一条曲线上的值进行加、减、乘运算。
- 计算曲线数值的绝对值或对称值。
- 对曲线上的值进行插值，以创建一条均匀分布采样点的曲线。
- 按特定比例将曲线进行缩放。
- 按特定值平移曲线。平移曲线就是沿相应轴转换数据。
- 将一条曲线与另一条曲线的开始点对齐，或者将曲线的开始点挪至零点。将曲线对齐有助于比较曲线上的数据。
- 从曲线上的值创建样条曲线。
- 手动改变曲线上的值。
- 过滤曲线数据。

（2）在基于计算的基础上创建新的曲线，或者对所选来操作的第一条曲线进行修改。

当选择进行数学计算时，ADAMS/PostProcessor显示出曲线编辑工具栏，如图4-31所示。

图4-31 曲线编辑工具栏

切换是否显示曲线编辑工具栏的开关，在视图（View）菜单中选择工具栏（Toolbars），然后选择曲线编辑工具栏（Curve Edit Tool Bar），曲线编辑工具栏就会出现在窗口上端的主工具栏下。

（3）在曲线数据上进行简单的数学计算和操作。

- 将一条曲线的值与另一条曲线的值进行加、减、乘：按照要进行的操作在曲线编辑工具栏中选择工具，如曲线数据相加(Add Curve Data)、曲线数据相减(Subtract Curve Data)或曲线数据相乘(Multiply Curve Data)，然后选择要被加、减、乘的曲线，再选择第二条曲线。
- 找出数据点绝对值或对称点：在曲线编辑工具栏中选择要进行操作的工具，如绝对值工具(Absolute Value)或找对称点工具(Negate)，然后选择一条曲线进行操作。
- 产生采样点均匀分布的曲线(曲线插值)：在曲线编辑工具栏中选择曲线采样工具(Curve Sampling)，然后从工具栏右端的选项菜单中选择用于插值的样条曲线类型，继而输入需要生成的插值点的数目(默认为1024，必须输入一个正整数)，再选择需要进行操作的曲线。
- 按特定值缩放或平移曲线：在曲线编辑工具栏中选择缩放工具比例(Scale)或平移工具(Offset)，

然后在曲线编辑工具栏右端出现的文字栏中输入缩放或平移值，再选择需要进行操作的曲线。

- 将一条曲线与另一条曲线的开始点对齐：在曲线编辑工具栏中选择偏移曲线(Align Curve to Curve)工具，然后选择要对齐的曲线，再选择第二条曲线。
- 将曲线的开始点移至零点：在曲线编辑工具栏中选择对齐曲线的起点到原点（Align Curve to Zero）工具，然后选择需要进行操作的曲线。
- 计算曲线的积分或微分：可进行已存在数据点的积分和微分操作。在曲线编辑工具栏中选择积分工具（Integrate）或者微分工具（Differential），然后选择要进行该运算的曲线，再选择第二条曲线。
- 由曲线生成样条：可从一条曲线上提取数据点，然后由这些点生成样条。在曲线编辑工具栏中选择样条工具（Spline），在出现于曲线编辑工具栏左边的样条名称文本框中输入样条的取名，然后选择曲线即可由曲线生成样条。
- 手工修改数据点数值：对于已经生成的任何曲线都可手动修改数据点的数值，手动修改数据点的数值时各顶点处的点以高亮显示。首先选择需要高亮显示的曲线，然后在特性编辑器中设置移动数据点的方向为水平、垂直还是任意方向，再将光标置于高亮显示的点上并将其拖动到所需的位置。

4.7 曲线图的处理

ADAMS/PostProcessor提供了若干对曲线图进行处理的工具，包括进行滤波以消除噪声信号、进行快速傅里叶变换和生成伯德图等。

4.7.1 曲线数据滤波

对曲线数据进行滤波操作可以消除时域信号中的噪声，或者强调时域信号中特定的频域分量。ADAMS/PostProcessor提供两种类型的滤波，一种是由The Math Works 公司开发的MATLAB软件中采用的Butterworth滤波；另一种是直接指定传递函数。

1. 滤波的方法

ADAMS/PostProcessor提供以下两种滤波的方法。

（1）连续滤波

连续滤波将时域信号通过快速傅里叶变换转化到频域，然后将结果函数与滤波函数相乘，再进行逆傅里叶变换。

（2）离散（数值）滤波

直接针对时域信号进行离散滤波操作，这时在某一特定时间步长上滤波后的信号是由前面的输入、输出信号和离散传递函数经计算得到的。

2. 产生滤波函数

采用曲线编辑工具栏可产生滤波函数。

（1）产生 Butterworth 滤波函数

先从曲线编辑工具栏中选择曲线滤波工具，再在过滤器名称（Filter Name）文本框中右击，选择滤波函数（Filter Function）→创建（Creat），进入产生滤波函数对话框。然后在对话框中输入滤波的名字，选择

Butterworth滤波，并选择滤波的方法是连续的还是离散的，是低通、高通、带通还是带阻的，还要指定滤波阶数以及阻断频率。

（2）产生基于传递函数方式的滤波函数

同样先从曲线编辑工具栏中选择曲线滤波工具，在过滤器名称（Filter Name）文本框中右击后，选择滤波函数（Filter Function）→创建（Creat），进入产生滤波函数对话框，在对话框中输入滤波的名字，并选择传递函数（Transfer Function）滤波。然后选择滤波的方法是连续的还是离散的，还要指定传递函数分子、分母的系数（可直接输入数值，或者由Butterworth滤波转换生成）。还可利用检查格式和生成曲线图按钮来检查格式、生成增益和相位的曲线图。

3. 执行滤波函数

生成滤波函数后即可对滤波曲线进行滤波操作。先选择需要滤波的曲线，再从曲线编辑工具栏中选择曲线滤波工具，然后在滤波名称文本框内输入要采用的滤波函数的名称，并通过名称文本框后面的复选框选择是否执行0 相位操作。按照以上步骤可对曲线执行滤波操作。

4.7.2 快速傅里叶变换

快速傅里叶变换（FFT）是一种有效的数学算法，可将时域函数映射到正弦分量。FFT在模型中以时间为自变量，可将函数转换为频域形式，分离出以正弦分量表达的频率成分。

1. FFT 表示法

ADAMS/PostProcessor包含 3 种表示频域数据的方法：FFTMAG、FFTPHASE和PSD（Power Spectral Density）。

（1）FFTMAG

FFTMAG确定FFT算法返回复数值的绝对值的大小，ADAMS/PostProcessor以频率为自变量X轴、以复数值大小为Y轴绘制出频率数据的左半边频谱，而右半边频谱是左半边的镜像。

（2）FFTPHASE

FFTPHASE确定标准FFT算法返回复数值的相位角，在给定频率处给出时域数据中等效正弦函数表达的相位差。

（3）PSD（Power Spectral Density）

任何基于时间的模型信号在时域和频域中都有相同的总功率，在谱分析中感兴趣的就是在频率间隔中所包含功率的分布，PSD表达的就是信号在其频率成分上的功率分布。PSD曲线通常看上去和FFTMAG曲线相似，但具有不同比例。

2. Window 函数

FFT算法假定时域数据是来自连续无限数据系列中的周期性样本，开始和结束的条件假定是能够匹配的。Window函数能过滤掉因为开始和结束的条件不匹配而引起的不连续，并确保FFT的周期性。Window函数类似于单位阶跃输入，能保持FFT输出的幅值，但容许微小的不连续。Window函数趋向于减小峰值频率幅值的准确性，也显著减少因为终点条件不连续而引起的负面影响。

采用何种Window函数应根据实际情况确定。可供选用的Window函数有矩形窗、三角窗/费杰窗（Fejer）、汉宁窗（Hanning）、海明窗（Hamming）、韦尔奇窗（Welch）、帕尔逊窗（Parzen）、巴特利特窗（Bartlett）、布莱克曼窗（Blackman）等。

3. 构造 FFT 曲线

选择要进行信号处理的曲线，再从绘画（Plot）菜单中选择FFT，弹出FFT对话框。选择要使用的Window函数类型，输入要进行信号处理的曲线的开始时间和结束时间，指明插值点的数目（点的数目必须为正整数），并将Y轴设置为MAG、Phase或者PSD，然后选择应用（Apply）执行FFT操作。

4.7.3 生成伯德图

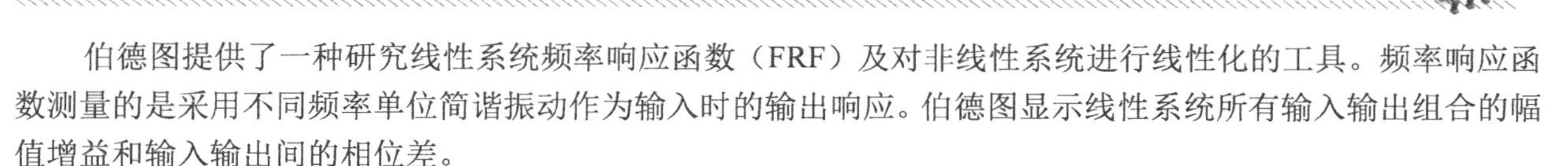

伯德图提供了一种研究线性系统频率响应函数（FRF）及对非线性系统进行线性化的工具。频率响应函数测量的是采用不同频率单位简谐振动作为输入时的输出响应。伯德图显示线性系统所有输入输出组合的幅值增益和输入输出间的相位差。

1. 构造伯德图的方法

ADAMS/PostProcessor提供 3 种构造伯德图的方法，主要是基于线性系统的不同表达方式。这 3 种方法是传递函数表达、线性状态空间矩阵（A、B、C、D矩阵）表达和输入输出对表达。

2. 生成伯德图

从绘图（Plot）菜单中选择伯德图（Bode Plots），弹出伯德图对话框。在对话框中选择不同的输入类型，根据不同输入类型要求输入不同的数据，输入完成后单击确定（OK）按钮生成伯德图。

4.8 实例二：跳板振动分析

ADAMS/PostProcessor应用于生成曲线图以及数据统计和数据处理时十分方便。下面介绍对一个简单多体动力学模型进行振动分析后采用ADAMS/PostProcessor进行数据的后处理、研究仿真分析结果的实例。

4.8.1 动力学模型的建立和仿真分析

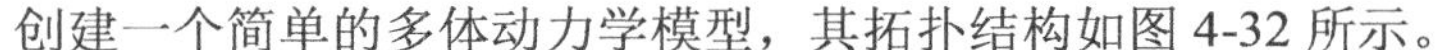

创建一个简单的多体动力学模型，其拓扑结构如图 4-32 所示。

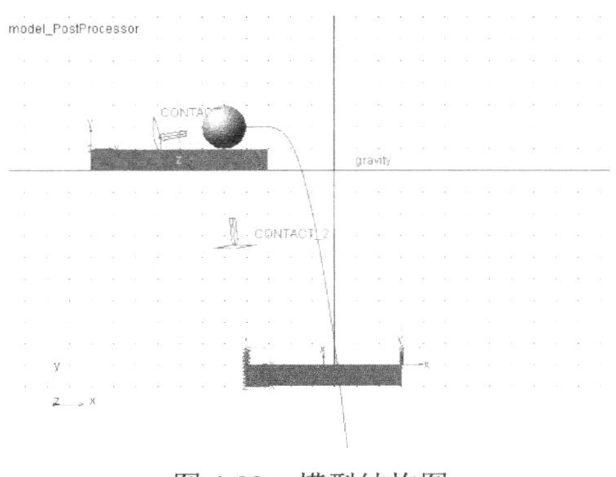

图 4-32　模型结构图

Step 01 模型包括 3 个构件：跳板 1、跳板 2 和球体。跳板 1 与地面固定，球体与跳板 1 设有接触副，跳板 2 与地面由 4 个弹簧连接，球体与跳板 2 有接触副。给球体一个初始速度 200mm/s。

Step 02 在模型建立之后进行仿真，在仿真控制对话框中设定仿真时间为 1.5s、步数为 500。仿真后得到结果，然后采用ADAMS/PostProcessor工具进行结果分析，有助于将仿真分析的数值结果与实际物理量的物理意义结合起来。图 4-32 中的黑色曲线是球体的运动轨迹。

4.8.2 采用 ADAMS/PostProcessor 建立和设置曲线图

以上实例在完成建模与仿真分析后，打开cha_04 文件夹下的model_PostProcessor.bin模型，在ADAMS/View的主工具栏中单击 按钮，进入ADAMS/PostProcessor界面，进行后处理建立曲线图并对其进行设置，以便更好地研究仿真结果、预测产品性能。

（1）创建曲线图的页面布局

在创建曲线之前设置页面布局，默认的页面布局为该页上只有一个曲线图，若有需要，则可将其设置为一页上有多个曲线图。这时需在页面布局工具栏的页面布局（Page Layout）中选择相应的页面布局形式，页面布局工具栏为一个下拉式的工具栏，右击后展开，然后选择所需的布局形式。例如，要生成具有 6 个曲线图的页面，就选择 ，生成的页面布局如图 4-33 所示。

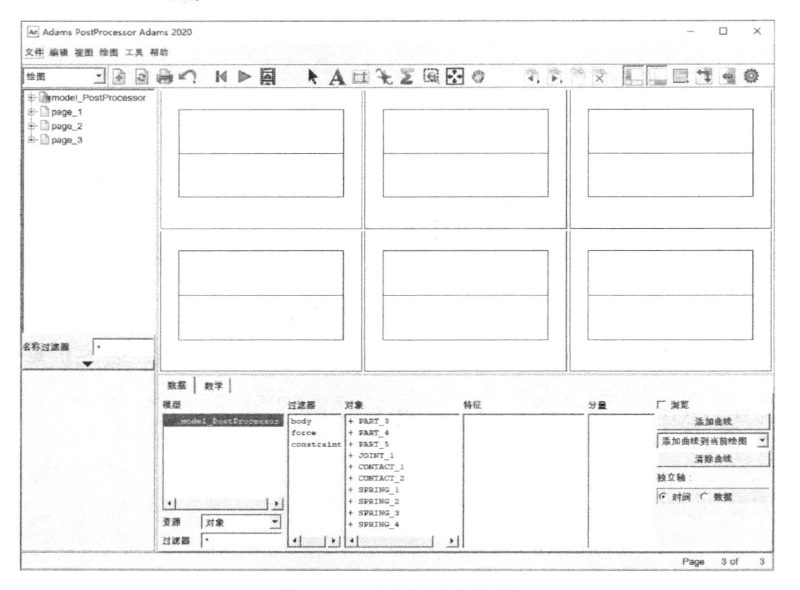

图 4-33　创建新曲线图

（2）生成曲线

需要绘制跳板 2 质心处垂直方向加速度的曲线。这时依次在仿真（Simulation）栏中选中Last_run，在资源（Source）栏中选中结果集（Result Sets），在结果集（Result Sets）栏中选中PART_5_XFORM，在分量（Component）栏中选中ACCY，然后单击添加曲线（Add Curves）按钮，就可得出质心处竖直方向的加速度，如图 4-34 所示。采用同样的方法还可得到所关心的任何部件的位移、速度、加速度等曲线。

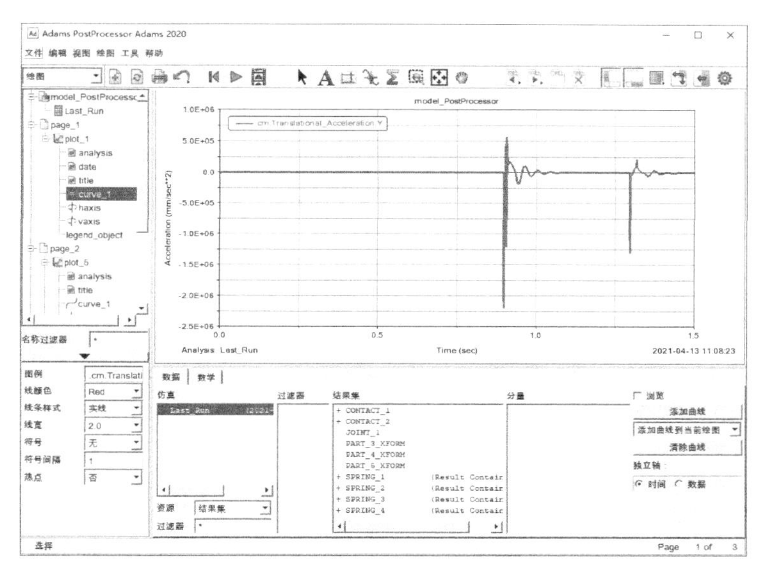

图 4-34　绘制曲线图

（3）增加曲线

在资源（Source）栏中选中结果集（Result Sets），在结果集（Result Sets）栏中选中PART_5_XFORM，在分量（Component）栏中选中ACCX，然后单击添加曲线（Add Curves）按钮即可，如图 4-35 所示。

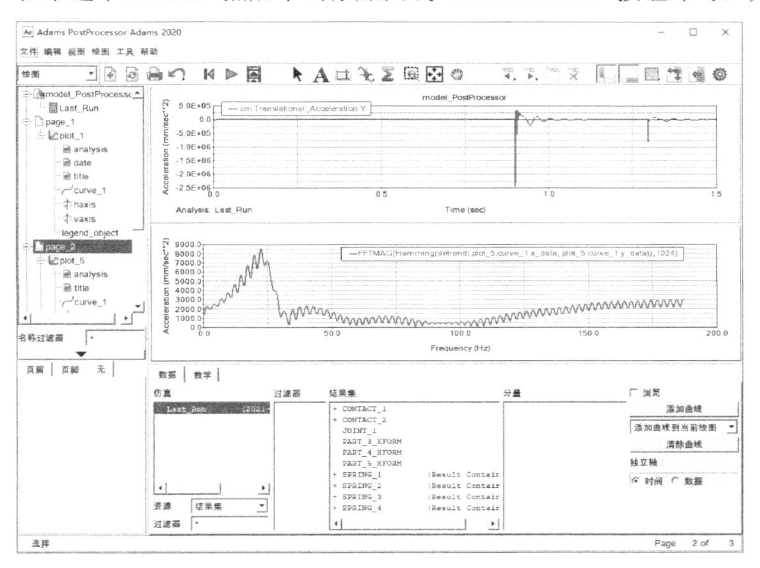

图 4-35　添加曲线图

（4）改变曲线颜色和曲线线型

首先在目录树中单击page_*前的+号，展开页面中的各个曲线图；然后在目录树中单击plot_*前的+号，展开曲线图中的各条曲线。

在其中选择需要改变属性的曲线curve-*，同时选择一条或多条曲线。如果已经选中了曲线，编辑区中就会出现可修改的各项属性，如曲线颜色、线型、线宽、高亮点等。通过对编辑区中各项属性的设置对图像属性进行修改。例如，在编辑区的线型（Line Style）对话框中选择虚线（Dash），曲线就由实线改变成虚线。

4.8.3 采用 ADAMS/PostProcessor 对曲线图进行操作

对于所生成的曲线图，有时需要进行一些特殊操作。例如，在汽车平顺性研究中经常需要对时域数据进行快速傅里叶变换（FFT）以转化到频域，通过频域的特性能够更直观地了解汽车振动能量的频率分布，掌握系统的振动特性。

Step 01 在菜单的绘图（Plot）选项下选中FFT，出现如图 4-36 所示的FFT对话框。在FTT对话框中设置参数，然后单击应用（Apply）按钮。最后得到垂直加速度的FFT曲线图，如图 4-37 所示。

Step 02 由FFT曲线图进行分析，如上述加速度的频率特性中谱密度幅值的峰值发生在 22~23Hz处，据此可进行其他特性的分析，以研究模型系统的性能。

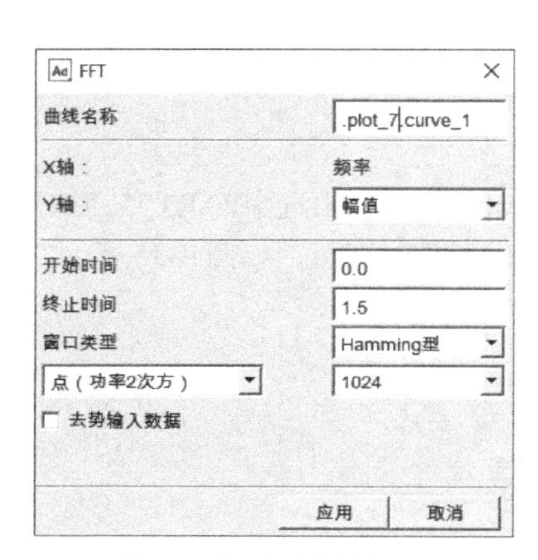

图 4-36　FFT 对话框

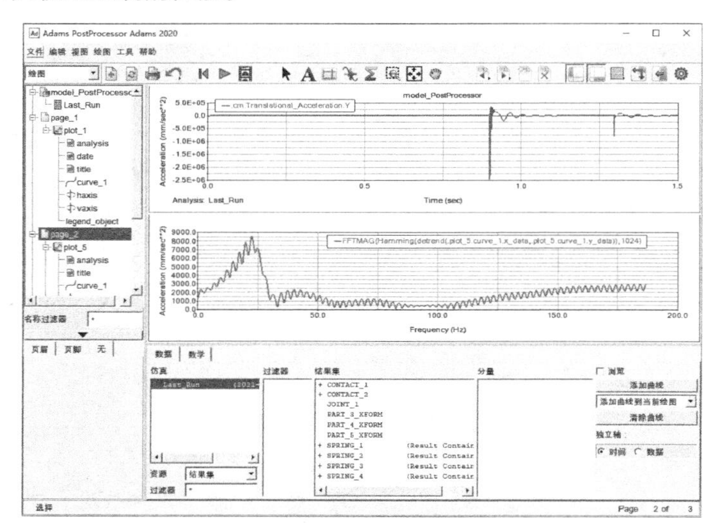

图 4-37　FFT　曲线图

Step 03 单击菜单选项绘图（Plot），选中FFT 3D，系统弹出FFT 3D（三维快速傅里叶变换）对话框，如图 4-38 所示。按照如图 4-38 所示的参数进行设置，最后单击应用（Apply）按钮，生成FFT 3D曲线图，如图 4-39 所示。

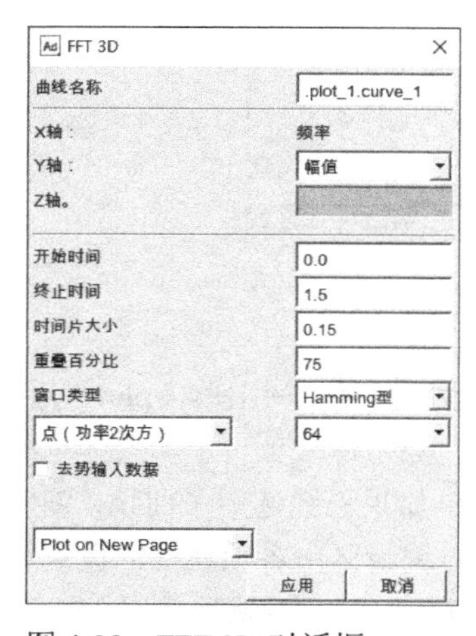

图 4-38　FFT 3D 对话框

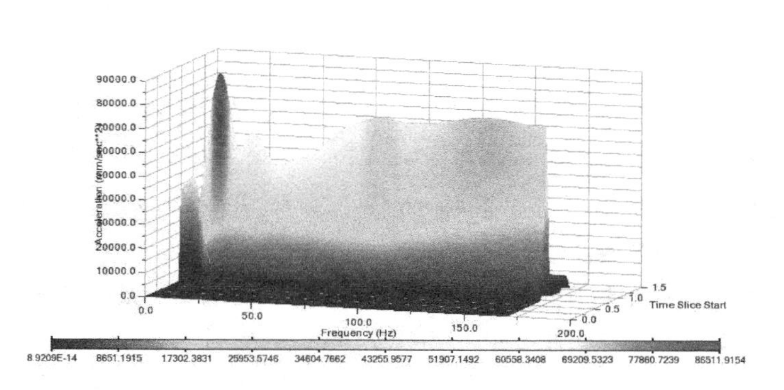

图 4-39　FFT 3D 曲线图

4.9 实例三：加紧机构仿真后处理

在 4.2 节中对加紧机构进行了建模和仿真分析，接下来对其进行后处理分析和深化研究。

4.9.1 细化模型

1. 建立设计变量

Step 01 移动鼠标，放在设计点POINT_1（0，0，0）上右击，选择Point:POINT_1，再选择修改（Modify），如图 4-40 所示，弹出表编辑器对话框，如图 4-41 所示。

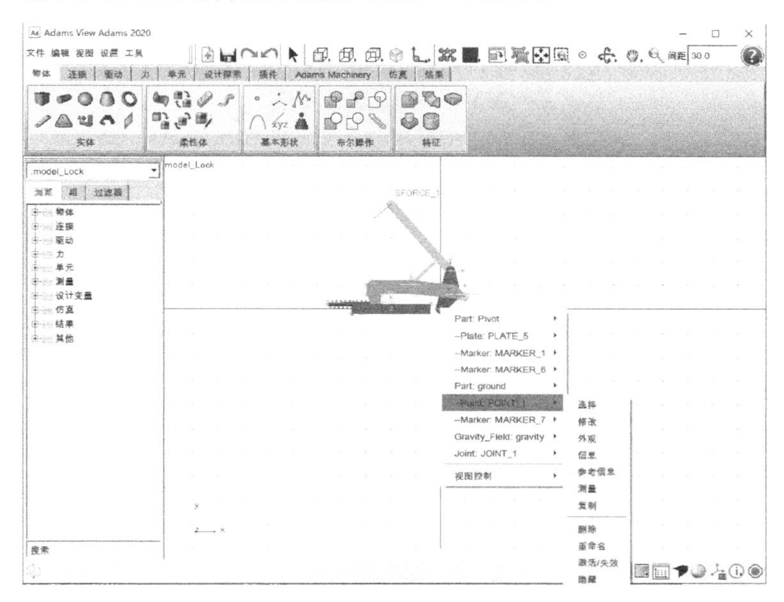

图 4-40 编辑点

Table Editor for Points in .model_Lock

8.0

	Loc_X	Loc_Y	Loc_Z
POINT_1	0.0	0.0	0.0
POINT_2	3.0	3.0	0.0
POINT_3	2.0	8.0	0.0
POINT_4	-10.0	22.0	0.0
POINT_5	5.0	3.0	0.0
POINT_6	3.0	5.0	0.0
POINT_7	-6.0	6.0	0.0
POINT_8	-14.0	6.0	0.0
POINT_9	-15.0	5.0	0.0
POINT_10	-15.0	3.0	0.0
POINT_12	-12.0	1.0	0.0
POINT_13	-12.0	3.0	0.0
POINT_14	-5.0	3.0	0.0
POINT_15	4.0	2.0	0.0

部件 标记点 点 运动副 力 驱动 变量 创建 过滤器... 排序方式... 写入 重新加载 应用 确定

图 4-41 表编辑器对话框

Step 02 选择POINT_1 的Loc_X单元。

Step 03 在表编辑器顶部的输入栏中右击，依次选择参数化（Parameterize）→创建设计变量（Create Design

Variable）→实数（Real），如图 4-42 所示。建立一个名为.model_Lock.DV_1 的设计变量，其标准值为 0，如图 4-43 所示。

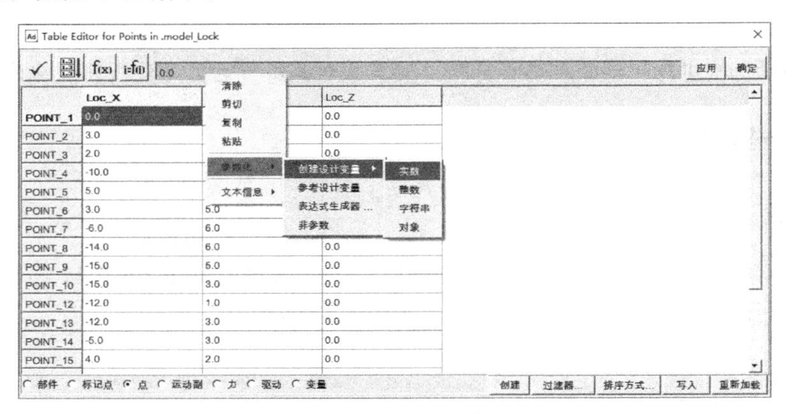

图 4-42　定义设计变量

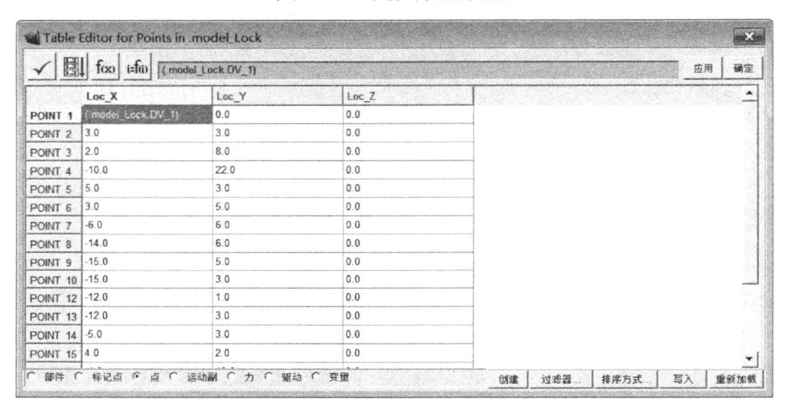

图 4-43　定义 DV_1 设计变量

Step 04　选择POINT_1 的Loc_Y单元。在表编辑器顶部的输入栏中右击，依次选择参数化（Parameterize）→创建设计变量（Create Design Variable）→实数（Real），如图 4-44 所示。建立一个名为.model_Lock.DV_2 的设计变量，其标准值为 0，如图 4-45 所示。

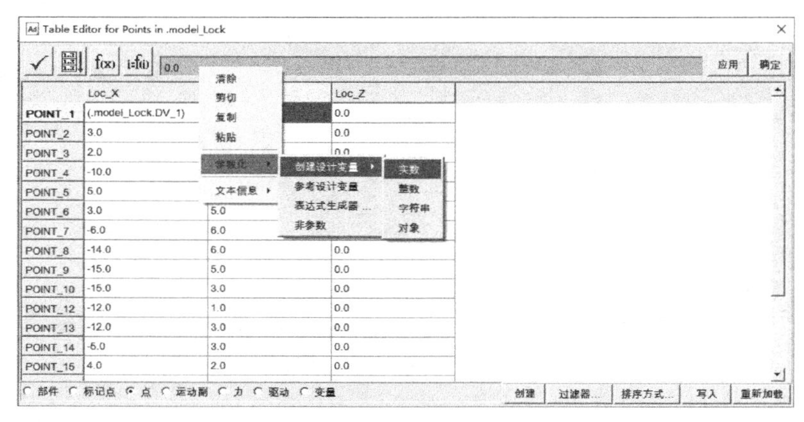

图 4-44　定义设计变量

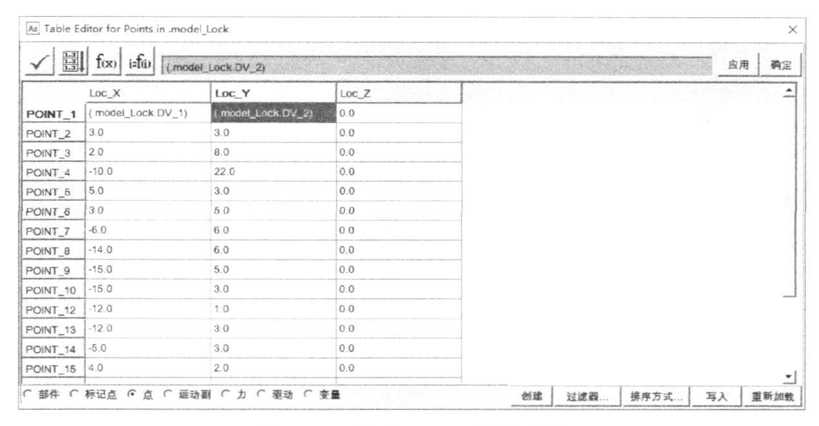

图 4-45　定义 DV_2 设计变量

Step 05 选择POINT_2 的Loc_X单元。在表编辑器顶部的输入栏中右击，依次选择参数化（Parameterize）→创建设计变量（Create Design Variable）→实数（Real），如图 4-46 所示。建立一个名为.model_Lock.DV_3 的设计变量，其标准值为 3，如图 4-47 所示。

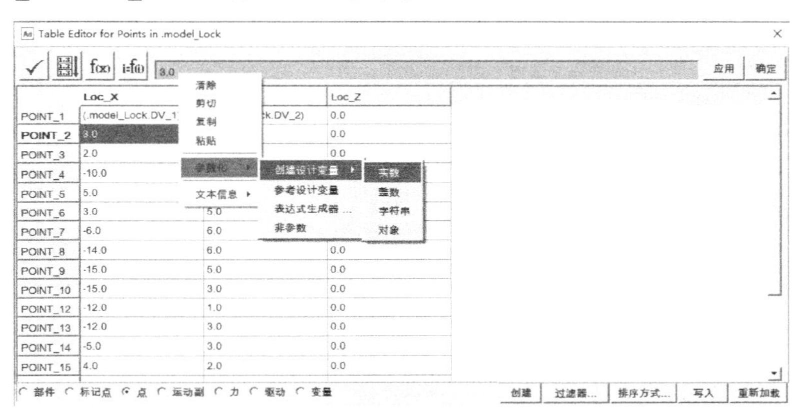

图 4-46　定义设计变量

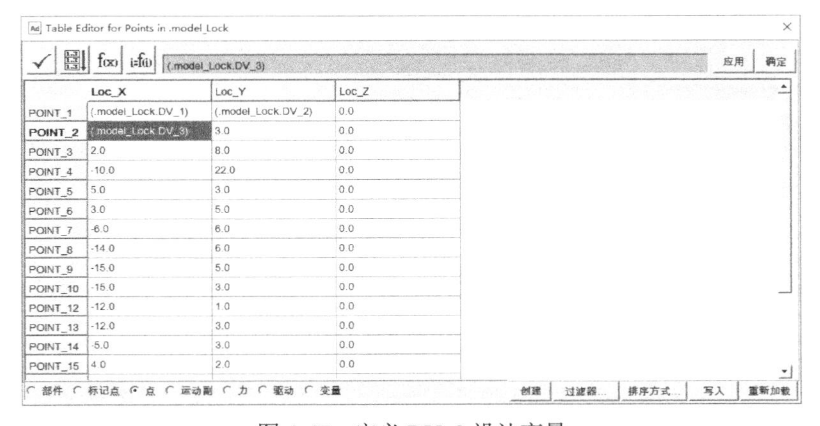

图 4-47　定义 DV_3 设计变量

Step 06 选择POINT_2 的Loc_Y单元。在表编辑器顶部的输入栏中右击，依次选择参数化（Parameterize）→创建设计变量（Create Design Variable）→实数（Real），如图 4-48 所示。建立一个名为.model_Lock.DV_4 的设计变量，其标准值为 3，如图 4-49 所示。

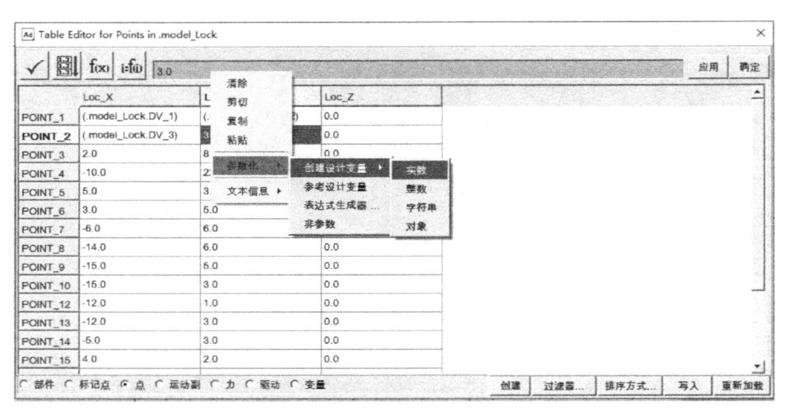

	Loc_X	Loc_Y	Loc_Z
POINT_1	(.model_Lock.DV_1)	(.	0.0
POINT_2	(.model_Lock.DV_3)	3	0.0
POINT_3	2.0	8	0.0
POINT_4	-10.0	2	
POINT_5	5.0	3	
POINT_6	3.0	5.0	
POINT_7	-6.0	6.0	
POINT_8	-14.0	6.0	0.0
POINT_9	-15.0	5.0	0.0
POINT_10	-15.0	3.0	0.0
POINT_12	-12.0	1.0	0.0
POINT_13	-12.0	3.0	0.0
POINT_14	-5.0	3.0	0.0
POINT_15	4.0	2.0	0.0

图 4-48　定义设计变量

Table Editor for Points in .model_Lock

(.model_Lock.DV_4)　应用　确定

	Loc_X	Loc_Y	Loc_Z
POINT_1	(.model_Lock.DV_1)	(.model_Lock.DV_2)	0.0
POINT_2	(.model_Lock.DV_3)	(.model_Lock.DV_4)	0.0
POINT_3	2.0	8.0	0.0
POINT_4	-10.0	22.0	0.0
POINT_5	5.0	3.0	0.0
POINT_6	3.0	5.0	0.0
POINT_7	-6.0	6.0	0.0
POINT_8	-14.0	6.0	0.0
POINT_9	-15.0	5.0	0.0
POINT_10	-15.0	3.0	0.0
POINT_12	-12.0	1.0	0.0
POINT_13	-12.0	3.0	0.0
POINT_14	-5.0	3.0	0.0
POINT_15	4.0	2.0	0.0

部件　标记点　点　运动副　力　驱动　变量　创建　过滤器...　排序方式...　写入　重新加载

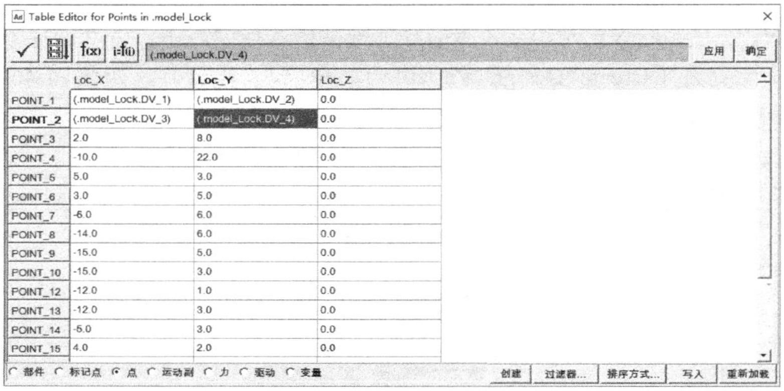

图 4-49　定义 DV_4 设计变量

Step 07　使用同样的方法将POINT_3、POINT_5、POINT_6 的X、Y坐标参数化，结果如图 4-50 所示。

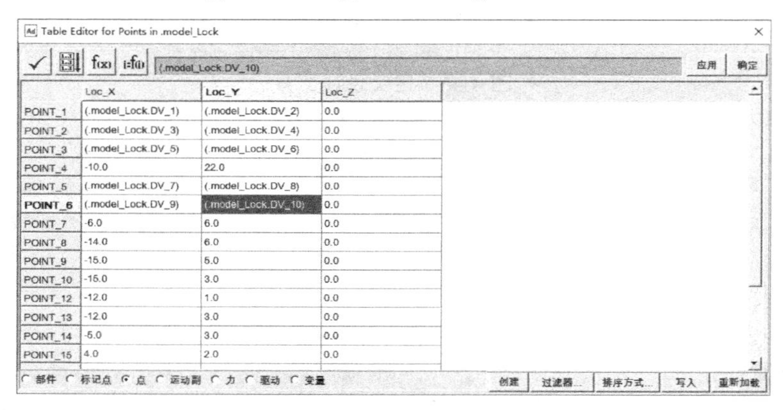

	Loc_X	Loc_Y	Loc_Z
POINT_1	(.model_Lock.DV_1)	(.model_Lock.DV_2)	0.0
POINT_2	(.model_Lock.DV_3)	(.model_Lock.DV_4)	0.0
POINT_3	(.model_Lock.DV_5)	(.model_Lock.DV_6)	0.0
POINT_4	-10.0	22.0	0.0
POINT_5	(.model_Lock.DV_7)	(.model_Lock.DV_8)	0.0
POINT_6	(.model_Lock.DV_9)	(.model_Lock.DV_10)	0.0
POINT_7	-6.0	6.0	0.0
POINT_8	-14.0	6.0	0.0
POINT_9	-15.0	5.0	0.0
POINT_10	-15.0	3.0	0.0
POINT_12	-12.0	1.0	0.0
POINT_13	-12.0	3.0	0.0
POINT_14	-5.0	3.0	0.0
POINT_15	4.0	2.0	0.0

图 4-50　设计变量

设计变量名要和点的位置坐标正确对应，这一点对于以后的设计方案研究和优化很重要。

Step 08　单击应用（Apply）或确定（OK）按钮，完成设计变量的定义。现在设计变量控制着设计点的位置，但POINT_4 除外。

2. 重新设置设计变量的值

Step 01 移动鼠标，放在设计点POINT_1（0，0，0）上右击，选择Point:POINT_1，再选择修改（Modify），如图 4-51 所示，弹出表编辑器对话框，如图 4-52 所示。

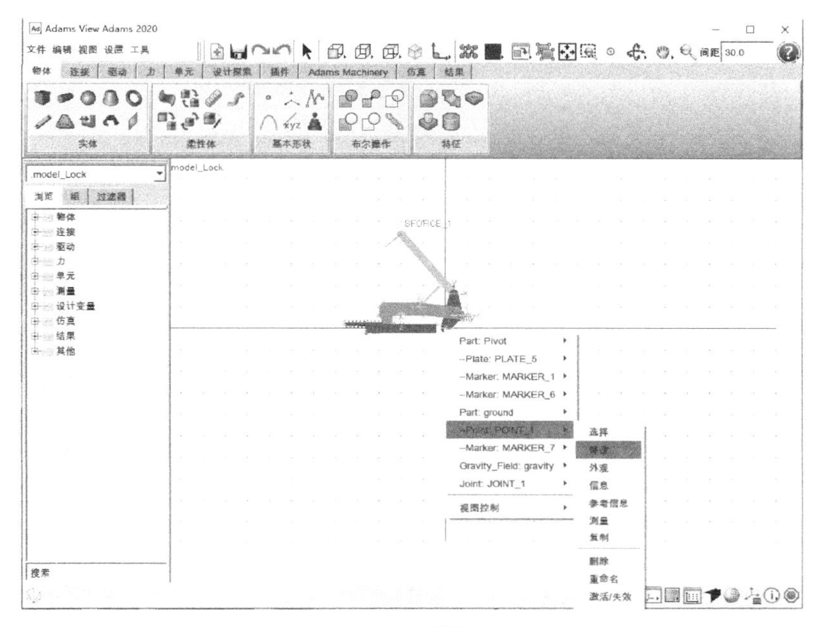

图 4-51　编辑点

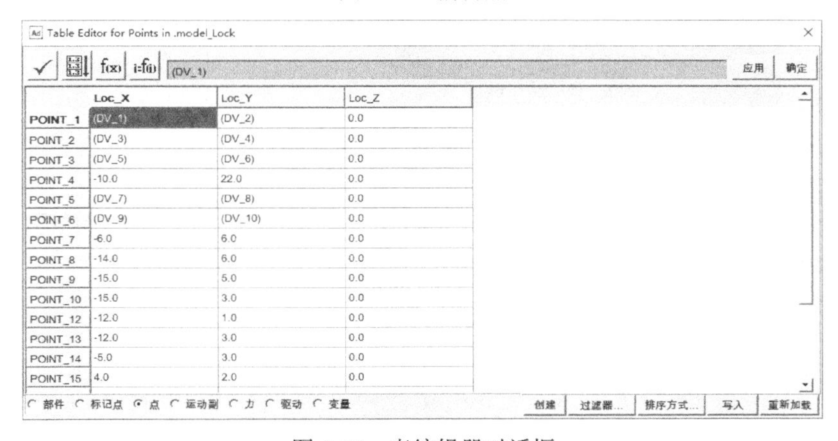

	Loc_X	Loc_Y	Loc_Z
POINT_1	(DV_1)	(DV_2)	0.0
POINT_2	(DV_3)	(DV_4)	0.0
POINT_3	(DV_5)	(DV_6)	0.0
POINT_4	-10.0	22.0	0.0
POINT_5	(DV_7)	(DV_8)	0.0
POINT_6	(DV_9)	(DV_10)	0.0
POINT_7	-6.0	6.0	0.0
POINT_8	-14.0	6.0	0.0
POINT_9	-15.0	5.0	0.0
POINT_10	-15.0	3.0	0.0
POINT_12	-12.0	1.0	0.0
POINT_13	-12.0	3.0	0.0
POINT_14	-5.0	3.0	0.0
POINT_15	4.0	2.0	0.0

图 4-52　表编辑器对话框

Step 02 在表编辑器的下边选中变量（Variables），如图 4-53 所示。

Step 03 单击过滤器（Filters），系统弹出Variables Table Editor Filters（变量表编辑器过滤器）对话框，如图 4-54 所示。

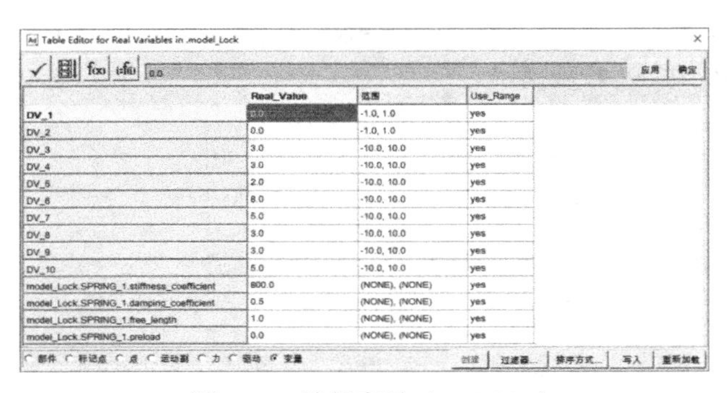

图 4-53　选择变量（Variables）　　图 4-54　Variables Table Editor Filters 对话框

Step 04　选中Delta（Δ）类型，说明范围设置是绝对值还是相对百分数。

Step 05　单击确定（OK）按钮，弹出表编辑器对话框，如图 4-55 所示。

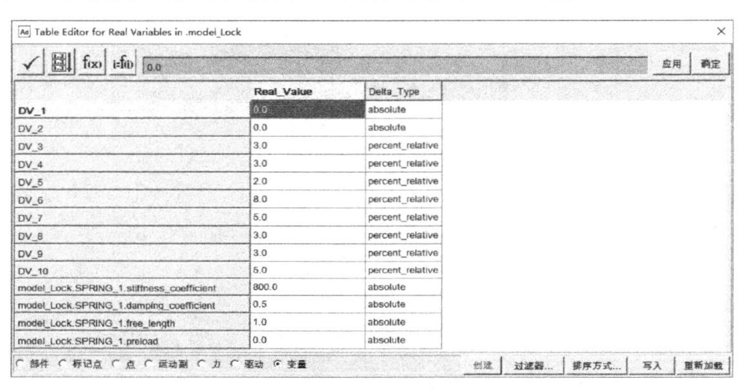

图 4-55　表编辑器对话框

Step 06　单击右上角的确定（OK）按钮。

Step 07　单击菜单文件（File）下的把数据库另存为（Save Database as），存储模型为refine，如图 4-56 和图 4-57 所示。

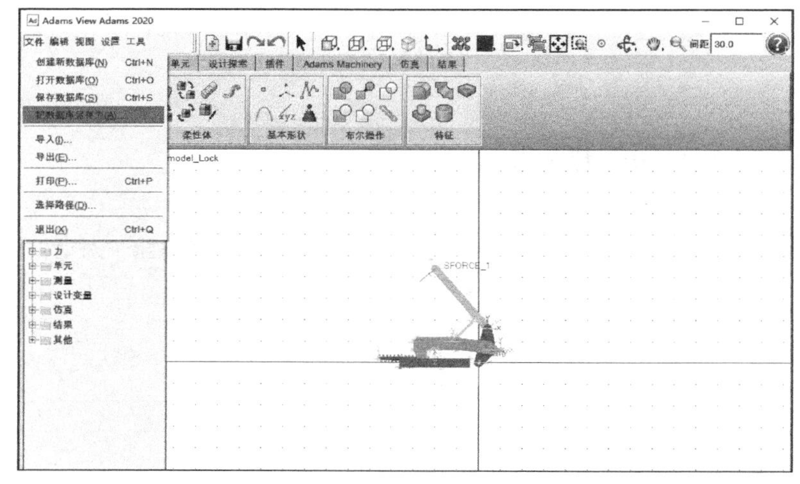

图 4-56　选择另存为

图 4-57　存储模型

Step 08 单击确定（OK）按钮，完成模型的存储。

4.9.2 深化设计

1. 重新显示弹簧力曲线图

Step 01 在菜单中依次选择视图（View）→测量（Measure）（见图 4-58），弹出Database Navigator（数据库导航器）对话框，如图 4-59 所示。

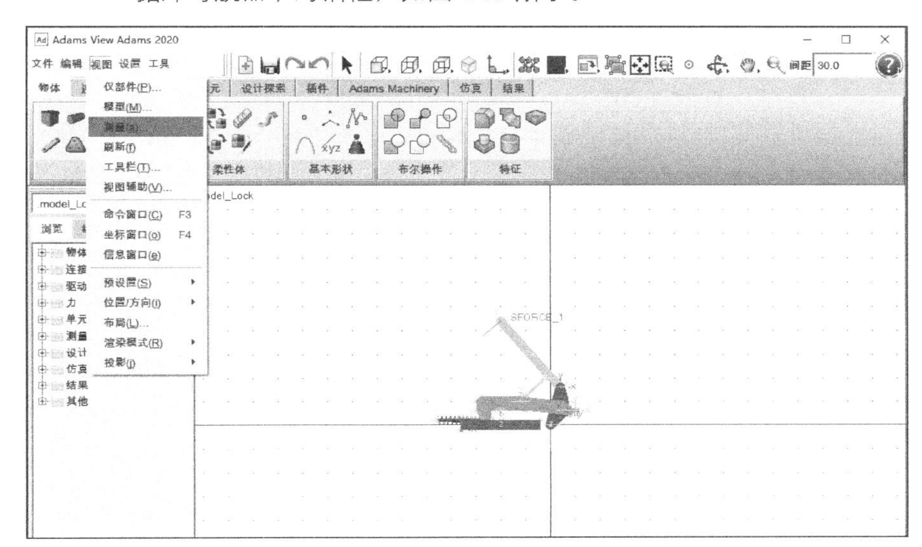

图 4-58 选择测量

图 4-59 数据库导航器对话框

Step 02 选择SPRING_1_MEA_1，单击确定（OK）按钮。

Step 03 单击工具栏中的仿真图标，系统弹出仿真控制对话框，如图 4-60 所示。进行一次 0.03 秒、100 步的仿真，然后单击按钮回到模型的初始状态。ADAMS/View将弹簧测量图表更新，如图 4-61 所示。

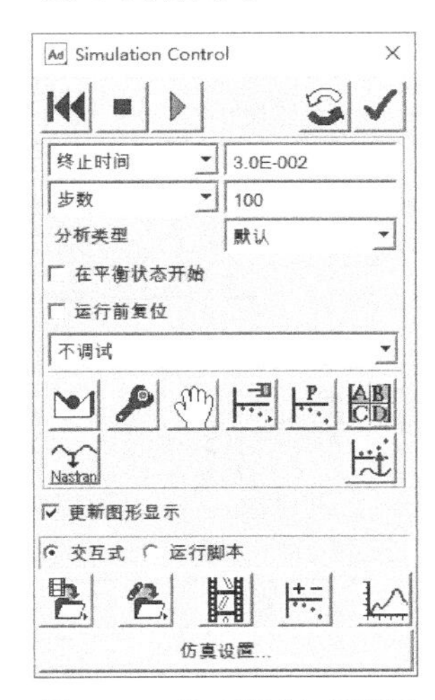

图 4-60 仿真控制对话框

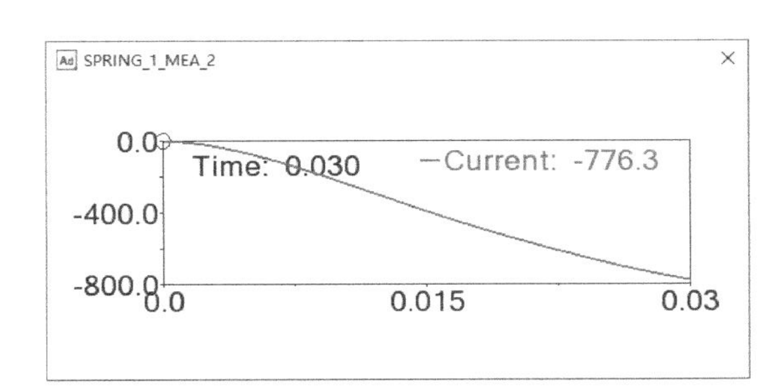

图 4-61 弹簧测量图

Step 04　在弹簧力曲线上右击，选择曲线（Curve）:当前（Current）→保存曲线（Save Curve）。

2. 调试设计变量

Step 01　在菜单中依次选择编辑（Edit）→修改（Modify），弹出Database Navigator（数据库导航器）对话框，在下方过滤器中选择变量，双击model_Lock前的加号，展开内含项目，如图 4-62 所示。

Step 02　双击DV_1，出现设计变量编辑对话框，如图 4-63 所示。

Step 03　把DV_1 的标准值改为 1.0，如图 4-64 所示。

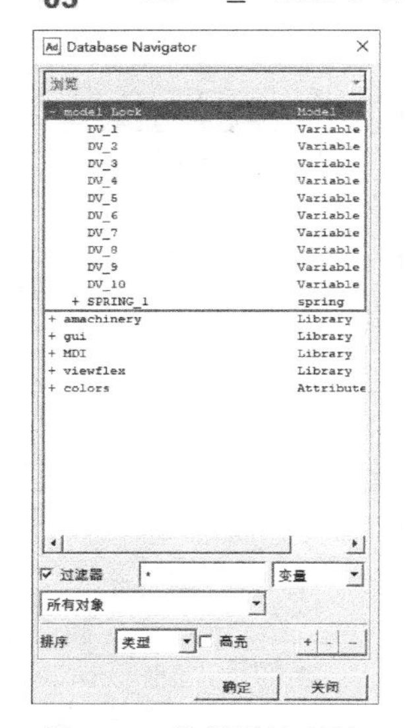

图 4-62　选择设计变量

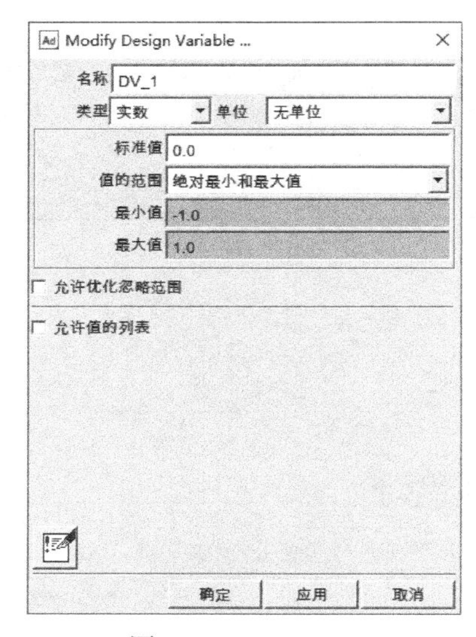

图 4-63　DV_1

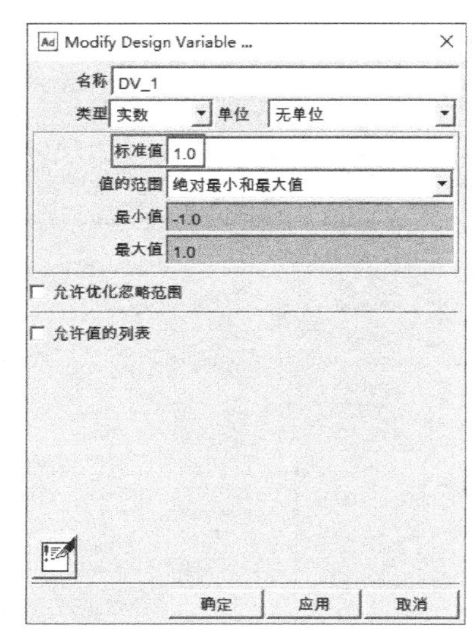

图 4-64　修改设计变量

Step 04　单击确定（OK）按钮，完成设计变量的修改。

Step 05　进行一次 0.03 秒、100 步的仿真，如图 4-65 所示。

从弹簧力图显示出的两种情况下弹簧力的比较结果来看，新的方案使弹簧力的值更大（虚线）。

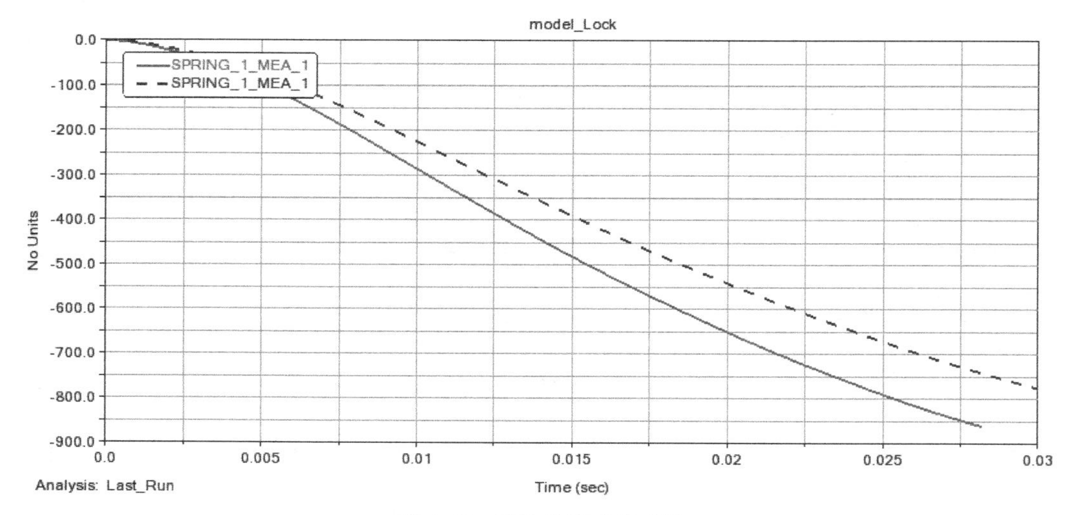

图 4-65　两次仿真曲线对比

Step 06　在菜单中依次选择编辑→修改，弹出Database Navigator（数据库导航器）对话框，在下方过滤器中选择变量，双击model_Lock前的加号，展开内含项目，如图 4-66 所示。

Step 07 双击DV_1，出现设计变量编辑对话框，如图 4-67 所示。

Step 08 把DV_1 的标准值改为 0.0，如图 4-68 所示。

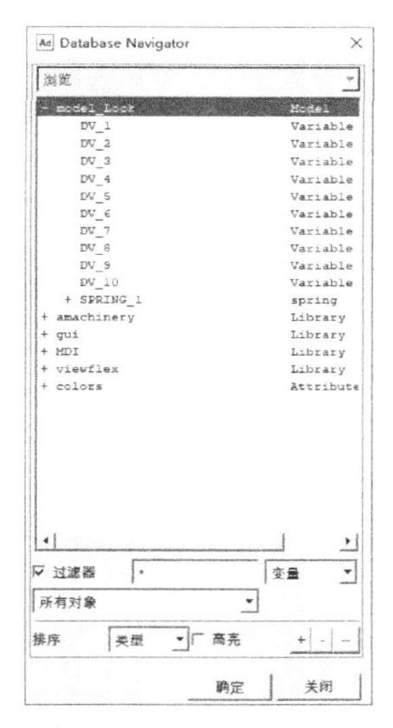

图 4-66 选择设计变量

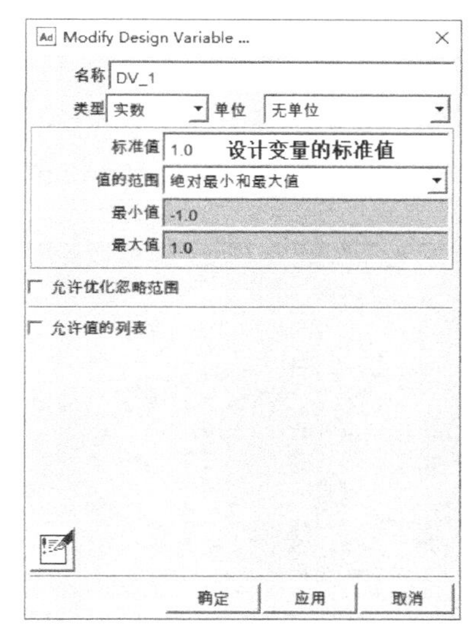

图 4-67 DV_1

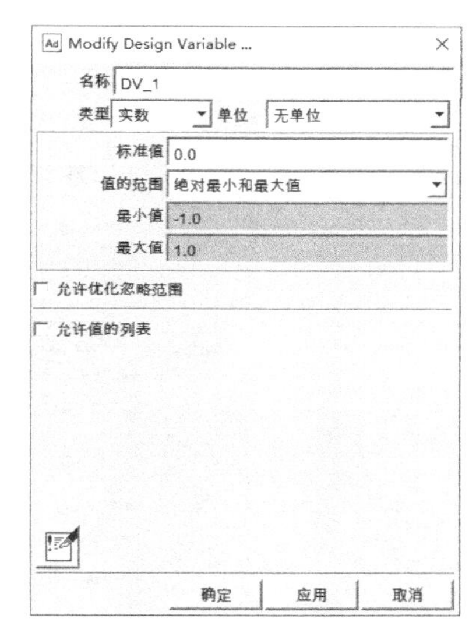

图 4-68 修改设计变量

3. 运行 Design Study

Step 01 移动鼠标到设计探索（Design Exploration）→设计评价工具（Design Evaluation）后，系统弹出Design Evaluation Tools（设计评价工具）对话框，如图 4-69 所示。

Step 02 按图 4-69 所示对模型进行设置。

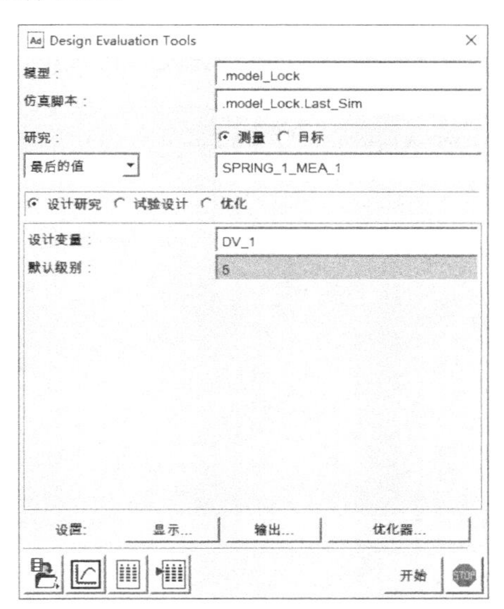

图 4-69 设计评价工具对话框

Step 03 单击Start（开始）按钮，开始对模型进行仿真。ADAMS/View显示出如图 4-70~图 4-72 所示的图表和方案研究报告。

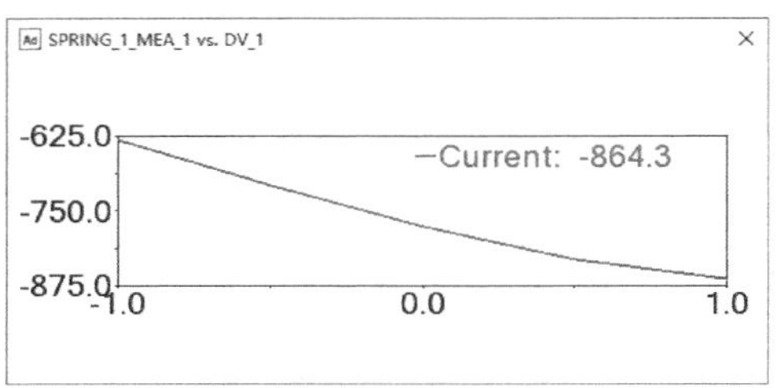

图 4-70　设计学习图

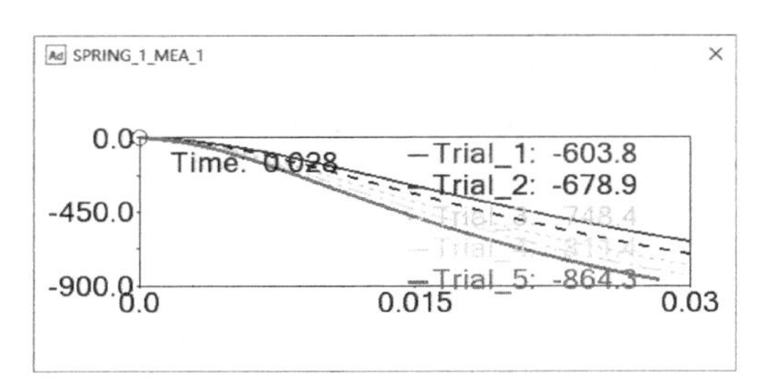

图 4-71　5 种曲线对应 5 种不同方案

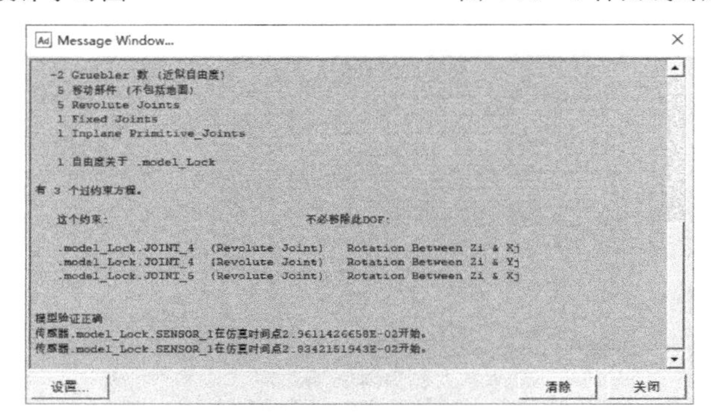

图 4-72　信息窗口

Step 04　关闭信息窗口和各个对话框。

4.10 本章小结

本章首先简明扼要地介绍了ADAMS的计算求解类型、模型的验证及仿真控制和传感器的设置，然后通过例子讲解了仿真类型和传感器的运用，最后详细讲解了后处理的使用，并通过两个具体例子对后处理进行了应用讲解。

通过本章的学习，读者可以掌握ADAMS的计算求解类型、模型的验证及仿真控制和传感器的设置和后处理的运用。

第 5 章 刚性体建模及仿真分析

本章通过一个卡车模型使读者熟悉刚体建模、定义材料属性、施加驱动和约束及仿真分析、后处理等操作的步骤，达到熟练运用ADAMS进行刚体建模的水平。其中，材料属性的定义和约束，驱动的施加、仿真分析及求解器的设置是本章的重点。

知识要点

- 掌握刚体模型的导入过程。
- 通过实例掌握定义材料属性、施加驱动。
- 掌握约束及仿真分析、后处理等操作步骤。

5.1 建立模型

Step 01 双击桌面上的ADAMS/View图标，或者在开始菜单中单击程序，再单击MSC.Software→ADAMS 2020→Aview，系统弹出ADAMS 2020 界面，如图 5-1 所示。在开始界面上单击新建模型（New Model），系统弹出Create New Model（建立新模型）对话框，如图 5-2 所示。在模型名称（Model Name）栏中输入模型的名字.model_truck，然后单击确定（OK）按钮，进入ADAMS 2020 界面。

图 5-1　ADAMS 2020 开始界面

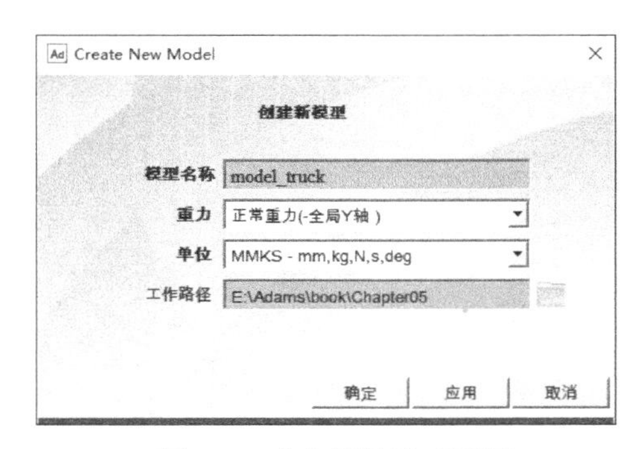

图 5-2　建立新模型对话框

Step 02 单击界面中的文件（File）菜单，系统展开菜单，单击导入（Import），弹出File Import（导入模型）对话框，如图 5-3 所示。在对话框的文件类型（File Type）栏中找到Parasolid选项，单击选中。

Step 03 在读取文件（File To Read）栏中右击，找到cha_05 目录下的truck.x_t文件，单击选中truck.x_t文件，然后单击确定（OK）按钮，导入模型truck.x_t。在文件类型（File Type）栏中选中ASCII项，在模型名称（Model Name）栏右击，依次选中模型（Model）→推测（Guesses）→model_truck，为导入的模型命名。最后单击确定（OK）按钮完成模型的导入，如图 5-4 所示。

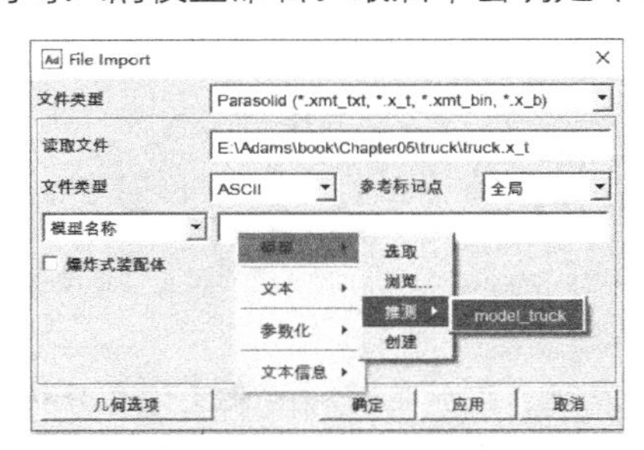

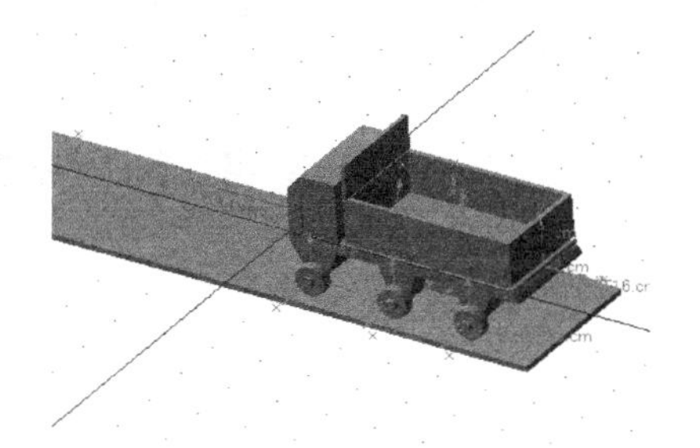

图 5-3　导入模型对话框　　图 5-4　卡车模型

5.2 定义材料属性

新导入的模型材料属性是空的，所以必须定义材料属性。卡车模型主要由路面（road）、车体（body）、车厢（box）、轮子（tire）等组成。

Step 01　单击ADAMS 2020 界面上方的浏览（Browse）按钮，然后单击物体（Bodies）按钮，系统展开卡车模型部件，如图 5-5 所示。

Step 02　选择其中的梁部件PART17 后右击，首先重命名为beam，之后选择修改（Modify）（见图 5-6），弹出Modify Body（修改模型）对话框（见图 5-7）。按照图 5-7 中的选项设置梁部件的名字和材料属性，在物体（Body）栏中输入beam，在分类（Category）栏中选择质量特性（Mass Properties）选项，在定义质量方式（Define Mass By）栏中选中几何形状和材料类型（Geometry and Material Type），在材料类型（Material Type）栏中右击，依次选中材料（Material）→推测（Guesses）→steel。定义了材料属性后界面将显示材料的密度（Density）、杨氏模量（Young's Modulus）和泊松比（Poisson's Ratio），单击确定（OK）按钮完成梁部件材料属性的定义。

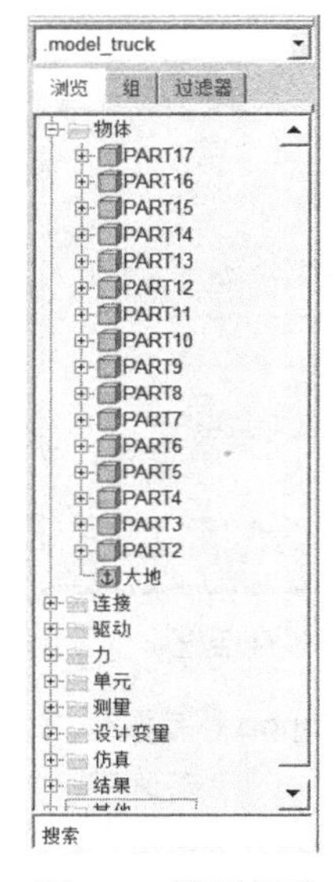

图 5-5　模型部件

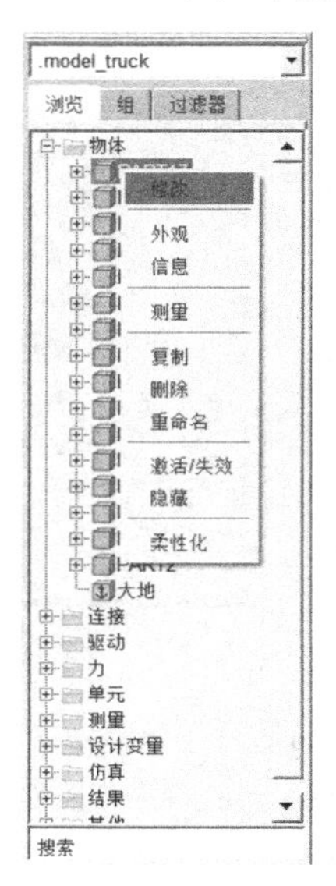

图 5-6　定义材料属性

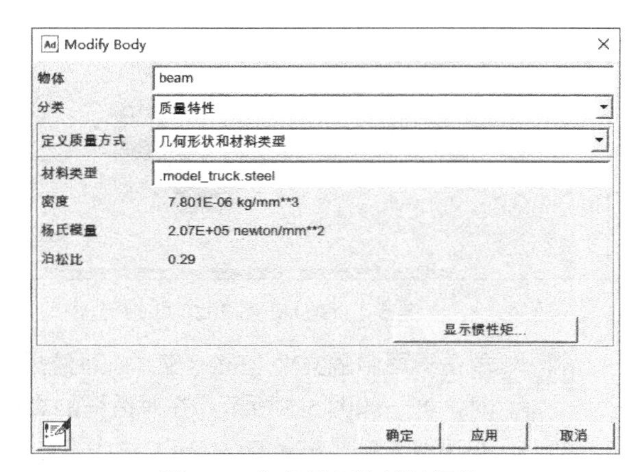

图 5-7　定义梁部件材料属性

Step 03 其他部件材料属性的定义与梁部件材料属性的定义步骤一样。

5.3 重命名部件

Step 01 右击部件，在弹出的菜单中选择重命名(Rename)，系统弹出Rename（重命名）对话框。在对话框中输入模型的名字，如定义卡车车体PART 2 为物体（body），如图 5-8 所示。

Step 02 模型中其他部件的命名方式和设置步骤与 Step 01 一样。

Rename
对象 .model_truck.PART2
新名称 .model_truck.body
确定 应用 取消

图 5-8 重命名

5.4 施加约束

5.4.1 创建固定副

Step 01 路面与地面之间固定连接。单击固定副图标，弹出创建固定副对话框，如图 5-9 所示。在构建方式（Construction）下拉列表中选择 2 个物体 - 1 个位置（2 Bodies-1 Locations）和垂直格栅（Normal To Grid），在第 1 选择下拉列表中选择选取部件（Pick Body）、在第 2 选择下拉列表中选择选取部件（Pick Body）。

单击路面部件（road），再单击地面部件（ground），选择路面部件的重心（road.cm）作为固定连接点，单击重心，创建路面与地面之间的固定连接副，如图 5-10 所示。

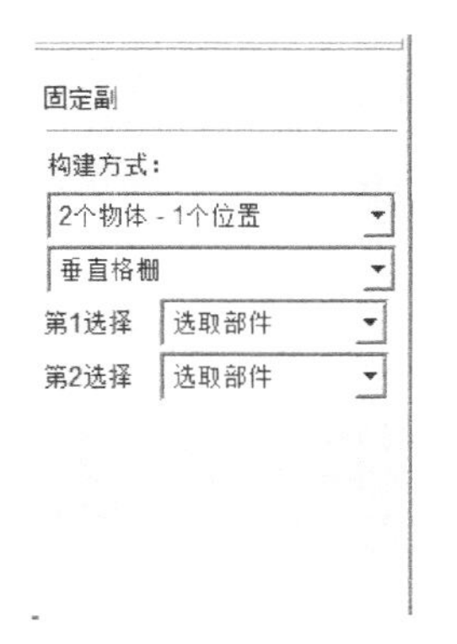

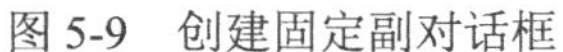

图 5-9 创建固定副对话框

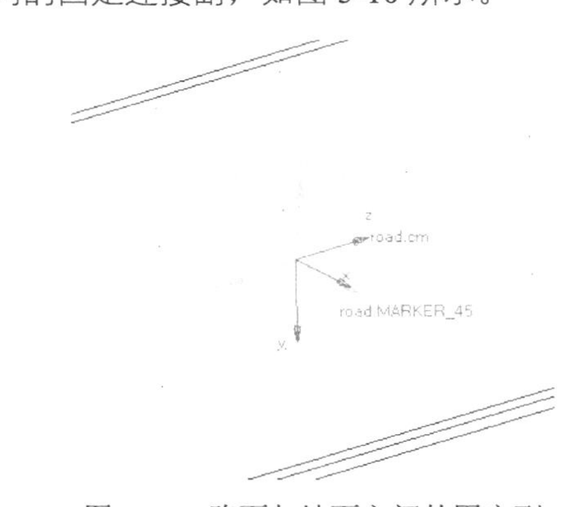

图 5-10 路面与地面之间的固定副

Step 02 车体与PART16 之间固定连接。单击固定副图标，打开固定副界面。在构建方式(Construction)下拉列表中选择 2 个物体 - 1 个位置（2 Bodies-1 Locations）和垂直格栅（Normal To Grid），在第 1 选择下拉列表中选择选取物体(Pick Body)，在第 2 选择下拉列表中选择选取物体(Pick Body)。单击车体部件（body），再单击PART16 部件，选择车体部件的重心（body.cm）作为固定连接点，单击重心，创建车体与PART16 部件间的固定连接副。

Step 03 车体与底盘之间固定连接。单击固定副图标，弹出创建固定副对话框。在构建方式（Construction）下拉列表中选择 2 个物体 - 1 个位置（2 Bodies-1 Locations）和垂直格栅（Normal

To Grid），在第 1 选择下拉列表中选择选取物体（Pick Body），在第 2 选择下拉列表中选择选取物体（Pick Body）。

单击车体部件（body），再单击底盘部件（floor1），选择车体部件的重心（body.cm）作为固定连接点，单击重心，创建车体与底盘部件（floor1）间的固定连接副。

Step 04 底盘与升举之间固定连接。单击固定副图标，弹出创建固定副对话框。在构建方式（Construction）下拉列表中选择 2 个物体 - 1 个位置（2 Bodies-1 Locations）和垂直格栅（Normal To Grid），在第 1 选择下拉列表中选择选取物体（Pick Body），在第 2 选择下拉列表中选择选取物体（Pick Body）。

单击底盘部件（floor1），再单击升举部件（liqid1），选择车体底盘部件的重心（floor1.cm）作为固定连接点，单击重心，创建底盘与升举部件间的固定连接副。

Step 05 车厢与梁之间固定连接。单击固定副图标，弹出创建固定副对话框。在构建方式（Construction）下拉列表中选择 2 个物体 - 1 个位置（2 Bodies-1 Locations）和垂直格栅（Normal To Grid），在第 1 选择下拉列表中选择选取物体（Pick Body），在第 2 选择下拉列表中选择选取物体（Pick Body）。

单击车厢部件（box），再单击梁部件（beam），选择车体车厢部件的重心（box .cm）作为固定连接点，单击重心，创建车厢与梁部件间的固定连接副。

5.4.2 创建旋转副

Step 01 车轮 1 与车体之间的旋转副。单击旋转副图标，弹出创建旋转副对话框，如图 5-11 所示。在构建方式（Construction）下拉列表中选择 2 个物体 - 1 个位置（2 Bodies-1 Locations）和选取几何特性（Pick Geometry Feature），在第 1 选择下拉列表中选择选取部件（Pick Body），在第 2 选择下拉列表中选择选取部件（Pick Body）。

单击车轮 1（tire1），再单击车体（body），选择车轮 1 部件的重心（tire1 .cm）作为旋转副连接点，单击重心，移动鼠标，当鼠标指针指向X轴正方向时单击，创建车轮 1 与车体间的旋转副，如图 5-12 所示。

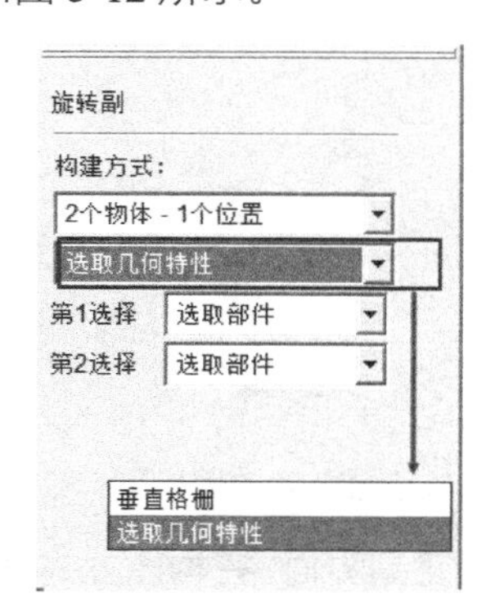

图 5-11 创建旋转副对话框

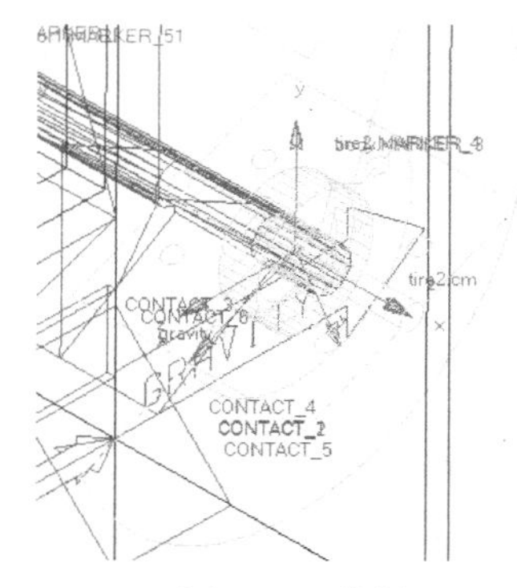

图 5-12 旋转副

Step 02 车轮 2 与车体之间的旋转副。单击旋转副图标，弹出创建旋转副对话框。在构建方式（Construction）下拉列表中选择 2 个物体 - 1 个位置（2 Bodies-1 Locations）和选取几何特性（Pick Geometry Feature），在第 1 选择下拉列表中选择选取物体（Pick Body），在第 2 选择下拉列表中选择选取物体（Pick Body）。

单击车轮 2（tire2），再单击车体（body），选择车轮 2 的重心（tire2 .cm）作为旋转副连接点，单击重心，移动鼠标，当鼠标指针指向X轴正方向时单击，创建车轮 2 与车体间的旋转副。

Step 03 车轮 3 与车体之间的旋转副。单击旋转副图标，弹出创建旋转副对话框。在构建方式（Construction）下拉列表中选择 2 个物体 - 1 个位置（2 Bodies-1 Locations）和选取几何特性（Pick Geometry Feature），在第 1 选择下拉列表中选择选取物体（Pick Body），在第 2 选择下拉列表中选择选取物体（Pick Body）。

单击车轮 3（tire3），再单击车体（body），选择车轮 3 的重心（tire3 .cm）作为旋转副连接点，单击重心，移动鼠标，当鼠标指针指向X轴正方向时单击，创建车轮 3 与车体间的旋转副。

Step 04 车轮 4 与车体之间的旋转副。单击旋转副图标，弹出创建旋转副对话框。在构建方式（Construction）下拉列表中选择 2 个物体 - 1 个位置（2 Bodies-1 Locations）和选取几何特性（Pick Geometry Feature），在第 1 选择下拉列表中选择选取物体（Pick Body），在第 2 选择下拉列表中选择选取物体（Pick Body）。

单击车轮 4（tire4），再单击车体（body），选择车轮 4 的重心（tire4 .cm）作为旋转副连接点，单击重心，移动鼠标，当鼠标指针指向X轴正方向时单击，创建车轮 4 与车体间的旋转副。

Step 05 车轮 5 与车体之间的旋转副。单击旋转副图标，弹出创建旋转副对话框。在构建方式（Construction）下拉列表中选择 2 个物体 - 1 个位置（2 Bodies-1 Locations）和选取几何特性（Pick Geometry Feature），在第 1 选择下拉列表中选择选取物体（Pick Body），在第 2 选择下拉列表中选择选取物体（Pick Body）。

单击车轮 5（tire5），再单击车体（body），选择车轮 5 的重心（tire5 .cm）作为旋转副连接点，单击重心，移动鼠标，当鼠标指针指向X轴正方向时单击，创建车轮 5 与车体间的旋转副。

Step 06 车轮 6 与车体之间的旋转副。单击旋转副图标，弹出创建旋转副对话框。在构建方式（Construction）下拉列表中选择 2 个物体 - 1 个位置（2 Bodies-1 Locations）和选取几何特性（Pick Geometry Feature），在第 1 选择下拉列表中选择选取物体（Pick Body），在第 2 选择下拉列表中选择选取物体（Pick Body）。

单击车轮 6（tire6），再单击车体（body），选择车轮 6 的重心（tire6 .cm）作为旋转副连接点，单击重心，移动鼠标，当鼠标指针指向X轴正方向时单击，创建车轮 6 与车体间的旋转副。

Step 07 车厢（box）与PART16 部件之间的旋转副。单击旋转副图标，弹出创建旋转副对话框。在构建方式（Construction）下拉列表中选择 2 个物体 - 1 个位置（2 Bodies-1 Locations）和选取几何特性（Pick Geometry Feature），在第 1 选择下拉列表中选择选取物体（Pick Body），在第 2 选择下拉列表中选择选取物体（Pick Body）。

单击车轮车厢（box），再单击PART16 部件，选择PART16 部件的重心（PART16 .cm）作为旋转副连接点，单击重心，移动鼠标，当鼠标指针指向X轴正方向时单击，创建车厢（box）与PART16 部件间的旋转副。

5.4.3 创建平移副

Step 01 在升举机构 1（liqid1）与升举机构 2（liqid2）之间创建平移副。单击平移副图标，弹出创建平移副对话框，如图 5-13 所示。在构建方式（Construction）下拉列表中选择 2 个物体 - 1 个位置（2 Bodies-1 Locations）和选取几何特性（Pick Geometry Feature），在第 1 选择下拉列表中选择选取部件（Pick Body），在第 2 选择下拉列表中选择选取部件（Pick Body）。

Step 02 单击升举机构 1(liqid1)，再单击升举机构 2(liqid2)，选择升举机构 2(liqid2)的重心(liqid2 .cm)作为滑移副连接点，单击重心，移动鼠标，当鼠标指针指向Z轴正方向时单击，创建升举机构 1（liqid1）与升举机构 2（liqid2）之间的平移副，如图 5-14 所示。

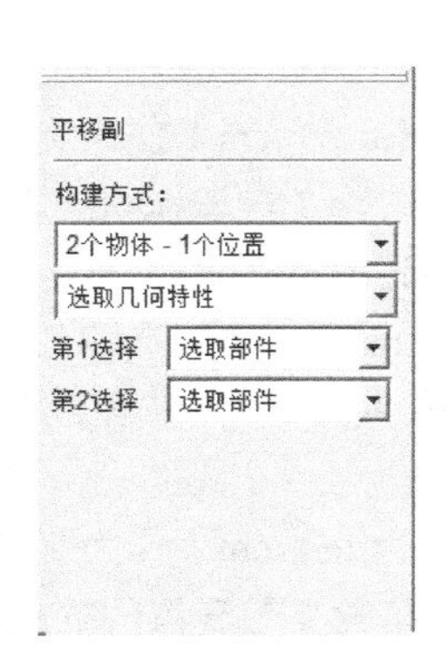

图 5-13　创建平移副对话框

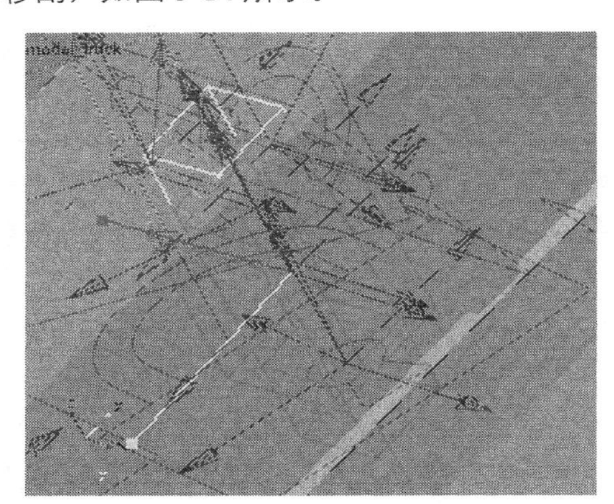

图 5-14　平移副

5.4.4　柔性约束力

Step 01 单击轴套图标，弹出创建轴套对话框，如图 5-15 所示。在构建方式（Construction）下拉列表中选择 2 个物体 - 1 个位置（2 Bodies-1 Locations）和选取几何特性（Pick Geometry Feature）。

Step 02 单击升举机构 2（liqid2），再单击梁（beam），选择升举机构 2（liqid2）的重心（liqid2 .cm）作为柔性约束力连接点，单击重心，移动鼠标，当鼠标指针指向Z轴正方向时单击，创建升举机构 2（liqid2）与梁（beam）之间的柔性约束力，如图 5-16 所示。

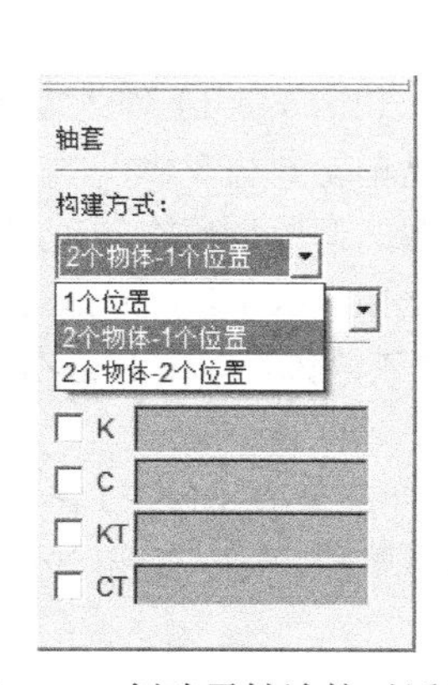

图 5-15　创建柔性连接对话框

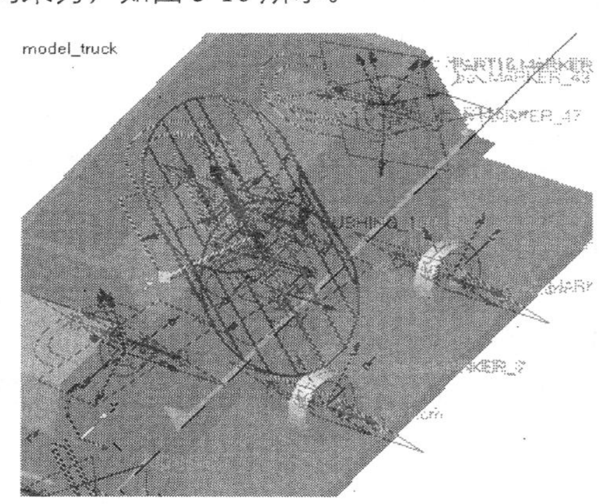

图 5-16　柔性连接副

Step 03 右击柔性连接副轴套力（Bushing），单击修改（Modify）命令，如图 5-17 所示。弹出修改轴套力（Bushing）对话框，按照图 5-18 所示对轴套力（Bushing）进行设置，单击确定（OK）按钮完成设置。

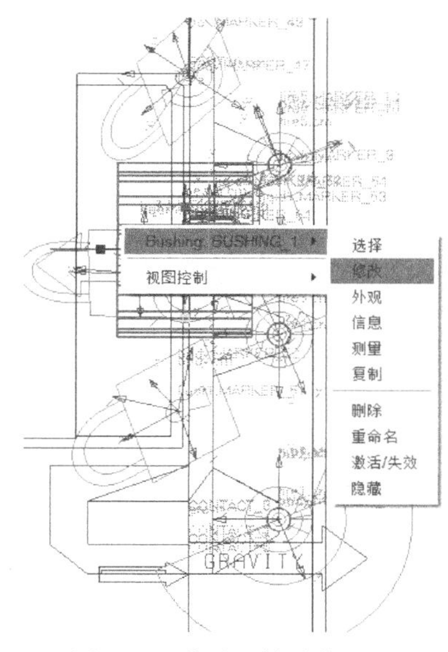

图 5-17 修改柔性连接副

图 5-18 修改柔性连接对话框

5.4.5 施加接触

Step 01 单击接触副图标，弹出创建接触对话框，创建车轮 1（tire1）与路面之间的接触。在接触类型（Contact Type）下拉列表中选择实体对实体（Solid to Solid），在I实体（I Solid）栏中右击，选择接触实体（Contact Solid），再选取（Pick）项，用鼠标拾取路面。

在J实体（J Solid）栏中右击，选择接触实体（Contact Solid），再选取（Pick）项，用鼠标拾取车轮 1。其他选项按图 5-19 所示进行设置，单击确定（OK）按钮完成车轮 1（tire1）与路面之间的接触创建，如图 5-20 所示。

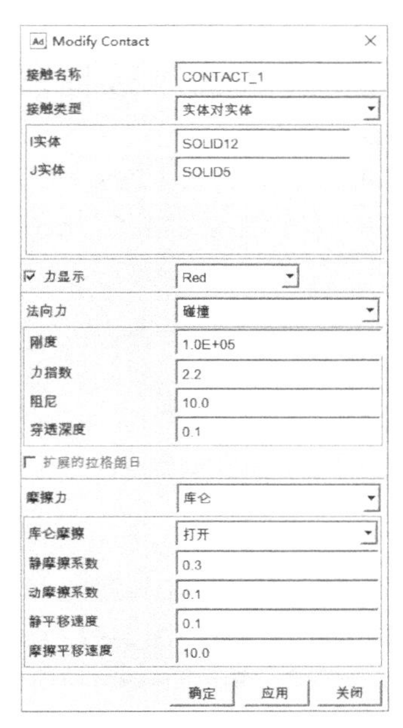

图 5-19 接触定义

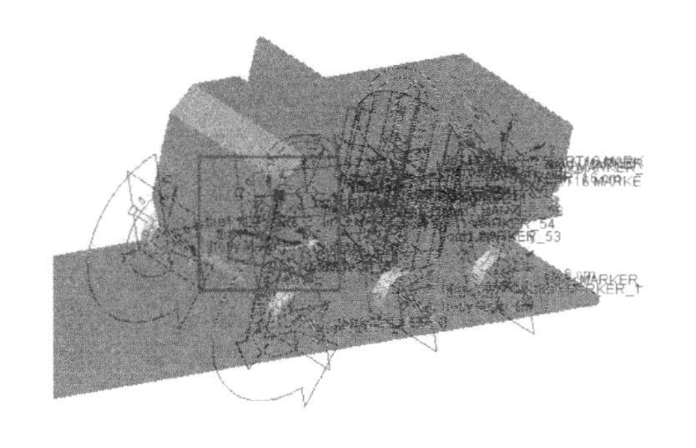

图 5-20 接触副

Step 02 单击接触副图标，弹出创建接触对话框，创建车轮 2（tire2）与路面之间的接触。在接触类型（Contact Type）下拉列表中选择实体对实体（Solid to Solid），在I实体（I Solid）栏中右击，选择接触实体（Contact Solid），再选取（Pick）项，用鼠标拾取路面。

在J实体（J Solid）栏中右击，选择接触实体（Contact Solid），再选取（Pick）项，用鼠标拾取车轮 2。其他选项按图 5-19 所示进行设置，单击确定（OK）按钮完成车轮 2（tire2）与路面之间的接触创建。

Step 03 单击接触副图标，弹出创建接触对话框，创建车轮 3（tire3）与路面之间的接触。在接触类型（Contact Type）下拉列表中选择实体对实体（Solid to Solid），在I实体（I Solid）栏中右击，选择接触实体（Contact Solid），再选取（Pick）项，用鼠标拾取路面。

在J实体（J Solid）栏中右击，选择接触实体（Contact Solid），再选取（Pick）项，用鼠标拾取车轮 3。其他选项按图 5-19 所示进行设置，单击确定（OK）按钮完成车轮 3（tire3）与路面之间的接触创建。

Step 04 单击接触副图标，弹出创建接触对话框，创建车轮 4（tire4）与路面之间的接触。在接触类型（Contact Type）下拉列表中选择实体对实体（Solid to Solid），在I实体（I Solid）栏中右击，选择接触实体（Contact Solid），再选取（Pick）项，用鼠标拾取路面。

在J实体（J Solid）栏中右击，选择接触实体（Contact Solid），再选取（Pick）项，用鼠标拾取车轮 4。其他选项按图 5-19 所示进行设置，单击确定（OK）按钮完成车轮 4（tire4）与路面之间的接触创建。

Step 05 单击接触副图标，弹出创建接触对话框，创建车轮 5（tire5）与路面之间的接触。在接触类型（Contact Type）下拉列表中选择实体对实体（Solid to Solid），在I实体（I Solid）栏中右击，选择接触实体（Contact Solid），再选取（Pick）项，用鼠标拾取路面。

在J实体（J Solid）栏中右击，选择接触实体（Contact Solid），再选取（Pick）项，用鼠标拾取车轮 5。其他选项按图 5-19 所示进行设置，单击确定（OK）按钮完成车轮 5（tire5）与路面之间的接触创建。

Step 06 单击接触副图标，弹出创建接触对话框，创建车轮 6（tire6）与路面之间的接触。在接触类型（Contact Type）下拉列表中选择实体对实体（Solid to Solid），在I实体（I Solid）栏中右击，选择接触实体（Contact Solid），再选取（Pick）项，用鼠标拾取路面。

在J实体（J Solid）栏中右击，选择接触实体（Contact Solid），再选取（Pick）项，用鼠标拾取车轮 6。其他选项按图 5-19 所示进行设置，单击确定（OK）按钮完成车轮 6（tire6）与路面之间的接触创建。

5.5 施加驱动

5.5.1 在车轮与车体之间施加转动驱动

Step 01 单击转动驱动按钮，弹出创建转动驱动对话框，如图 5-21 所示，在旋转速度（Rot.Speed）中输入-72000.00，单击旋转副Joint_1，创建车轮 1 与车体之间的驱动，如图 5-22 所示。

Step 02 单击转动驱动按钮，弹出创建转动驱动对话框，在旋转速度（Rot Speed）中输入-72000.00，单击旋转副Joint_2，创建车轮 2 与车体之间的驱动。

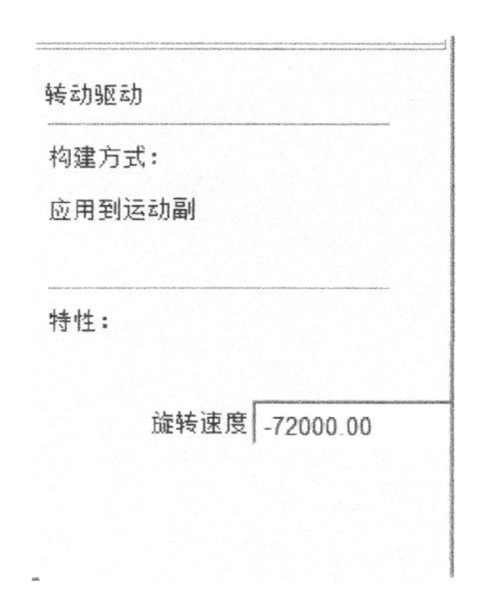

图 5-21　创建转动驱动对话框

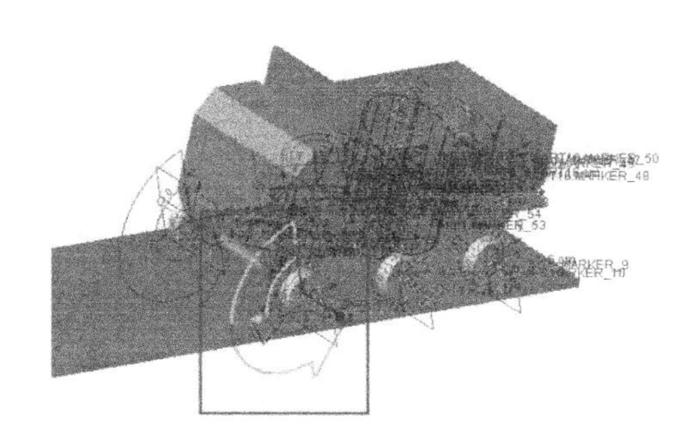

图 5-22　驱动副

5.5.2　在平移副上施加移动驱动

Step 01　单击移动驱动按钮，弹出创建移动驱动对话框，如图 5-23 所示，平移速度（Trans.Speed）采用默认设置，单击运动副JOINT_13，创建升举机构 1（liqid1）与升举机构 2（liqid2）之间的驱动。右击创建的移动驱动，选择修改（Modify）命令，弹出修改移动驱动对话框，如图 5-24 所示。

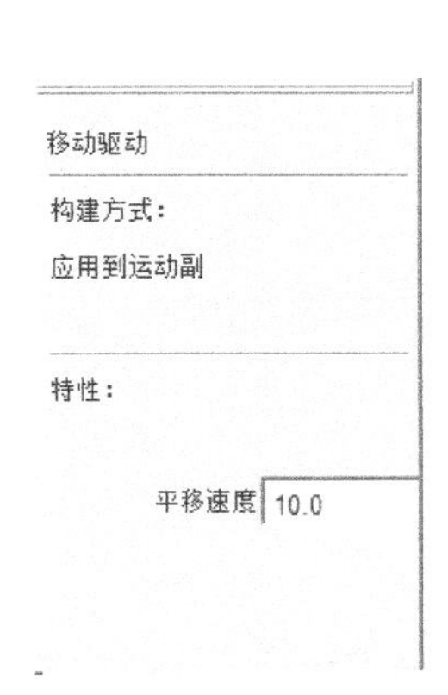

图 5-23　创建移动驱动对话框

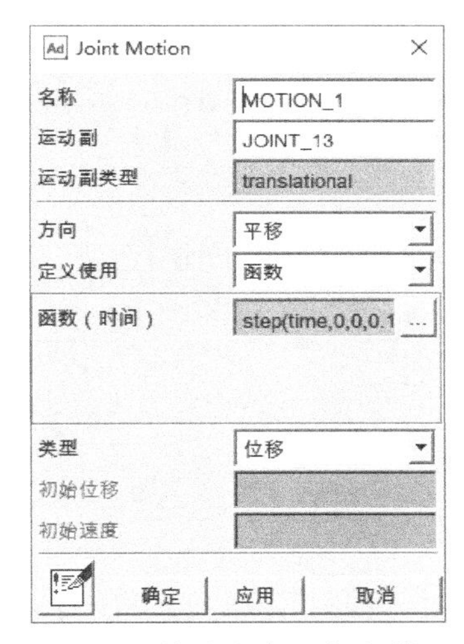

图 5-24　修改移动驱动对话框

Step 02　在函数（时间）右侧单击...按钮，弹出修改驱动函数对话框，如图 5-25 所示。在修改驱动函数对话框中输入step（time，0，0，0.1，-20）+step（time，0.2，0，0.3，20），单击绘图（Plot）按钮查看函数图形，如图 5-26 所示。

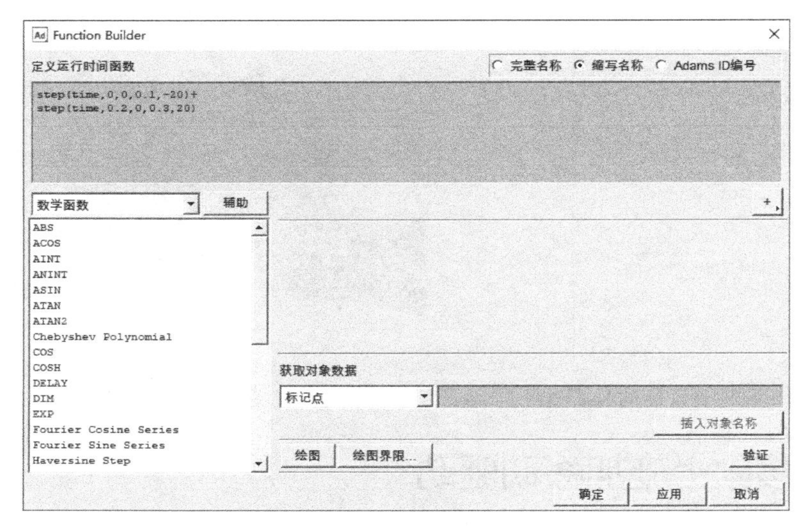

图 5-25　定义驱动函数

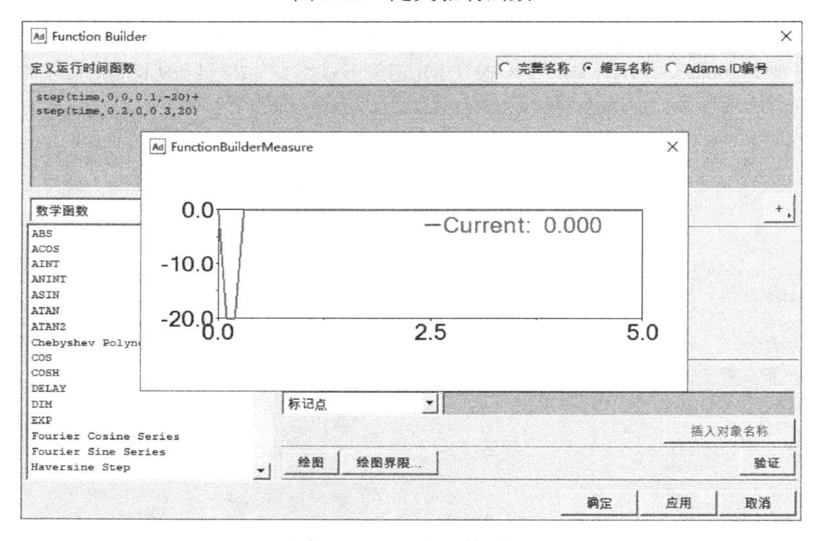

图 5-26　驱动函数图形

Step 03　单击确定（OK）按钮，完成函数的定义；再单击确定（OK）按钮，完成函数的设置。

5.6　求解器设置

Step 01　单击菜单栏中的设置（Settings），选择求解器（Solver）→显示（Display），如图 5-27 所示。在弹出的对话框的显示信息（Show Messages）栏中选中否（No），在更新图像（Update Graphics）下拉列表中选择从不（Never），如图 5-28 所示。

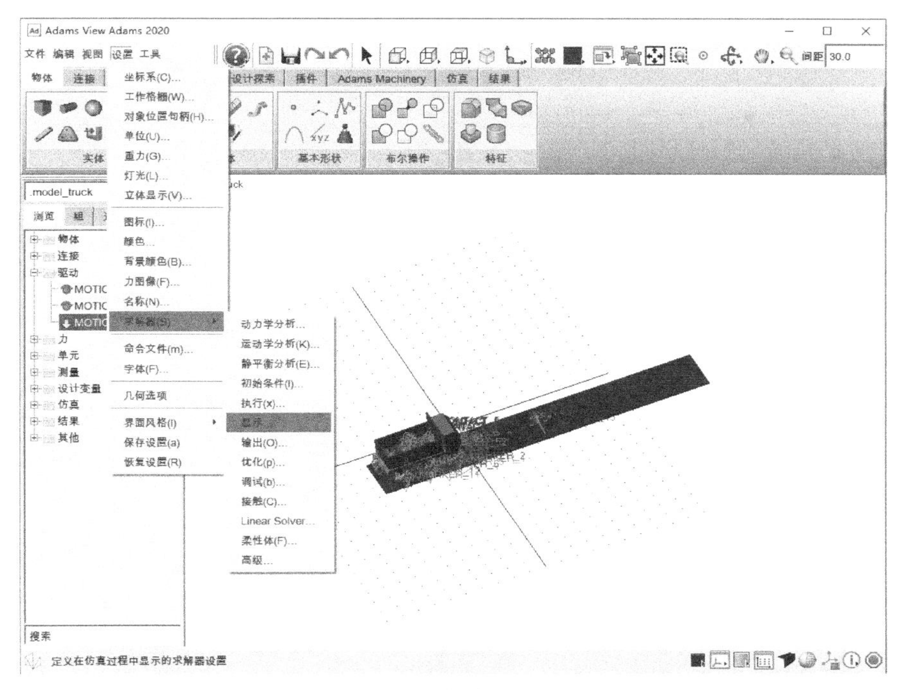

图 5-27 选择求解器设置

Step 02 单击菜单栏中的设置（Settings），选择求解器（Solver）→接触（Contacts），系统弹出定义接触选项，如图 5-29 所示，在几何形状库（Geometry Library）下拉列表中选择parasolids，单击关闭（Close）按钮完成求解器的设置。

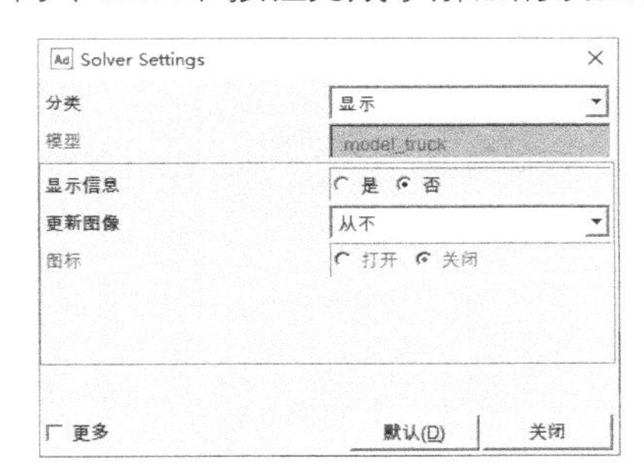

图 5-28 设置显示

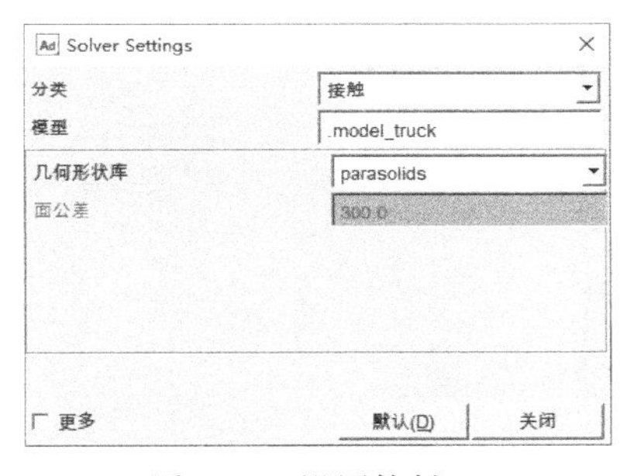

图 5-29 设置接触

5.7 仿真

Step 01 单击仿真按钮，弹出Simulation Control（仿真控制）对话框，如图 5-30 所示。将仿真时间（终止时间）设置为 0.3s、步长（Step Size）设置为 0.02，其余采用默认设置。

Step 02 单击开始仿真按钮对模型进行一次 0.3s的动力学仿真。仿真结束后单击按钮将这一次的仿真保存为名为first的仿真，以备后处理。

Step 03 单击菜单栏中的设置（Settings），选择求解器（Solver）→接触（Contacts），系统弹出定义接触选项，在几何形状库（Geometry Library）下拉列表中选择默认库（Default Library），单击关闭（Close）按钮完成求解器的设置。

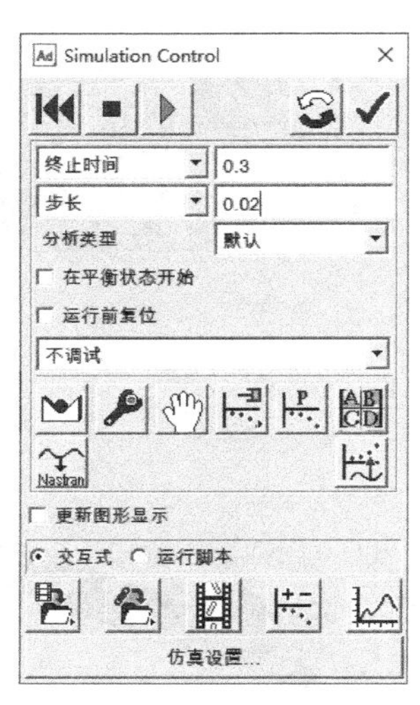

图 5-30　仿真控制对话框

Step 04　再次单击仿真按钮▶对模型进行一次 0.3s的动力学仿真。仿真结束后单击按钮，将这一次的仿真保存为名为second的仿真，以备后处理。

5.8 后处理分析

Step 01　单击仿真对话框中的后处理图标，打开后处理窗口，如图 5-31 所示。

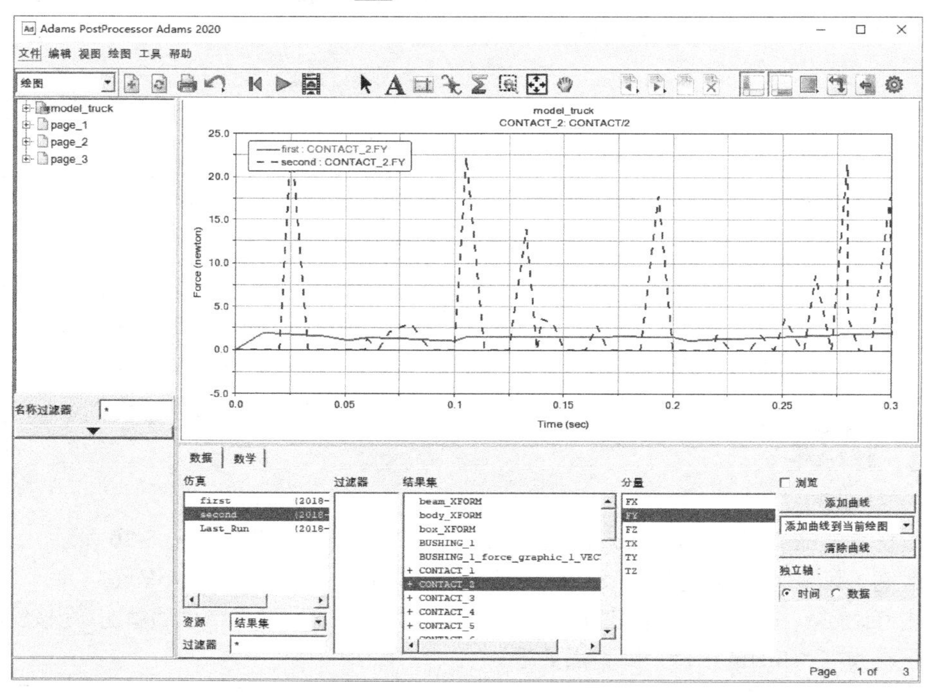

图 5-31　后处理窗口

Step 02　在窗口的资源（Source）下拉列表中选择结果集（Result Sets），在仿真（Simulation）列表框中按住Ctrl键连续选中first和second，在结果集列表框中选择+CONTACT_2，在分量（Component）列表框中选择FY，选中浏览（Surf）复选框，即可显示接触 2 在定义接触前后Y方向力的时域图。

Step 03 在资源（Source）下拉列表中选择结果集（Result Sets），在仿真（Simulation）列表框中按住Ctrl键连续选中first和second，在结果集列表框中选择tirel_XFORM，在分量（Component）列表框中选择ACCX，选中浏览（Surf）复选框，即可显示车轮 1 Z方向的加速度曲线，如图 5-32 所示。

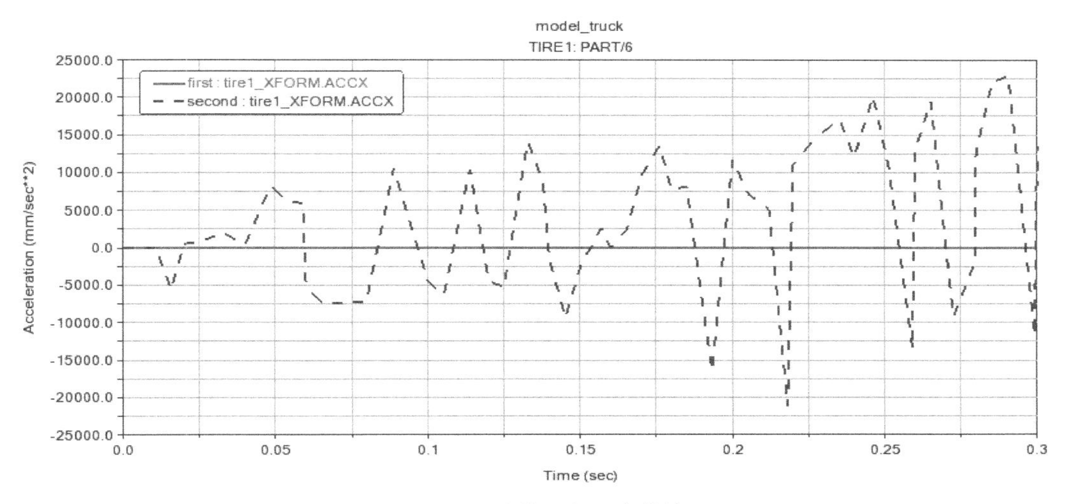

图 5-32　车轮 1 加速度曲线

Step 04 单击菜单绘图（Plots），选择FFT 3D，弹出FFT 3D（三维快速傅里叶变换）对话框，按照图 5-33 所示进行设置，单击应用（Apply）按钮，生成曲线的三维曲线图，如图 5-34 所示。

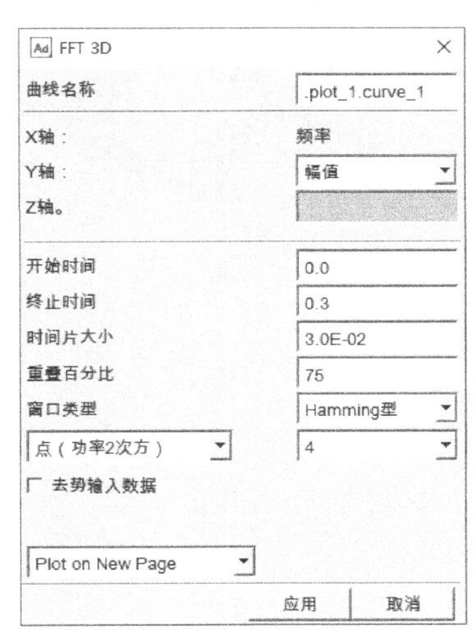

图 5-33　FFT 3D 对话框

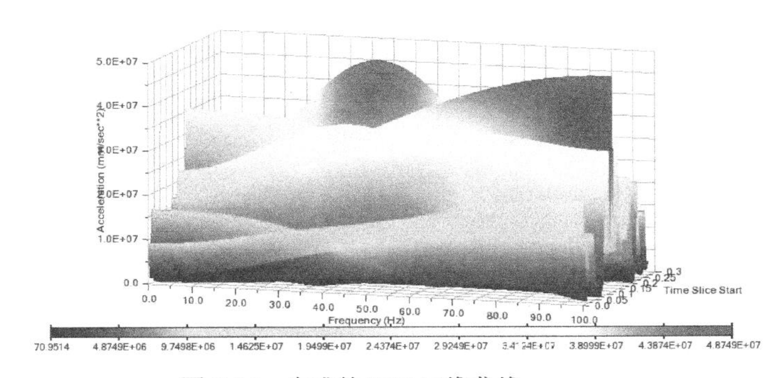

图 5-34　生成的 FFT 三维曲线

5.9 实例一：吊车起吊过程分析

本节通过实例讲解外部模型的导入过程，以及约束和驱动的施加，本节要求读者学会刚体模型的建立、约束和载荷的施加以及后处理功能。

5.9.1 创建模型

Step 01 双击桌面上的ADAMS/View图标，或者在开始菜单中单击程序，再单击MSC. Software→ADAMS 2020→Adams View，系统弹出ADAMS 2020界面。

在开始界面上单击新建模型（New Model），系统弹出创建新模型对话框，如图 5-35 所示。

在模型名称（Model Name）栏中输入模型的名字.model_crane，然后单击确定（OK）按钮，进入ADAMS 2020 界面。

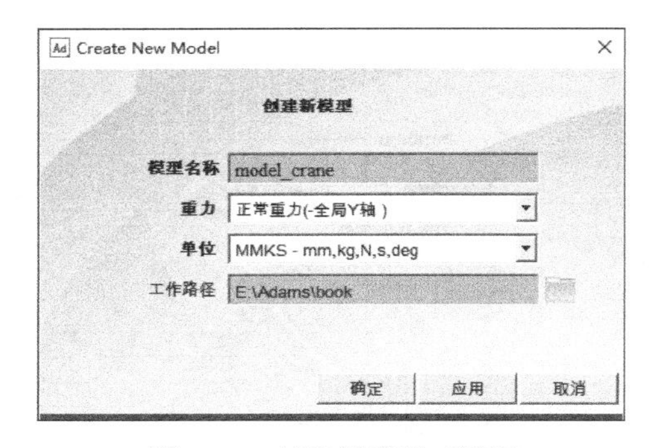

图 5-35　创建新模型对话框

Step 02 单击文件（File）菜单，系统展开菜单，单击导入（Import），弹出导入模型对话框，如图 5-36 所示。

在文件类型（File Type）栏中找到Parasolid选项，将其选中。

在读取文件（File To Read）栏中右击，找到cha_05 目录下的crane.x_t文件并选中，然后单击确定（OK）按钮，导入模型crane.x_t。

在文件类型（File Type）栏中选中ASCII项，在模型名称（Model Name）栏中右击，依次选择模型（Model）→推测（Guesses）→model_ crane，并为导入的模型命名。

最后单击确定（OK）按钮完成模型的导入，如图 5-37 所示。

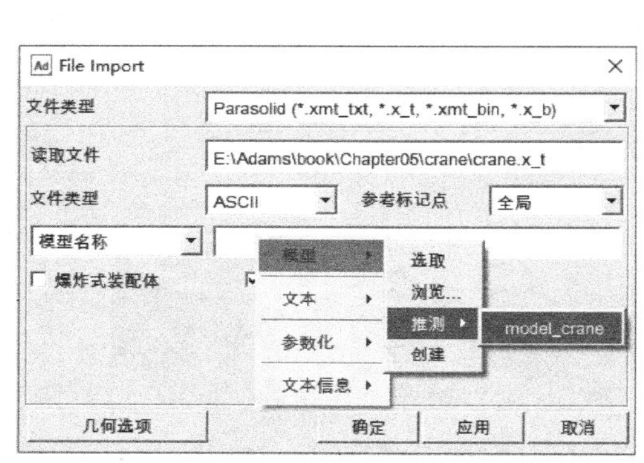

图 5-36　导入模型对话框

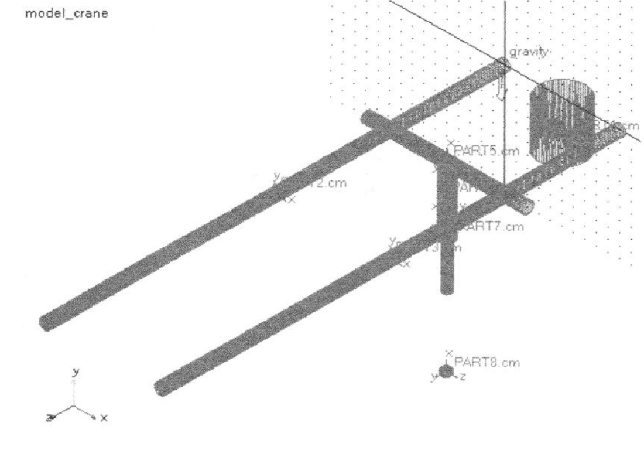

图 5-37　吊车模型

5.9.2 定义材料属性

新导入的模型材料属性是空的，所以必须定义材料属性。吊车模型主要由横梁（beam）、滑杆（link）、伸缩机构（hy）、旋转机构（rotate）等组成。

Step 01 单击ADAMS 2020 界面左上方的浏览（Browse）按钮，然后单击物体（Bodies）按钮，系统展开吊车模型部件，如图 5-38 所示。

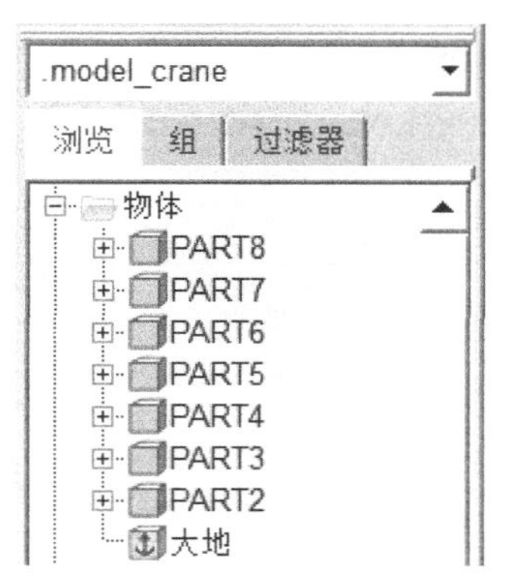

图 5-38 模型部件

Step 02 选择部件PART8 并右击，选择修改（Modify）命令，如图 5-39 所示，弹出修改模型对话框，在分类（Category）栏中选择质量特性（Mass Properties）选项，在定义质量方式（Define Mass By）栏中选择几何形状和材料类型（Geometry and Material Type）选项，在材料类型（Material Type）栏中右击，依次选择材料（Material）→推测（Guesses）→steel，定义材料属性后，界面中将显示材料的密度（Density）、杨氏模量（Young's Modulus）和泊松比（Poisson's Ratio）。单击确定（OK）按钮完成梁部件材料属性的定义，如图 5-40 所示。

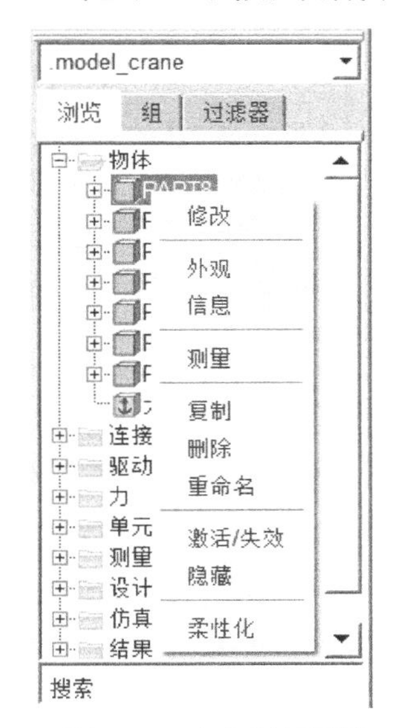

图 5-39 定义材料属性

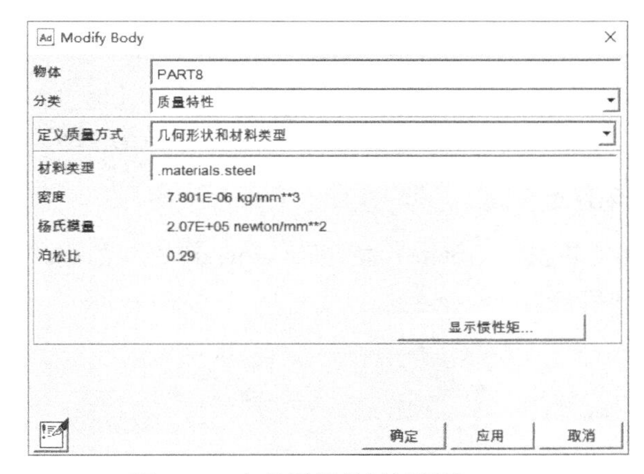

图 5-40 定义梁部件材料属性

Step 03 其他部件材料属性的定义与梁部件材料属性的定义步骤一样。

5.9.3 重命名部件

Step 01 右击部件，在弹出的菜单中选择重命名（Rename）命令，系统弹出修改模型名称对话框，在对话框中输入模型的名字，如定义吊车右端横梁PART2 为beam_right，如图 5-41 所示。

Step 02 模型中其他部件的命名方式和步骤与 Step 01 一样，设置PART3 为beam_left、PART4 为rotate、PART5 为link、PART6 为hy_1、PART7 为hy_2、PART8 为box。

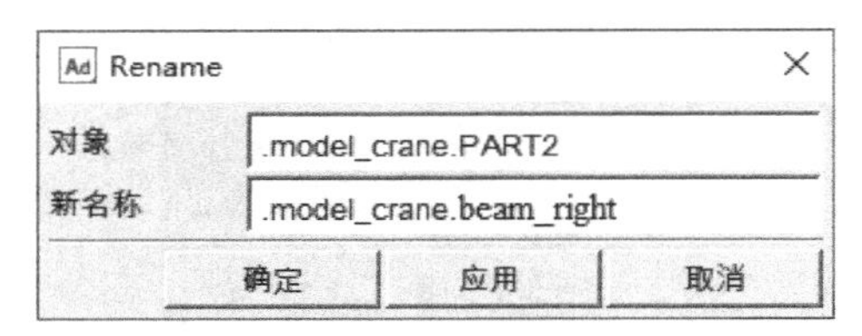

图 5-41　重命名 PART2

5.9.4　施加约束

1．创建固定副

Step 01　横梁（beam_right和beam_left）与旋转机构（rotate）之间固定连接。单击固定副图标，弹出创建固定副对话框，如图 5-42 所示。

在构建方式（Construction）下拉列表中选择 2 个物体 - 1 个位置（2 Bodies-1 Locations）和选取几何特性（Pick Geometry Feature）选项，在第 1 选择下拉列表中选择选取部件（Pick Body），在第 2 选择下拉列表中选择选取部件（Pick Body）。

单击横梁（beam_right和beam_left），再单击旋转机构（rotate），选择旋转机构重心（rotate.cm）作为固定连接点，单击重心，创建横梁（beam_right和beam_left）与旋转机构（rotate）之间的固定连接副。

Step 02　滑杆（link）与伸缩机构（hy_1）之间固定连接。单击固定副图标，弹出创建固定副对话框。

在构建方式（Construction）下拉列表中选择 2 个物体 - 1 个位置（2 Bodies-1 Locations）和垂直格栅（Normal To Grid）选项，在第 1 选择下拉列表中选择选取部件（Pick Body），在第 2 选择下拉列表中选择选取部件（Pick Body）。

单击滑杆（link），再单击伸缩机构（hy_1），选择滑杆的重心（link.cm）作为固定连接点，单击重心，创建滑杆（link）与伸缩机构（hy_1）之间的固定连接副。

2．创建旋转副

创建旋转机构（rotate）与地面（ground）之间的旋转副。单击旋转副图标，弹出创建旋转副对话框，如图 5-43 所示。

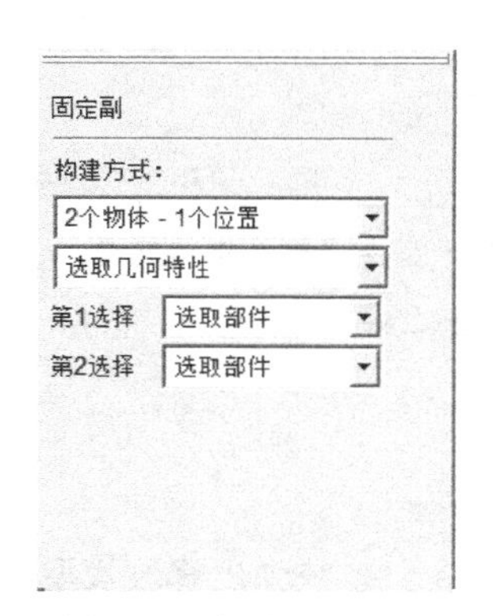

图 5-42　创建固定副对话框

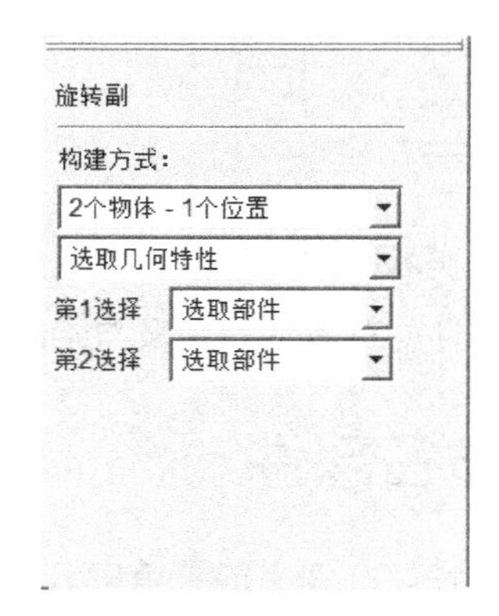

图 5-43　创建旋转副对话框

在构建方式（Construction）下拉列表中选择 2 个物体 - 1 个位置（2 Bodies-1 Locations）和选取几何特性（Pick Geometry Feature）选项，在第 1 选择下拉列表中选择选取部件（Pick Body），在第 2 选择下拉列表中选择选取部件（Pick Body）。

单击旋转机构（rotate），再单击地面（ground），选择旋转机构的重心（rotate .cm）作为旋转副连接点，单击重心，移动鼠标，当鼠标指针指向Y轴正方向时单击，创建旋转机构（rotate）与地面（ground）之间的旋转副。

3. 创建平移副

Step 01 在滑杆（link）与右端横梁（beam_right）之间创建平移副。单击平移副图标，弹出创建平移副对话框，如图 5-44 所示。

在构建方式（Construction）下拉列表中选择 2 个物体 -1 个位置（2 Bodies-1 Locations）和选取几何特性（Pick Geometry Feature）选项，在第 1 选择下拉列表中选择选取部件（Pick Body），在第 2 选择下拉列表中选择选取部件（Pick Body）。

单击滑竿（link），再单击右端横梁（beam_right），选择右端横梁的重心（beam_right.cm）作为平移副连接点，单击重心，移动鼠标，当鼠标指针指向Z轴正方向时单击，创建滑竿（link）与右端横梁（beam_right）之间的平移副。

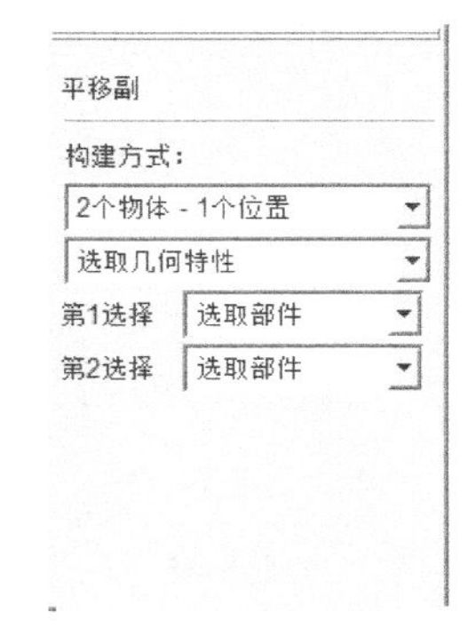

图 5-44 创建平移副对话框

Step 02 在滑竿（link）与左端横梁（beam_left）之间创建平移副。单击平移副图标，弹出创建平移副对话框。

在构建方式（Construction）下拉列表中选择 2 个物体 -1 个位置（2 Bodies-1 Locations）和选取几何特性（Pick Geometry Feature）选项，在第 1 选择下拉列表中选择选取部件（Pick Body），在第 2 选择下拉列表中选择选取部件（Pick Body）。

单击滑竿（link），再单击左端横梁（beam_left），选择左端横梁的重心（beam_ left.cm）作为平移副连接点，单击重心，移动鼠标，当鼠标指针指向Z轴正方向时单击，创建滑竿（link）与左端横梁（beam_ left）之间的平移副。

Step 03 在伸缩机构 1（hy_1）与伸缩机构 2（hy_2）之间创建平移副。单击平移副图标，弹出创建平移副对话框。

在构建方式（Construction）下拉列表中选择 2 个物体 -1 个位置（2 Bodies-1 Locations）和选取几何特性（Pick Geometry Feature）选项，在第 1 选择下拉列表中选择选取部件（Pick Body），在第 2 选择下拉列表中选择选取部件（Pick Body）。

单击伸缩机构 1（hy_1），再单击伸缩机构 2（hy_2），选择伸缩机构 1 的重心（hy_1.cm）作为平移副连接点，单击重心，移动鼠标，当鼠标指针指向Y轴正方向时单击，创建伸缩机构 1（hy_1）与伸缩机构 2（hy_2）之间的平移副。

4. 柔性约束力

Step 01 单击轴套图标，弹出创建轴套对话框，如图 5-45 所示。在构建方式（Construction）下拉列表中选择 2 个物体 -1 个位置（2 Bodies-1 Locations）和垂直于格栅。

Step 02 单击伸缩机构 2（hy_2），再单击盒子（box），选择伸缩机构 2（hy_2）的重心（hy_2 .cm）作为柔性约束力连接点，单击重心，移动鼠标，当鼠标指针指向Y轴正方向时单击，创建伸缩机构 2（hy_2）与盒子（box）之间的柔性约束力。

Step 03 右击柔性连接副轴套力（Bushing），单击修改（Modify）命令，弹出修改轴套力（Bushing）对话框，按照图 5-46 所示对轴套力（Bushing）进行设置，单击确定（OK）按钮完成设置。

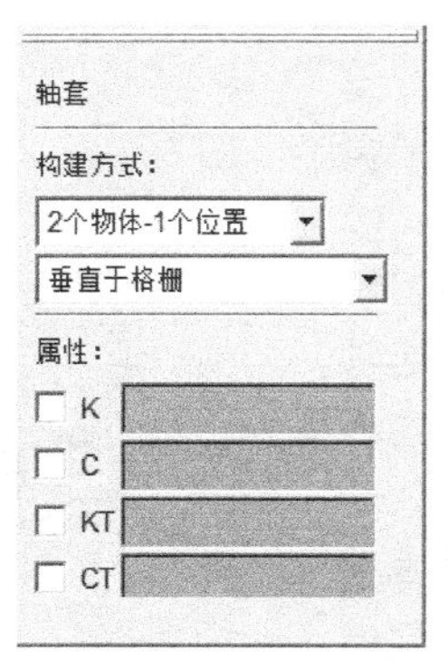

图 5-45　创建柔性连接对话框

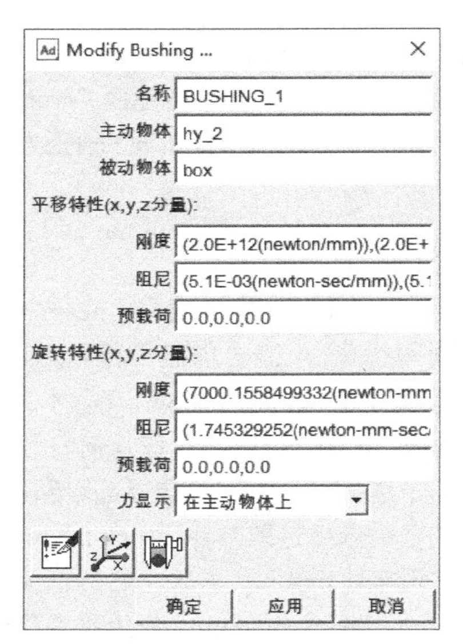

图 5-46　柔性连接对话框

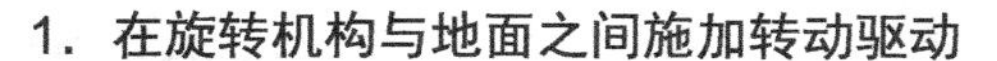

5.9.5　施加驱动

1．在旋转机构与地面之间施加转动驱动

Step 01 单击转动驱动按钮，弹出创建转动驱动对话框，如图 5-47 所示，在旋转速度（Rot.Speed）中采用默认设置，单击旋转副Joint_7，创建旋转机构与地面之间的驱动。

Step 02 右击旋转驱动按钮，从弹出的选项中选择修改（Modify）命令，弹出Function Builder对话框，单击函数（时间）后的按钮，在定义运行时间函数文本框中输入STEP（time, 1.0, 0.0, 1.5, 30.0d）+STEP（time, 1.55, 0.0, 2.0, 30.0d）+STEP（time, 3.0, 0.0, 3.5, -30.0d）+STEP（time, 3.55, 0.0, 4.0, -30.0d），单击绘图（Plot）按钮，系统弹出驱动曲线，如图 5-48 所示。

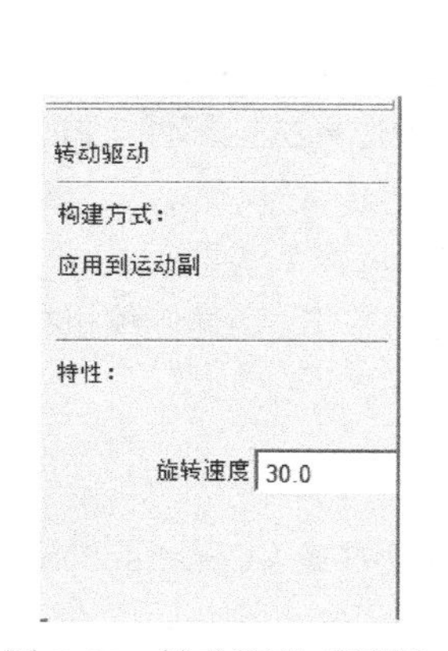

图 5-47　转动驱动对话框

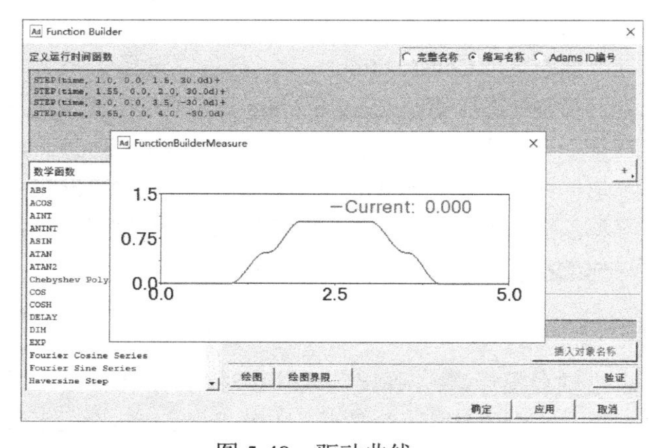

图 5-48　驱动曲线

Step 03 单击确定（OK）按钮完成驱动函数的定义，返回创建转动驱动对话框，再单击确定（OK）按钮完成驱动的定义。

2. 在平移副上施加移动驱动

Step 01 单击移动驱动按钮，弹出创建移动驱动对话框，如图 5-49 所示，平移速度（Trans.Speed）采用默认设置，单击旋转副Joint_1，创建横梁（beam_right）与滑竿（link）之间的驱动。右击创建的移动驱动，选择修改（Modify）命令，弹出修改移动驱动对话框。

Step 02 在函数（时间）文本框后单击...按钮，弹出修改驱动函数对话框。在修改驱动函数对话框中输入STEP（time, 1.0, 0.0, 2.0, 500.0）+STEP（time, 2.0, 0.0, 3.0, -500.0），单击绘图（Plot）按钮查看函数图形，如图 5-50 所示。

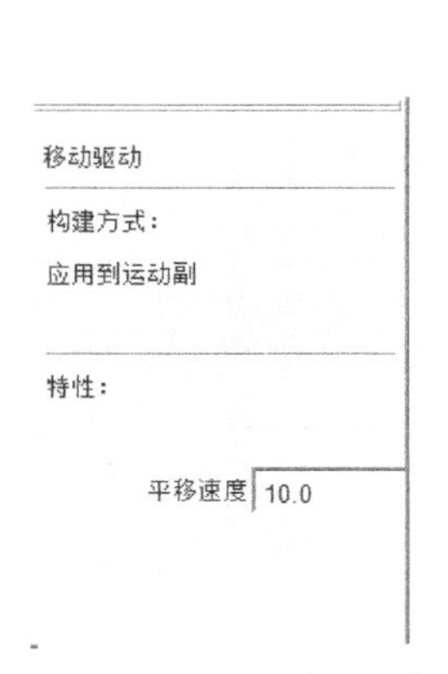

图 5-49 移动驱动对话框

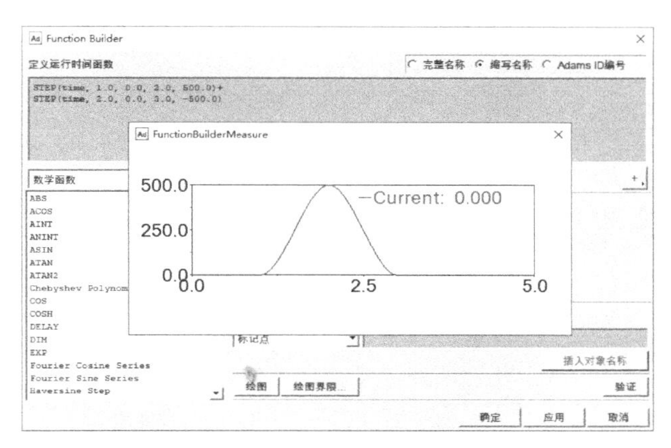

图 5-50 驱动函数图形

Step 03 单击确定（OK）按钮，完成函数的定义，再单击确定（OK）按钮，完成函数的设置。

Step 04 单击移动驱动按钮，弹出创建移动驱动对话框，如图 5-51 所示。平移速度（Trans.Speed）采用默认设置，单击旋转副Joint_2，创建横梁（beam_left）与滑竿（link）之间的驱动。右击创建的移动驱动，选择修改（Modify），弹出修改移动驱动对话框。

Step 05 在函数（时间）对话框中单击...按钮，弹出修改驱动函数对话框。在修改驱动函数对话框中输入STEP（time, 1.0, 0.0, 2.0, 500.0）+STEP（time, 2.0, 0.0, 3.0, -500.0），单击绘图（Plot）按钮查看函数图形，如图 5-52 所示。

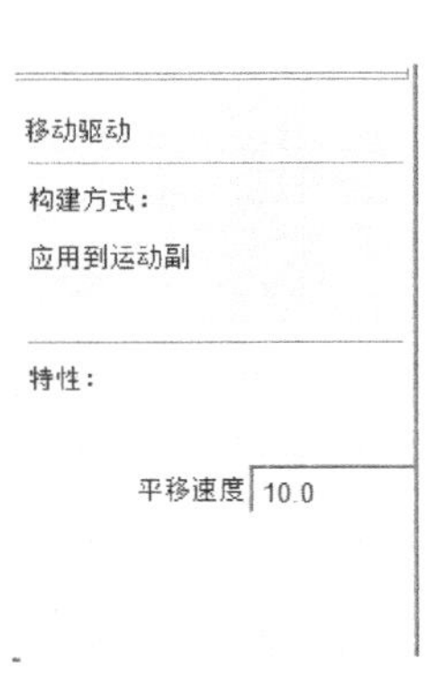

图 5-51 创建移动驱动对话框

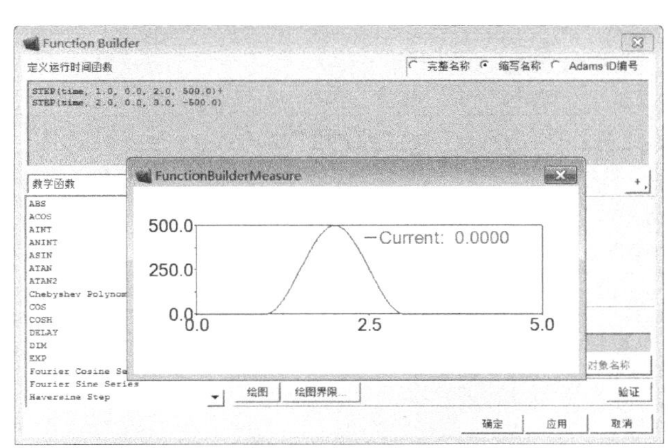

图 5-52 驱动函数图形

Step 06 单击确定（OK）按钮，完成函数的定义，再单击确定（OK）按钮，完成函数的设置。

Step 07 单击点驱动按钮，弹出创建点驱动对话框，如图 5-53 所示。平移速度（Trans.Speed）采用默认设置，单击伸缩机构 hy_1，再单击伸缩机构 hy_2，移动鼠标至伸缩机构 hy_1 的重心 hy_1.cm，单击完成点驱动的创建。

Step 08 右击创建的点驱动，选择修改（Modify）命令，弹出修改点驱动对话框。在函数（时间）文本框后单击 ... 按钮，弹出修改驱动函数对话框。在该对话框中输入 STEP（time, 0.0, 0.0, 0.5, 330.0）+STEP（time, 0.55, 0.0, 0.99, -330.0），单击绘图（Plot）按钮查看函数图形，如图 5-54 所示。

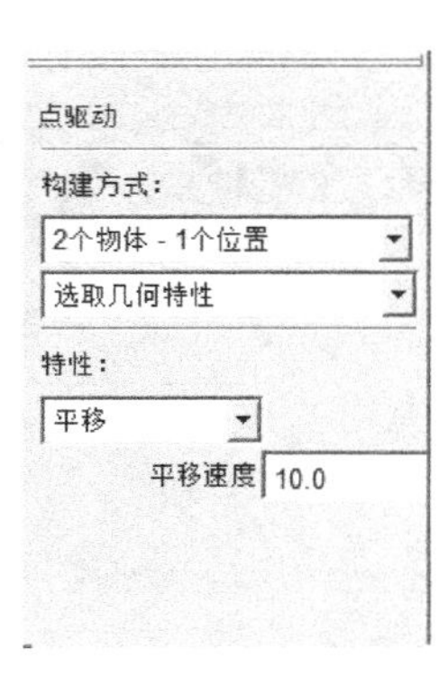

图 5-53　点驱动对话框

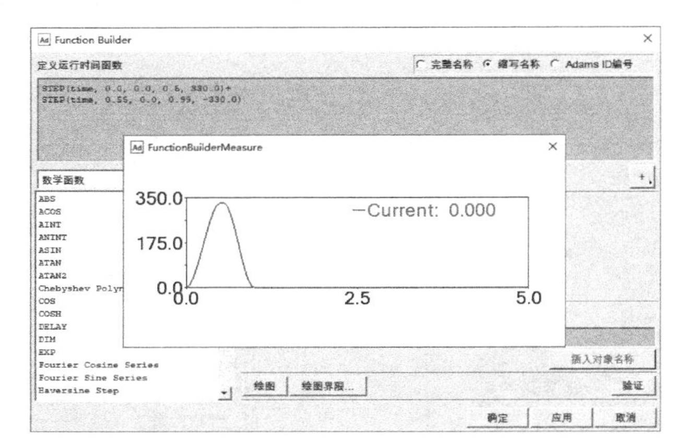

图 5-54　驱动函数图形

Step 09 单击确定（OK）按钮，完成函数的定义，再单击确定（OK）按钮，完成函数的设置。

5.9.6 设置求解器

Step 01 单击菜单栏中的设置（Settings），选择求解器（Solver）→显示（Display）。在弹出的对话框的显示信息（Show Messages）栏中选中否（No），在更新图像（Update Graphics）下拉列表中选择从不（Never），如图 5-55 所示。

Step 02 单击菜单栏中的设置（Settings），选择求解器（Solver）→动力学（Dynamic），弹出Solver Settings（求解器设置）对话框，如图 5-56 所示，在积分求解器（Integrator）下拉列表中选择WSTIFF，在积分格式（Formulation）下拉列表中选择I3，单击关闭（Close）按钮完成求解器的设置。

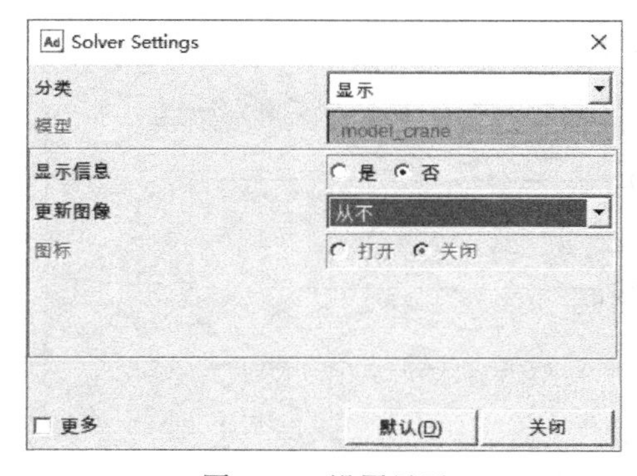

图 5-55　设置显示

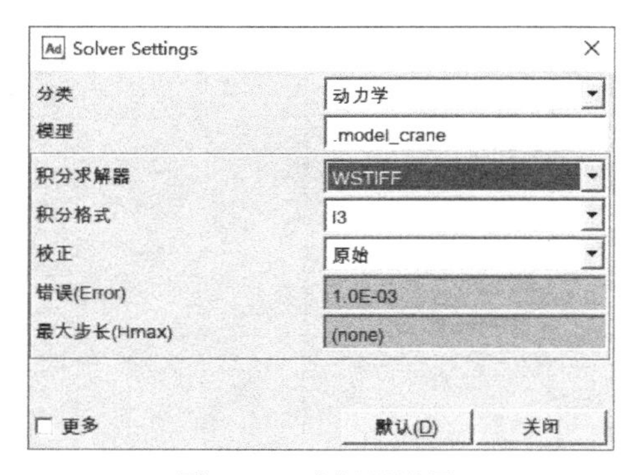

图 5-56　求解器设置

5.9.7 仿真

Step 01 单击仿真按钮，弹出仿真控制对话框，如图 5-57 所示。将终止时间设置为 4.0s、仿真步长（Step Size）设置为 0.2，其余采用默认设置。

Step 02 单击开始仿真按钮，对模型进行一次 4s的动力学仿真。仿真结束后单击按钮，将这一次的仿真保存为名为first的仿真，以备后处理。

Step 03 单击菜单栏中的设置（Settings），选择求解器（Solver），再选择动力学（Dynamic），系统弹出定义动力学选项，在积分求解器（Integrator）下拉列表中选择GSTIFF，在积分格式（Formulation）下拉列表中选择I3，单击关闭（Close）按钮完成求解器的设置。

Step 04 再次单击仿真按钮，对模型进行一次 4s的动力学仿真。仿真结束后单击按钮，将这一次的仿真保存为名为second的仿真，以备后处理。

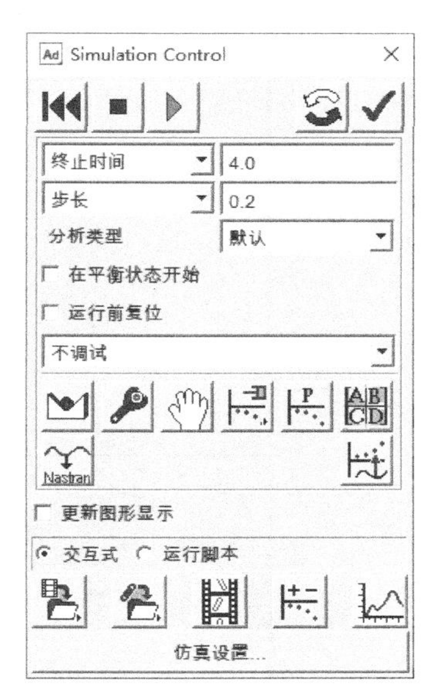

图 5-57 仿真控制对话框

5.9.8 后处理分析

Step 01 单击仿真控制对话框中的后处理图标，打开后处理窗口。

Step 02 在窗口的资源（Source）下拉列表中选择结果集（Result Sets），在仿真（Simulation）列表框中按住Ctrl键连续选中first和second，在结果集（Result Sets）列表框中选择BUSHING_1，在分量（Component）列表框中选择FY，选中浏览（Surf）复选框，即可显示接触 1 在定义接触前后Y方向力的时域图，如图 5-58 所示。

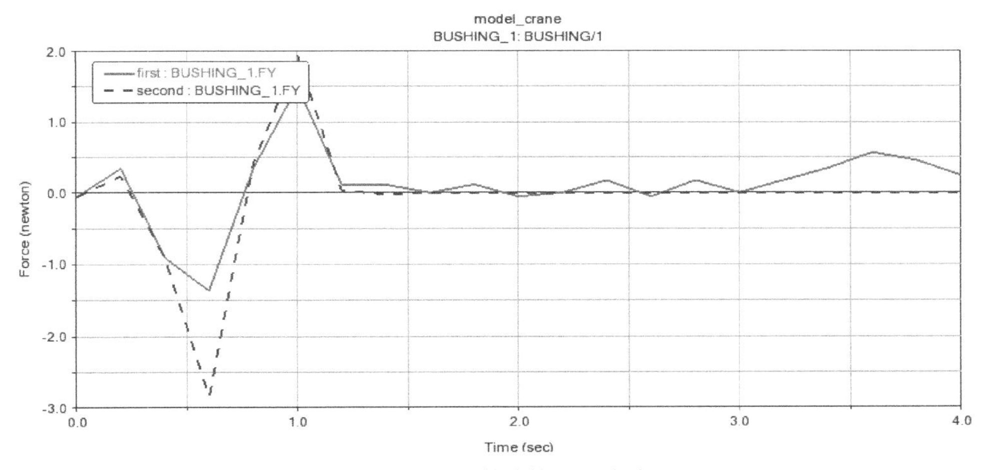

图 5-58 柔性连接 X 方向力

Step 03 在窗口的资源（Source）下拉列表中选择结果集（Result Sets），在仿真（Simulation）列表框中按住Ctrl键连续选中first和second，在结果集（Result Sets）列表框中选择MOTION_1，在分量（Component）列表框中选择FX，选中浏览（Surf）复选框，即可显示旋转副Y方向的力曲线，如图 5-59 所示。

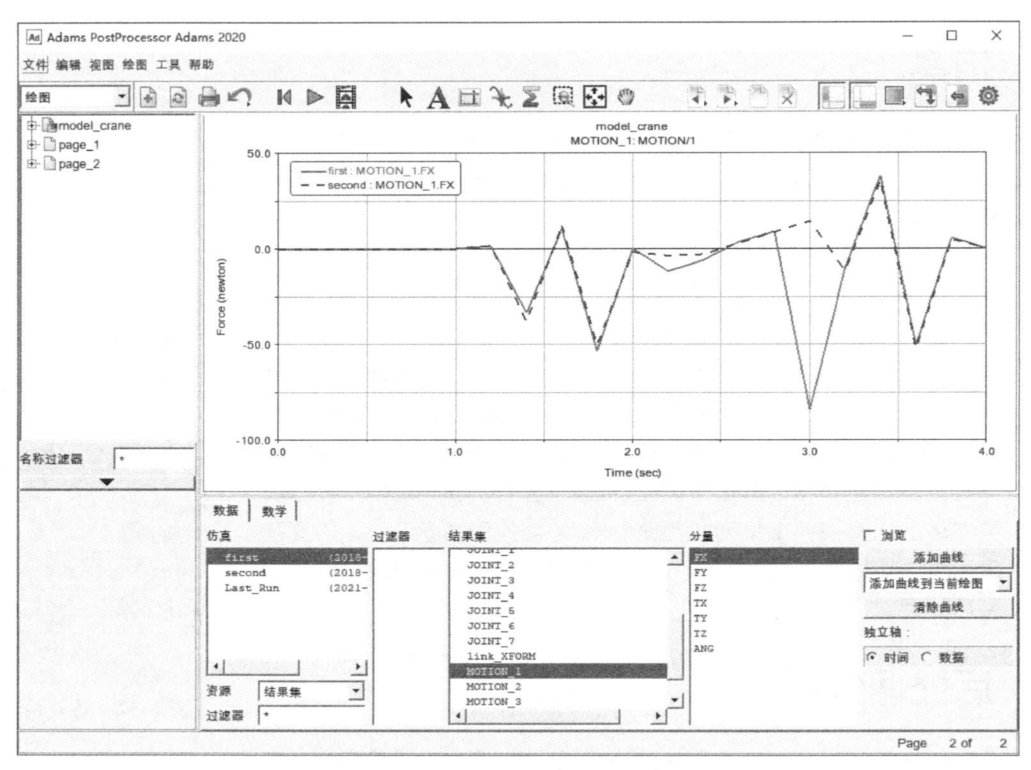

图 5-59　驱动 1 处约束力 FX 分量曲线

5.10 实例二：转盘机构刚体建模及仿真分析

通过本节的学习，读者可以学会ADAMS 2020 如何打开现有文件以及如何使用现有文件例子，同时读者需学会自己查看模型的材料属性、约束方式和驱动的施加方式等。

5.10.1 创建模型

Step 01 双击桌面上的ADAMS/View图标，或者在开始菜单单击程序，再单击ADAMS 2020→Adams View，系统弹出ADAMS 2020 界面。在开始界面上单击现有模型(Existing Model)，系统弹出现有模型对话框。

Step 02 单击工作路径（Working Directory）后的图标，找到存放文件的文件夹，然后单击文件名称（File Name）后的图标，找到cha_05 文件夹下名为cam_mea.cmd的文件并选中。然后单击确定（OK）按钮，导入模型，如图 5-60 所示。

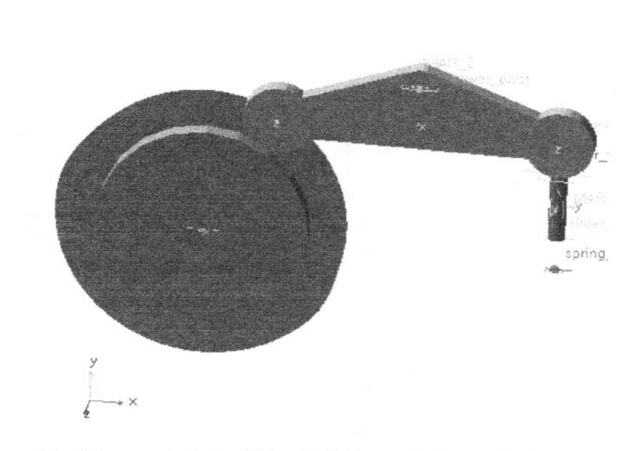

图 5-60　模型

5.10.2 查看约束

Step 01 单击界面左侧目录树下的连接（Connectors），如图 5-61 所示。

Step 02 右击JOINT_1，从弹出的快捷菜单中选择修改（Modify），弹出修改对话框，如图 5-62 所示。从中可以看到JOINT_1 是一个平移副，作用是使slider沿着轴向方向移动。单击确定（OK）按钮，关闭窗口。

Step 03 右击JOINT_2，从弹出的快捷菜单中选择修改（Modify）。弹出修改对话框，如图 5-63 所示。从中可以看到JOINT_2 是一个旋转副，作用是使follower在平面内旋转。单击确定（OK）按钮，关闭窗口。

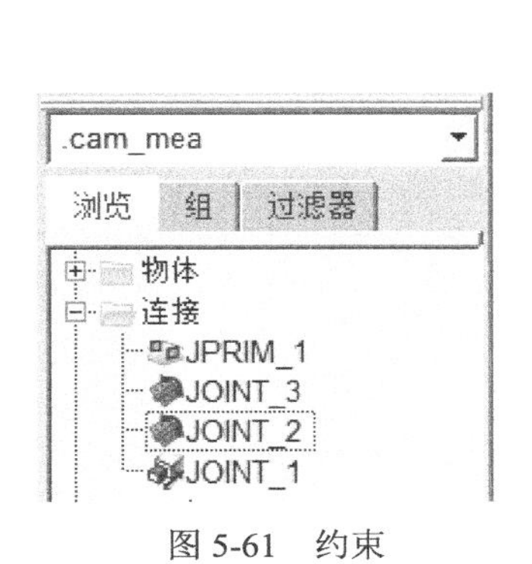

图 5-61 约束

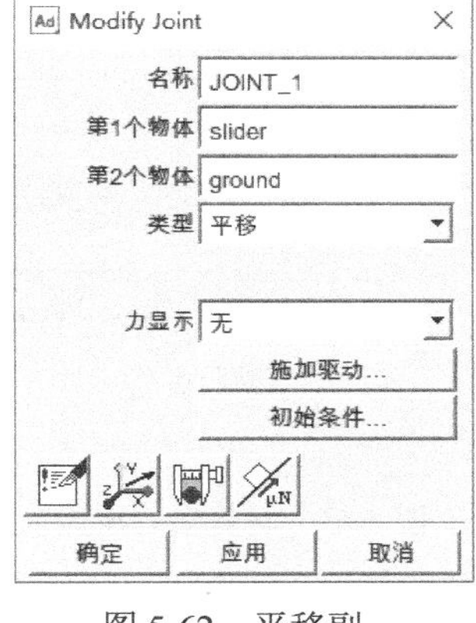

图 5-62 平移副

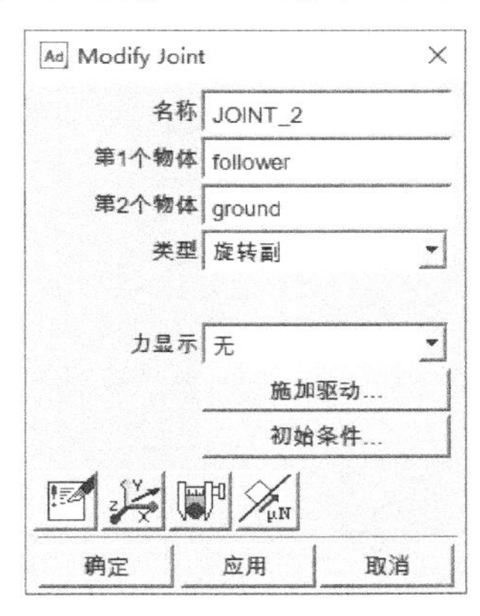

图 5-63 旋转副

Step 04 右击JOINT_3，从弹出的快捷菜单中选择修改（Modify）命令。JOINT_3 是一个旋转副，作用是使CYLINDER_1 在平面内旋转。单击确定（OK）按钮，关闭窗口。

5.10.3 施加驱动

单击转动驱动按钮，弹出创建转动驱动对话框，如图 5-64 所示，在旋转速度（Rot.Speed）中输入 7.0，单击旋转副Joint_3，创建旋转轮与地面之间的驱动。

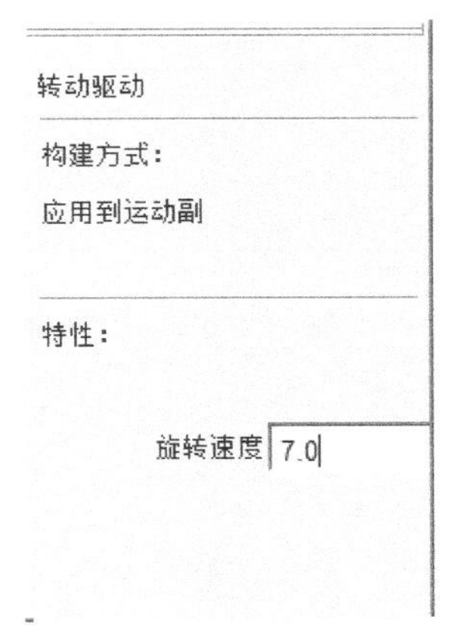

图 5-64 创建转动驱动对话框

5.10.4 设置求解器

Step 01 单击菜单栏中的设置（Settings），选择求解器（Solver）→显示（Display）。在弹出的对话框的显示信息（Show Messages）栏中选中否（No），在更新图像（Update Graphics）下拉列表中选择从不（Never）。

Step 02 单击菜单栏中的设置（Settings），选择求解器（Solver）→动力学（Dynamic），系统弹出定义接触对话框，在积分求解器（Integrator）下拉列表中选择WSTIFF，在积分格式（Formulation）下拉列表中选择SI2，单击关闭（Close）按钮完成求解器的设置，如图 5-65 所示。

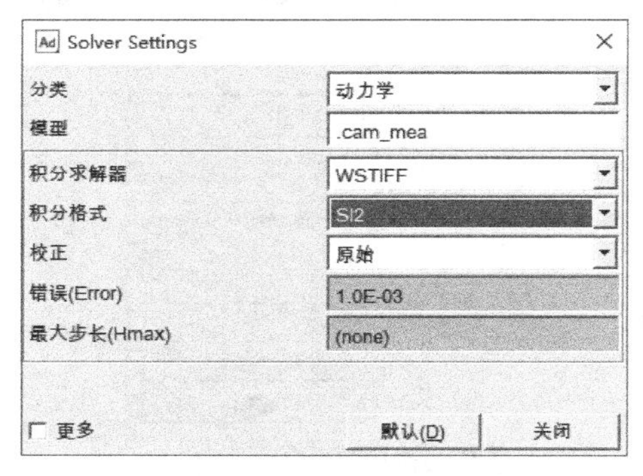

图 5-65 求解器的设置

5.10.5 仿真

Step 01 单击仿真按钮，弹出仿真控制对话框。将仿真时间（终止时间）设置为 1.0s、步长（Step Size）设置为 0.02，其余采用默认设置。

Step 02 单击开始仿真按钮，对模型进行一次 1s的动力学仿真。仿真结束后单击按钮，将这一次的仿真保存为名为SIM_1 的仿真，以备后处理，如图 5-66 所示。

图 5-66 仿真控制对话框

5.10.6 后处理分析

Step 01 单击仿真对话框中的后处理图标，打开后处理窗口。

Step 02 在窗口的资源（Source）下拉列表中选择对象（Objects），在过滤器（Filters）中选中body（物体），在对象（Objects）中单击+follower，在特征（Characteristic）中单击CM_Velocity，在分量（Component）列表框中选择Mag，选中浏览（Surf）复选框，如图 5-67 所示，即可显示加速度曲线，如图 5-68 所示。

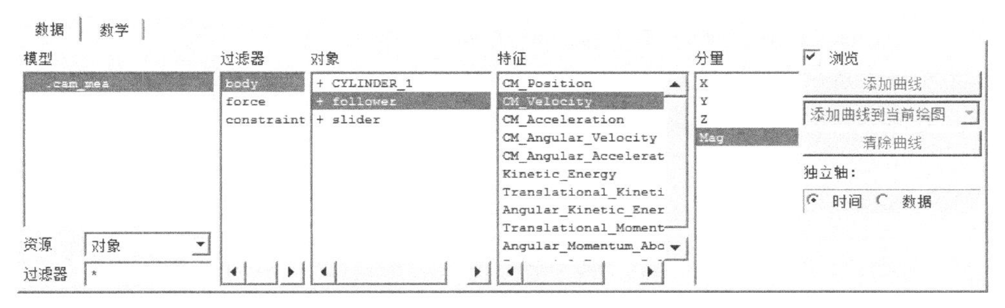

图 5-67 后处理

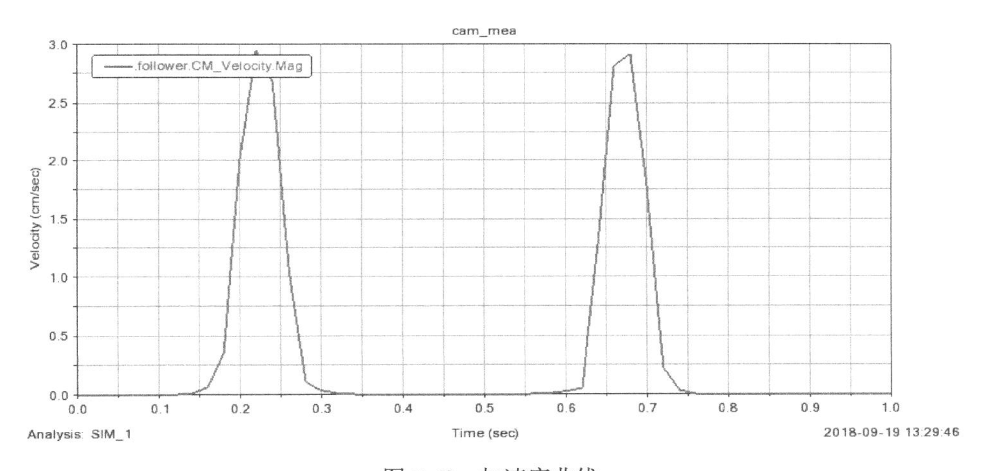

图 5-68 加速度曲线

5.11 实例三：偏转摩天轮多刚体动力学仿真分析

摩天轮主要由大齿轮、小齿轮和转盘组成。小齿轮为驱动轮，大齿轮为从动轮，转盘通过齿轮传动实现转动。通过本节的学习，读者要重点学会齿轮之间接触的施加以及接触参数的定义。

5.11.1 导入模型

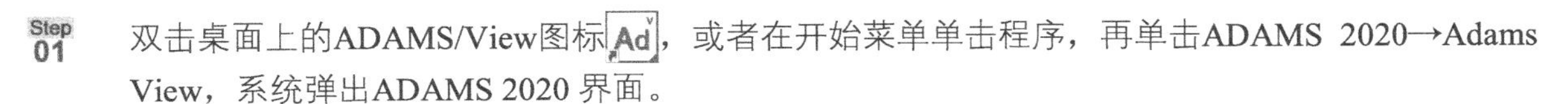

Step 01 双击桌面上的ADAMS/View图标Ad，或者在开始菜单单击程序，再单击ADAMS 2020→Adams View，系统弹出ADAMS 2020 界面。

在开始界面上单击新建模型（New Model），系统弹出创建新模型对话框，如图5-69所示。

在模型名称（Model Name）栏中输入模型的名字.model_turntable，然后单击确定（OK）按钮，进入ADAMS 2020界面。

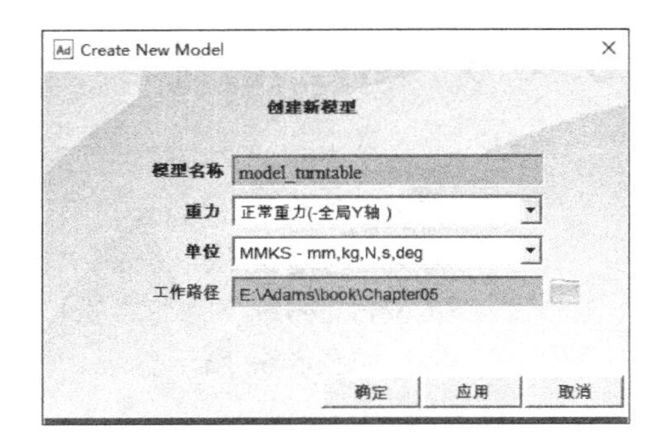

图5-69　创建新模型对话框

Step 02 单击界面上的文件（File）菜单，系统展开菜单，单击打开数据库（Open Datebase），系统弹出提示菜单，单击否（NO）按钮关闭提示。系统弹出选择文件对话框，找到Chapter_05 文件夹下的turntable文件，如图5-70所示，双击打开该文件。

Step 03 单击界面的实体显示图标和三维显示图标，显示模型如图5-71所示。

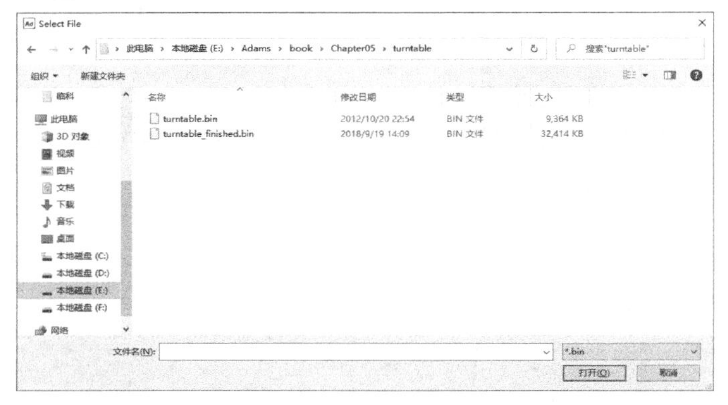

图5-70　选择文件对话框

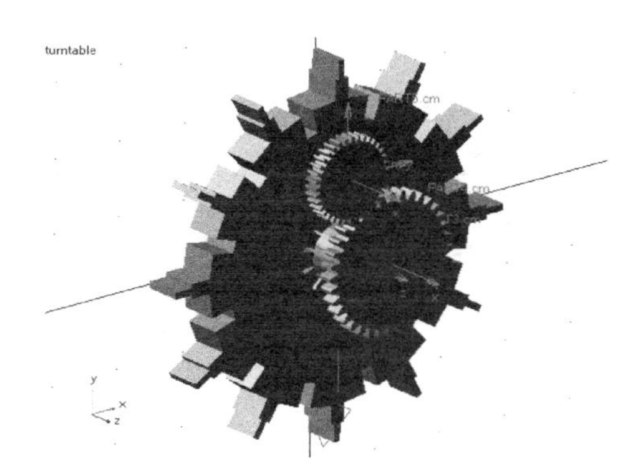

图5-71　模型

Step 04 右击小齿轮，从弹出的快捷菜单中选择删除（Delete）选项，删除小齿轮。

Step 05 单击界面上的文件（File）菜单，系统展开菜单，单击导入（Import），弹出导入模型对话框。在对话框的文件类型（File Type）栏中找到Parasolid选项，单击选中。

Step 06 在读取文件栏中右击，找到Chapter_05 目录下的turntable文件夹，单击选中gear.x_t文件，然后单击确定（OK）按钮，导入模型gear.x_t。

在文件类型（File Type）栏中选择ASCII项，在模型名称（Model Name）栏中右击，依次选中模型（Model）→推测（Guesses）→turntable，并为导入的模型命名。

最后单击确定（OK）按钮，完成齿轮模型的导入，如图5-72所示。

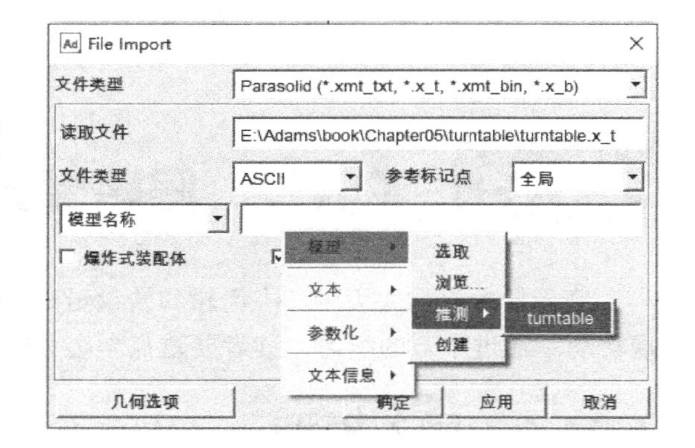

图5-72　导入模型对话框

Step 07 单击界面上的文件（File）菜单，系统展开菜单，单击导入（Import），弹出导入模型对话框。在对话框的文件类型（File Type）栏中找到Parasolid选项，单击选中。

在读取文件（File To Read）栏中右击，找到Chapter_05 目录下的turntable文件夹，单击选中box.x_t文件，然后单击确定（OK）按钮，导入模型box.x_t。

Step 08 在文件类型（File Type）栏中选中ASCII项，在模型名称（Model Name）栏中右击，依次选择模型（Model）→推测（Guesses）→turntable，给导入的模型命名。最后单击确定（OK）按钮完成箱体模型的导入。

Step 09 移动小齿轮。右击界面图标，从弹出的图标选项中选择图标，在修改（Relative the）栏中选择部件（Part），在其后的选项中选择选取（Pick），再选择PART6。

Step 10 在修改（Relative the）栏后选择标记点（Marker），在其后的栏中右击，选择选取（Pick），再选择PART6，在平移（Translate）下方的空格中输入 70，单击图标，使PART6 沿着X轴方向移动 70mm，如图 5-73 所示。

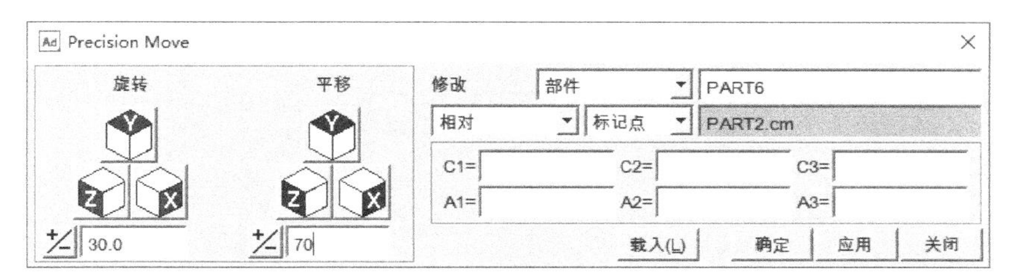

图 5-73　旋转和平移

Step 11 在平移（Translate）下方的空格中输入 54，单击图标，使PART6 沿着Y轴方向移动 54mm。在旋转（Rotate）下的空格中输入 6，单击图标，使PART6 沿着X轴方向转动 6°。单击关闭（Close）按钮关闭对话框。

5.11.2　定义材料属性

Step 01 单击ADAMS 2020 界面左上方的浏览（Browse）按钮，然后单击物体（Bodies）按钮，系统展开吊车模型部件，如图 5-74 所示。

Step 02 选择其中的部件PART8，右击，选择修改（Modify）命令，如图 5-75 所示，弹出修改模型对话框，在分类（Category）栏中选择质量特性（Mass Properties）选项。

图 5-74　模型部件

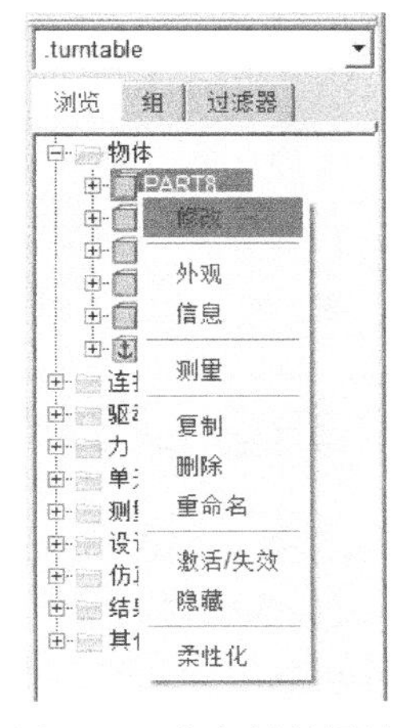

图 5-75　定义材料属性

Step 03 在定义质量方式（Define Mass By）栏中选中几何形状和材料类型（Geometry and Material Type），在材料类型（Material Type）栏中右击，依次选择材料（Material）→推测（Guesses）→steel。

定义了材料属性后，界面将显示材料的密度（Density）、杨氏模量（Young's Modulus）和泊松比（Poisson's Ratio），单击确定（OK）按钮完成梁部件材料属性的定义，如图 5-76 所示。

Step 04 其他部件材料属性的定义与梁部件材料属性的定义步骤一样。

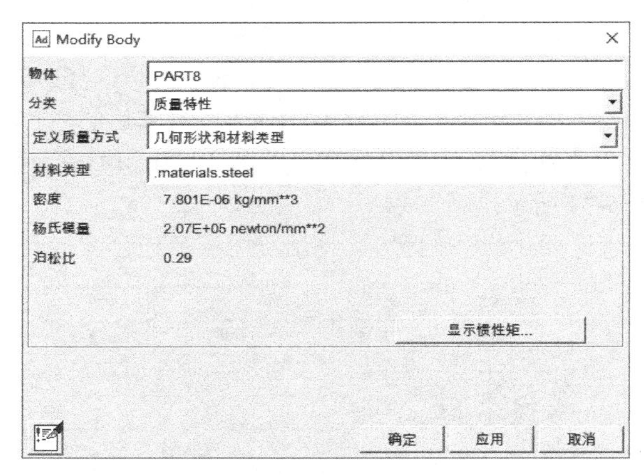

图 5-76　定义梁部件材料属性

5.11.3　重命名部件

Step 01 右击部件，在弹出的菜单中选择重命名（Rename），系统弹出修改模型名称对话框，在对话框中输入模型的名字，如定义吊车右端横梁PART2 为rotate，如图 5-77 所示。

Step 02 模型中其他部件的命名方式和步骤与 Step 01 一样。设置PART3 为big_gear、PART4 为little_gear、PART5 为平面、PART6 为矩形，如图 5-78 所示。

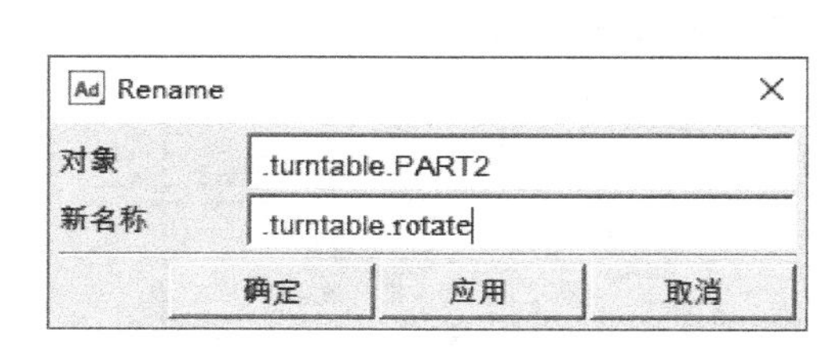

图 5-77　重命名 PART2

图 5-78　重命名

5.11.4　渲染模型和布尔运算

Step 01 右击rotate，从弹出的选项中选择Solid:SOLID，然后单击右侧的箭头，从中选择外观（Appearance），系统弹出渲染模型对话框。

在颜色（Color）后的空白区域右击，从弹出的选项中选择颜色（Color），然后选择推测（Guesses），然后从中选择GREEN，单击确定（OK）按钮完成部件的渲染。

Step 02 其他部件的渲染与上面相同，渲染过程可参照第一步。渲染后的模型如图 5-79 所示。

Step 03 单击物体（Bodies）下的布尔运算图标，单击大齿轮big_gear，然后单击轴shaft，完成布尔运算。

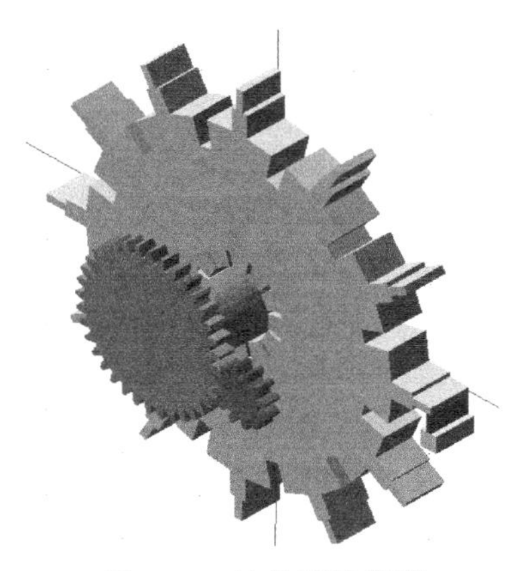

图 5-79　渲染后的模型

5.11.5　施加约束

1. 创建固定副

Step 01 转轮（rotate）与大齿轮（big_bear）之间固定连接。单击固定副图标 ，弹出创建固定副对话框，如图 5-80 所示。

在构建方式（Construction）下拉列表中选择 2 个物体-1 个位置（2 Bodies-1 Locations）和垂直格栅（Normal To Grid），在第 1 选择（First）下拉列表中选择选取部件（Pick Body），在第 2 选择（Second）下拉列表中选择选取部件（Pick Body）。

Step 02 单击转轮（rotate），再单击大齿轮（big_bear），选择大齿轮（big_bear.cm）作为固定连接点，单击重心，创建转轮（rotate）与大齿轮（big_bear）之间的固定连接副。

2. 创建旋转副

Step 01 创建大齿轮（big_bear）与地面（ground）之间的旋转副。单击旋转副图标 ，弹出创建旋转副对话框，如图 5-81 所示。

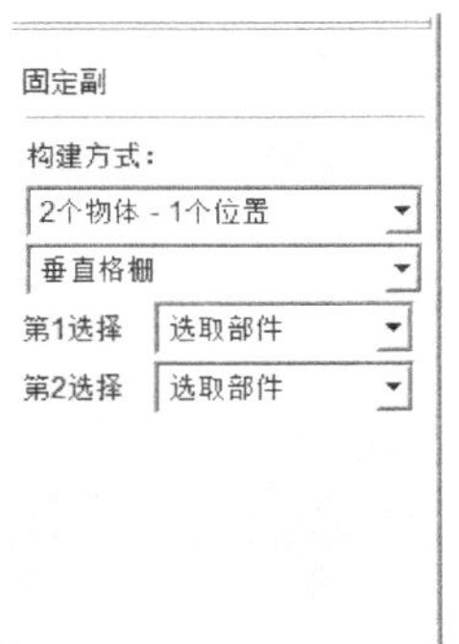

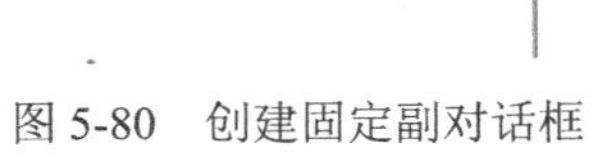

图 5-80　创建固定副对话框

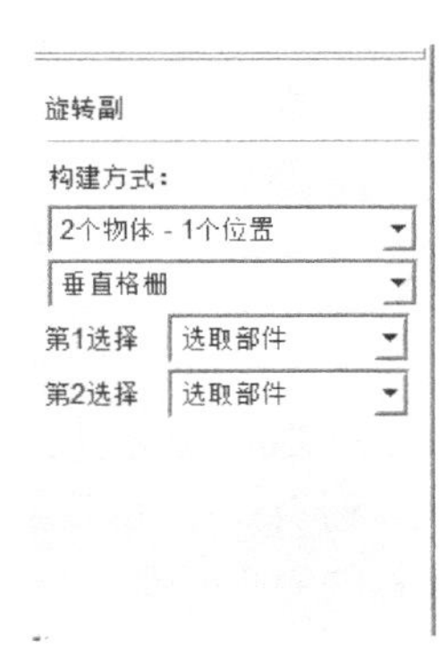

图 5-81　创建旋转副对话框

在构建方式（Construction）下拉列表中选择 2 个物体 - 1 个位置（2 Bodies-1 Locations）和垂直格栅（Normal To Grid），在第 1 选择（First）下拉列表中选择选取物体（Pick Body），在第 2 选择（Second）下拉列表中选择选取物体（Pick Body）。

Step 02 单击大齿轮（big_bear），再单击地面（ground），选择MARKER38 作为旋转副连接点，单击重心，移动鼠标，当鼠标指针指向Z轴正方向时单击，创建大齿轮（big_bear）与地面（ground）之间的旋转副。

Step 03 创建小齿轮（little_bear）与地面（ground）之间的旋转副。单击旋转副图标，弹出创建旋转副对话框。在构建方式（Construction）下拉列表中选择 2 个物体 - 1 个位置（2 Bodies-1 Locations）和选取几何特性（Pick Geometry Feature），在第 1 选择（First）下拉列表中选择选取物体（Pick Body），在第 2 选择（Second）下拉列表中选择选取物体（Pick Body）。

Step 04 单击小齿轮（little _bear），再单击地面（ground），选择小齿轮的中心（little _bear.cm）作为旋转副连接点，单击重心，移动鼠标，当鼠标指针指向Z轴正方向时单击，创建小齿轮（little_bear）与地面（ground）之间的旋转副。

3. 创建接触力

Step 01 单击工具栏的力（Forces）按钮，显示所有的约束力，单击特殊力（Special Forces）中的图标，系统弹出创建接触力对话框。

Step 02 在I实体（I Solid）后面的空白区域右击，从弹出的选项中选择选取（Pick），移动鼠标至大齿轮处并单击。

Step 03 从摩擦力（Friction Force）栏中选择库仑（Coulomb），在库仑摩擦（Coulomb Friction）栏中选择打开（On），在静摩擦系数（Static Coefficient）中输入 0.3，在动摩擦系数（Dynamic Coefficient）中输入 0.1，在静平移速度（Stiction Transition Vel.）中输入 0.1，在摩擦平移速度（Friction Transition Vel.）中输入 10。

Step 04 其余选项采用默认设置，单击确定（OK）按钮，完成接触的定义，如图 5-82 所示。

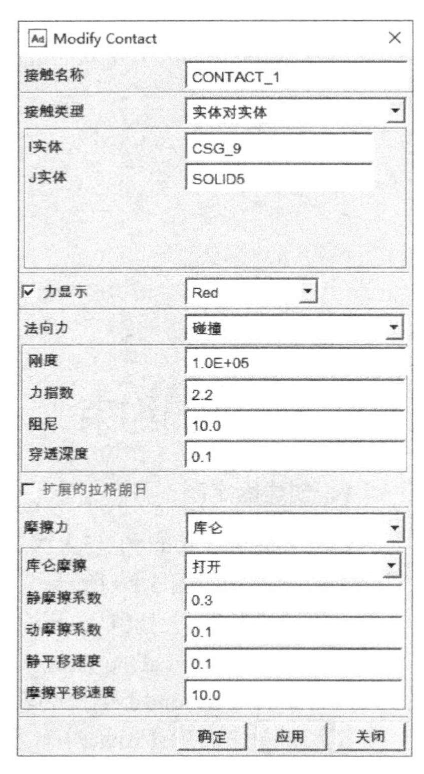

图 5-82 接触的定义

4. 柔性球副

Step 01 单击球副图标，弹出创建对话框，如图 5-83 所示。在构建方式（Construction）下拉列表中选择 2 个物体 - 1 个位置(2 Bodies-1 Locations)和垂直格栅(Normal To Grid)。

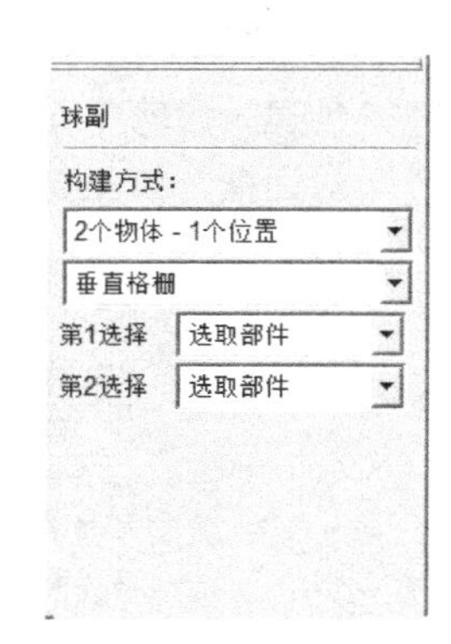

图 5-83 创建球副对话框

Step 02 单击旋转轮（rotate），然后单击平板（plane），移动鼠标，指向平板的中心时单击，完成球副的创建。

Step 03 单击球副图标，弹出创建对话框。在构建方式（Construction）下拉列表中选择 2 个物体 - 1 个位置（2 Bodies-1 Locations）和垂直格栅（Normal To Grid）。

Step 04 单击矩形（box），然后单击平面（plane），移动鼠标，指向箱体的中心时单击，完成球副的创建。

5.11.6　施加驱动

Step 01　单击转动驱动按钮，弹出创建转动驱动对话框，如图 5-84 所示，在旋转速度（Rot.Speed）中采用默认设置，单击旋转副Joint_2，创建旋转机构与地面之间的驱动。

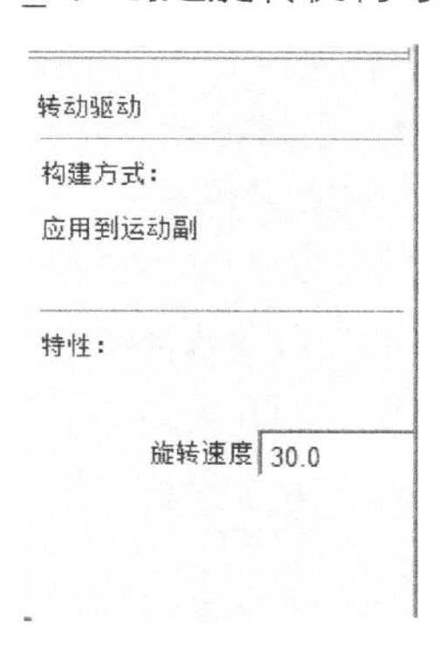

图 5-84　创建转动驱动对话框

Step 02　右击转动驱动按钮，从弹出的选项中选择修改（Modify）命令，弹出创建转动驱动对话框，在函数（Function）栏中输入-300.0d * time。单击确定（OK）按钮，完成驱动的创建。

5.11.7　设置求解器

Step 01　单击菜单栏中的设置（Settings），选择求解器（Solver）→显示（Display）。在弹出的对话框的显示信息（Show Messages）中选中否（No），在更新图像（Update Graphics）下拉列表中选择从不（Never），如图 5-85 所示。

Step 02　单击菜单栏中的设置（Settings），选择求解器（Solver）→动力学（Dynamic），系统弹出定义动力学对话框，如图 5-86 所示。在积分求解器（Integrator）下拉列表中选择WSTIFF，在积分格式（Formulation）下拉列表中选择I3，单击关闭（Close）按钮完成求解器的设置。

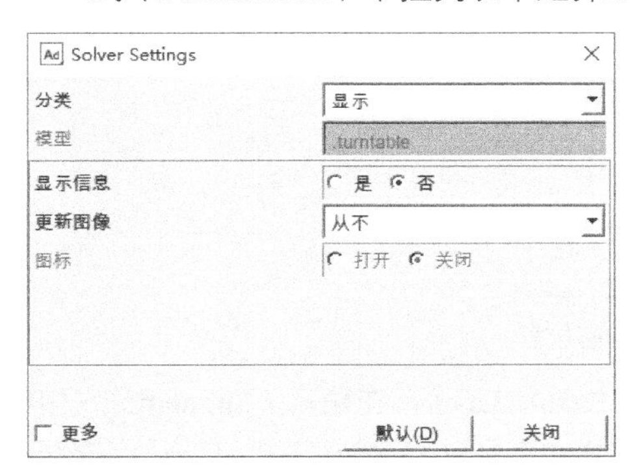

图 5-85　设置显示

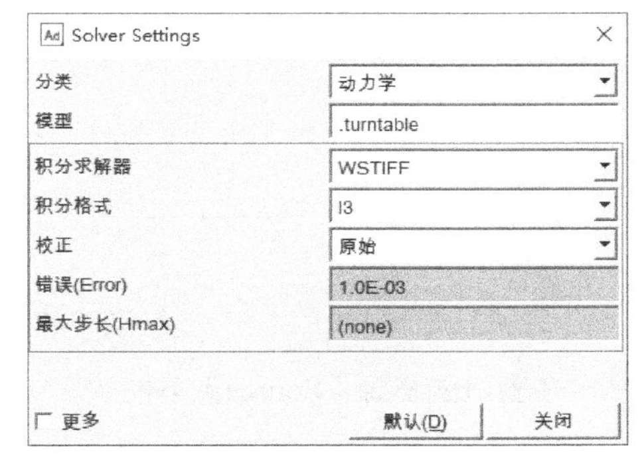

图 5-86　求解器的设置

5.11.8　仿真

Step 01　单击仿真按钮，弹出仿真控制对话框，如图 5-87 所示。将仿真时间（终止时间）设置为 1.0s、

步长（Step Size）设置为 0.05，其余采用默认设置。

Step 02 单击开始仿真按钮▶，对模型进行一次 1s的动力学仿真。仿真结束后单击按钮，将这一次的仿真保存为名为first的仿真，以备后处理。

Step 03 单击菜单栏上的设置（Settings），选择求解器（Solver）→动力学（Dynamic），系统弹出定义动力学选项，在积分求解器（Integrator）下拉列表中选择GSTIFF，在积分格式（Formulation）下拉列表中选择SI2，单击关闭（Close）按钮完成求解器的设置。

Step 04 再次单击仿真按钮▶，对模型进行一次 1s的动力学仿真。仿真结束后单击按钮，将这一次的仿真保存为名为second的仿真，以备后处理。

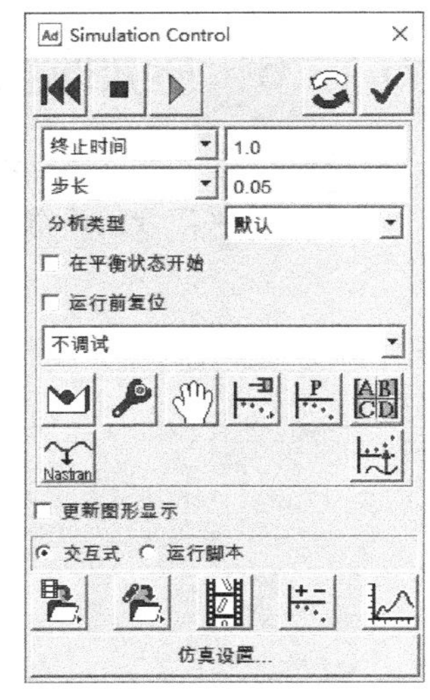

图 5-87 仿真对话框

5.11.9 后处理分析

Step 01 单击仿真对话框中的后处理图标，打开后处理窗口。

Step 02 在窗口的资源（Source）下拉列表中选择结果集（Result Sets），在仿真（Simulation）中按住Ctrl键连续选中first和second，在结果集（Result Sets）列表中选择box_XFORM，在分量（Component）列表中选择Y，选中浏览（Surf）复选框，即可显示接触 1 在定义接触前后Y方向位移的时域图，如图 5-88 所示。

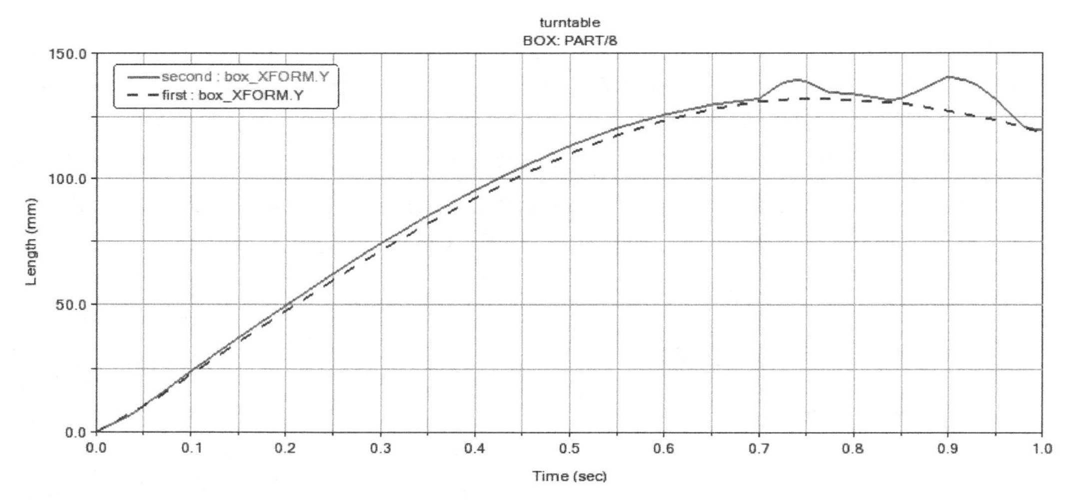

图 5-88 柔性连接 Y 方向位移

Step 03 在窗口的资源（Source）下拉列表中选择结果集（Result Sets），在仿真（Simulation）中按住Ctrl键连续选中first和second，在结果集（Result Sets）列表中选择+CONTACT_1，在分量（Component）列表中选择TX，选中浏览（Surf）复选框，即可显示接触副X方向的力矩曲线，如图 5-89 所示。

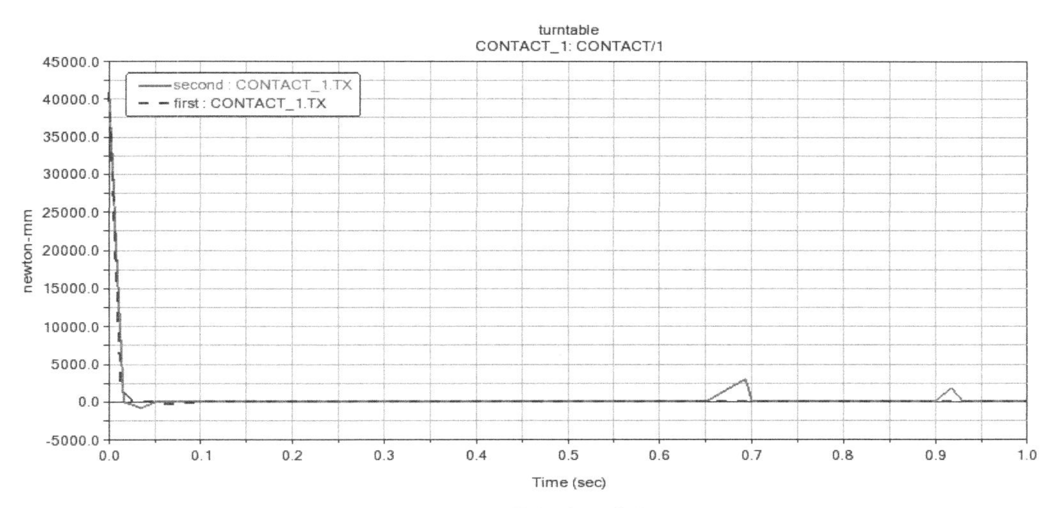

图 5-89　接触力矩曲线

Step 04　按照图 5-90 所示进行设置，选中浏览（Surf）复选框，在界面上显示角加速度曲线，如图 5-91 所示。

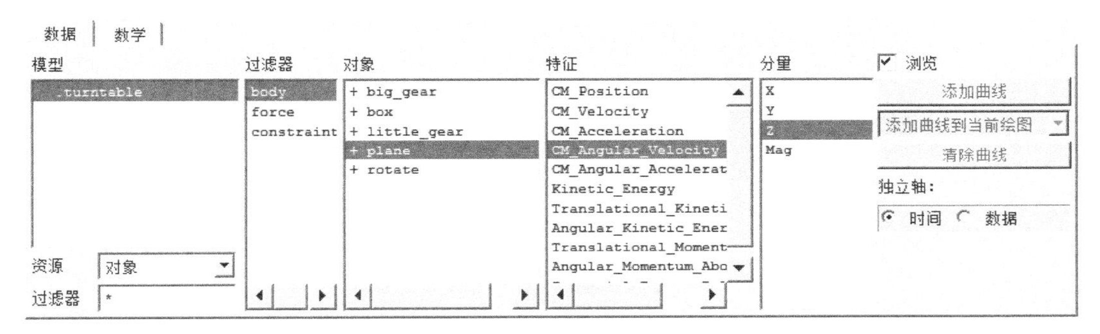

图 5-90　曲线设置

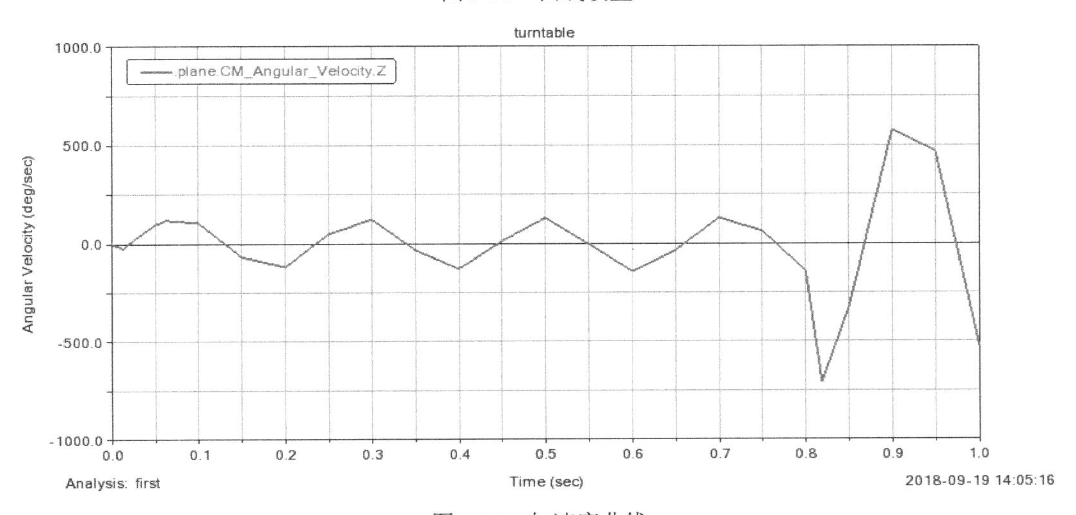

图 5-91　加速度曲线

Step 05　单击界面上的图标，显示曲线的最大值、最小值以及其他信息，如图 5-92 所示。

X:	Y:	Slope:	Min:	Max:	Avg:	RMS:	# of Points:
0.9	576.1679	7945.8371	-709.8568	576.1679	-13.7642	253.4501	25

图 5-92　显示信息

5.12 本章小结

这里用一个卡车模型来贯穿本章内容。本章通过实例演练介绍了刚体模型的导入过程，固定副、旋转副、平移副、柔性约束力和接触的施加，驱动的施加，以及求解器和仿真的设置等。

通过本章的学习，读者应学会刚体建模的具体操作过程和仿真及求解器的设置。

第 6 章 刚-柔混合建模

在前面几章中介绍的构件只是刚性构件，这种构件在受到力的作用时不会产生变形。在现实中，把样机当作刚性系统来处理，在大多数情况下是可以满足要求的，但是在一些需要考虑构件变形的特殊情况下，完全把模型当作刚性系统来处理还不能达到精度要求，必须把模型的部分构件做成产生变形的柔性体来处理。

知识要点

- 掌握利用有限元软件生成柔性体的过程。
- 掌握在ADAMS中直接生成柔性体的方法。
- 通过实例掌握柔性体的生成及刚-柔耦合建模过程和仿真。

6.1 离散柔性连接件

离散柔性连接件是直接利用刚性体之间的柔性梁连接，将一个构件分成多个小块，在各个小块之间建立柔性连接。

图 6-1 所示是横界面为圆形的离散柔性连接件，由 3 段离散件构成，每段离散件有自己的质心坐标系、名称、颜色和质量信息等属性，每段离散件都是一个独立的刚性构件。

Step 01 定义离散柔性连接件，单击按钮，弹出创建离散柔性连接件对话框，如图 6-2 所示。

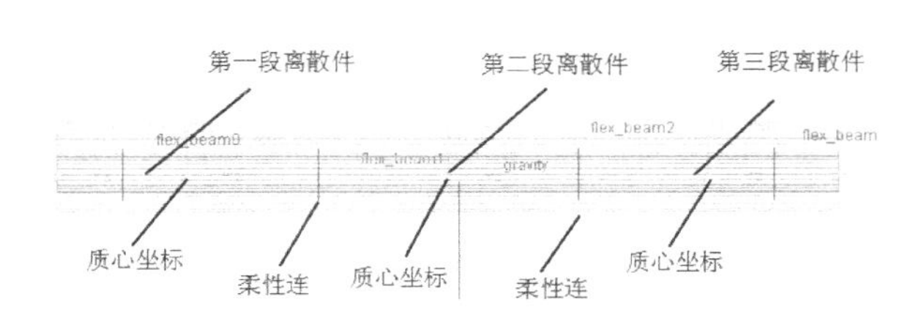

图 6-1　离散圆柱体

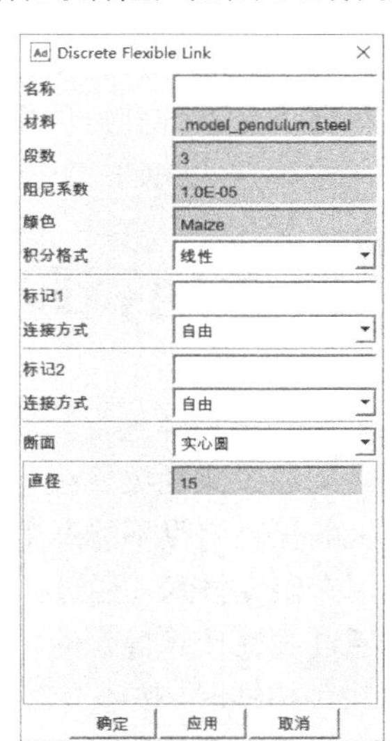

图 6-2　创建离散柔性连接件对话框

Step 02 给离散件定义一个名字，在名称（Name）文本框中输入FLEX。

Step 03 定义材料属性（Material），右击，在弹出的菜单中选择材料（Material）→推测（Guesses），系统弹出材料属性列表，单击stainless，如图 6-3 所示。

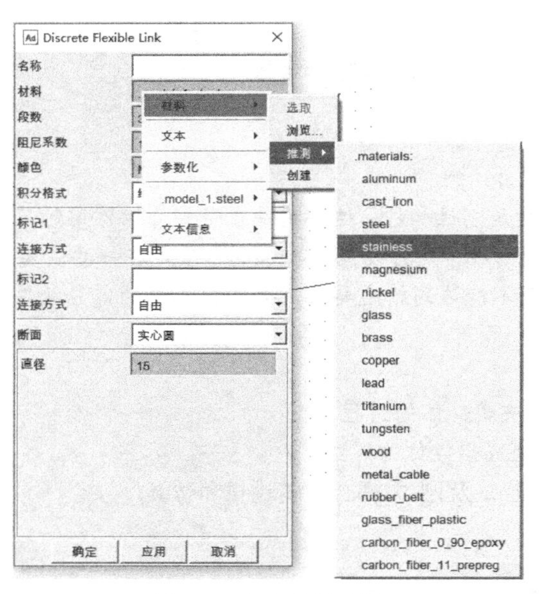

图 6-3　定义材料属性

Step 04 在段数（Segments）文本框中输入 3。

Step 05 设置柔性梁连接的黏性阻尼和刚度之间的比值，在阻尼系数（Damping Ratio）文本框中输入 1.0E-5。

Step 06 设置柔性连接件的颜色，在颜色（Color）文本框中输入Maize。

Step 07 定义标记点（Marker），以确定离散柔性连接件的起始端和终止端。右击，弹出Marker1 选项列表，单击选取（Pick），然后单击圆柱体上的Marker1。右击，弹出Marker2 点选项列表，单击选取（Pick），然后单击圆柱体上的Marker2。

Step 08 确定离散柔性连接件在起始端和终止端与其他构件之间的连接关系，在连接方式（Attachment）下拉列表框中选择柔性（flexible）。

Step 09 确定离散柔性连接件横截面的形状，在断面（Cross Section）文本框中选择实心圆（Solid Circle）。

Step 10 单击确定（OK）按钮，完成圆柱体的柔性化。

6.2 利用有限元程序建立柔性体

这里柔性体与离散体连接件有本质的区别，离散柔性连接件是把一个刚性构件离散为多个小刚性构件，小刚性构件之间通过柔性梁连接，离散柔性连接件的变形是柔性梁连接的变形，并不是小刚性构件的变形。小刚性构件上的任意两点不能产生相对位移，因此离散柔性连接件本质上仍然是在刚性构件的范畴内。本节的柔性体利用有限元技术，通过计算构件的自然频率和对应的模态，按照模态理论，将构件产生变形看作是由构件模态通过线性计算得到的。

在计算构件模态时，按照有限元理论，首先将构件离散成一定数量的单元，单元数越多，计算精度越高，单元之间通过共用一个节点来传递力的作用，在一个单元上的两个点之间产生相对位移，再通过单元的材料属性进一步计算出构件的内应力和内应变。将一个构件划分为单元时，根据需要划分出不同类型的单元，如三角形单元、四边形单元、四面体单元等。

6.2.1 模态的概念

ADAMS中柔性体的载体是包含构件模态信息的中性文件，构件的模态是构件自身的一个物理属性，一个构件一旦制造出来，它的模态就是自身的一种属性，在将一个构件离散成有限元模型时，要对每个单元和节点进行标号，以便将节点的位移按照编号组成一个矢量，该矢量由多个最基本而相互垂直的同维矢量通过线性组合而得到，这里最基本的矢量是构件的模态。

模态对应的频率是共振频率（特征值），模态实际上是有限元模型中各节点位移的一种比例关系，不同的模态之间相互垂直，它们构成了一个线性空间。这个线性空间的坐标轴就是由构件的模态构成的。对构件变形的计算在物理空间中通过直接积分计算得到，也在模态空间中通过模态的线性叠加而得到。

在将集合模型离散成有限元模型后，有限元模型的各个节点有一定的自由度，所有节点自由度的和构成了有限元模型的自由度。一个有限元模型有多少个自由度，就有多少阶模态。

构件各个节点的实际位移是模态按照一定比例的线性叠加，这个比例是一个系数，通常称为模态参与因子，参与因子越大，对应的模态对构件变形的贡献量就越大，因此对构件振动的分析从构件的模态参与因子的大小来分析，如果构件在振动时某阶模态的参与因子大，就通过改进设计抑制该阶模态对振动的贡献量，明显降低构件的振动。

6.2.2 柔性体与刚性体之间的连接

在将柔性体导入ADAMS中后，需要将柔性体与其他的刚性体或柔性体之间建立运动副约束关系，还需要在柔性体上施加载荷等。如果直接在柔性体与刚性体之间建立关系，由于理论等条件的限制，有很多限制性条件需要考虑。

例如，柔性体与刚性体之间不能进行柔性连接，不能在柔性体上施加多分量力和力矩，不能在柔性体上施加平移副约束和平面副约束等。为了解决这个问题，创建一种虚构件（Dummy Part），通过虚构件建立柔性体与其他件之间的连接关系，即便是用户直接将柔性体与其他件之间建立连接关系，系统也会在柔性体与刚性体之间自动创建一个虚构件。

虚构件的创建方法很简单，只要在构件编辑对话框中将构件的质量和惯性矩等质量信息设置为0，即可保留虚构件的几何外观或者将构件的几何元素删除。由于构件的质量信息是通过计算构件的体积得到的，因此将构件的几何元素删除后，构件的质量和惯性矩等质量信息也为0，这样得到的构件就是虚构件。由于虚构件没有任何质量信息，因此不会对整个模型的计算结果带来影响。

6.2.3 柔性体替换刚性体

在建立柔性体的时候，读入柔性体的位置并不一定是所要的位置，在柔性体上定义运动副和载荷也不方便。为方便操作，ADAMS最新开发了一个工具，即直接用柔性体替代刚性体，或用柔性体替代柔性体。替换后刚性体或柔性体上的运动副、载荷等会自动转移到柔性体上，刚性体或柔性体上的标记点（Marker）会转移到柔性体上与标记点（Marker）最近的节点上，新的柔性体还会继承原来的刚性体或柔性体的一些特征，如颜色、图标、尺寸、初始速度、模态位移等。这样就会方便操作，需要注意的是柔性体的几何模型与被替代件的几何模型最好一致。

6.3 实例一：模态中性文件的生成及编辑

ADAMS中使用的模态中性文件必须借助于其他有限元软件来完成。ADAMS 2020 与Nature实现了无缝衔接，将生成的MNF文件直接导入ADAMS 2020，不需要退出Nature软件。目前ADAMS 2020 与其他有限元软件（如ANSYS、ABAQUS等）还无法实现这种功能。但是ADAMS 2020 与ANSYS有专门的接口，直接从ANSYS中生成MNF文件。下面以ANSYS为例介绍MNF文件的生成过程。

Step 01 首先，启动ANSYS，在ANSYS中建立底板的模型，定义单元类型和材料属性，对底板划分网格，建立连接点和刚性域，如图 6-4 所示。

Step 02 其次，依次单击ANSYS主工具栏上的主菜单（Main Menu）→求解（Solution）→ADAMS连接（ADAMS Connection）→输出到ADAMS（Export to ADAMS），系统弹出拾取节点对话框，在长方体左右端面选择节点作为外连点，选择节点 7162 和 7163 后单击确定（OK）按钮，弹出输出柔性体对话框，如图 6-5 所示。

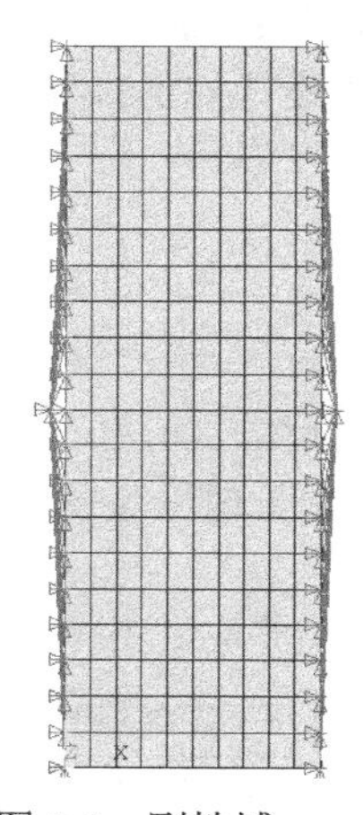

图 6-4　刚性域

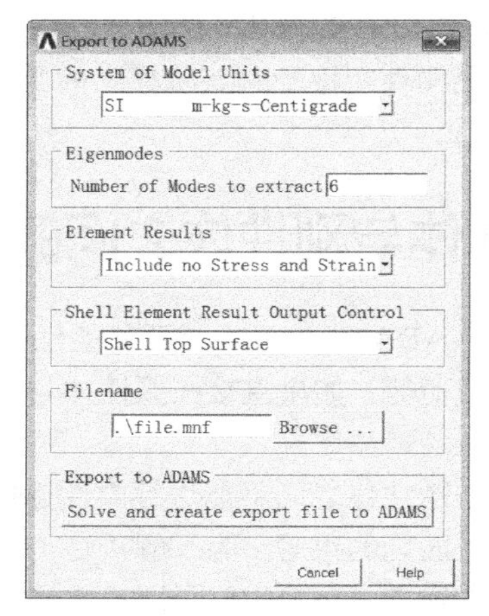

图 6-5　输出柔性体对话框

Step 03 在弹出的对话框中设置各个参数，打开System of Model Units（模型单位系统）下拉列表，选择SI国际标准单位。

Step 04 在Eigenmodes（特征值）中输入抽取的模态阶数。抽取的模态阶数越多，柔性体的变形就越接近现实，输入 6。

Step 05 在Element Results（单元结果）下拉列表中选择Include Stress and Strain（包括应力和应变），表示确定单元上包含应力和应变值。

Step 06 如果模型中有壳单元，就在壳单元结果输出控制（Shell Element Result Output Control）下拉列表中选择壳单元的位置，选项有顶部（Top）、中部（Middle）和底部（Bottom）。

Step 07 在文件名称（Filename）中设置将要生成的MNF文件的路径和文件名。

Step 08 单击输出到ADAMS（Solve and create export file to ADAMS）按钮，ANSYS开始生成MNF文件。

6.3.1 在 ADAMS 中导入 MNF 文件

在计算出模态中性文件后就在ADAMS中创建柔性体。

Step 01 将Chapter06\mnf文件下的diban.mnf复制到ADAMS工作目录下，单击ADAMS/View图标Ad，打开ADAMS 2020，将系统单位设置为MKS，单击图标，系统弹出创建柔性体对话框，如图 6-6 所示。

Step 02 在柔性体名称（Flexible Body Name）中为导入的柔性体起个名字，系统自动给导入的柔性体命名。

Step 03 在MNF中右击，在弹出的菜单中选择浏览（Browse），之后弹出打开文件对话框，找到diban.mnf文件，单击确定（OK）按钮。

Step 04 在阻尼比（Damping Ratio）中设置柔性体的模态阻尼，选中默认设置（Use Default）复选框，即将频率低于 100 的模态阻尼设置为 0.001，将频率为 100~1000 之间的模态阻尼设置为 0.1，将频率超过 1000 的模型阻尼设置为 1。

Step 05 位置（Location）、方向（Orientation）和相对（Relative）分别表示柔性体在参考坐标系中的位置和方向以及柔性体的参考坐标系，采用默认设置。

Step 06 单击确定（OK）按钮，生成柔性体，如图 6-7 所示。

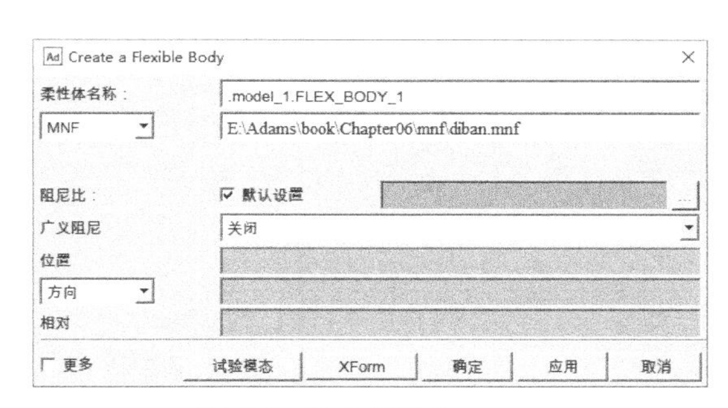

图 6-6 导入柔性体

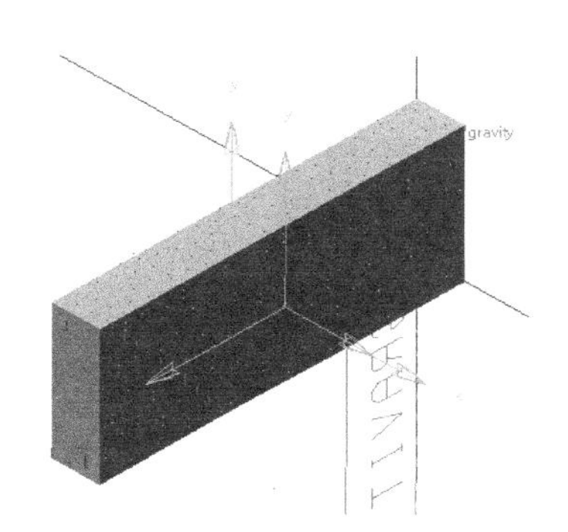

图 6-7 导入的柔性体

6.3.2 编辑柔性体

Step 01 在柔性体上右击，在弹出的菜单上依次选择Flexible_Body:FLEX_ BODY_1→修改（Modify），如图 6-8 所示，系统弹出柔性体编辑对话框，如图 6-9 所示。

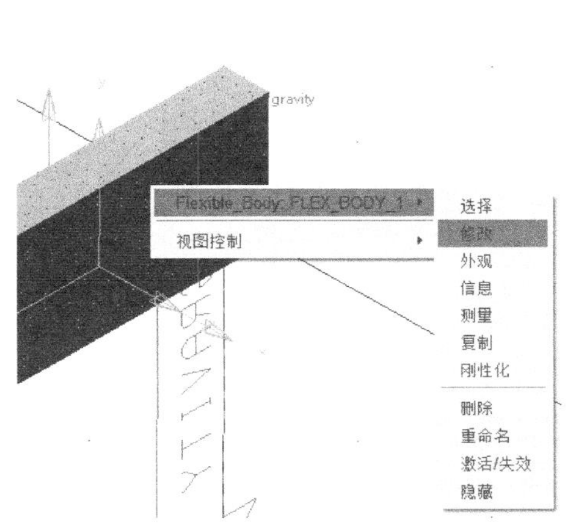

图 6-8 编辑柔性体属性

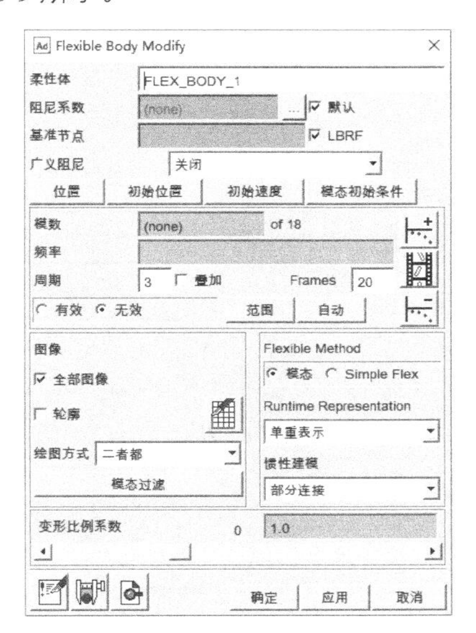

图 6-9 柔性体编辑对话框

Step 02 阻尼系数（Damping Ratio）：在阻尼系数（Damping Ratio）中设置柔性体的模态阻尼，选中默认（Default），即将频率低于100的模态阻尼设置为0.001，将频率为100~1000之间的模态阻尼设置为0.1，将频率超过1000的模态阻尼设置为1。如果取消选中默认（Default），在其后的输入框中输入一个具体的值，则所有模态的阻尼就定义为该值。

Step 03 基准节点（Datum Node）：当柔性体产生变形时，会以不同的颜色显示相对位移量的大小，基准节点（Datum Node）通过选择一个节点作为参考点，默认点为局部参考坐标系原点。

Step 04 位置（Location）：编辑柔性体的位置，单击位置按钮，系统弹出编辑对话框，如图6-10所示。

Step 05 初始位置（Position ICs）：编辑柔性体的初始装配位置，单击初始位置按钮，系统弹出编辑对话框，如图6-11所示。

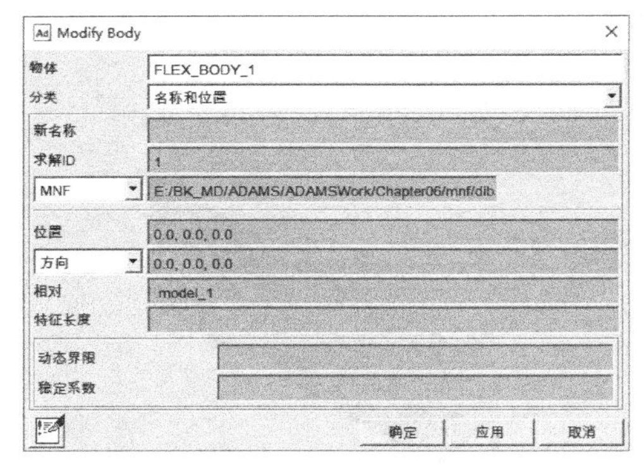

图6-10　柔性体位置

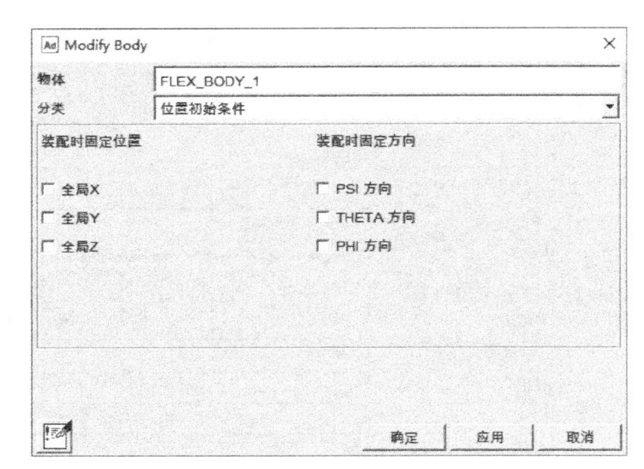

图6-11　柔性体的初始装配位置

Step 06 初始速度（Velocity ICs）：编辑柔性体的初始速度，单击初始速度按钮，系统弹出编辑对话框，如图6-12所示。

Step 07 模态初始条件（Modal ICs）：编辑柔性体的模态初始状况，单击模态初始条件按钮，系统弹出编辑对话框，如图6-13所示。在对话框中选择某行，选中某阶模态，然后单击失效高亮模态(Disable Highlighted Modes）或生效高亮模态（Enable Highlighted Modes）按钮，使选中的模态失效或激活，以星号（*）表示。

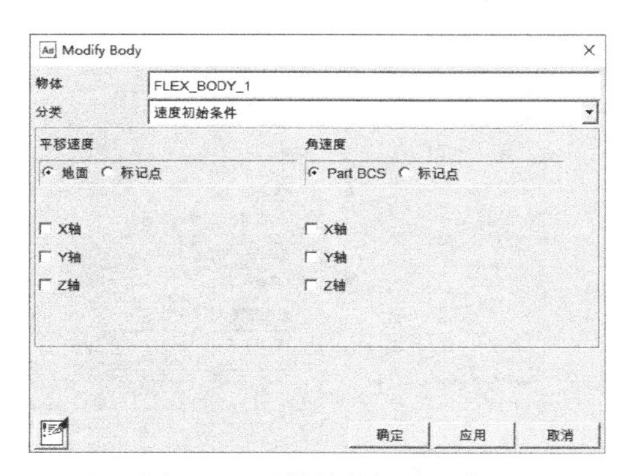

图6-12　柔性体的初始速度

图6-13　柔性体的模态

单击应用初始位移（Apply Displacement IC）并输入初始位移，使选中的模态具有初始模态位移，单击设置精确（Set Exact）或清除精确（Clear Exact）使选中的柔性体根据需要具有初始装配位置，单击应用初始速度（Apply Velocity IC）并输入初始速度值，使选中的模态具有初始模态速度。

Step 08 模数（Modal Number）：显示柔性体当前在图形区显示的模态阶数。图 6-14~图 6-17 所示是导入的圆柱体的第 7 阶、第 9 阶、第 11 阶、第 13 阶模态，通过查看模态振型，决定哪些模态对计算结果不能做出贡献，就令其失效。

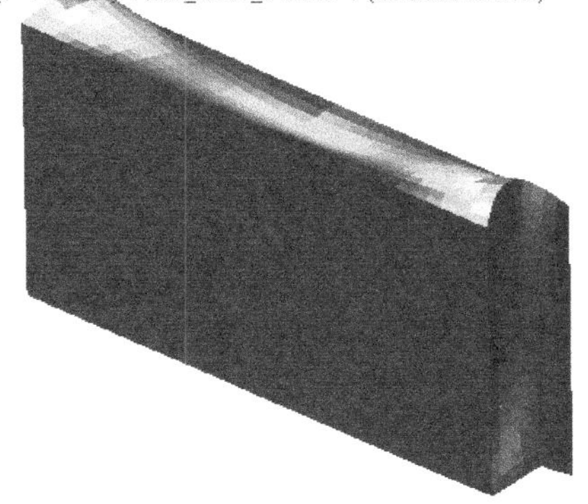

图 6-14　第 7 阶模态

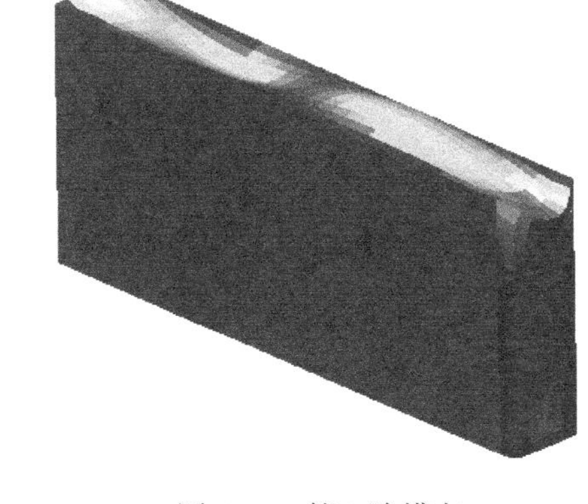

图 6-15　第 9 阶模态

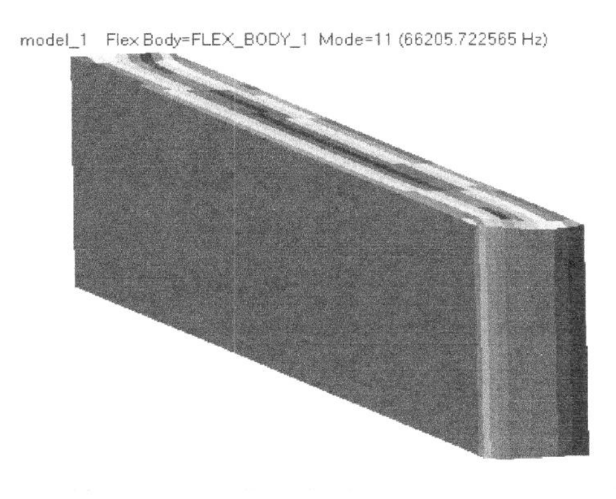

图 6-16　第 11 阶模态

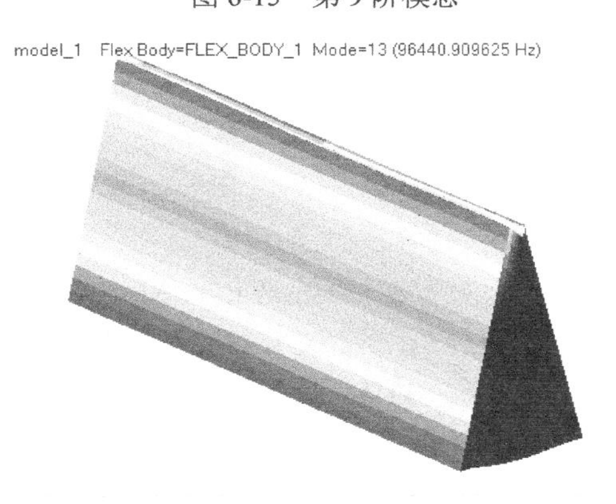

图 6-17　第 13 阶模态

Step 09 叠加（Superimpose）：选中该项，在图形区同时显示柔性体当前阶的模态振型和柔性体，否则只显示模态振型。

Step 10 有效（Enable）和无效（Disable）：使当前阶模态激活（Enable）或失效（Disable），失效模态的阶数用一个括号来表示。

Step 11 范围（Range）：单击该按钮后，弹出如图 6-18 所示的对话框，将某个范围内的模态激活或失效。

Step 12 自动（Auto）：由于不同的模态对柔性体变形的贡献量不同，也就是模态参与因子的大小不同，让系统来决定将那些对应变能比率贡献量少的模态自动失效。单击该按钮后，弹出如图 6-19 所示的对话框，在能量公差（Energy Tolerance）输入框中输入应变能比率，那些对应变能比率的贡献量少于该数值的模态，系统自动将其失效。

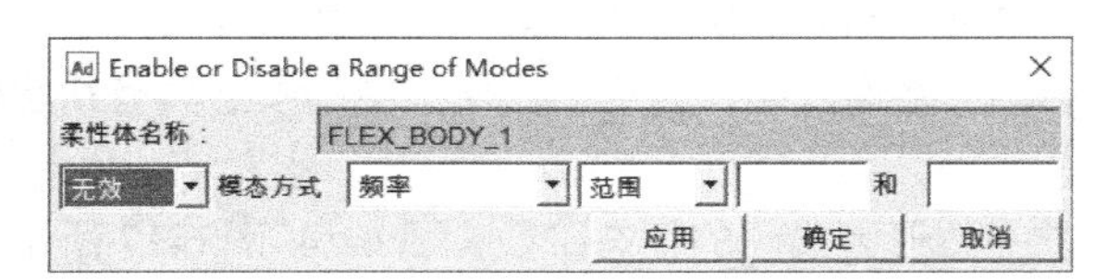

图 6-18　模态激活或失效

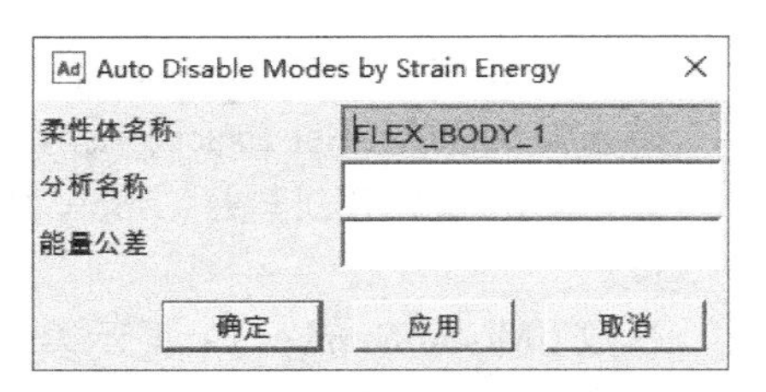

图 6-19　模态参与因子

Step 13　图像（Graphics）：决定柔性体是完全显示（Full MNF Graphics）还是用轮廓（Outline）来显示。

Step 14　绘图方式（Plot Type）：当柔性体产生变形时，决定柔性体上不同位置的相对位移、相对应力和相对应的显示样式，有云纹图（Contour）、矢量（Vector）、两种都显示（Both）或没有任何显示（None）。

Step 15　模态过滤（Mode Filter）：由于柔性体的变形是通过模态叠加得到的，为加快柔性体的显示速度，在播放动画时不考虑某些模态对变形的贡献量，模态过滤（Mode Filter）就是用来在播放动画时过滤模态的，单击模态过滤按钮后，弹出如图 6-20 所示的对话框。有 3 种方法过滤模态，最大频率（Maximum Frequency）是超过某频率的模态都被过滤掉；最小变形量（Min Displacement）是柔性体上模态最大位移点的位移小于某值的模态都被过滤掉；百分比（Percentage）是柔性体上任意点处的位移贡献量少于某百分比数的所有模态被过滤掉。无是没有过滤，全部模态都参与动画的播放。

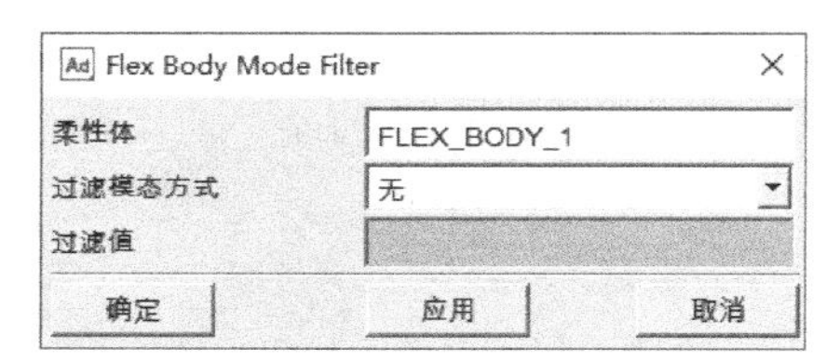

图 6-20　过滤模态

Step 16　变形比例系数（Deformation Scale Factor）：由于柔性体的变形是由模态的叠加得到的，而模态则是各个节点的相对位移，因此要对模态各个节点相对位移进行缩放，只要拖动变形比例系数滑动条或输入具体的缩放比例系数就可以把柔性体放大或缩小。

6.4　实例二：铁锤敲击墙壁刚柔碰撞动力学分析

本实例通过仿真分析铁锤敲击铁钉打入混凝土墙壁的过程使读者对柔性体替换刚性体、柔性体旋转和移动、柔性体模态分析、step函数构造等有所熟悉，同时对各种约束和碰撞系数的设置进行深入详尽的掌握。通过本实例对刚性体与柔性体仿真结果的对比，读者可以清晰地看到柔性体仿真结果更接近实际。

6.4.1　建立模型

Step 01　打开创建新模型对话框。单击桌面上的Ad快捷按钮，或者单击开始菜单，然后依次单击程序→ADAMS 2020→Adams View，系统弹出创建新模型对话框。

在对话框的名称（Name）中输入.model_tiechui，单击单位（Units）下拉列表中的MKS将单位设置成毫米、千克、秒。单击确定（OK）按钮，完成新模型的创建。

Step 02 导入模型。单击文件（File），选择导入（Import），系统弹出导入模型对话框，如图 6-21 所示。
在文件类型（File Type）下拉列表中选择Parasolid格式。
在读取文件（File To Read）框中双击，找到tiechui.x_t文件所在的文件夹，单击选中tiechui.x_t文件，再单击确定（OK）按钮，完成模型的导入。
在文件类型（File Type）下拉列表中选择ASCII项。在模型名称（Model Name）下拉框中右击，选择模型（Model），依次选择推测（Guesses）→.model_tiechui。最后单击确定（OK）按钮，完成模型的导入，如图 6-22 所示。

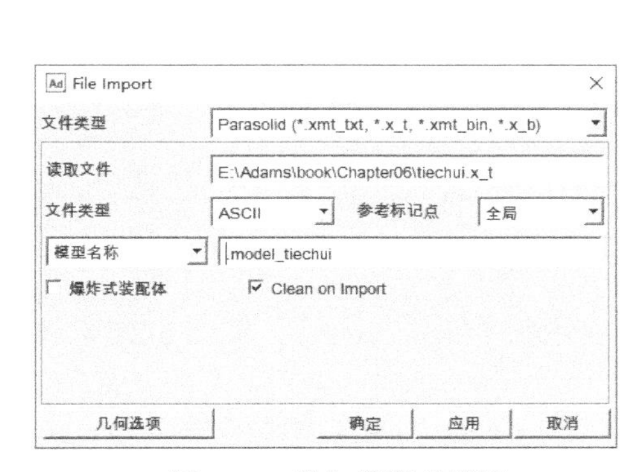

图 6-21　导入模型对话框

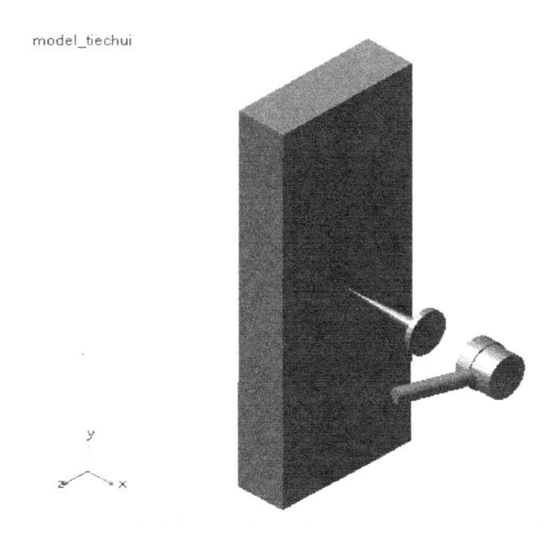

图 6-22　导入后的模型

6.4.2 定义材料属性

Step 01 定义材料属性。右击Part_2，选择Part:PART2，将鼠标移动至Part:PART2 右侧的箭头处，从列表中选择修改（Modify），如图 6-23 所示。
系统弹出定义材料属性对话框，如图 6-24 所示。在定义质量方式（Define Mass By）下拉列表中选择几何形状和材料类型（Geometry and Material Type），在材料类型（Material Type）栏中右击，依次选择材料（Material）→推测（Guesses）→steel。
最后单击确定（OK）按钮完成对Part_2 部件材料属性的定义。

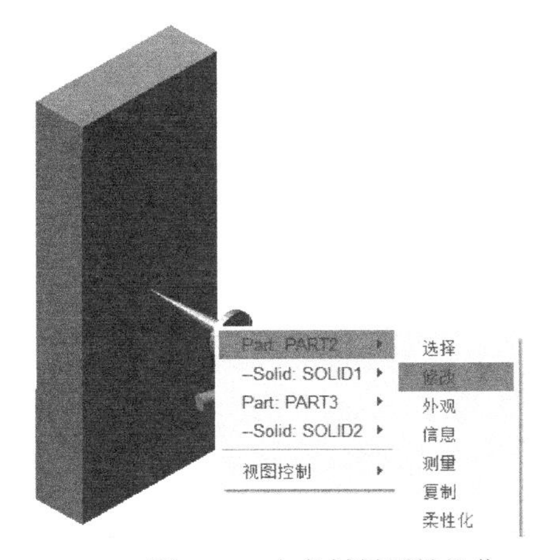

图 6-23　定义材料属性操作

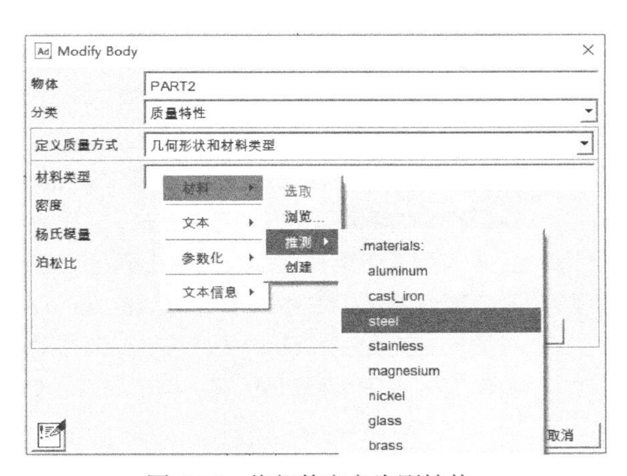

图 6-24　将部件定义为刚性体

Step 02 定义材料属性。右击Part_3，选择Part:PART3，将鼠标移动至Part:PART3 右侧的箭头处，从列表中选择修改（Modify）。

系统弹出定义材料属性对话框。在定义质量方式（Define Mass By）下拉列表中选择几何形状和材料类型（Geometry and Material Type），在材料类型（Material Type）栏中右击，依次选择材料（Material）→推测（Guesses）→steel。

最后单击确定（OK）按钮完成对Part_3 部件材料属性的定义。

Step 03 定义材料属性。右击Part_4，选择Part:PART4，将鼠标移动至Part:PART4 右侧的箭头处，从列表中选择修改（Modify）。

系统弹出定义材料属性对话框。在定义质量方式（Define Mass By）下拉列表中选择几何形状和材料类型（Geometry and Material Type），在材料类型（Material Type）栏中右击，依次选择材料（Material）→推测（Guesses）→steel。

最后单击确定（OK）按钮完成对 Part_4 部件材料属性的定义。

6.4.3 渲染模型

Step 01 改变部件颜色。右击Part_2，选择--Solid：SOLID1→外观（Appearance），如图 6-25 所示，系统弹出修改部件颜色对话框。

在颜色（Color）栏中右击，选择颜色（Color）→推测（Guesses）选项，并从推测（Guesses）后面的列表中选择GREEN。单击确定（OK）按钮完成颜色的设置，如图 6-26 所示。

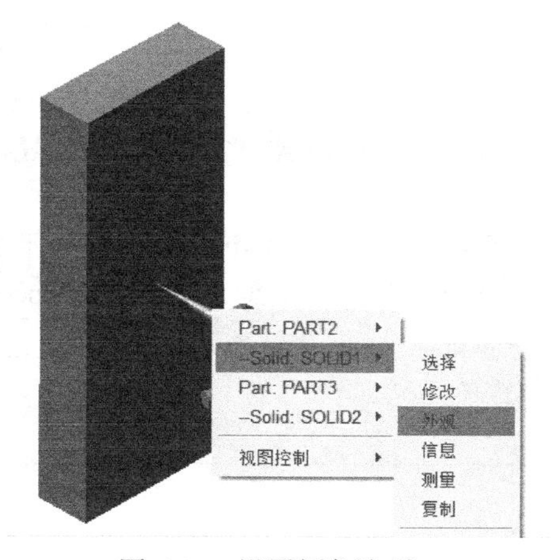

图 6-25　设置颜色选项

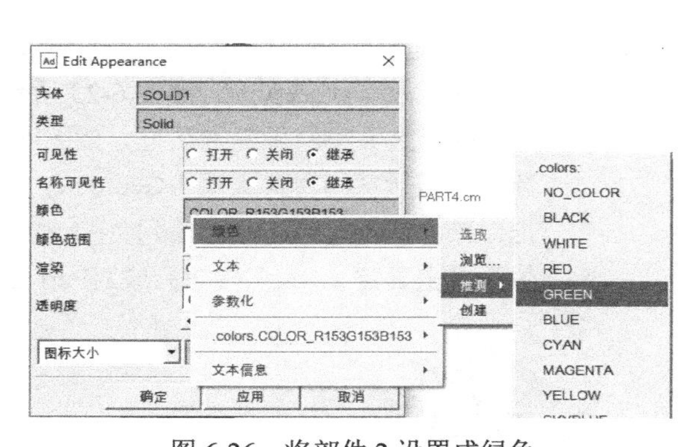

图 6-26　将部件 2 设置成绿色

Step 02 改变部件颜色。右击Part_3，选择--Solid SOLID2→外观（Appearance），系统弹出修改部件颜色对话框。在颜色（Color）栏中右击，选择颜色（Color）→推测（Guesses）选项，并从推测（Guesses）后面的列表中选择CYAN。单击确定（OK）按钮完成颜色的设置。

Step 03 改变部件颜色。右击Part_4，选择--Solid SOLID3→外观（Appearance），系统弹出修改部件颜色对话框。在颜色（Color）栏中右击，选择颜色（Color）→推测（Guesses）选项，并从推测（Guesses）后面的列表中选择PEACH。单击确定（OK）按钮完成颜色的设置，如图 6-27 所示。

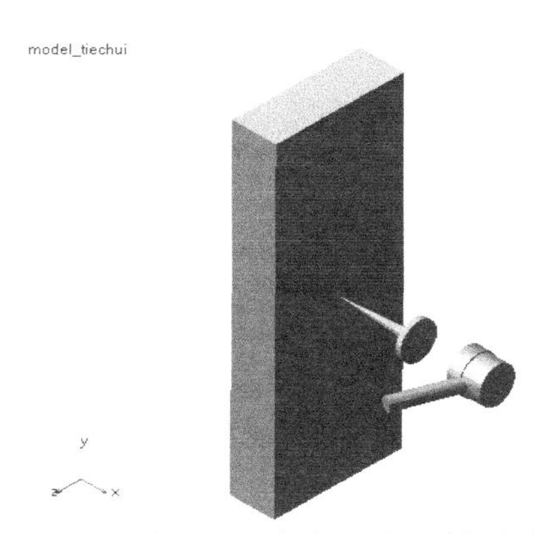

图 6-27　设置颜色后的模型

6.4.4　施加约束

Step 01 对Part_2 施加固定副。单击固定副按钮，系统弹出创建固定副对话框，如图 6-28 所示。在构建方式（Construction）下选择 2 个物体-1 个位置（2 Bodies-1 Locations）和垂直格栅（Normal To Grid）。分别单击Part_2 和地面（Ground），移动鼠标至Part_2.cm后单击，系统创建Part_2 和地面（Ground）之间的固定副。

Step 02 创建平移副。单击平移副按钮，系统弹出创建平移副对话框，如图 6-29 所示。在构建方式（Construction）下选择 2 个物体-1 个位置（2 Bodies-1 Locations）和选取几何特性（Pick Geometry Feature）。分别单击Part_3 和地面（Ground），移动鼠标，当出现Part_3.cm时单击，移动鼠标，当箭头指向X轴正方向时单击，完成平移副的创建。

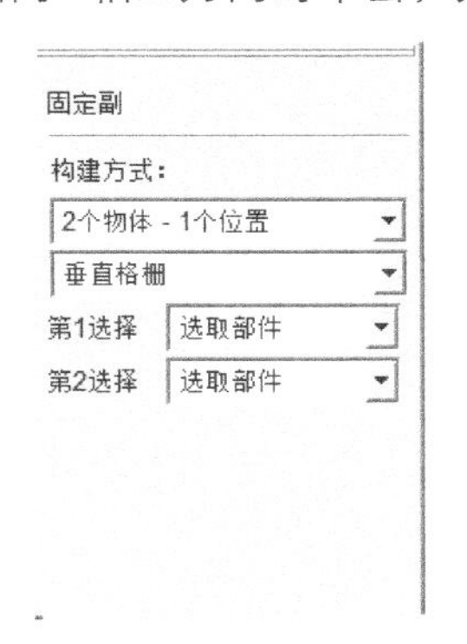

图 6-28　创建固定副对话框

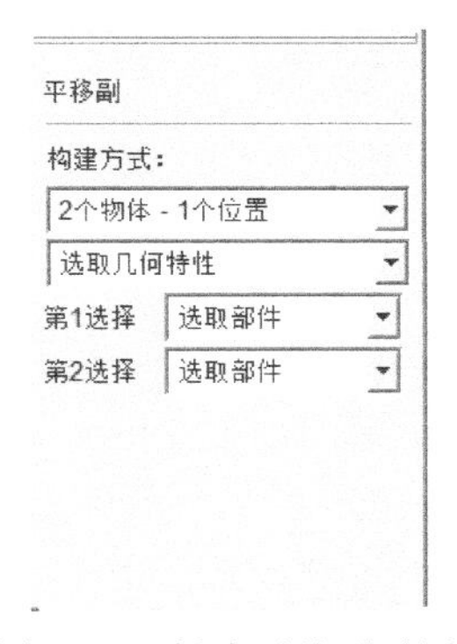

图 6-29　创建平移副对话框

Step 03 创建平移副。单击平移副按钮，系统弹出创建平移副对话框。在构建方式（Construction）下选择 2 个物体-1 个位置（2 Bodies-1 Locations）和选取几何特性（Pick Geometry Feature）。分别单击Part_4 和地面（Ground），移动鼠标，当出现Part_4.cm时单击，移动鼠标，当箭头指向X轴正方向时单击，完成平移副的创建。

Step 04 创建Part_2 和Part_3 接触副。单击接触按钮，系统弹出创建接触对话框，在接触类型（Contact Type）栏中选择实体对实体（Solid to Solid）。在I实体（I Solid）栏中右击，选择接触实体（Contact Solid），然后从弹出的列表中单击选取（Pick），移动鼠标到Part_3，并单击Part_3。在J实体（J Solid）栏中右击，选择接触实体（Contact Solid），然后从弹出的列表中单击选取（Pick），移动鼠标到Part_2 并单击。

在法向力（Normal Force）下拉列表中选择碰撞（Impact），其余选项采用默认设置，单击确定（OK）按钮完成接触的创建，如图 6-30 所示。

Step 05 创建Part_3 和Part_4 接触副。单击接触副按钮，系统弹出创建接触对话框，在接触类型（Contact Type）栏中选择实体对实体（Solid to Solid）。在I实体（I Solid）栏中右击，选择接触实体(Contact Solid)，然后从弹出的列表中选取(Pick)，移动鼠标到Part_3 并单击。在J实体（J Solid）栏中右击，选择接触实体(Contact Solid)，然后从弹出的列表中选取(Pick)，移动鼠标到Part_4 并单击。

在法向力（Normal Force）下拉列表中选择碰撞（Impact），其余选项采用默认设置，单击确定（OK）按钮完成接触的创建。

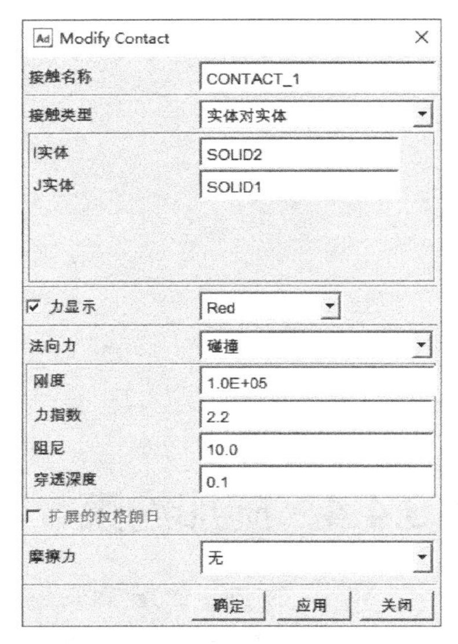

图 6-30 创建接触对话框

6.4.5 施加载荷

Step 01 施加力。单击力按钮，系统弹出创建力对话框，如图 6-31 所示。在创建力对话框中勾选力(Force)复选框，并在其后的文本框中输入-20。

Step 02 选择Part_4，移动鼠标，当指针指向Part_4.cm时单击，继续移动鼠标，当鼠标指针指向X轴正方向时单击，完成单向力的创建。

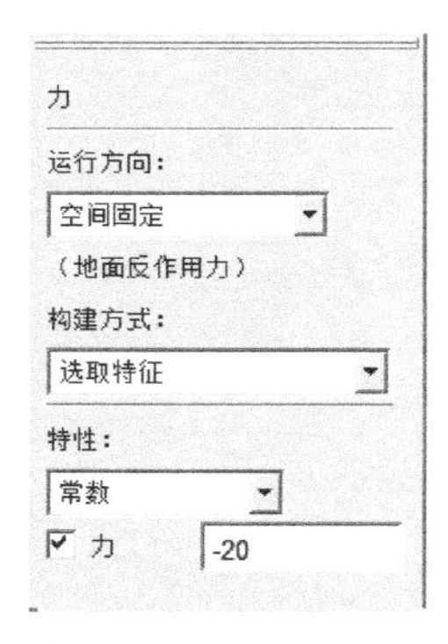

图 6-31 创建力对话框

6.4.6 检查模型

右击右下角的按钮，选中弹出的按钮，系统弹出模型信息，如图 6-32 所示。

6.4.7 仿真计算

单击仿真按钮，系统弹出仿真控制对话框，将终止时间设置为 0.1、步长设置为 0.001，如图 6-33 所示。单击开始仿真按钮，系统开始仿真。

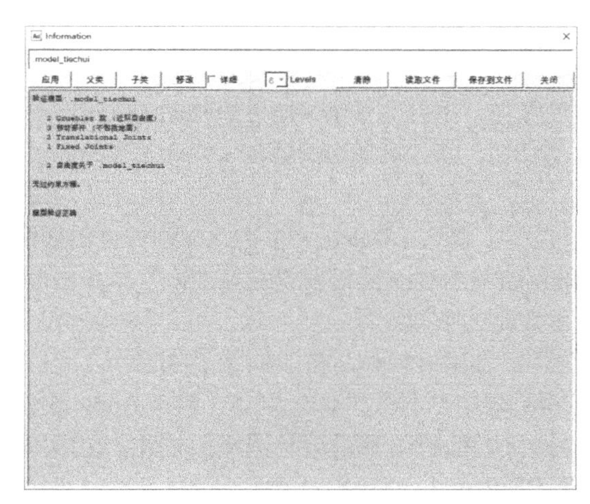
图 6-32　模型信息

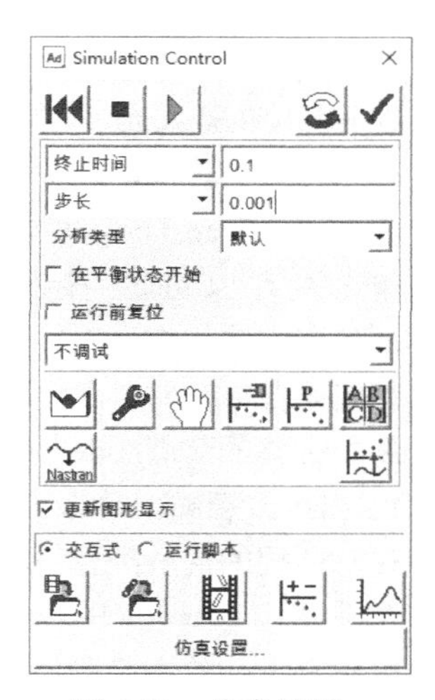

图 6-33　仿真设置

单击按钮，在弹出的对话框中输入rigid_sim，将此次仿真结果保存。

6.4.8　柔性体的替换与编辑

Step 01　柔性体替换刚性体。单击按钮，系统弹出导入柔性体对话框，如图 6-34 所示，在对话框的MNF栏中右击，找到存储柔性体的文件，双击选中，然后单击确定（OK）按钮完成柔性体的导入。

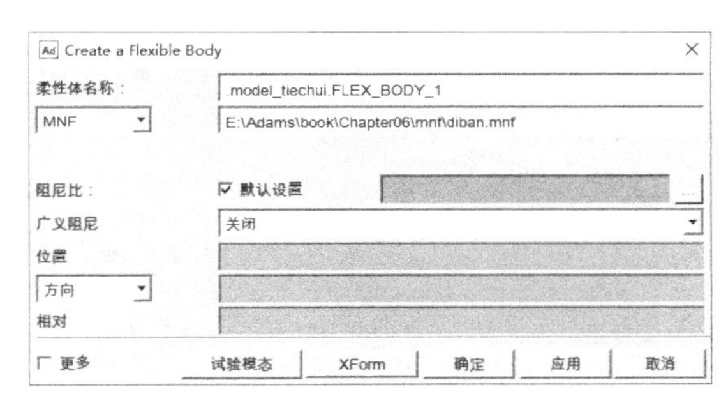

图 6-34　导入柔性体

Step 02　移动旋转柔性体。右击按钮，在弹出的选项中单击按钮，弹出旋转和平移对话框，如图 6-35 所示。在柔性体（flexible body）后右击，再单击选取（Pick），移动鼠标选择柔性体。

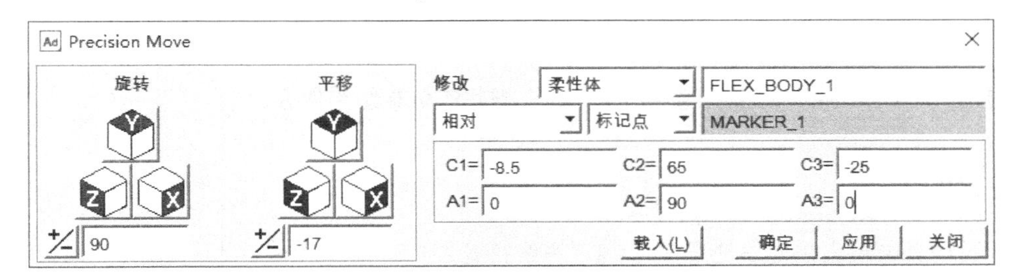

图 6-35　旋转和平移对话框

Step 03　在修改（Relocate）下拉列表中选择标记点（Marker），并在其后的栏中右击，选择MARKER_1。

Step 04 在旋转（Rotate）下的栏中输入 90，单击按钮，柔性体旋转 90°。

在平移（Translate）栏中输入-25，单击按钮，柔性体沿着Z轴负方向移动 25mm。

Step 05 在平移（Translate）栏中输入 65，单击按钮，柔性体沿着Y轴方向移动 65mm。

在平移（Translate）栏中输入-17，单击按钮，柔性体沿着X轴负方向移动 17mm。

单击关闭（Close）按钮，关闭对话框。

Step 06 删除刚性体。右击Part_2，在弹出的菜单中单击删除（Delete）按钮完成刚性体的删除。

Step 07 固定柔性体。单击固定副按钮，系统弹出创建固定副对话框。单击柔性体，再单击地面，然后找到柔性体的节点node7162 并单击，完成固定副的创建。

Step 08 创建刚-柔接触。单击接触按钮，系统弹出创建接触对话框，如图 6-36 所示。

在对话框的接触类型（Contact Type）下拉列表中选择柔性体对刚体（Flex Body to Solid），在I柔性体（I Flexible Body）栏中右击，单击选取（Pick），移动鼠标选择柔性体。在J实体（J Solid）栏中右击，单击选取（Pick），移动鼠标选择Part_3。

勾选力显示（Force Display）复选框，并从下拉列表中选择Red（红色）。在法向力（Normal Force）下拉列表中选择碰撞（Impact），其余选项采用默认设置。

Step 09 单击确定（OK）按钮完成接触的定义。

6.4.9 仿真计算

单击仿真按钮，系统弹出仿真控制对话框，将仿真时间设置为 0.1s、仿真步长设置为 0.001s，如图 6-37 所示。单击开始仿真按钮，系统开始仿真。

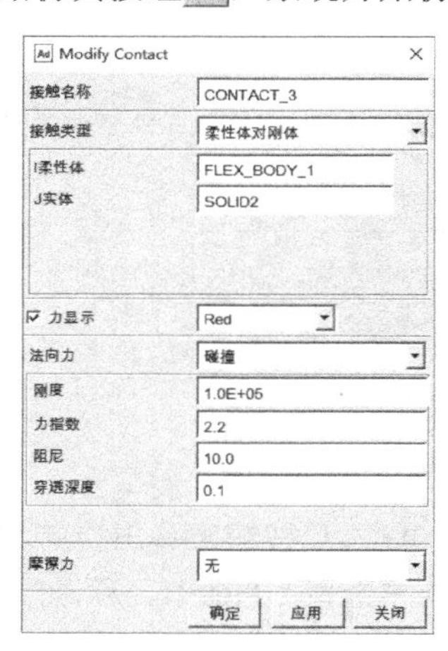

图 6-36 定义刚-柔接触

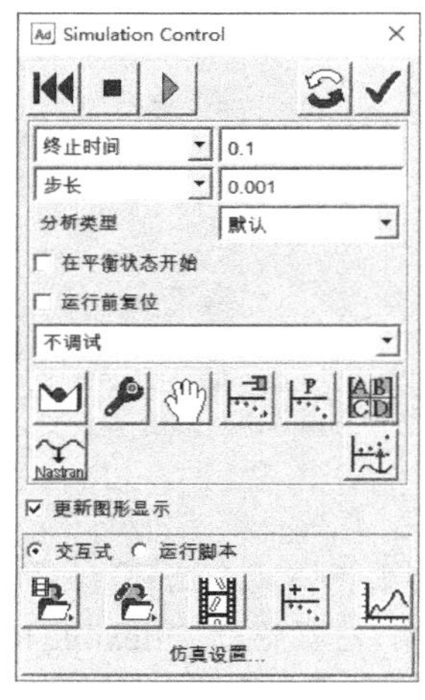

图 6-37 仿真设置

单击按钮，在弹出的对话框中输入flex_sim，将此次仿真结果保存。

6.4.10 后处理

Step 01 查看仿真结果。单击后处理按钮，系统打开后处理窗口。在后处理窗口的仿真（Simulation）下，按住Ctrl键选择rigid_sim和flex_sim，在结果集（Result Set）中选择CONTACT_2，在分量（Component）栏中单击FX，然后选中浏览（Surf）复选框，显示如图 6-38 所示的X方向的接触力。

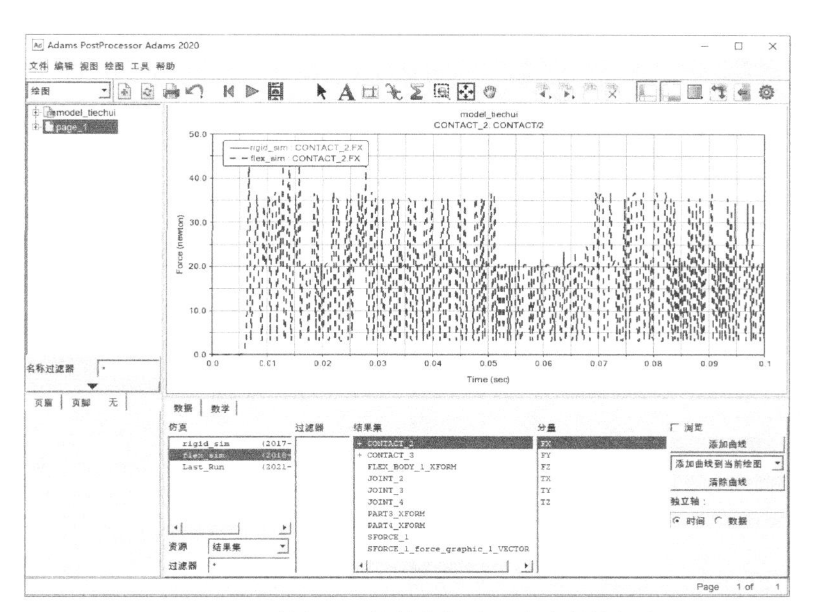

图 6-38　柔性体和刚性体接触时 X 方向的接触力

Step 02 在后处理仿真（Simulation）下，按住Ctrl键选择rigid_sim和flex_sim，在结果集（Result Sets）中按住Ctrl键选择PART3_XFORM和PART4_XFORM，在分量（Component）栏中单击Y，然后勾选浏览（Surf）复选框，显示如图 6-39 所示的Y方向的位移。

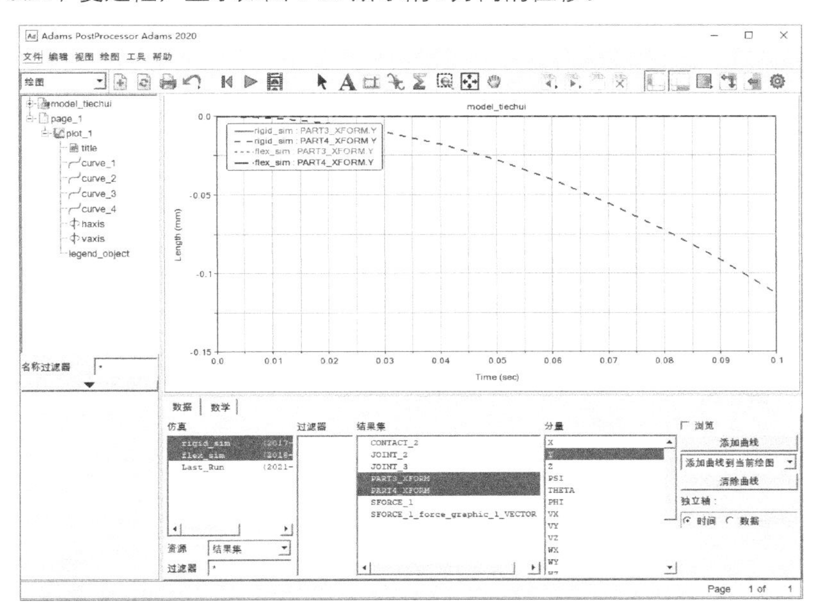

图 6-39　Y 方向的位移

6.5　实例三：钟摆机构刚体离散及动力学分析

钟摆机构由球体和连杆组成。本节主要讲解在ADAMS中自动生成柔性体以及对刚性球体和柔性轴实现刚-柔耦合仿真。

6.5.1 创建模型

Step 01 定义新模型。单击桌面上的快捷按钮，系统弹出创建新模型对话框。在对话框的模型名称（Model Name）中输入 model_pendulum，在工作路径（Working Directory）中双击，选择文件存储路径，如图 6-40 所示。

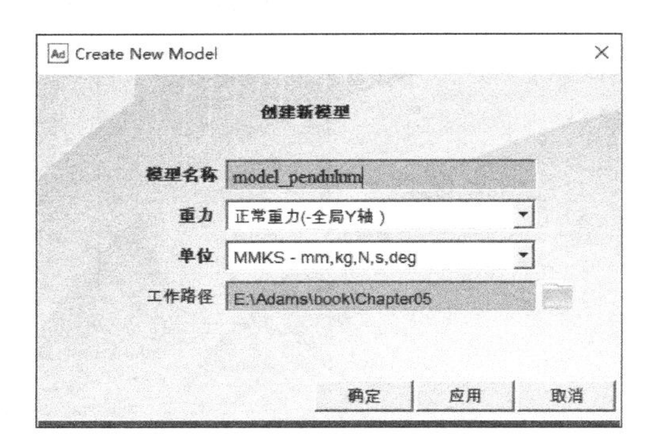

图 6-40 定义钟摆模型

Step 02 单击确定（OK）按钮完成新模型的定义。

Step 03 建立模型。单击连杆按钮，系统弹出创建连杆对话框，在对话框中将连杆的长度（Length）设置为 40.0cm、宽度（Width）设置为 4.0cm、深度（Depth）设置为 2.0cm，如图 6-41 所示。

Step 04 单击（0,0）点，移动鼠标，当指向X轴正方向的时候单击，完成连杆的创建，如图 6-42 所示。

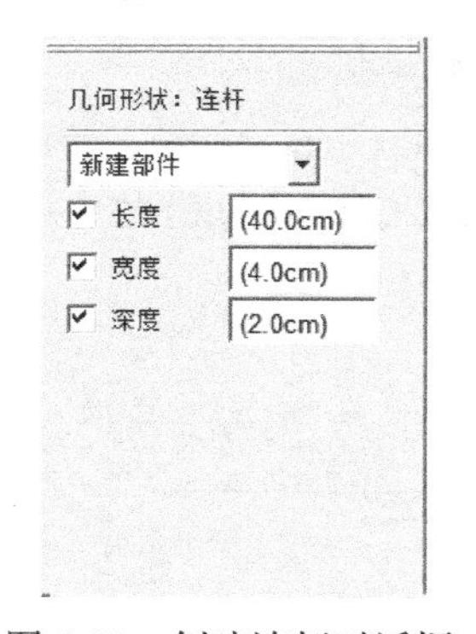

图 6-41 创建连杆对话框

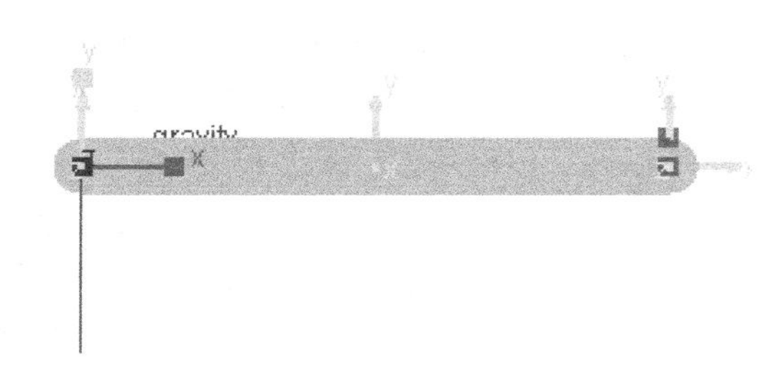

图 6-42 连杆

Step 05 创建球。单击球按钮，系统弹出创建球对话框，如图 6-43 所示。选中半径（Radius）复选框并在后面输入 5.0cm，将球的半径设置为 5.0cm，单击连杆右端的Marker_2 点，创建的球如图 6-44 所示。

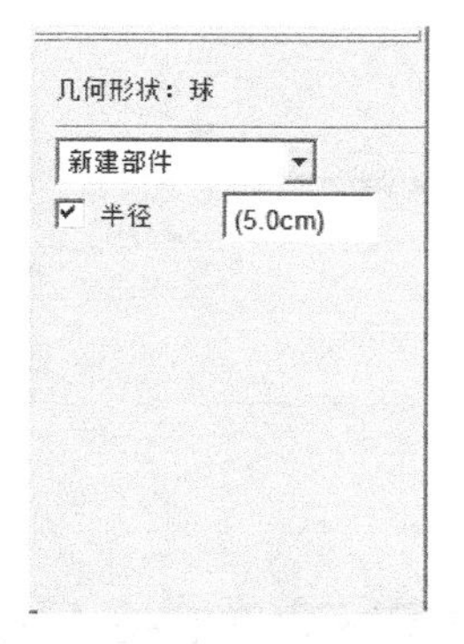

图 6-43 创建球对话框

图 6-44 创建的球

6.5.2 施加约束和驱动

Step 01 单击旋转副按钮，系统弹出创建旋转副对话框，如图 6-45 所示。在对话框的构建方式（Construction）栏中选择 1 个位置 - 物体暗指（1 Location-Bodies impl）和垂直格栅（Normal To Grid）。分别单击连杆左端和地面，移动鼠标，当指针指向连杆的Marker_1 点时单击，完成旋转副的创建，如图 6-46 所示。

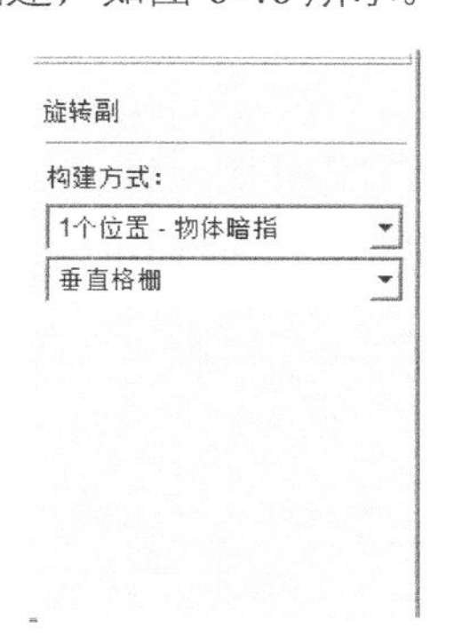

图 6-45　创建旋转副对话框

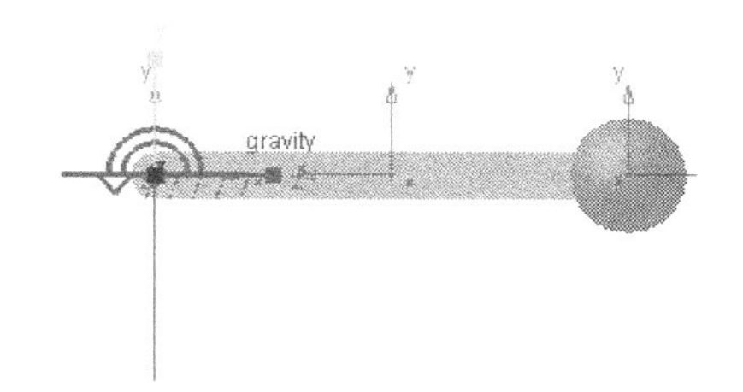

图 6-46　旋转副

Step 02 单击旋转副按钮，系统弹出创建旋转副对话框，在构建方式（Construction）栏中选择 1 个位置-物体暗指（1 Location-Bodies impl）和垂直格栅（Normal To Grid）。分别单击连杆右端和球体，移动鼠标，当指针指向连杆的Marker_2 点时单击，完成旋转副的创建，如图 6-47 所示。

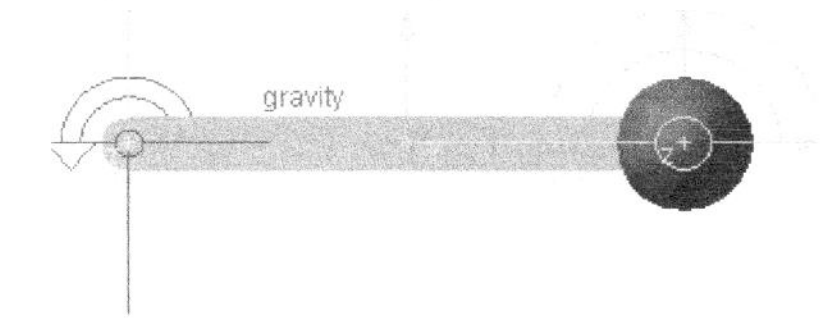

图 6-47　旋转副

Step 03 创建转动驱动。单击转动驱动按钮，系统弹出创建转动驱动对话框。在转动驱动对话框中输入 360.0，如图 6-48 所示。单击连杆左端的旋转副（Joint_1），完成驱动的施加，如图 6-49 所示。

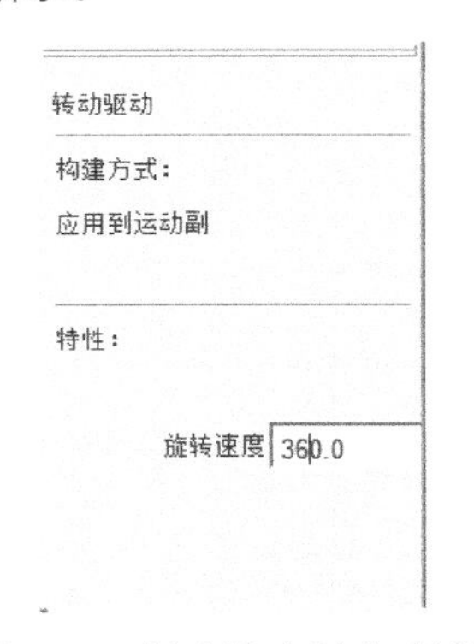

图 6-48　创建转动驱动对话框

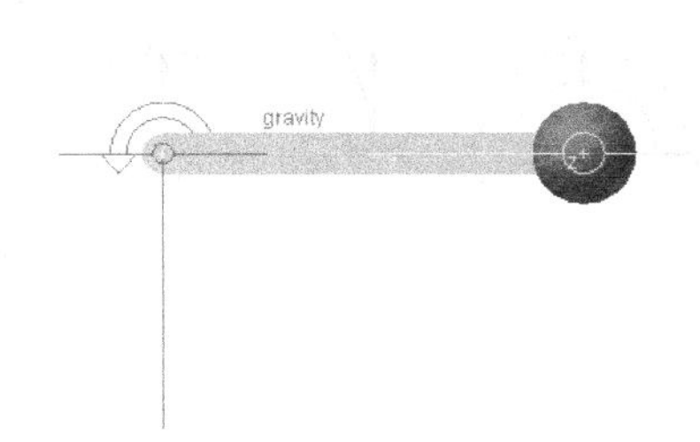

图 6-49　驱动

Step 04 设置驱动函数，右击驱动，在弹出的菜单中选择修改（Modify），弹出设置驱动对话框，如图

6-50 所示。在对话框的函数（Function）中输入函数step（time，0，0d，0.5，-90d）+STEP（time，0.501，0.0d，1.0，-90.0d）+STEP（time，1.01，0.0d，1.5，90.0d）+STEP（time，1.501，0.0d，2.0，90.0d），如图 6-51 所示。单击确定（OK）按钮完成驱动函数的定义，再单击图 6-50 中的确定（OK）按钮完成驱动的定义。

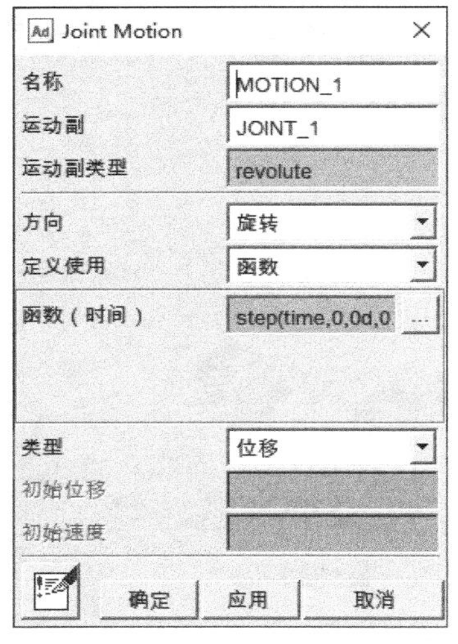

图 6-50　设置驱动

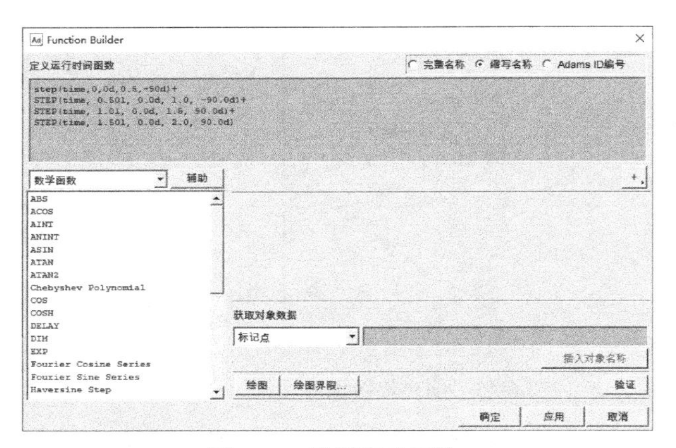

图 6-51　设置驱动函数

6.5.3 仿真

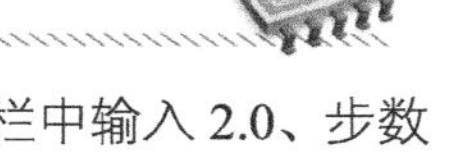

Step 01　仿真。单击仿真按钮，系统弹出仿真控制对话框。在对话框的终止时间栏中输入 2.0、步数栏中输入 1000，如图 6-52 所示。单击开始仿真按钮，系统自动进行动力学仿真。

Step 02　保存仿真。单击仿真界面中的保存仿真按钮，弹出保存仿真对话框。在对话框中输入rigid_sim，如图 6-53 所示。

图 6-52　仿真

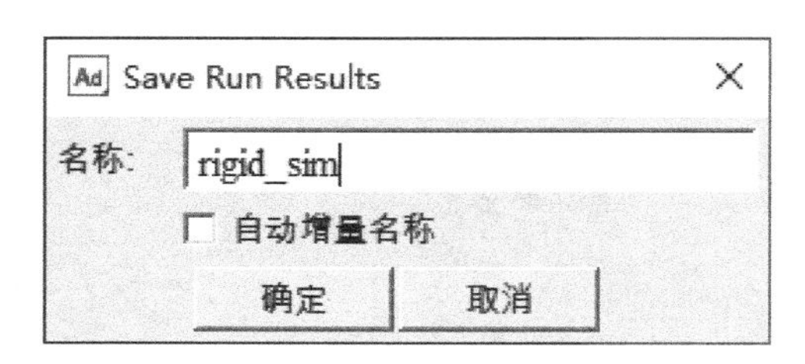

图 6-53　保存刚性体仿真

6.5.4 创建柔性离散连杆

Step 01 离散连杆。单击 按钮，弹出创建柔性体对话框，如图 6-54 所示。在名称（Name）中输入liangan，在段数（Segments）中输入 8，表示把连杆分成 8 份。在标记 1 栏中右击，在弹出的选项中选择标记点（Marker），再单击选取（Pick）。移动鼠标，找到连杆左端的MARKER_1，并将其选中。

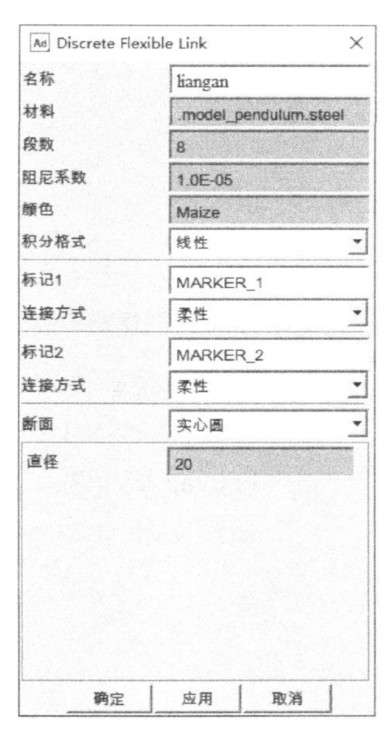

图 6-54 创建柔性体对话框

Step 02 同样，在标记 2 栏中右击，在弹出的选项中选择标记点（Marker），再单击选取（Pick）。移动鼠标，找到连杆左端的MARKER_2，并将其选中。

Step 03 在连接方式（Attachment）下拉列表中选择柔性（flexible），表示柔性连接。

Step 04 在断面（Cross Section）中选择实心圆（Solid Circular）。在直径（Diameter）栏中输入 20，单击确定（OK）按钮，完成柔性体的创建，如图 6-55 所示。

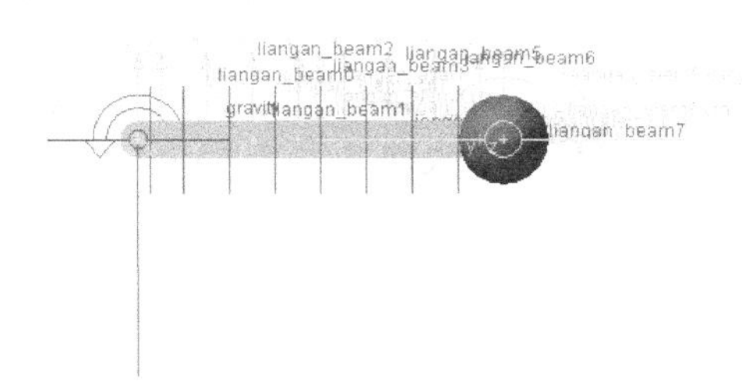

图 6-55 柔性体

Step 05 删除刚性体。在连杆上右击，在弹出的列表中单击删除，完成删除工作。

6.5.5 创建刚-柔体间的约束和驱动

Step 01 定义旋转副。单击旋转副按钮，系统弹出创建旋转副对话框，如图 6-56 所示。在构建方式（Construction）栏中选择 1 个位置-物体暗指（1 Location-Bodies impl）和垂直格栅（Normal To Grid）。分别单击连杆左端的liangan_elem1 和地面，移动鼠标，当指针指向连杆的liangan_elem1.Marker_10 点时单击，完成旋转副的创建，如图 6-57 所示。

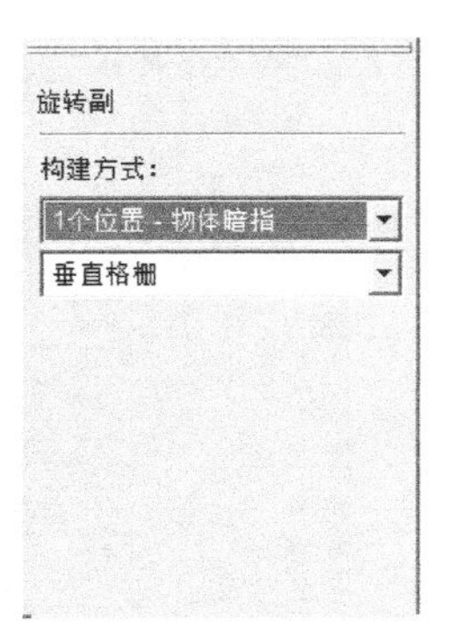

图 6-56 创建旋转副对话框

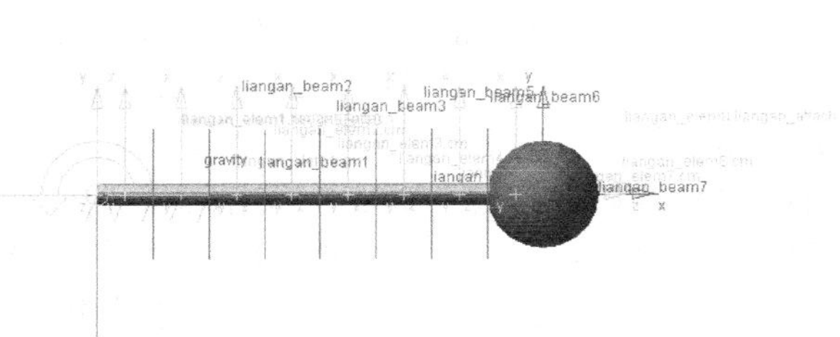

图 6-57 旋转副

Step 02 单击旋转副按钮，系统弹出创建旋转副对话框，在构建方式（Construction）栏中选择 1 个位置-物体暗指（1 Location-Bodies impl）和垂直格栅（Normal To Grid）。分别单击连杆左端的 liangan_elem7 和球体，移动鼠标，当指针指向连杆的Part_3.cm点时单击，完成旋转副的创建，如图 6-58 所示。

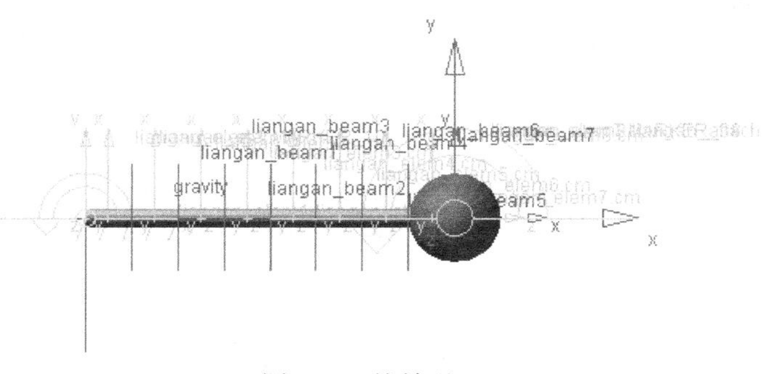

图 6-58 旋转副

Step 03 创建驱动。单击旋转驱动按钮，系统弹出创建驱动对话框。在对话框中输入 360.0，单击连杆左端的旋转副（Joint_1），完成驱动的施加，如图 6-59 所示。

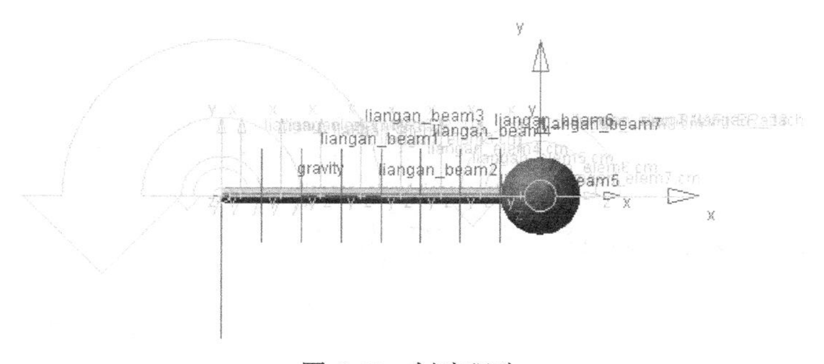

图 6-59 创建驱动

Step 04 设置驱动函数，右击驱动，在弹出的菜单中选择修改（Modify），弹出设置驱动对话框，如图 6-60 所示。在函数（Function）中输入函数step（time，0，0d，0.5，-90d）+STEP（time，0.501，0.0d，1.0，-90.0d）+STEP（time，1.01，0.0d，1.5，90.0d）+STEP（time，1.501，0.0d，2.0，90.0d），如图 6-61 所示，单击确定（OK）按钮完成驱动函数的定义，再单击图 6-60 中的确定（OK）按钮完成驱动的定义。

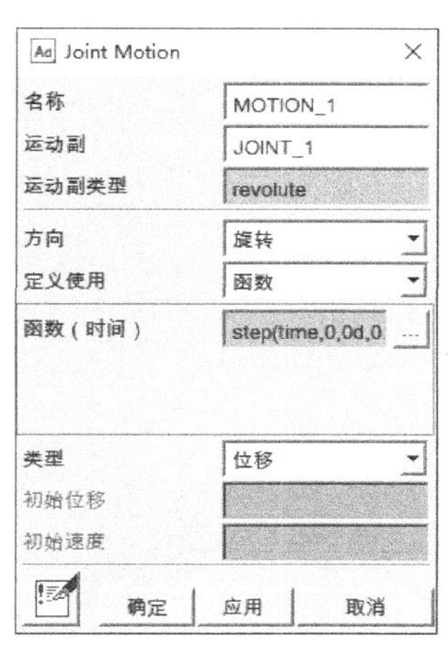

图 6-60　设置驱动

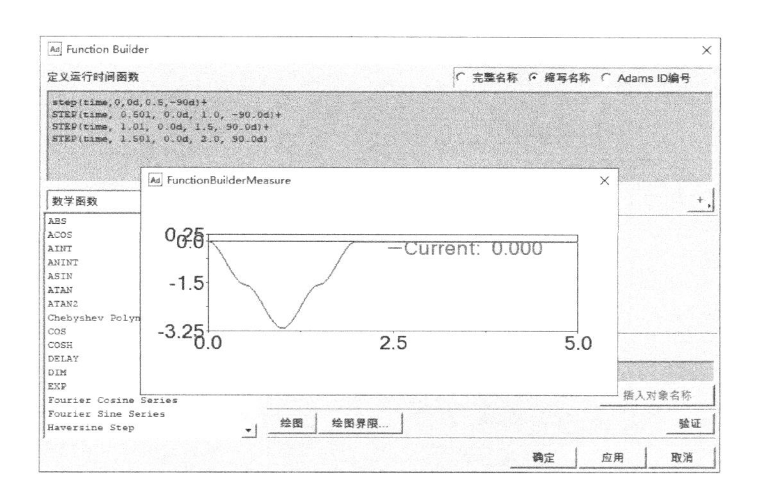

图 6-61　设置驱动函数

6.5.6　仿真

Step 01 单击仿真按钮 ，系统弹出仿真控制对话框，在终止时间栏中输入 2.0、步数栏中输入 1200，如图 6-62 所示。单击开始仿真按钮 ，系统自动进行动力学仿真。

Step 02 保存仿真。单击仿真界面的保存仿真按钮 ，弹出保存仿真对话框，在对话框中输入flex_sim，单击“确定”按钮。

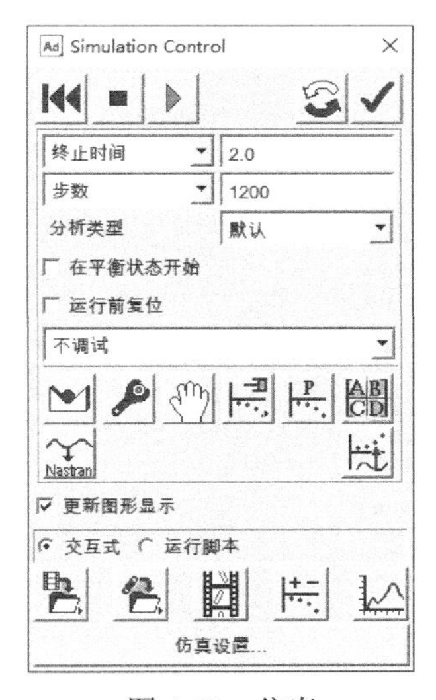

图 6-62　仿真

6.5.7　后处理

Step 01 在后处理中分析结果。单击后处理按钮 ，进入后处理界面，如图 6-63 所示。

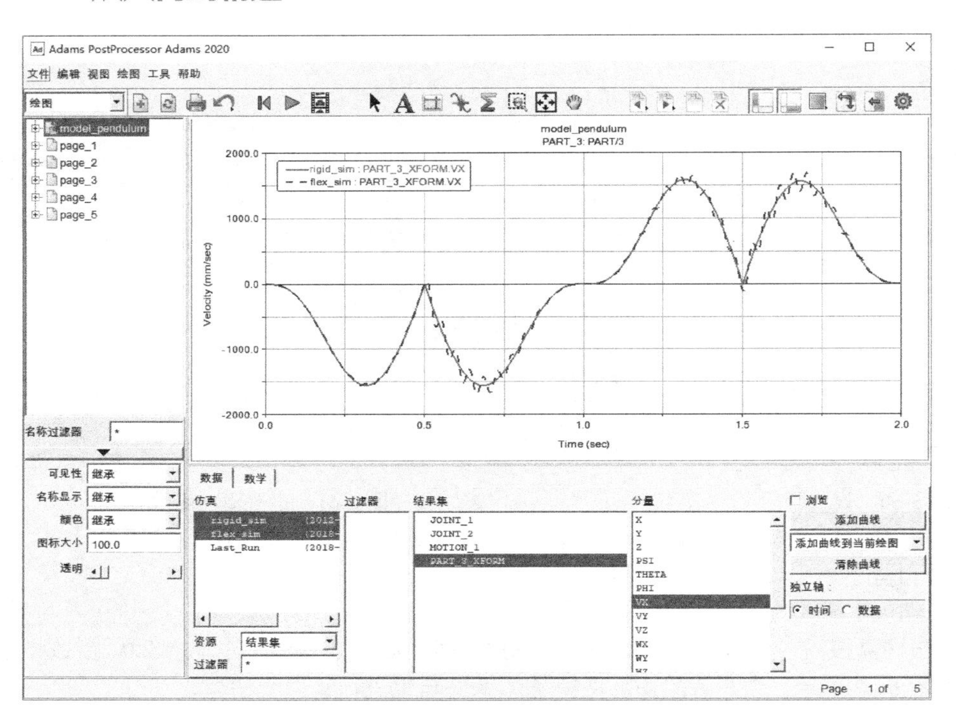

图 6-63 后处理

Step 02 参照图 6-63 对其进行设置。当刚性和柔性连杆仿真时，球体在X轴方向的加速度曲线如图 6-64 所示。

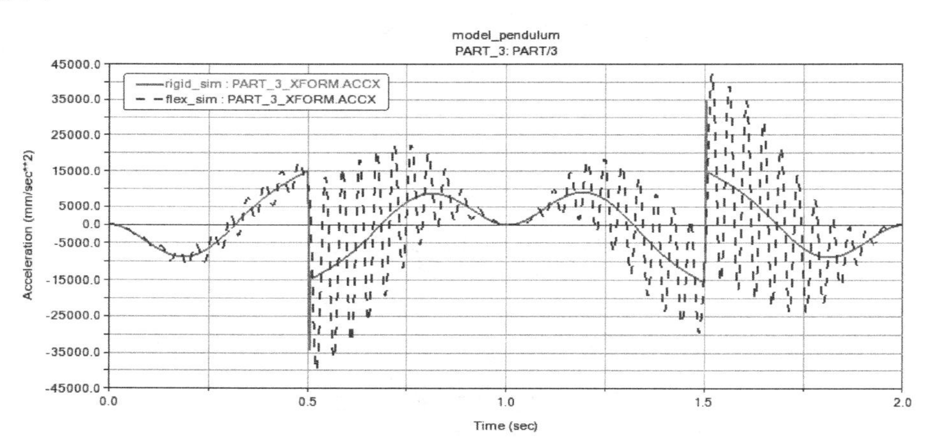

图 6-64 球体在 X 轴方向的加速度曲线

Step 03 单击图 6-64 中的红色曲线（实线），在菜单栏中单击绘图（Plot），选择FFT，采用默认设置，系统对曲线进行快速傅里叶变换，如图 6-65 所示。

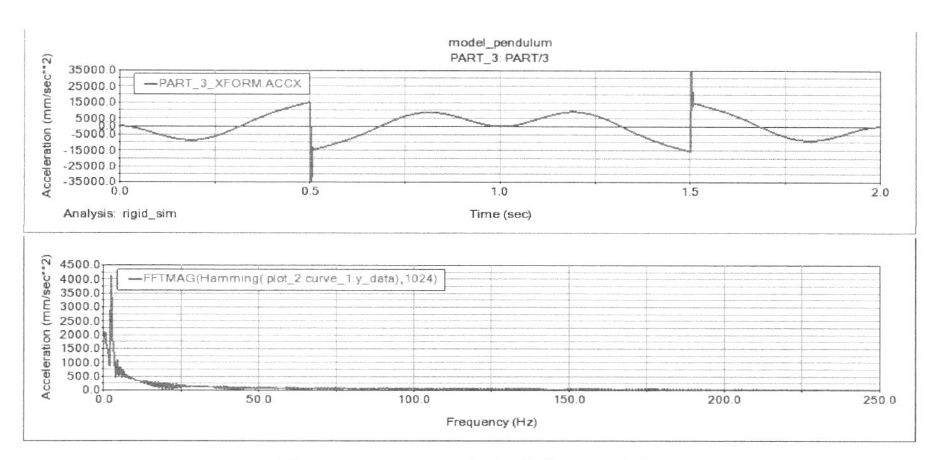

图 6-65　rigd_sim 红色曲线 FFT 变换

Step 04　单击图 6-64 中的蓝色曲线（虚线），在菜单栏中单击绘图（Plot），选择FFT，采用默认设置，系统对曲线进行快速傅里叶变换，如图 6-66 所示。

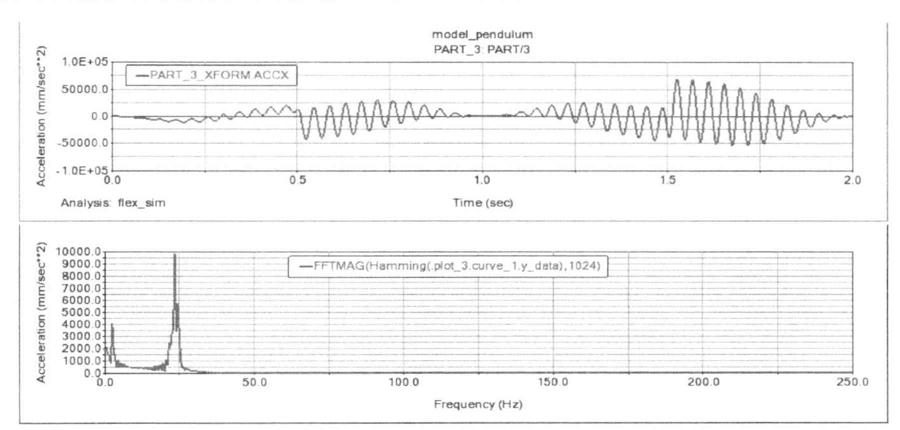

图 6-66　flex_sim 蓝色曲线 FFT 变换

Step 05　单击图 6-64 中的红色曲线（实线），在菜单栏中单击绘图（Plot），选择FFT 3D，采用默认设置，系统对曲线进行快速傅里叶变换，如图 6-67 所示。

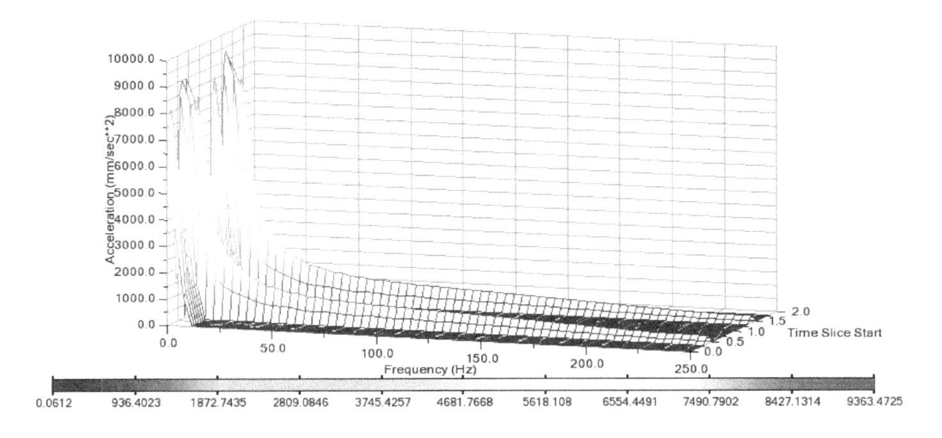

图 6-67　红色曲线 FFT 3D 变换

Step 06 单击图 6-64 中的蓝色曲线（虚线），在菜单栏单击绘图（Plot），选择FFT 3D，采用默认设置，系统对曲线进行快速傅里叶变换，如图 6-68 所示。

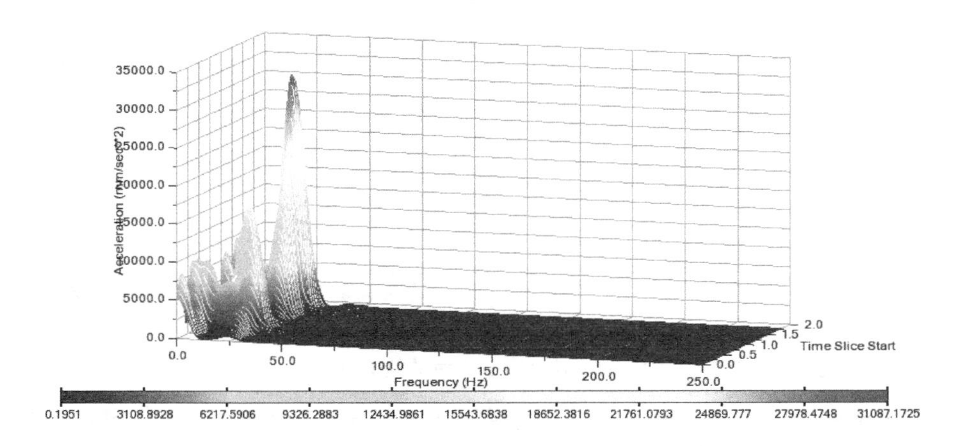

图 6-68 蓝色曲线 FFT 3D 变换

6.6 本章小结

本章首先介绍了柔性部件的离散及利用有限元软件生成柔性体的过程，然后通过实例一讲解了模态中性文件的生成及编辑，最后用实例二和实例三分别讲解了从外部软件导入柔性体和ADAMS自己生成柔性体仿真。

通过本章的学习，读者应掌握柔性体的生成过程和编辑柔性体以及进行刚-柔耦合动力学仿真的操作步骤。

第7章 多柔体动力学仿真

在工程应用中经常会计算在固定不变的载荷作用下的结构效应，主要有平面应力、平面应变、轴对称、梁及桁架分析、壳分析、接触分析等问题的求解。这些问题均是线性静态结构问题。线性静态结构分析是有限元（FEM）分析中最基础的内容。充分学习本章内容可以为后面的学习打下坚实的基础。

知识要点

- 掌握线性静态结构分析的基本过程。
- 通过实例掌握线性静态结构分析的方法。
- 掌握线性静态结构分析的载荷及约束加载方法。
- 掌握线性静态结构分析的结果检查方法。

7.1 多柔体系统及工程背景

关于多柔体系统，目前尚无确切的、众所接受的定义。人们通常将多柔体系统理解为由多个柔性体（柔性部件）通过铰链（又称关节）连接而成的一个系统。相邻两个柔性部件之间有较大的相对刚体位移发生。因此，多柔体系统和由多个柔体组成的结构是不同的。传统意义下的结构应该具有几何不可变性，就是说相邻两个部件间除弹性变形外，不允许有相对的刚体位移发生。

一个固定的结构（如楼房、桥梁）的自由度数只是它的弹性位移的自由度数。倘若结构是可移动的（如车辆、飞行器），还需加上可能发生的整体运动的刚体自由度数。对于多柔体系统就完全不同了，除去各柔性体的弹性位移自由度数以外，还有两个柔性体间关节的刚体运动自由度数。

目前公认多柔体系统动力学理论的发展是以3个重要的工程领域作为背景的，即航天器、机器人（机械臂）和高速精密机构，尤以前两者的推动作用更大。

机器人（机械臂）必然被模化为多体系统是显而易见的。图7-1是一个例子。图7-2是一个自由飞行机器人的示意图，是一个可移动的多体系统。目前地面应用的机器人臂杆多是刚性的，用于美国航天飞机上的空间遥控机械臂已经具有相当的柔性。机器人（机械臂）轻型化、高速化的需求，特别是用于空间环境的空间机械人的发展需要，使得机器人工程领域成为推动多柔体系统动力学发展的一个重要工程领域。

航天器工程领域是推动多柔体系统动力学发展的另一个重要领域。航天器上都需要带有大型天线和太阳帆板。这些都通称为柔性附件。

由于航天器在空间轨道上是在接近于零的过载下（微重力、无机动情况）工作的，因此这些附件都设计得尽可能轻柔。又由于航天器在发射入轨过程中要承受很大过载，因此通常在发射时这些附件是以紧凑形式折叠安装于航天器上的，入轨后再展开到工作状态。

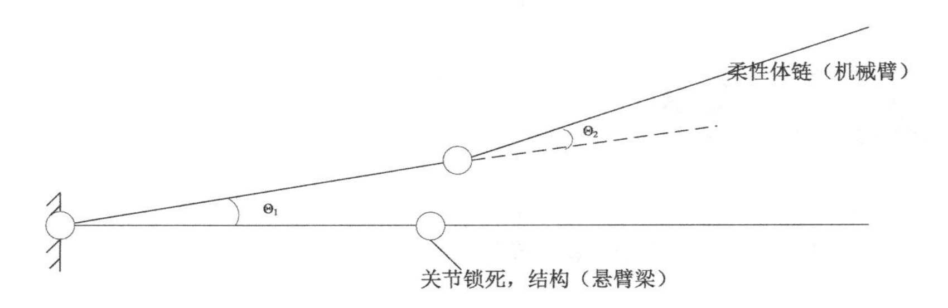

图 7-1　被模化为多柔体系统的机械臂

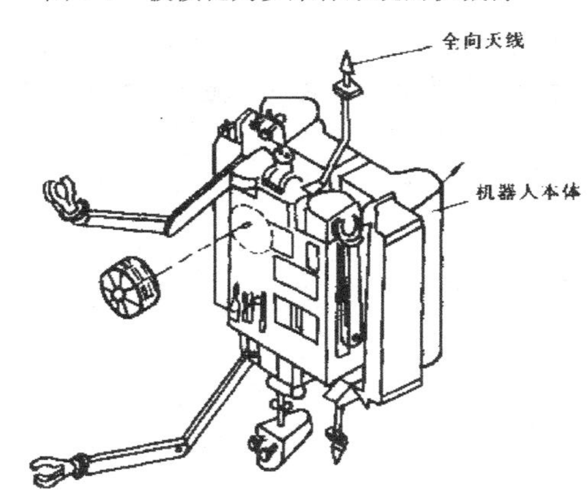

图 7-2　自由飞行的机器人示意图

图 7-3 是一个具有正在展开的太阳帆板的卫星示意图，也是一个典型的多柔体系统。在展开过程中，除了帆板有弹性位移外，帆板与卫星本体之间以及各子帆板之间都有相对的刚体位移。

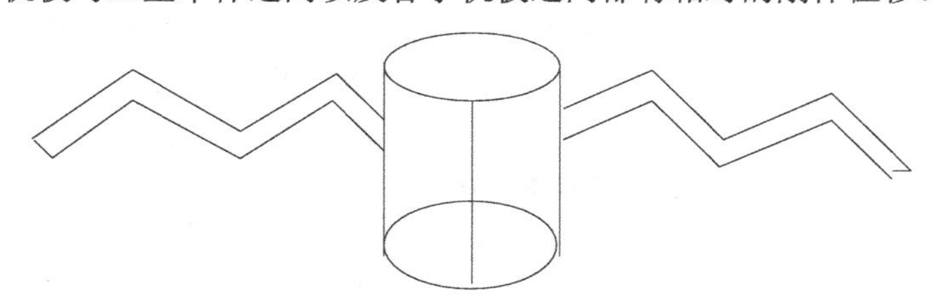

图 7-3　正在展开的太阳帆板的卫星示意图

这样，我们就看到了两类常见的多柔体系统：多柔体系统和多柔体链系统。带有几个已展开到工作位置的太阳帆板（当然还包括其他已展开的柔性附件）的航天器可看作（或称模化为）多柔体系统，因为卫星本体（又可称为根体）如花托，诸柔性附件连于其上形如花簇。

空间机器人或带有展开中的太阳帆板等秉性附件的航天器都是多柔体链系统的典型，因为在这个系统中诸柔性体串联如链。

7.2 多柔体系统动力学的突出问题

多柔体系统是一个在有控条件下运动的工程系统，在运动时受控的刚体位移和弹性振动位移同时发生，相互配合。这样，它的一个重要特点就是系统的弹性振动与控制间的交互作用。由于缺乏认识而被这种影响所惩罚的例子可上溯到 1958 年美国探险者 1 号卫星。

这是一个带有 4 根颠状天线的卫星。按传统方法，卫星姿态控制系统是按刚性卫星模型进行设计的。在运行中发现，这样设计的控制系统并未能保持姿态的稳定。正是这 4 根鞭状天线的振动耗散了能量，从而导致卫星的翻滚。

到 20 世纪 70 年代发现美国的国V号通信卫星的挠性太阳帆板的较高阶频率的扭转振动与驱动系统发生谐振而导致帆板停转和打滑。随着在航天器上采用的弹性附件越来越大，为这一类系统的控制设计和控制品质评定建立多柔体系统动力学模型就成为迫切的事情。这是系统弹性与控制系统交互作用的第一层意思。

再考虑机器人（机械臂）等的控制设计问题。通常爪端轨迹规划是第一步工作，然后根据爪端轨迹确定各关节的角位移，并通过控制系统设计加以实现。爪端轨迹规划和关节角位移确定都是只根据运动学考虑做出的。这就是说，传统做法主要用基于运动学的考虑来实现实质为动力学过程的机器人控制设计问题。这样设计的控制系统由动力学角度看难免有不合理性。

当然，在实施时还可考虑动力学补偿，但有时这种补偿是十分困难的。因此，系统弹性与控制系统的动力学交互作用的另一个含义应是用运动学与动力学结合的方法进行轨迹规划和控制系统设计。

再次，由于系统的弹性振动存在，因此总会影响系统的工作质量。例如，1982 年美国发射的陆地卫星 4 观测仪器的旋转部分受到太阳帆板驱动部分的干扰而产生微小移动，降低了图像质量。

多柔体系统动力学的另一个特点是它的方程是强非线性的，一个很实际的问题就是必须考虑数值稳定性和物理稳定性。数值稳定性问题是我们在工作中经常受到困扰的问题，需要在数学家们提供给我们的算法中进行选择和改善。

物理稳定性问题在非线性振动中有很多研究。据报道，在振动抑制中曾发现有混淆现象，对某些类型的机械臂，在特定的参数下还可能有动力不稳定现象，这些说明多柔体系统动力学的研究还必须与非线性理论结合起来。

7.3 实例一：连杆机构柔体动力学仿真分析

本节以连杆机构为例介绍运用ADAMS自身所带的柔性体模块创建柔性体的过程，同时介绍柔性体之间的连接和仿真，使读者对ADAMS/Flex模块有一个充分的认识。

7.3.1 创建模型

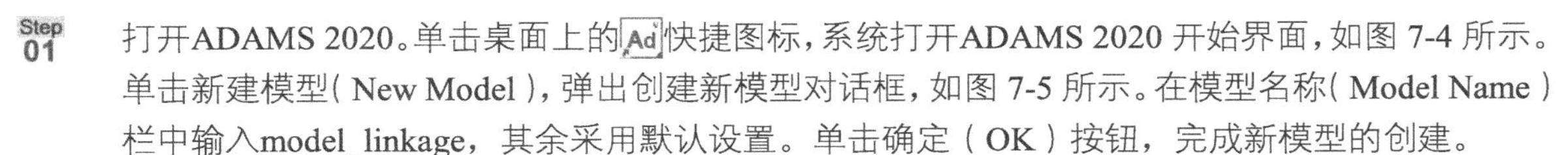

Step 01 打开ADAMS 2020。单击桌面上的 Ad 快捷图标，系统打开ADAMS 2020 开始界面，如图 7-4 所示。单击新建模型（New Model），弹出创建新模型对话框，如图 7-5 所示。在模型名称（Model Name）栏中输入model_linkage，其余采用默认设置。单击确定（OK）按钮，完成新模型的创建。

Step 02 创建连杆Part_2。在菜单栏中单击视图（View），从列表中选择坐标窗口（Coordinate Window）F4，如图 7-6 所示，或者直接按F4 键打开系统捕捉工具。

Step 03 单击连杆图标，系统弹出创建连杆对话框，如图 7-7 所示。在创建连杆对话框中选中宽度（Width）并输入 4.0cm，选中深度（Depth）并输入 2.0cm，移动鼠标单击（0,0,0），再移动鼠标单击（190,140,0），创建连杆Part_2，如图 7-8 所示。

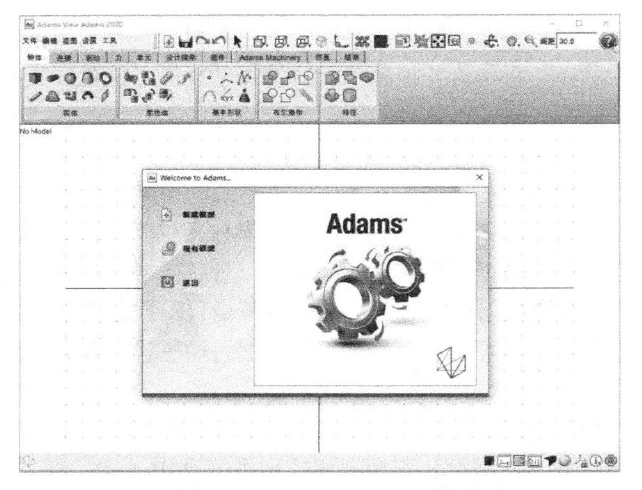

图 7-4　ADAMS 2020 开始界面

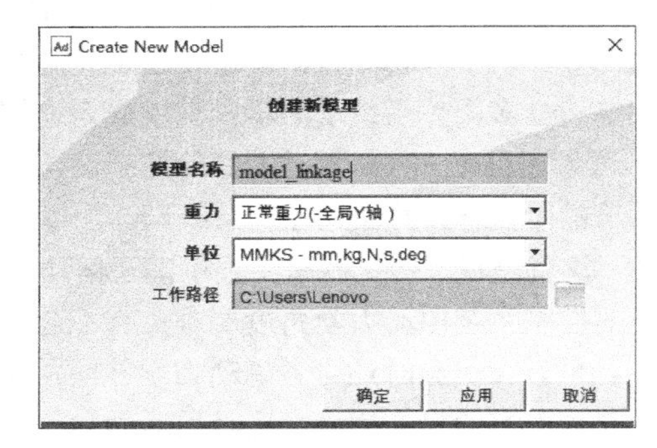

图 7-5　建立新模型对话框

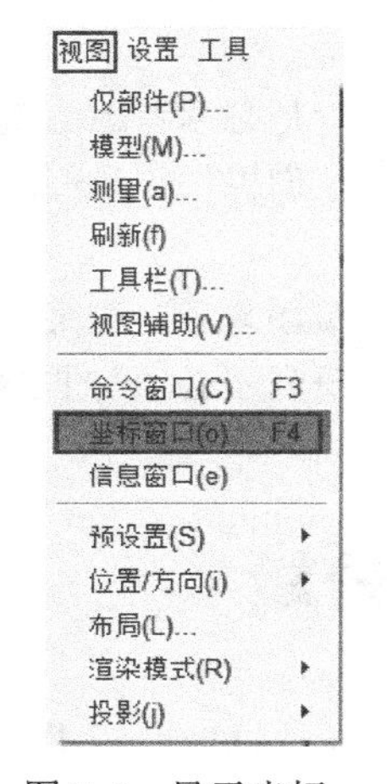

图 7-6　显示坐标

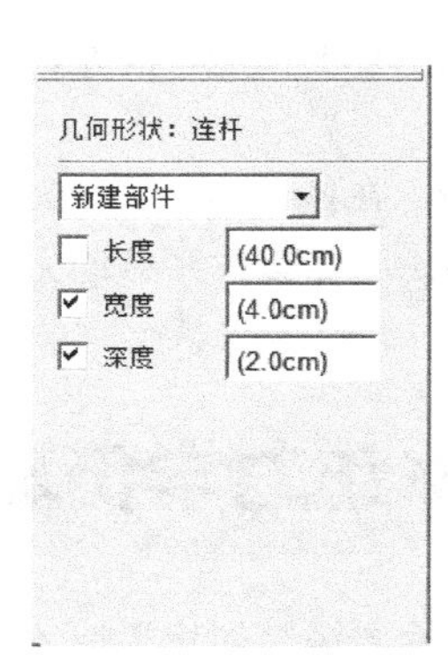

图 7-7　创建连杆对话框

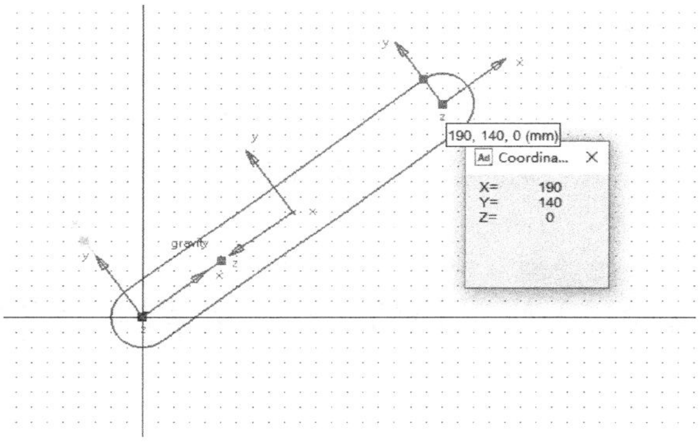

图 7-8　连杆 Part_2

Step 04　创建连杆Part_3。单击连杆图标，系统弹出创建连杆对话框，如图 7-9 所示。在创建连杆对话框中选中宽度(Width)并输入 4.0cm，选中深度(Depth)并输入 2.0cm，移动鼠标单击(190,140,0)，再移动鼠标单击（ 660,0,0 ），创建连杆Part_3，如图 7-10 所示。

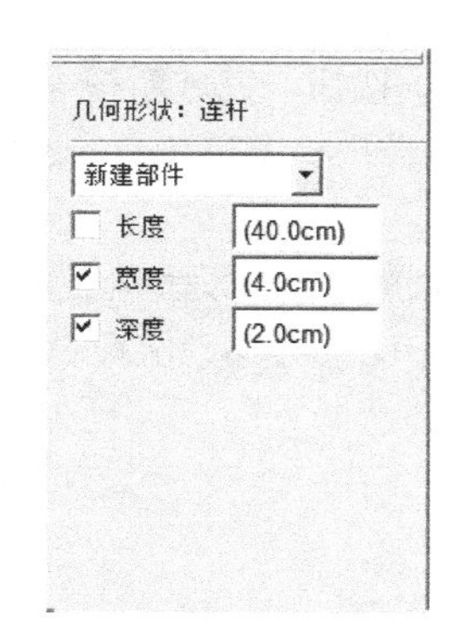

图 7-9　创建连杆对话框

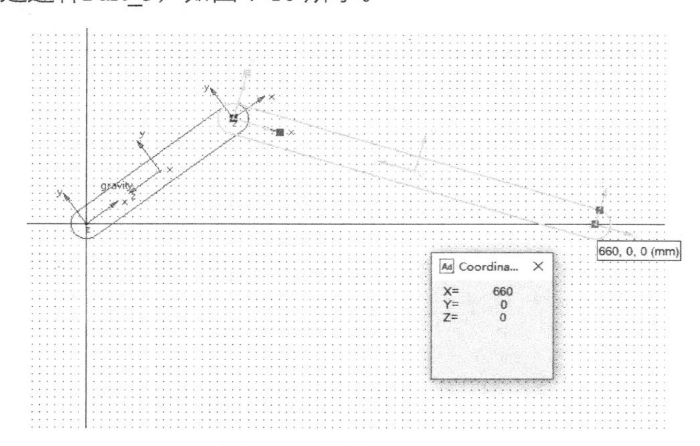

图 7-10　连杆 Part_3

Step 05 创建圆柱Part_4。单击圆柱图标，系统弹出创建圆柱对话框，如图 7-11 所示。在创建圆柱对话框中选中半径（Radius）并输入 5.0cm，移动鼠标单击（660,0,0），再移动鼠标单击（750,0,0），创建圆柱Part_4，如图 7-12 所示。

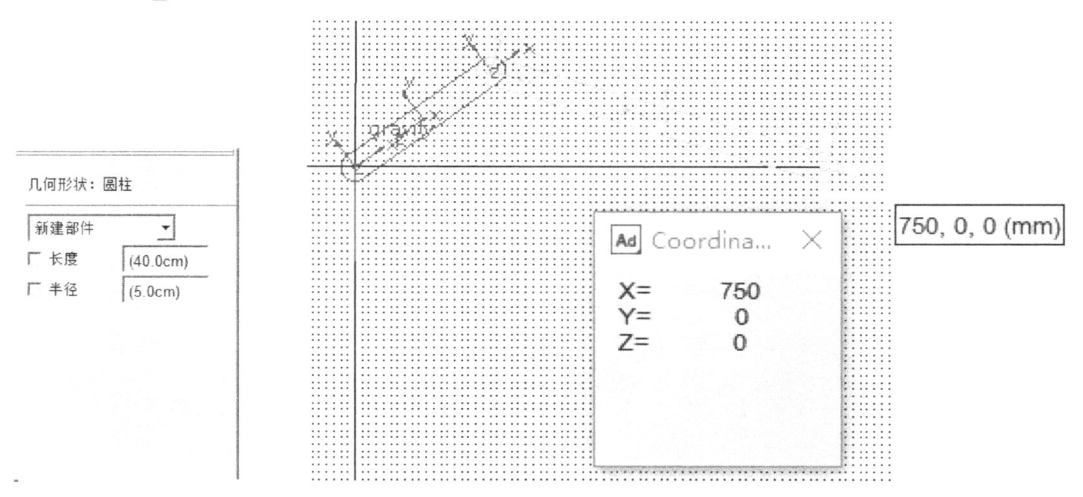

图 7-11　创建圆柱对话框　　图 7-12　创建圆柱

7.3.2　柔性化连杆机构

Step 01 柔性化连杆Part_2。单击柔性按钮，系统弹出柔性化对话框，如图 7-13 所示。在名称（Name）栏中输入link_1，在标记 1 栏中右击，依次选择标记点（Marker）→选取（Pick），移动鼠标找到Part_2 的MARKER_1 并选中，移动鼠标找到Part_2 的MARKER_2 并选中。

Step 02 在直径（Diameter）栏中输入 20，其余选项设置采用图 7-14 所示的参数，单击确定（OK）按钮，完成连杆Part_2 的柔性化。

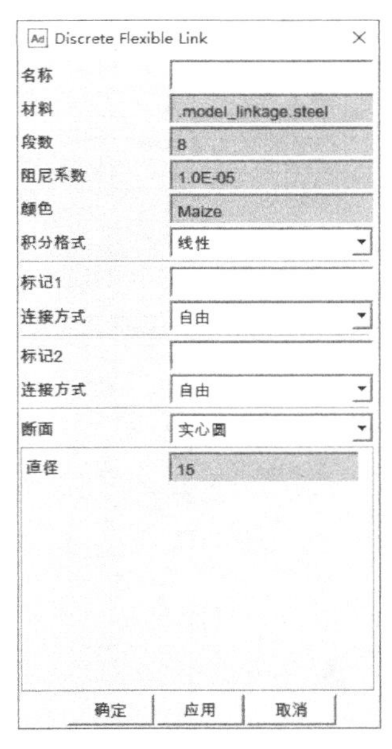

图 7-13　柔性化对话框

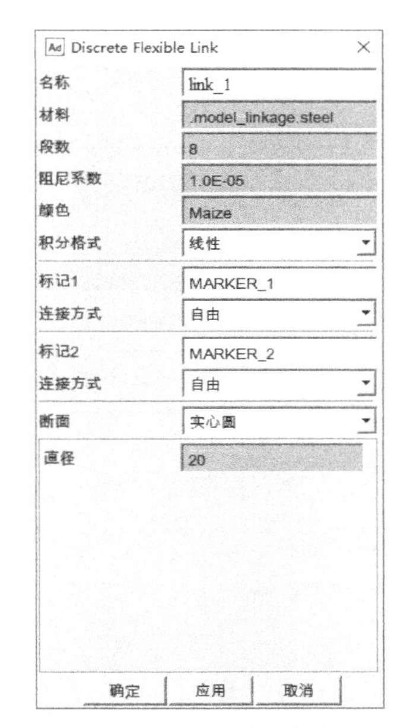

图 7-14　创建柔性体

Step 03 柔性化连杆Part_3。单击柔性按钮，系统弹出柔性化对话框，如图 7-15 所示。在名称（Name）栏中输入link_2，在标记 1 栏中右击，依次选择标记点（Marker）→选取（Pick），移动鼠标找到Part_3 的MARKER_3 并选中，移动鼠标找到Part_3 的MARKER_4 并选中。

Step 04 在直径（Diameter）栏中输入 20，其余选项设置采用图 7-16 所示的参数，单击确定（OK）按钮，完成连杆Part_3 的柔性化。

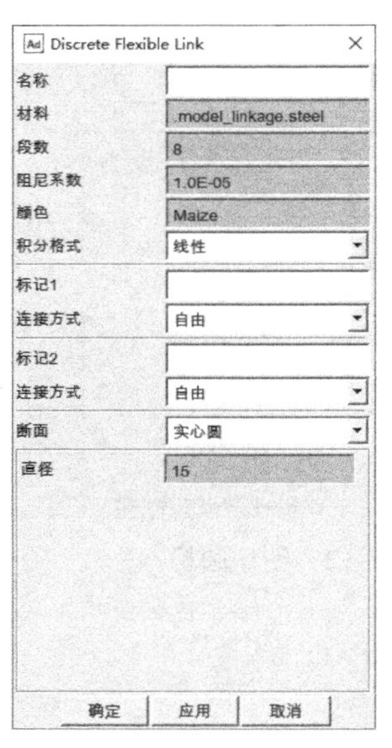

图 7-15　柔性化对话框

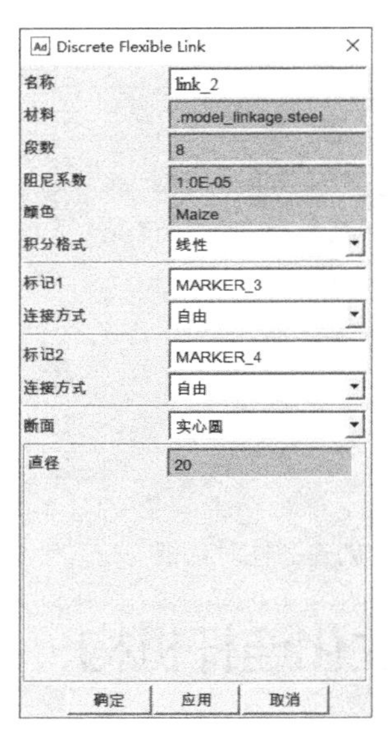

图 7-16　创建柔性体

Step 05 柔性化圆柱体Part_4。单击柔性按钮，系统弹出柔性化对话框，如图 7-17 所示。在名称（Name）栏中输入cylinder，在标记 1 栏中右击，依次选择标记点（Marker）→选取（Pick），移动鼠标找到Part_4 的MARKER_5 并选中，移动鼠标找到Part_4 的MARKER_6 并选中。

Step 06 在直径（Diameter）栏中输入 20，其余选项设置采用图 7-18 所示的参数，单击确定（OK）按钮，完成连杆Part_4 的柔性化。

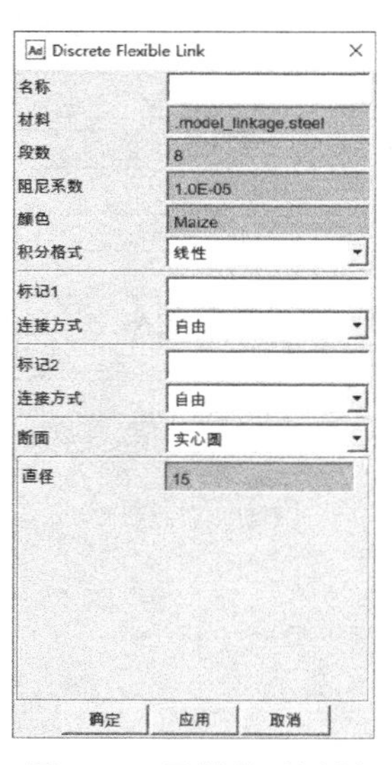

图 7-17　柔性化对话框

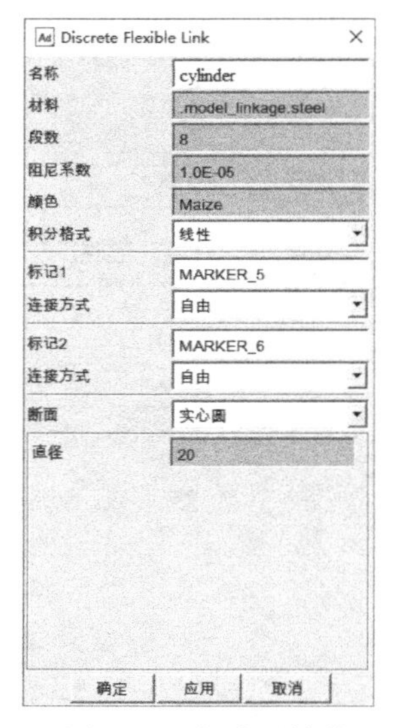

图 7-18　创建柔性体

Step 07 删除刚性体。单击左上侧的浏览(Browse)按钮，系统弹出模型树，如图 7-19 所示。单击物体(Bodies)左侧的+号，系统弹出所有部件，按住Ctrl键单击部件PART_2、PART_3、PART_4，选中PART_2、PART_3、PART_4 三个部件，右击，在弹出的快捷菜单中选择删除，如图 7-20 所示。

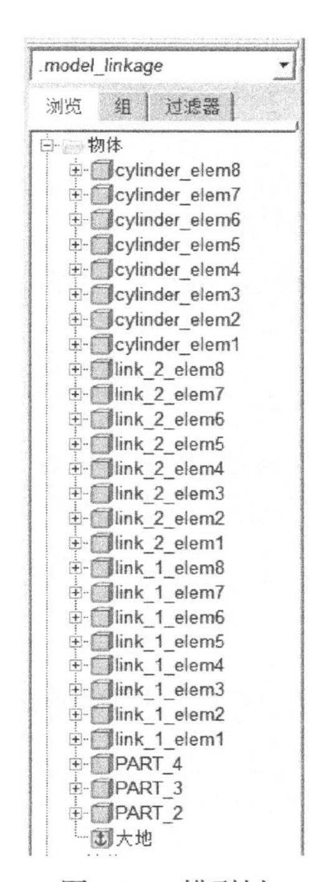

图 7-19 模型树

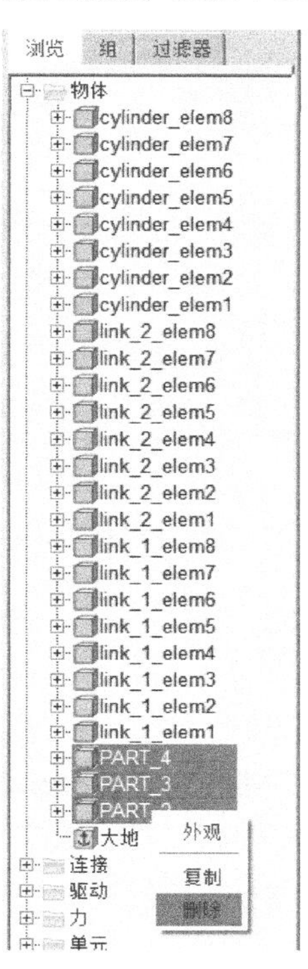

图 7-20 删除刚性体

7.3.3 施加约束和驱动

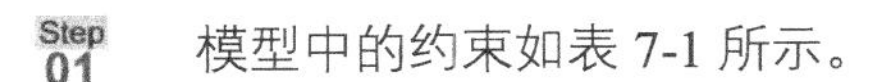

Step 01 模型中的约束如表 7-1 所示。

表 7-1 模型中的约束

	Part_2 与 Ground 之间	Part_2 与 Part_3 之间	Part_3 与 Part_4 之间	Part_4 与 Ground 之间
旋转副	√	√	√	
平移副				√

Step 02 施加驱动。单击 按钮，再单击在Part_2 与地面（Ground）之间的旋转副（Joint_1），系统自动在Joint_1 上施加一个旋转驱动。

7.3.4 仿真

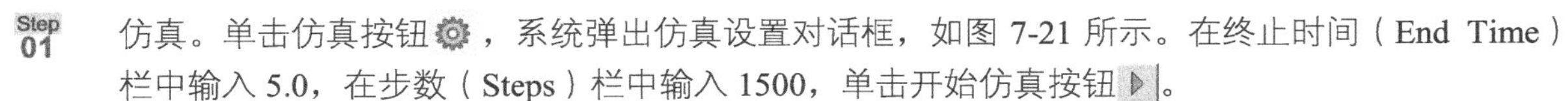

Step 01 仿真。单击仿真按钮 ，系统弹出仿真设置对话框，如图 7-21 所示。在终止时间（End Time）栏中输入 5.0，在步数（Steps）栏中输入 1500，单击开始仿真按钮 。

Step 02 保存模型。单击菜单栏中的文件（File），从弹出的选项中单击保存数据库（Save Datebase）保存当前模型，如图 7-22 所示。

图 7-21　仿真设置对话框

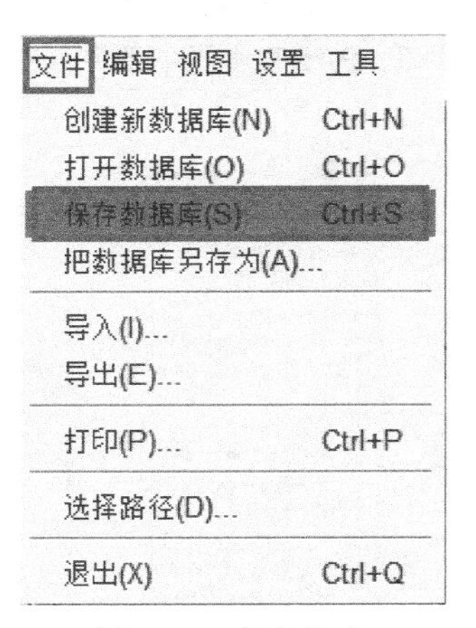

图 7-22　保存仿真

7.3.5 后处理

Step 01 查看仿真结果。单击后处理按钮，进入后处理。在后处理中查看Joint_1 处的受力情况。

Step 02 单击模型(Model)下的.model_linkage，在过滤器(Filter)中单击约束(constraint)，在对象(Object)下单击+JOINT_1，在特征(Characteristic)下单击单元扭矩(Element_Torque)，在分量(Component)下单击Mag，选中浏览（ Surf ），即可显示Joint_1 处的受力矩曲线，如图 7-23 所示。

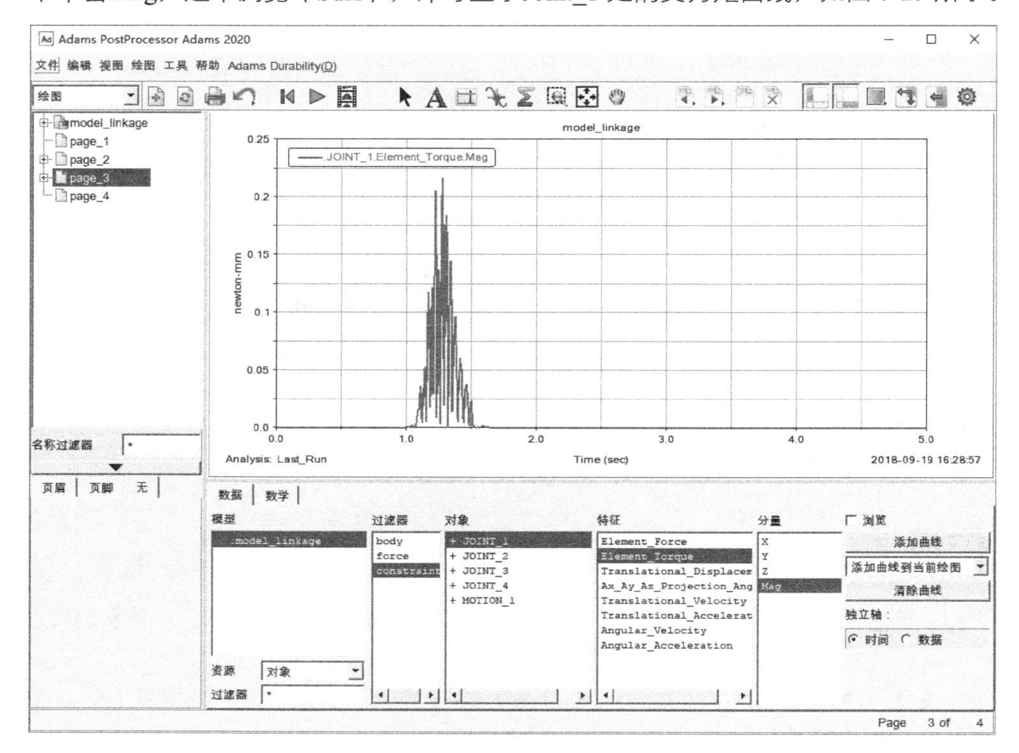

图 7-23　Joint_1 处的受力矩曲线

Step 03 查看运行轨迹。在左上角框中单击动画（Animation）项，系统进入动态回放仿真结果显示界面，如图 7-24 所示。在界面空白处右击，选择加载动画（Load Animation），加载动态仿真，如图 7-25 所示。

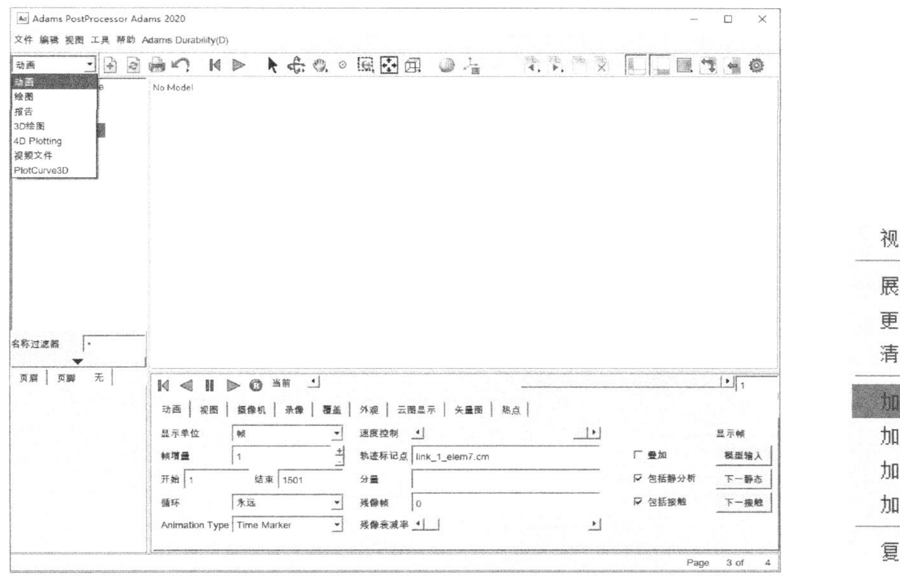

视图控制 ▸
展开视图
更换视图
清除视图
加载动画
加载模态动画
加载绘图
加载报告
复制 ▸

图 7-24 进入动态回放仿真

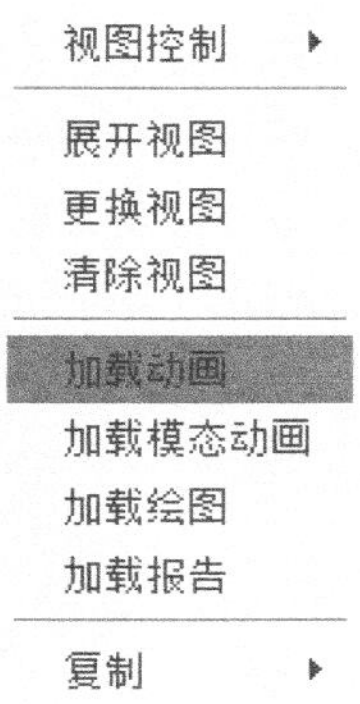

图 7-25 加载动态仿真

Step 04 在空白区域的下侧轨迹标记点（Trace Marker）栏中输入link_1_elem7.cm，以查看link_1_elem7的运行轨迹。运行轨迹如图 7-26 和图 7-27 所示。

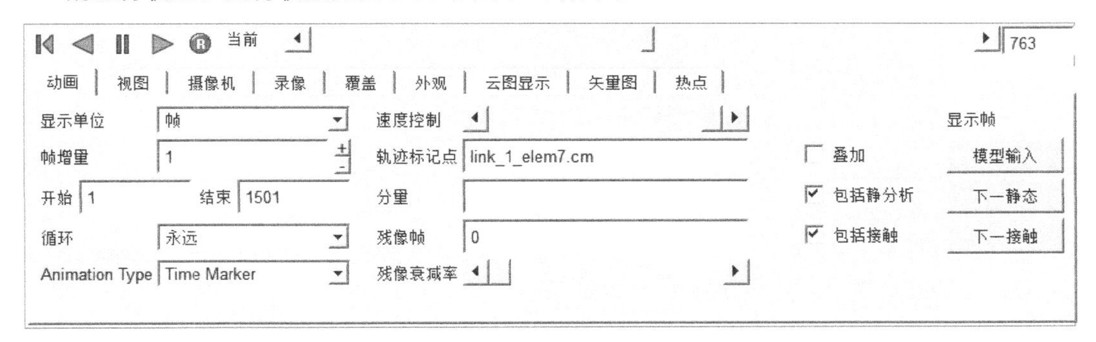

图 7-26 查看运行轨迹

Last_Run Time= 2.5400 Frame=0763

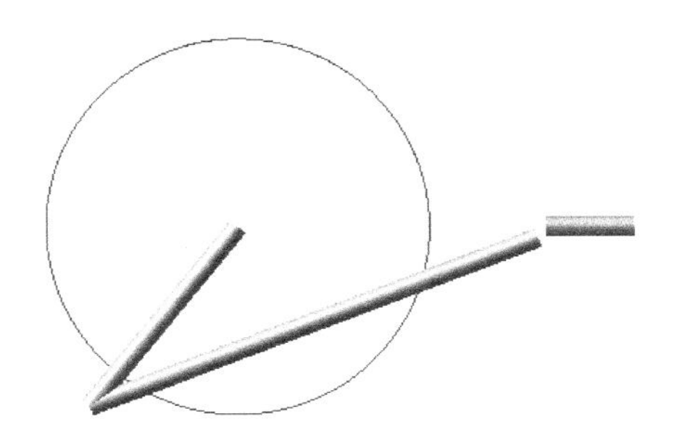

图 7-27 运行轨迹

7.4 实例二：风力发电机建模及风载仿真分析

本节以一个风力发电机为模型介绍多柔体动力学的使用。通过本例的学习和分析，读者应对多柔体动力学仿真有深入的了解和认识。

7.4.1 导入并编辑模型

Step 01 双击桌面上的图标，系统打开ADAMS 2020。在窗口中单击新建模型（New Model），在弹出的对话框中移动鼠标，单击工作路径（Working Directory）栏右侧的图标，设置文件保存路径。单击文件名称（File Name）栏，输入model_1。在单位（Units）下拉列表中选择MKS，然后单击确定（OK）按钮，创建新模型。系统打开创建新模型界面。

Step 02 单击物体（Bodies）下的按钮，系统弹出导入柔性体对话框。在MNF栏中双击，在系统弹出的界面上双击impeller.mnf文件，如图 7-28 所示，单击确定（OK）按钮导入模型。

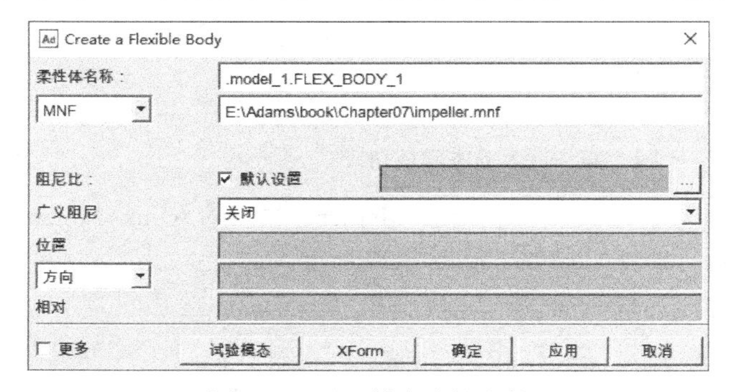

图 7-28　导入模态中性文件

Step 03 单击物体（Bodies）下的按钮，系统弹出导入柔性体对话框，在MNF栏中双击，在系统弹出的界面上双击impeller_2.mnf文件，单击确定（OK）按钮导入模型。

Step 04 选择菜单视图（View）→渲染模式（Render Mode）→精密阴影（Precision Shaded），单击全局显示按钮，整体模型的显示如图 7-29 所示。

图 7-29　整体模型

Step 05 创建约束。单击固定副图标 ，单击扇叶，然后单击轴，移动鼠标到轴的节点 785 处单击，创建扇叶与轴之间的固定副。

单击旋转副按钮 ，在旋转副中设置成 2 个物体 - 1 个位置（2 Bodies-1 Locations），单击轴，然后单击大地，移动鼠标至轴的左端节点 786 处单击，完成旋转副的创建。

Step 06 单击界面上的 按钮将模型调整到正视图，单击 按钮，弹出创建标记点（Marker）点对话框。在对话框中设置添加到部件（Add to part），移动鼠标至扇叶的中心，然后单击，完成标记点（Marker）的创建。其余两个扇叶创建点坐标步骤与此一样，分别创建Marker 5、Marker 6、Marker 7 三个点。

Step 07 旋转关键点，右击界面上的 按钮，从弹出的选项中单击 图标，弹出移动对话框。在修改（Relocate the）栏下选择标记点（Marker），在其后右击并从弹出的快捷菜单中选择选取（Pick），移动鼠标至Marker 5 点并单击。在相对下拉列表中选择标记点（Marker），在其后右击，从弹出的快捷菜单中选择选取（Pick），移动鼠标至Marker 5 点，如图 7-30 所示。

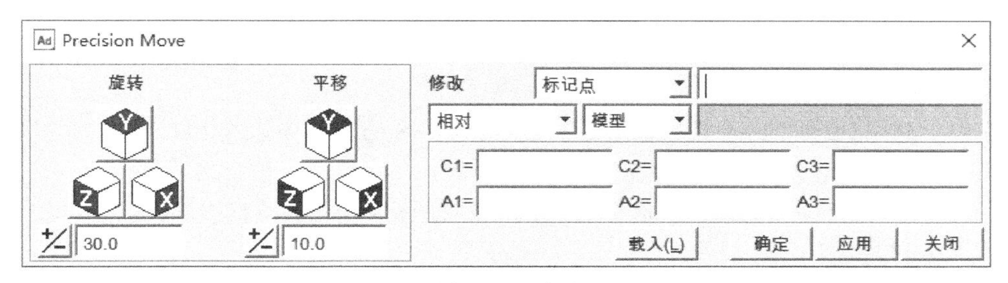

图 7-30　移动

Step 08 在旋转（Rotate）下输入-30，先单击 按钮，再单击 按钮完成Marker 5 的旋转。Marker 6 和 Marker 7 的操作与Marker 5 的操作一样，此处不再赘述。单击确定（OK）按钮退出。

Step 09 施加风力。单击单向力按钮 ，移动鼠标至Marker 5 点并单击，移动鼠标指向X轴方向时单击，完成力的创建。

Step 10 单击单向力按钮 ，移动鼠标至Marker 6 点并单击，移动鼠标指向X轴方向时单击，完成力的创建。

Step 11 单击单向力按钮 ，移动鼠标至Marker 7 点并单击，移动鼠标指向X轴方向时单击，完成力的创建，如图 7-31 所示。

图 7-31　风力的创建

7.4.2 驱动

单击驱动按钮，系统弹出创建驱动对话框。在对话框中输入-30，移动鼠标指向Joint_2 单击，完成驱动的创建。

7.4.3 仿真

Step 01 移动鼠标到ADAMS 2020 界面的菜单栏下，单击仿真（Simulation），系统弹出如图 7-32 所示的窗口，在窗口中单击按钮，弹出仿真控制对话框。

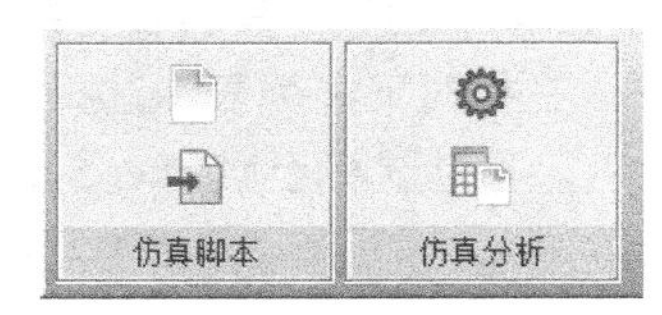

图 7-32　仿真模块

Step 02 在终止时间（End Time）栏中输入 5.0，再在步数（Steps）栏中输入 100，单击开始仿真按钮，系统开始进行动力学仿真，如图 7-33 所示。

Step 03 仿真结束，单击返回到初始状态按钮，系统返回初始状态。单击回放按钮，进行仿真回放，如图 7-34 所示。

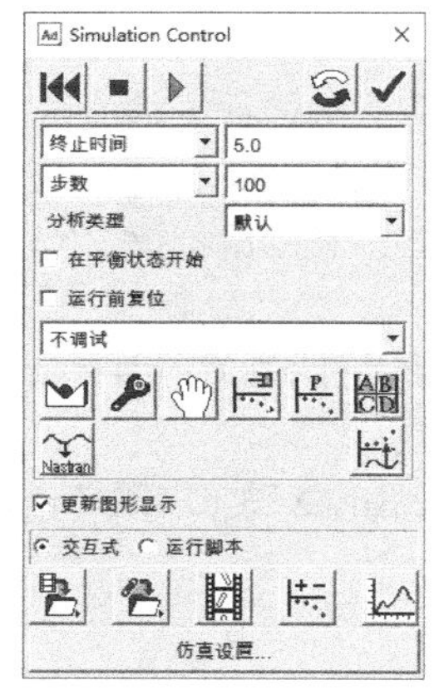

图 7-33　仿真控制对话框

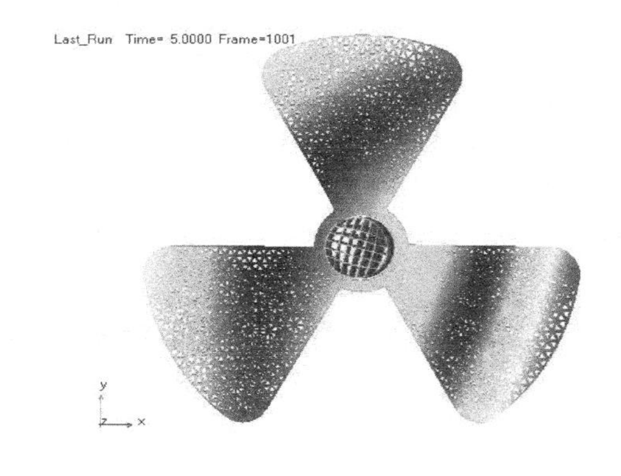

图 7-34　动力学仿真回放

7.4.4 后处理

Step 01 单击后处理按钮，系统进入后处理界面。

Step 02 在文件（File）菜单下方单击下三角按钮，从弹出的选项中选择动画（Animation）。

Step 03 右击空白区域，从弹出的菜单中选择加载动画（Load Animation），如图 7-35 所示。

Step 04 加载仿真动画，如图 7-36 所示。

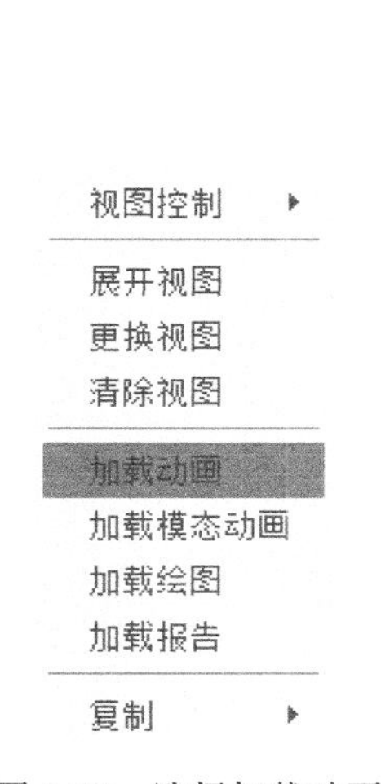

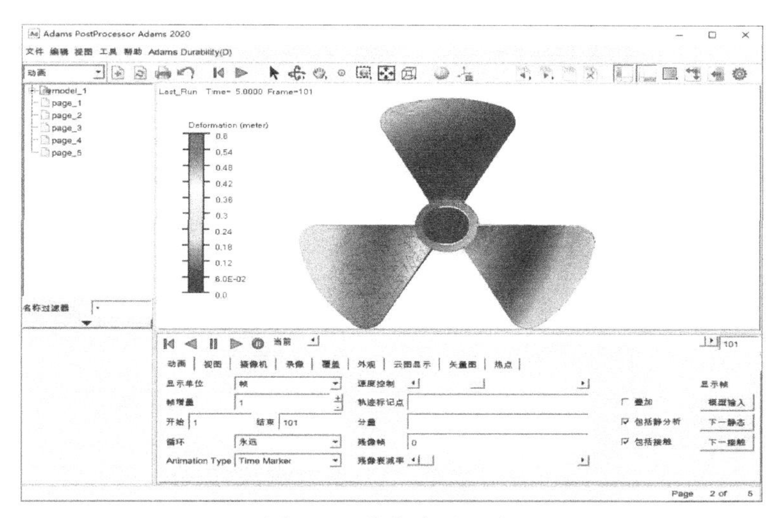

图 7-35　选择加载动画　　　　图 7-36　仿真动画界面

Step 05 运行仿真动画。单击动画（Animation）项，显示仿真对话框，单击运行仿真按钮 ▶，系统开始运行仿真。图 7-37 所示的是系统运行到 2.35 秒时的仿真动画。

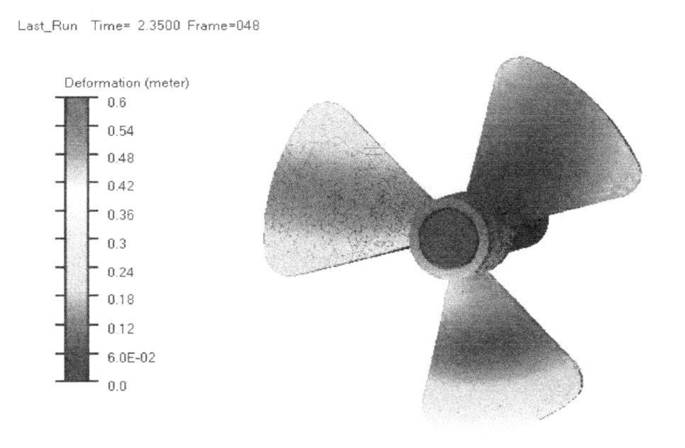

图 7-37　仿真动画

Step 06 在文件（File）下拉菜单中选择绘图（Plot），系统弹出警告窗口，单击确定（OK）按钮关闭警告。在模型（Model）栏下选择.model_1，在过滤器（Filter）栏中选择body（物体），在对象（Object）栏中单击+FLEX_BODY_1 项，在特征（Characteristic）栏中单击CM_Velocity，在分量（Component）栏中单击z，选中浏览（Surf）复选框，如图 7-38 所示。显示柔性体曲轴的速度曲线，如图 7-39 所示。

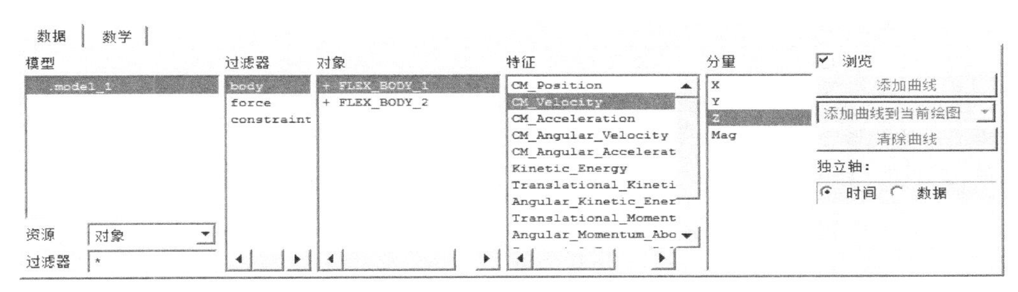

图 7-38　设置选项

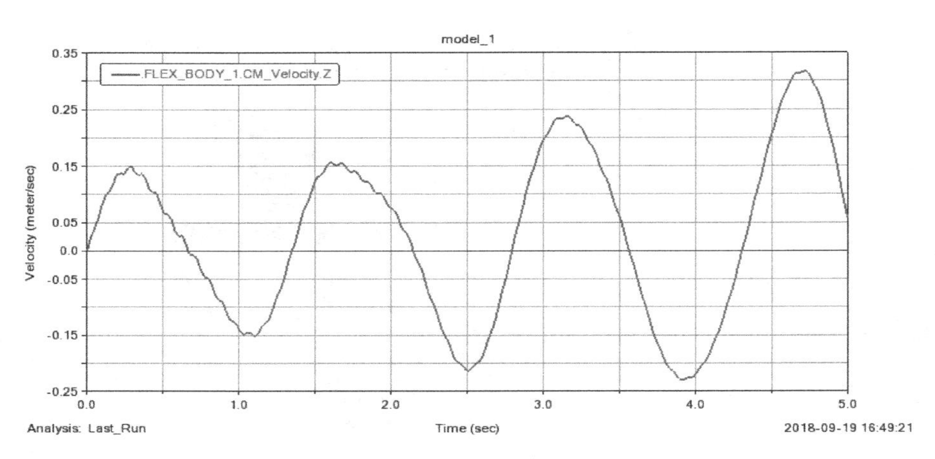

图 7-39 速度曲线

Step 07 单击菜单绘图（Plot），选择FFT，弹出FFT对话框，如图 7-40 所示。在FFT对话框中进行参数设置，再单击应用（Apply）按钮，对曲线进行FFT变换，结果如图 7-41 所示。

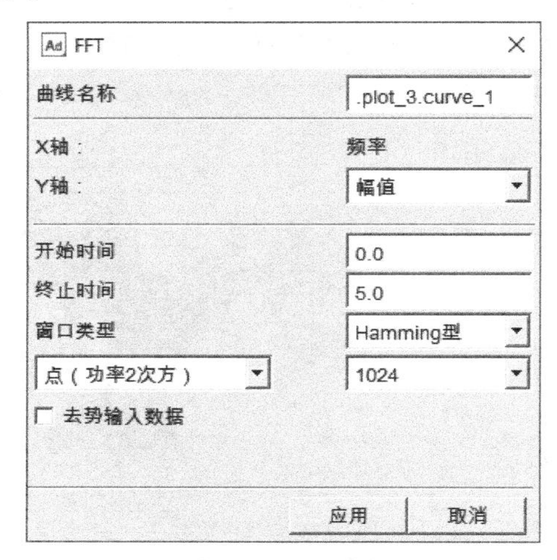

图 7-40 FFT 设置

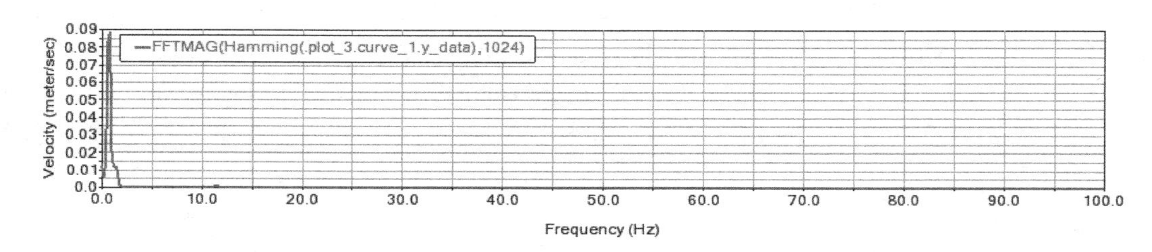

图 7-41 FFT 曲线

Step 08 单击菜单绘图（Plot），选择FFT 3D，弹出FFT 3D对话框，按照图 7-42 所示的参数框进行设置，单击应用（Apply）按钮，对曲线进行FFT 3D变换，结果如图 7-43 所示。

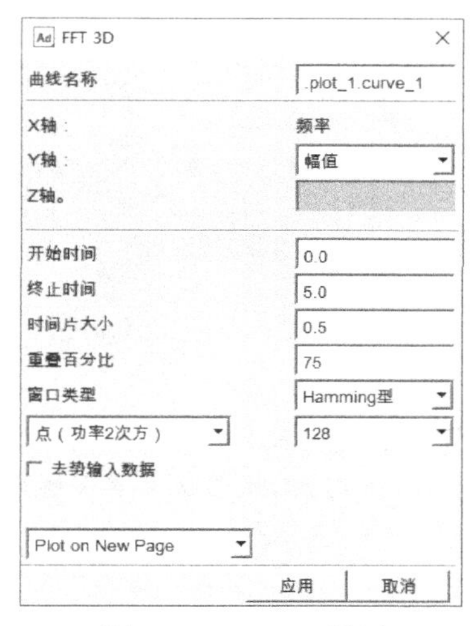

图 7-42　FFT 3D 设置

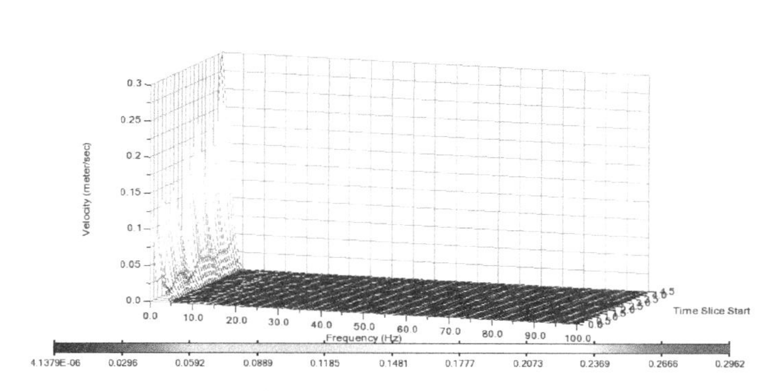

图 7-43　FFT 3D 曲线

7.5 本章小结

本章首先简明扼要地介绍了多柔体仿真的工程背景，然后讲解了多柔体系统动力学中的几个突出问题，最后通过两个实例具体讲解了多柔体系统动力学仿真的使用方法。

第8章 机电一体联合仿真

工程师对设计有着越来越高的要求。在工程中，单纯的机械设计已经无法满足需求，所以开展机电一体设计是必需的。本章介绍在ADAMS中利用控制工具栏建立控制机构以及与MATLAB联合仿真实现机电联合仿真。通过本章的学习可以为以后的控制与机械联合仿真打下坚实的基础。

知识要点

- 掌握控制器的使用和设置技巧。
- 通过实例掌握机电联合仿真的应用。

8.1 机电一体化系统仿真分析简介

ADAMS提供了两种对机电一体化系统进行仿真分析的方法。

一种是利用ADAMS/View提供的控制工具栏。控制工具栏提供了简单的线性控制模块和滤波模块，可以方便地实现前置滤波、PID控制和其他连续时间单元的模拟仿真。对于一些简单的控制问题，利用ADAMS/View的控制工具栏可以直接在ADAMS/View样机模型中添加控制模块，完成机电一体化系统的仿真分析。

另一种方法是使用ADAMS/View模块。利用ADAMS/View模块可以将机械系统仿真分析工具与控制设计仿真软件有机地连接起来，实现以下功能。

- 将复杂的控制添加到机械系统样机模型中，然后对机电一体化的系统进行联合分析。
- 直接利用ADAMS/View程序建立控制系统分析中的机械系统仿真模型，而不需要使用数学公式建模。
- 分析在ADAMS/View环境或者控制应用程序环境获得的机电联合仿真结果。

ADAMS/View模块支持与EASY5、MATLAB、MATRIX X等控制分析软件进行联合分析。

对机械和控制系统进行联合分析，提供了一种全新的设计方法。在传统的机电一体化系统设计过程中，机械工程师和控制工程师虽然在共同设计开发一个系统，但是他们各自都需要建立一个模型，然后分别采用不同的分析软件，对机械系统和控制系统进行独立的设计、调试和试验，最后建造一个物理样机，进行机械系统和控制系统的联合调试。如果发现问题，机械工程师和控制工程师又需要回到各自的模型中，修改机械系统和控制系统，然后进行物理样机联合调试。

使用ADAMS/Controls控制模块，机械工程师和控制工程师共同享有同一个样机模型，进行设计、调试和试验。利用虚拟样机对机械系统和控制系统进行反复的联合调试，直到获得满意的设计效果，然后进行物理样机的建造和调试。

显然，利用虚拟样机技术对机电一体化系统进行联合设计、调试和试验的方法同传统的设计方法相比具有明显的优势，极大地提高了设计效率，缩短了开发周期，降低了开发产品的成本，获得了优化的机电一体化系统整体性能。

8.2 ADAMS/View 控制工具栏

8.2.1 ADAMS 中建立控制器的方法

在ADAMS中有 6 种建立控制器模型的方法，其中的 3 种方法是利用ADAMS软件本身实现的，另外 3 种方法则需要其他的外部代码。

（1）力和力矩的函数。最直接的控制方法就是定义力和力矩为时间的函数。例如，一个机械系统模型具有F（time）=20.0×WY（.model.body.MAR__1）的力矩形式，即一个基于角速度的阻尼类型的力矩，增益为 20。这些函数是连续的，且是高度非线性的。利用STEP函数来控制力/力矩的开启和关闭。

（2）用户子程序（User Written Subroutines）。用户以子程序的方式实施控制规则，并把这种规则和力或者力矩联系起来。

（3）ADAMS/View控制工具栏。在ADAMS/View里包含一些基本的控制工具，其中有一些基本的控制单元，如滤波器、增益和PID控制器。这些控制器在ADAMS中是以微分方程的形式实现的。该控制器是嵌入在ADAMS/View中的，使用时不需要单独的ADAM/Controls license。

（4）导出状态矩阵的方法（Exporting State Matrix）。使用ADAMS/Linear模块定义输入，例如受控的力矩和输出、角速度和控制误差，然后导出整个系统的状态矩阵。该矩阵是MATLAB或Matrix-x的格式。需要注意的是，导出的物理模型是在某个平衡点附近进行线性化的结果。该方法的主要优点是利用外部软件中强大的控制器设计工具。

（5）联合仿真（Co-Simulation）。利用ADAMS/Controls把MATLAB/Simulink、Matrix-x或者EASY5 与ADAMS模型连接在一起进行联合仿真。此时受控的物理模型是完全非线性的。

（6）控制系统导入（Control System Import）。Simulink或EASY5 中的模块转化为C或Fortran代码，然后导入ADAMS中作为广义状态方程（General State Equations）。这样仿真就完全在ADAMS内部进行了。这样做的最大好处是机械系统和控制系统的积分都由ADAMS的积分器来完成，大大提高了效率并避免了由于积分步长不一致带来的错误。要实现这一功能，就必须有Real Time Works（RTW）或者EASY57.1 以及ADAM V2003 SP1。

8.2.2 使用 ADAMS/View 中的控制工具栏

在ADAMS/View样机模型中添加控制模块，一般通过以下 4 个基本步骤来实现。

Step 01 绘制模型的控制方框图。在向样机模型中添加控制模块和过滤器时应该先绘制一个样机的控制方框图。在控制方框图中标出样机、控制模块和前置过滤器的输入，控制模块和前置过滤器的输出，以及必要的开关等控制关系。一种典型的控制方框图如图 8-1 所示。

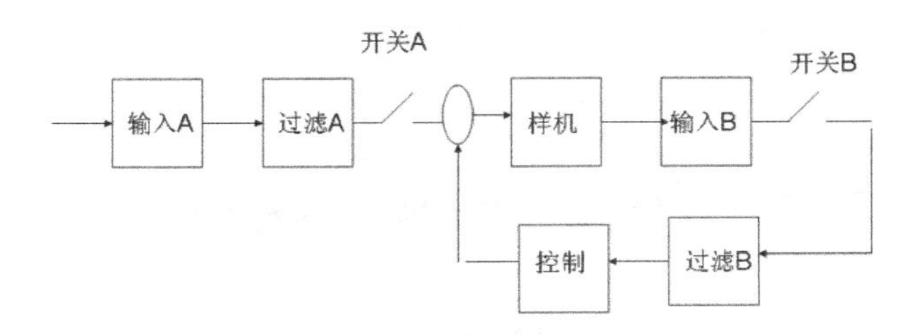

图 8-1　样机模型控制图

向控制模块和过滤器中输入的信息应该包括以下两部分。

- 随时间变化的力函数。这些力函数可以看作外部的输入，如图 8-1 中的输入A。
- 反馈的信息。这些信息视作内部输入的输入B。

来自控制模块和前置过滤器的输出应该包括以下两部分。

- 希望显示跟踪或绘图经过过滤的模型测量结果。
- 来自样机模型的输出。这些输出将用作控制模块的输入。

为了调试样机或者观察控制效果，要在控制图中设置一些开关和反馈回路。

Step 02　产生所有的输入模块。使用输入函数将输入同其他的控制模块连接起来。例如，希望使用样机模型的测量结果作为控制模块的输入，首先必须产生一个输入模块来设置控制模块的输入。

Step 03　产生其他的控制和滤波模块，并连接这些模块。

Step 04　检查所有的输入和输出连接。

8.2.3　控制模块类型

在ADAMS/View控制工具栏中有以下几种控制模块。

（1）输入函数模块。无论控制模块或滤波模块是否从其他的控制模块或滤波模块输入信号，都需要有输入函数模块。在输入函数模块中含有向模块输入信号的外部时间函数以及输入模块的样机模型测量结果。

（2）求和连接函数。求和连接函数用于对其他标准模块的输出信号进行相加或相减运算。求和连接函数使用任何有效的控制模块的输出作为输入，通过+/-号按钮设置输入的信号是相加还是相减。

（3）增益、积分、低通过滤和导通延迟过滤模块。增益、积分、低通过滤和导通延迟过滤模块用于产生基本线性转换函数的s域（执普拉斯域）表示方法。这些模块都使用增益模块或过滤系数作为ADAMS/View标量的实数值，使用ADAMS/View的实数设计变量对这些常数进行参数化处理，以便能够快速分析所连接的模块带宽或增益的变化造成的影响。使用任何控制模块的装配名称定义这些模块的输入场。

（4）用户自定义转换模块。用户自定义转换模块产生通用的关系多项式模块，通过确定多项式的系数决定多项式。多项式分子的系数采用no,n1,n2 的方式排序表示。

（5）二次过滤器。通过定义无阻尼自然频率和阻尼比，利用二次过滤器模块设置二次过滤器。使用ADAMS/View的实数设计变量对无阻尼自然频率和阻尼比进行参数化处理，以便能够快速分析所连接模块的频率或阻尼比的变化所造成的影响。

（6）PID控制模块。PID控制模块产生通用的PID控制，使用ADAMS/View的实数设计变量对模块中的P、I、D增益进行参数化处理，以便能够快速研究比例、积分和微分增益变化对控制效果的影响。

（7）开关模块。使用开关模块可以非常方便地阻断输入任何模块的信号t，将开关模块连接在反馈回路中，以及观察从开路到闭路的变化。开关模块取任何控制模块作为共输入。

8.2.4 产生控制模块

产生控制模块的方法如下。

Step 01 在单元（Elements）菜单中单击控制工具包（Control Toolkit）中的 按钮，弹出创建控制模块对话框。

Step 02 在控制模块选择栏中选择需要产生的控制模块的快捷图标。选择控制模块以后，控制模块对话框参数输入栏中的内容将随之变化。

Step 03 输入模块的名称。

Step 04 根据参数输入栏的提示输入有关内容，包括所有的输入和参数等，如图 8-2 所示。输入参数时借助输入栏的弹出的菜单完成。

Step 05 单击确定（OK）按钮，完成控制模块的设置。

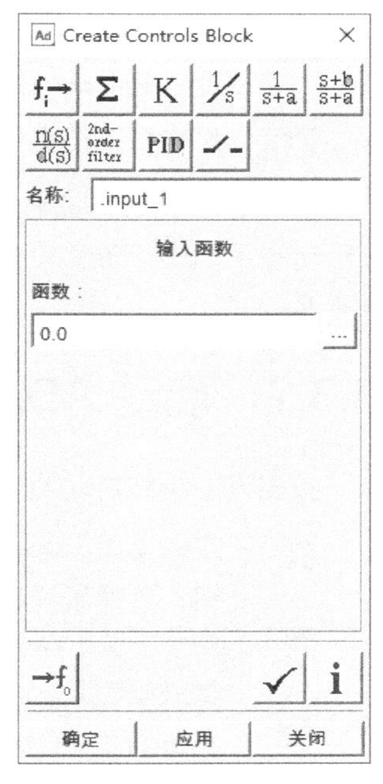

图 8-2 创建控制模块对话框

ADAMS/View将所有的控制模块定义为装配（Assembly）。如果需要修改控制模块，可利用数据库浏览器根据控制模块的装配名称选择控制模块。

8.2.5 检验控制模块的连接关系

产生控制模块时需要指定输入本模块的控制模块名称。程序根据指定的输入关系自动将当前产生的模块同输入模块相连接。使用产生控制模块对话框中的检验控制模块连接关系工具检验所有的连接。

在检验连接时，ADAMS/View首先检查所有具有给定输入的控制模块，然后检查这些模块的输出，看看是否作为其他模块的输入或者作为样机模型的输入。

8.3 实例一：雷达机构的机电联合仿真

借助于ADAMS/Controls模块将ADAMS/View或ADAMS/Solver程序同其他的控制分析软件有机地连接起来，实现将复杂的控制引入ADAMS的机械系统虚拟样机或者将ADAMS的机械系统虚拟样机作为一个机械系统模型引入控制分析软件，从而进行机电一体化系统的联合分析。

8.3.1 ADAMS/Controls 求解基本步骤

ADAMS/Controls模块支持同EASY5、MATLAB、MATRIX X等控制分析软件进行联合分析。使用ADAMS/Controls模块进行ADAMS程序和其他控制软件联合分析，包括 4 个步骤。

Step 01 构造ADAMS/View样机模型。使用ADAMS/Controls模块进行机电一体化系统联合分析时，首先应该构造ADAMS/View的机械系统样机模型，或者输入已经构造好的机械系统样机模型。

机械系统样机模型中包括几何模型、各种约束和作用力等，构造的方法同以上介绍的构造纯机械系统ADAMS/View样机模型完全一样。

Step 02 确定ADAMS的输入和输出。通过ADAMS/View或者ADAMS/Solver中的信息文件或启动文件确定ADAMS的输入和输出。这里，输出是指进入控制程序的变量，表示从ADAMS/Controls输出到控制程序的变量；输入是指从控制程序返回到ADAMS的变量，表示控制程序的输出。

通过定义输入和输出可以实现ADAMS和其他控制程序之间的信息封闭循环，即ADAMS输出的信号进入控制程序，同时从控制程序输出的信号进入ADAMS程序。这里所有程序的输入都应该设置为变量，而输出是变量或者测量值。

Step 03 构造控制系统方框图。控制系统方框图是用EASY5、MATLAB或MATRIX X等控制程序编写的整个系统的控制图。ADAMS/View的机械系统样机模型被设置为控制图中的一个模块。

Step 04 机电系统仿真分析。对机电一体化系统的机械系统和控制系统进行联合分析。

MATLAB是Mathworks公司开发的非常著名的软件，MATLAB具有很多工具栏，其中SIMULINK工具栏应用动态系统进行仿真和分析。有关MATLAB和SIMULINK的具体使用方法，可参考介绍MATLAB的有关参考书。

8.3.2 启动 ADAMS/Controls 模块

按照以下步骤启动ADAMS/Controls模块。

Step 01 双击桌面上的Ad快捷方式，系统打开创建新模型对话框，采用默认设置，再单击确定（OK）按钮，创建新模型。

Step 02 单击工具（Tools）菜单，从弹出的菜单中选择插件管理器（Plugin Manager），如图 8-3 所示。系统弹出加载工具对话框，如图 8-4 所示，再选中载入（Load）下的Adams Controls行对应的是（Yes）。

Step 03 单击确定（OK）按钮，完成ADAMS/Controls的加载。

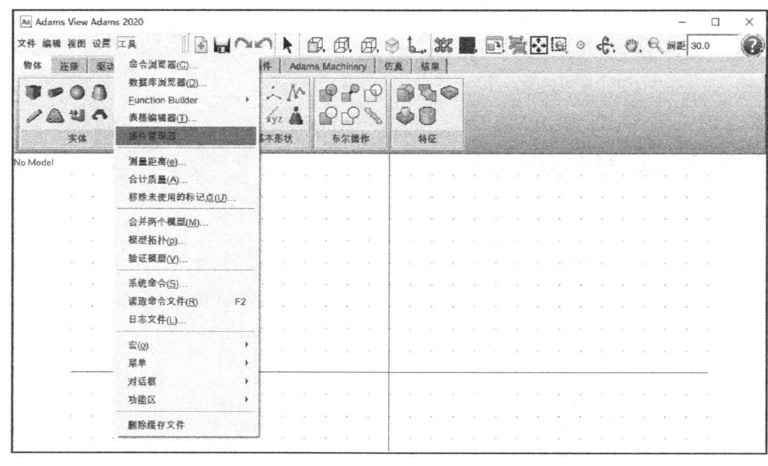

图 8-3 选择插件管理器

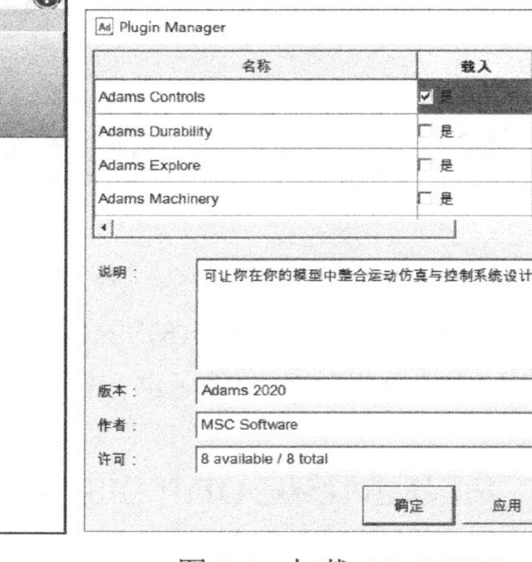

图 8-4 加载 ADAMS/Controls

8.3.3 构造 ADAMS 机械系统样机模型

构造ADAMS机械系统样机模型的方法同使用ADAMS/View构造样机模型的方法完全相同。为简化起见，这里直接利用一个已经完成建模的ADAMS的例题文件antenna.cmd。该例题是一个雷达天线样机模型，存储于计算机的/install.dir/controls/examples/antenna目录中，其中install.dir表示ADAMS程序的安装目录。

假设以前通过ADAMS/View或ADAMS/Controls已经构造了雷达天线的机械系统模型，现在采用输入雷达天线样机机械系统模型的方法构造ADAMS机械系统样机模型。

1. 熟悉模型

雷达天线样机模型主要由 6 部分组成，如图 8-5 所示。各构件之间通过一定的运动副相互连接。

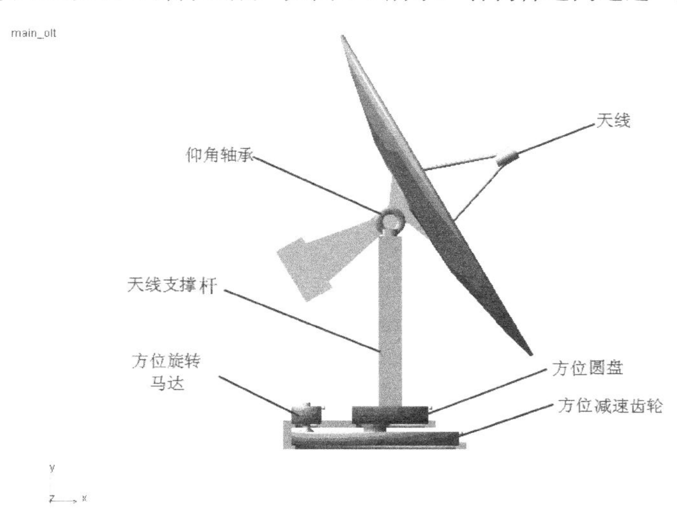

图 8-5 雷达模型

（1）方位旋转马达。马达通过旋转副同地面基础框架连接。
（2）方位减速齿轮。该齿轮通过旋转副同地面基础框架连接。
（3）方位圆盘。方位圆盘通过旋转副同地面基础框架连接。
（4）天线支撑杆。使用一个固定副将天线支撑杆同方位圆盘相连接。
（5）仰角轴承。使用一个固定副将仰角轴承同天线支撑杆相连接。
（6）天线。天线通过旋转副同仰角轴承连接。

2. 输入 ADAMS 机械系统样机模型的方法

Step 01 在ADAMS/View的文件（File）菜单中选择导入（Import）项，显示输入文件对话框，如图 8-6 所示。

Step 02 在文件类型（File Type）栏中选择ADAMS/View Command File命令。

Step 03 在读取文件（File To Read）栏中右击，选择浏览（Browse）命令，打开输入文件对话框。

Step 04 选择/install.dir/controls/examples/antenna目录中的antenna.cmd文件。

Step 05 单击确定（OK）按钮，输入和显示雷达天线样机模型。

Step 06 在右下角单击图标（Icons）按钮，关闭显示的各种对象图标。

Step 07 在右下角单击渲染（Render）按钮，设置按实体方式显示雷达天线样机模型，如图 8-7 所示。

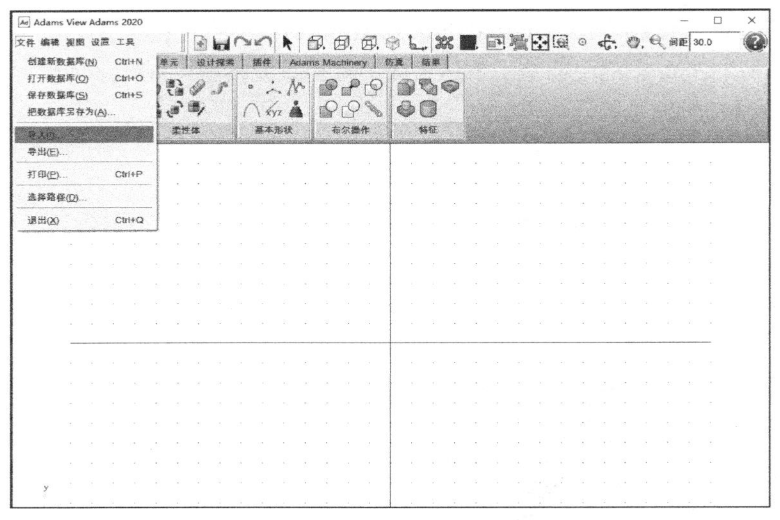

图 8-6　输入文件对话框

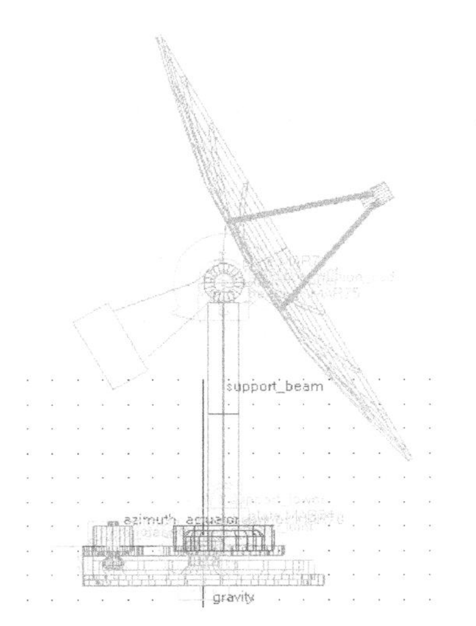

图 8-7　按实体方式显示雷达天线样机模型

3. 试验运行雷达天线的机械系统

在进行机械和控制两大系统联合仿真分析之前，应该先利用ADAMS/View进行机械系统的仿真分析，以便确认机械系统建模正确无误，方法如下。

Step 01　在主工具栏中选择仿真工具，系统弹出仿真控制对话框。

Step 02　在仿真控制对话框终止时间（End Time）栏中输入 0.5，设置仿真分析时间为 0.5s。

Step 03　在仿真控制对话框步数（Steps）栏中输入 250，设置仿真分析步数为 250 步。

Step 04　选择静态平衡分析工具，确定作用力的平衡关系以及雷达天线的静态平衡位置。

Step 05　选择开始仿真按钮，进行机械系统的仿真分析。

雷达天线的机械系统进行正常的仿真分析，符合要求，表明机械系统建模符合要求。

4. 解除运动

在确认机械系统建模正确无误以后开始向样机模型添加控制系统，首先需要解除雷达天线系统已经设置的方位角运动，方法如下。

Step 01　在编辑（Edit）菜单中选择失效（Deactivate）命令（见图 8-8），显示数据库浏览器（见图 8-9）。

Step 02　双击main_olt.模型，显示构件和运动列表，从中选择azimuth_motion_csd运动，如图 8-10 所示。

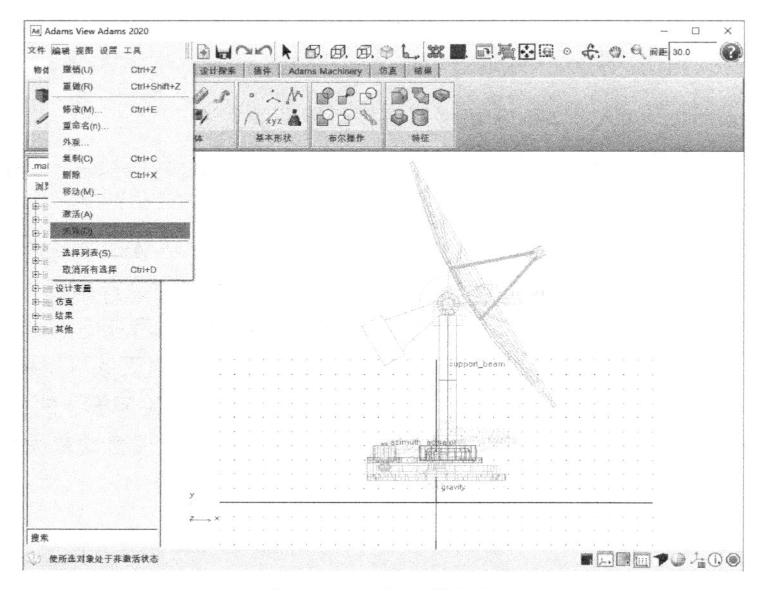

图 8-8　选择失效命令

图 8-9　数据库浏览器

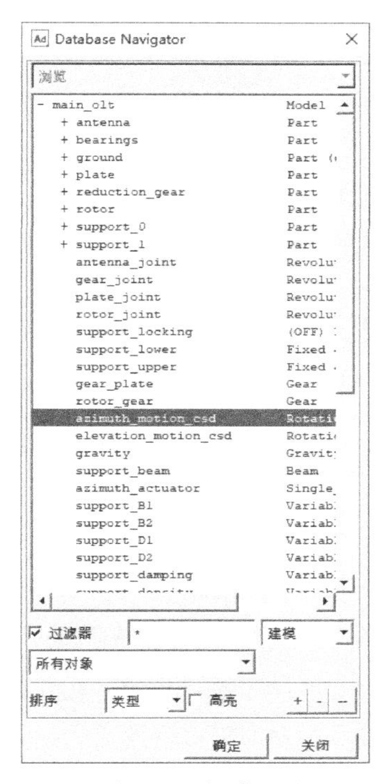

图 8-10　解除运动

Step 03　单击确定（OK）按钮。ADAMS/View暂时解除已经设置的方位角运动（azimuth_motion_csd）。

Step 04　选择返回初始状态工具⏮，样机模型返回初始状态。

Step 05　重新进行样机模型的仿真分析。

8.3.4　确定 ADAMS 的输入和输出

1. 确定 ADAMS 输入和输出流程

雷达天线的机械系统和控制系统之间的输入和输出关系如图 8-11 所示。从中可以看到向雷达的机械系统输入了一个控制力矩（control_torque），雷达的机械系统则向控制系统输出天线仰角的方位角（azimuth_position）和马达转速（rotor_velocity）。

通过确定如图 8-11 所示的输入和输出流程图，可以在以下几方面为下一步的工作提供方便。

- 确定ADAMS/View的输入和输出。
- 在控制程序中读入变量，然后进行仿真分析。
- 在ADAMS/View中对仿真结果进行回放或者对仿真结果进行后处理。
- 如果需要修改变量，可以重新进行

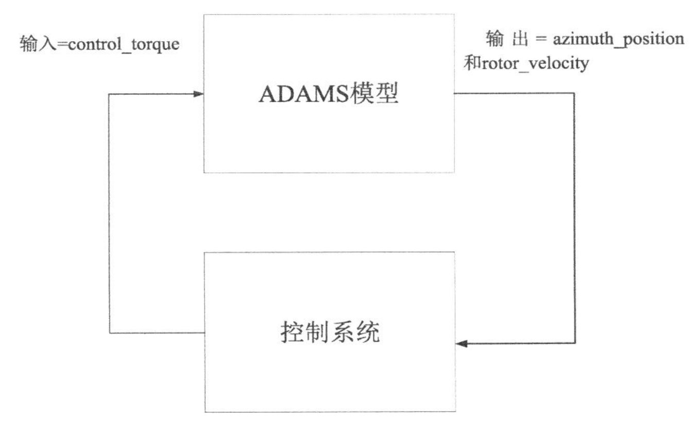

图 8-11　雷达天线的输入和输出

仿真分析。

2. 验证雷达天线样机模型输入变量

Step 01 单击工具栏中的标题单元（Elements），在单元（Elements）下单击系统单元（System Elements），如图 8-12 所示。在系统单元（System Elements）中单击状态变量（State Variable）按钮 **x**，系统弹出Create State Variable（创建状态变量）对话框，此处可以创建变量，如图 8-13 所示。

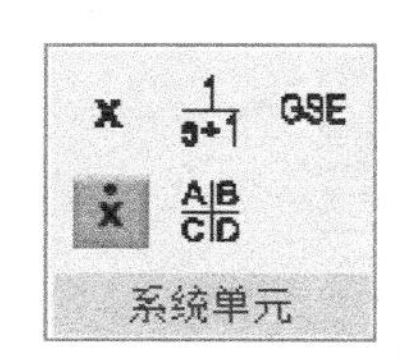

图 8-12 显示系统单元

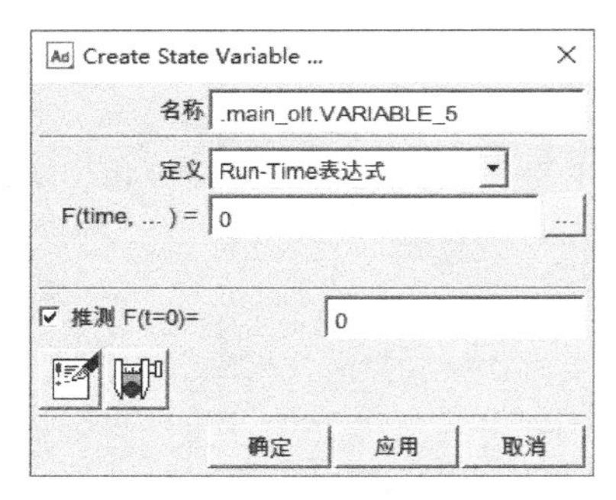

图 8-13 Create State Variable 对话框

Step 02 在菜单栏中选择编辑（Edit）→修改（Modify），系统弹出数据库浏览器，双击main_olt模型，展示ADAMS/View变量列表。

Step 03 从列表中选择控制力矩变量（control_torque）。

Step 04 单击确定（OK）按钮，显示修改状态变量对话框，如图 8-14 所示。

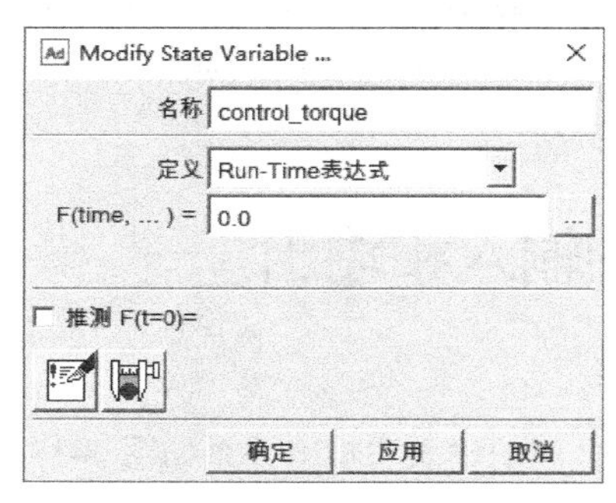

图 8-14 修改状态变量对话框

Step 05 查看F(time,...)文本输入框。在该栏中输入的是输入变量值，即控制力矩，这里为 0。因为控制力矩值将取自控制程序的输出，而不是这里定义的值。在联合仿真过程中，程序自动根据控制程序的输出实时地刷新控制力矩值。

Step 06 单击取消（Cancel）按钮，不进行任何修改，关闭修改状态变量对话框。

选择ADAMS/View窗口中没有对象的任何位置，放弃对任何对象的选择，以便进行下一步操作。

3. 确定输入函数

在输入函数中引用输入变量main_olt.control_torque。检验被输入函数的方法如下。

Step 01 在编辑（Edit）菜单中选择修改（Modify）命令，显示数据库浏览器。

Step 02 双击main_olt.模型，显示ADAMS/View变量列表。

Step 03 从列表中选择控制力矩azimuth_actuator，显示修改力矩对话框，如图 8-15 所示。

Step 04 单击确定（OK）按钮，弹出力矩对话框，如图 8-16 所示。查看函数文本框，在该栏中输入的表达式为VARVAL（control_torque）。

Step 05 单击取消（Cancel）按钮，不进行任何修改，关闭力矩对话框。

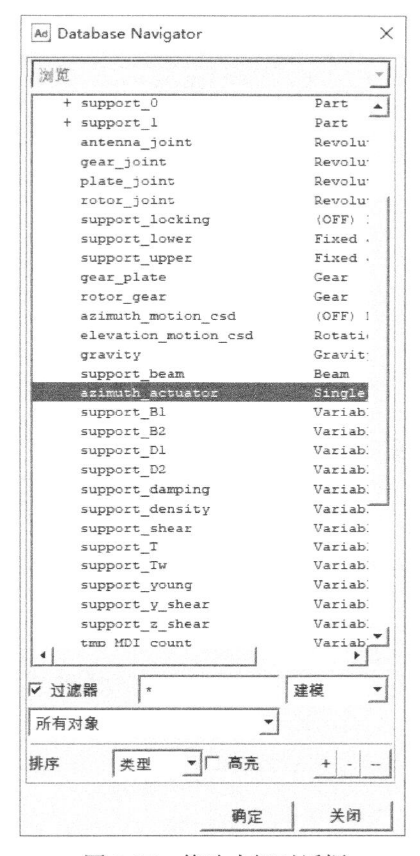

图 8-15 修改力矩对话框

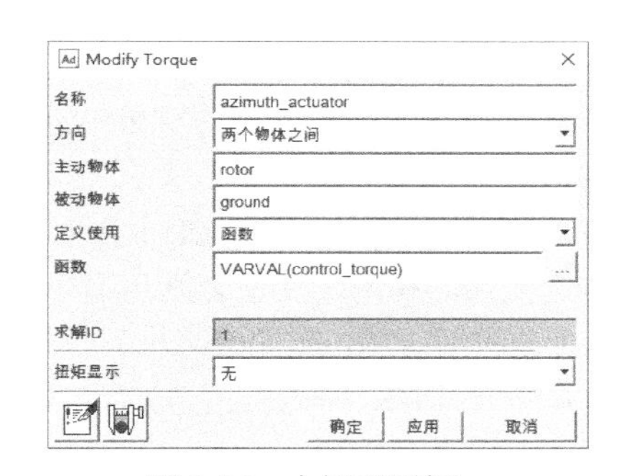

图 8-16 力矩对话框

4. 确定输出变量

确定或验证输出变量的方法同输入变量相同。雷达的机械系统向控制系统输出两个信号，即天线仰角的方位角（azimuth_position）和马达转速（rotor_velocity）。

Step 01 在编辑（Edit）菜单中选择修改（Modify）命令，显示数据库浏览器。

Step 02 双击main_olt.模型，显示ADAMS/View变量列表。

Step 03 从列表中选择方位角变量azimuth_position。

Step 04 单击确定（OK）按钮，显示修改状态变量对话框。

Step 05 查看函数文本框，方位角变量表达式定义为AZ（MAR.70，MAR 26）。其中，AZ()函数返回环绕Z轴旋转的转角，这里将Z轴定义为雷达天线仰角轴承的回转轴，从而将雷达天线仰角的方位定义为输出变量，如图 8-17 所示。

Step 06 单击取消（Cancel）按钮，不进行任何修改，关闭修改对话框。

Step 07 采用上面的办法从数据库浏览器中选择马达转速变量rotor_velocity，打开修改状态变量对话框。

Step 08 查看F(time,...)文本框，马达转速变量表达式定义为WZ（MAR21，MAR22，MAR22），如图 8-18 所示。WZ()函数返回环绕Z轴旋转的角速度，这里已经将Z轴定义为马达的回转轴，从而将马达转速定义为输出变量。

Step 09 单击取消（Cancel）按钮，不进行任何修改，关闭修改状态变量对话框。

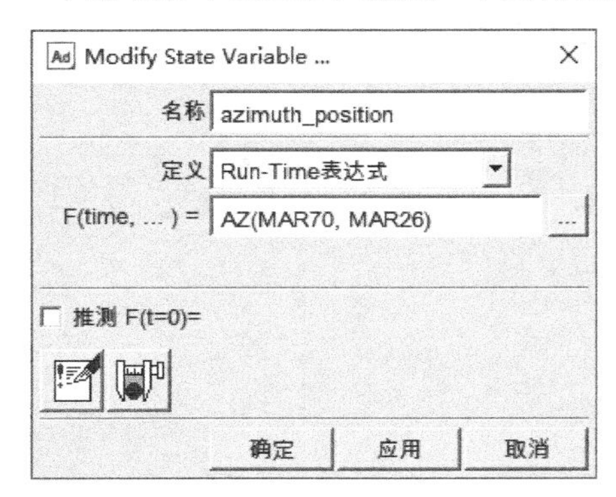

图 8-17 方位角变量

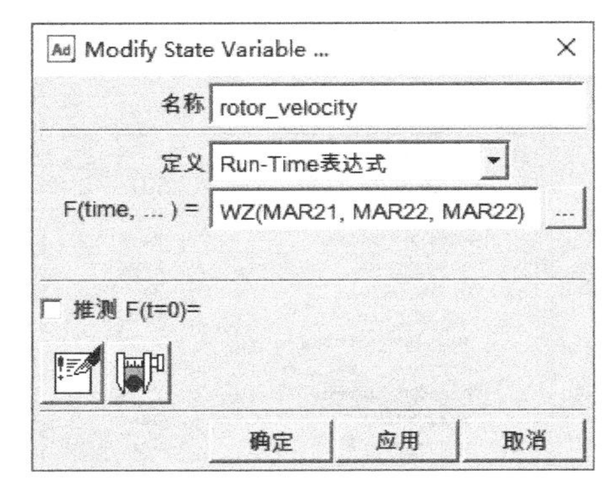

图 8-18 马达转速变量

5. 定义 ADAMS / Controls 模块的输入变量

Step 01 单击工具栏插件选项卡，切换到插件工具栏，如图 8-19 所示。

Step 02 单击加载Adams Controls按钮，显示Adams Controls Plant Export对话框，如图 8-20 所示。

Step 03 在文件前缀（File Prefix）栏中输入文件名ant_test。

Step 04 在输入信号（Input Signals）栏中输入变量名.main_olt.control_torque，或者利用数据库浏览器选择输入。右击，在弹出的菜单中选择ADAMS_variable项，再选择浏览（Browse），显示数据库浏览器。在浏览器变量列表中选择输入变量control_torque。

Step 05 在输出信号（Output Signals）栏中利用数据库浏览器输入输出变量，分别输入方位角变量和马达转速变量，在两个变量之间用逗号分隔。

Step 06 在目标软件（Target Software）栏中选择同ADAMS进行联合分析的控制软件MATLAB。

Step 07 单击确定（OK）按钮，完成输入和输出变量的定义。

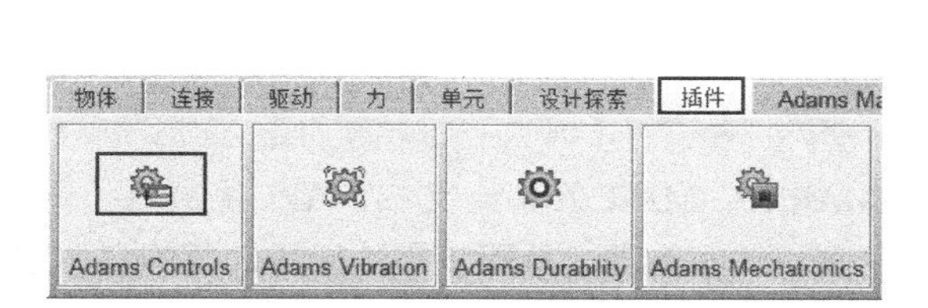

图 8-19 定义输入输出变量

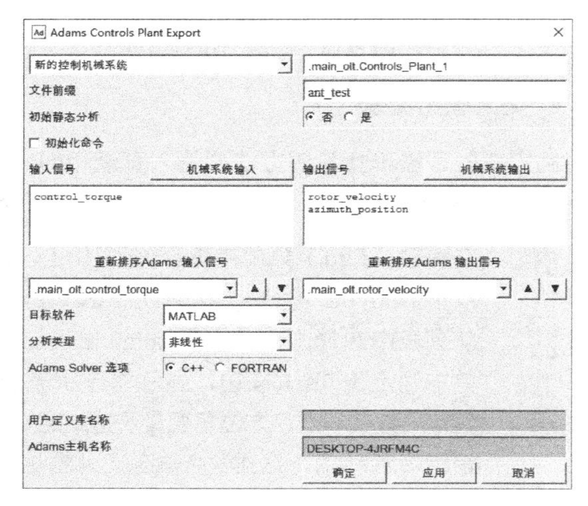

图 8-20 定义输入输出变量

ADAMS/Controls将输入和输出信息保存在M（MATLAB）程序文件中，同时产生一个ADAMS/View命令文件（.cmd）和一个ADAMS/Solver命令文件（.adm），供联合仿真分析时使用。

8.3.5 控制系统建模

控制系统建模的目的是在一个机械和控制一体化的样机模型框图中添加控制系统，实现控制系统的建模，基本步骤如下。

Step 01 双击MATLAB快捷图标，启动控制程序MATLAB。

Step 02 在MATLAB程序中输入ADAMS模块。

Step 03 在Simulink中设置仿真参数。

Step 04 运用Simulink工具进行控制系统建模。

1. 启动 MATLAB 程序

启动MATLAB程序的步骤如下。

Step 01 双击MATLAB快捷图标，启动控制程序MATLAB。

Step 02 在MATLAB命令输入提示符“?”或“>>”处输入ant_test，MATLAB返回相应的结果，如图 8-21 所示。

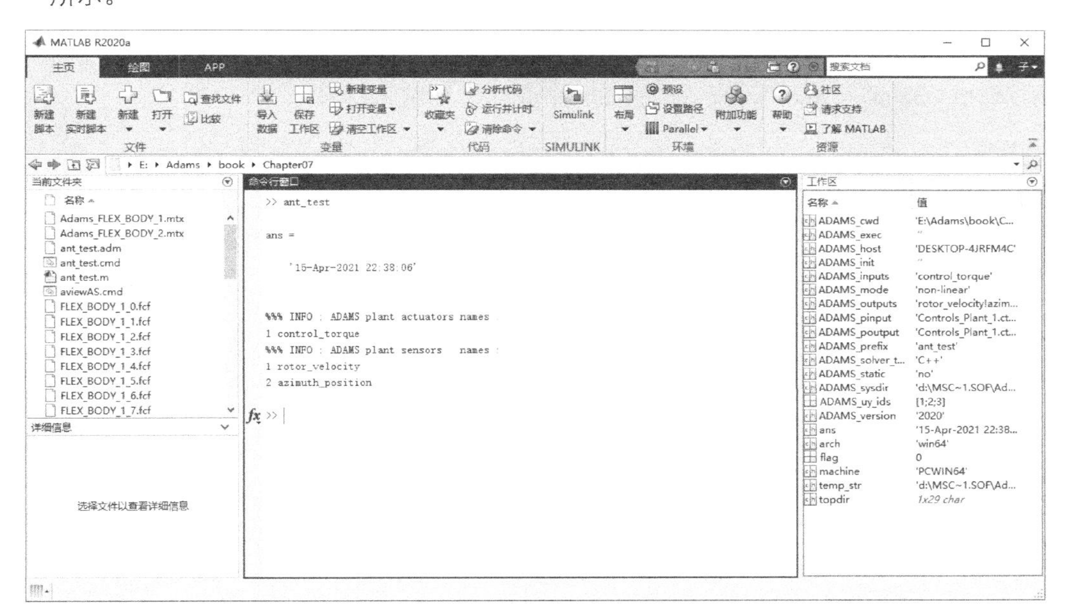

图 8-21 返回结果

如果程序提示 ant_test 命令出错，原因可能是 MATLAB 的默认路径设置没有考虑 ant_test 所在路径。在 MATLAB 的文件（File）菜单中选择设置路径（Set Path）命令，设置 ant_test.m 文件的默认路径。

Step 03 在输入提示符处输入who命令，显示文件中定义的变量列表，MATLAB返回相应的结果，如图 8-22 所示。

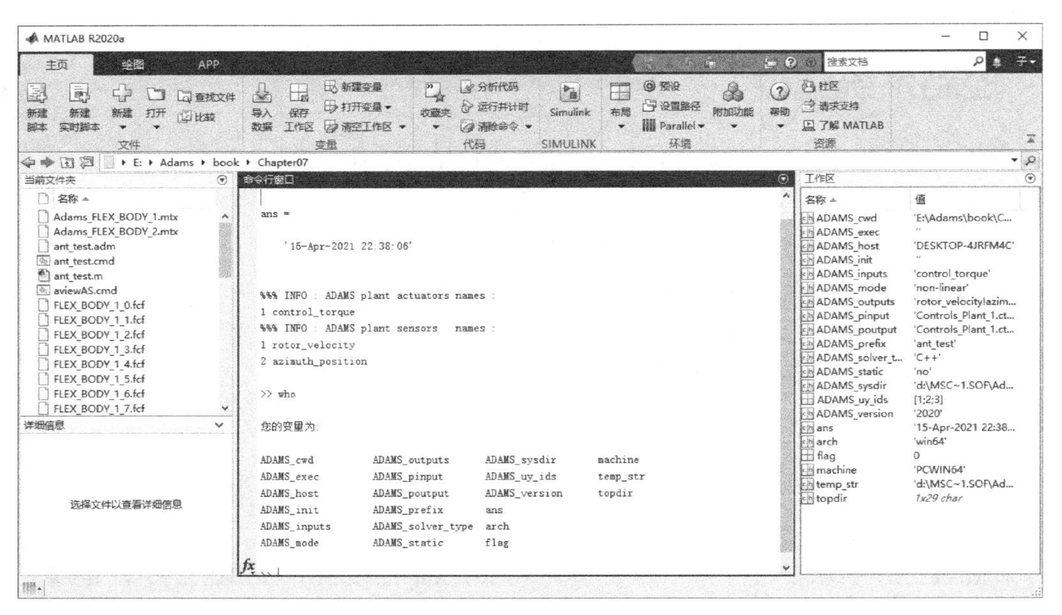

图 8-22　变量列表

选择显示的任何一个变量名，检验变量。输入ADAMS_outputs，MATLAB将显示机械系统中定义的所有输出：ADAMS_outputs = 'rotor_velocity!azimuth_position'，如图 8-23 所示。

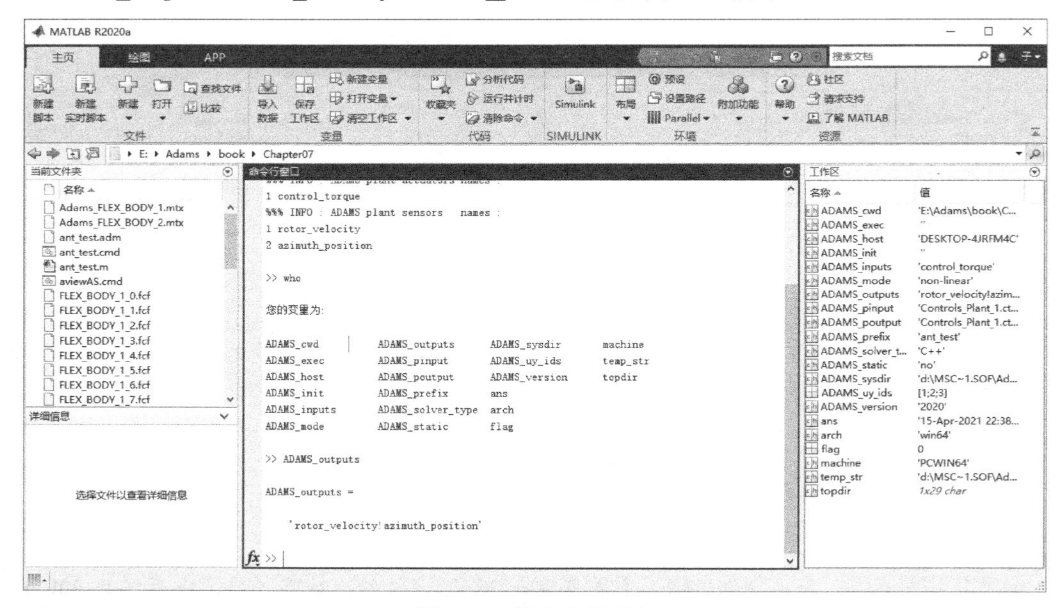

图 8-23　输出变量列表

2. 输入 ADAMS 模块

Step 01　在MATLAB输入提示符处输入adams_sys，显示adams_sys的模块窗口，如图 8-24 所示。

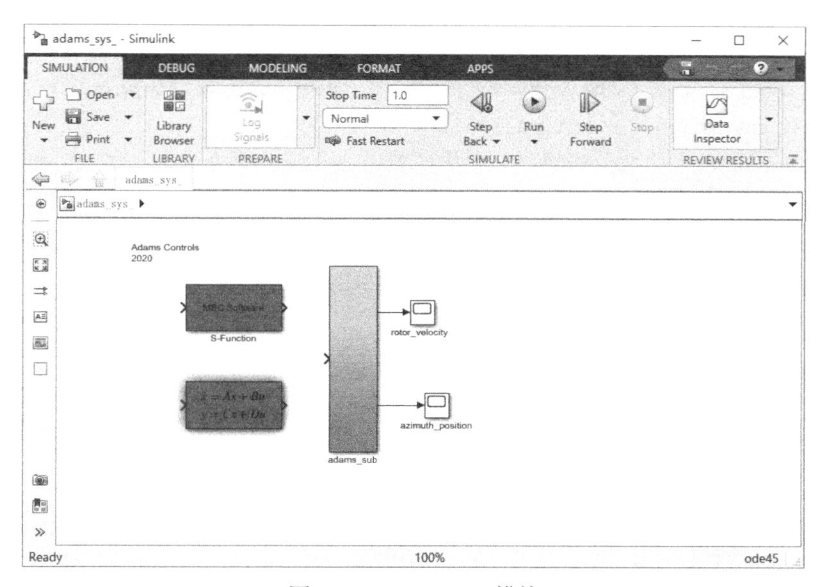

图 8-24　adams_sys 模块

Step 02　在文件（File）菜单中选择新建（New），打开一个新的对话框，将此窗口命名为adams_1。

Step 03　将图 8-24 中的adams_sub模块连同两个输出显示器拖曳到新打开的adams_1 窗口中。

Step 04　双击adams_1 窗口中的adams_sub模块，显示adams_sub模块的子系统，如图 8-25 所示。

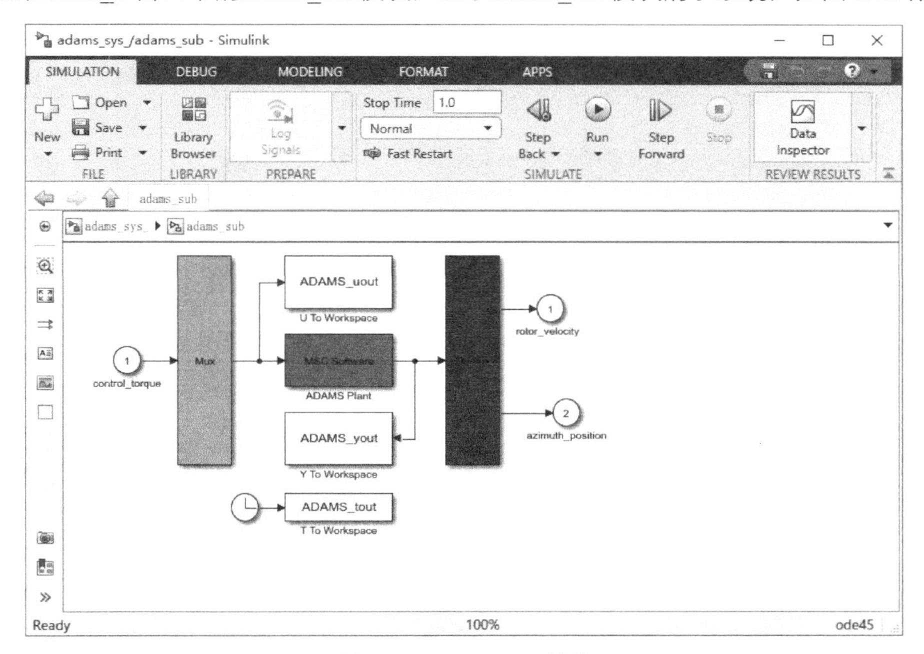

图 8-25　adams_sub 模块

3. 设置仿真参数

Step 01　在新显示的Simulink窗口中，双击MSC Software模块，显示MSC Software模块参数设置对话框，如图 8-26 所示。

Step 02　在Output files prefix（输出文件前缀）文本框中设置输出文件名‘mytest’（注意，文件名要用单引号引起来）。ADAMS/Controls将以文件名mytest保存仿真分析结果。ADAMS/Controls输出仿真结果（.res）、要求（.req）和图形（.gra）3 种类型的仿真分析结果文件，在本实例中分别是mytest.res、mytest.req和mytest.gra文件。

Step 03 在Simulation mode（仿真分析模式）栏中选择discrete（离散）参数。仿真分析模式定义了ADAMS程序求解机械系统方程的方式以及控制程序求解控制系统方程的方式。

Step 04 在Animation mode（动态显示）栏中选择interactive（交互）参数。动画显示决定了在ADAMS/View中动态显示跟踪仿真结果的方式。

Step 05 单击OK（确定）按钮完成设置。

4. 控制系统建模

Step 01 在MATLAB命令窗口中单击按钮，启动Simulink，显示一个新的Simulink模块窗口，同时显示Simulink工具库窗口，如图 8-27 所示。

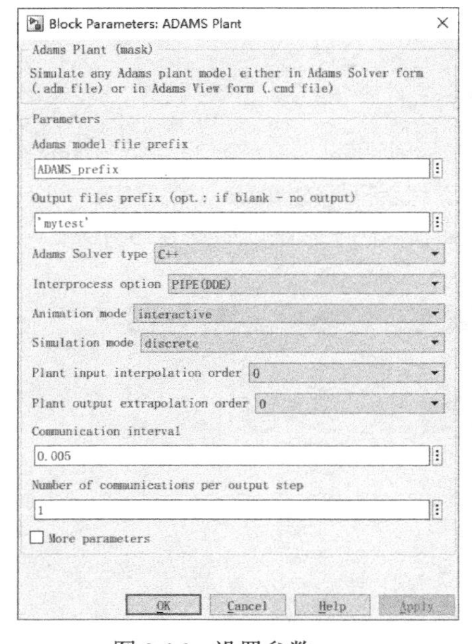

图 8-26 设置参数

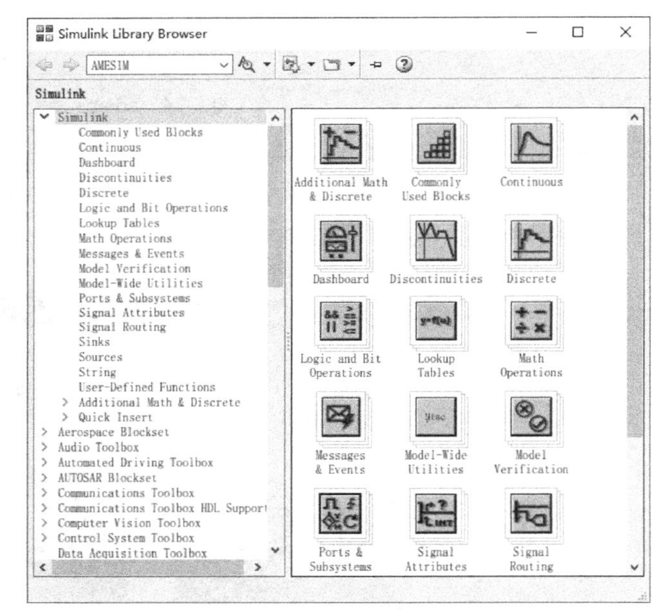

图 8-27 Simulink 模块窗口

Step 02 双击Simulink工具库窗口中的每个图标，显示各自的子工具库窗口。

Step 03 从已经打开的adams_1 窗口中将adams_sub模块连同两个输出显示器拖曳到Simulink建模窗口中。

Step 04 根据控制系统的具体需要在Simulink工具窗口中选择有关的图形模块，拖曳到Simulink建模窗口中。

Step 05 按照图 8-28 所示的控制系统图完成各控制图标以及adams_sys模块之间的连接和参数设置。

Step 06 在文件（File）菜单中选择另存为（Save As）命令，输入控制系统文件名以后，经控制系统的Simulink文件存盘。

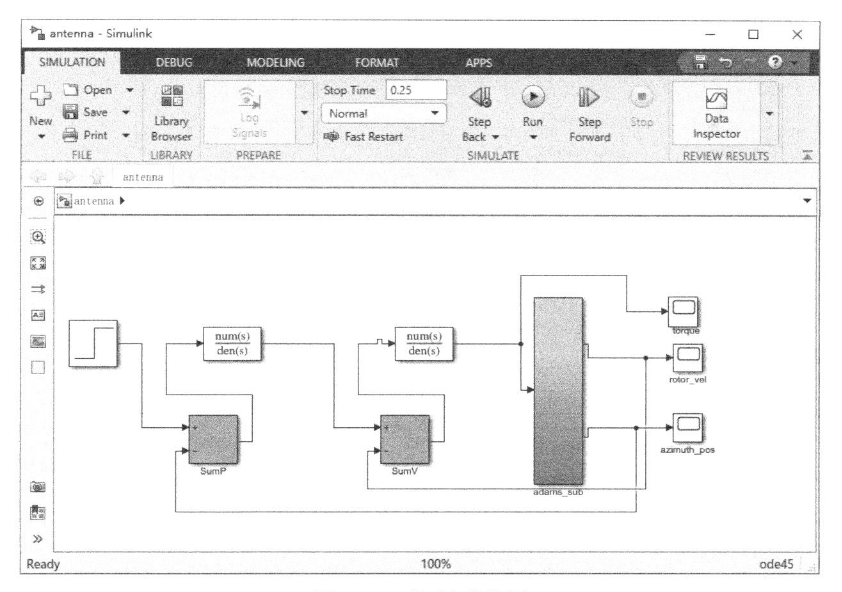

图 8-28　控制系统图

8.3.6　机电系统联合仿真分析

1．设置仿真参数

Step 01　在antenna窗口中单击Simulation菜单。

Step 02　选择Model Configuration Parameters（配置模型参数）选项，如图 8-29 所示，显示参数设置对话框。

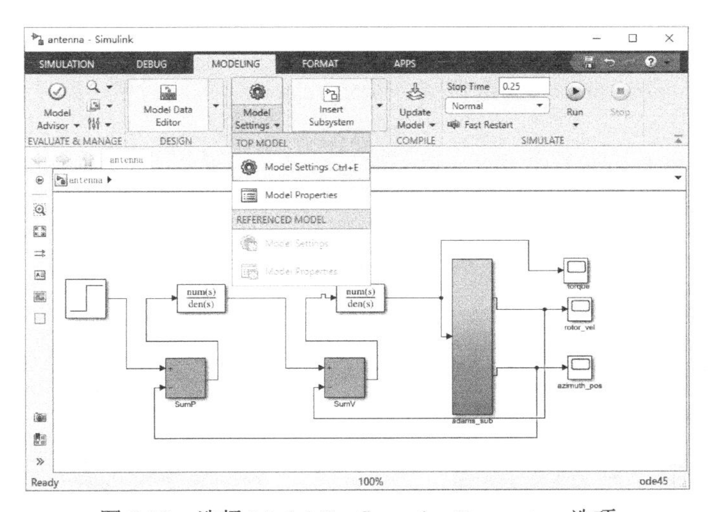

图 8-29　选择 Model Configuration Parameters 选项

Step 03　设置仿真时间。在Start time（开始时间）栏中输入 0.0，设置开始时间；在Stop time（终止时间）栏中输入 0.25，设置结束时间。

Step 04　在仿真类型的第一个选择栏Type（类型）中选择Variable-step参数，在第二个选择栏Solver（求解器）中选择ode45（Dormand-Prince）参数，如图 8-30 所示。

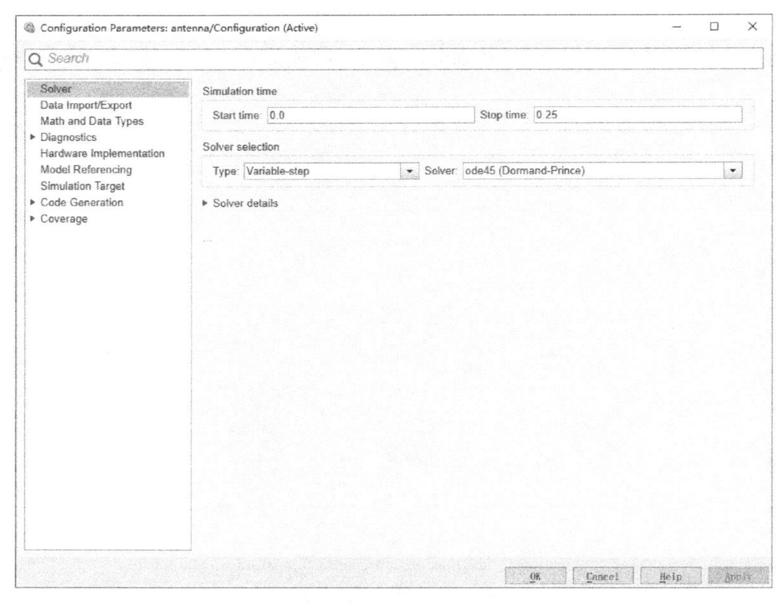

图 8-30　参数设置对话框

Step 05　其他各项参数取默认值。

Step 06　单击OK（确定）按钮，关闭MATLAB参数设置对话框。

2. 执行机电系统联合仿真分析

在仿真（Simulation）菜单中选择开始（Start）命令，开始进行机电系统联合仿真分析。程序将显示一个新的ADAMS/View窗口，显示仿真分析结果。同时，还显示一个窗口，用以显示联合仿真分析过程中的各种数据。

用ADAMS接收来自MATLAB的控制输入信息，产生相应的运动。同时，向MATLAB的控制系统提供天线仰角的方位角（azimuth_position）和马达转速（rotor_velocity）的实时值。通过这种方式，机械系统和控制系统实现闭环控制。

从Simulink控制系统设置的两个输出显示器实时地了解在仿真过程中天线仰角方位角和马达转速的变化情况，如图 8-31 和图 8-32 所示。

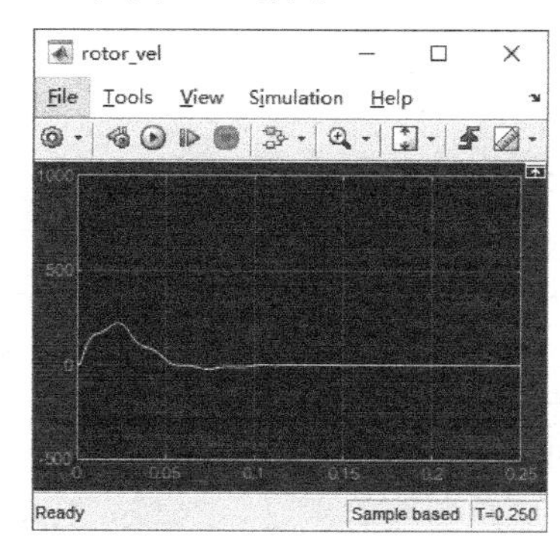

图 8-31　马达转速

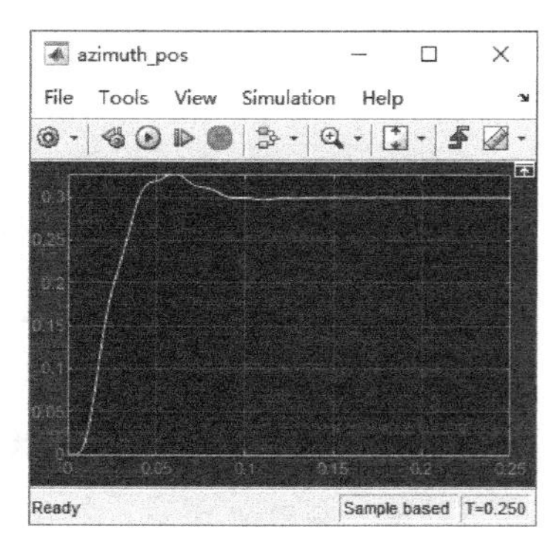

图 8-32　天线仰角的方位角

完成仿真分析以后，ADAMS/View自动关闭新显示的窗口。

8.4 实例二：滚动球体机电联合仿真分析

通过这个模型的学习，读者应学会创建控制系统、发送信号和执行信号。

8.4.1 打开以及浏览模型

Step 01 将安装文件<install_dir>/amech/examples/aview/tutorial_ball_beam复制到工作目录中。启动ADAMS/View，选择刚才创建的工作路径作为起始路径，然后导入ball_beam_start.cmd文件。

Step 02 单击文件（File）菜单，然后选择导入（Import），系统弹出导入文件对话框，在读取文件（File To Read）栏中双击，找到ball_beam_start.cmd文件，单击确定（OK）按钮，将文件ball_beam_start.cmd导入，然后单击确定（OK）按钮导入文件，如图 8-33 所示。

Step 03 单击右下侧的图标和图标，然后单击界面左上侧的图标，显示模型，如图 8-34 所示。

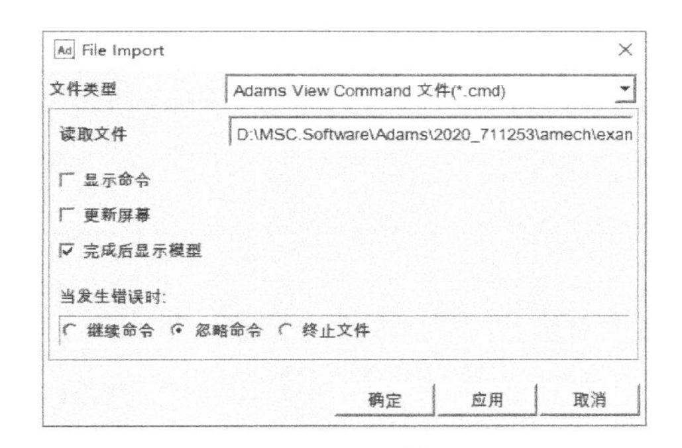

图 8-33 导入模型

图 8-34 模型

8.4.2 创建控制系统

Step 01 单击界面菜单中的工具（Tools），然后单击工具下的插件管理器（Plugin Manager），系统弹出加载模块。在模块中选择Adams Controls和ADams Mechatronics两项，如图 8-35 所示，然后单击确定（OK）按钮加载。

Step 02 单击界面菜单Mechatronics（机械电子学），然后依次单击控制系统（Control System）→新建（New），系统弹出创建控制系统对话框，在名称（Name）中输入ball_control，在系统类型（System Type）栏中选择外部系统库（External System Library），在静态搁置（Static Hold）栏中选择开（On），在输入的个数（Number of Inputs）栏中输入 3，在输出的个数（Number of Outputs）栏中输入 1，如图 8-36 所示。然后单击图标，系统弹出创建单变量对话框。

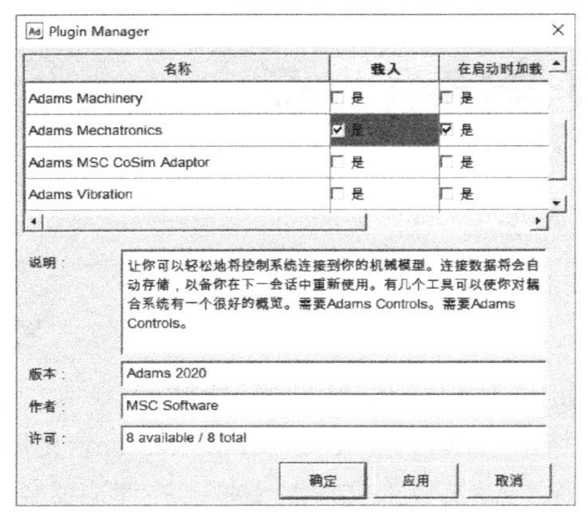

图 8-35　加载模块

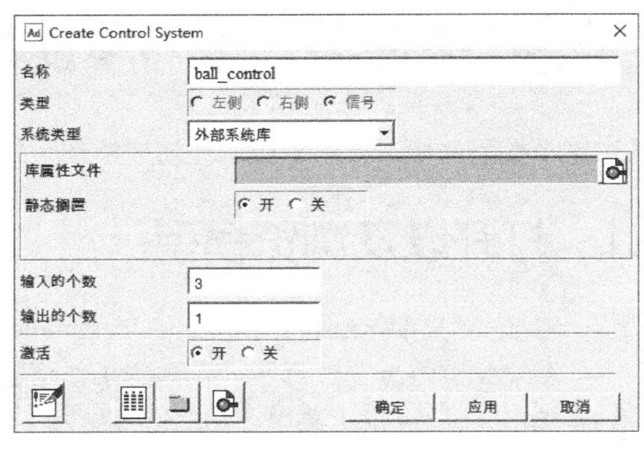

图 8-36　控制系统

Step 03　在创建单变量对话框中单击Inputs（输入）标签，按照如图 8-37 所示的参数进行设置。

Step 04　单击Outputs（输出）标签，在Signal Name（信号名称）栏中输入torque_out，在Unit Type（单位类型）栏中选择torque，在Unit String（单位字符串）栏中选择Nm，在Scale（比例）栏中输入 1.0，然后单击OK（确定）按钮完成设置，如图 8-38 所示。

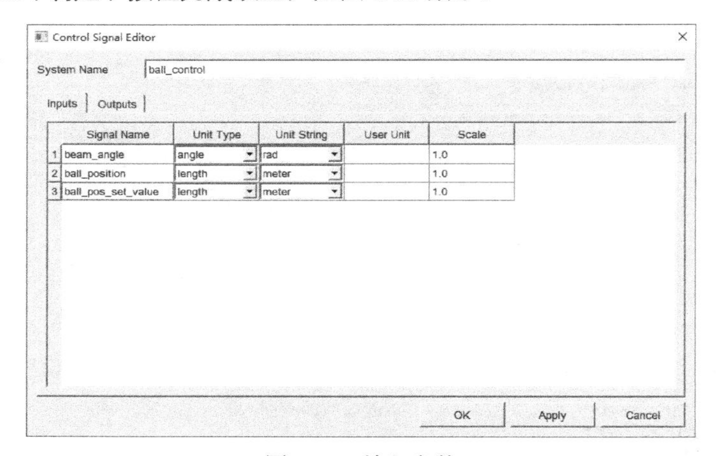

图 8-37　输入参数

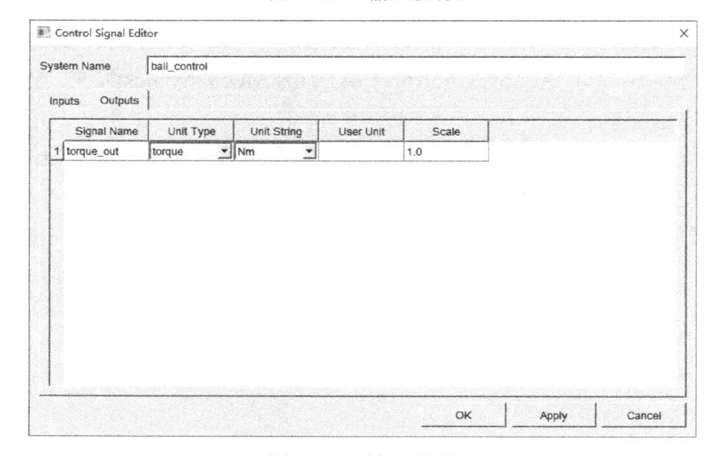

图 8-38　输出设置

Step 05 返回创建控制栏，在控制栏中单击OK（确定）按钮，完成控制的创建。

单击 OK（确定）按钮之后，系统提示将输出值设置为 0，这时单击 OK（确定）按钮关闭提示，系统将在警告（Warning）栏列出刚才创建的输入和输出项，如图 8-39 所示。此处 adams2020 在信息对话框中没有显示警告。

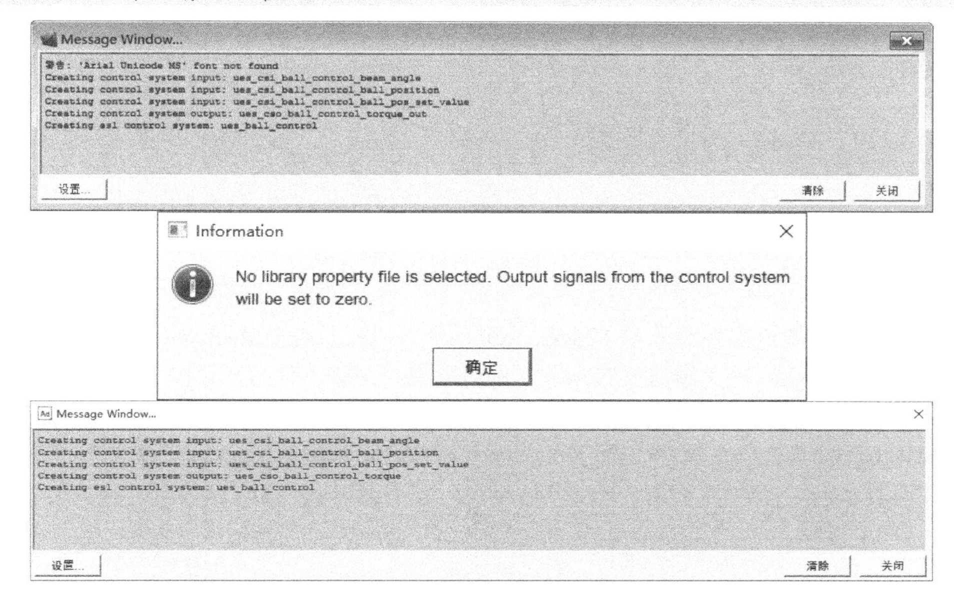

图 8-39　输入和输出项

8.4.3 创建传感器信号

Step 01 在界面上依次单击机械电子学（Mechatronics）→机械系统（Mechanical System）→传感器信号（Transducer Signal）→ 新建（New），系统弹出创建传感器信号对话框。

Step 02 在信号名称（Signal Name）栏中输入beam_z_angle_rel_ground，在函数（Function）栏中输入AZ（.ball_beam.beam.cm），在单位类型（Unit Type）栏中选择角度（angle），在单位字符串（Unit String）栏中选择rad，在请求有效（Request Active）栏后的选项中选中开（On），如图 8-40 所示，然后单击确定（OK）按钮。

Step 03 在界面上依次单击机械电子学（Mechatronics）→机械系统（Mechanical System）→传感器信号（Transducer Signal）→ 新建（New），系统弹出创建输入信号对话框。

Step 04 在信号名称（Signal Name）栏中输入beam_x_position_rel_beam，在函数（Function）栏中输入DX（.ball_beam.ball.cm,.ball_beam.beam.ref,.ball_beam.beam.ref）。

Step 05 在单位类型（Unit Type）栏中选择长度（length），在单位字符串（Unit String）栏中选择模型单位（model units），在请求有效（Request Active）栏中选中开（On），如图 8-41 所示，然后单击确定（OK）按钮。

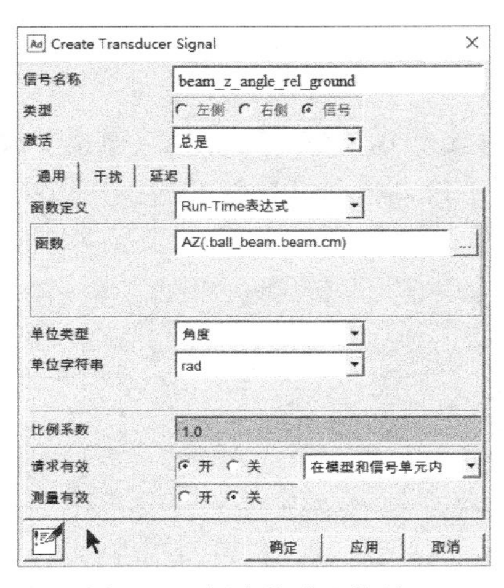

图 8-40　创建传感器信号 1

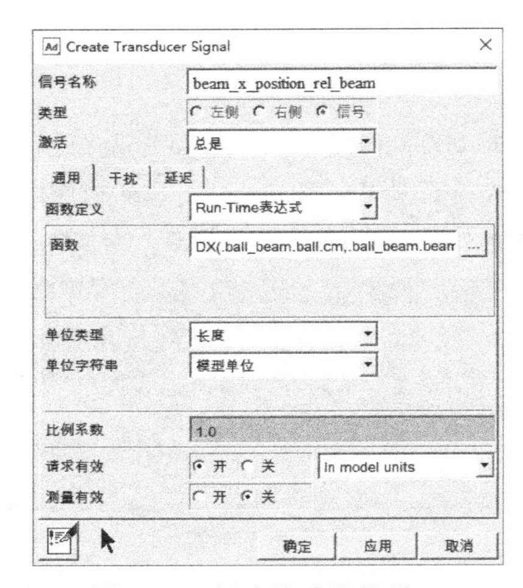

图 8-41　创建传感器信号 2

Step 06 在界面上依次单击机械电子学（Mechatronics）→机械系统（Mechanical System）→传感器信号（Transducer Signal）→ 新建（New），系统弹出创建输入信号对话框。

Step 07 在信号名称（Signal Name）栏中输入ball_x_position_set_value，在函数（Function）栏中输入STEP（TIME,0,0,0.5,0.5），在单位类型（Unit Type）栏中选择长度（length），在单位字符串（Unit String）栏中选择meter，在请求有效（Request Active）栏中选中开（On），如图 8-42 所示，然后单击确定（OK）按钮。

8.4.4　创建激励信号

Step 01 在界面上依次单击机械电子学（Mechatronics）→机械系统（Mechanical System）→激励信号（Actuator Signal）→新建（New），系统弹出创建激励信号对话框。

Step 02 在信号名称（Signal Name）栏中输入controller_torque，在单位类型（Unit Type）栏中选择扭矩（torque），在单位字符串（Unit String）栏中选择模型单位（model units），在请求有效（Request Active）栏中选中开（On），如图 8-43 所示，然后单击确定（OK）按钮。

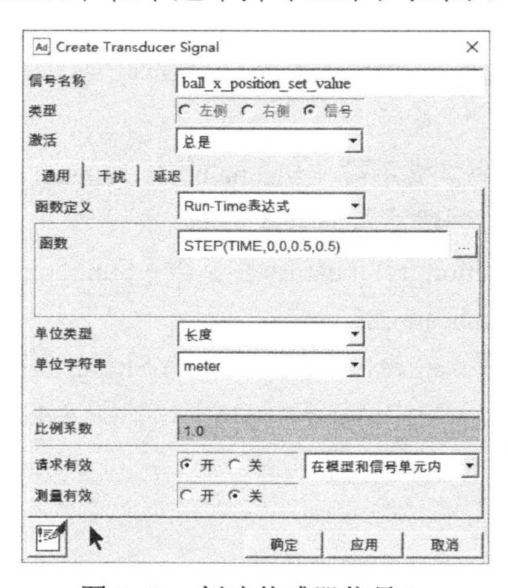

图 8-42　创建传感器信号 3

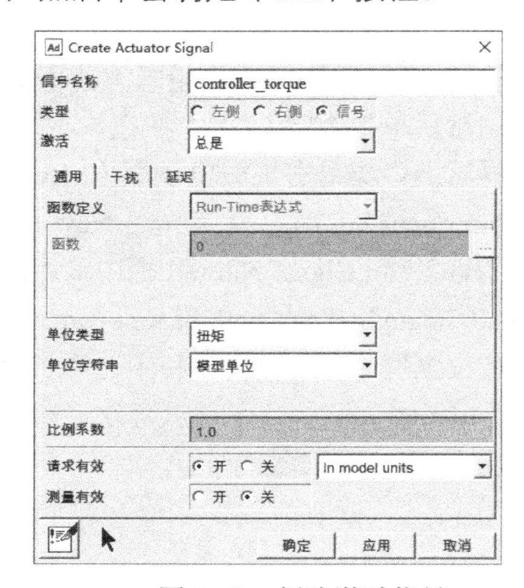

图 8-43　创建激励信号

8.4.5 编辑控制系统

Step 01 在界面上单击编辑（Edit）菜单，然后单击修改（Modify）选项，双击ball_beam，从中选择SF01，单击确定（OK）按钮，系统弹出控制系统。

Step 02 单击函数(Function)，在其中输入VARVAL(.ball_beam.ues_csa_controller_torque.signal _variable)，其余采用默认设置，然后单击确定（OK）按钮完成创建，如图 8-44 所示。

8.4.6 用信号管理器连接信号

Step 01 在界面上依次单击机械电子学（Mechatronics）→信号管理（Signal Manager）→显示（Display），如图 8-45 所示，单击应用（Apply）按钮，系统弹出信号管理器。

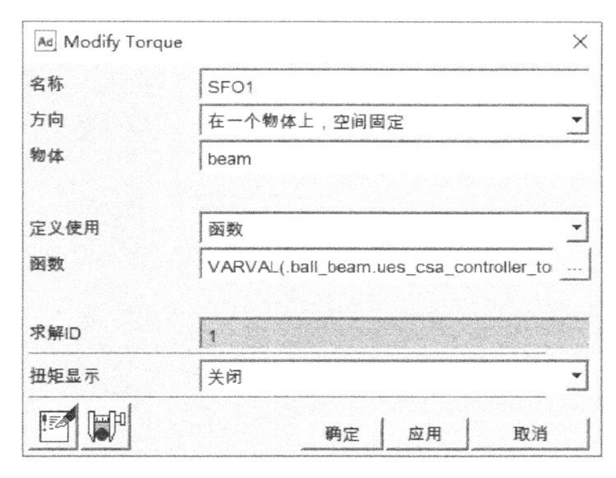

图 8-44 编辑控制系统

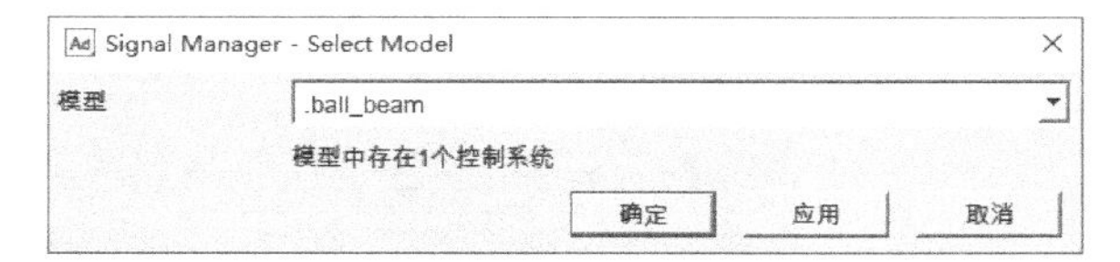

图 8-45 选择模型

Step 02 双击信号管理器中的任意一个表格，系统弹出信号管理，单击Inputs（输入）中的第一栏，系统弹出如图 8-46 所示的对话框。单击Connector Signal Name（连接信号名称）下的第一行，然后单击Select（选择）按钮，再单击Apply （应用）按钮。

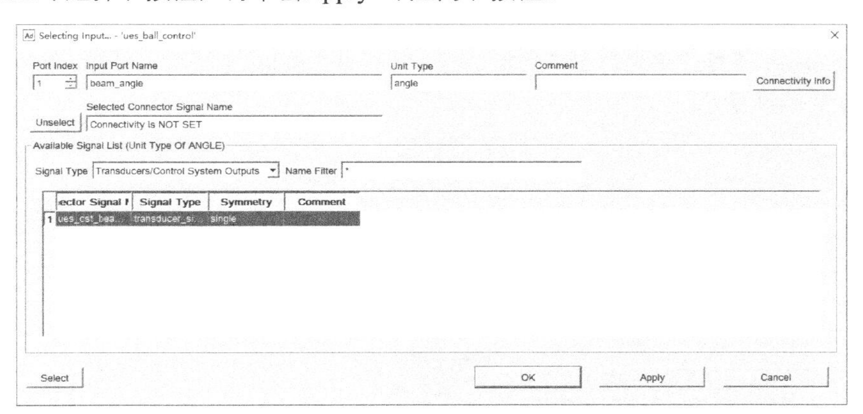

图 8-46 设置参数

Step 03 单击Port Index（端口索引）下三角按钮，出现 2。单击Connector Signal Name（连接信号名称）下的第一行，然后单击Select（选择）按钮，再单击Apply（应用）按钮。然后单击Connector Signal Name（连接信号名称）下的第二行，再单击Select（选择）按钮，最后单击Apply（应用）按钮，如图 8-47 所示。

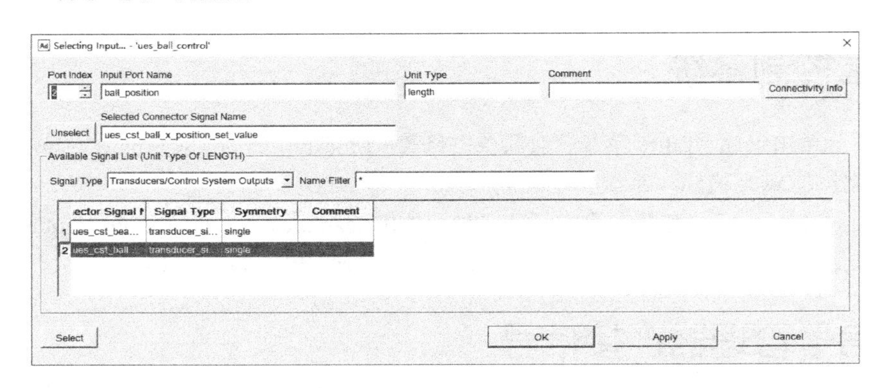

图 8-47 设置参数

Step 04 单击Port Index（端口索引）下三角按钮，出现 3。单击Connector Signal Name（连接信号名称）下的第一行，然后单击Select（选择）按钮，再单击Apply（应用）按钮。单击Connector Signal Name（连接信号名称）下的第二行，然后单击Select（选择）按钮，再单击OK （确定）按钮，如图 8-48 所示。

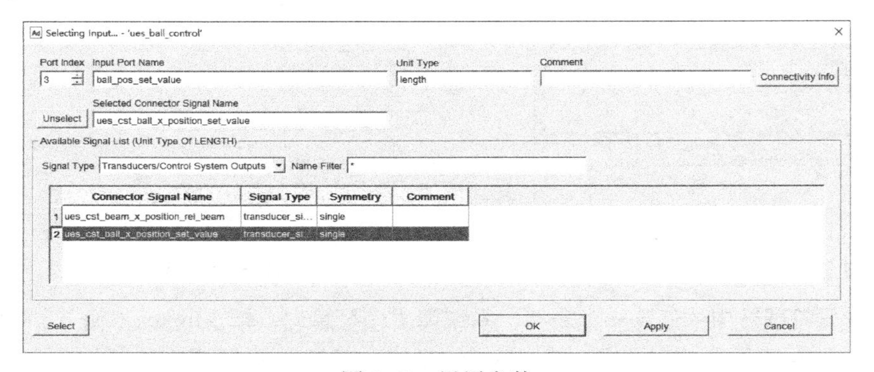

图 8-48 设置参数

Step 05 单击Outputs（输出）按钮，双击第一行，系统弹出定义输出信号管理器，在管理器中单击Connector Signal Name（连接信号名称）下的第一行，然后单击Select（选择）按钮，再单击OK（确定）按钮，如图 8-49 所示。

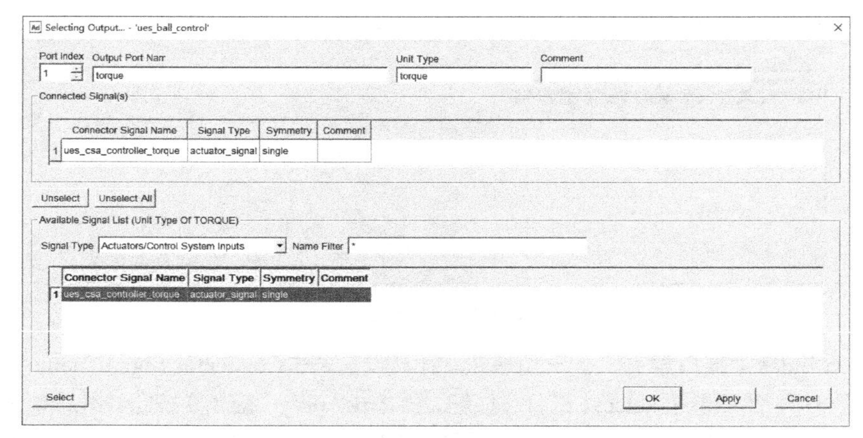

图 8-49 设置参数

Step 06 再次单击OK（确定）按钮，完成信号管理器的设置。

8.4.7 输出面板

Step 01 在界面菜单中依次单击机械电子学（Mechatronics）→工具（Tools）→输出面板（Export Plant），系统弹出输出面板控制系统，在系统名称（System Name）中输入ues_ball_control，在文件前缀（File Prefix）栏中输入ball_beam_export，在目标软件（Target Software）栏中选择MATLAB，如图 8-50 所示。

Step 02 单击确定（OK）按钮，系统弹出信息提示，单击确定（OK）按钮关闭信息。

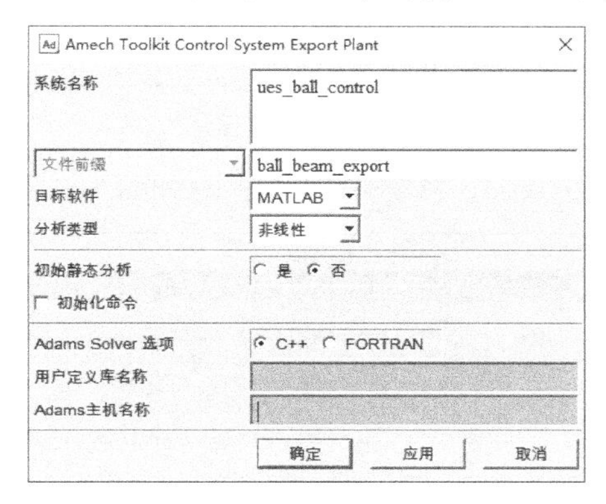

图 8-50 输出面板

8.4.8 创建 MATLAB 控制系统

Step 01 打开MATLAB/Simulink工具，在MATLAB界面中单击图标，或者在对话框中输入Simulink，打开Simulink工具。

Step 02 单击Simulink左上角的图标，找到ball_beam_amech.mdl文件并打开，如图 8-51 所示。在这个文件中将创建PID控制。

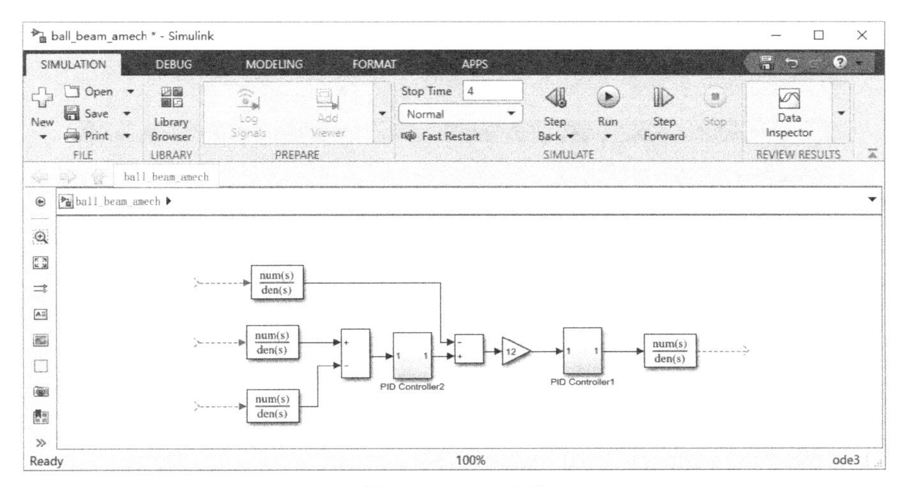

图 8-51 mdl 文件

Step 03 在MATLAB对话框中输入ball_beam_export，系统显示的信息如图 8-52 所示。

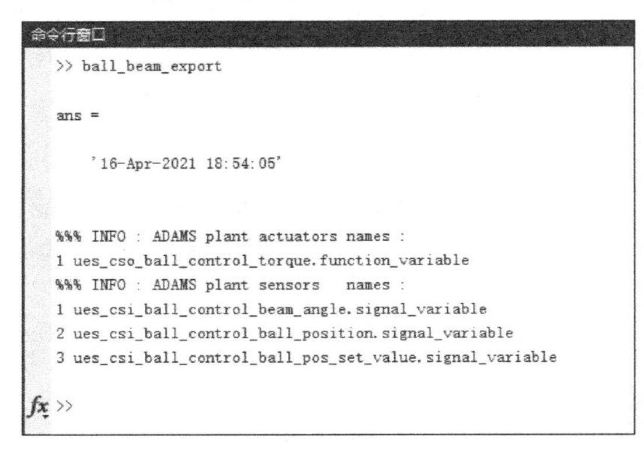

图 8-52 系统信息

Step 04 在MATLAB对话框中输入setio，系统弹出io菜单，如图 8-53 所示。

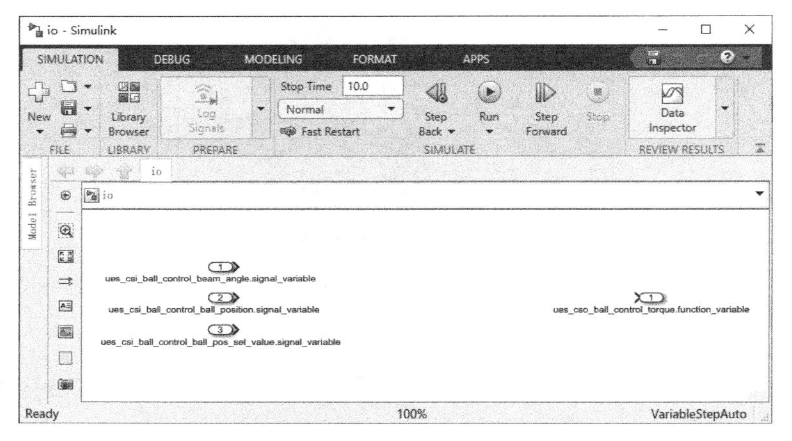

图 8-53 io 菜单

Step 05 同时打开io菜单和ball_beam_amech*菜单，分别单击io菜单中的 1、2、3 并将它们拖曳到ball_beam_amech*左侧。单击 图标，将其拖曳到ball_beam_amech*右侧并用连线将它们相连，如图 8-54 所示。

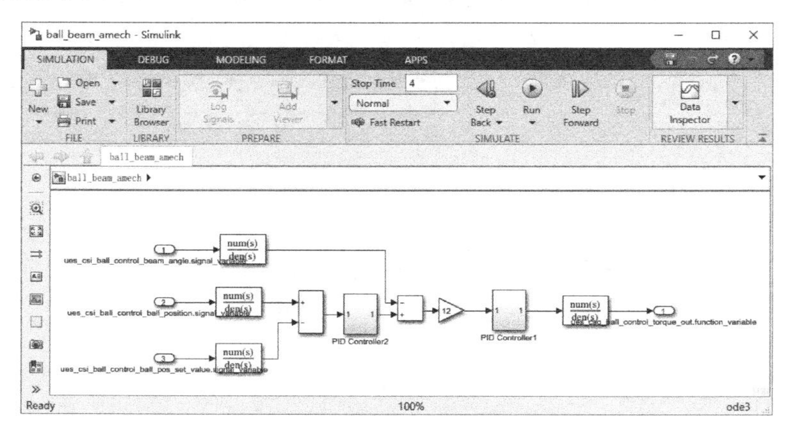

图 8-54 PID 控制

8.5 本章小结

本章首先介绍了机电联合仿真的基础知识，然后对控制工具栏进行了详细讲解，最后通过实例讲解了机电一体化联合仿真的实践与应用。

通过本章的学习，读者可以掌握利用控制器进行仿真控制设置以及实现机电一体联合仿真的方法。

第9章 ADAMS与其他软件接口

ADAMS具有非常强的线性与非线性动力学和运动学仿真功能，但是其建模模块尚待提高，尤其是对一些复杂的模型更显逊色。所以，有必要学会利用其他三维软件建立模型，并将其导入ADAMS中进行编辑，通过本章的学习熟悉ADAMS与其他软件之间的接口，掌握三维模型导入方法。

知识要点

- 掌握ADAMS软件与三维建模软件之间的接口。
- 掌握从其他三维软件向ADAMS中导入模型的方法。
- 掌握对导入的模型进行编辑的技巧。

9.1 三维建模软件与ADAMS

当前，被广大工程师公认的三维建模软件有Pro/E、UG和Solidworks等。这些软件拥有强大的建模功能，尤其是对一些大型复杂模型的建立更显示出卓越的能力。

9.1.1 Pro/E与ADAMS之间的数据传递

Pro/E与ADAMS之间的数据交换是通过MECHANISM/Pro接口模块实现的，MECHANISM/Pro模块将两个软件实现无缝衔接，不需要退出Pro/E应用环境，就可以将装配完的模型调入ADAMS，进行系统的运动学与动力学仿真分析。

同时还可以在Pro/E中定义刚体和施加约束，然后将模型导入ADAMS中，以便进行更为全面的动力学分析。

使用MECHANISM/Pro模块对机械系统模型进行运动学或动力学仿真分析时，一般遵循以下步骤。

（1）创建或打开Pro/E装配模型

使用标准的Pro/E命令创建或打开装配模型，准备进行运动学或动力学仿真分析。系统判断对模型进行运动学或者动力学仿真分析的标准是：通过计算系统中的刚体和约束副的数量求出系统的自由度。如果系统的自由度为0，就对系统进行运动学仿真分析；如果系统的自由度大于0，就对系统进行动力学仿真分析。

（2）定义刚体

根据设计意图将装配模型中没有相对运动的零件（如装配中用紧固件固定在一起的零件）定义为一个刚体，同时指定一个刚体为大地。作为大地的刚体应该是在对模型进行动力学仿真分析时一直固定不动的刚体，它是其他刚体运动的参考基准。

（3）创建约束副

根据模型的实际运动情况在刚体之间创建约束副。这些约束副确定哪些刚体之间有运动关系，并且保证有相对运动的刚体按照设计要求的运动轨迹进行运动。

（4）添加驱动

在模型的约束副上添加运动学驱动。

（5）应用载荷和弹性连接器

根据模型所受载荷的情况在不同刚体的两点之间施加力和力矩，也可以使用弹性连接器在两个刚体之间添加弹性力和阻尼力。

（6）传送模型

完成模型后，可以将模型传送到ADAMS/Solver（ADAMS的求解器）中直接进行动力学求解，也可以将模型传送到ADAMS/View中，添加更复杂的约束副或驱动后，再使用ADAMS/Solver进行动力学仿真分析。

（7）观察分析结果

经过ADAMS/Solver求解后，可以观察模型的运动情况，检查刚体之间的运动干涉，计算刚体之间的作用力。

9.1.2 Solidworks 与 ADAMS 之间的数据传递

假设在Solidworks中建好了一个模型，定义模型名为model_1，然后将模型导入ADAMS中。导入模型的具体步骤如下。

Step 01 在Solidworks中将零件或者装配图另存为.parasolid格式。

版本最好选 2012 版以下的，文件名和路径不要有中文字符。

Step 02 将刚才的Solidworks文件修改为.xmt_txt格式。

Step 03 打开ADAMS，单击文件（File），然后单击导入（Import），在文件类型（File Type）中选择Parasolid。在读取文件（File To Read）编辑框中右击，选择浏览（Browse），找到文件，将文件类型（File Type）设为ASCII。

Step 04 选择模型名称（Model Name，如果是装配图）或者部件名称（Part Name，如果是零件图）。

Step 05 在右端编辑框中右击，选择创建模型（Model Create）或者创建部件（Part Create），输入名称，单击确定（OK）按钮。

如果直接在空格中输入名字，导入后会看不见模型，要更改透明度才能看见。

9.2 UG 与 ADAMS 之间的数据交换

9.2.1 UG 与 ADAMS 共同支持的数据格式

1. IGES 格式

IGES（Initial Graphics Exchange Specification）作为一种表达产品数据并转化成中性文件的行业标准，在开发和维护方面与应用的转换软件相比具有明显的优势。它以ASCII或二进制的形式存储图形信息，并且能在不同的CAD系统之间进行数据信息交换。

IGES只适合在计算机集成生产中的各子系统领域传送信息，以形成技术绘图或简单的几何模型。

2. STEP 格式

STEP作为一个新的产品数据交换标准，它的出现要归功于产品数据交换的许多成熟技术以及现有的交换标准的改进。

为了在功能和应用范围上覆盖现有的交换标准以及解决数据交换中存在的问题，STEP必须包括描述方法、资源信息模型、应用协议、实现形式和一致性检验几个基本功能。

STEP在几何方面毫不逊色于IGES，还解决了IGES在图形和几何以外许多方面信息欠缺的问题，但是STEP的许多“部分”目前尚在讨论和征求意见的阶段，技术还不是很成熟。

3. Parasolid 格式

EDS公司的Parasolid是著名的几何造型核心系统（Geometric Modeling Kernel Systems，GMS）之一，现已成为开发高端、中等规模CAD系统及商品化CAD/CAM/CAE软件的标准。Solidworks、UG、PATRAN等众多商用软件都采用它作为几何核心。

9.2.2 实例：UG 与 ADAMS 双向数据交换

本小节以UG NX 10 和ADAMS 2020 版本为对象，通过实例研究两者之间的数据交换。

1. UG to ADAMS

Step 01 单击UG工作目录下的模型，找到Impeller.prt文件（impeller.prt文件在ch09 文件夹下），双击将其打开，如图 9-1 所示。

Step 02 单击文件（File）菜单，在弹出的选项中单击“另存为”，系统弹出“另存为”对话框，如图 9-2 所示。

Step 03 在对话框中的“文件名”文本框中给文件起个名字，输入impeller。

Step 04 在“保存类型”中指出文件的保存类型，如图 9-3 所示。

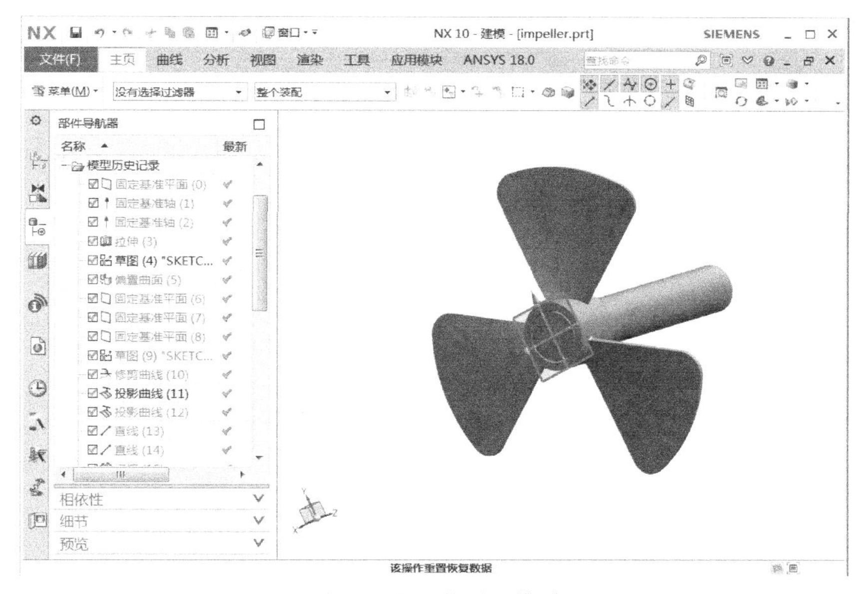

图 9-1　打开推进器模型

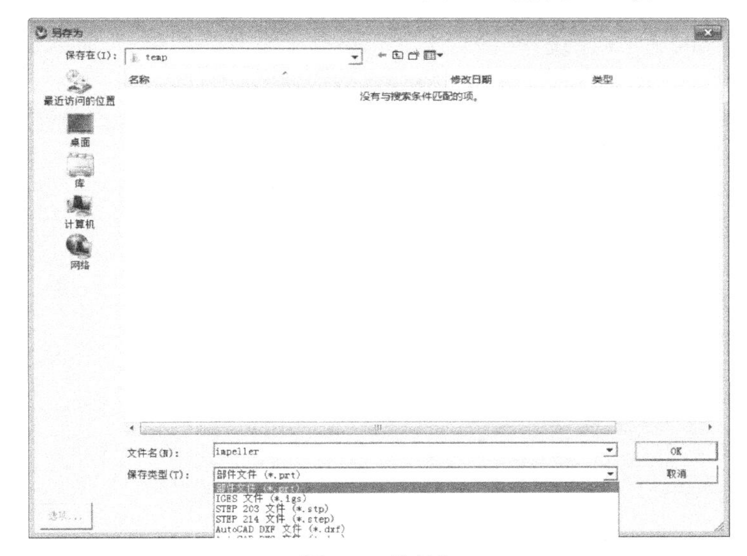

图 9-2　另存为

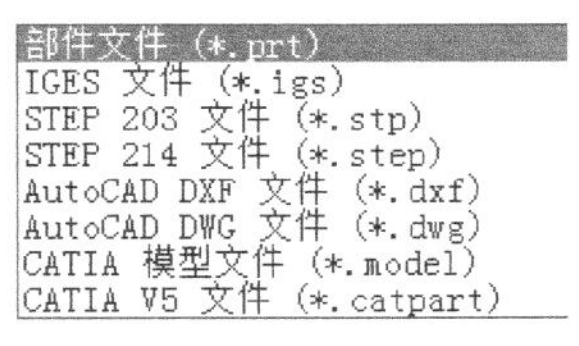

图 9-3　文件保存类型

Step 05 单击OK（确定）按钮，完成模型的保存。

Step 06 打开刚才保存的文件，并查看各个文件的类型和大小，如图 9-4 所示。DWG格式的文件占用存储空间最小，IGS格式的文件占用存储空间最大。

名称	修改日期	类型	大小
impeller.CATPart	2018/9/20 10:57	CATPART 文件	253 KB
impeller	2018/9/20 10:56	AutoCAD 图形	35 KB
impeller	2018/9/20 10:56	AutoCAD 图形交换	256 KB
impeller.igs	2018/9/20 10:56	IGS 文件	408 KB

图 9-4　文件的类型和大小

Step 07 除了上面提到的文件格式外，UG还提供了其他文件格式。单击“文件”菜单，在弹出的选项中单击“导出”，如图 9-5 所示，系统弹出文件类型菜单，如图 9-6 所示。

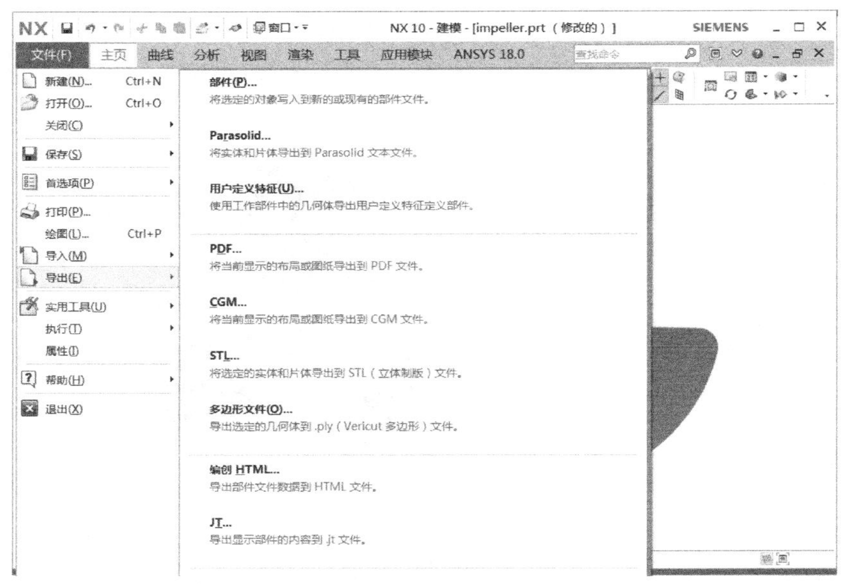

图 9-5　导出文件图

Step 08 在文件类型菜单中单击Parasolid选项，系统弹出“导出”对话框。在文件名中单击，输入impeller，文件类型采用默认设置，再单击确定（OK）按钮，完成模型的导出。

Step 09 查看导出的模型信息。找到模型位置，单击导出的模型，如图 9-7 所示。导出的模型信息文件大小为 116KB。

图 9-6　导出文件类型

名称	修改日期	类型	大小
impeller.CATPart	2018/9/20 10:57	CATPART 文件	253 KB
impeller	2018/9/20 10:56	AutoCAD 图形	35 KB
impeller	2018/9/20 10:56	AutoCAD 图形交换	256 KB
impeller.igs	2018/9/20 10:56	IGS 文件	408 KB
impeller	2018/9/20 10:57	文本文档	8 KB
impeller.model	2018/9/20 10:56	MODEL 文件	668 KB
impeller	2018/9/20 10:58	UG Part File	326 KB
impeller.stp	2018/9/20 10:57	STP 文件	210 KB
impeller.x_t	2018/9/20 11:05	X_T 文件	116 KB

图 9-7　模型信息

Step 10 双击桌面上的Ad快捷图标，打开ADAMS界面，如图 9-8 所示。单击新建模型（New Model），弹出创建新模型对话框，如图 9-9 所示。

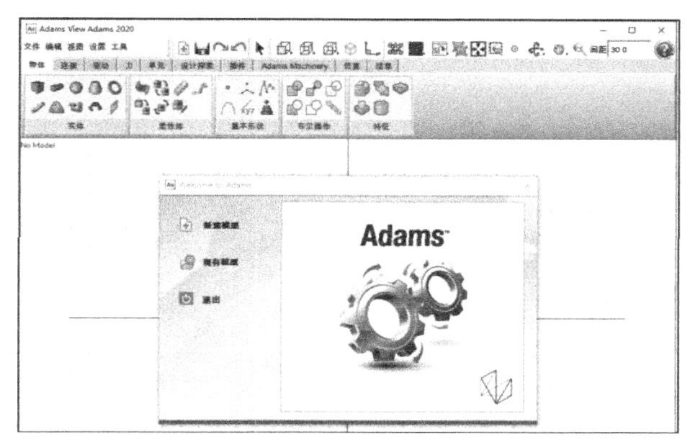

图 9-8　打开 ADAMS

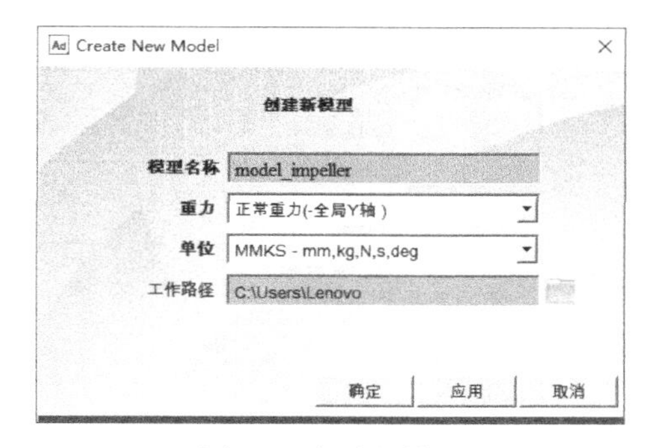

图 9-9　创建新模型

Step 11　在模型名称（Model Name）栏中输入model_impeller，其余采用默认设置，单击确定（OK）按钮，弹出新模型窗口。

Step 12　单击文件（File）菜单，从弹出的选项中单击导入（Import），弹出导入模型对话框，如图 9-10 所示。

Step 13　在文件类型（File Type）栏中单击下三角按钮，弹出ADAMS能导入的模型类型下拉列表，如图 9-11 所示。

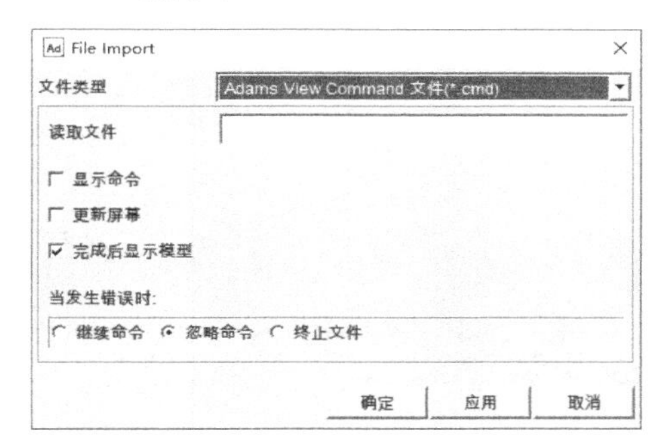

图 9-10　导入模型

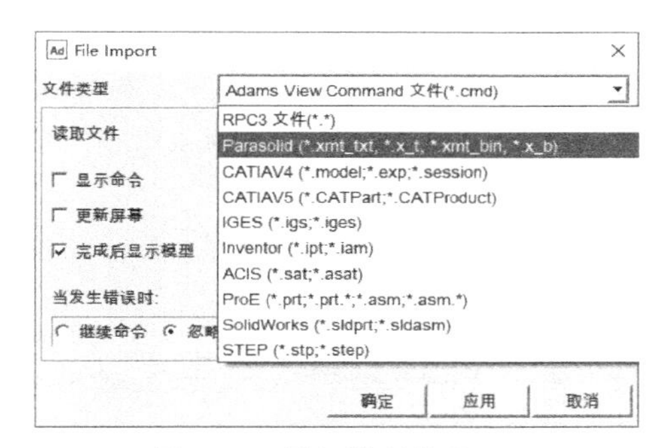

图 9-11　导入模型类型

Step 14　选择Parasolid格式，在读取文件（File To Read）栏中右击，选择浏览（Browse）选项，如图 9-12 所示。

Step 15　找到模型保存的文件夹，单击选中文件，如图 9-13 所示，单击打开（Open）按钮，导入模型，如图 9-14 所示。

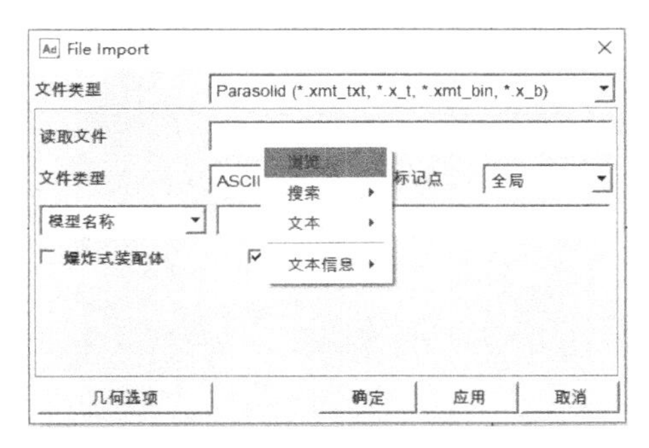

图 9-12　选择浏览选项

图 9-13　找到模型

Step 16 在模型名称（Model Name）栏中右击，从弹出的菜单中依次选择模型（Model）→推测（Guesses）→model_impeller，如图 9-15 所示。

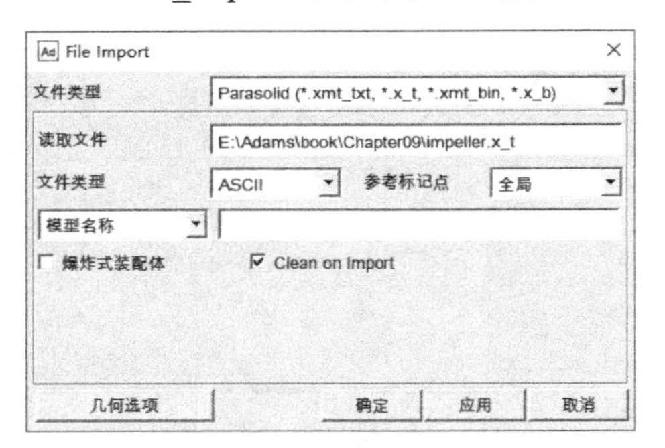

图 9-14　导入模型

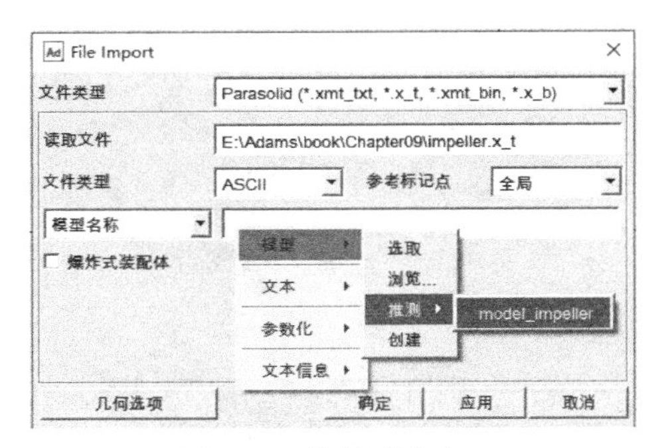

图 9-15　给模型命名

Step 17 单击确定（OK）按钮完成模型的导入，如图 9-16 所示。

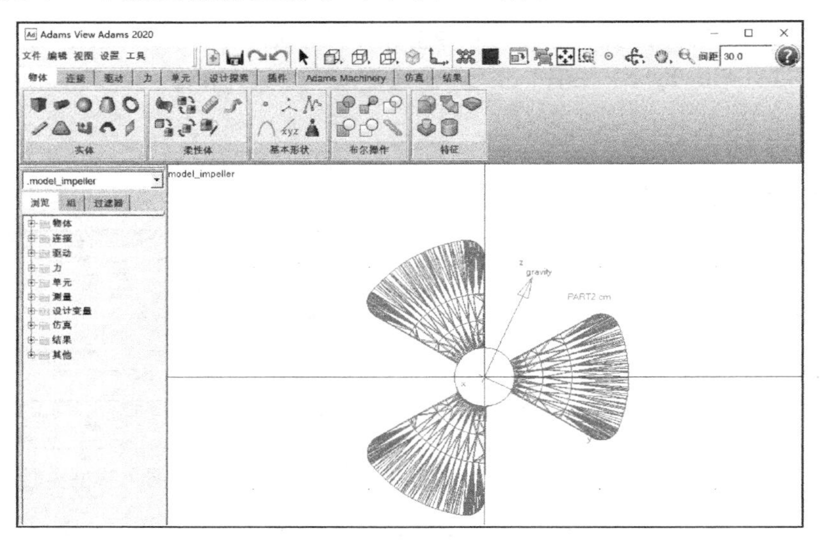

图 9-16　模型

Step 18 定义属性。右击模型，从弹出的选项中选择修改（Modify），如图 9-17 所示，弹出定义材料属性对话框，如图 9-18 所示。

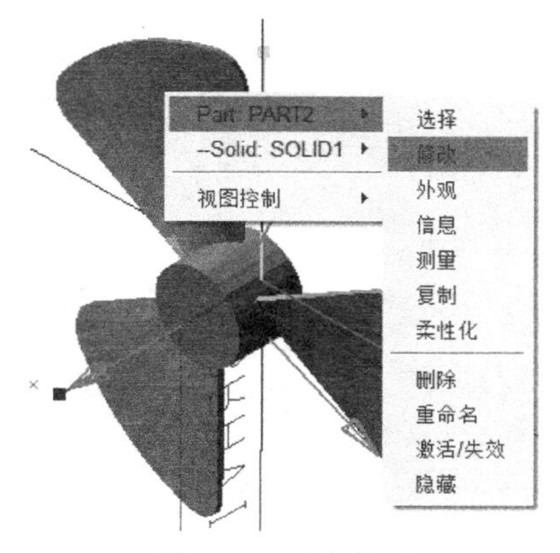

图 9-17　选择修改

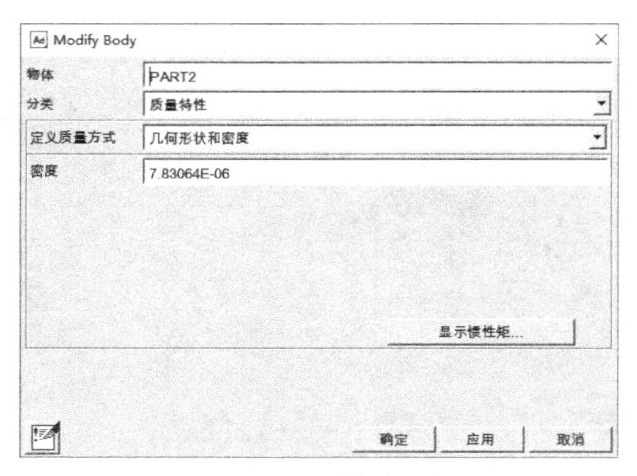

图 9-18　定义材料属性

Step 19 在定义质量方式(Define Mass By)栏中单击，选择几何形状和材料类型（ Geometry and Material Type ），在材料类型(Material Type)栏中右击，在弹出的快捷菜单中依次选择材料(Material) →推测(Guesses) →steel，定义螺旋桨材料为钢，如图 9-19 所示。

Step 20 单击确定（ OK ）按钮完成定义。

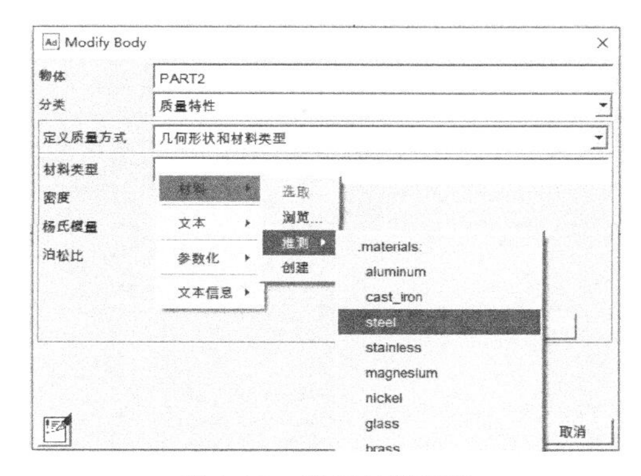

图 9-19　定义材料属性

2. ADAMS to UG

Step 01 单击文件（ File ）菜单，选择导出（ Export ）命令，如图 9-20 所示。

Step 02 在弹出的导出文件对话框中，在文件类型（ File Type ）栏中选择STEP，如图 9-21 所示。

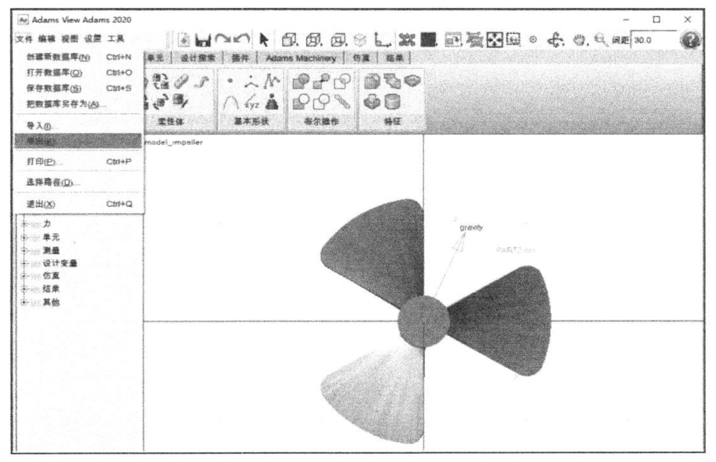

图 9-20　导出

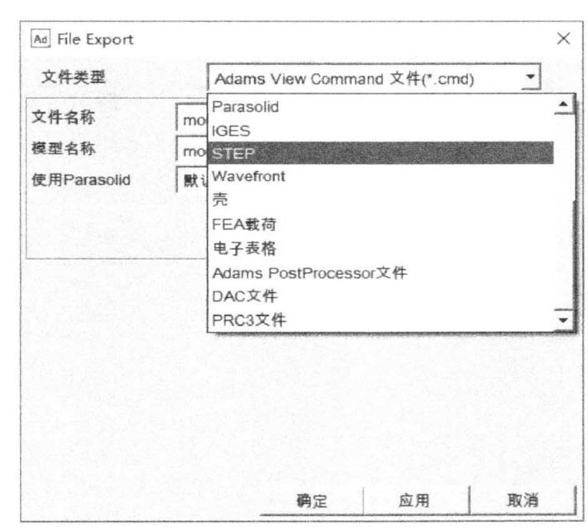

图 9-21　选择 STEP

Step 03 在文件名称（ File Name ）栏中单击，输入impeller。

Step 04 在模型名称(Model Name)栏中右击，依次选择模型(Model)→推测(Guesses)→model_impeller，如图 9-22 所示。

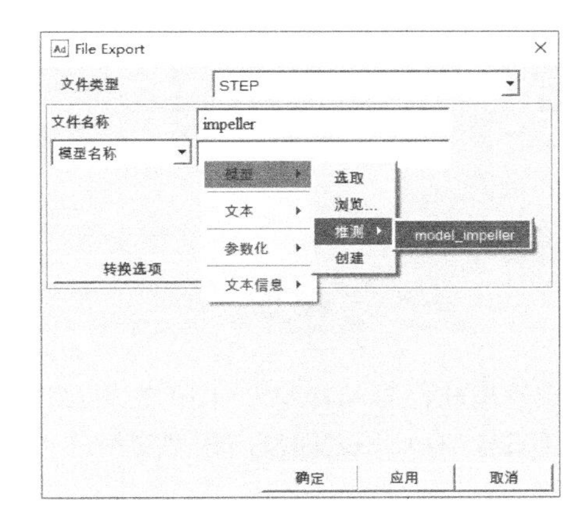

图 9-22　定义模型名字

Step 05 单击转换选项（Translation Options）按钮，系统弹出如图 9-23 所示的对话框。

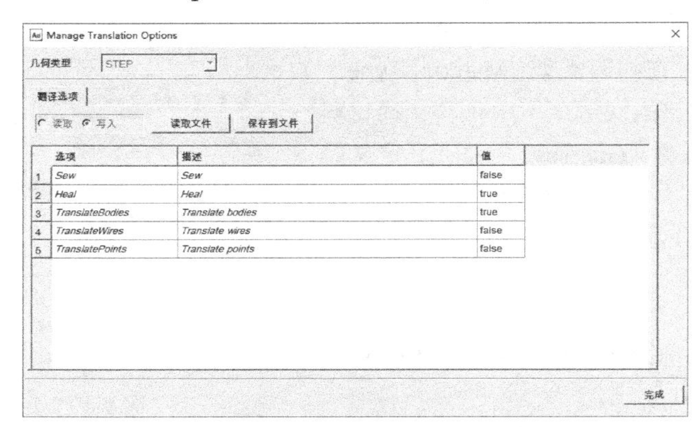

图 9-23　转换选择

Step 06 关闭如图 9-23 所示的对话框，单击确定（OK）按钮完成模型的导出。

Step 07 在开始菜单中单击UN NX 10，打开UG软件，选择菜单文件→打开命令，系统弹出导入模型对话框。

Step 08 在导入模型对话框中选择impeller.model文件，在“文件类型”中选择STEP文件（*.stp），如图 9-24 所示，单击OK（确定）按钮完成模型的导入。

Step 09 单击确定（OK）按钮完成模型的转换，如图 9-25 所示。

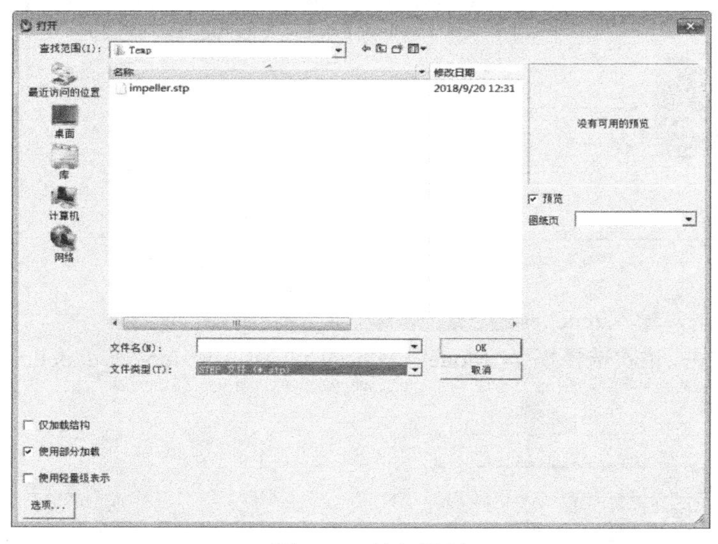

图 9-24　导入模型

图 9-25　导入的螺旋桨模型

9.3 本章小结

本章首先简明扼要地介绍了三维建模软件与ADAMS之间的交换接口，然后讲解了Pro/E和Solidworks模型导入ADAMS的步骤，最后给出了UG与ADAMS之间双向模型交换的一个典型实例，讲解了两者之间的模型转换。

通过本章的学习，读者可以掌握三维软件与ADAMS之间模型导入、导出等相关知识。

第 10 章 ADAMS 参数化建模及优化设计

本章将通过一个具体的工程实例——双摆臂独立前悬架介绍ADAMS/View的参数化建模基本思想和步骤，以及对模型进行优化设计。通过对操作步骤的详细介绍和说明，读者应对ADAMS/View的参数化建模及优化有一个基本的了解。通过本章的学习，初步了解ADAMS参数化建模的步骤、功能及优化，为以后建立复杂模型打下基础。

知识要点

- 掌握ADAMS/View参数化建模的基本思想和步骤。
- 掌握ADAMS/View优化的基本思想和步骤。
- 通过实例掌握参数化建模的基本思想和步骤，以及对模型进行优化设计的方法。

10.1 ADAMS 参数化建模简介

ADAMS提供了强大的参数化建模功能。在建立模型时，根据分析需要确定相关的关键变量，并将这些关键变量设置为改变的设计变量。在分析时，只需要改变这些设计变量值的大小，虚拟样机模型自动得到更新。

如果需要仿真根据事先确定好的参数进行，就由程序预先设置好一系列可变的参数，ADAMS自动进行一系列仿真，以便于观察不同参数值下样机性能的变化。

进行参数化建模时，在确定好影响样机性能的关键输入值后，ADAMS/View提供了以下 4 种参数化的方法。

（1）参数化点坐标：在建模过程中，点坐标用于几何形体、约束点位置和驱动的位置。点坐标参数化时，修改点坐标值，与参数化点相关联的对象都得以自动修改。

（2）使用设计变量：通过使用设计变量，方便修改模型中已被设置为设计变量的对象。例如，将连杆的长度或弹簧的刚度设置为设计变量。当设计变量的参数值发生改变时，与设计变量相关联的对象属性也得到更新。

（3）参数化运动方式：通过参数化运动方式，方便指定模型的运动方式和轨迹。

（4）使用参数表达式：模型参数化最基本的一种参数化途径。当以上三种方法不能表达对象间的复杂关系时，可以通过参数表达式来进行参数化。

参数化的模型方便用户修改，而不用考虑模型内部之间的关联变动，而且达到对模型优化的目的。参数化机制是ADAMS中重要的机制。

创建参数化点在ADAMS/View中有两种方式，一种是通过主工具栏中的快捷图标 • 创建；另一种是通过Tool菜单中的Command Navigator（命令导航器）来创建。

10.2 实例一：参数化建模应用

本节将主要以双摆臂独立前悬架模型为例着重介绍参数化点坐标方式的建模。首先对双摆臂独立前悬架模型结构有一个宏观的认识，然后对软件系统环境进行必要设置，最终引领读者熟悉掌握参数化建模的步骤。

10.2.1 双摆臂独立前悬架拓扑结构

双摆臂独立前悬架系统主要部件有上摆臂（Upper Control Arm，UCA）、下摆臂（Lower Control Arm，LCA）、转向节（Knuckle）、横向拉杆（Tie Rod）、测试台（Test Plane）、地面（Ground），由于车身固定在地面上，因此车身和地面为一体），它们之间由铰链连接，并提供一个位移驱动，使其能绕轴上下转动，其连接关系如图 10-1 所示。

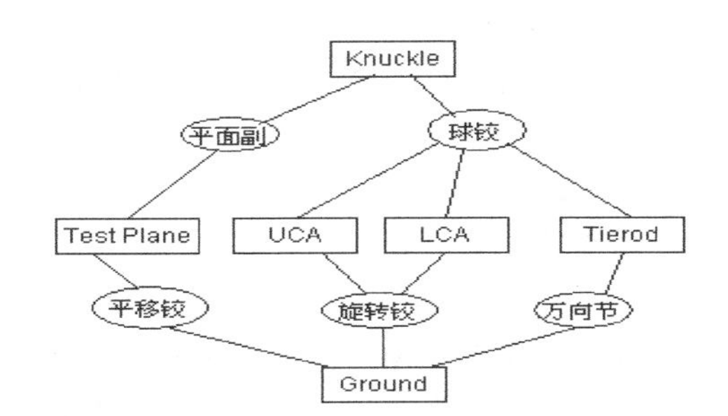

图 10-1　模型拓扑结构

10.2.2 系统环境设置

Step 01 设置工作平面。这里设置XOZ为工作平面，如图 10-2 所示。在弹出的菜单中选择工作格栅（Working Grid），在弹出的对话框中单击设置方向（Set Orientation）下拉菜单，选择全局XZ（Globe XZ），如图 10-3 所示。

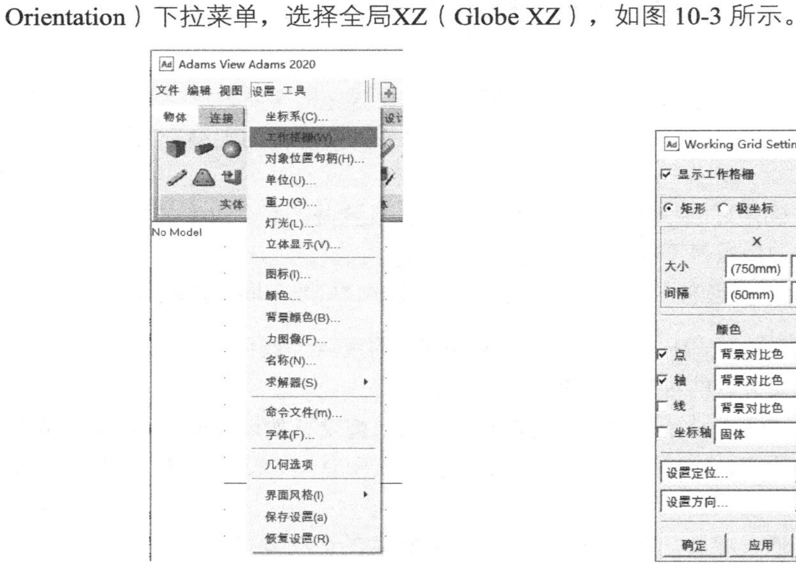

图 10-2　打开工作平面

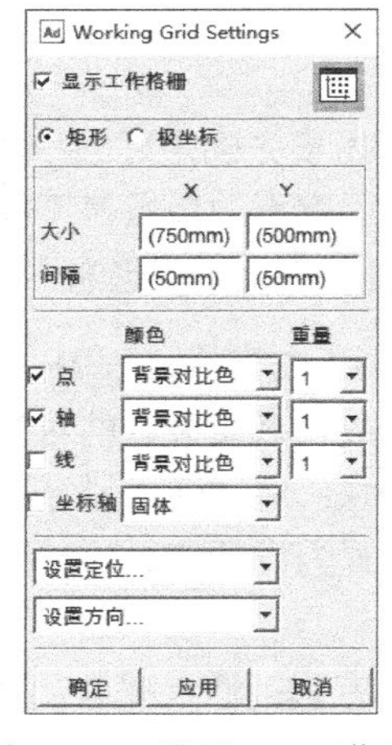

图 10-3　设置 XZ 工作平面

Step 02 在标题栏单击视图设置按钮，如图 10-4 所示。

图 10-4　视图设置

Step 03 单位设置。单击菜单命令设置（Settings）→单位（Units），选择MMKS，单击确定（OK）按钮。

10.2.3　双摆臂独立前悬架参数化建模

1. 确定参数化点

对于本节双摆臂独立前悬架系统，参数化点的名称、坐标及说明如表 10-1 所示。

表 10-1　双摆臂独立前悬架系统参数化点坐标及说明

序号	名称	坐标值（X，Y，Z）	说明
1	lca_r_center	307.0，1560.0，383.0	下摆臂后端与车体铰链连接点
2	lca_f_center	307.0，1285.0，388.0	下摆臂前端与车体铰链连接点
3	lca_knuckle	686.0，1414.0，364.0	转向节与下摆臂铰链连接点
4	uca_r_center	384.0，1564.0，650.0	上摆臂后端与车体铰链连接点
5	uca_f_center	384.0，1330.0，708.0	上摆臂前端与车体铰链连接点
6	uca_knuckle	593.0，1448.0，686.0	转向节与上摆臂铰链连接点
7	tierod_middle	377.0，13112.0，4712.0	左横向拉杆与车体铰链连接点
8	tierod_knuckle	703.0，1305.0，459.0	转向节与横向拉杆铰链连接点
9	hookref	390.0，13112.0，4712.0	定位万向节（车体上）Z 方向点
10	knuckle_center	686.0，1442.0，507.0	转向节中心点
11	wheel_center	743.0，1442.0，507.0	轮中心点
12	wheel_outer	813.0，1442.0，507.0	定义轮几何实体辅助点
13	wheel_inner	673.0，1442.0，507.0	定义轮几何实体辅助点
14	test_plane	743.0，1442.0，207.0	测试台与转向节铰链连接点

2. 创建参数化点

Step 01　在标题栏菜单工具（Tools）下单击Command Navigator（命令导航器）命令，双击point（点），选择create（创建），如图 10-5 所示。系统弹出Point Create（创建点）对话框，如图 10-6 所示。

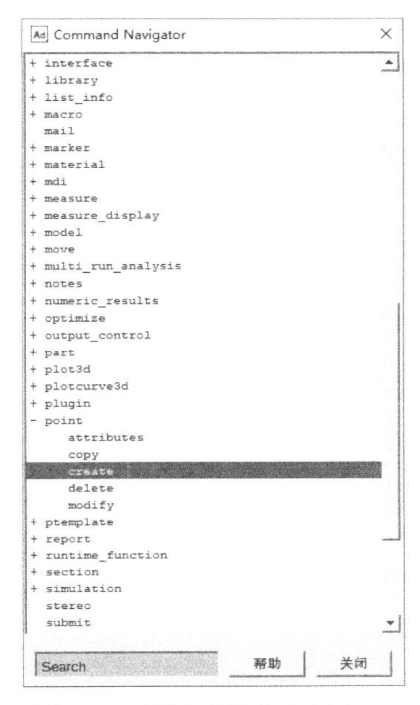

图 10-5　通过菜单命令创建

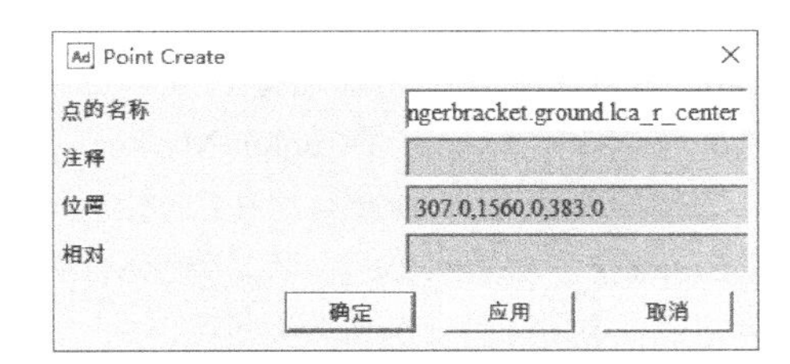

图 10-6　创建点对话框

Step 02 在点的名称（Point Name）编辑框中输入.model_hangerbracket.ground.lca_r_center。在位置（Location）栏中根据表 10-1 中提供的数据输入点的坐标（307.0,1560.0,383.0）。

Step 03 单击确定（OK）按钮或者单击应用（Apply）按钮完成点的创建。创建完成后，界面上会出现图标。重复上述步骤，创建表 10-1 中剩下的点。

如果看不到图标，就单击主工具栏中的 Icon 按钮，或者按 Ctrl + V 键。

3. 创建模型部件

Step 01 创建空部件。先创建上摆臂。单击菜单工具（Tools）进入Command Navigator（命令导航器）对话框。在Command Navigator（命令导航器）对话框中找到part（部件）选项，双击create（创建），然后双击rigid_body（刚体），双击name_and_position（名称和位置），如图 10-7 所示。弹出Part Create Rigid Body Name And Position（创建刚体名称和位置）对话框，将部件名字改为.model_hangerbracket.uca，其余保持默认设置，单击确定（OK）按钮完成空部件的创建，如图 10-8 所示。

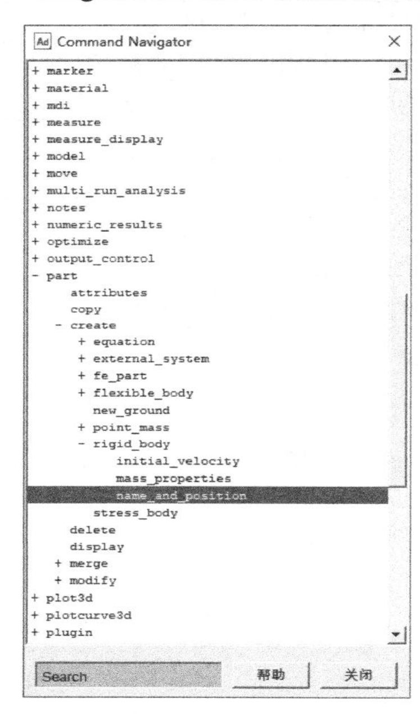

图 10-7　创建几何形体

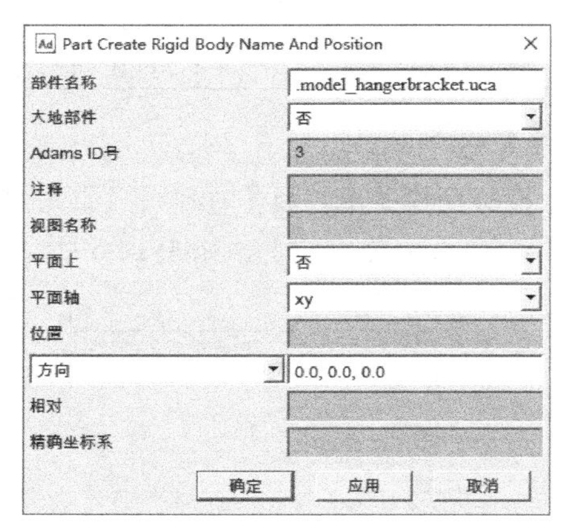

图 10-8　创建刚体名称和位置对话框

Step 02 创建几何实体。单击菜单工具（Tools），在Command Navigator（命令导航器）对话框中找到geometry（几何体）并双击create（创建），然后双击shape（形状），双击cylinder（圆柱体），弹出Geometry Create Shape Cylinder（创建圆柱体）对话框。

Step 03 将光标移到中心标记点（Center Marker）编辑框中，右击，选择标记点（Marker），在出现的子菜单中选择创建（Create），如图 10-9 所示，弹出Marker Create（创建标记点）对话框，使用默认名字。

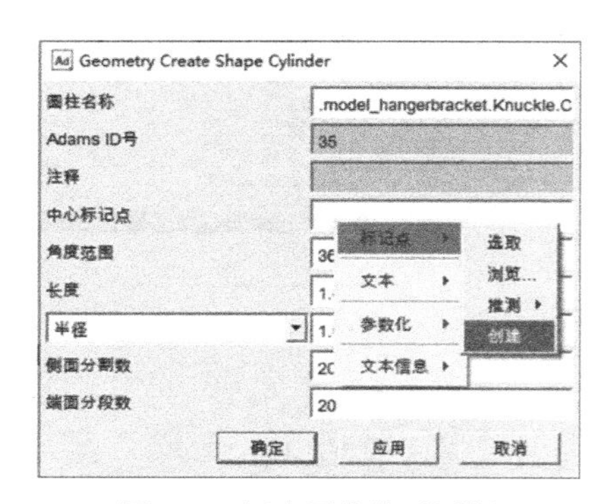

图 10-9　创建圆柱体对话框

Step 04 在Marker Create（创建标记点）对话框中，将光标移到位置（Location）编辑框中右击，选择选取位置（Pick Location），然后用鼠标在图形区中选择点uca_knuckle。在对话框的下拉菜单中选择沿轴方向（Along Axis Orientation），选择点uca_f_center，如图 10-10 所示。单击确定（OK）按钮完成几何实体的创建。图 10-11 所示为选择好参数的对话框。

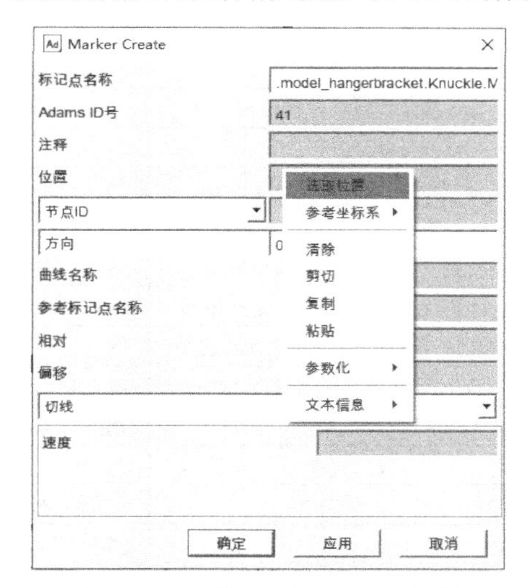

图 10-10 标记点（Marker）位置

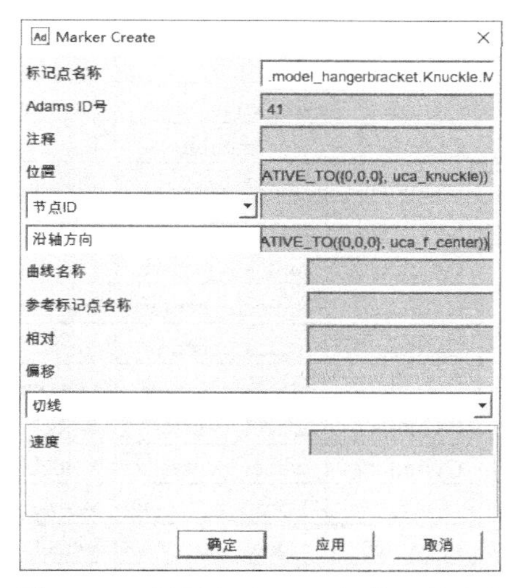

图 10-11 标记点（Marker）的 Z 轴方向

标记点（Marker）是 ADAMS 中重要的对象，ADAMS 中的几何实体、约束力都由标记点（Marker）定义。我们将根据已创建成功的参数化点来创建标记点（Marker），这样当我们修改参数化点的时候，与之关联的标记点（Marker）也随之改动。

Step 05 回到创建圆柱体的对话框，在长度（Length）栏中右击，选择创建参数化表达式（Parameterize Expression Build），在弹出对话框的下拉菜单中选择建模函数（Modeling Function），在下拉列表中选择DM，单击辅助（Assist）按钮，弹出DM对话框。

在对象 1（Object 1）编辑框中输入第一个点knuckle，在对象 2（Object 2）编辑框中输入f_center，单击确定（OK）按钮，如图 10-12 所示，再单击Function Builder（函数创建器）对话框中的确定（OK）按钮，完成距离函数的创建。

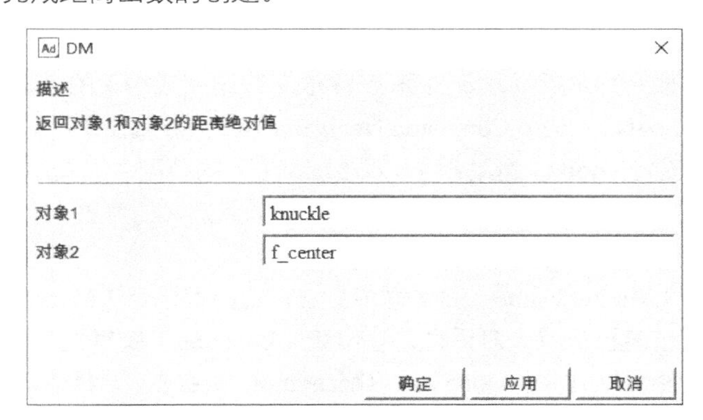

图 10-12 输入两点

Step 06 回到创建圆柱体对话框，在半径（Radius）编辑栏中输入 15，单击确定（OK）按钮，几何体创建成功。然后根据点knuckle和f_center创建uca部件的另一个几何实体。

通过上述方式分别为余下部件创建几何实体，如表 10-2 所示。

表 10-2 其他部件尺寸及位置坐标

部件		中心标记（Center Marker）		长度（L）	半径	
		Location	Along Axis…	DM（object1，object2）	15	
LCA	Cylinder1	lca_knuckle	lca_f_center	lca_knuckle，lca_f_center	15	
	Cylinder2	lca_knuckle	lca_r_center	lca_knuckle，lca_r_center	15	
tierod	Cylinder1	tierod_knuckle	tierod_middle	tierod_knuckle，tierod_middle	15	
test_plane	Cylinder1	test plane	wheel_center	20	120	
Knuckle	Cylinder1	knuckle_center	uca_knuckle	knuckle_center，uca_knuckle	15	
	Cylinder2	knuckle_center	lca_knuckle	knuckle_center，lca_knuckle	15	
	Cylinder3	knuckle_center	tierod_knuckle	knuckle_center，tierod_knuckle	15	
	Cylinder4	knuckle_center	uca_knuckle	knuckle_center，uca_knuckle	15	
Wheel	Cylinder1	wheel_center	wheel_inner	70	300	
	Cylinder2	wheel_center	wheel_outer	70	300	
		Location	Along Axis…	长度	顶端半径	底端半径
	Frustum1	wheel_outer	wheel_center	-30	270	300
	Frustum2	wheel_inner	wheel_center	-30	270	300

在此模型中，我们规定轮与转向节之间没有转动，两者属于同一部件；在创建每个几何实体前必须先创建一个空部件，最终形成如图 10-13 所示的仿真模型。

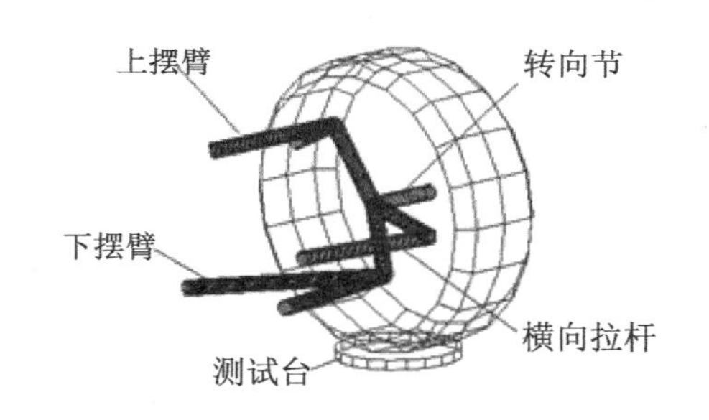

图 10-13 模型生成图

4. 创建约束

Step 01 单击菜单工具（Tools），进入Command Navigator（命令导航器）对话框，依次双击constraint（约束）→create（创建）→joint（运动副），双击spherical（球副），系统弹出Constraint Create Joint Spherical（创建球副）对话框。

Step 02 在弹出对话框的I/J部件（I/J Part Name）编辑框中分别输入uca和knuckle，在位置（Location）编辑框中右击，选择选取（Pick），在界面中拾取点uca_knuckle，如图 10-14 所示，单击确定（OK）按钮完成约束的创建。

Step 03 单击菜单工具（Tools），进入Command Navigator（命令导航器）对话框，依次双击constraint（约束）→create（创建）→joint（运动副），双击hook（万向节副），弹出Constraint Create Joint Hooke（创建万向节副）对话框，在下拉菜单中选择用标记点定义的位置（Position By Using Markers），通过标记点（Marker）来为副定向，如图 10-15 所示。

Step 04 在I标记点名称（I Marker Name）编辑框中右击，选择标记点（Marker）→创建（Create），弹出Marker Create（创建标记点）对话框，在位置（Location）编辑框中右击，选择点tierod_middle，在下拉菜单中选择沿轴方向（Along Axis Orientation），右击，选择点hookref，具体设置如图 10-16 所示，单击确定（OK）按钮完成I标记点（I Marker）的创建。

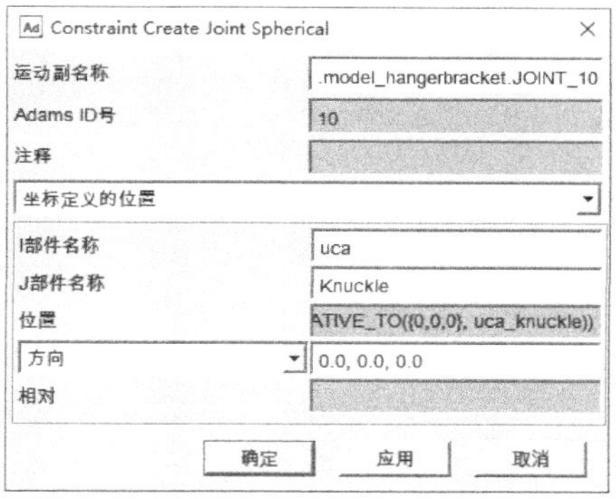

图 10-14 创建约束对话框

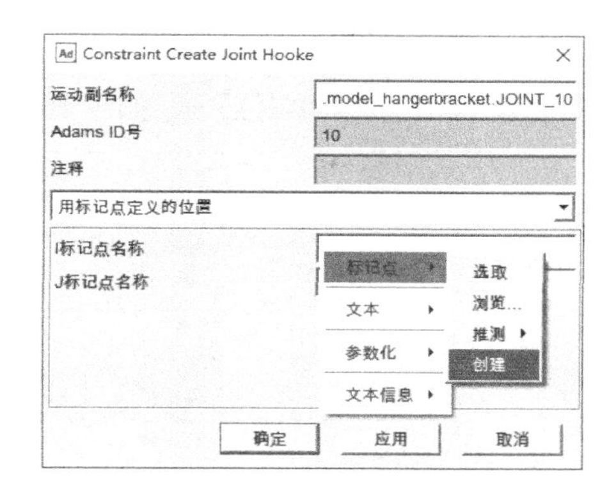

图 10-15 选择 I、J 标记点

Step 05 在J标记点名称（J Marker Name）编辑框中右击，选择标记点（Marker）→创建（Create），弹出Marker Create（创建标记点）对话框，在位置（Location）编辑框右击，选择点tierod_middle，在下拉菜单中选择沿轴方向(Along Axis Orientation)，右击，选择点tierod_knuckle，单击确定(OK)按钮完成J标记点（J Marker）的创建，如图 10-17 所示。

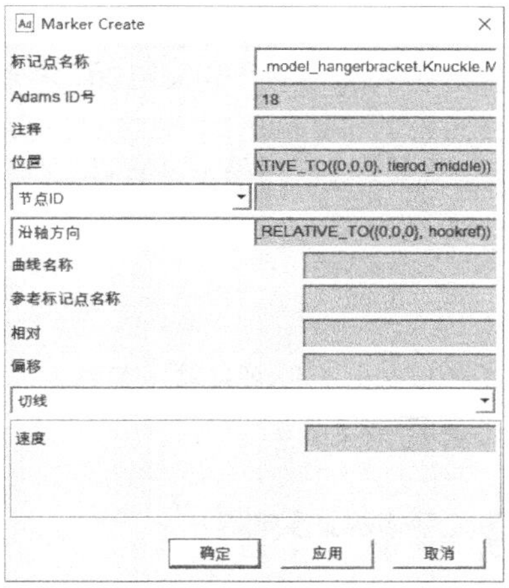

图 10-16 创建 I 标记点对话框

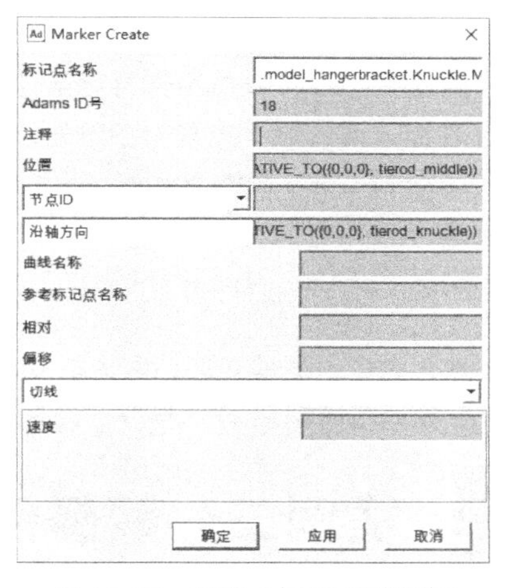

图 10-17 创建 J 标记点对话框

Step 06 单击图 10-16 中的确定（OK）按钮，完成万向节的创建。

Step 07 按照上述方法创建表 10-3 中的约束。

表 10-3 约束

铰类型	I Part	J Part		Along Axis Orientation
球铰	lca	knuckle		
球铰	tierod	knuckle		
旋转铰	lca	ground	lca_f_center	lca_r_center
旋转铰	uca	ground	uca_f_center	uca_r_center
平移副	test_plane	ground	test_plane	wheel_center
inplane	test_plane	knuckle	test_plane	

5. 创建驱动

Step 01 单击菜单工具（Tools），进入Command Navigator（命令导航器）对话框，依次双击constraint（约

束）→create(创建)→joint(运动副)，双击motion_generator，弹出Constraint Create Motion Generator（创建驱动生成器）对话框，如图 10-18 所示。

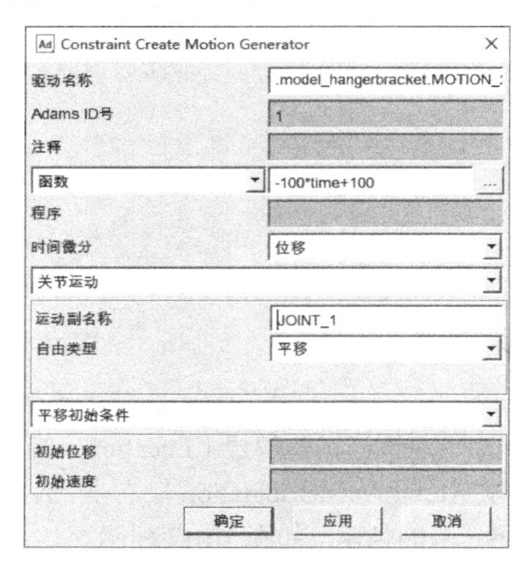

图 10-18　创建驱动生成器对话框

Step 02　在函数类型下拉菜单中选择函数（Function），在编辑框中输入-100*time+100。在接下来的时间导数和驱动位置下拉菜单中分别选择位移（Displacement）和关节运动（Motion On Joint）。

Step 03　在运动副名称（Joint Name）中选择测试台上的平移副，在自由类型（Type of Freedom）下拉菜单中选择平移（translational）。

Step 04　单击确定（OK）按钮完成驱动的创建。

驱动有平移和旋转两种，有点驱动（加在标记点（Marker）上）和副驱动（加在副上）。在此加一个平移类型的副驱动，相当于给测试平台加上一个上下移动的激励。

10.3 实例二：前悬架机构优化设计分析

本节通过双摆臂独立前悬架的参数化模型来具体说明设计研究（Design Study）、试验设计（Design of Experiments）和优化设计（Optimization）3 种参数化分析方法。

10.3.1 参数化分析的准备

在完成参数化建模之后进行设计研究、试验设计和优化 3 种参数化分析。对于这 3 种参数化分析方法，开始的操作步骤是一致的。

Step 01　在设计探索（Design Exploration）工具中选择设计评价（Design Evaluation）命令，ADAMS/View显示Design Evaluation Tools（设计评价工具）对话框，如图 10-19 所示。在模型（Model）文本对话框内自动导入当前所建立的参数化模型的名称.model_hangerbracket。

Step 02　选择参数化分析的类型：设计研究、试验设计或优化。ADAMS/View根据不同的分析类型分别显示相应的输入对话框。

Step 03　在仿真脚本（Simulation Script）文本框中输入所使用的仿真分析脚本的名称last_Sim。

Step 04 在研究（Study）栏中选择测量（Measure）或目标（Objective）确定分析的对象类型。根据选择的对象类型分别显示相应的输入对话框。

Step 05 选择测量(Measure)，在选择框中选择测量的类型，即最后的值(Last Value of)、最小值(Minimum of)、最大值（Maximum of）、平均值（Average of），并在右边的文本框中输入测量的名称，如图 10-20 所示。

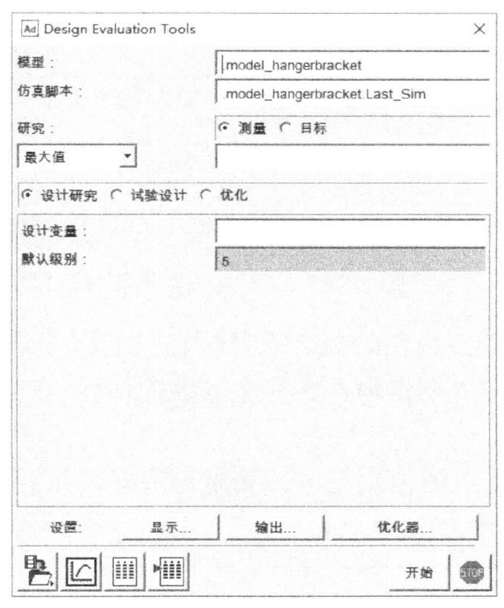
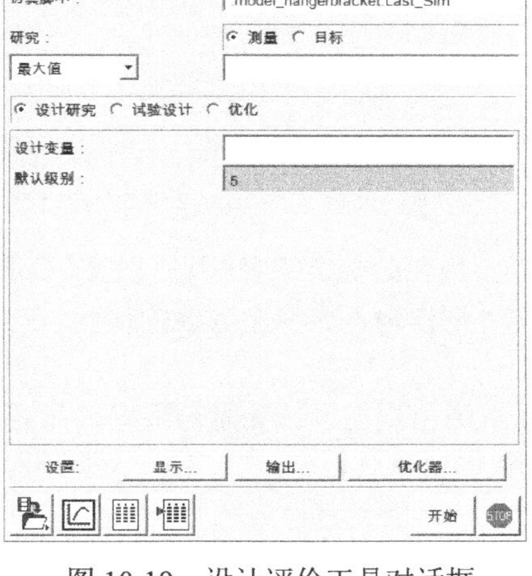

图 10-19　设计评价工具对话框

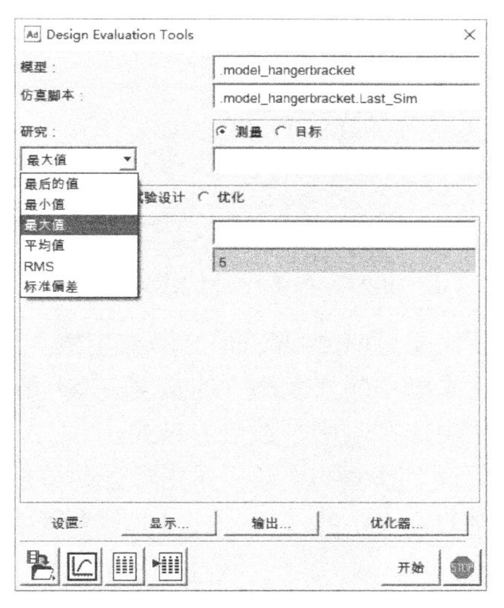

图 10-20　测量分析

Step 06 选择目标（Objective），在目标（Objective）文本框中右击，选择目标→创建，如图 10-21 所示。在打开的对话框中输入名称，单击确定按钮。

Step 07 参数化分析结果的保存。选择将参数化分析结果保存到数据库的工具，如图 10-22 所示。在名称（Name）文本框中输入参数化分析结果的名称。

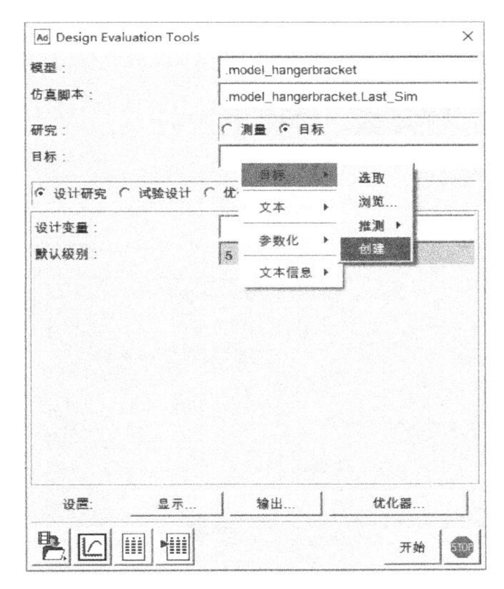

图 10-21　目标分析

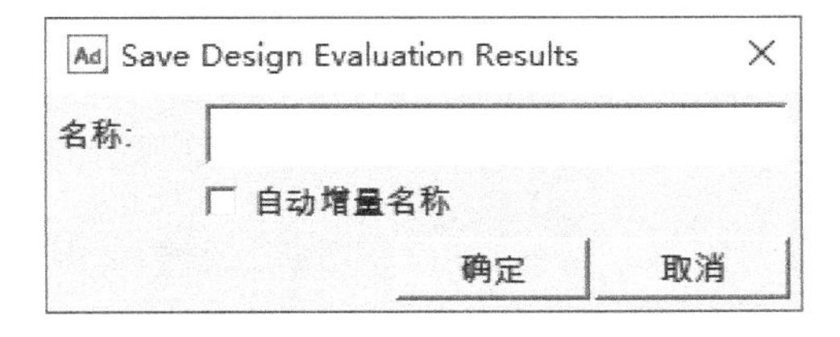

图 10-22　参数化结果保存对话框

选中自动增量名称（Auto-Increment Name），在保存参数化分析结果时 ADAMS/View 根据保存的顺序自动在名称末尾加一个序号。

Step 08　参数化分析结果的删除。右击按钮，选择删除参数化分析结果工具，在数据库浏览器中选择希望删除的参数化分析结果。单击确定（OK）按钮，删除所选择的仿真结果。

Step 09　参数化分析结果曲线的绘制。选择绘制结果工具，显示如图 10-23 所示的对话框。

Step 10　参数化结果报表显示。选择表格报告工具，显示如图 10-24 所示的产生表格报告对话框。

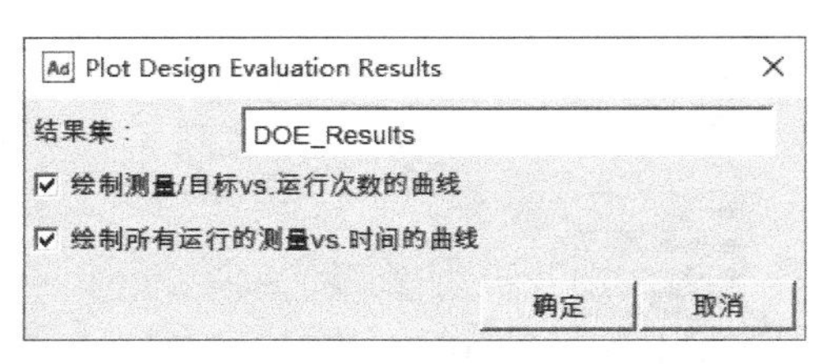

图 10-23　参数化曲线图对话框

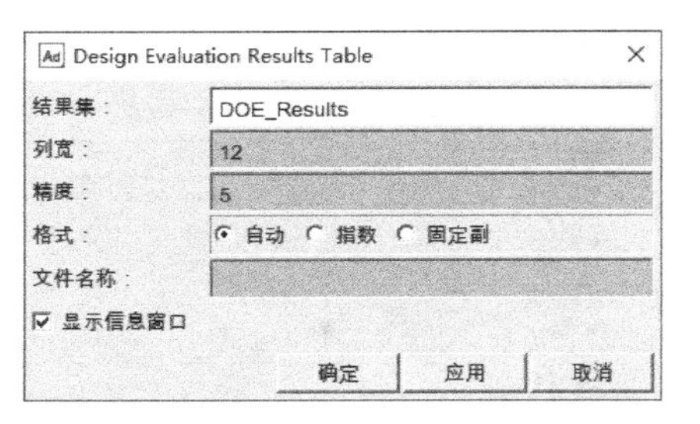

图 10-24　产生表格报告对话框

在结果集（Result Set）文本框中输入用表格显示的参数化分析结果名称。在列宽（Column Width）文本框中输入表格列的宽度。在精度（Precision）文本框中输入表格中数值的精度。在格式（Format）栏中选择表格中数值的格式。

Step 11　设计变量值的更新。单击参数化分析工具，系统弹出更新设计变量对话框，如图 10-25 所示，在对话框中的试验（Trial）文本框中输入使用的试验或迭代数。

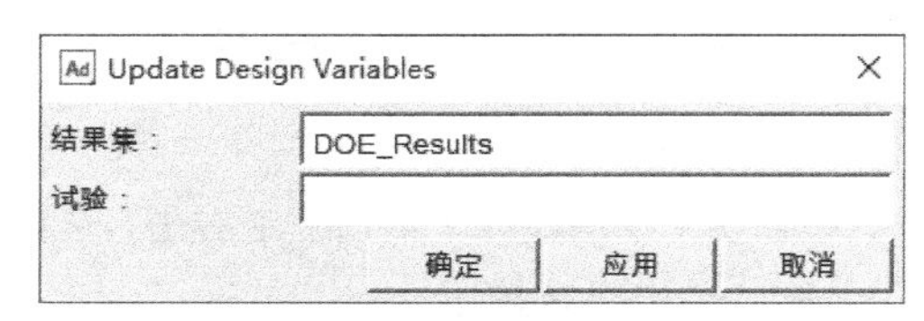

图 10-25　更新设计变量对话框

Step 12　单击菜单栏设置（Settings），从列表中选择求解器（Solver），再单击求解器（Solver）下的显示（Display），系统弹出解决方案设置对话框，如图 10-26 所示。选择显示（Display）选项，设置参数化分析过程中控制显示方式的参数。

Step 13　选择输出（Output）选项，设置参数化分析过程中输出的参数，如图 10-27 所示，从中选择是否保存仿真输出结果以及文件格式输出参数化分析结果（Save Files）。

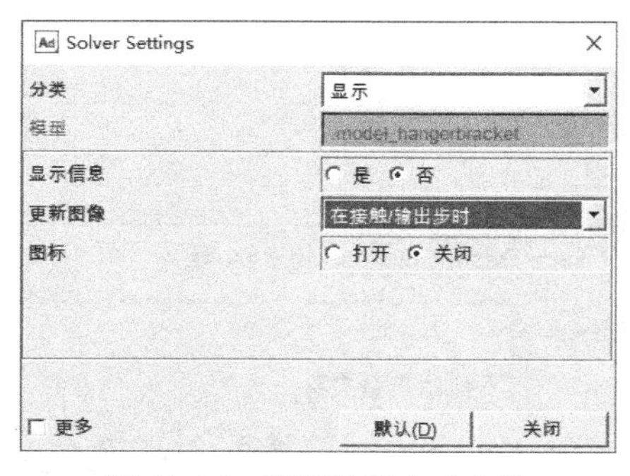

图 10-26　设置显示方式参数

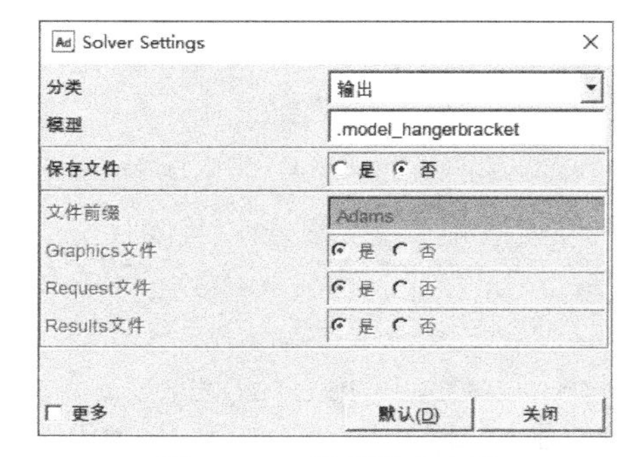

图 10-27　设置输出参数

Step 14　选择优化（Optimizer）选项，设置优化分析参数，如图 10-28 所示。单击算法（Algorithm）栏，在下拉列表中选择优化分析的运算法则。单击公差（Tolerance）栏，输入优化分析的收敛允许偏差。单击最大迭代次数（Max Iterations）栏，输入最大的迭代次数。

Step 15 单击重新调整（Rescale）栏，输入重新调整的迭代数，在迭代过程中达到该迭代数后将重新调整设计变量。

Step 16 在微分（Differencing）栏中选择采用的差分方法——中心（Centered）差分法或向前（Forward）差分法。

Step 17 在间距（Increment）栏中输入差分增量 1.0E-0.3。在调试（Debug）选项区中选中关闭（Off），选择不需要跟踪优化分析的输出。

Step 18 设置完成后，单击图 10-21 中的开始（Start）按钮，运行参数化分析。

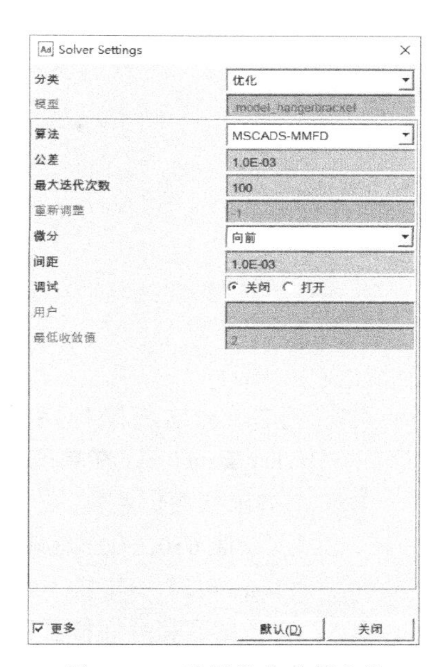

图 10-28　设置优化分析参数

10.3.2　设计研究

设计研究主要是研究哪些设计变量对系统性能影响的灵敏度较高。对于设计变量在一定范围内的若干值，ADAMS分别取不同值进行自动分析，并完成设计分析报告。

本小节将利用 10.3.1 小节建立的参数化模型对悬架的前束角（Toe_Angle）、外倾角（Camber_Angle）进行设计研究，分析哪些参数对其影响较大。

设计研究的一般步骤是定义设计变量→定义测量（或目标）→设计研究→得到结果，具体过程如下。

1．创建设计变量

Step 01 在图形区将鼠标指针移至上摆臂与转向节铰接处，右击，在弹出的快捷菜单中选择 Point:uca_knuckle，在其子菜单中选择修改（Modify），如图 10-29 所示。

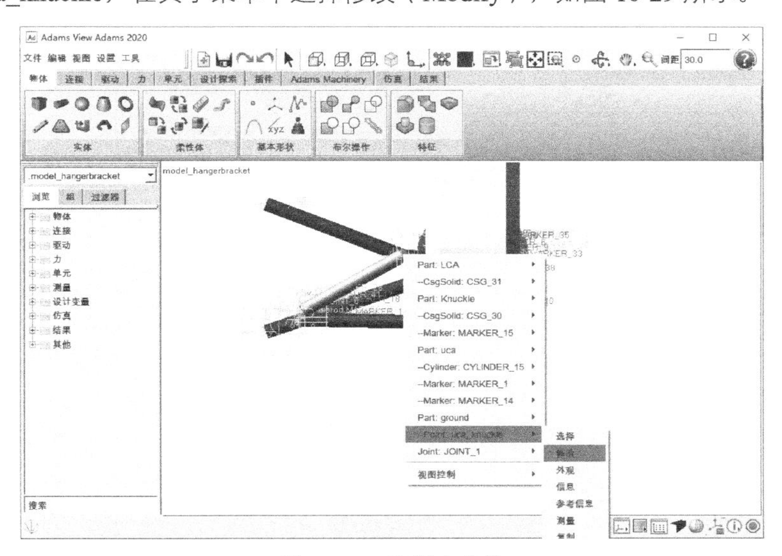

图 10-29　选择点参数

Step 02 弹出参数化点表，在表中找到点uca_knuckle，将光标移至Z坐标处，在对话框上部的编辑框中出现Z值 686。在该编辑框中右击，依次选择参数化（Parameterize）→创建设计变量（Create Design Variable）→实数（Real），创建设计变量.model_hangerbracket.DV_1，如图 10-30 所示。

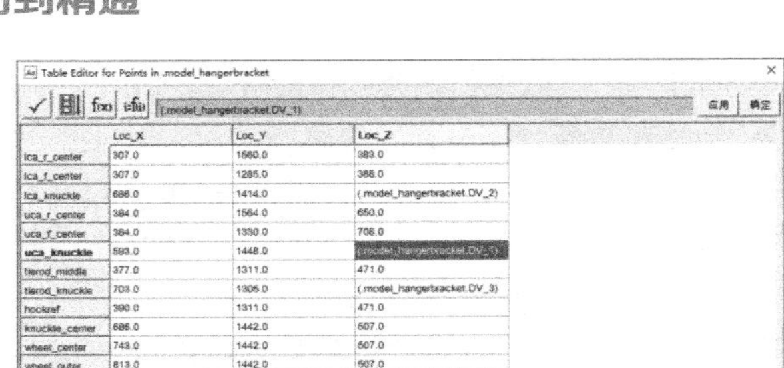

Table Editor for Points in .model_hangerbracket

(.model_hangerbracket.DV_1)

	Loc_X	Loc_Y	Loc_Z
lca_r_center	307.0	1560.0	383.0
lca_f_center	307.0	1285.0	388.0
lca_knuckle	686.0	1414.0	(.model_hangerbracket.DV_2)
uca_r_center	384.0	1564.0	650.0
uca_f_center	384.0	1330.0	708.0
uca_knuckle	593.0	1448.0	(.model_hangerbracket.DV_1)
tierod_middle	377.0	1311.0	471.0
tierod_knuckle	703.0	1306.0	(.model_hangerbracket.DV_3)
hookref	390.0	1311.0	471.0
knuckle_center	686.0	1442.0	507.0
wheel_center	743.0	1442.0	507.0
wheel_outer	813.0	1442.0	507.0
wheel_inner	673.0	1442.0	507.0
test_plane	743.0	1442.0	207.0

图 10-30　参数化坐标点

Step 03 在图形区将鼠标指针移至上摆臂与转向节铰接处，右击，在弹出的快捷菜单中选择Point: lca_knuckle，在其子菜单中选择修改（Modify）。

Step 04 弹出参数化点表，在表中找到点lca _knuckle，将光标移至Z坐标处，在对话框上部的编辑框中出现Z值 650。在该编辑框中右击，依次选择参数化（Parameterize）→创建设计变量（Create Design Variable）→实数（Real），创建设计变量.model_hangerbracket.DV_2。

Step 05 在图形区将鼠标移至上摆臂与转向节铰接处，右击，在弹出的快捷菜单中选择Point: tierod_knuckle，在其子菜单中选择修改（Modify）。

Step 06 弹出参数化点表，在表中找到点tierod _knuckle，将光标移至Z坐标处，在对话框上部的编辑框中出现Z值 459。在该编辑框中右击，依次选择参数化（Parameterize）→创建设计变量（Create Design Variable）→实数（Real），创建设计变量.model_hangerbracket.DV_3。

2. 修改设计变量

Step 01 在菜单中依次选择编辑（Edit）→修改（Modify），再在过滤器中选择变量，弹出如图 10-31（a）所示的对话框，双击DV_1，弹出如图 10-31（b）所示的对话框。

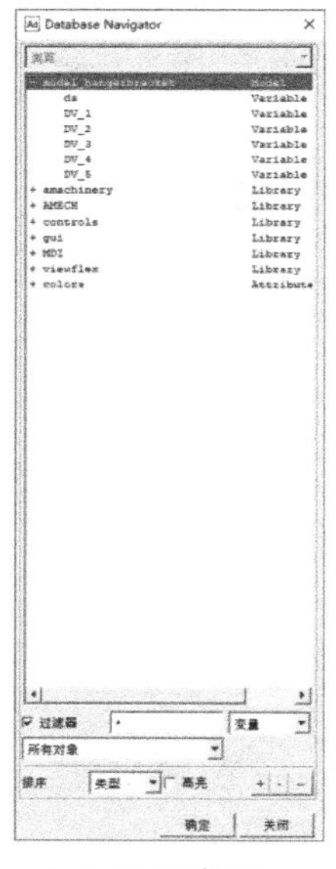

（a）设计变量

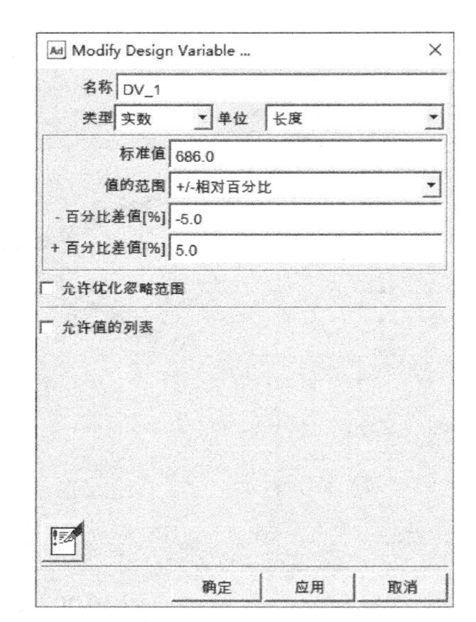

（b）修改设计变量

图 10-31　参数化坐标点

Step 02 在单位（Units）中选择长度（Length），在值的范围（Value Range by）中选择 + /-相对百分比（ +

/- Delta Relative to Value），在+/-百分比差值（+/-Delta）编辑框中分别输入-5.0、5.0。单击应用（Apply）按钮确认并继续修改设计变量，所有设置完成后单击确定（OK）按钮确认。

3. 定义测量函数

Step 01 创建地面参考标架。在菜单工具（Tools）中选择Command Navigator（命令导航器），双击，依次选择标记点（marker）→创建（create），弹出Marker Create（标记点创建）对话框，更改标记点（Marker）名称，其余设置如图 10-32 所示。

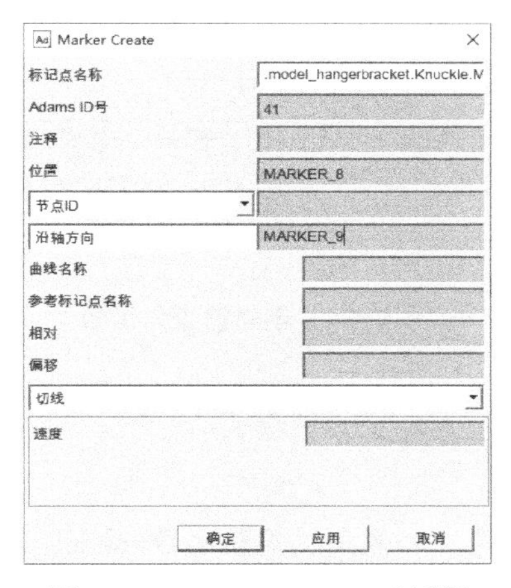

图 10-32 Marker Create 对话框

Step 02 定义测量函数。单击工具选项卡 设计探索 ，再单击建立新的测量函数按钮f(t)，如图 10-33 所示，弹出Function Builder（函数创建器）对话框，如图 10-34 所示。在测量名称（Measure Name）中输入.model_1.M_Toe_Angle，选择单位为角度。在对应文本框输入ATAN2（DY（MARKER_35，MARKER_36，ground_ref），DX（MARKER_35，MARKER_36，ground_ref））定义前束角。

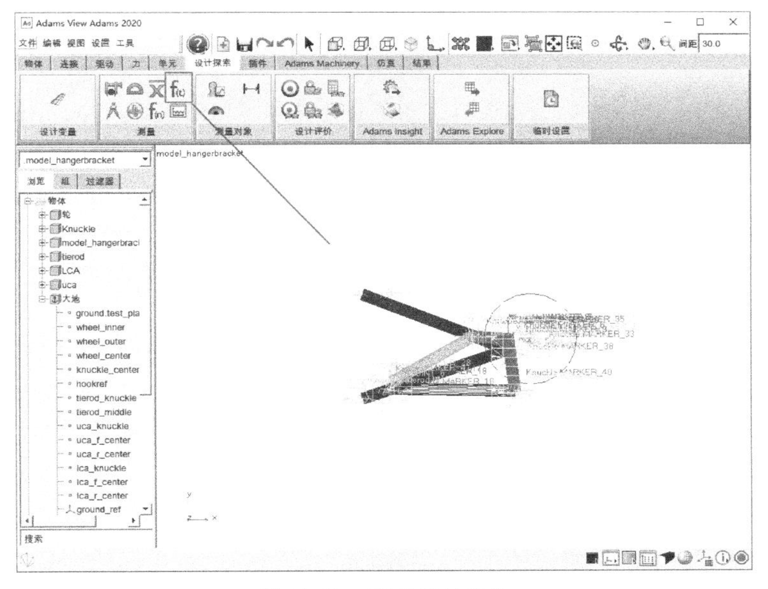

图 10-33 定义测量函数

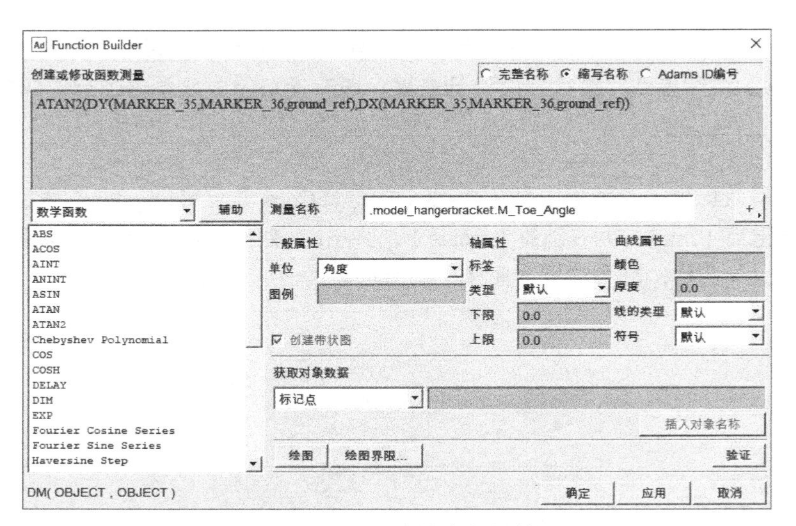

图 10-34　创建前束角函数

这里，MARKER_36 定位在参数化点 wheel_inner 处，MARKER_35 定位在参数化点 wheel_center 处。

Step 03 与定义前束角相似，同样定义外倾角的测量函数.model_1.M_Camber_Angle，输入ATAN2（DZ（MARKER_35，MARKER_36，ground_ref），DX（MARKER_35，MARKER_36，ground_ref））定义外倾角。

这里求反正切时用的 DX、DY、DZ 需要根据具体的坐标系而定。在这里，我们的坐标系是 XOZ，故求前束角时（水平面上 Knuckle 与 X 轴的夹角）为 ATAN2（DY，DX），求外倾角时为 ATAN2（DZ，DX）。

4. 运行设计研究

Step 01 单击工具选项卡 设计探索 ，单击设计评价工具按钮，显示Design Evaluation Tools对话框，选择设计研究（Design Study），如图 10-35 所示。

Step 02 选择设计变量。在设计变量（Design Variable）文本框中直接输入设计变量的名称，或者在设计变量（Design Variable）文本框上右击，通过数据库浏览器选择需要设计的变量DV_3。

Step 03 定义设计变量的范围，在默认级别（Default Levels）文本框中输入变量范围的等分水平数，设计变量的取值默认级别（Default Levels）为 5。

Step 04 单击显示（Display）按钮，再按照如图 10-36 所示的参数进行设置，最后单击关闭（Close）按钮关闭对话框。

Step 05 返回如图 10-35 所示的对话框，单击开始（Start）按钮开始设计研究分析，仿真完成后会自动弹出如图 10-37 所示的对话框。

Step 06 分别选择设计变量和测量函数M_Camber_Angle进行同样的操作，单击开始（Start）按钮，系统仿真结束时弹出如图 10-38 所示的结果。

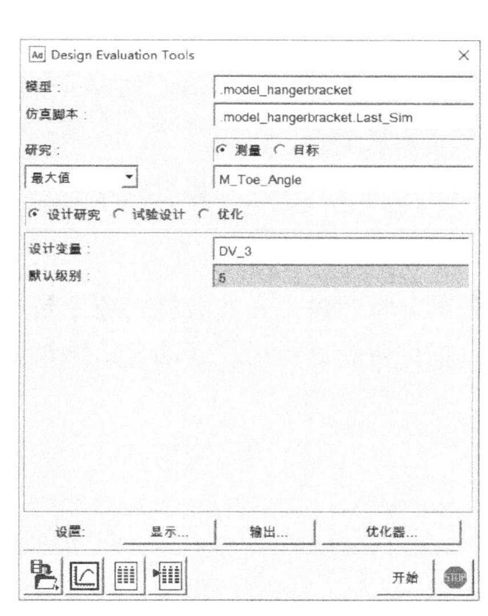

图 10-35　设计研究对话框

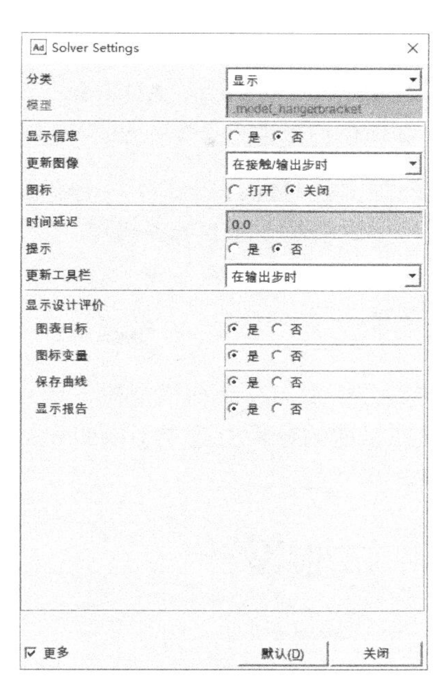

图 10-36　设置对话框

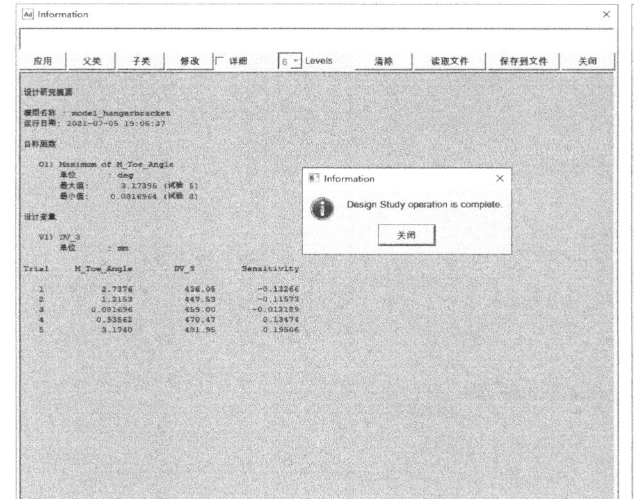

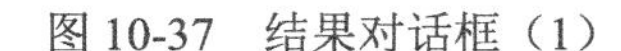

图 10-37　结果对话框（1）

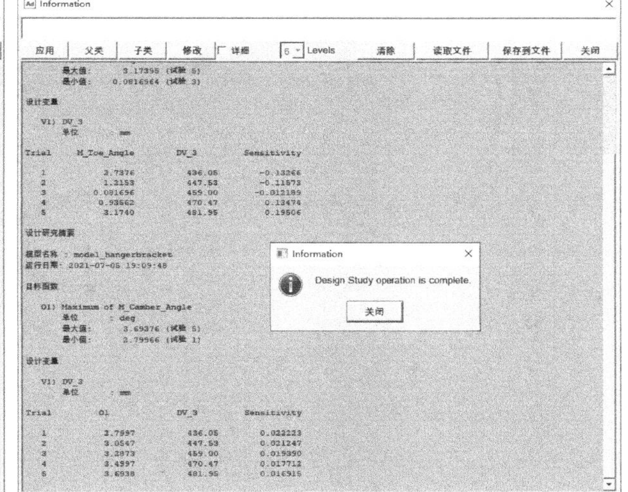

图 10-38　结果对话框（2）

5. 得到结果

从以上分析得到表 10-4 所示的结果。从表 10-4 中可知，变量DV_3 对M_Toe_Angle 的敏感度最高，因而对其影响最大；DV_2 对M_Camber_Angle的敏感度最高，因而对其影响最大。

表 10-4　设计变量对测量函数的灵敏度

设计变量	参数化点	初始值	初始值处敏感度	
			M_Toe_Angle	M_Camber_Angle
DV_1	Uca_knuckle.z	686.00	-0.066671	-1.3983
DV_2	Lca_knuckle	364.00	-0.14775	1.7420
DV_3	Tie_knuckle	459.00	0.24428	-0.34448

技巧提示 完成仿真分析以后，ADAMS/View在当前的样机关系树下建立一个名为Last_Multi的分析对象。在此分析对象中含有一组名为Design_Study_Results的设计研究分析结果，其中包括以下分量：

（1）试验（Trial），其中包括仿真分析的次数。

（2）与设计变量同名的分量，其中包含每次运算所使用的变量值。

（3）所有的测量或目标，这些分量与定义的测量和目标同名，记录了每次仿真分析获得的性能测量值。

完成仿真分析后，在当前模型树下建立一个名为Last_Multi的分析对象。在此分析对象中包含设计分析结果。如果在以前的分析中建立了Last_Multi的分析对象，那么进行新的分析后，新的分析结果将覆盖以前的分析结果。

10.3.3 试验设计

1. 建立设计变量

Step 01 在图形区将鼠标指针移至上摆臂与转向节铰接处，右击，在弹出的快捷菜单中选择Point:uca_knuckle，在其子菜单中选择修改（Modify），如图10-39所示。

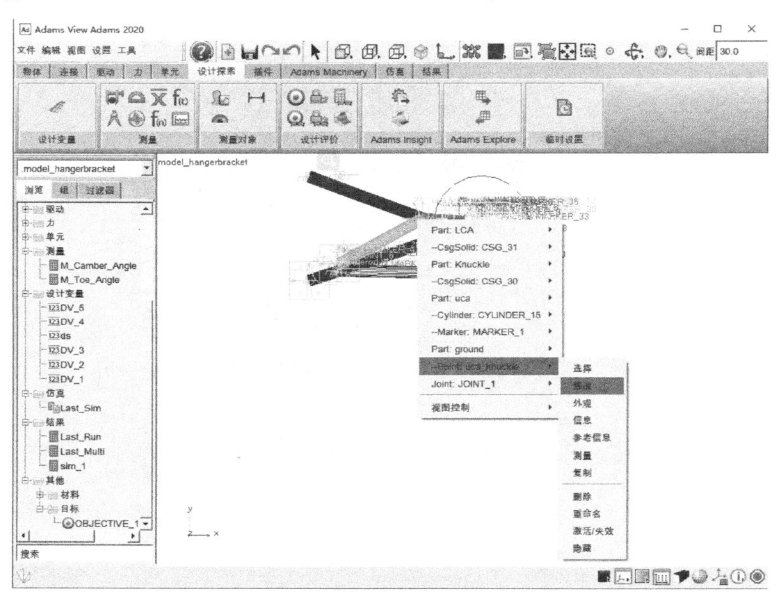

图10-39　选择点参数

Step 02 弹出参数化点表，在表中找到点uca_knuckle，将光标移至Z坐标处，在对话框上部的编辑框中出现Z值686。

Step 03 在编辑框中右击，依次选择参数化（Parameterize）→创建设计变量（Create Design Variable）→实数（Real），创建设计变量.model_hangerbracket.DV_1，如图10-40所示。

Step 04 在图形区将鼠标指针移至上摆臂与转向节铰接处，右击，在弹出的快捷菜单中选择Point:lca_knuckle，在其子菜单中选择修改（Modify）。

Step 05 弹出参数化点表，在表中找到点lca _knuckle，将光标移至Z坐标处，在对话框上部的编辑框中出现Z值 650。

Step 06　在编辑框中右击，依次选择参数化（Parameterize）→创建设计变量（Create Design Variable）→实数（Real），创建设计变量.model_hangerbracket.DV_2。

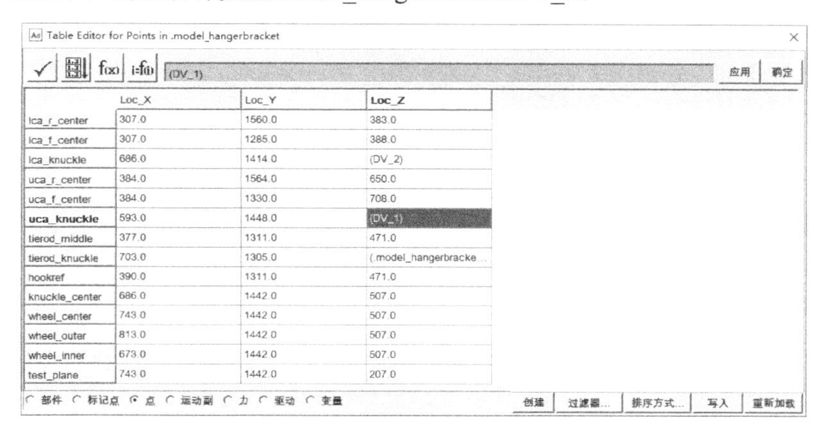

	Loc_X	Loc_Y	Loc_Z
lca_r_center	307.0	1560.0	383.0
lca_f_center	307.0	1285.0	388.0
lca_knuckle	686.0	1414.0	(DV_2)
uca_r_center	384.0	1564.0	650.0
uca_f_center	384.0	1330.0	708.0
uca_knuckle	593.0	1448.0	(DV_1)
tierod_middle	377.0	1311.0	471.0
tierod_knuckle	703.0	1305.0	(.model_hangerbracke...
hookref	390.0	1311.0	471.0
knuckle_center	686.0	1442.0	507.0
wheel_center	743.0	1442.0	507.0
wheel_outer	813.0	1442.0	507.0
wheel_inner	673.0	1442.0	507.0
test_plane	743.0	1442.0	207.0

图 10-40　参数化坐标点

Step 07　在图形区将鼠标指针移至上摆臂与转向节铰接处，右击，在弹出的快捷菜单中选择Point: tierod_knuckle，在其子菜单中选择修改（Modify）。

Step 08　弹出参数化点表，在表中找到点tierod _knuckle，将光标移至Z坐标处，在对话框上部的编辑框中出现Z值 459。

Step 09　在编辑框中右击，依次选择参数化（Parameterize）→创建设计变量（Create Design Variable）→实数（Real），创建设计变量.model_hangerbracket.DV_3。

2. 建立响应（目标）

Step 01　单击工具选项卡 设计探索 （Design Exploration），再单击建立新的设计目标函数按钮，系统弹出创建目标函数对话框，如图 10-41 所示。在名称（Name）文本框中输入.model_hangerbracket.OBJECTIVE_1，在定义（Definition by）下拉菜单中选择测量（Measure），选择前束角的测量函数作为测试目标。

Step 02　单击确定（OK）按钮，完成目标函数的创建。

Step 03　单击工具选项卡 仿真 ，再单击运行交互仿真按钮，将设置步长为 0.01、结束时间（End Time）为 2，开始仿真。

Step 04　单击工具选项卡 设计探索 （Design Exploration），再单击按钮，弹出Adams Insight Export对话框，如图 10-42 所示。

Step 05　单击确定（OK）按钮完成设置。

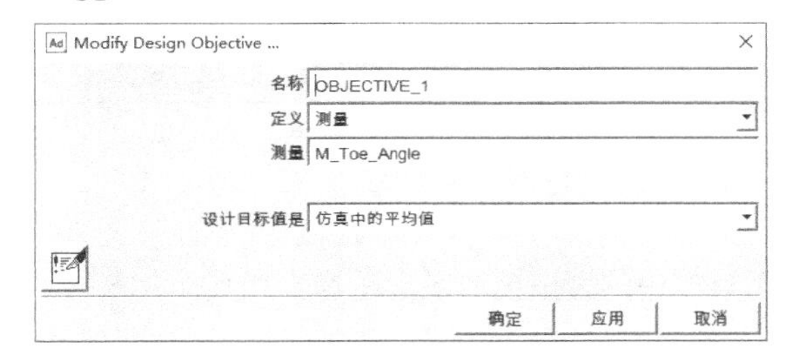

图 10-41　创建设计变量

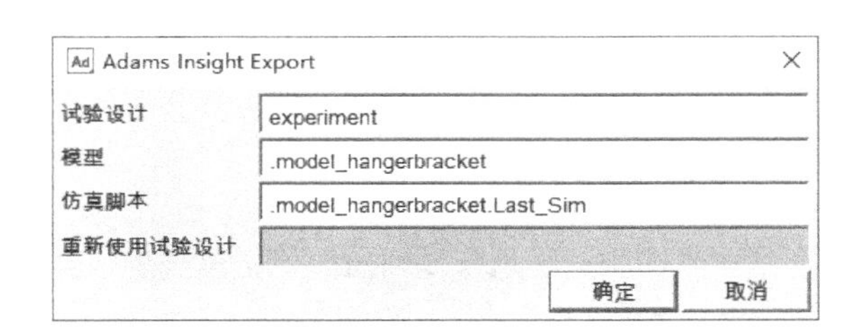

图 10-42　Adams Insight Export 对话框

3. 选择模型和脚本

单击图 10-42 中的确定（OK）按钮后，会出现一个DOS窗口，系统同时进入ADAMS/Insight，界面如图 10-43 所示。

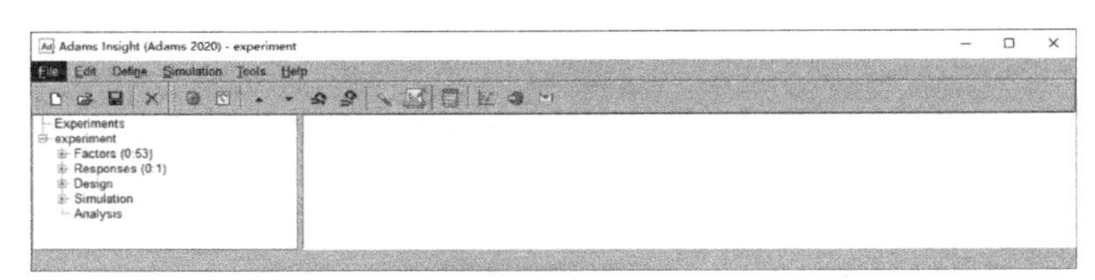

图 10-43　ADAMS/Insight 界面

4. 创建因素集和响应

Step 01 在左侧树形区单击，依次展开Factors→Candidates→model_hangerbracket，单击DV_1，在图形区弹出DV_1 的属性对话框。

Step 02 在Type栏中选中Continuous，在Data Type栏中选中Relative，在Normal Value栏中输入 686。

Step 03 在Setting栏中输入-3,3，在Tolerance栏中输入 0.0。

Step 04 设置Ease of Adjustment为Moderate。如图 10-44 所示，在Abbreviation中修改因素的名字，这里按照默认的为f_01，在Description选项卡的单位（Units）中输入mm。单击Apply按钮，然后单击工具栏中的▲，就会在inclusion 中出现因素f_01。至此，我们定义了一个因素。按照上述方式添加DV_2、DV_3 到inclusion中。

如果需要添加的因素集比较多，就在按住 Ctrl 键的同时选择多个。

Step 05 添加响应。在树形区单击，依次展开Responses→Candidates→model_hangerbracket，单击OBJECTIVE_1，在图形区的单位（Units）栏中输入degree，其余参数采用默认设置，单击Apply按钮，然后单击工具栏中的▲添加一个响应，如图 10-45 所示。

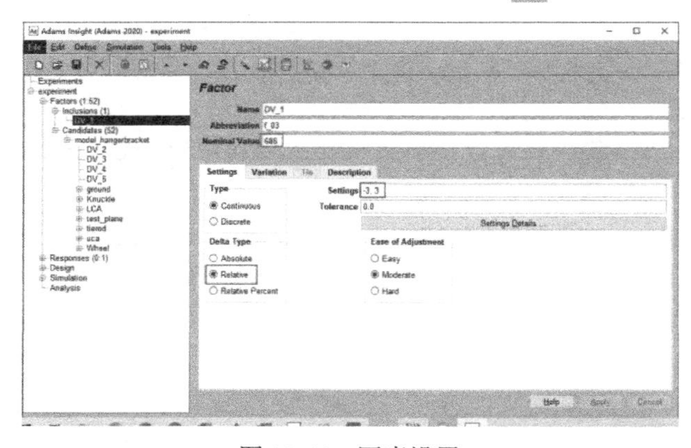

图 10-44　因素设置

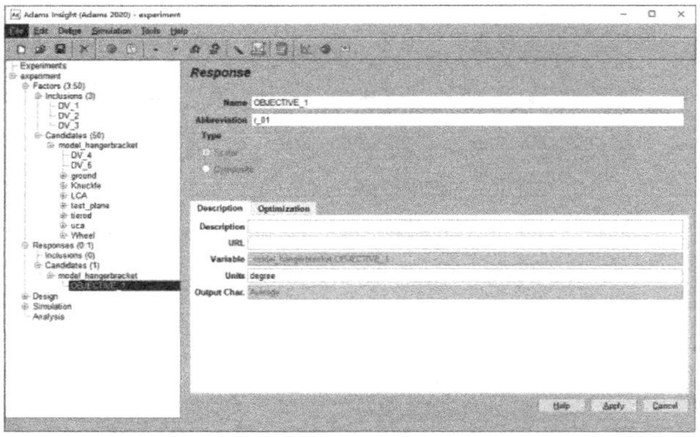

图 10-45　响应因素设置

5. 选择试验策略

Step 01 在树形区展开Design，单击第一项，或者单击工具栏中的按钮，图形区弹出如图 10-46 所示的界面。

Step 02 单击Design下的第 4 项Work Space（S-8），或者单击工具栏中的按钮，系统自动创建工作矩阵，如图 10-47 所示。从图 10-47 中可以看出共进行了 8 次试验。

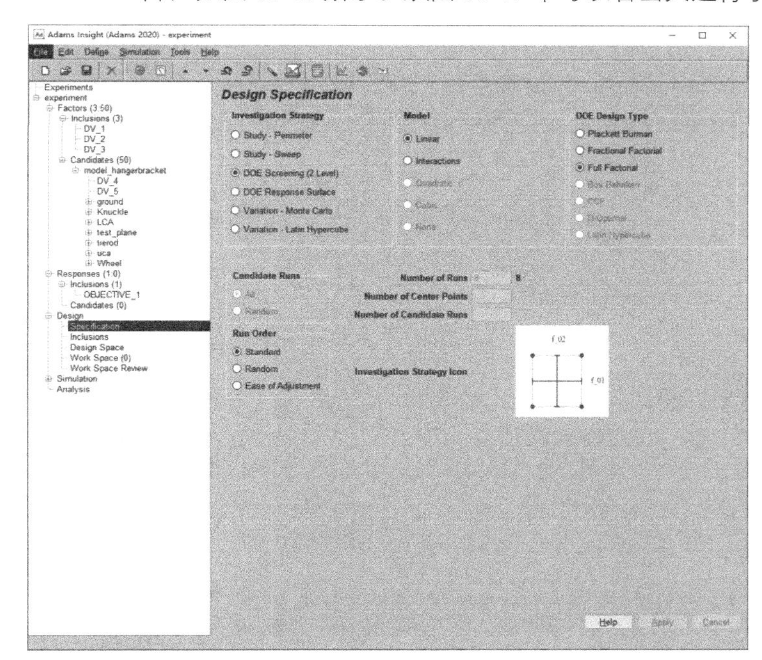

图 10-46　设置试验策略

Work Space

	f_01	f_02	f_03	r_01
Trial 1	683	361	456	
Trial 2	683	361	462	
Trial 3	683	367	456	
Trial 4	683	367	462	
Trial 5	689	361	456	
Trial 6	689	361	462	
Trial 7	689	367	456	
Trial 8	689	367	462	

图 10-47　工作矩阵

6. 运行试验

单击工具栏中的按钮，系统自动返回ADAMS/View进行仿真试验，仿真结束后系统弹出如图 10-48 所示的信息。

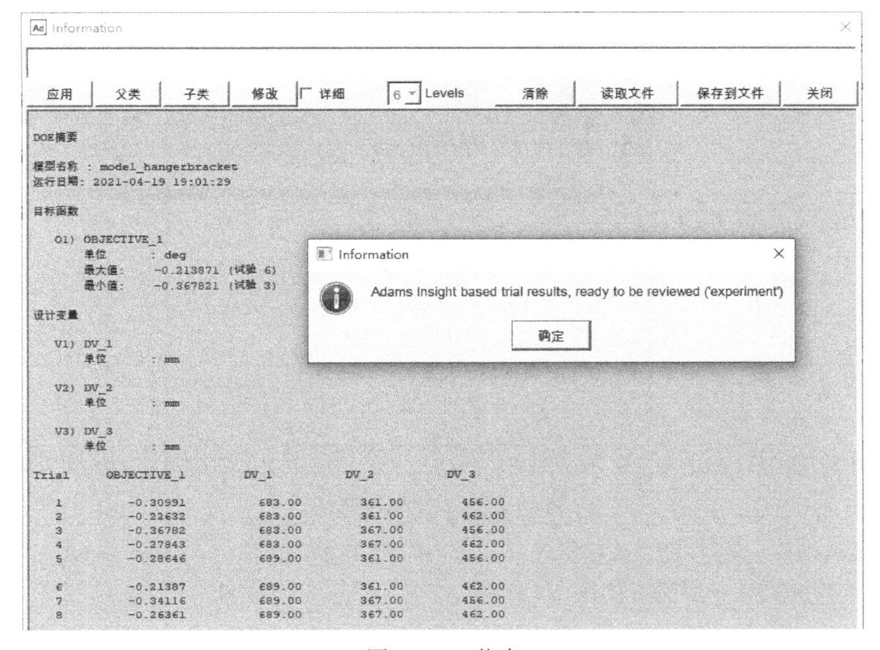

图 10-48　信息

7. 结果分析

Step 01 仿真完成后单击工具选项卡 设计探索 ，选择ADAMS/Insight里的显示（Display）按钮，在弹出的对话框中单击确定（OK）按钮，进入ADAMS/Insight界面。

Step 02 在树形区中展开Design，依次单击Design Space（试验矩阵，如图 10-49 所示）→Work Space（工作矩阵，如图 10-50 所示）→Work Space Review（工作矩阵预览，如图 10-51 所示），预览运行试验后的矩阵。

Design Space

	f_01	f_02	f_03
Trial 1	-1	-1	-1
Trial 2	-1	-1	1
Trial 3	-1	1	-1
Trial 4	-1	1	1
Trial 5	1	-1	-1
Trial 6	1	-1	1
Trial 7	1	1	-1
Trial 8	1	1	1

图 10-49　试验矩阵

Work Space

	f_01	f_02	f_03	r_01
Trial 1	683	361	456	-0.309913
Trial 2	683	361	462	-0.226324
Trial 3	683	367	456	-0.367821
Trial 4	683	367	462	-0.278432
Trial 5	689	361	456	-0.286455
Trial 6	689	361	462	-0.213871
Trial 7	689	367	456	-0.341161
Trial 8	689	367	462	-0.263611

图 10-50　工作矩阵

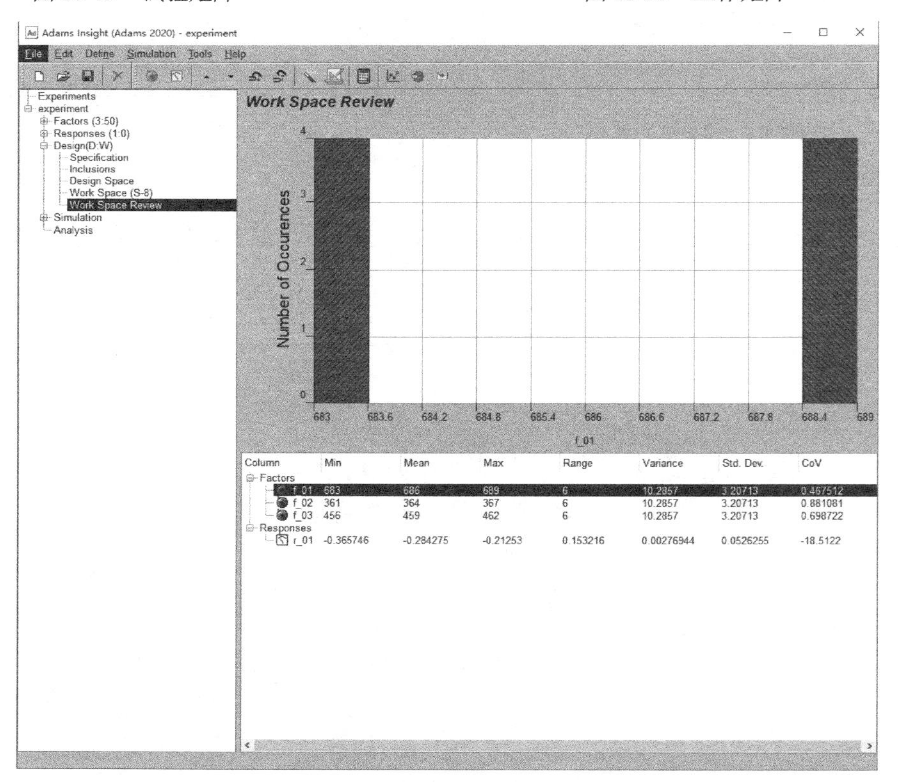

图 10-51　工作矩阵预览

Step 03 单击工具栏中的按钮，或者单击工具（Tools）菜单，选择 Fit New model，这时工具栏中的（输出为Web文件）变亮，如图 10-52 所示。

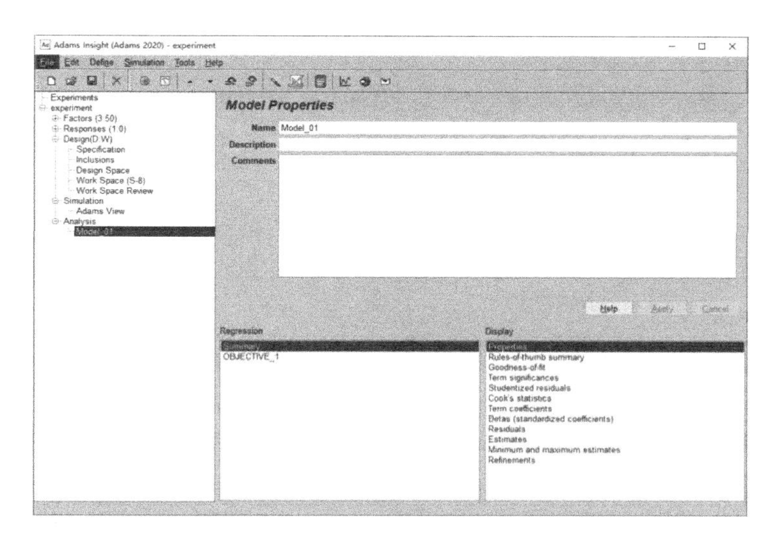

图 10-52 输出为 Web 文件

Step 04 单击Regression列表中的OBJECTIVE_1，单击Display（显示）列表中的Fit，会出现如图 10-53 所示的表格。

在表中绿色圆点表示满足所有的拟合准则，带有问号的黄色圆点表示拟合准则在容忍范围内，假如是红色的圆点，就表示该拟合准则有问题，必须要对其进行研究。

Step 05 ADAMS/Insight以标准方差统计（ANOVA）工具来进行拟合并提供了一套ANOVA统计方法，如 R^2 和 $R^2{}_{adj}$ 用来评估光顺的质量。R^2（取值范围为 0~1）越高表示越好，但还要与 $R^2{}_{adj}$ 结合起来看。

8. 优化结果

（1）通过更改因素设置来优化

单击菜单中的Tools，然后单击Optimize Model，或单击工具栏中的按钮，系统弹出优化工具栏，如图 10-54 所示。

Fit for regression "OBJECTIVE_1"

	DOF	SS	MS	F	P
Model	3	0.0195	0.00652	311	○ 3.4e-05
Error	4	8.37e-05	2.09e-05		
Total	7	0.0196			
R2	○ 0.996				
R2adj	○ 0.993				
R/V	○ 47.5				

图 10-53 结果的分析

Optimize model 'Model_01'

Design Variables

	Minimum	Maximum	Value	Fixed
f_01	683	689	686	
f_02	361	367	364	
f_03	456	462	459	

Design Objectives

	Minimum	Maximum	Value	Oper	Target	Weight	Cost
r_01	-0.36282	-0.20908	-0.28595	Min	0	1	-0.28595
Overall							-0.28595

Optimize: Preferences... Reload Update Reset Write... Save Run

图 10-54 优化工具栏

移动鼠标，当鼠标指针指向滑块时单击鼠标，修改一个或同时修改多个因素的值，单击Update按钮，加载修改的设置。

（2）通过更改响应（目标）来优化

单击鼠标，通过设置Op、Target、Weight来设置合适的值。选中Fixed复选框，确定哪些因素在优化的时候值固定不变。

单击Run按钮，开始优化计算。

9. 输出结果为Web文件

Step 01 单击工具栏中的图标，定义文件名和存储位置。单击保存后，打开该HTML文件，显示结果如图10-55所示。

Step 02 在这个页面上修改因素的值来观测响应（目标）的变化。在DV_1的编辑框中直接输入值685，然后单击Update按钮，看到响应（目标）值发生改变，或者单击“+”号，在因素值改变的同时响应的值也跟着变化，通过这种方式研究因素值是如何影响响应值的。

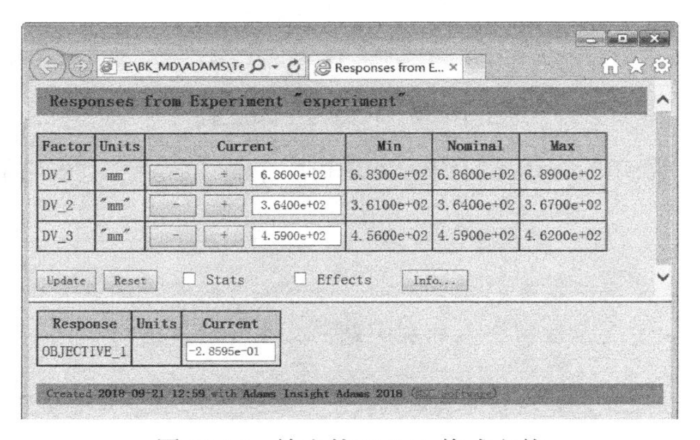

图10-55 输出的HTML格式文件

Step 03 选中Stats和Effects复选框，会出现如图10-56所示的页面，前者表示拟合的统计结果，后者给出了各个因素对响应的影响大小。从图10-56中可以看出，因素DV_3对响应（前束角）的影响比较大。

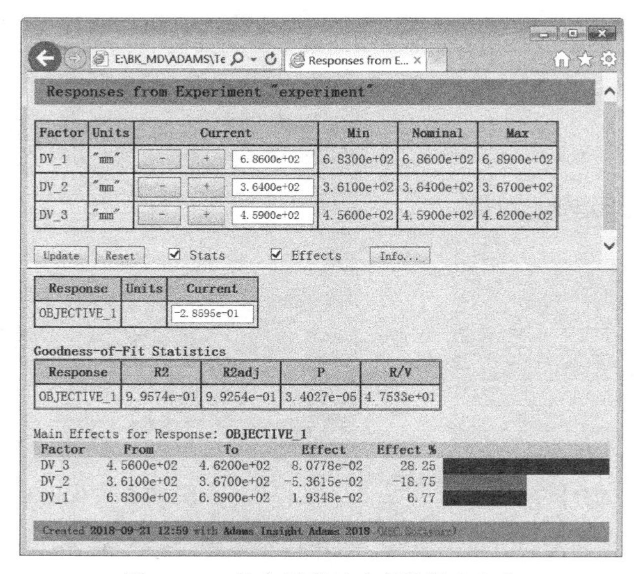

图10-56 各个因素对响应的影响大小

10.3.4 结果分析

Step 01 单击ADAMS 2020仿真界面，使模型显示出来，再单击M_Camber_Angle和M_Toe _Angle两张图，如图10-57和图10-58所示，右击，从弹出的快捷菜单中选择绘图（Plot）：scht1，再选择Transfer To Full Plot（转换为完整视图），进入后处理窗口，如图10-59所示，在后处理窗口中对图形进行相应的处理。

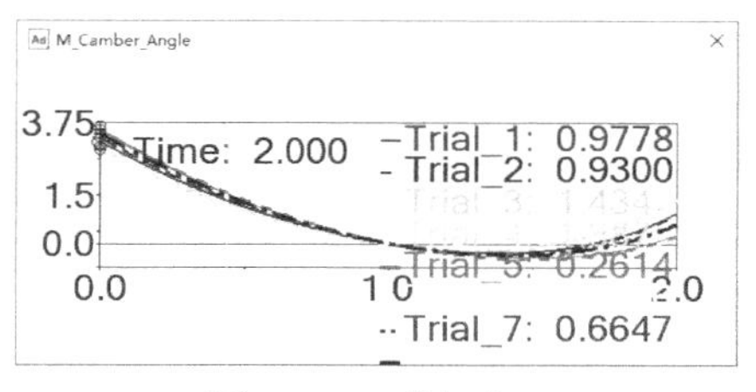

图10-57 前倾角

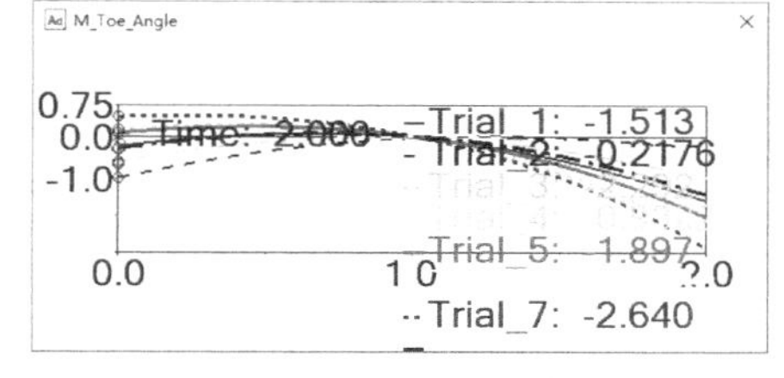

图10-58 后倾角

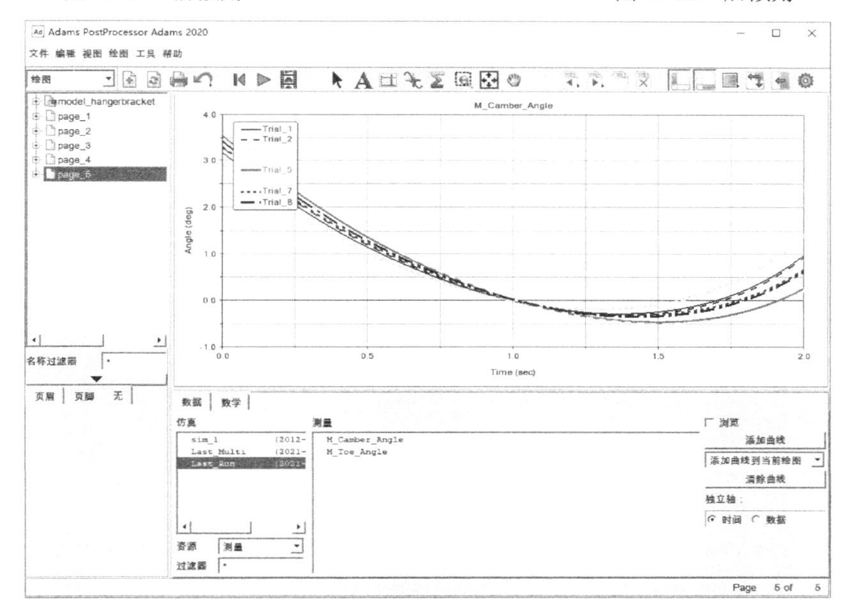

图10-59 后处理显示测量曲线

Step 02 设计变量和响应参数变化趋势。单击桌面图框，如图10-60~图10-63所示。图10-60~图10-62显示的是设计变量DV_1~DV_3在进行优化设计时的变化趋势。横坐标代表变化的数量，纵坐标表示变化的数值大小。图10-63显示的是响应参数OBJECTIVE_1在进行优化设计时的变化趋势：横坐标代表变化的数量，纵坐标代表变化的数值大小。

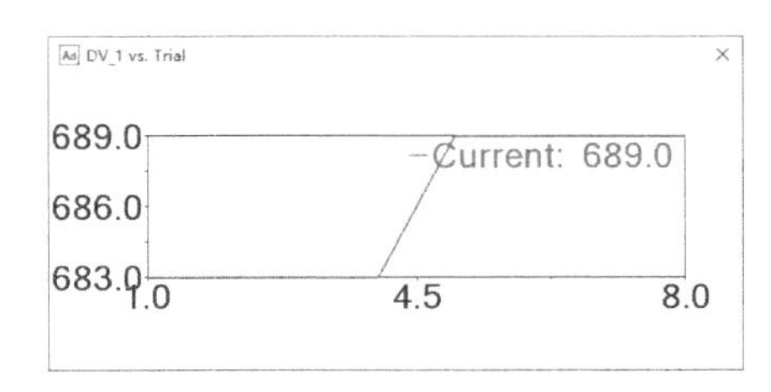

图10-60 设计变量1

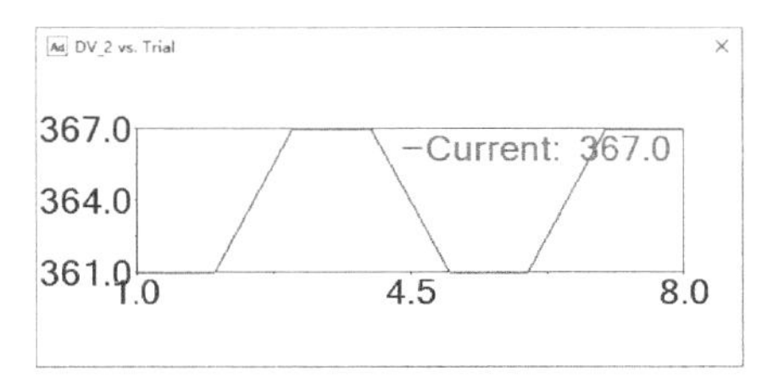

图10-61 设计变量2

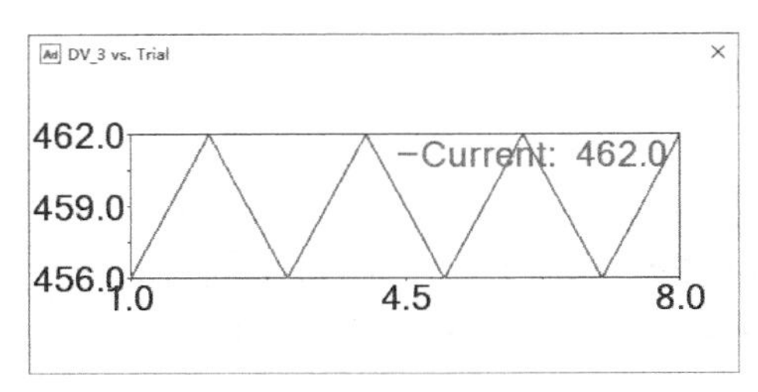

图 10-62　设计变量 3

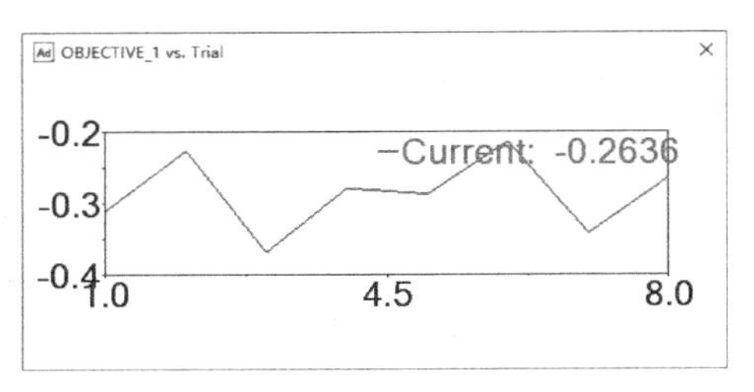

图 10-63　响应参数

10.4 本章小结

本章首先对参数化建模做了简单介绍，然后通过实例双摆臂独立前悬架机构对参数化建模做了详尽的阐述和分析，最后利用实例前悬架机构优化设计对机构优化设计进行了深入分析。

通过本章的学习，读者可以掌握参数化建模和分析的步骤，以及通过参数化建模来分析不同变量对系统的影响。

第 11 章 ADAMS 振动分析

ADAMS/Vibration是进行频域分析的工具，可用来检测ADAMS模型的强迫振动，所有输入输出都将在频域内以振动形式描述，该模块可作为ADAMS运动仿真模型从时域向频域转换的桥梁。本章内容通过对卫星太阳能帆板刚性体和柔性体、其展开前的操作以及与发射机座的分离等过程的振动分析来了解ADAMS/Vibration振动分析模块的具体操作过程。

知识要点

- 掌握ADAMS/Vibration进行频域分析的基本过程。
- 掌握振动分析输入和输出以及激振器的定义。
- 掌握测试模型、验证模型、精化模型和优化模型的基本操作过程。

11.1 振动分析模块简介

通过运用ADAMS/Vibration实现各种子系统的装配，并进行线性振动分析，然后利用功能强大的后处理模块ADAMS/Postprocessor进一步做出因果分析与设计目标设置分析。

采用ADAMS/Vibration模块在模型的不同测试点进行强迫响应的频域分析，频域分析中包含液压、控制及用户系统等结果信息，能够快速准确地将ADAMS线性化模型转入Vibration模块中，能够为振动分析开辟输入、输出通道，能够定义频域输入函数，产生用户定义的力频谱，能够求解所关注的频带范围的系统模型，评价频响函数的幅值大小及相位特征，能够动画演示强迫响应及各模态响应，能够把系统模型中有关强迫振动响应的信息列表，为进一步分析，能够把ADAMS模型中的状态矩阵输出到MATLAB及MATRIX中，运用设计研究、DOE及振动分析结果和参数化的振动输入数值优化系统综合性能。

运用ADAMS/Vibration能使工作变得快速简单，运用虚拟检测振动设备可以方便地替代实际振动研究中复杂的检测过程，从而避免实际检测只能在设计的后期进行且费用高昂等弊端，缩短设计时间、降低设计成本。ADAMS/Vibration输出的数据还可被用来研究预测汽车、火车、飞机等机动车辆的噪声对驾驶员及乘客的振动冲击，体现了以人为本的现代设计趋势。

11.2 实例一：刚性体卫星振动分析

本节通过刚体卫星的仿真分析使读者掌握振动分析模块及其应用方法，熟悉振动输入、输出和仿真的过程。

11.2.1 建立模型

Step 01 单击开始程序菜单运行ADAMS 2020，或直接双击桌面图标Ad，运行ADAMS 2020。

Step 02 在欢迎对话框中选择导入一个文件（Import a file），然后单击按钮。

Step 03 在打开的选择文件对话框中选择ADAMS 2020 安装目录下的vibration→examples→tutorial_satellite，单击选中satellite.cmd文件，单击确定（OK）按钮完成文件的导入，如图 11-1所示。

Step 04 在视图（View）主窗口内显示卫星模型，如图 11-2 所示。

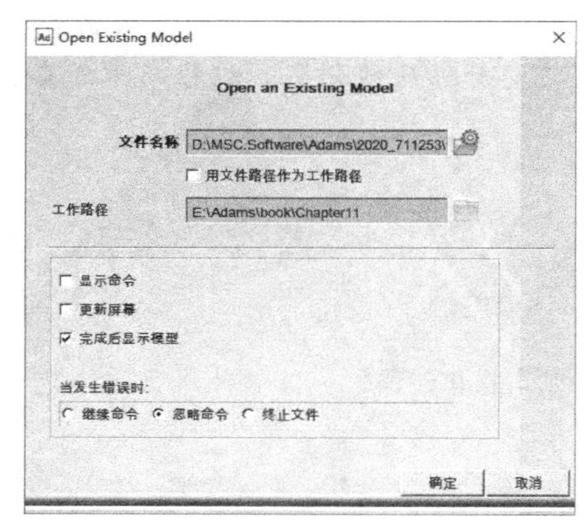

图 11-1 导入文件

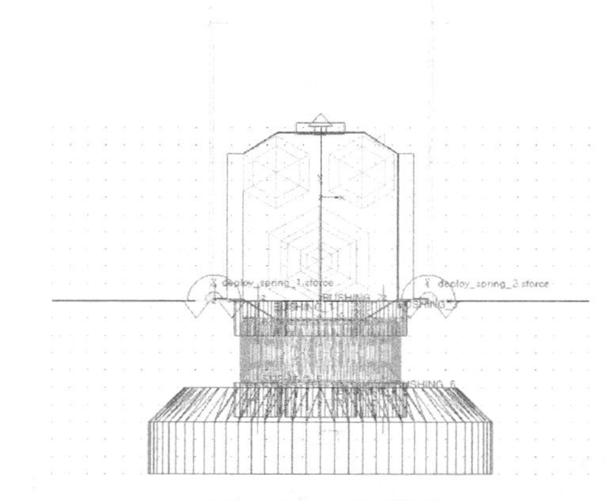

图 11-2 卫星模型

Step 05 加载Adams Vibration模块。在工具（Tools）菜单中单击插件管理器（Plugin Manager），在弹出的对话框中选中Adams Vibration栏载入（Load）项下的是（Yes）选项，单击确定（OK）按钮，完成加载振动（Vibration）模块，如图 11-3 所示。

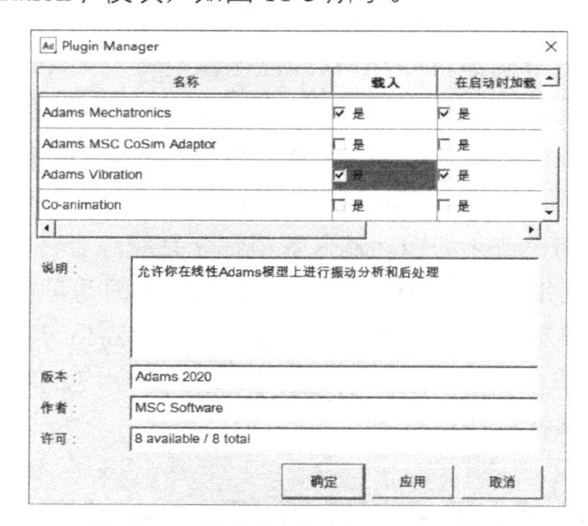

图 11-3 加载 Adams Vibration 模块

11.2.2 仿真模型

Step 01 关闭重力。单击设置（Settings）菜单，选择重力（Gravity）命令，如图 11-4 所示，打开重力设置对话框。单击重力（Gravity），取消选中重力（Gravity）复选框（见图 11-5），单击确定（OK）按钮完成重力的取消。

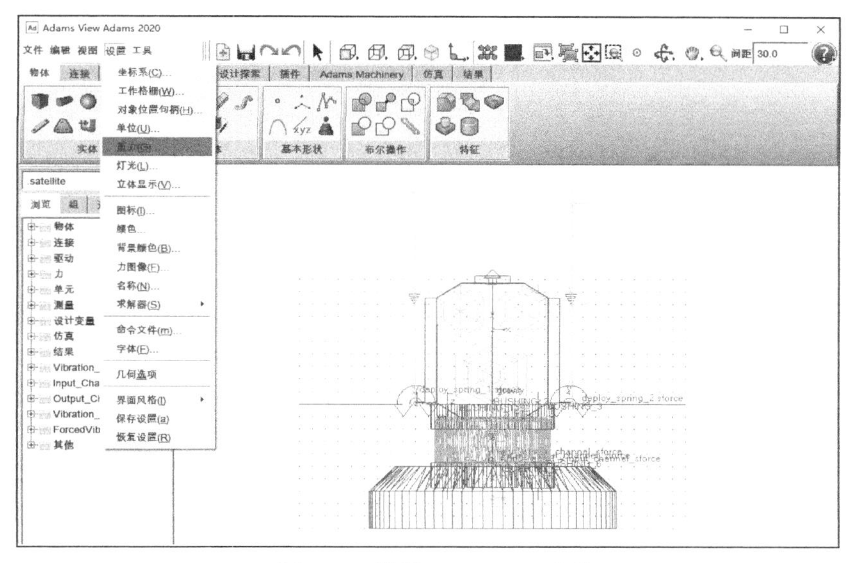

图 11-4　设置（Settings）菜单

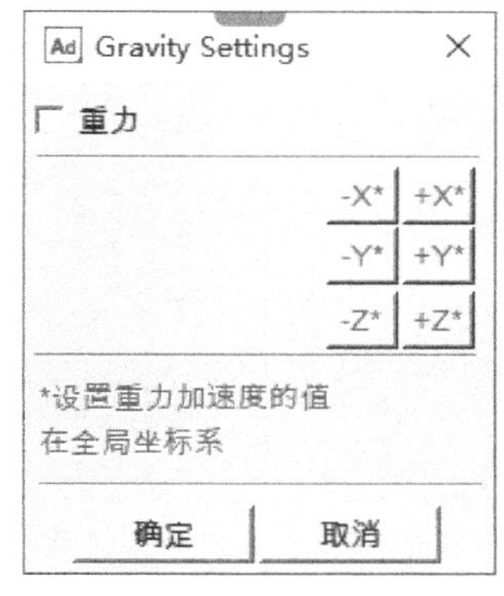

图 11-5　关闭重力

Step 02　在主工具栏中单击仿真工具 ⚙ ，打开仿真控制对话框，如图 11-6 所示。在打开的对话框中设置仿真时间为 5.0、步数（Steps）为 200，观察无重力影响时的运行过程。

Step 03　单击开始仿真按钮▶。太阳能帆逐渐展开，并保持在仿真状态。单击⏮按钮返回初始状态。

Step 04　单击设置（Settings）菜单，选择重力（Gravity）命令，打开重力设置对话框。选中重力（Gravity）复选框，单击-Y按钮，如图 11-7 所示，单击确定（OK）按钮完成重力的设置。

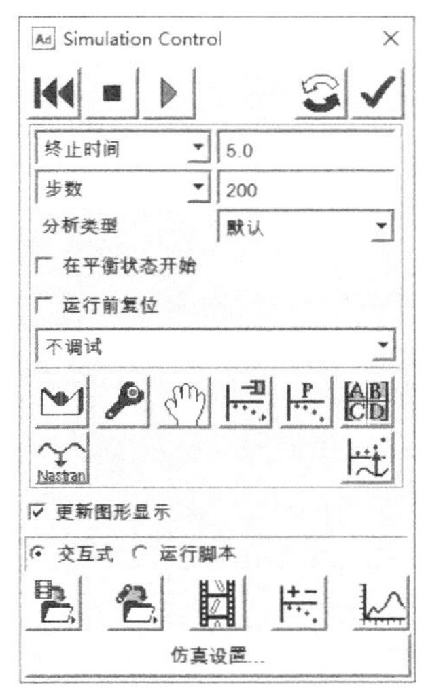

图 11-6　参数设置

图 11-7　设置重力

11.2.3　建立输入通道

Step 01　单击工具选项卡 插件 ，如图 11-8 所示。

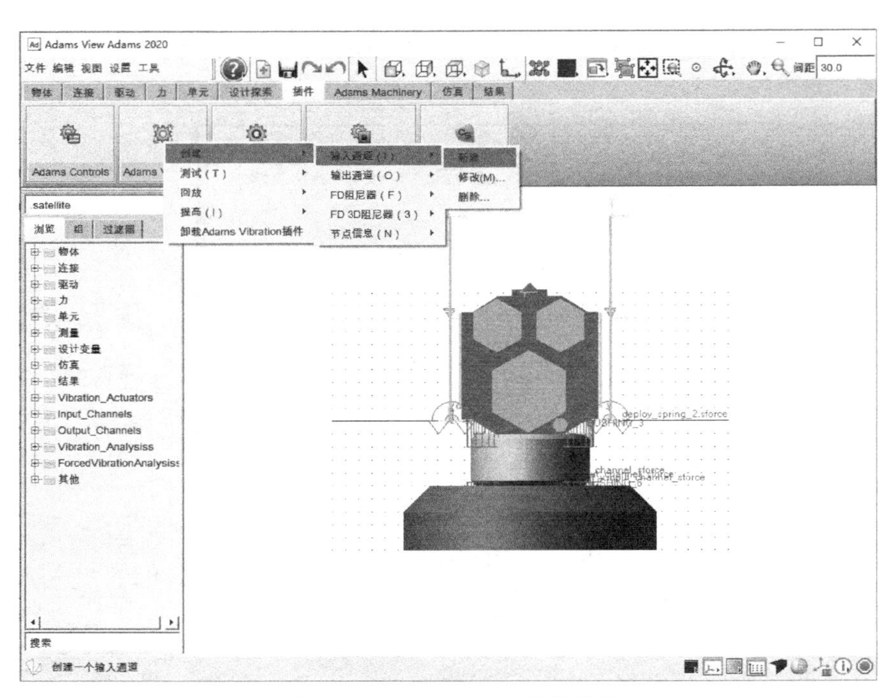

图 11-8　ADAMS 2020 经典模式

Step 02 打开输入通道。单击Adams Vibration工具栏中的按钮，依次选择创建(Create)→输入通道(Input Channel)→新建（New），弹出如图 11-9 所示的对话框。

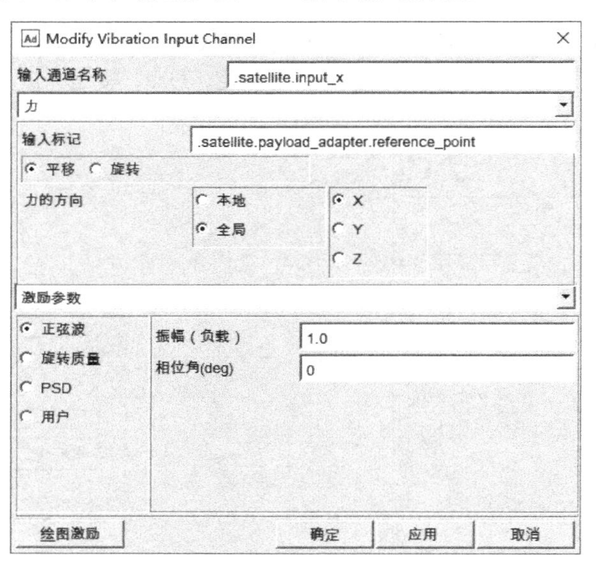

图 11-9　创建输入通道

Step 03 在输入通道名称（Input Channel Name）栏中输入.satellite.input_x。

Step 04 在输入标记（Input Marker）文本框中右击，选择标记点（Marker），再单击浏览（Browse，见图 11-10），系统弹出数据浏览窗口，如图 11-11 所示。

Step 05 双击payload_adapter，再双击reference_point，ADAMS/Vibration在输入标记点文本框中插入该标记点。

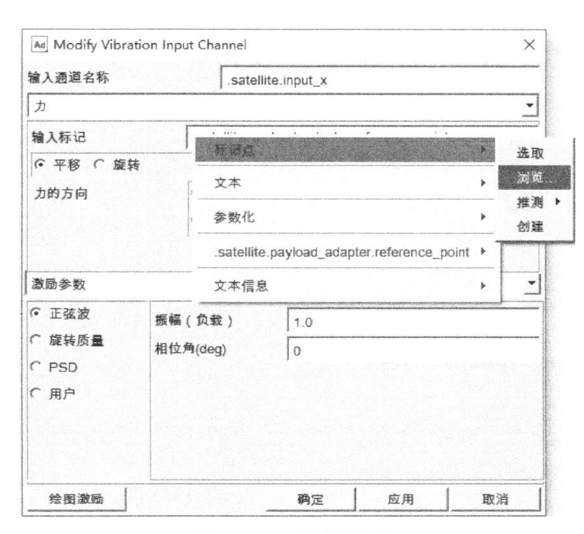

图 11-10 快捷菜单

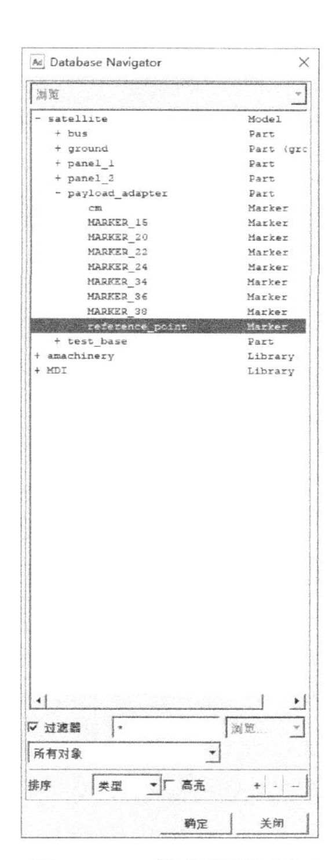

图 11-11 数据浏览窗口

Step 06 在如图 11-10 所示的对话框中选中平移（Translational），在力的方向（Force Direction）选项区选中全局(Global)和X，添加X方向作用力。在下拉列表框中选择激励参数(Actuator Parameters)。选中正弦波（Swept Sine）单选按钮。在相位角（Phase Angle（deg））栏中输入 0，即相位角为 0。在振幅（负载）（Force Magnitude）栏中输入 1，即力的最大振幅为 1，如图 11-12 所示。设置完毕，单击确定（OK）按钮完成。

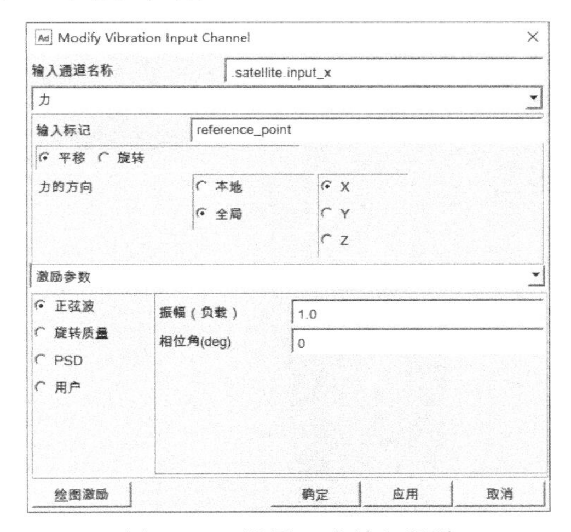

图 11-12 设置 X 向输入通道

Step 07 设置Y向输入通道。在如图 11-10 所示的对话框中选择平移（Translational），在力的方向（Force Direction）选项区选择全局（Global）和Y，添加Y方向作用力。在下拉列表框中选择激励参数（Actuator Parameters）。选中正弦波（Swept Sine）单选按钮。在相位角（Phase Angle（deg））

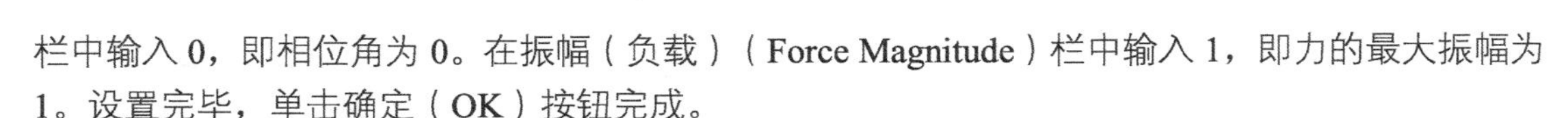

栏中输入 0，即相位角为 0。在振幅（负载）（Force Magnitude）栏中输入 1，即力的最大振幅为 1。设置完毕，单击确定（OK）按钮完成。

11.2.4　建立运动学输入通道和激振器

Step 01　单击Adams Vibration工具栏按钮，依次选择创建（Create）→输入通道（Input Channels）→新建（New），弹出创建振动输入通道对话框。

Step 02　在输入通道名称（Input Channel Name）栏中输入.satellite.input_accel_y，单击力栏，将力（Force）设置为运动学（Kinematic）。

Step 03　在输入标记（Input Marker）文本框中右击，依次选择标记点（Marker）→浏览（Browse），系统弹出数据浏览窗口。双击payload_adapter.reference_point，系统在输入标记点文本框中插入该标记点。

Step 04　选中全局（Global）和平移（Translation），选中加速度（Acceleration）和 Y，在激励参数（Actuator Parameters）项中选择正弦波（Swept Sine），在幅值（Magnitude）栏中输入 9806.65，在相位角（Phase Angle（deg））栏中输入 0，如图 11-13 所示，单击确定（OK）按钮。

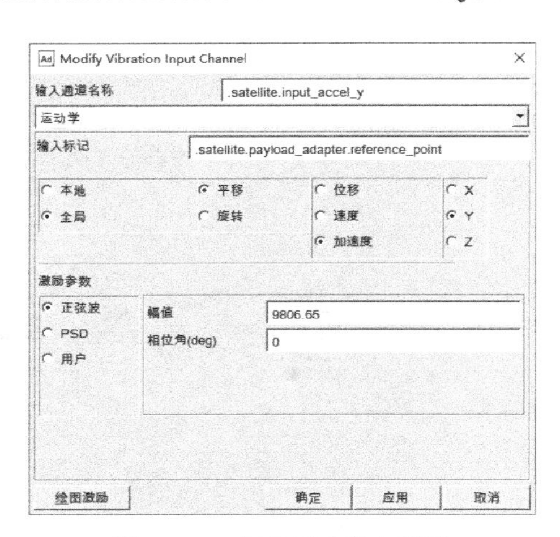

图 11-13　创建振动输入通道

Step 05　查看建立的激振器。单击Adams Vibration工具栏按钮，依次选择创建（Create）→输入通道（Input Channel）→修改（Modify），如图 11-14 所示，弹出浏览输入通道。

Step 06　双击模型名字，显示输入通道列表，如图 11-15 所示。

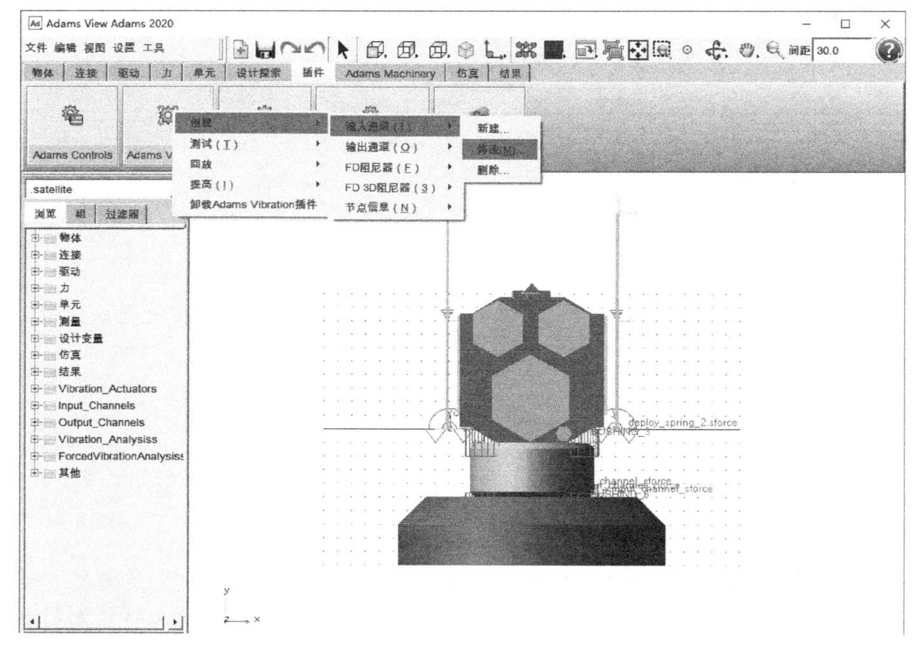

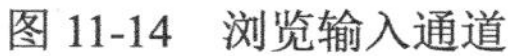
图 11-14　浏览输入通道

图 11-15　输入通道列表

Step 07 双击.satellite.input_accel_y，弹出修改振动输入通道对话框，如图 11-16 所示。在该对话框中单击绘图激励(Plot Actuator)按钮，打开激振器浏览对话框。在激振器浏览对话框中设置开始(Begin)为 0.1、结束（End）为 100、步数（Steps）为 100，其他保留默认值。

Step 08 在激振器浏览对话框中单击左下角的创建绘图（Generate Plot）按钮，绘制曲线，如图 11-17 所示。

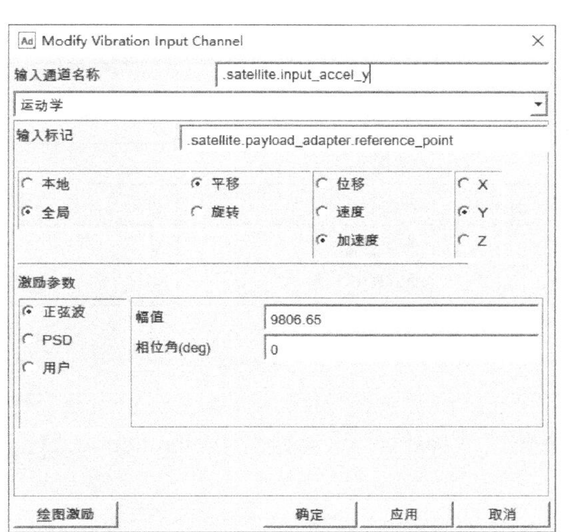

图 11-16　修改对话框

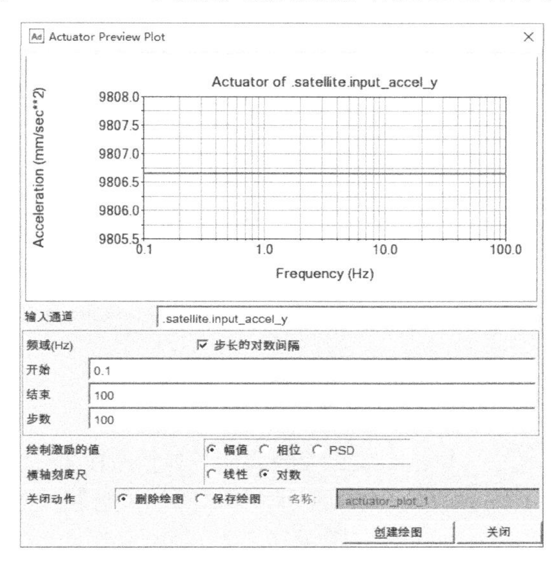

图 11-17　绘制曲线

11.2.5　建立输出通道

Step 01 单击Adams Vibration工具栏按钮，依次选择创建（Create）→输出通道（Output Channel）→新建（New），打开如图 11-18 所示的对话框。

Step 02 在输出通道名称（Output Channel Name）栏中单击，如图 11-19 所示，输入.satellite.p1_center_x_dis，定义输出通道。

Step 03 从输出函数类型（Output Function Type）栏中选择预定义（Predefined）。

Step 04 右击输出标记（Output Marker），从弹出的选项中依次单击标记点（Marker）→浏览（Browse），弹出数据浏览窗口。

Step 05 双击.panel_1.center，即为输出标志点。

Step 06 在输出方向（全局）（Global Component）下拉列表中选择位移（Displacement），并选中X。设置完毕，单击应用（Apply）按钮建立一个输出通道，如图 11-19 所示。

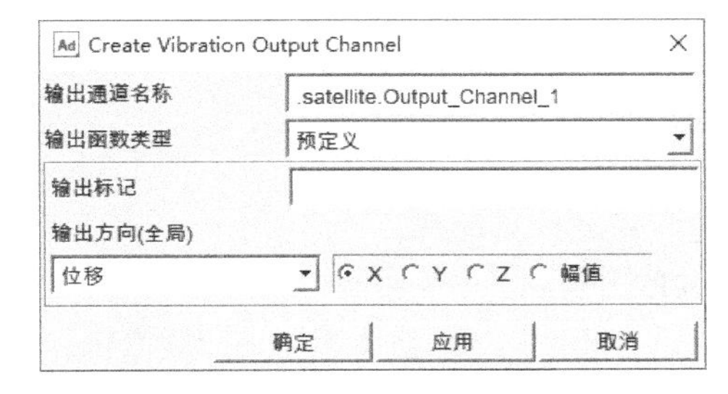

图 11-18　建立输出通道

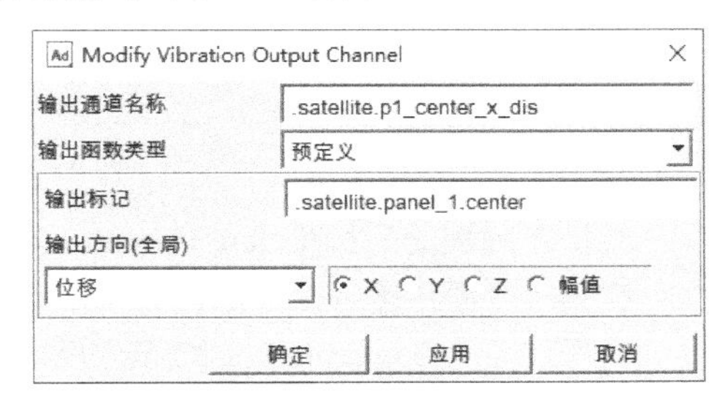

图 11-19　定义输出通道

Step 07 按以上步骤建立如表 11-1 所示的输出通道，所有通道建立完成后单击确定（OK）按钮。

表 11-1　输出通道

输出通道名字	输出标志点	位移/速度/加速度	方向
.satellite.p2_center_x_dis	.satellite.panel_2.center	位移	x
.satellite.p1_center_x_dis	.satellite.panel_1.center	位移	x
.satellite.p1_center_x_vel	.satellite.panel_1.center	速度	x
.satellite.p1_center_x_acc	.satellite.panel_1.center	加速度	x
.satellite.p1_center_y_acc	.satellite.panel_1.center	加速度	y
.satellite.p1_center_z_acc	.satellite.panel_1.center	加速度	z
.satellite.ref_x_acc	.satellite.payload_adapter.cm	加速度	x
.satellite.ref_y_acc	.satellite.payload_adapter.cm	加速度	y
.satellite.ref_z_acc	.satellite.payload_adapter.cm	加速度	z

11.2.6　测试模型

Step 01 单击Adams Vibration工具栏按钮，依次选择测试（Test）→振动分析（Vibration Analysis），如图 11-20 所示，弹出振动分析对话框。

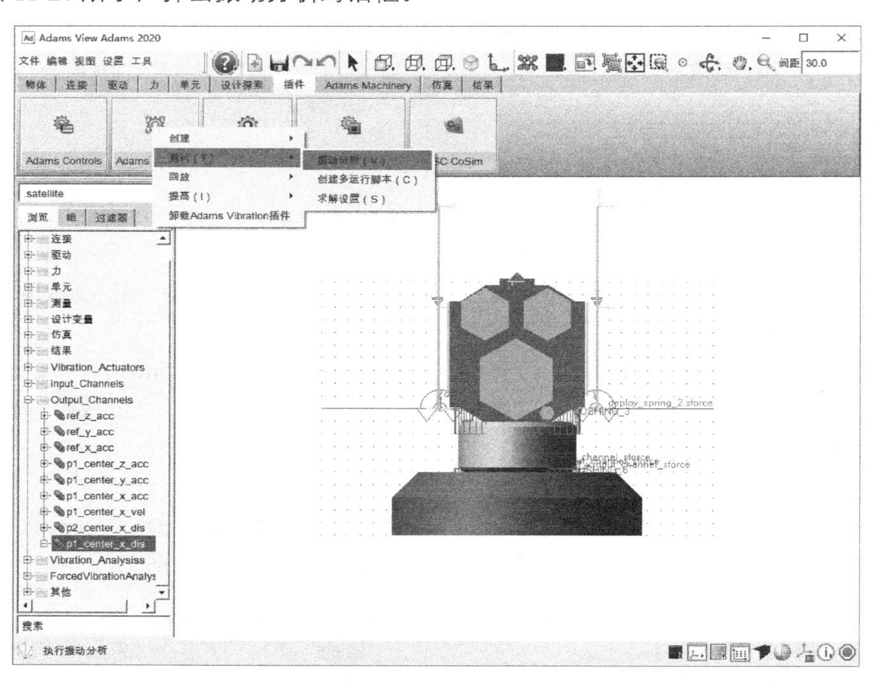

图 11-20　振动分析对话框

Step 02 选择新的振动分析（New Vibration Analysis），进行振动仿真设置。

Step 03 在第一个框中输入.Satellite. vertical，进行垂直方向的分析。

Step 04 在操作点（Operating Point）选项区中选中装配（Assembly），对整体模型进行线性化。

Step 05 选择强迫振动分析（Forced Vibration Analysis），进行强迫振动分析。

Step 06 选择阻尼（Damping），按照ADAMS 2020 默认设置添加阻尼。

Step 07　右击输入通道（Input Channel），依次选择输入通道（Input Channel）→推测（Guesses）→input_y。

Step 08　右击输出通道（Output Channel），依次选择输出通道（Output_channel）→推测（Guesses）→*。

Step 09　选择步长的对数间隔（Logarithmic Spacing of Steps）。

Step 10　在对话框下方设置开始（Begin）为 0.1、结束（End）为 1000、步数（Steps）为 400。

Step 11　单击模态能量计算（Modal Energy Computation），如图 11-21 所示。

Step 12　单击确定（OK）按钮，完成设置。

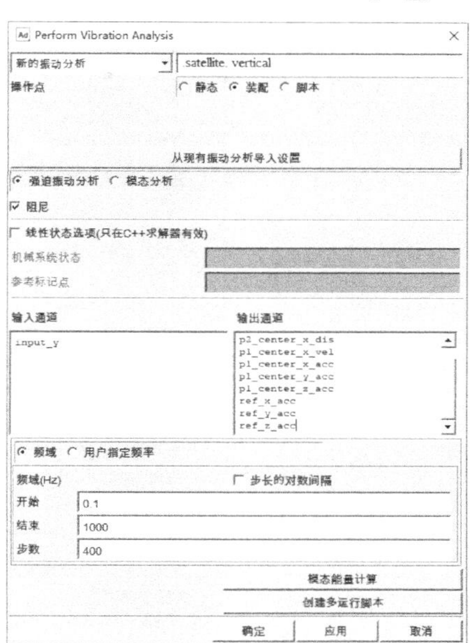

图 11-21　仿真设置

11.2.7　验证模型

Step 01　单击工具栏选项卡 结果 ，再单击 按钮，系统进入后处理窗口。

Step 02　在参数选项中单击资源（Source）中的系统模态（System Modes），从仿真（Simulation）列表中选择vertical_analysis，在特征值（Eigen）栏下选择EIGEN_1，显示系统的模态信息，如图 11-22 所示。

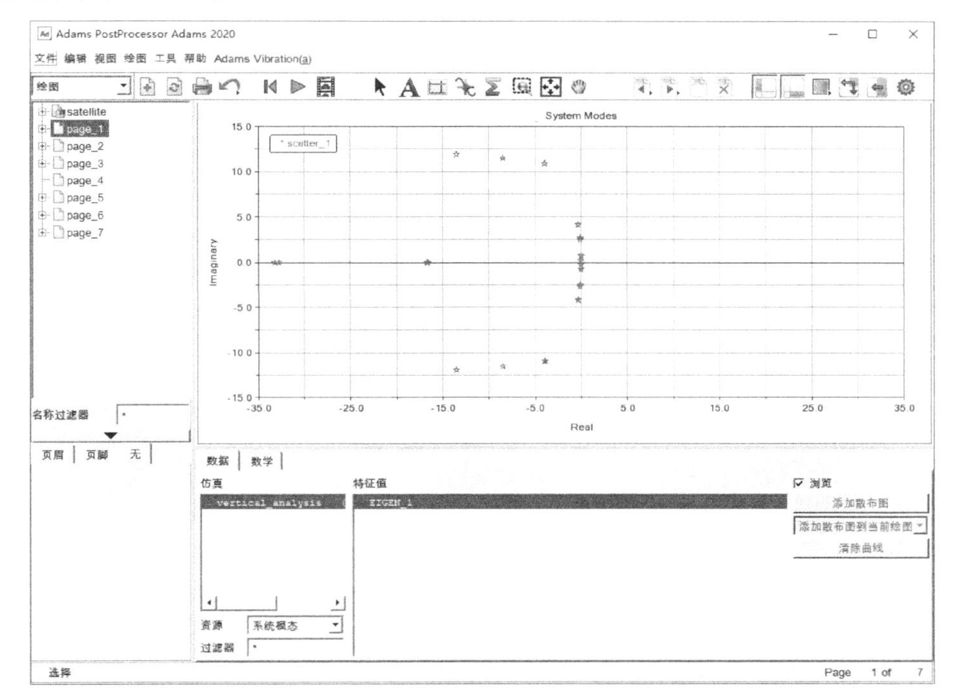

图 11-22　系统模态信息

Step 03　在菜单栏中单击绘图（Plot），选择使用特征值表创建散点图（Create Scatter Polt with Eigen Table），系统弹出如图 11-23 所示的系统模态信息。

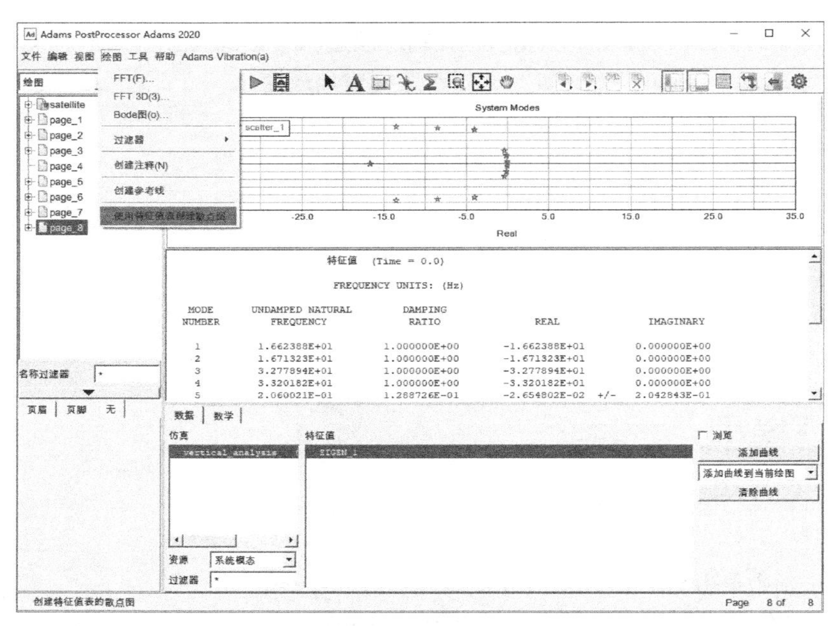

图 11-23 系统模态信息

Step 04 动画显示模态。单击 图标，创建一个新的显示对话框。然后在左上角选择动画（Animation），在动态窗口中右击，从弹出的选项中选择加载振动分析动画（Load Vibration Animation），将垂直方向的动画过程显示出来，如图 11-24 所示。

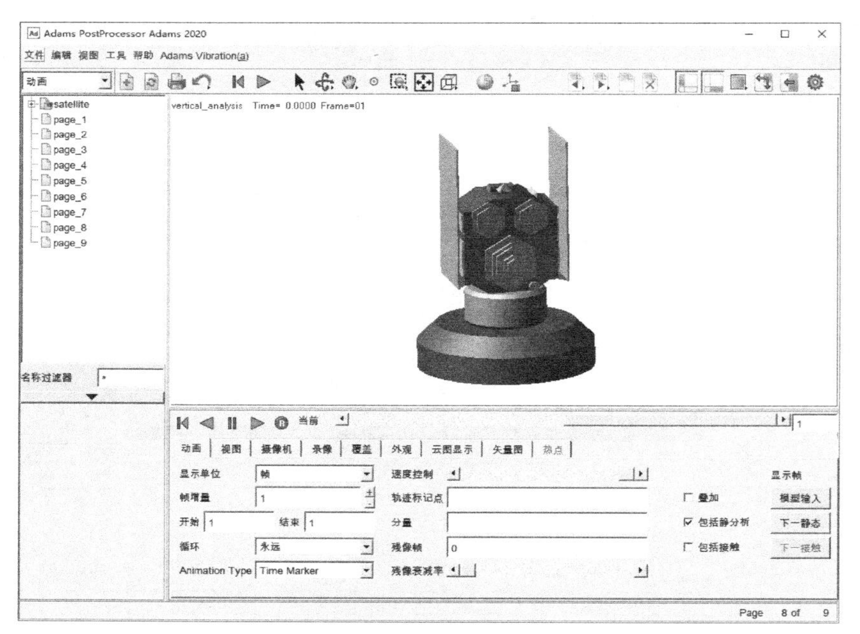

图 11-24 动画显示

Step 05 选择菜单Adams Vibration→回放（Review）→显示特征值表（Display Modal info Table）查看各阶模态信息，如图 11-25 所示。

图 11-25 各阶模态信息

Step 06 绘制频率响应曲线。在文件（File）菜单下的选项中选择绘图（Plotting）。在资源（Source）下选择频率响应（Frequency Response），在振动分析（Vibration Analysis）列表中选择vertical，在输入通道(Input Channels)栏中选择input_y，在输出通道(Output Channels)列表中选择ref_y_acc，选中幅值（Magnitude）即可绘制响应幅值，单击添加曲线（Add Curves）添加曲线到绘图区，如图 11-26 所示。

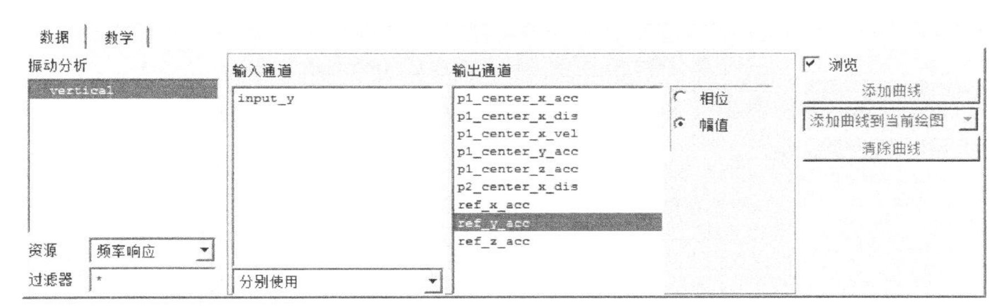

图 11-26 设置参数

Step 07 在输出通道（Output Channels）列表中选择ref_y_acc，单击添加曲线（Add Curves）即可绘制频率响应曲线，如图 11-27 所示。

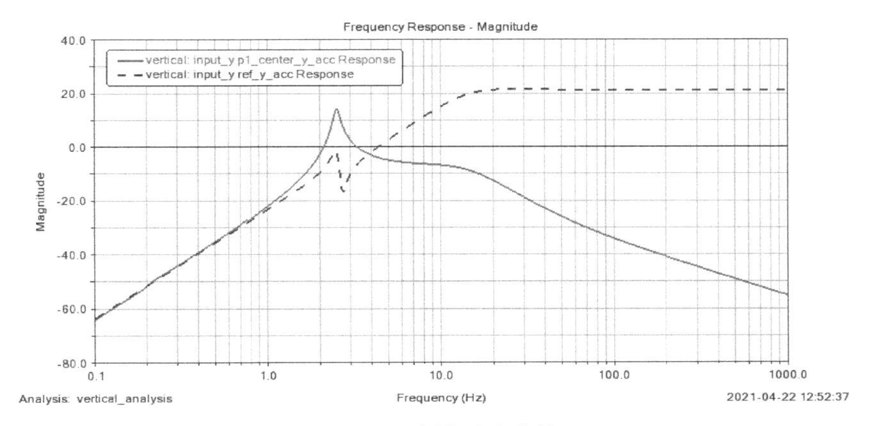

图 11-27 频率响应曲线

Step 08 绘制功率谱密度。在资源（Source）列表中选择PSD，在输出通道（Output Channels）列表中选择p1_center_z_acc，界面显示p1_center_z_acc的功率谱密度曲线，如图 11-28 所示。

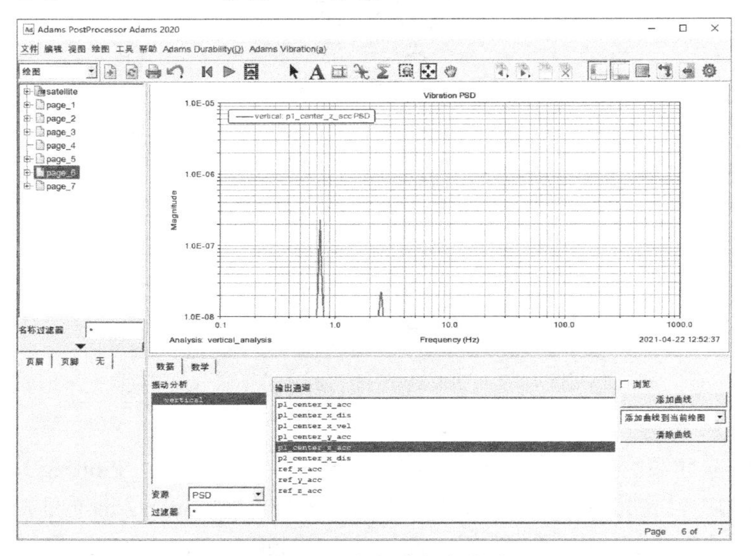

图 11-28　功率谱密度曲线

Step 09 绘制模态坐标。单击新建页面（New page）按钮，在资源（Source）栏中选择模态坐标（Modal Coordinates），在振动分析（Vibration Analysis）列表中选择vertical。在输入通道（Input Channels）列表中选择input_y。在模态坐标系定义（Modal Coordinates By）选择模态（Mode），将模态设置为 1、5、10，选中浏览（Surf）复选框，显示第 1、5、10 阶模态坐标图，如图 11-29 所示。

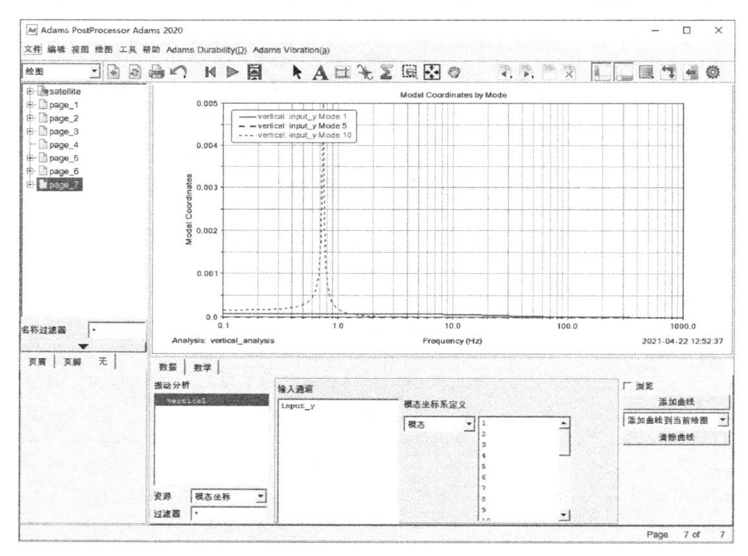

图 11-29　模态坐标图

11.2.8　精化模型

下面分析模型横向的振动响应，查看影响横向振动最大的模态并绘制频响函数。

1. 强迫振动分析

Step 01 在ADAMS 2020 后处理中单击右上角的 按钮，返回建模环境。

Step 02 在ADAMS 2020 建模环境中，单击Adams Vibration工具栏按钮 ，依次选择测试（Test）→振动分析（Vibration Analysis），如图 11-30 所示。系统弹出创建振动分析对话框。

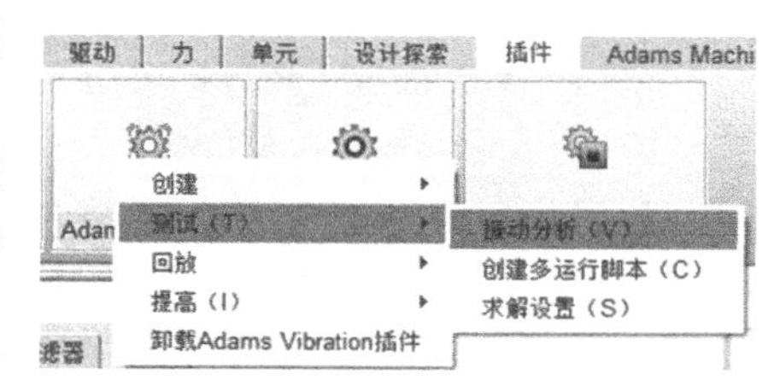

图 11-30　创建分析

Step 03 选择新的振动分析（New Vibration Analysis），并在后面的文本框中输入.satellite.later_x。在操作点（Operating Point）栏中选择装配（Assembly），选中强迫振动分析（Forced Vibration Analysis）单选按钮，选中阻尼（Damping）复选框。

Step 04 在输入通道（Input Channels）中右击，依次选择输入通道（Input channel）→推测（Guesses）→input_x。

Step 05 在输出通道（Output Channels）中右击，依次选择输出通道（Output Channel）→推测（Guesses）→*。

Step 06 取消选中步长的对数间隔（Logarithmic Spacing of Steps）复选框，在频域（Frequency Range，Hz）中的开始（Begin）中输入 0.1、结束（End）中输入 1000、步数（Steps）中输入 400，如图 11-31 所示。

Step 07 设置好以上数据后单击确定（OK）按钮，系统进行强迫振动分析。

2. 动画显示固有模态

Step 01 单击工具栏选项卡 结果 ，再单击 按钮，系统进入后处理窗口。

Step 02 在打开的界面上选择新界面，单击 按钮。

Step 03 在文件（File）菜单中选择动画（Animation）。

Step 04 在活动窗口右击，在弹出的快捷菜单中选择加载振动分析动画（Load Vibration Animation），如图 11-32 所示。

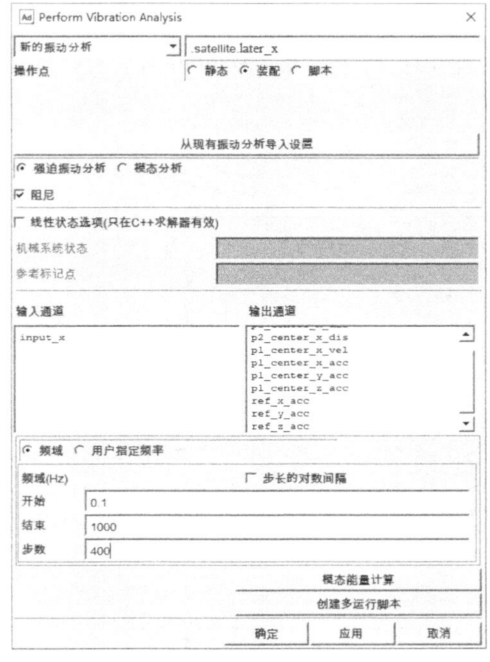

图 11-31　创建振动分析

图 11-32　浏览窗口

Step 05 在打开的浏览窗口中双击 later_x，系统返回到处理界面，如图 11-33 所示，选中正常模态动画（Normal Mode Animation）单选按钮。在模数（Mode Number）文本框中利用查看各阶模态。

Step 06 单击播放（Play）按钮▶，查看第 1、6 和 14 阶模态，其中第 6 阶模态如图 11-34 所示。

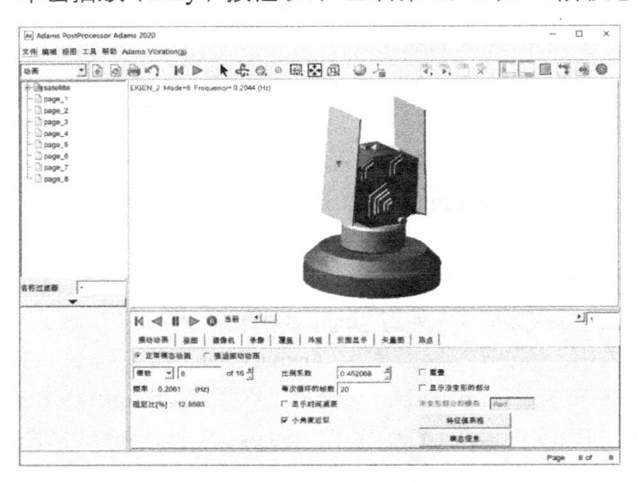

图 11-33　强迫振动分析

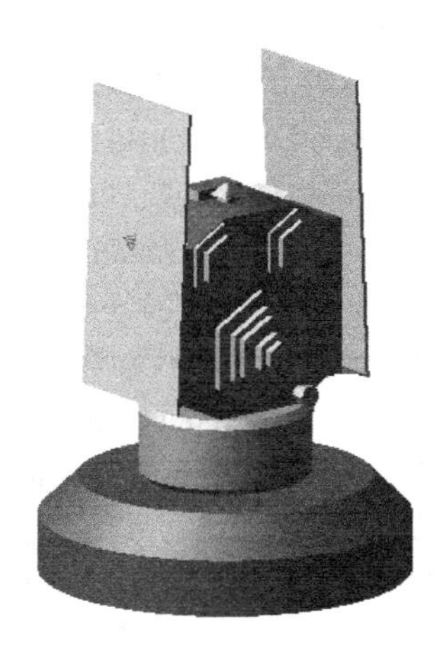

图 11-34　第 6 阶模态

3. 绘制二维强迫振动频率响应

Step 01 在文件（File）菜单下选择绘图（Plotting），此时会弹出警告窗口，提醒动画将被删除，如图 11-35 所示。单击确定（OK）按钮，系统切换到绘图模式。

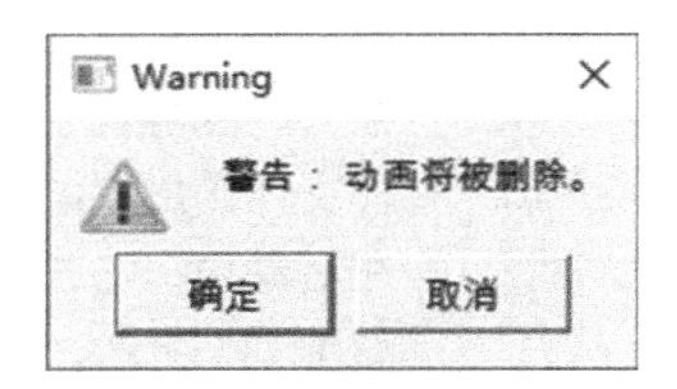

图 11-35　警告窗口

Step 02 在打开的窗口中选择资源（Source）下的频率响应（Frequency Response），在振动分析（Vibration Analysis）列表中选择later_x，在输入通道（Input Channels）列表中单击input_x，在输出通道（Output Channels）列表中单击p1_center_x_dis。选中幅值（Magnitude）单选按钮，单击添加曲线（Add Curves）按钮，如图 11-36 所示。

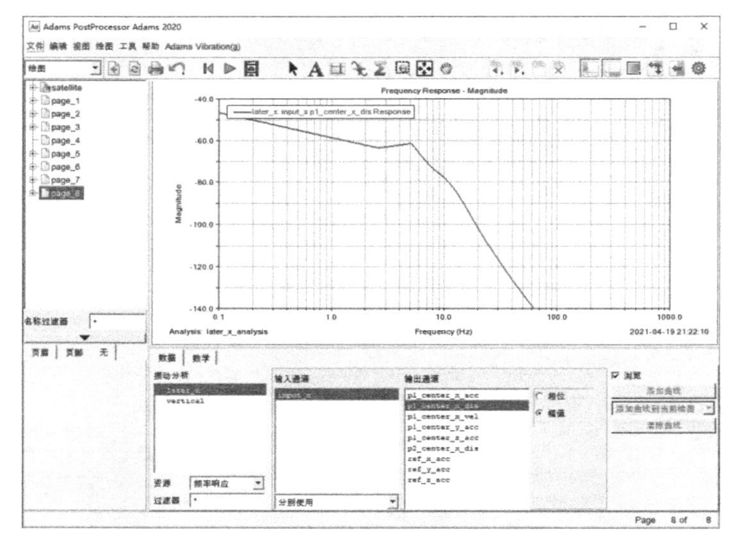

图 11-36　频率响应函数曲线

4. 绘制三维强迫振动频率响应

Step 01 在文件（File）菜单中单击 3D绘图（Plot_3D）。

Step 02 在振动分析（Vibration Analysis）对话框中选择vertical和later_x，在输入通道（Input Channels）下拉列表中选择所有输入通道的求和（Sum All Input Channels），在输出通道（Output Channels）下拉列表中选择p1_center_x_dis，单击Add Surface（添加曲面）添加曲面到绘图区，如图 11-37 所示。

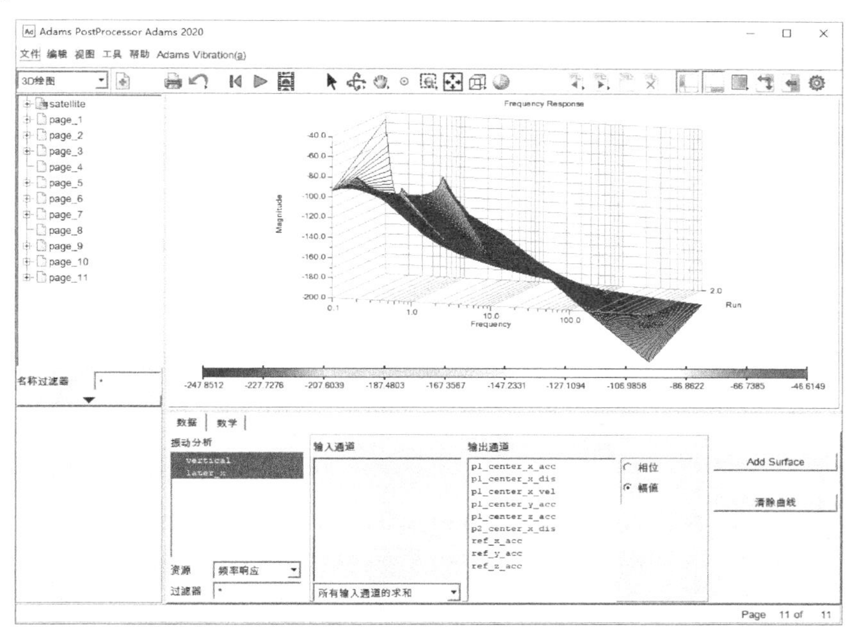

图 11-37 三维频响图

11.2.9 优化模型

下面通过修改设计变量来确定对于给定的频率范围内最大可能降低噪声的阻尼值。

1. 1%的总阻尼

（1）修改设计变量

Step 01 单击ADAMS 2020 的关闭后处理按钮，系统返回建模窗口。

Step 02 在菜单中依次选择编辑（Edit）→修改（Modify），系统弹出浏览数据对话框，在过滤器中选择变量，如图 11-38 所示。

Step 03 在打开的浏览窗口中选择trans_damp阻尼变量，如图 11-39 所示，单击确定（OK）按钮。

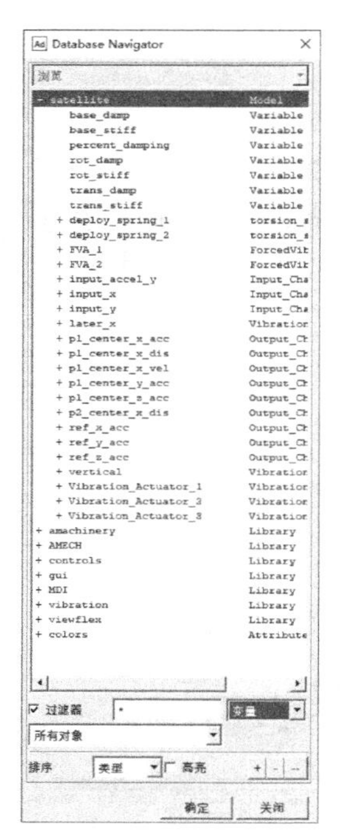

图 11-38　浏览设计变量

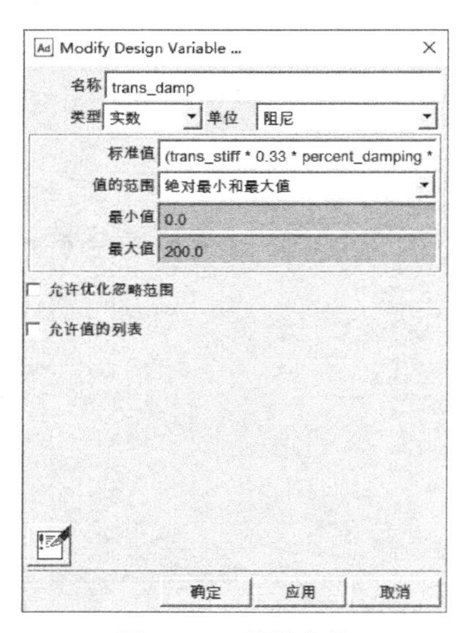

图 11-39　阻尼变量

（2）振动分析

Step 01　在ADAMS 2020 建模环境中，单击Adams Vibration工具栏按钮 ，依次选择测试（Test）→振动分析（Vibration Analysis），如图 11-40 所示，系统弹出创建振动分析对话框。

Step 02　在打开的对话框中选择新的振动分析（Vibration Analysis）选项，在后面的文本框中输入.satellite.damp_1，单击确定（OK）按钮，如图 11-41 所示。

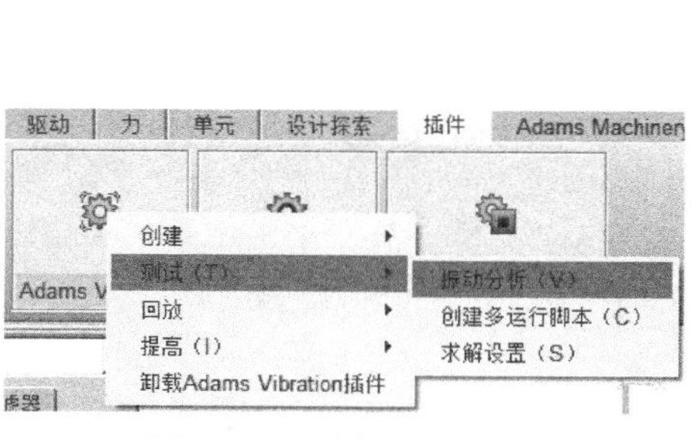

图 11-40　选择振动分析

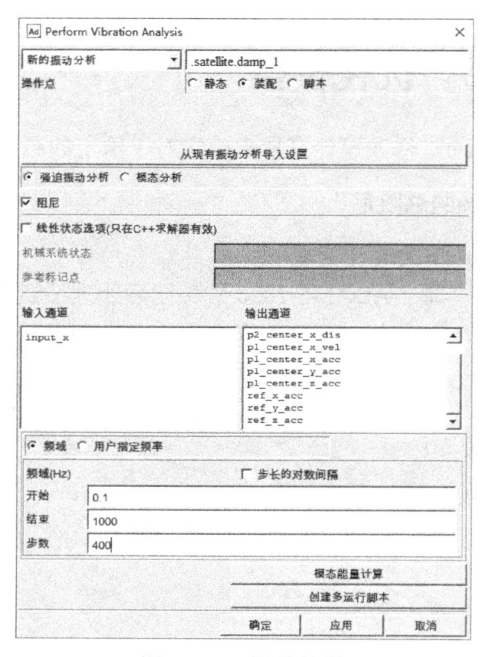

图 11-41　振动分析

Step 03 单击工具栏选项卡 结果 ，再单击 按钮，系统进入后处理窗口，显示振动分析结果。

2. 2%、3%、4%、5%的总阻尼

Step 01 依次把阻尼设置改为 2%、3%、4%、5%，如表 11-2 所示。

表 11-2 阻尼设置

阻尼	公式
2%	（trans_stiff * 0.33 * percent_damping * 2.0E-002）
3%	（trans_stiff * 0.33 * percent_damping * 3.0E-002）
4%	（trans_stiff * 0.33 * percent_damping * 4.0E-002）
5%	（trans_stiff * 0.33 * percent_damping * 5.0E-002）

Step 02 进行振动分析，绘制系统的阻尼为 1%、2%、3%、4%、5%频率响应函数，如图 11-42 所示。

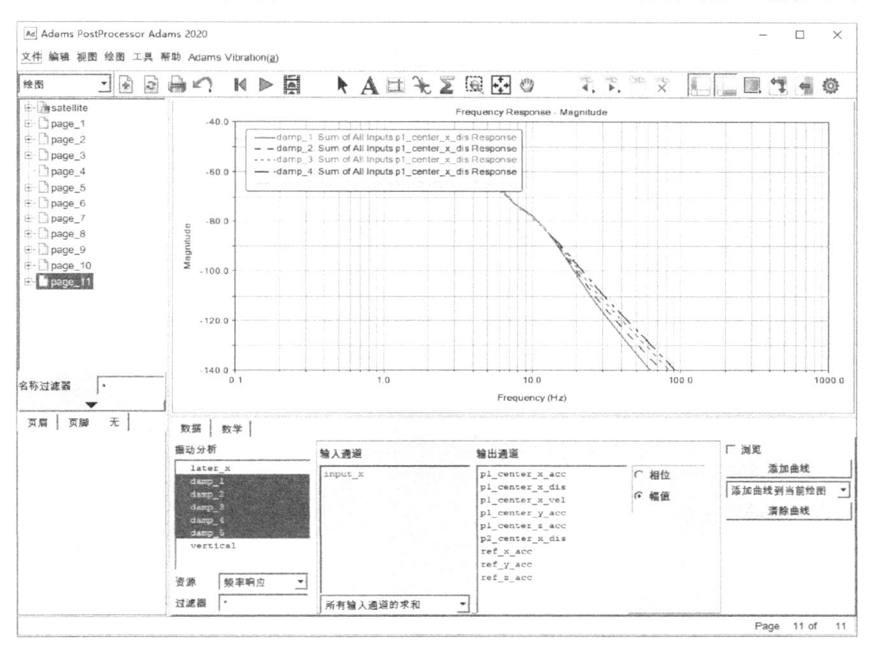

图 11-42 系统阻尼

11.3 实例二：柔性体卫星振动分析

11.3.1 建立模型

Step 01 单击开始程序菜单，运行ADAMS 2020，或直接双击桌面上的 Ad 图标，运行ADAMS 2020。

Step 02 在欢迎对话框中选择导入一个文件（Import a file），然后单击 按钮。

Step 03 在打开的选择文件对话框中选择 ADAMS 2020 安装目录下的 vibration → examples → flexible_satellite，单击选中flexible_satellite.cmd文件，单击确定（OK）按钮完成文件的导入，如图 11-43 所示。

Step 04 在视图（View）主窗口内显示卫星模型，如图 11-44 所示。

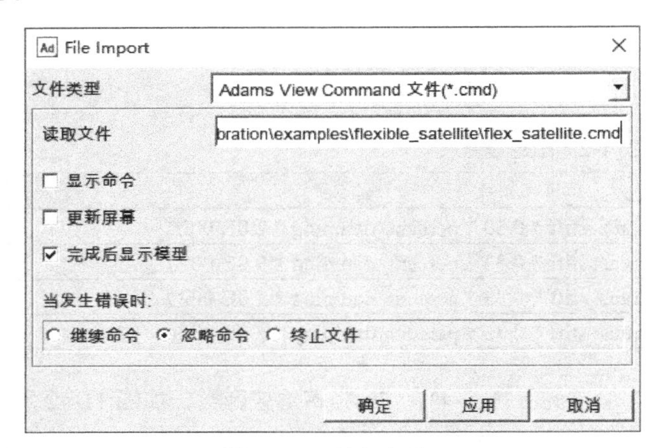

图 11-43　导入文件

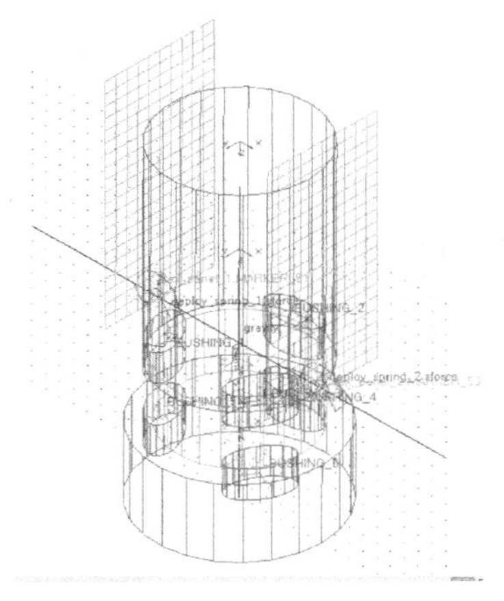

图 11-44　卫星模型

Step 05 加载Adams Vibration模块。在工具（Tools）菜单中单击插件管理器（Plugin Manager），在弹出的对话框中选中Adams Vibration栏载入（Load）项下的是（Yes）复选框，单击确定（OK）按钮完成加载振动（Vibration）模块，如图 11-45 所示。

图 11-45　加载 Adams Vibration 模块

11.3.2　仿真模型

Step 01 关闭重力。单击设置（Settings）菜单，单击重力（Gravity）命令，如图 11-46 所示，打开重力设置对话框。取消选中重力（Gravity）复选框，如图 11-47 所示，单击确定（OK）按钮完成重力的取消。

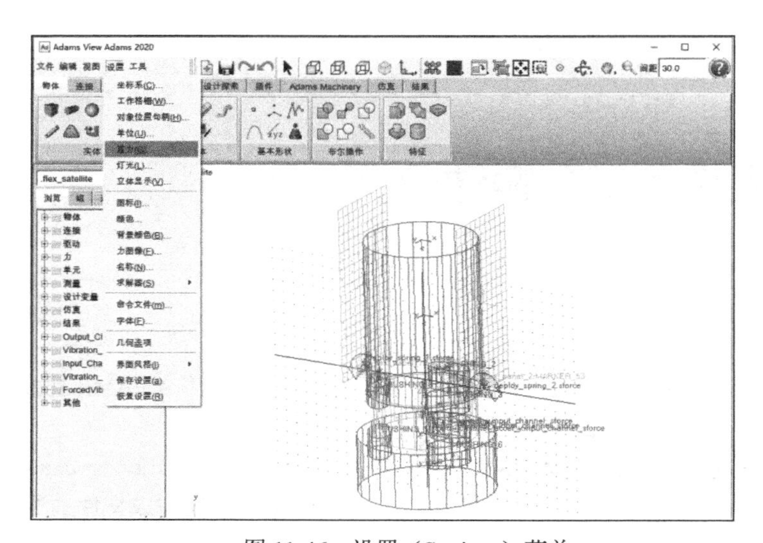

图 11-46　设置（Settings）菜单

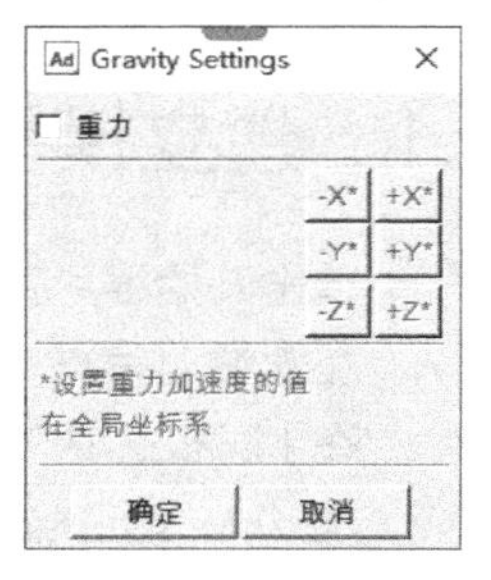

图 11-47　关闭重力

Step 02　在主工具栏中选择仿真工具，打开仿真控制对话框，如图 11-48 所示。在该对话框中设置仿真时间为 5.0、步数（Steps）为 200，观察无重力影响时的运行过程。

Step 03　单击开始仿真按钮。太阳能帆逐渐展开，并保持在仿真状态。单击按钮返回初始状态。

Step 04　单击设置（Settings）菜单，选择重力（Gravity）命令，打开重力设置对话框。选中重力（Gravity）复选框，单击-Y按钮，如图 11-49 所示。单击确定（OK）按钮完成重力的设置。

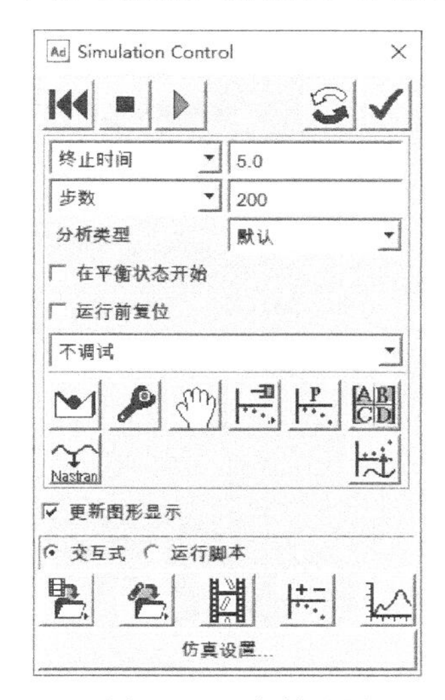

图 11-48　参数设置

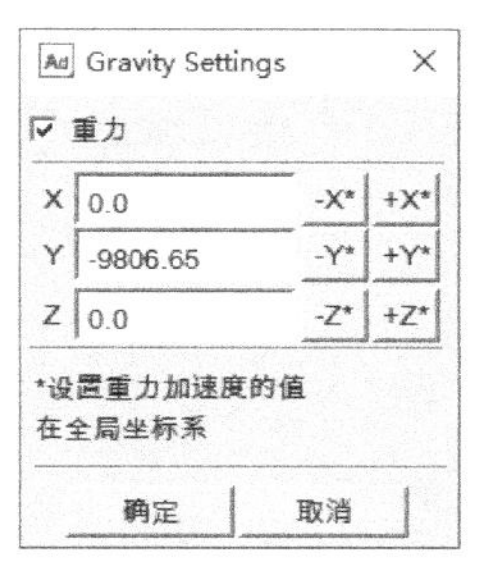

图 11-49　设置重力

11.3.3　建立输入通道

Step 01　切换到插件选项卡，如图 11-50 所示。

Step 02　打开输入通道。单击Adams Vibration工具栏按钮，依次选择创建（Create）→输入通道（Input Channels）→新建（New），弹出如图 11-51 所示的对话框。

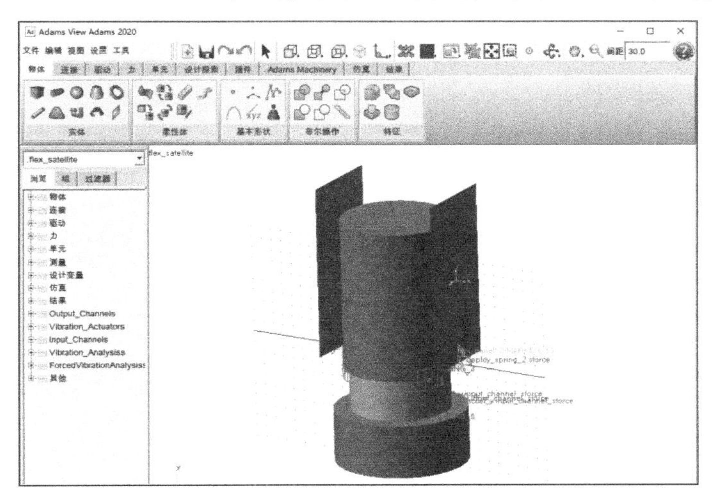

图 11-50　ADAMS 2020 经典模式

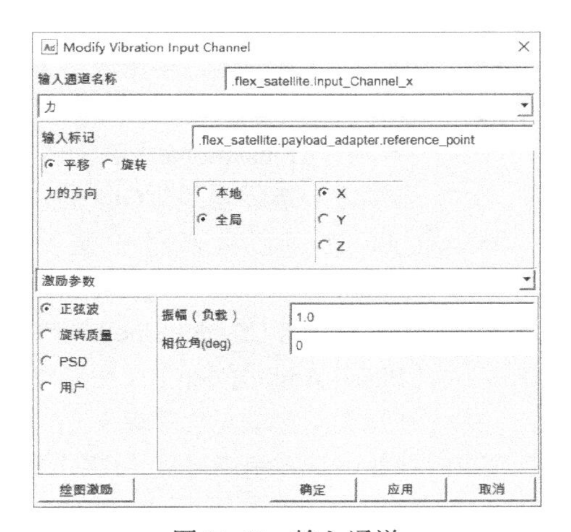

图 11-51　输入通道

Step 03　单击输入通道名称（Input Channel Name）栏，输入.flex_satellite.Input_Channel_x。

Step 04　在输入标记（Input Marker）文本框中右击，选择标记点（Marker），再选择浏览（Browse），如图 11-52 所示。系统弹出数据浏览窗口，如图 11-53 所示。

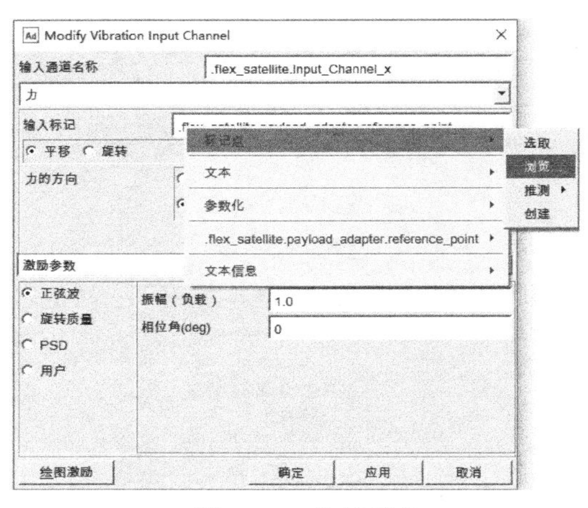

图 11-52　快捷菜单

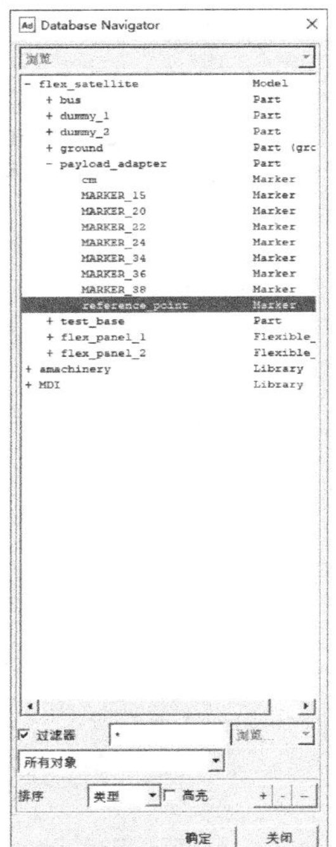

图 11-53　数据浏览窗口

Step 05 双击payload_adapter，再双击reference_point，ADAMS/Vibration在输入标记点文本框中插入该标记点。

Step 06 在如图 11-52 所示的对话框中选择平移（Translational），在力的方向（Force Direction）选项区中选择全局（Global）和 X，添加X方向作用力。

Step 07 在下拉列表框中选择激励参数（Actuator Parameters），选择正弦波（Swept Sine）单选按钮，在相位角（Phase Angle（deg））栏中输入 0，即相位角为 0，在振幅（负载）栏中输入 1，即力的最大振幅为 1，如图 11-54 所示。设置完毕，单击确定（OK）按钮完成。

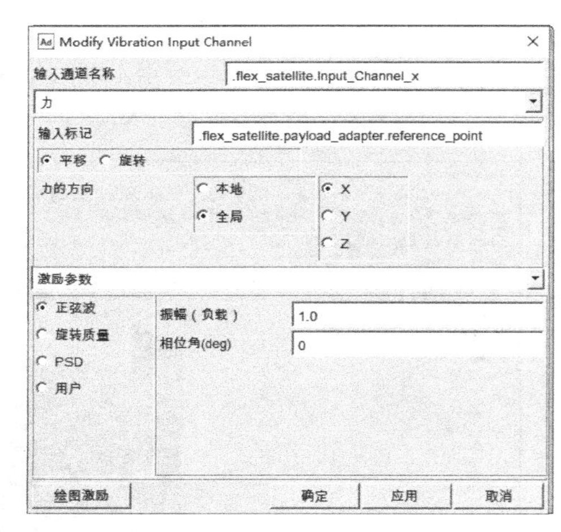

图 11-54　设置 X 向输入通道

Step 08 设置Y向输入通道。在如图 11-52 所示的对话框中选择平移（Translational），在力的方向（Force Direction）选项区中选择全局（Global）和Y，添加Y方向作用力。在下拉列表框中选择激励参数（Actuator Parameters）。

Step 09 选择正弦波（Swept Sine）单选按钮，在相位角（deg）（Phase Angle（deg））栏中输入 0，即相位角为 0，在振幅（负载）栏中输入 1，即力的最大振幅为 1。设置完毕，单击确定（OK）按钮完成。

11.3.4 建立运动学输入通道和激振器

Step 01 单击Adams Vibration工具栏按钮，依次选择创建（Create）→输入通道（Input Channels）→新建（New），弹出创建振动输入通道对话框。

Step 02 在输入通道名称（Input Channel Name）栏中输入.flex_satellite. Input_Channel_accel_y，将力（Force）设置为运动学（Kinematic）。

Step 03 在输入标记（Input Marker）文本框右击，依次选择标记点（Marker）→浏览（Browse），系统弹出数据浏览窗口。双击payload_adapter.reference_point，系统在输入标记点文本框中插入该标记点。

Step 04 先选中全局（Global）和平移（Translational）选项，再选中加速度（Acceleration）和Y。在激励参数（Actuator Parameters）项中选中正弦波（Swept Sine）。在幅值（Magnitude）栏中输入 9806.65，在相位角（Phase Angle（deg））栏中输入 0，如图 11-55 所示，单击确定（OK）按钮。

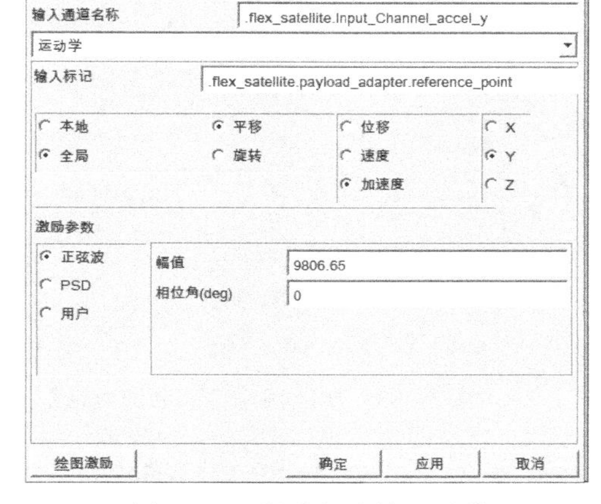

图 11-55 创建振动输入通道

Step 05 查看建立的激振器。单击Adams Vibration工具栏按钮，依次选择创建→输入通道→修改，如图 11-56 所示。

Step 06 双击模型名字显示输入通道列表，如图 11-57 所示。

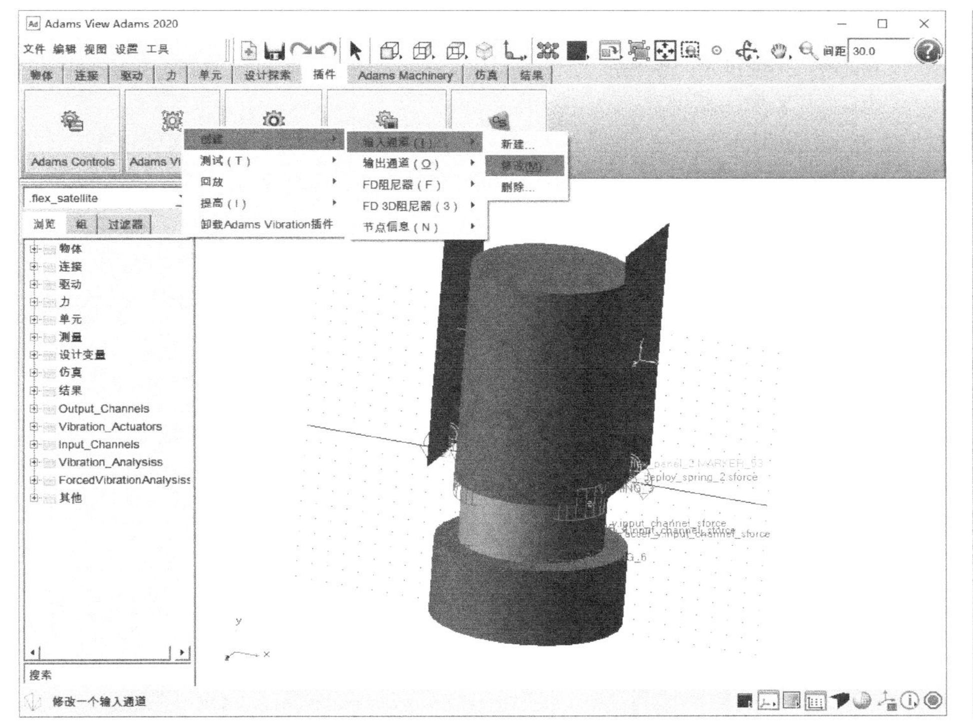

图 11-56 浏览输入通道

图 11-57 输入通道列表

Step 07 双击.flex_satellite.Input_Channel_accel_y，弹出修改振动输入通道对话框，如图 11-58 所示。在该对话框中单击绘图激励（Plot Actuator）按钮，打开激振器浏览对话框。设置开始（Begin）为 0.1、结束（End）为 100、步数（Steps）为 100，其他选项保留默认值。

Step 08 在激振器浏览对话框中单击创建绘图（Generate Plot）按钮，绘制曲线，如图 11-59 所示。

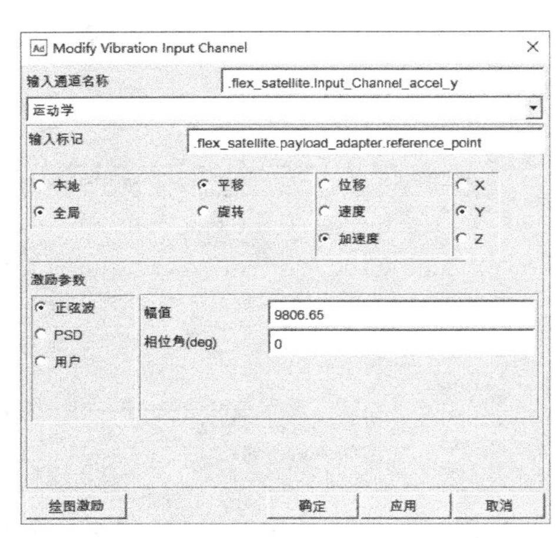

图 11-58　修改振动输入通道对话框

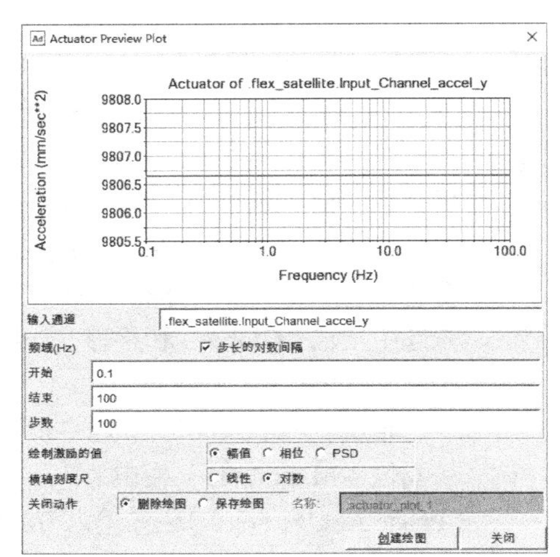

图 11-59　绘制曲线

11.3.5　建立输出通道

Step 01 单击Adams Vibration工具栏按钮，依次选择创建（Create）→输出通道（Output Channel）→新建（New），打开如图 11-60 所示的对话框。

Step 02 在输出通道名称（Output Channel Name）栏中单击，如图 11-61 所示，输入.flex_satellite.Output_p1_center_x_dis，定义输出通道。

Step 03 在输出函数类型（Output Function Type）下拉列表框中选择预定义（Predefined）。

Step 04 右击输出标记（Output Marker），从弹出的选项中依次单击标记点（Marker）→浏览（Browse），弹出数据浏览窗口。

Step 05 双击.flex_panel_1 下面的MARKER_51，即为输出标志点。

Step 06 在输出方向（全局）下拉列表框中选择位移（Displacement）并选中X。设置完毕，单击应用（Apply）按钮建立一个输出通道，如图 11-61 所示。

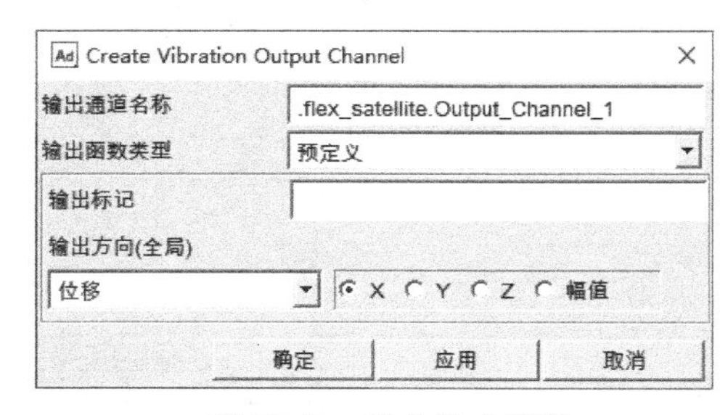

图 11-60　建立输出通道

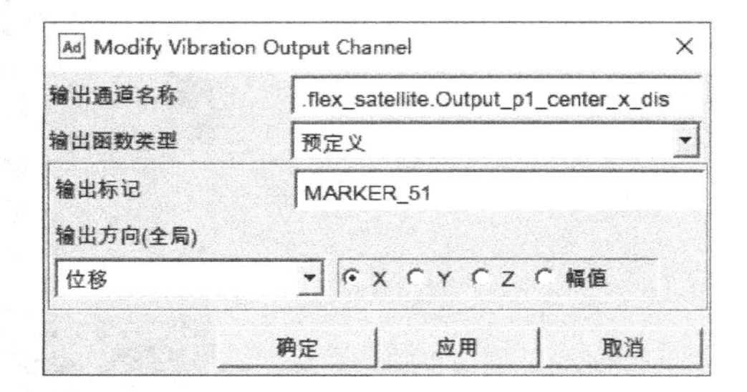

图 11-61　定义输出通道

Step 07 按以上步骤建立如表 11-3 所示的输出通道，所有通道建立完成后单击确定（OK）按钮。

表 11-3　输出通道

输出通道名字	输出标志点	位移/速度/加速度	方向
.flex_satellite.Output_p2_center_x_dis	.flex_panel_2.center	位移	X
.flex_satellite.Output_p1_center_x_dis	.flex_panel_1.center	位移	X
.flex_satellite.Output_p1_center_x_vel	.flex_panel_1.center	速度	X
.flex_satellite.Output_p1_center_x_acc	.flex_panel_1.center	加速度	X
.flex_satellite.Output_p1_center_y_acc	.flex_panel_1.center	加速度	Y
.flex_satellite.Output_p1_center_z_acc	.flex_panel_1.center	加速度	Z
.flex_satellite.ref_x_acc	.flex_payload_adapter.cm	加速度	X
.flex_satellite.ref_y_acc	.flex_payload_adapter.cm	加速度	Y
.flex_satellite.ref_z_acc	.flex_payload_adapter.cm	加速度	Z

11.3.6　测试模型

Step 01　单击Adams Vibration工具栏按钮，依次选择测试（Test）→振动分析（Vibration Analysis），如图 11-62 所示，弹出振动分析对话框。

Step 02　选择振动分析（Vibration Analysis），弹出振动仿真设置对话框。

Step 03　在第一个框中输入.flex_satellite. vertical，进行垂直方向的分析。

Step 04　在操作点（Operating Point）处单击，选择装配（Assembly），对整体模型进行线性化。

Step 05　选择强迫振动分析（Forced Vibration Analysis），进行强迫振动分析。

Step 06　选择阻尼（Damping），按照ADAMS 2020 默认设置添加阻尼。

Step 07　右击输入通道（Input Channel），依次选择输入通道（Input Channel）→推测（Guesses）→Input_Channel_y。

Step 08　右击输出通道（Output Channel），依次选择输出通道（Output Channel）→推测（Guesses）→*。

Step 09　选择步长的对数间隔（Logarithmic Spacing of Steps）。

Step 10　在界面下方设置开始（Begin）为 0.1、结束（End）为 1000、步数（Steps）为 400。

Step 11　单击模态能量计算（Modal Energy Computation）按钮，如图 11-63 所示。

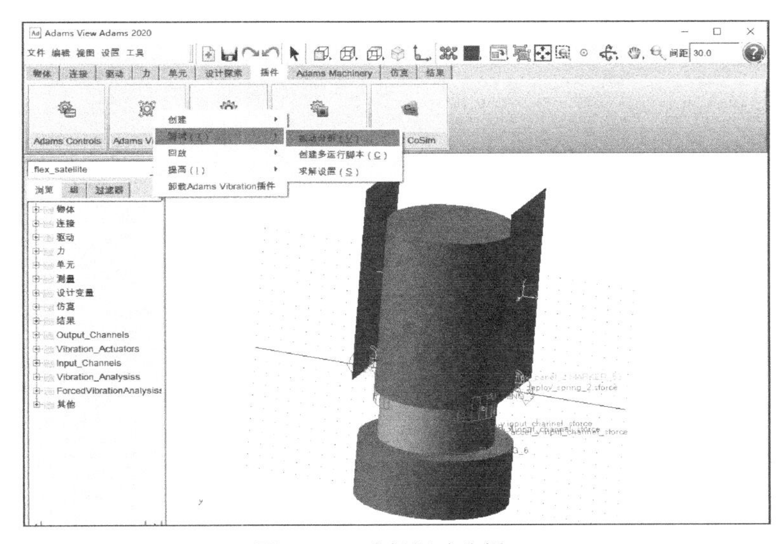

图 11-62　选择振动分析

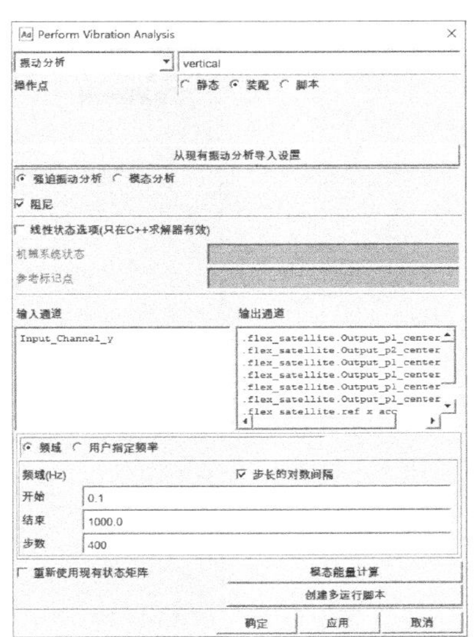

图 11-63　仿真设置

Step 12 单击确定（OK）按钮完成设置。

11.3.7 验证模型

Step 01 单击工具栏选项卡 结果 ，再单击按钮，进入后处理窗口。

Step 02 在参数选项中单击资源（Source）中的系统模态（System Mode）。从仿真（Simulation）列表中选择vertical_analysis，在特征值（Eigen）栏下选择EIGEN_1，显示系统的模态信息，如图 11-64 所示。

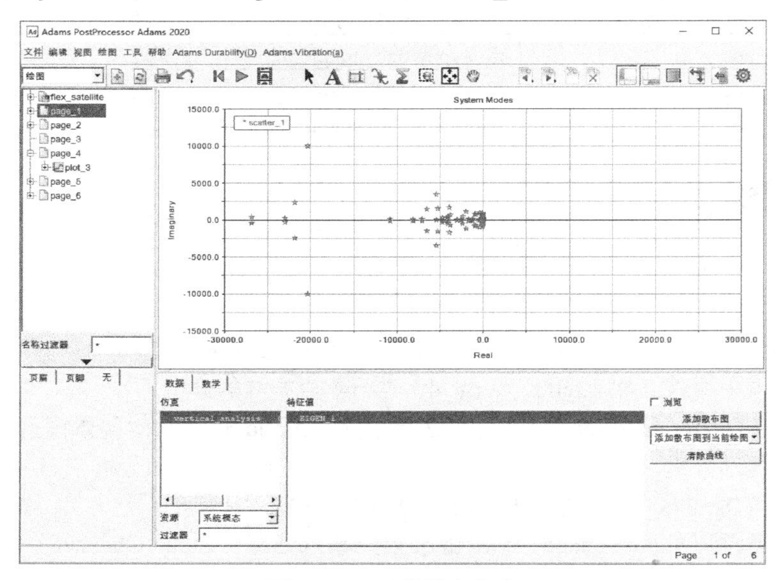

图 11-64 系统模态信息

Step 03 在菜单栏中单击绘图（Plot），选择使用特征值表创建散点图（Create Scatter Plot with Eigen Table），显示如图 11-65 所示的系统模态信息。

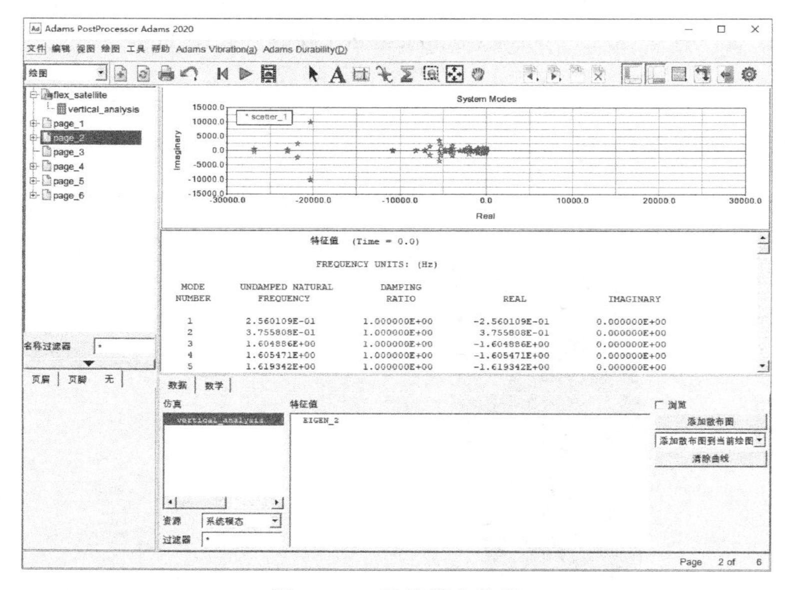

图 11-65 系统模态信息

Step 04 动画显示模态。单击界面上的 图标，创建一个新的显示对话框。然后在左上角选择动画（Animation）选项，在动态窗口中右击，从弹出的快捷菜单中选择加载振动分析动画（Load Vibration Animation），将垂直方向的动画过程显示出来，如图 11-66 所示。

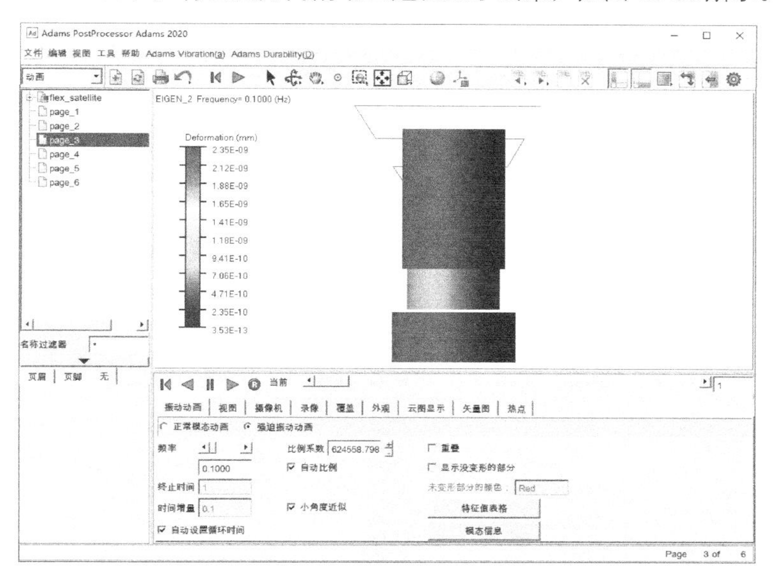

图 11-66　动画显示

Step 05 选择菜单Adams Vibration→回放（Review）→显示特征值表（Display Modal info Table）查看各阶模态信息，如图 11-67 所示。

图 11-67　各阶模态信息

Step 06 绘制频率响应曲线。在文件（File）菜单中选择绘图（Plotting）。在资源（Source）栏中选择频率响应（Frequency Response），在振动分析（Vibration Analysis）列表中选择vertical，在输入通道（Input Channels）列表中选择Input_Channel_y，在输出通道（Output Channels）列表中选择ref_x_acc，选中幅值（Magnitude），即可绘制响应幅值，单击添加曲线（Add Curves）按钮添加曲线到绘图区，如图 11-68 所示。

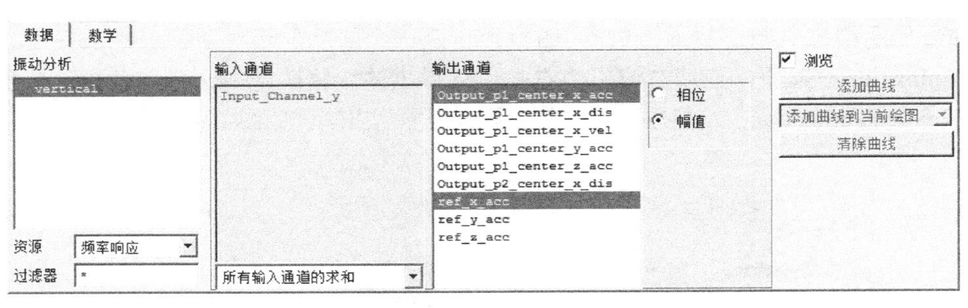

图 11-68　设置参数

Step 07 在输出通道（Output Channels）列表中选择ref_x_acc，单击添加曲线（Add Curves）按钮，即可绘制频率响应曲线，如图 11-69 所示。

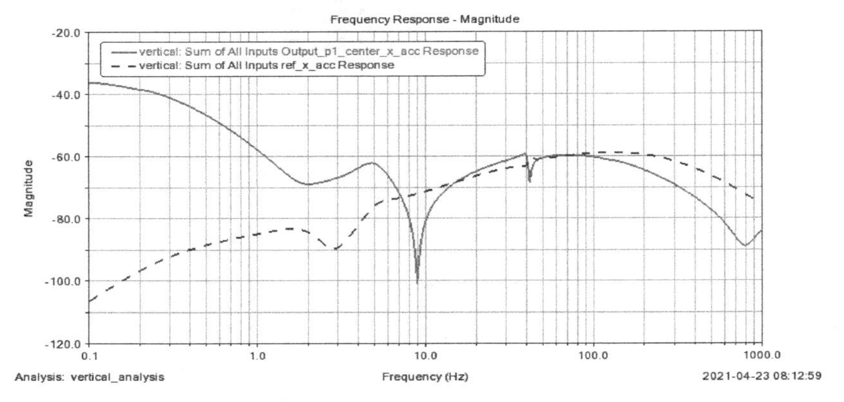

图 11-69　频率响应曲线

Step 08 绘制功率谱密度。在资源（Source）列表中选择PSD，在输出通道（Output Channels）列表中选择ref_y_acc，界面显示ref_y_acc的功率谱密度曲线，如图 11-70 所示。

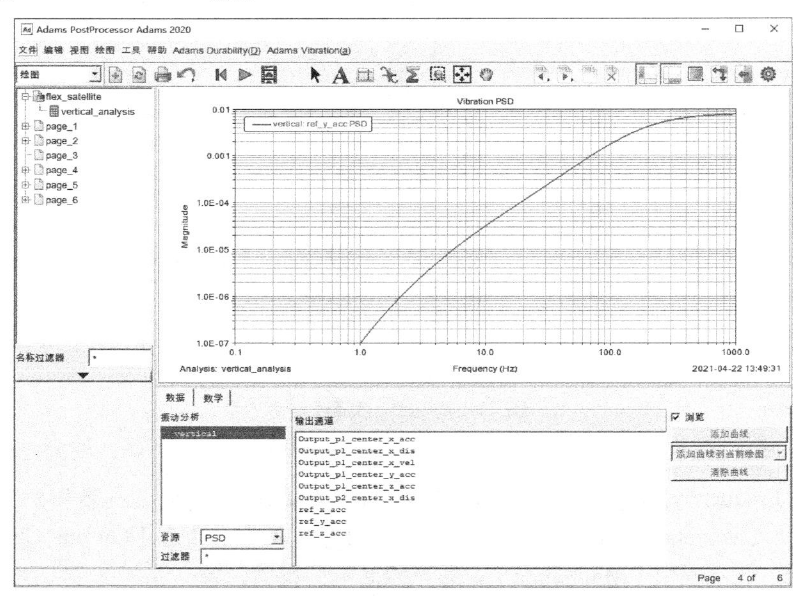

图 11-70　功率谱密度曲线

Step 09　绘制模态坐标。单击新建页面（New page）按钮，在资源（Source）栏中选择模态坐标（Modal Coordinates），在振动分析（Vibration Analysis）列表中选择vertical，在输入通道（Input Channels）列表中选择Input_Channel_y，在模态坐标系定义（Modal Coordinates By）选项中选择模态（Mode），将模态设置为 1、7，选中浏览（Surf）复选框，显示第 1、7 阶模态坐标图，如图 11-71 所示。

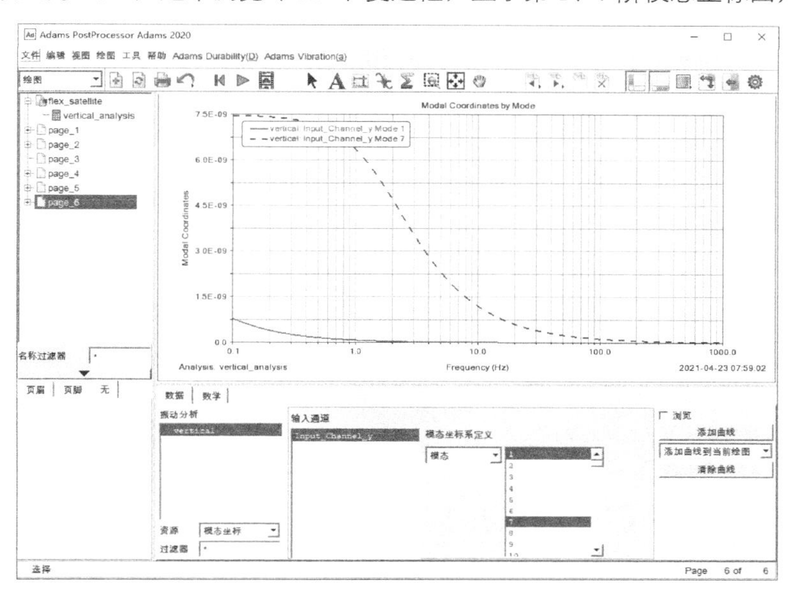

图 11-71　模态坐标图

11.3.8　精化模型

下面分析模型横向的振动响应，查看影响横向振动最大的模态并绘制频响函数。

1. 强迫振动分析

Step 01　在ADAMS 2020 后处理中单击右上角的⚙按钮，返回建模环境。

Step 02　在ADAMS 2020 建模环境中，单击Adams Vibration工具栏按钮，依次选择测试（Test）→振动分析（Vibration Analysis），如图 11-72 所示，系统弹出创建振动分析对话框。

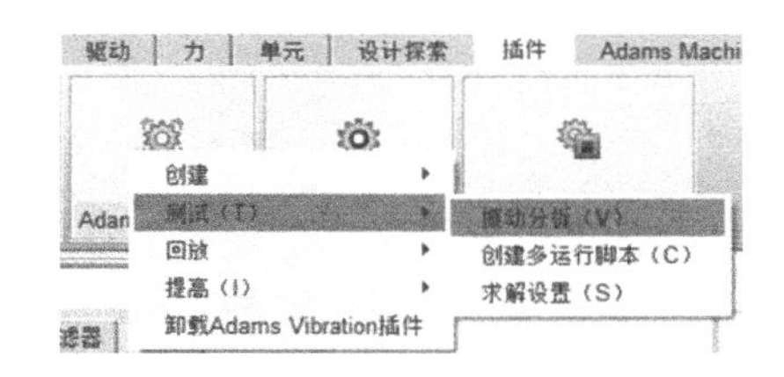

图 11-72　创建分析

Step 03　在创建振动分析对话框中单击新的振动分析（New Vibration Analysis），并在后面的输入框中输入.flex_satellite.VibrationAnalysis_later_x，在操作点（Operating Point）栏中选择装配（Assembly），再选中强迫振动分析（Forced Vibration Analysis）单选按钮以及阻尼（Damping）复选框。

Step 04　在输入通道（Input Channels）中右击，依次选择输入通道（Input channel）→推测（Guesses）→Input_Channel_x。

Step 05　在输出通道（Output Channels）中右击，依次选择输出通道（Output Channel）→推测（Guesses）→*。

Step 06　选中步长的对数间隔（Logarithmic Spacing of Steps）复选框，在频域（Hz）（Frequency Range）

中的开始（Begin）中输入 0.1、结束（End）中输入 1000、步数（Steps）中输入 400，如图 11-73 所示。

Step 07 设置好以上数据后单击确定（OK）按钮，系统进行强迫振动分析。

2. 动画显示固有模态

Step 01 单击工具栏选项卡 结果 ，再单击按钮，进入后处理窗口。

Step 02 在打开的界面上单击按钮。

Step 03 在位于文件（File）菜单下方的下拉菜单中选择动画（Animation）。

Step 04 在活动窗口右击，在弹出的快捷菜单中选择加载振动分析动画（Load Vibration Animation），弹出浏览窗口，如图 11-74 所示。

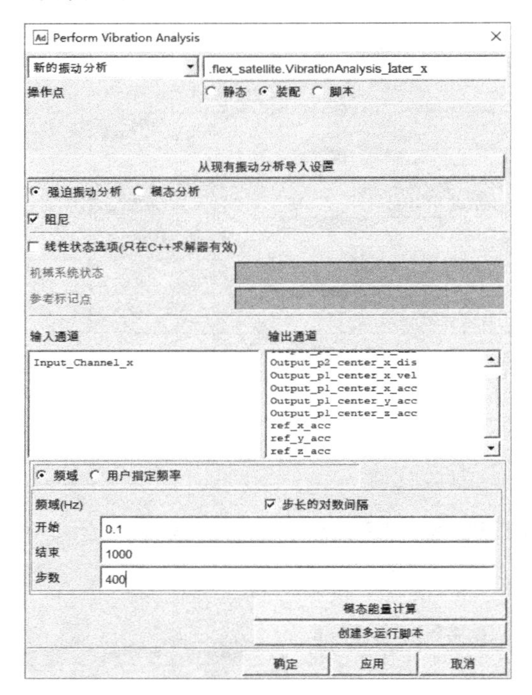

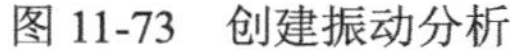
图 11-73 创建振动分析

图 11-74 浏览窗口

Step 05 在打开的浏览窗口中双击VibrationAnalysis.1ater_x，系统返回后处理界面，如图 11-75 所示，选中正常模态动画（Normal Mode Animation）单选按钮，在模数（Mode Number）文本框中利用按钮查看各阶模态。

Step 06 单击按钮，查看第 1、9 和 15 阶模态，其中第 9 阶模态如图 11-76 所示。

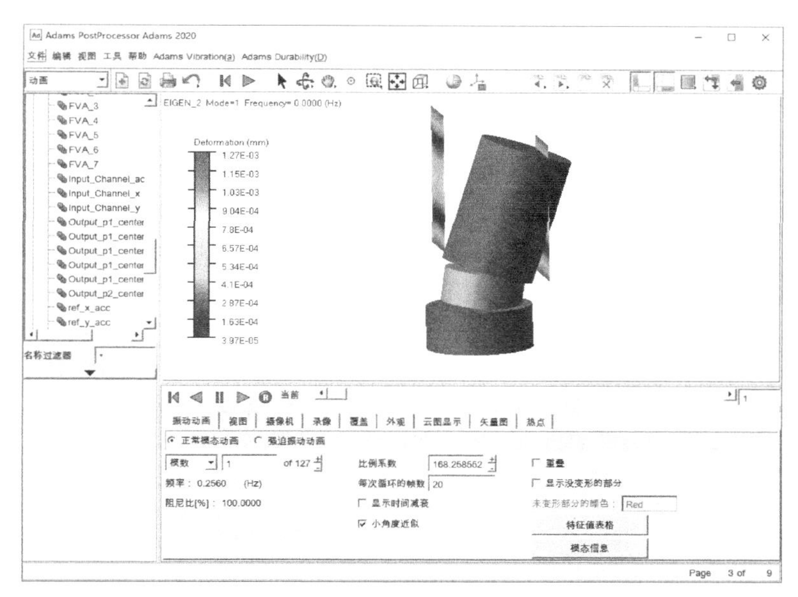

图 11-75　强迫振动分析

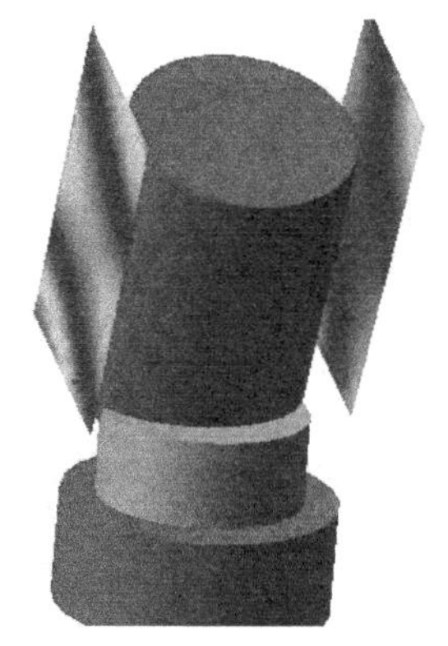

图 11-76　第 9 阶模态

3. 绘制二维强迫振动频率响应

Step 01 在文件（File）菜单下选择绘图（Plot）选项，此时会弹出警告窗口提醒动画将被删除，如图 11-77 所示。单击确定（OK）按钮，系统切换到绘图模式。

Step 02 在打开的窗口中单击资源（Source）下的频率响应（Frequency Response）。在振动分析（Vibration Analysis）列表中选择 VibrationAnalysis_later_x，在输入通道（Input Channels）列表中单击 Input_Channel_x，在输出通道（Output Channels）列表中单击 Output_p1_center_y_acc，选中幅值（Magnitude），再单击添加曲线（Add Curves）按钮，如图 11-78 所示。

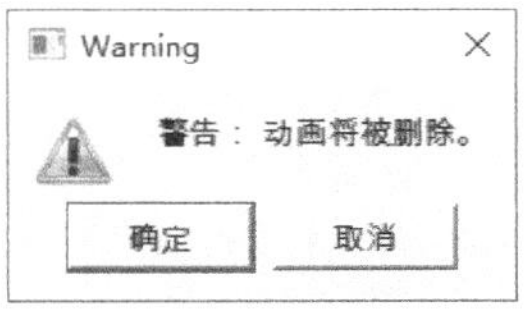

Warning

警告：动画将被删除。

确定　取消

图 11-77　警告窗口

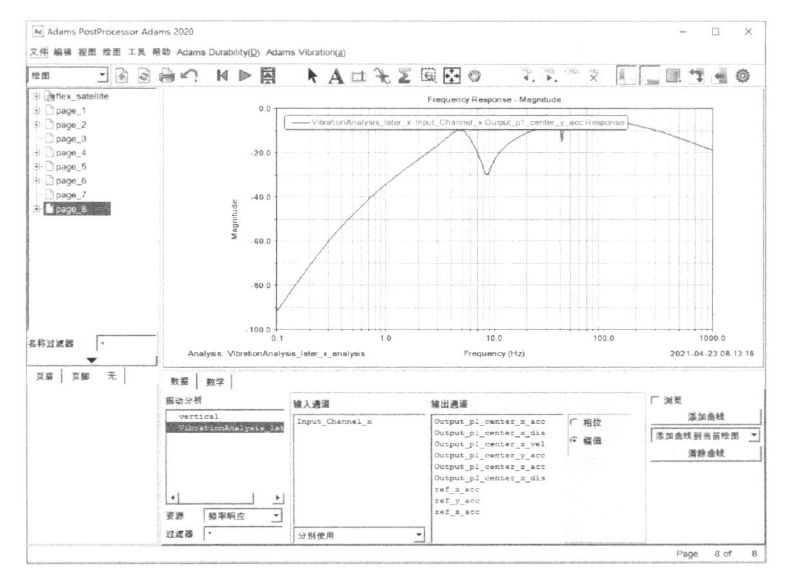

图 11-78　频率响应函数曲线

11.3.9　优化模型

下面通过修改设计变量来确定对于给定的频率范围内最大可能降低噪声的阻尼值。

1. 1%的总阻尼

（1）修改设计变量

Step 01　单击ADAMS 2020 关闭后处理按钮，系统返回建模窗口。

Step 02　在菜单中选择编辑（Edit）→修改（Modify），在过滤器中再选择变量，系统弹出浏览设计变量对话框，如图 11-79 所示。

Step 03　在打开的浏览窗口中选择trans_damp阻尼变量，如图 11-80 所示，再单击确定（OK）按钮。

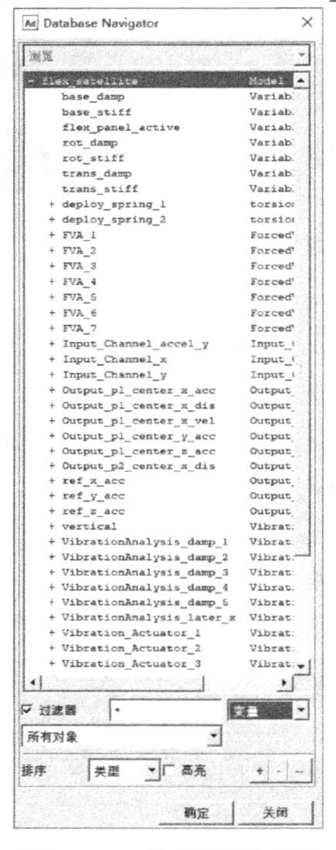

图 11-79　浏览设计变量

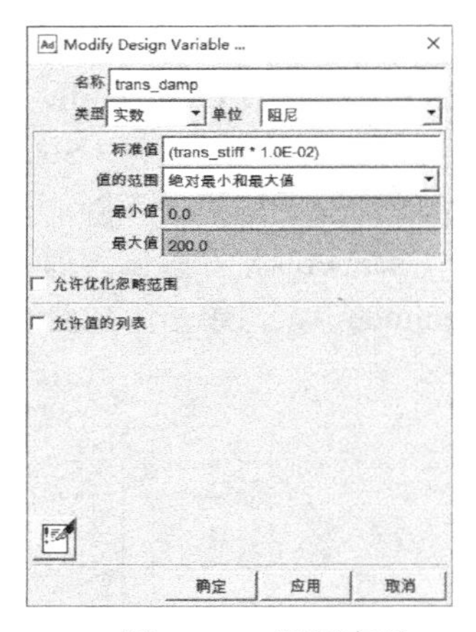

图 11-80　阻尼变量

（2）振动分析

Step 01　在ADAMS 2020 建模环境中，单击Adams Vibration工具栏按钮，依次选择测试（Test）→振动分析（Vibration Analysis），如图 11-81 所示，系统弹出创建振动分析对话框。

Step 02　选择新的振动分析（Vibration Analysis）选项，在后面的文本框中输入.flex_satellite.VibrationAnalysis_damp_1，单击确定（OK）按钮，如图 11-82 所示。

Step 03　单击工具栏选项卡 结果 ，再单击按钮，切换到后处理界面，显示振动分析结果。

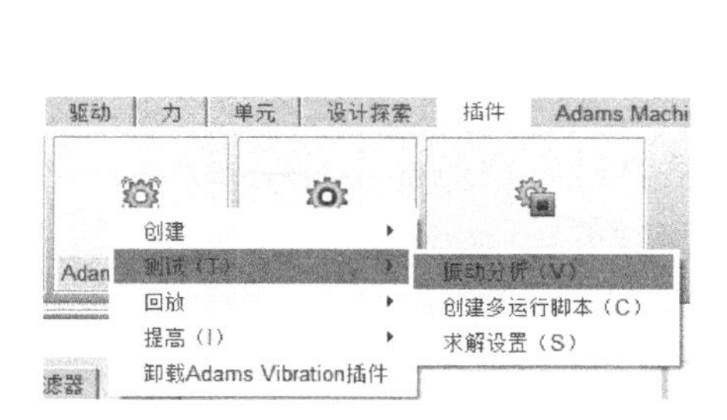

图 11-81　创建分析

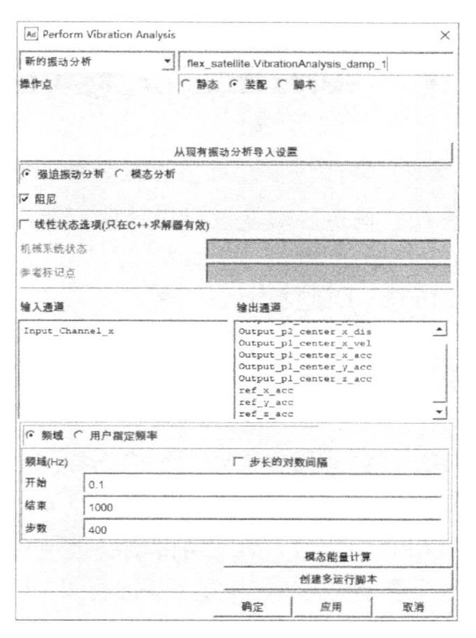

图 11-82　振动分析

2．2%、3%、4%、5%的总阻尼

Step 01　依次把阻尼设置为 2%、3%、4%、5%，如表 11-4 所示。

表 11-4　阻尼设置

阻尼	公式
2%	（trans_stiff * 2.0E-02）
3%	（trans_stiff * 3.0E-02）
4%	（trans_stiff * 4.0E-02）
5%	（trans_stiff * 5.0E-02）

Step 02　进行振动分析，绘制系统的阻尼为 1%、2%、3%、4%、5%的频率响应函数，如图 11-83 所示。

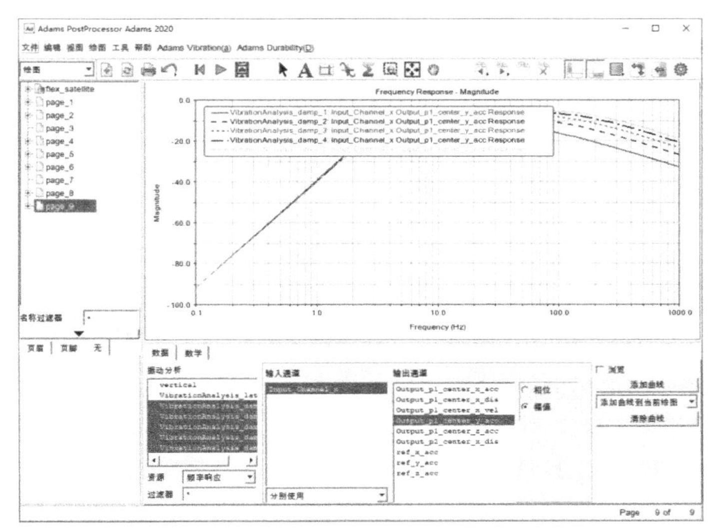

图 11-83　系统阻尼

11.4 实例三：火车转向架振动分析

火车转向架是铁路货运和客运火车的重要装置。通过对本模型的研究，读者应熟悉设计变量设置、力函数和参数的施加、构造函数及进行设计研究等。

11.4.1 建立模型

Step 01 通过开始程序菜单运行ADAMS 2020，或直接双击桌面上的Ad图标运行ADAMS 2020。

Step 02 在欢迎对话框中选择导入一个文件（Import a file），然后单击按钮。

Step 03 在打开的选择文件对话框中选择ADAMS 2020 安装目录下的vibration→examples→design_study，单击bogie.cmd文件，单击确定（OK）按钮完成文件的导入，如图 11-84 所示。

Step 04 在打开模型时，模型将自动进行一次设计研究的仿真，待运行结束后，在View主窗口内单击实体显示图标和三维显示图标，显示火车转向架模型，如图 11-85 所示。

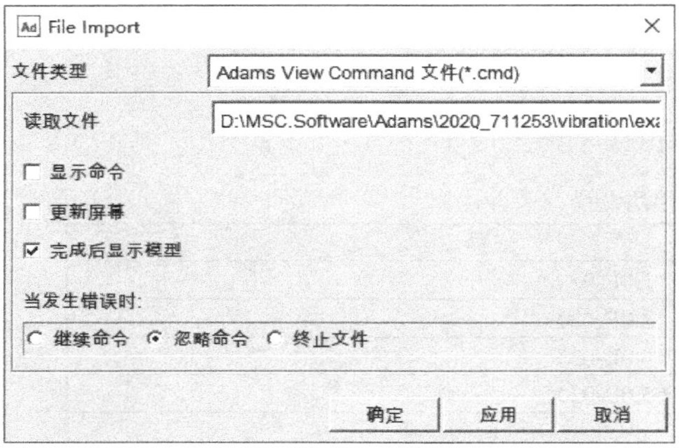

图 11-84　导入文件

图 11-85　火车转向架模型

Step 05 加载ADAMS/Vibration模块。在Tool菜单中单击插件管理器（Plugin Manager），在弹出的Plugin Manager （插件管理器）对话框中的Adams Vibration栏中选中载入（Load）项下的是（Yes）复选框，单击确定（OK）按钮，完成加载振动（Vibration）模块，如图 11-86 所示。

图 11-86　加载 Adams Vibration 模块

11.4.2 仿真模型

Step 01 查看重力。单击设置（Settings）菜单，然后单击重力（Gravity）命令，打开重力设置对话框，如图 11-87 所示，设置参数后单击确定（OK）按钮。

Step 02 在主工具栏中选择仿真工具，打开仿真控制对话框，如图 11-88 所示。设置终止时间为 1、步数（Steps）为 100，观察运行过程。

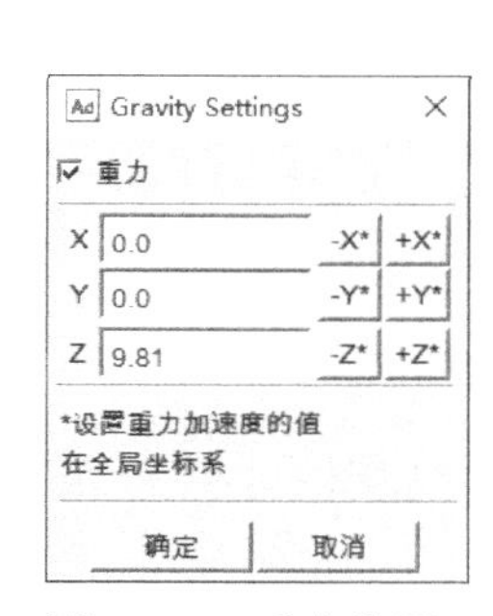

图 11-87　重力设置

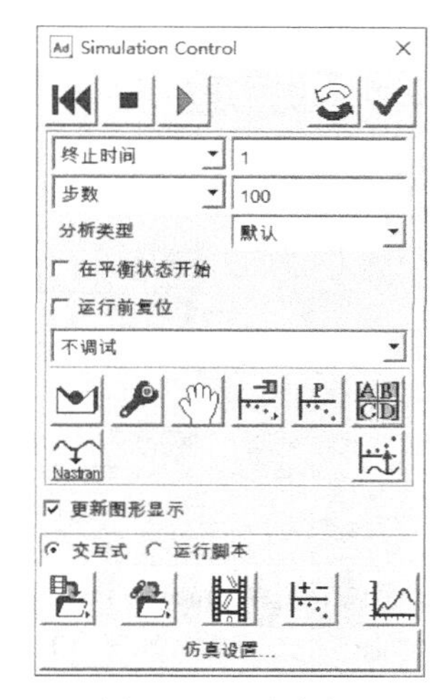

图 11-88　仿真控制

Step 03　单击开始仿真按钮▶。转向架运行，并保持在仿真状态。单击⏮按钮返回初始状态。

11.4.3　定义设计变量

Step 01　单击编辑（Edit）菜单下的修改（Modify），并在过滤器（Filter）下拉菜单中单击变量（Variables），双击FVA_RESPONSE_VARIABLE，从弹出的快捷菜单中单击修改（Modify），系统弹出Modify Design Variable（修改设计变量）对话框，如图 11-89 所示。也可以在左侧目录树中单击设计变量（Design Variable），展开变量目录。

Step 02　单击确定（OK）按钮关闭设计变量，其他设计变量的定义和查看方式与此一致。其他设计变量如图 11-90 所示。

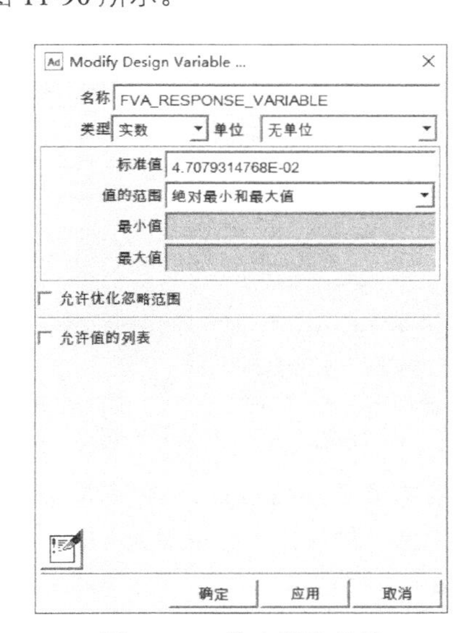

图 11-89　修改设计变量

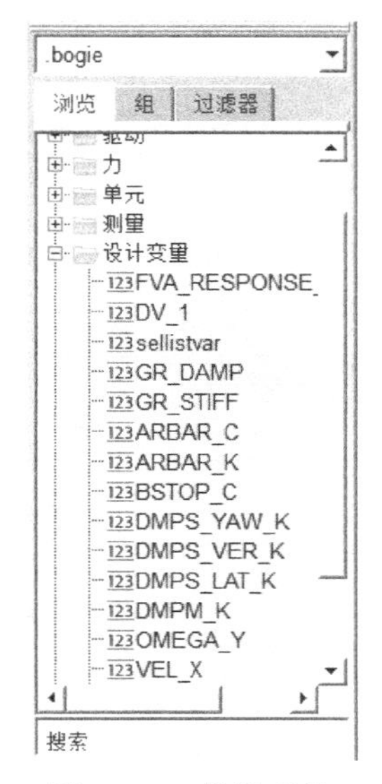

图 11-90　设计变量

11.4.4 建立输入通道

Step 01 单击工具栏中的插件选项卡，切换到插件工具栏界面，如图 11-91 所示。

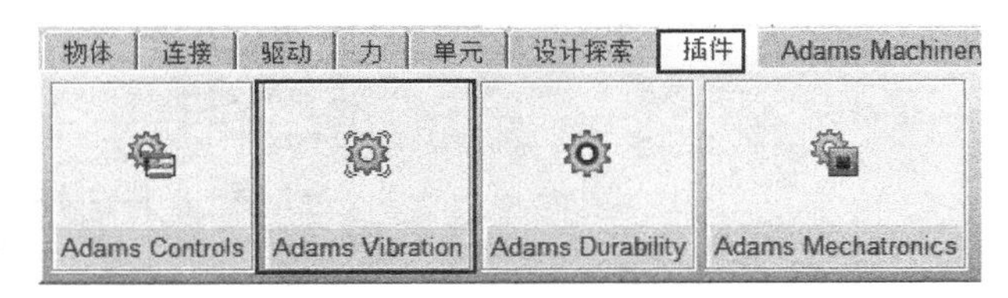

图 11-91 单击插件选项卡

Step 02 打开输入通道。单击Adams Vibration按钮，依次选择创建(Create)→输入通道(Input Channel)→修改（Modify），弹出如图 11-92 所示的对话框。从图 11-92 中可以看出，总共有 4 个输入通道，分别为Input_Channel_1、Input_Channel_2、Input_Channel_3 和 Input_Channel_4。

Step 03 右击Input_Channel_1，单击确定（OK）按钮，系统弹出第一个输入通道设置对话框，如图 11-93 所示。

图 11-92 弹出输入通道

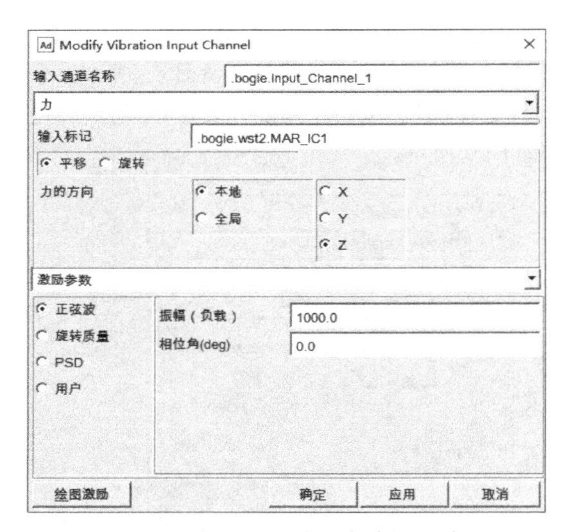

图 11-93 第一个输入通道

Step 04 在输入通道名称（Input Channel Name）下拉列表中选择力（Force），在输入标记（Input Marker）文本框中单击，查看力的作用点，第一个输入通道力的作用点在wst2.MAR_IC1 上，力的方向沿Z轴方向，力采用正弦波的形式，振幅为 1000.0 N，相位角为 0.0。

11.4.5 建立输出通道

Step 01 单击Adams Vibration按钮，依次选择创建（Create）→输入通道（Output Channel）→修改

（Modify）。弹出Database Navigator（数据库导航）对话框，双击bogie，展开子项，双击Output_Channel_1变量，弹出修改变量对话框。

Step 02 在输出方向（全局）（Global Component）下拉列表中选择加速度（Acceleration），并选中Z。设置完毕，单击应用（Apply）按钮建立一个输出通道，如图11-94所示。

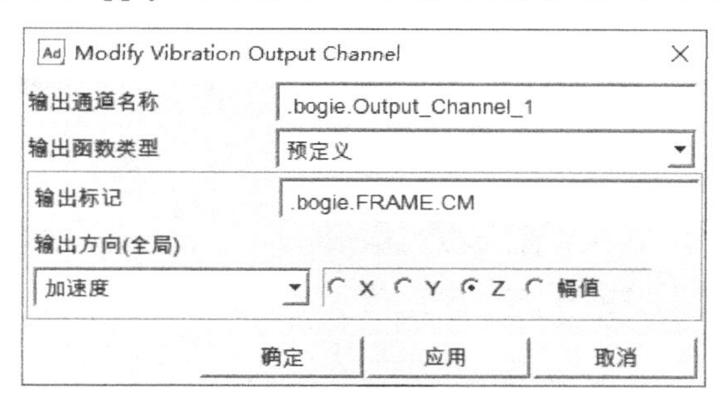

图11-94 定义输出通道

11.4.6 测试模型

Step 01 单击Adams Vibration按钮，依次选择测试（Test）→振动分析（Vibration Analysis），弹出振动分析对话框。

Step 02 选择振动分析（Vibration Analysis），弹出振动仿真设置对话框。

Step 03 在第一个框中右击，从推测（Guesses）中选择VibrationAnalysis_1。

Step 04 在操作点（Operating Point）栏中选中装配（Assembly），对整体模型进行线性化。

Step 05 选中强迫振动分析(Forced Vibration Analysis)，进行强迫振动分析。

Step 06 选中阻尼（Damping），按照ADAMS 2020默认设置添加阻尼。

Step 07 右击输入通道（Input Channel），依次选择输入通道(Input channel)→推测(Guesses)→*。

Step 08 右击输出通道（Output Channel），依次选择输出通道(Output channel)→推测(Guesses)→*。

Step 09 选中步长的对数间隔（Logarithmic Spacing of Steps）。

Step 10 在界面下方设置开始(Begin)为0.1、结束(End)为80.0、步数（Steps）为400，如图11-95所示。

Step 11 单击确定（OK）按钮，完成设置并开始仿真。

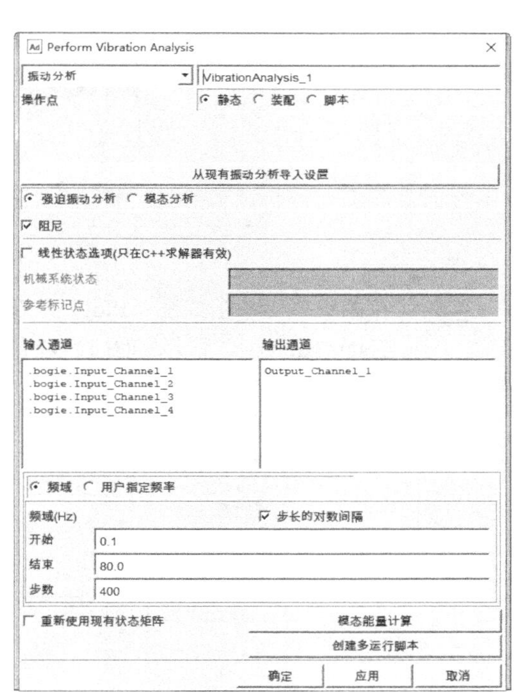

图11-95 仿真设置

11.4.7 后处理

Step 01 单击 结果 工具栏选项卡，切换到结果工具栏，单击其中的 按钮，进入后处理窗口。

Step 02 在参数选项中单击资源（Source）中的系统模态（System Mode），从仿真（Simulation）列表中选择VibrationAnalysis_1_analysis，在特征值（Eigen）栏中选择EIGEN_1，显示系统的模态信息，如图 11-96 所示。

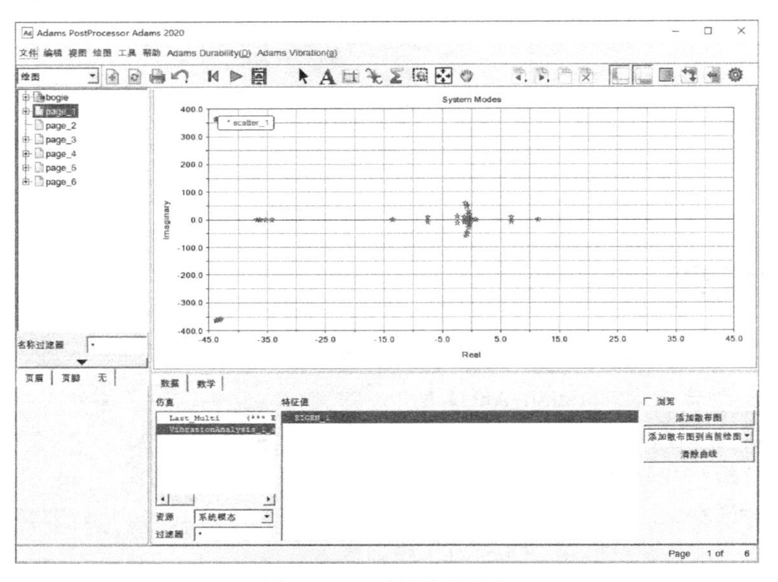

图 11-96　系统模态信息

Step 03 在菜单栏中单击绘图（Plot），在列表中单击使用特征值表创建散点图（Create Scatter Polt with Eigen Table），显示如图 11-97 所示的系统模态信息。

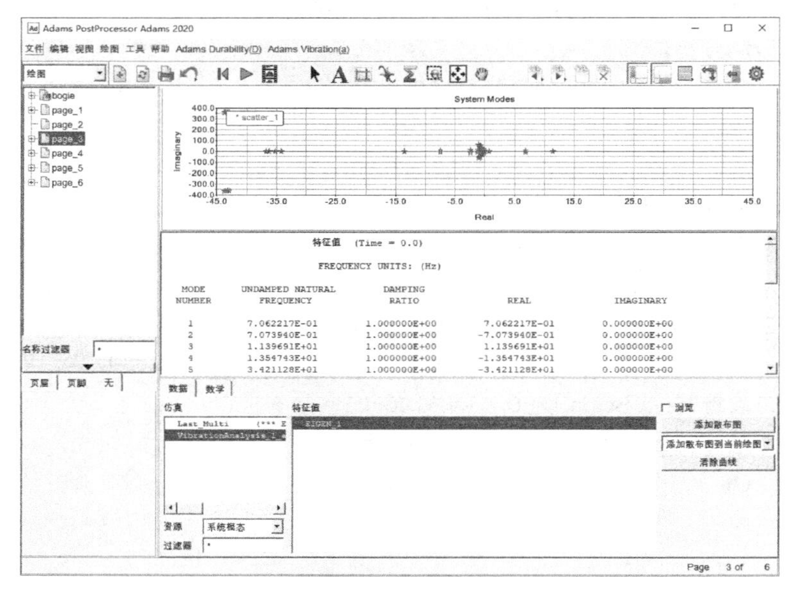

MODE NUMBER	UNDAMPED NATURAL FREQUENCY	DAMPING RATIO	REAL	IMAGINARY
1	7.062217E-01	1.000000E+00	7.062217E-01	0.000000E+00
2	7.073940E-01	1.000000E+00	-7.073940E-01	0.000000E+00
3	1.139691E+01	1.000000E+00	1.139691E+01	0.000000E+00
4	1.354743E+01	1.000000E+00	-1.354743E+01	0.000000E+00
5	3.421128E+01	1.000000E+00	-3.421128E+01	0.000000E+00

图 11-97　系统模态信息

Step 04 动画显示模态。单击界面图标，创建一个新的显示对话框。然后在左上角选择动画（Animation），在动态窗口中右击，从弹出的选项中选择加载振动分析动画（Load Vibration Animation）。

Step 05 单击右下角的模态信息（Model Info）查看各阶模态信息，如图 11-98 所示。

Modal Information

模态坐标　模态参与因子　模态能量

振动分析 .bogie.VibrationAnalysis_1

Modal Coordinates Table for
Vibration Analysis = VibrationAnalysis_1
Frequency = 0.100000 Hz

Mode	Input_Channel_1	Input_Channel_2	Input_Channel_3	Input_Channel_4
1	0.00327385	0.00329107	0.00349139	0.00348307
2	0.00342152	0.00344323	0.00364892	0.00364249
3	0.0295903	0.0292757	0.0270291	0.0272407
4	0.028955	0.0286117	0.0323493	0.0319449
5	0.00206516	0.00208967	0.0022032	0.00221621
6	0.00241996	0.00240187	0.00293027	0.00291927
7	0.00144054	0.00147014	0.00154261	0.0015545
8	0.00119725	0.00118711	0.00131122	0.00131319
9	0.0100057	0.0101266	0.00845881	0.00843041
10	0.219461	0.221963	0.182911	0.182535
11	0.00169604	0.00136265	0.00213957	0.00180046
12	0.00571399	0.00477386	0.00365184	0.0074907
13	0.00927828	0.00940604	0.0094255	0.00939927
14	**0.241995**	**0.244666**	**0.249498**	**0.249106**

频率 0.1 Hz

数量级表示　相对　绝对值　文件格式 HTML

显示相位值　写入表格到文件

基础文字大小 10　关闭

图 11-98　各阶模态信息

Step 06 绘制频率响应曲线。在文件（File）菜单下选择绘图（Plotting）选项。在资源（Source）栏中选择频率响应（Frequency Response），在振动分析（Vibration Analysis）列表中选择VibrationAnalysis_1，在输入通道（Input Channels）列表中选择Input_Channel_2，在输出通道（Output Channels）列表中选择Output_Channel_1，选中幅值（Magnitude），即可绘制响应幅值，单击添加曲线（Add Curves）按钮添加曲线到绘图区，如图 11-99 所示。

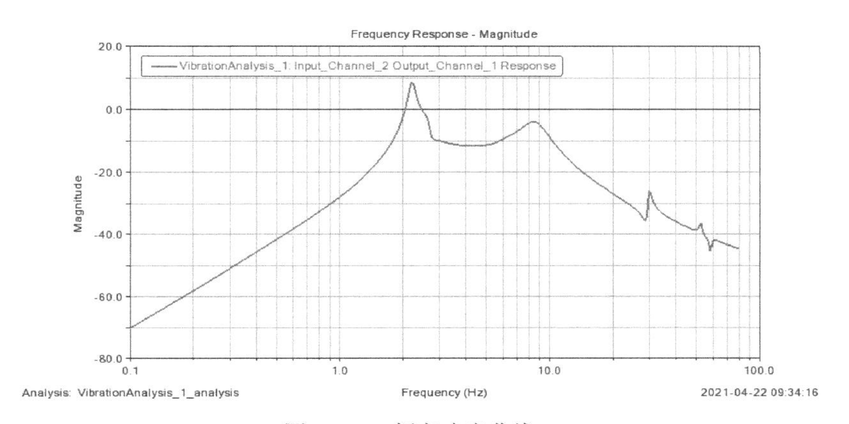

图 11-99　频率响应曲线

Step 07 绘制功率谱密度。在资源（Source）栏中选择PSD，在输出通道（Output Channels）列表中选择Output_Channel_1，显示Output_Channel_1 的功率谱密度曲线，如图 11-100 所示。

Step 08 绘制模态坐标。单击新建页面（New page）按钮，在资源（Source）栏中选择模态坐标（Modal Coordinates），在振动分析（Vibration Analysis）列表中选择VibrationAnalysis_1，在输入通道（Input Channels）列表中选择Input_Channel_2，在模态坐标系定义（Modal Coordinates By）栏中选择 1、

3 和 7，显示 1、3 和 7 阶模态坐标，如图 11-101 所示。

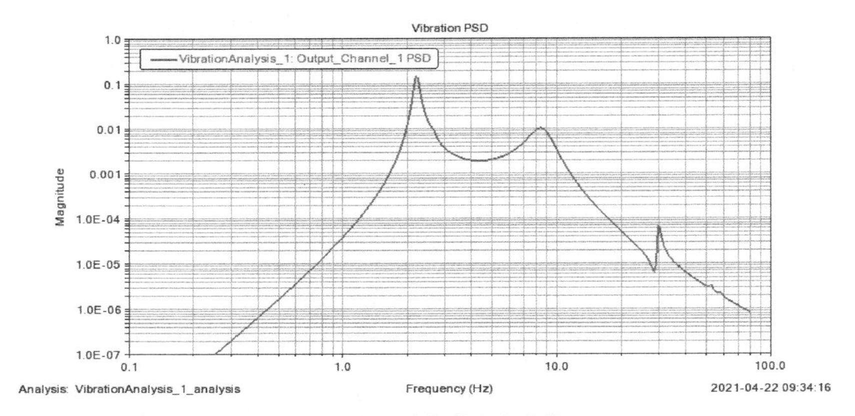

图 11-100　功率谱密度曲线

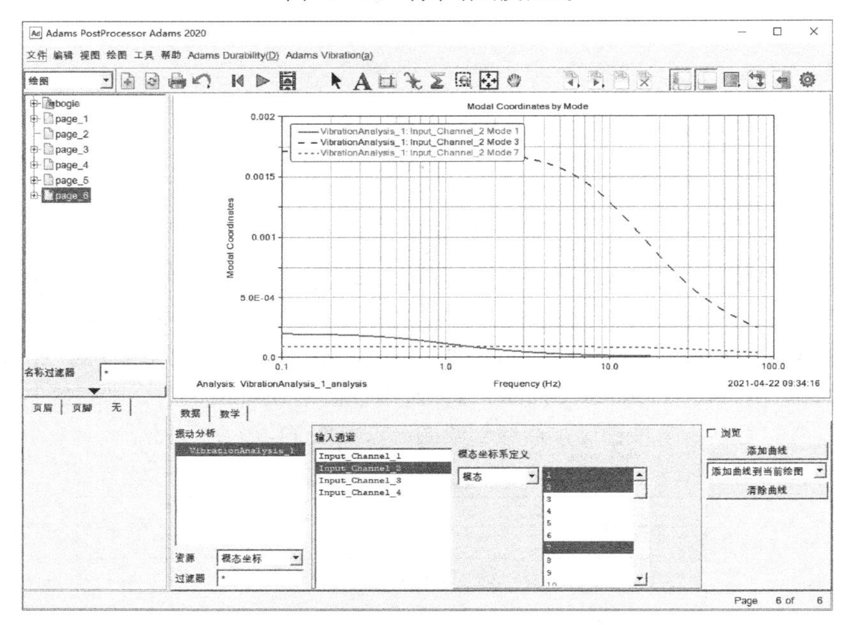

图 11-101　模态坐标图

11.5　本章小结

本章首先简明扼要地介绍了振动分析模块，然后通过实例一讲解了刚性体模型建立振动模型、振动参数的输入和输出，以及模型的测试、验证、精化及优化，接着通过实例二讲解了柔性体模型建立振动模型的过程，最后通过实例三讲解了设计变量设置、力函数和参数的施加、构造函数及进行设计研究等内容。

通过本章的学习，读者可以掌握振动模型的输入和输出，振动仿真模型测试、验证、精化、优化，以及结果后处理方法等相关知识。

第 12 章 耐久性分析

耐久性试验是产品开发的一个关键步骤。耐久性试验能够解答机构何时报废或零部件何时失效这个问题，它对产品零部件性能、整机性能都具有重要的影响。MDI公司已经与MTS公司及nCode公司合作，共同开发ADAMS/Durability，使之成为耐久性试验的完全解决方案。本章通过曲轴模型具体讲解耐久性模块的应用。

知识要点

- 掌握耐久性结构分析的基本过程。
- 通过实例掌握耐久性结构分析的方法。

12.1 耐久性简介

ADAMS/Durability按工业标准的耐久性文件格式对时间历程数据接口进行了一次全新的扩展。目前，该模块支持两种时间历程文件格式：nSoft和MTS的RPC3。

ADAMS/Durability把上述文件格式的数据直接输入ADAMS仿真模块中，或把ADAMS的仿真分析结果输出到这种文件格式中。

ADAMS/Durability集成了VTL（Virtual Test Lab）技术。VTL是由MTS与MDI公司设计及创建的标准机械检测系统，通过MTS的RPC图形用户接口可实施检测，并保留检测配置及操作问题。VTL的检测结果将返回工业标准的RPC格式文件中，以便由标准分析应用程序使用。一旦得到实际检测结果，便执行预测分析及验证。

nCode公司的nSoft耐久性分析软件进行应力寿命、局部应变寿命、裂隙扩展状况、多轴向疲劳及热疲劳特征、振动响应、各种焊接机构强度等分析。ADAMS/Durability把以上技术集成在一起，从而使虚拟样机检测系统耐久性成为现实。

ADAMS/Durability的主要功能是从nSoft的DAC及RPC3 文件中提取时间记载数据，并将其插入ADAMS仿真模块中进行分析，把REQUEST数据存储在DAC及MTS RPC3 文件中，把ADAMS仿真结果及测量数据输出到DAC及MTS RPC3 文件；查看DAC及MTS RPC3 文件的头信息与数据；提取DAC及MTS RPC3 文件中的数据并绘图，以此与ADAMS仿真结果相对照。

12.2 实例一：气缸-曲轴系统耐久性分析

本节以一个柴油机曲轴机构为模型介绍耐久性模块的使用。通过本例的学习和分析，读者应对耐久性模块有深入的了解和认识，可以通过耐久性模块查看模型的应力和应变信息，并学会生成报告文件。

12.2.1 导入并熟悉模型

Step 01 双击桌面图标Ad，系统打开ADAMS 2020，如图 12-1 所示。在窗口中单击现有模型（Existing Model）图标，在弹出的对话框中单击工作路径（Working Directory）栏右侧的图标，设置文件保存路径。单击文件名称（File Name）栏右侧的图标，找到要打开的文件cha_12\crankshaft.cmd，单击crankshaft.cmd文件，然后单击确定（OK）按钮导入模型，如图 12-2 所示。

Step 02 在图 11-2 中单击模型中的部件，得知模型由 4 部分组成，即气缸、连杆、曲轴和亚物体。

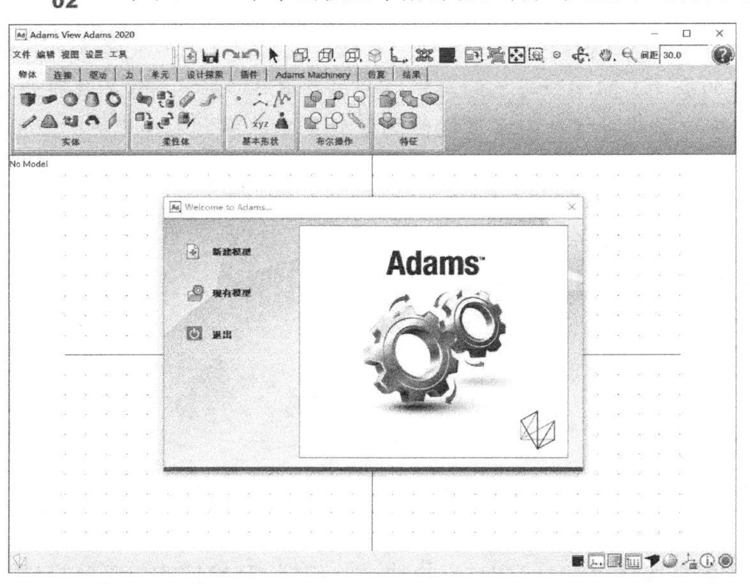

图 12-1 打开窗口

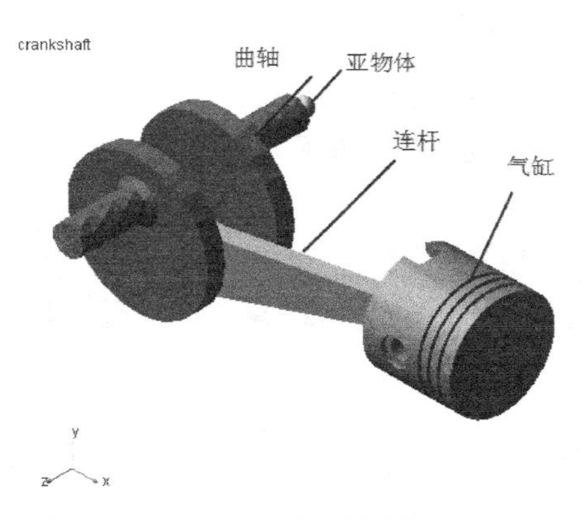

图 12-2 模型

12.2.2 约束

模型中各部件之间的约束副及约束的部件如表 12-1 所示。

表 12-1 约束副

约束类型	约束部件
固定副	亚物体和地面
球副	亚物体和曲轴（node1000）
球副	地面和曲轴（node2000）
球副	气缸和连杆
平移副	气缸和地面
旋转副	曲轴和连杆

12.2.3 驱动

Step 01 移动鼠标到亚物体位置，双击驱动图标，弹出如图 12-3 所示的对话框。单击对话框下方绕Z旋转（Rot Z）中的...按钮，弹出驱动函数对话框，如图 12-4 所示。

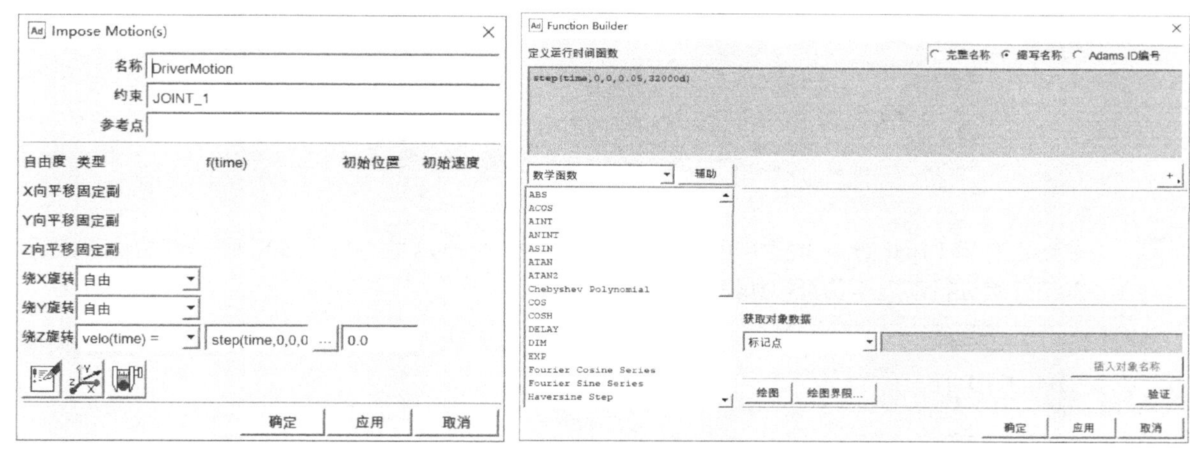

图 12-3 驱动　　　　图 12-4 驱动函数

Step 02 单击图 12-4 下方的绘图（Plot）按钮 Plot ，弹出驱动函数曲线，如图 12-5 所示。

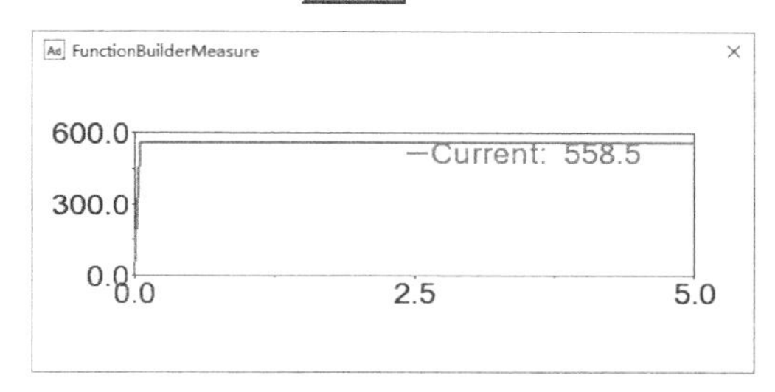

图 12-5 驱动函数曲线

Step 03 单击确定（OK）按钮完成驱动函数的查看和定义。在驱动对话框中单击确定（OK）按钮，完成驱动的施加。

12.2.4 加载耐久性模块

移动鼠标到ADAMS 2020 界面的菜单栏下，单击插件（Plugins），系统弹出如图 12-6 所示的窗口，在窗口中单击Adams Durability按钮 ，加载耐久性模块。

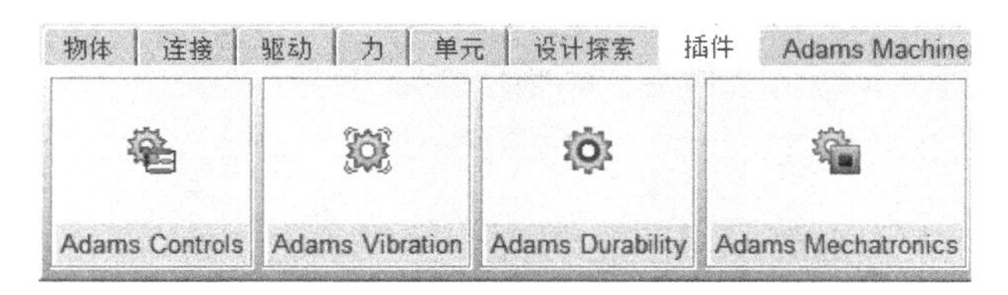

图 12-6 模块

12.2.5 仿真

Step 01 移动鼠标到ADAMS 2020 界面的菜单栏下，单击仿真（Simulation），系统弹出如图 12-7 所示的窗口，在窗口中单击仿真（Simulate）按钮 ，弹出仿真控制对话框，如图 12-8 所示。

图 12-7　仿真模块

Step 02 在终止时间（End Time）栏中输入 0.1，再在步数（Steps）栏中输入 50，单击开始仿真按钮▶，系统开始进行动力学仿真，如图 12-9 所示。

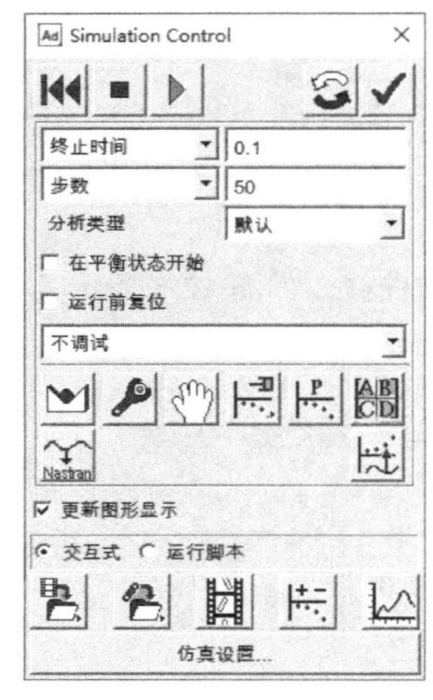

图 12-8　仿真控制对话框

图 12-9　动力学仿真图

Step 03 仿真结束，单击返回到初始状态按钮⏮，系统返回初始状态。移动鼠标至左下方，单击按钮，在弹出的对话框中输入sim_1，如图 12-10 所示，单击确定（OK）按钮完成保存。

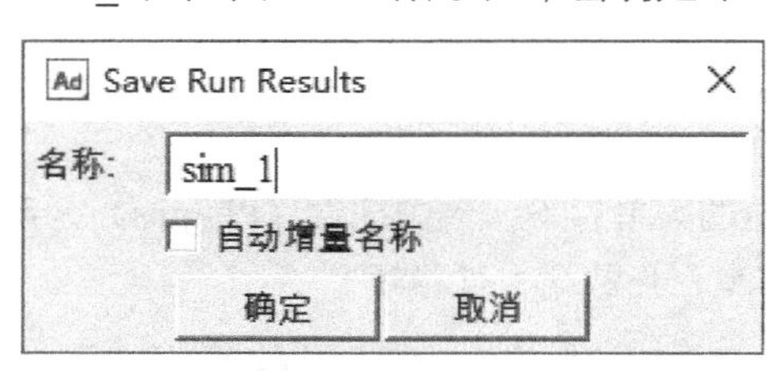

图 12-10　保存动力学仿真

12.2.6　后处理

Step 01 单击后处理按钮，系统进入后处理界面，如图 12-11 所示。

Step 02 在文件（File）菜单下方的下拉列表中选择动画（Animation），如图 12-12 所示。

Step 03 右击空白区域，从弹出的快捷菜单中选择加载动画（Load Animation），加载仿真动画，如图 12-13 所示。

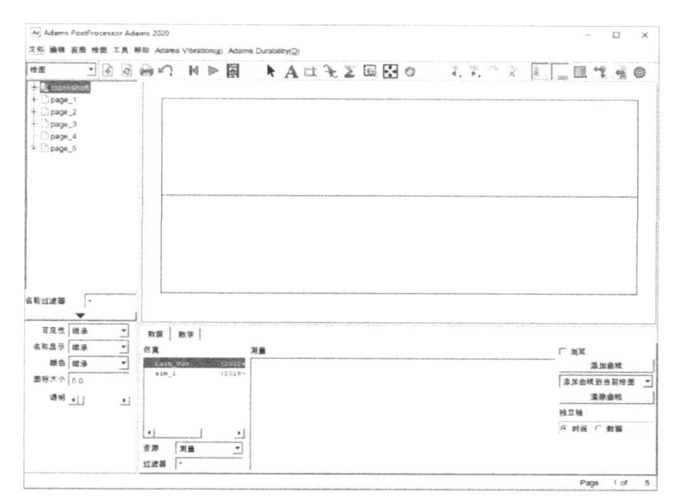

图 12-11 后处理

图 12-12 选择动画　　　图 12-13 加载仿真动画

Step 04 加载仿真动画，显示仿真动画界面，如图 12-14 所示。

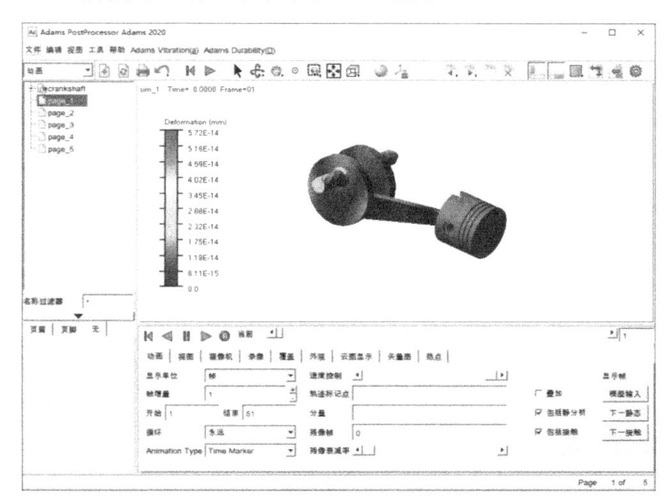

图 12-14 仿真动画界面

Step 05 运行仿真动画。单击动画（Animation）项，显示仿真界面，单击运行仿真按钮▶，系统开始运行仿真。图 12-15 所示为系统运行到 0.006 秒时的仿真动画。

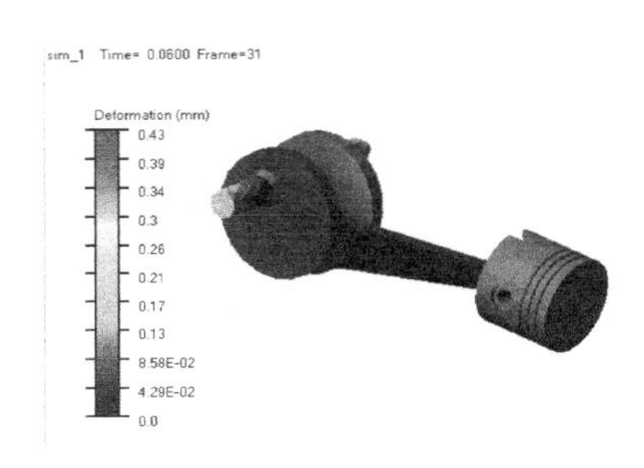

图 12-15　仿真动画

Step 06 查看应力和应变。单击仿真界面下方的云图显示（Contour Plots）标签，展开云图类型右侧的下拉菜单，选择应力或应变，如图 12-16 所示。

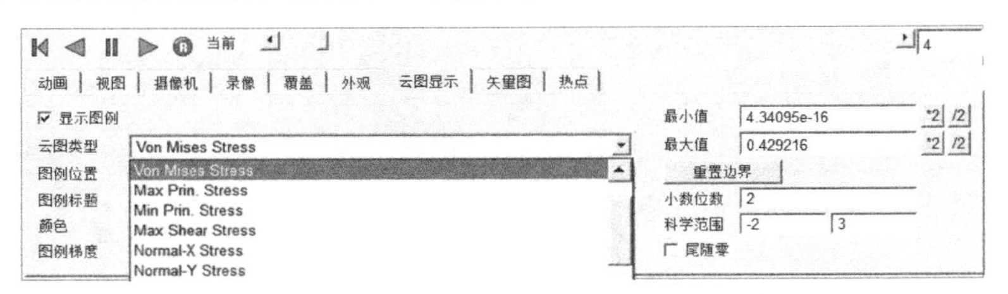

图 12-16　应力和应变设置选项卡

Step 07 在云图类型（Contour Plot Type）下拉列表中选择等效应力显示，如图 12-17 所示。在图例位置（Legend Placement）下拉列表中选择左侧（Left），其余采用默认设置。系统在界面上显示等效应力信息，如图 12-18 所示。

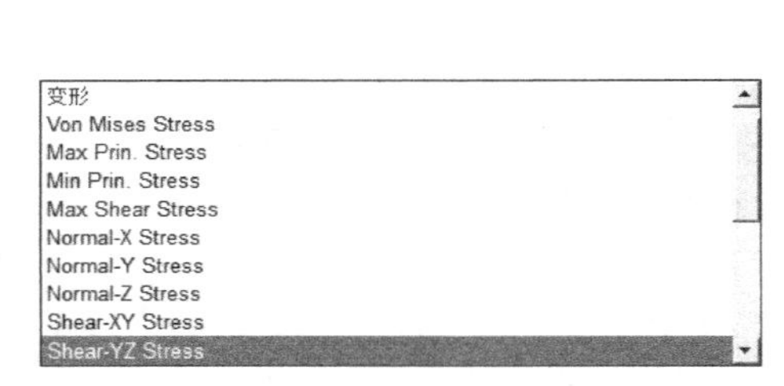

图 12-17　设置应力

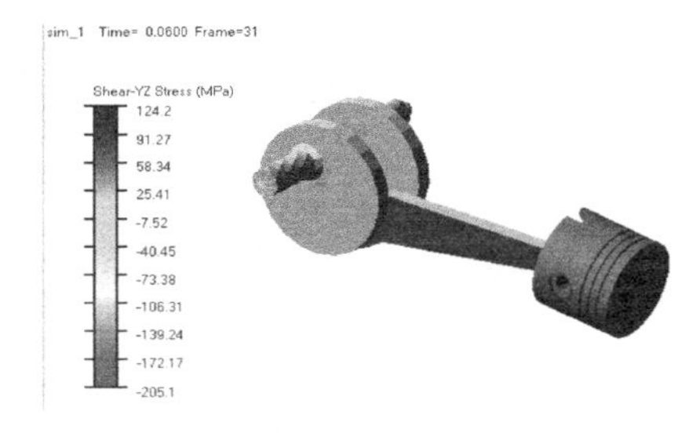

图 12-18　等效应力显示

Step 08 在云图类型（Contour Plot Type）下拉列表中选择等效应变显示，如图 12-19 所示。在图例位置（Legend Placement）下拉列表中选择左侧（Left），其余采用默认设置。系统在界面上显示等效应变信息，如图 12-20 所示。

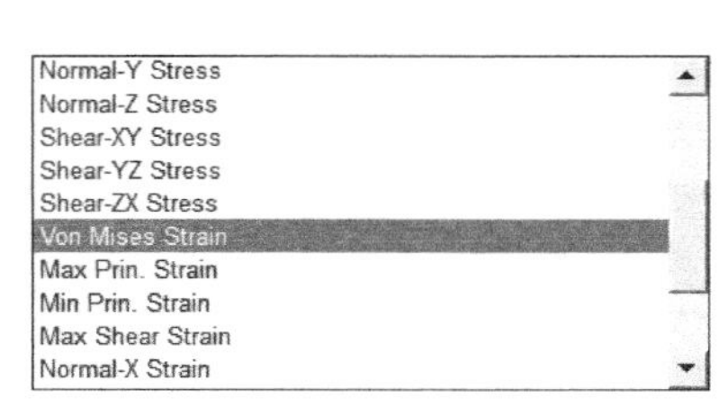

图 12-19　设置应变

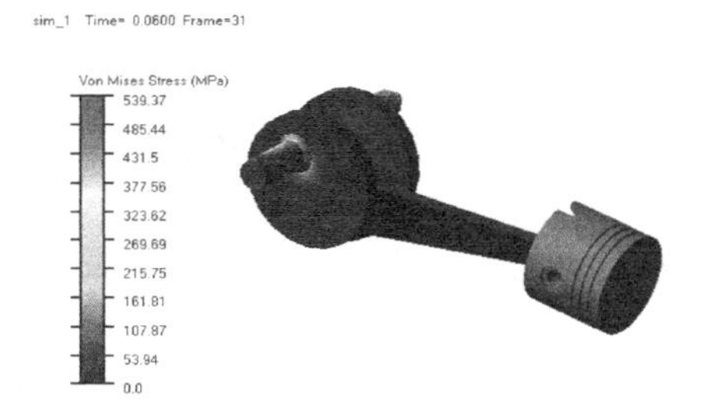

图 12-20　等效应变显示

Step 09 从文件（File）菜单下方的下拉列表中选择绘图（Plot），系统弹出警告窗口，单击确定（OK）

按钮关闭警告。在模型（Model）栏中选择.crankshaft，在过滤器（Filter）栏中选择body（物体），在对象（Object）栏中单击+dummy_1 项，在特征（Characteristic）栏中单击CM_Position，在分量（Component）栏中单击X，选中浏览（Surf）复选框，如图 12-21 所示。系统显示柔性体曲轴的加速度曲线，如图 12-22 所示。

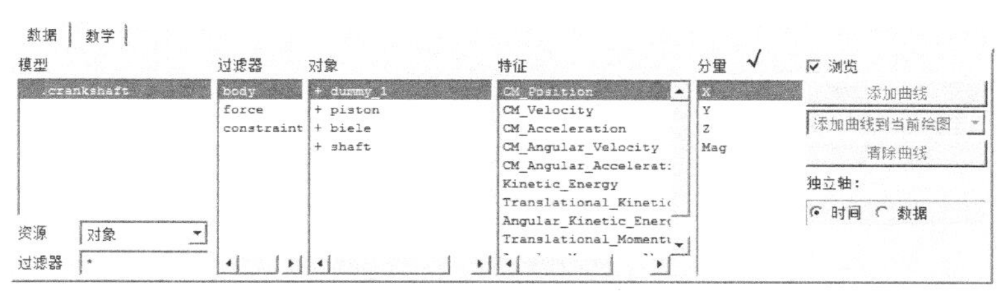

图 12-21　设置参数

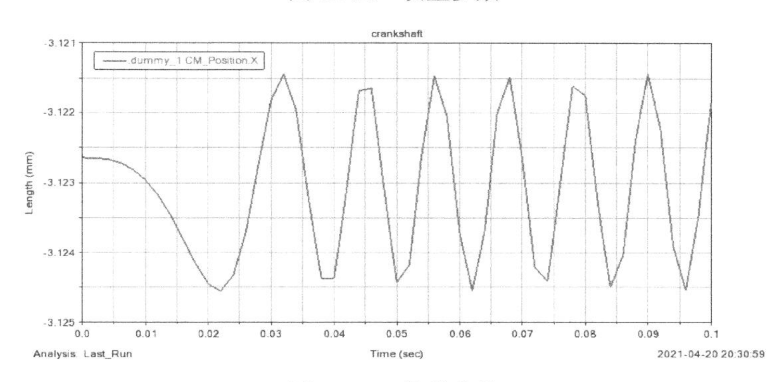

图 12-22　位移曲线

Step 10 单击绘图（Plot）菜单，选择FFT，弹出FFT对话框。按照图 12-23 所示的参数进行设置，再单击应用（Apply）按钮，对曲线进行FFT变换。结果如图 12-24 所示。

图 12-23　FFT 设置

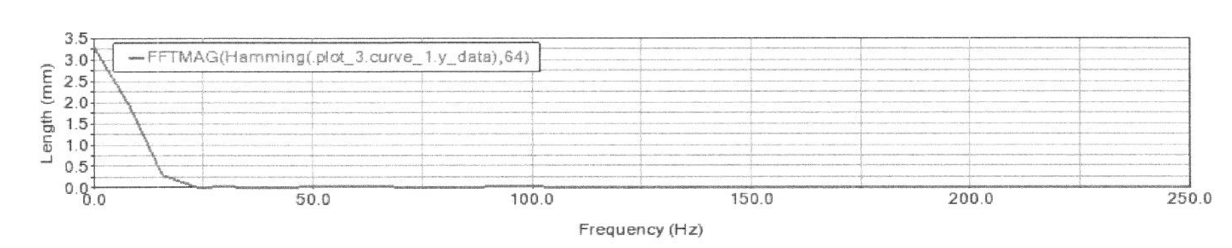

图 12-24　FFT 曲线

Step 11 单击绘图（Plot）菜单，选择FFT 3D，弹出FFT 3D对话框。按照图 12-25 所示的参数进行设置，单击应用（Apply）按钮，对曲线进行FFT 3D变换。结果如图 12-26 所示。

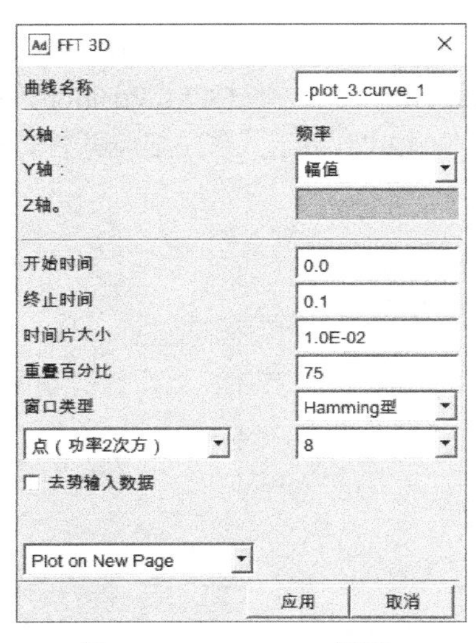

图 12-25　FFT 3D 设置

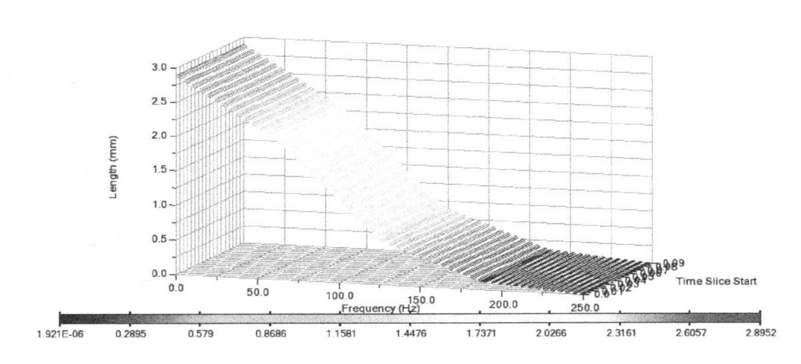

图 12-26　FFT 3D 曲线

Step 12 查看节点应力。单击Adams Durability菜单，从弹出的菜单中选择节点图（Nodal Plots），如图 12-27 所示。按照图 12-28 所示的参数进行设置，最后单击确定（OK）按钮。

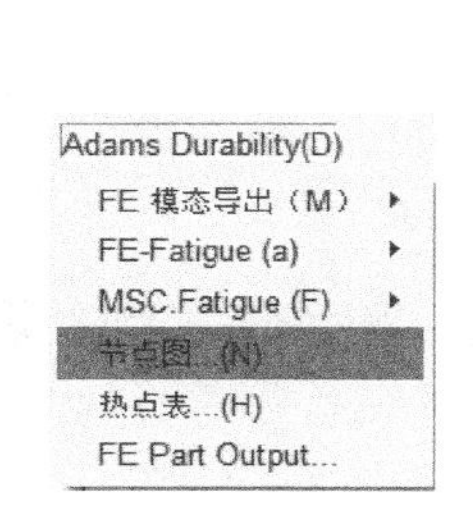

图 12-27　设置节点

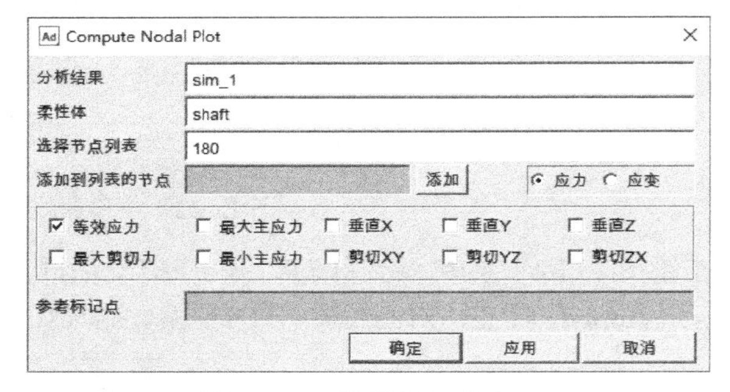

图 12-28　设置节点应力

Step 13 单击仿真（Simulation）选项中的结果集（Result Sets），按照如图 12-29 所示进行设置，系统弹出节点应力随时间变化的曲线，如图 12-30 所示。

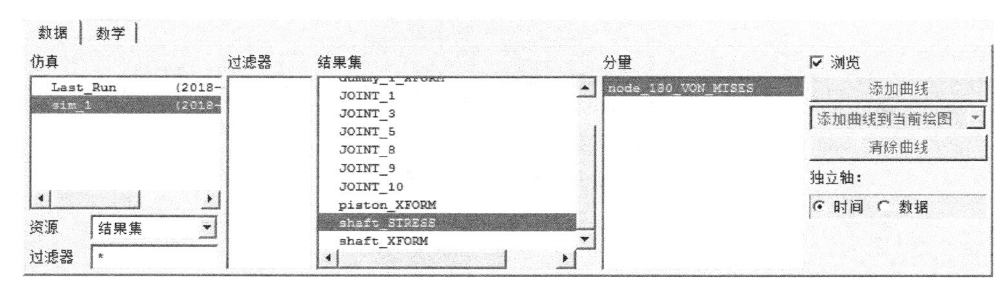

图 12-29　应力设置

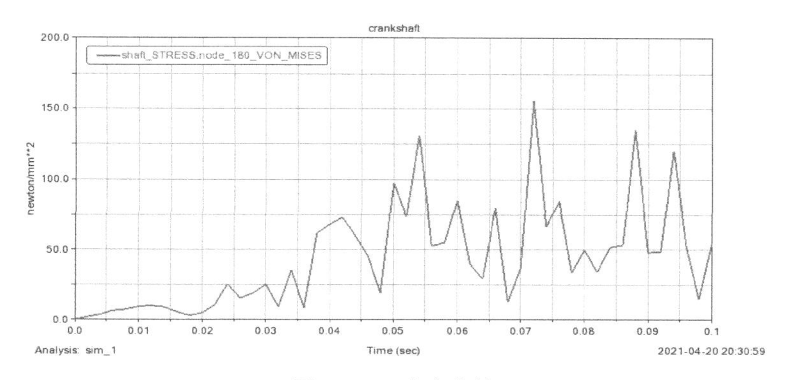

图 12-30　应力曲线

12.3 实例二：斜面拉伸耐久性分析

本节以一个绳索牵引方块在斜面上运动为例介绍耐久性模块的使用，通过本例的学习和分析，使读者对耐久性模块有更深入的了解和认识，并通过耐久性模块查看模型的应力和应变信息，学会生成报告文件。

12.3.1 导入并熟悉模型

Step 01 双击桌面图标Ad，系统打开ADAMS 2020。在窗口中单击新建模型（New Model），弹出Create New Model（创建新模型）对话框，在单位（Units）栏中选择MKS-m,kg,N,s,deg，再在模型名称（Model Name）栏中输入model_sheng_suo，然后单击确定（OK）按钮，如图 12-31 所示。

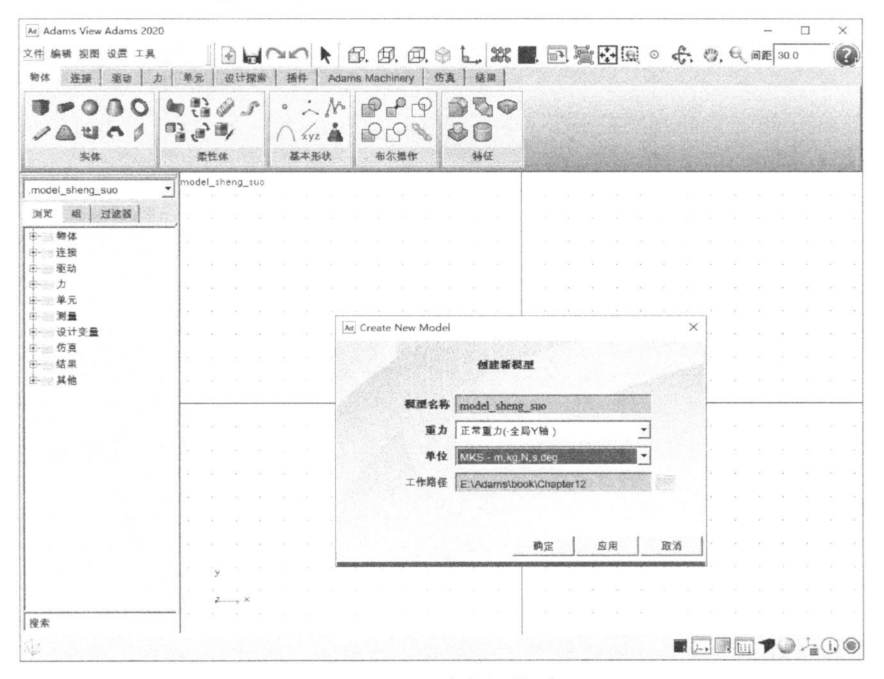

图 12-31　建立新模型

Step 02 单击图标，弹出导入柔性体对话框，右击MNF栏，在弹出的窗口中选择sheng_suo.mnf，单击打开，然后单击确定（OK）按钮导入绳索模型。

Step 03 单击图标，弹出导入柔性体对话框，右击MNF栏，在弹出的窗口中选择block.mnf，单击打开，然后单击确定（OK）按钮导入块模型，如图 12-32 所示。

Step 04 单击界面上的建模工具，系统弹出建立拉伸体对话框，具体参数设置如图 12-33 所示。

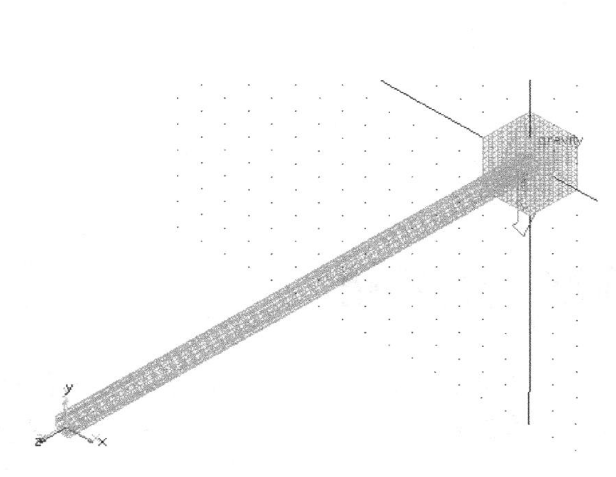

图 12-32　模型

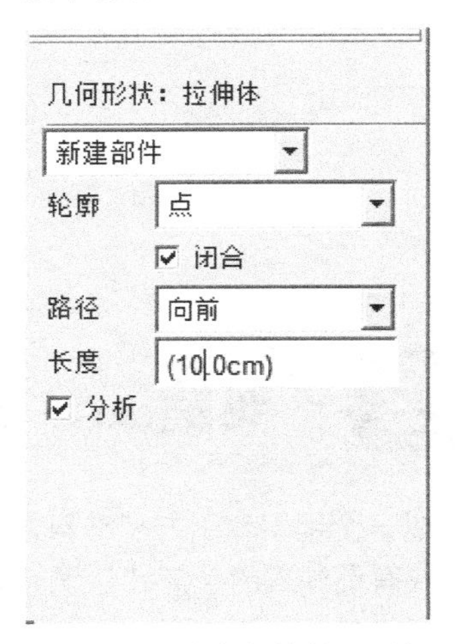

图 12-33　建立拉伸体对话框

Step 05 单击界面上的显示工具，然后单击绳索的左端面，再单击绳索的右端面，然后移动鼠标向下单击，接着移动鼠标向左至绳索的左下端单击，再右击，即可建立斜板，如图 12-34 所示。

Step 06 单击球体图标，系统弹出创建球体对话框，设置如图 12-35 所示的参数。

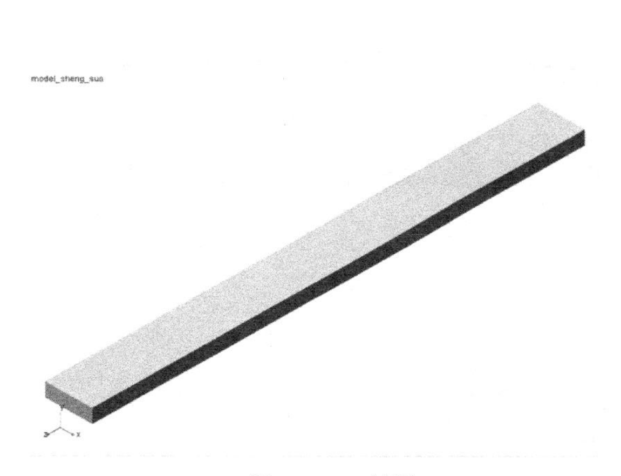

图 12-34　斜板

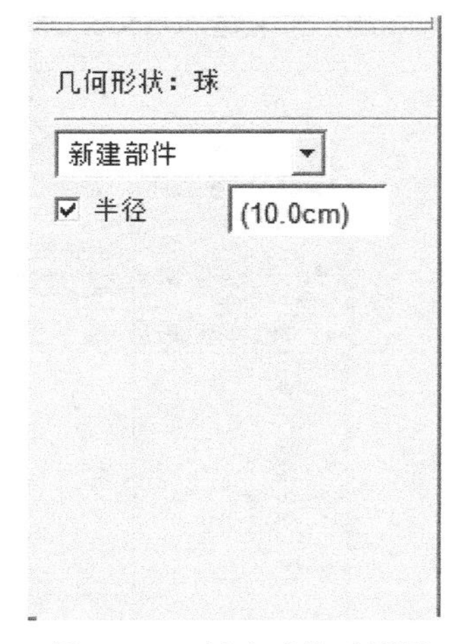

图 12-35　创建球体对话框

Step 07 移动鼠标，单击柔性体块的中心，创建小球。

12.3.2　倾斜

右击图标，弹出移动对话框，设置如图 12-36 所示的参数，单击X轴按钮，使斜面顺时针旋转 30°。然后在修改（Relocate the）下拉列表中选择柔性体（Flex body），在后面的文本框中右击，选择导入两个柔性体，再单击X轴按钮，使两个柔性体顺时针旋转 30°，如图 12-37 所示。

图 12-36　移动对话框

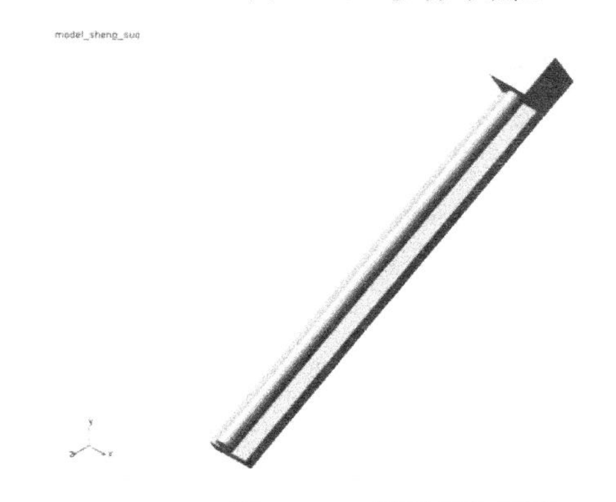

图 12-37　倾斜后的模型

12.3.3　建立约束

Step 01　建立小球与块体之间的固定副。单击固定副，弹出固定副对话框，其中的选项采用默认设置。先单击小球，再单击块体，移动鼠标找到块体的中心节点，然后单击，创建小球与块体之间的固定副。

Step 02　创建小球与绳索之间的固定副。单击固定副，弹出固定副对话框，其中的选项采用默认设置。先单击小球，再单击绳索，移动鼠标找到块体右端的节点，然后单击，创建小球与绳索之间的固定副。

12.3.4　创建载荷

Step 01　接触载荷。单击创建接触按钮，系统弹出创建接触对话框，设置如图 12-38 所示的参数。单击确定（OK）按钮完成柔性体与刚性体之间接触的创建。

Step 02　创建单方向作用力。单击单方向作用力按钮，系统弹出创建单方向作用力对话框，在对话框中采用默认设置。单击绳索，移动鼠标至绳索左端节点，然后单击，完成单方向作用力的创建。

Step 03　右击单方向作用力图标，选择修改（Modify），在弹出的对话框的函数（Function）栏中输入 1000，如图 12-39 所示。

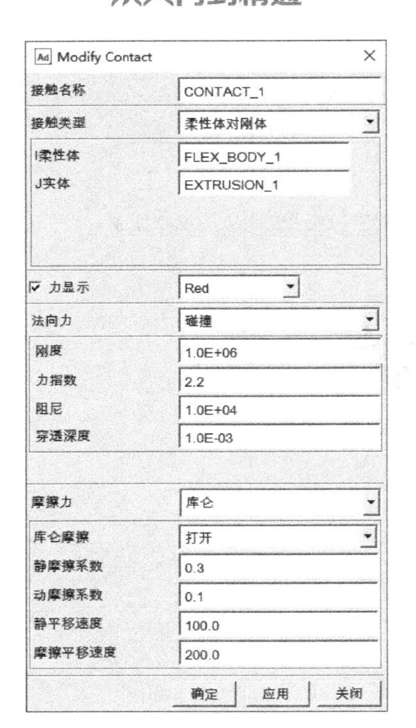

图 12-38 接触设置对话框

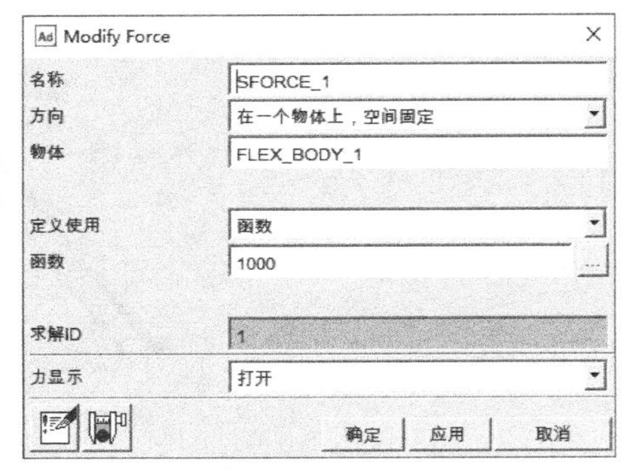

图 12-39 修改单方向作用力大小

12.3.5 加载耐久性模块

移动鼠标到ADAMS 2020界面的菜单栏下，单击插件（Plugins），系统弹出如图12-40所示的窗口，在窗口中单击⚙按钮，加载耐久性模块。

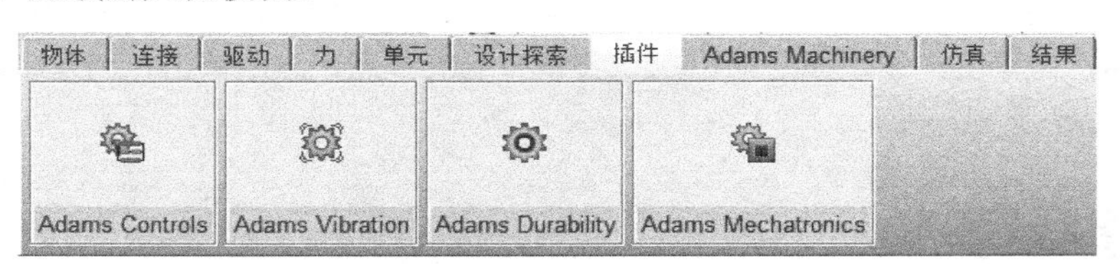

图 12-40 模块

12.3.6 仿真

Step 01 移动鼠标到ADAMS 2020界面的菜单栏下，单击仿真（Simulation），系统弹出如图12-41所示的窗口，在窗口中单击⚙按钮，弹出仿真控制对话框，如图12-42所示。

Step 02 在终止时间（End Time）栏中输入5.0E-002，在步数（Steps）栏中输入100，单击开始仿真按钮▶，系统开始进行动力学仿真，如图12-43所示。

Step 03 仿真结束，单击返回到初始状态按钮⏮，系统返回初始状态。移动鼠标至左下方，单击按钮，在弹出的对话框中输入sim_1，如图12-44所示，单击确定（OK）按钮完成保存。

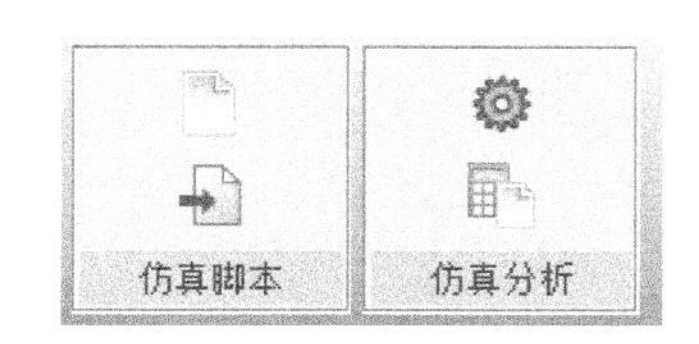

图 12-41　仿真模块

图 12-42　仿真对话框

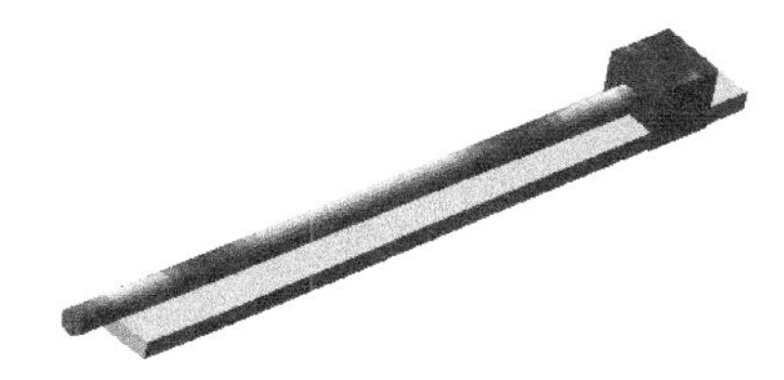

图 12-43　动力学仿真图

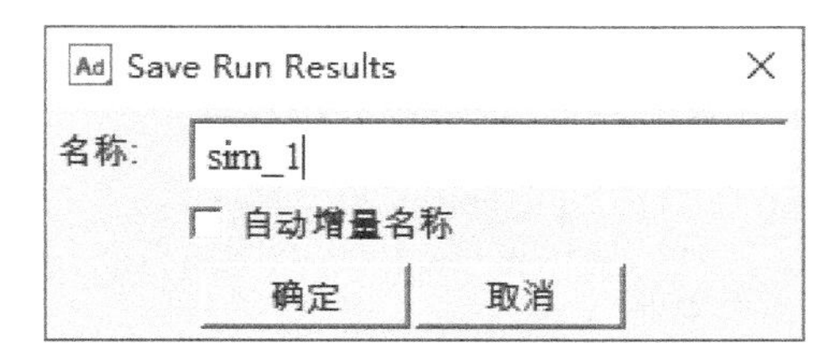

图 12-44　保存动力学仿真

12.3.7　后处理

Step 01 单击后处理按钮，进入后处理界面。

Step 02 在文件（File）菜单下方的下拉列表中选择动画（Animation）。

Step 03 右击空白区域，从弹出的窗口中选择加载动画（Load Animation），加载仿真动画，如图 12-45 所示。

Step 04 显示动画界面，如图 12-46 所示。

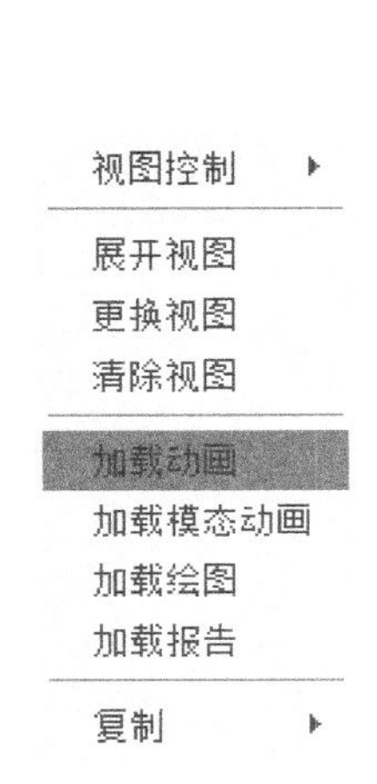

图 12-45　加载仿真动画

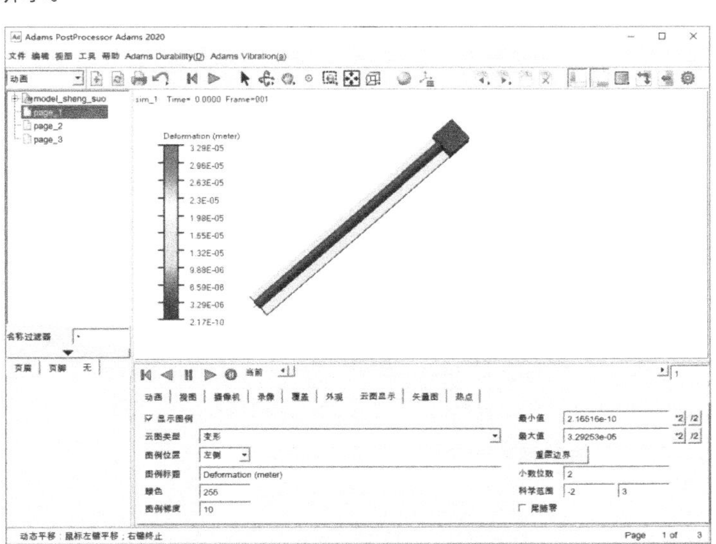

图 12-46　仿真动画界面

Step 05 运行仿真动画。单击动画（Animation）项，显示仿真对话框，单击运行仿真按钮▶，系统开始运行仿真。图 12-47 所示为系统运行到 0.012 秒时的仿真动画。

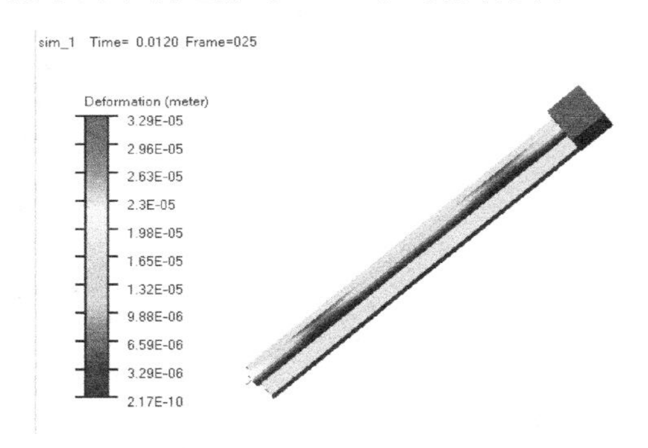

图 12-47　仿真动画

Step 06 查看应力和应变。单击仿真界面下方的云图显示（Contour Plots）按钮，系统弹出应力和应变设置对话框，如图 12-48 所示。

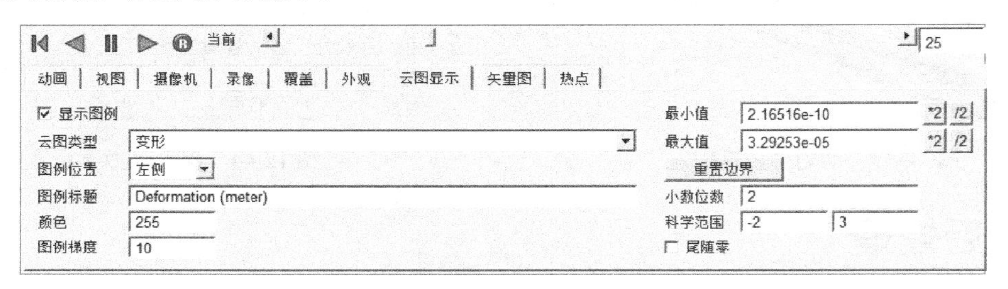

图 12-48　应力和应变设置对话框

Step 07 在云图类型（Contour Plot Type）下拉列表中选择等效应力显示，如图 12-49 所示。在图例位置（Legend Placement）下拉列表中选择左侧（Left），其余采用默认设置。系统在界面上显示等效应力信息，如图 12-50 所示。

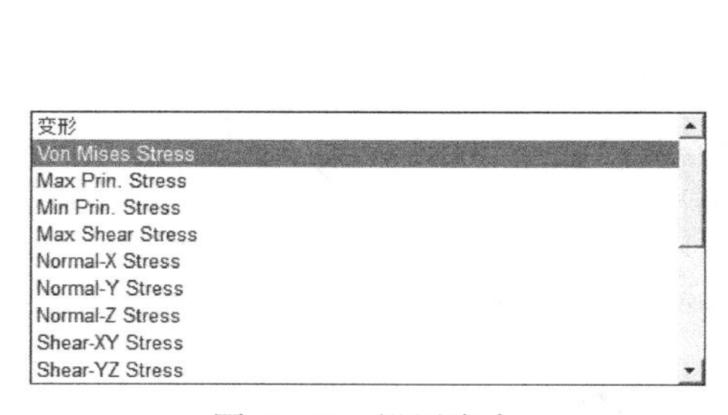

图 12-49　设置应力

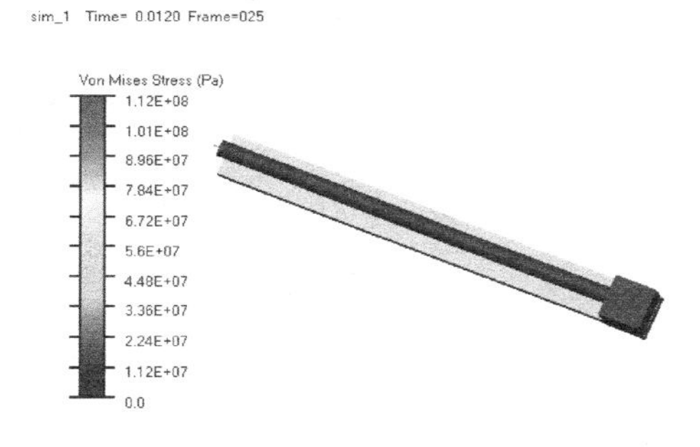

图 12-50　等效应力显示

Step 08 在云图类型（Contour Plot Type）下拉列表中选择等效应变显示，如图 12-51 所示。在图例位置（Legend Placement）下拉列表中选择左侧（Left），其余采用默认设置。系统在界面上显示等效应变信息，如图 12-52 所示。

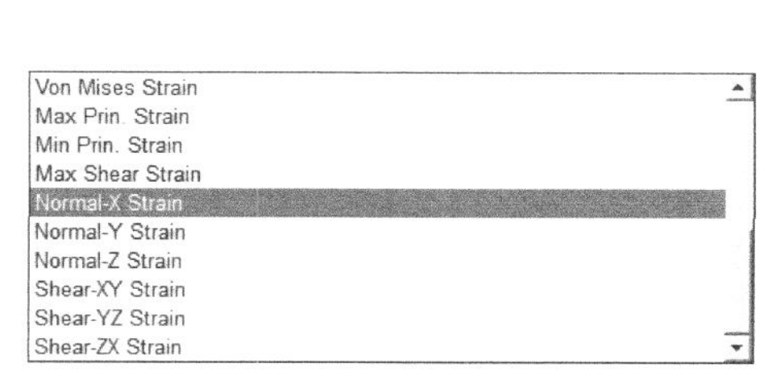

图 12-51 设置应变

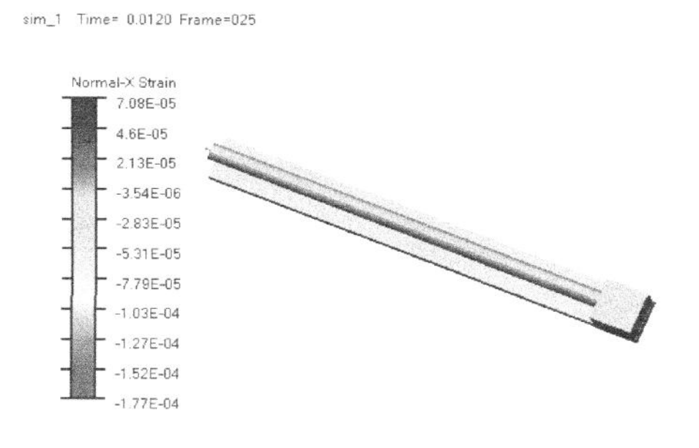

图 12-52 等效应变显示

Step 09 在文件（File）菜单下方的下拉列表中选择绘图（Plot），系统弹出警告窗口，单击确定（OK）按钮关闭警告。在模型（Model）栏中选择.model_sheng_suo，在过滤器（Filter）栏中选择body（物体），其余选项设置如图 12-53 所示。显示柔性体曲轴的能量曲线，如图 12-54 所示。

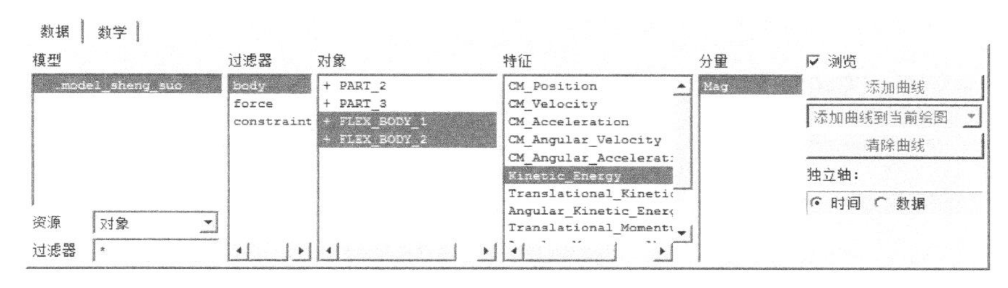

图 12-53 设置

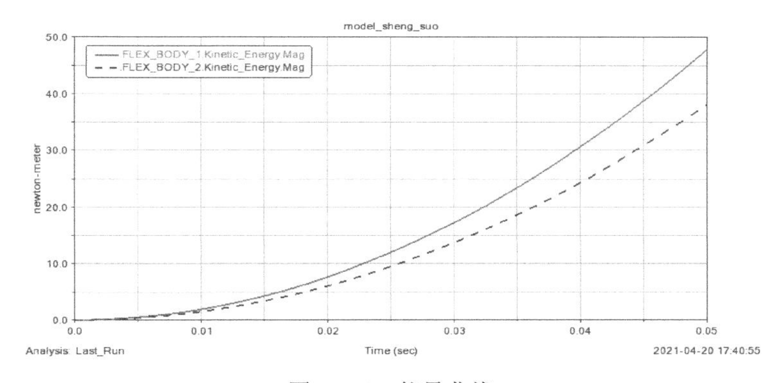

图 12-54 能量曲线

12.4 实例三：悬臂梁耐久性分析

本节以一个悬臂梁机构为模型介绍耐久性模块的使用。通过本例的学习和分析，读者应对耐久性模块有深入的了解和认识，并通过耐久性模块查看模型的应力和应变信息，学会生成报告文件。

12.4.1 创建模型

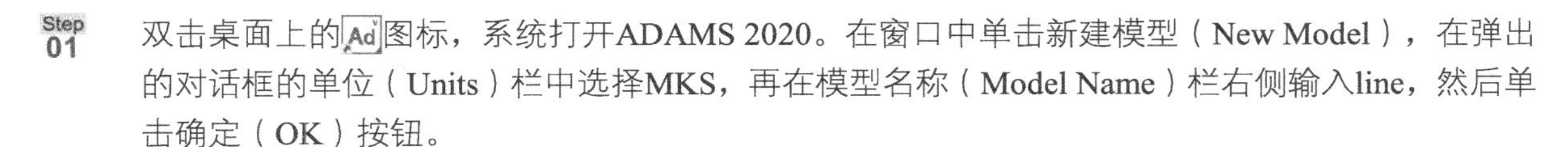

Step 01 双击桌面上的Ad图标，系统打开ADAMS 2020。在窗口中单击新建模型（New Model），在弹出的对话框的单位（Units）栏中选择MKS，再在模型名称（Model Name）栏右侧输入line，然后单击确定（OK）按钮。

Step 02 单击图标，弹出导入柔性体对话框，右击MNF栏，在弹出的窗口中选择line.mnf，单击打开，然后单击确定（OK）按钮导入悬臂梁模型。单击取消网格图标、全局化图标以及三位体坐标图标，显示悬臂梁的整体模型，如图 12-55 所示。

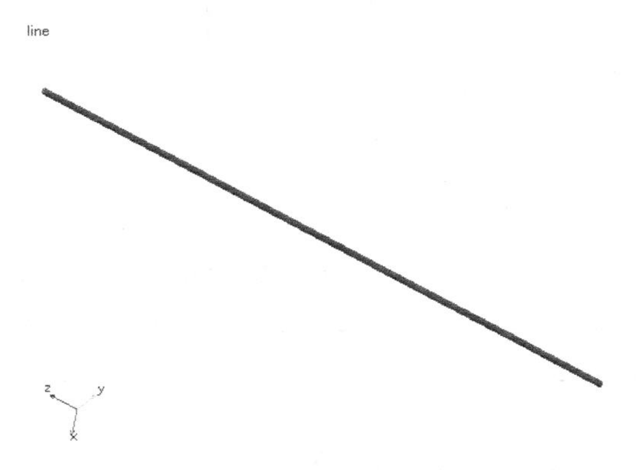

图 12-55　悬臂梁整体模型

12.4.2　查看模型信息

Step 01 单击左侧的浏览（Browse），在下面的框中双击物体（Bodies），在图中显示大地（Ground）和FLEX_BODY_1，双击FLEX_BODY_1，其下显示柔性体的两个关节点，分别为INT_NODE_1281和INT_NODE_1282，如图 12-56 所示。

Step 02 右击FLEX_BODY_1，在弹出的选项中单击修改（Modify），系统弹出编辑柔性体对话框，如图 12-57 所示。

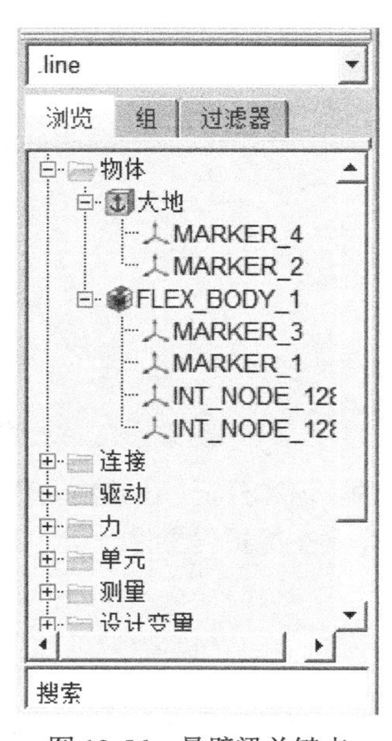

图 12-56　悬臂梁关键点

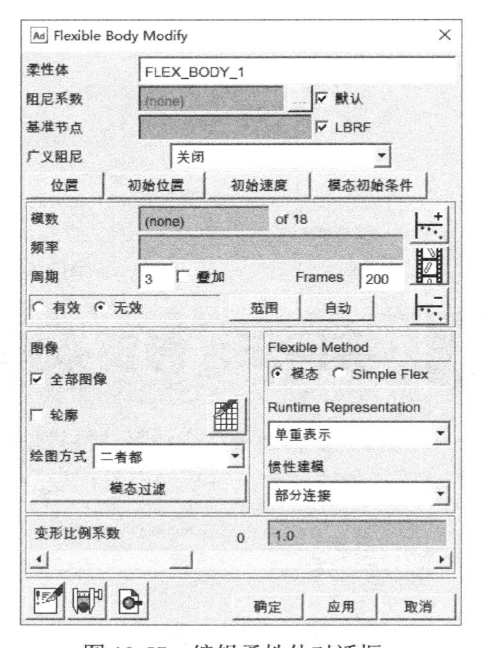

图 12-57　编辑柔性体对话框

Step 03 单击位置（Location）标签，显示柔性体的名称和位置，如图 12-58 所示。

Step 04　单击模态初始条件按钮，系统弹出柔性体的模态阶数和对应的模态，如图 12-59 所示。从图 12-59 中可以看到总共有 18 阶模态，每一阶对应不同的模态值。单击右下角的关闭（Close）按钮，关闭模态信息表。

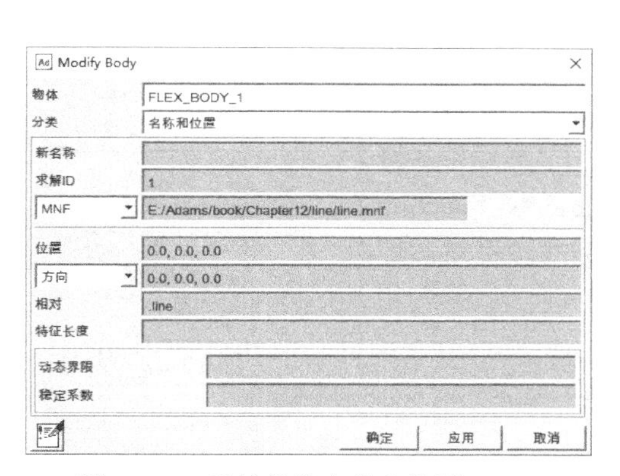

图 12-58　柔性体的名称和位置

图 12-59　模态信息

Step 05　在模数（Mode Number）栏中输入 8，查看模型的第 8 阶模态信息，如图 12-60 所示，然后单击动态回放按钮，以动态的方式显示柔性梁的模态。

Step 06　单击左下角的注释（Comment）按钮，系统显示编辑注释对话框，单击其中的日期（Date）按钮和时间（Time）按钮，系统自动输入模型创建的日期和时间，如图 12-61 所示。单击确定（OK）按钮，关闭窗口。

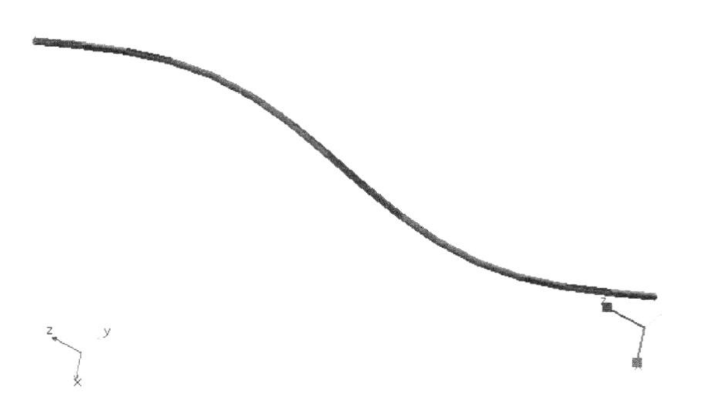

图 12-60　第 8 阶模态信息

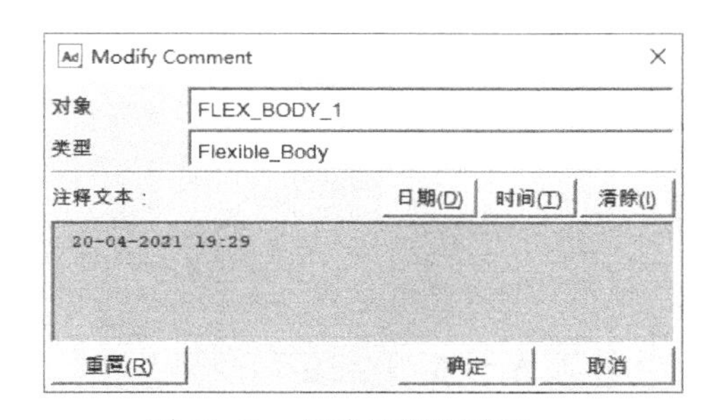

图 12-61　创建日期和时间

12.4.3　施加约束

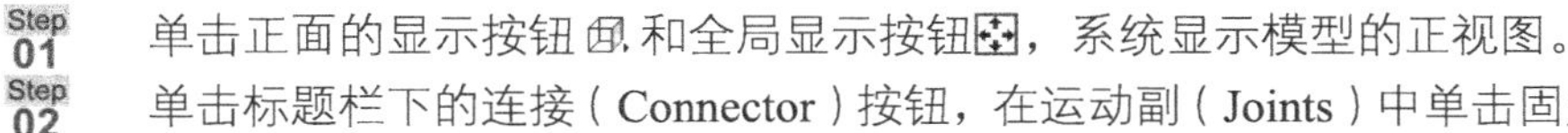

Step 01　单击正面的显示按钮和全局显示按钮，系统显示模型的正视图。

Step 02　单击标题栏下的连接（Connector）按钮，在运动副（Joints）中单击固定副图标，选择固定副。系统弹出固定副对话框，采用默认设置。

Step 03 单击悬臂梁，然后单击地面。移动鼠标指针至悬臂梁的右端，当指向悬臂梁节点 1281 时单击，在节点 1281 处创建固定副。

12.4.4 施加载荷

Step 01 单击标题栏下的力（Forces）按钮，在作用力（Applied Force）栏中单击单向力图标→•，系统弹出创建力对话框，如图 12-62 所示。按照图 12-62 所示对其进行设置。

Step 02 单击悬臂梁，然后选择节点 1281，移动鼠标，当鼠标指针指向X轴正方向时单击，完成单向力的创建。

Step 03 右击力图标，在弹出的选项中选择Force_SFORCE_1，然后单击修改（Modify），弹出编辑力对话框，如图 12-63 所示。单击函数（Function）后的...图标，系统弹出函数生成器对话框。在函数生成器对话框中输入 2+3*sin（5*pi*time），如图 12-64 所示。

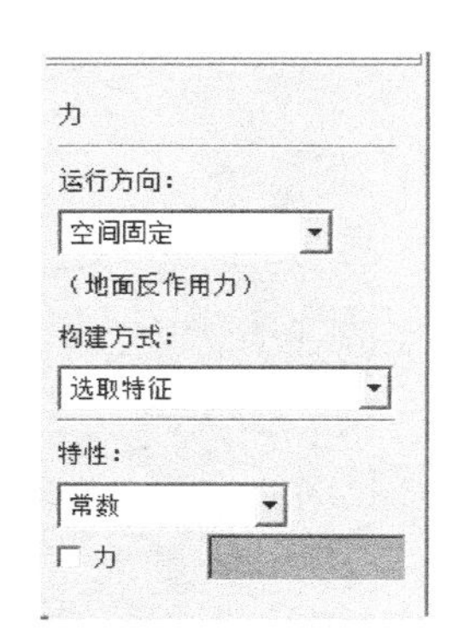

图 12-62　力对话框

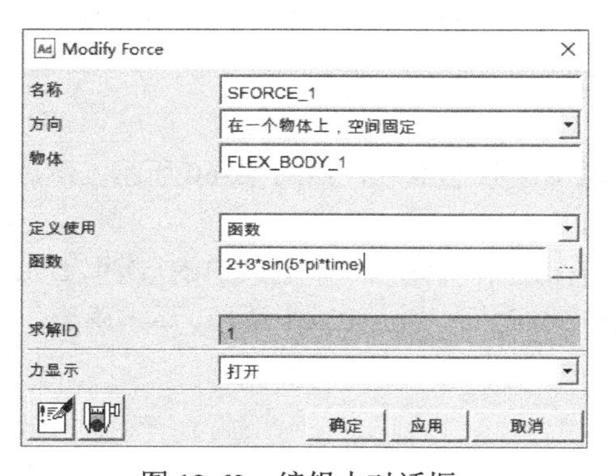

图 12-63　编辑力对话框

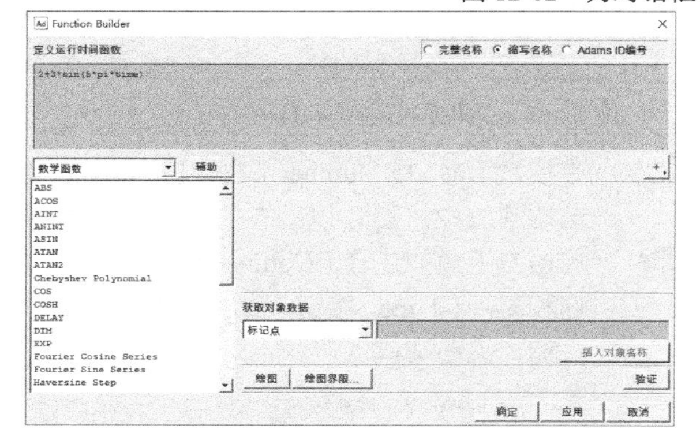

图 12-64　函数生成器对话框

Step 04 单击绘图（Plot）按钮，系统显示创建的单向力函数图形，如图 12-65 所示。单击绘图界限（Plot Limits），在弹出的对话框中显示曲线的开始值和最终值以及曲线所包含的计算点的数量，如图 12-66 所示。

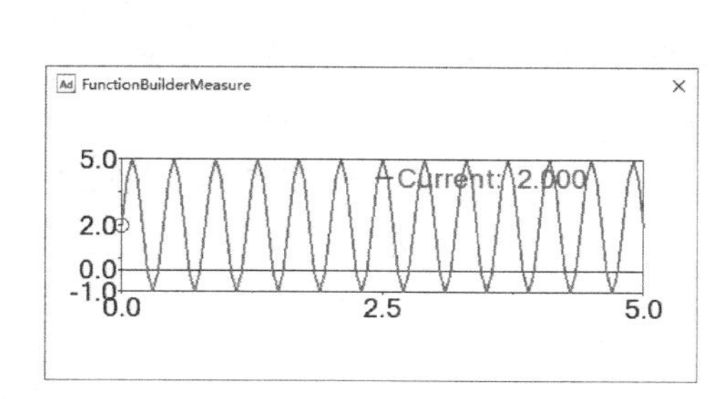

图 12-65　单向力函数图形

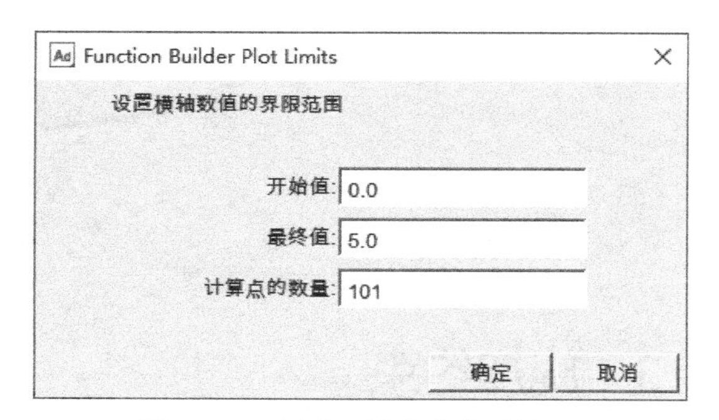

图 12-66　创建函数的曲线属性

Step 05 单击取消（Cancel）按钮退出，然后单击确定（OK）按钮完成函数的创建。

12.4.5 加载耐久性模块

移动鼠标指针到ADAMS 2020 界面的菜单栏下，单击插件（Plugins），系统弹出如图 12-67 所示的窗口，在窗口中单击⚙按钮加载耐久性模块。

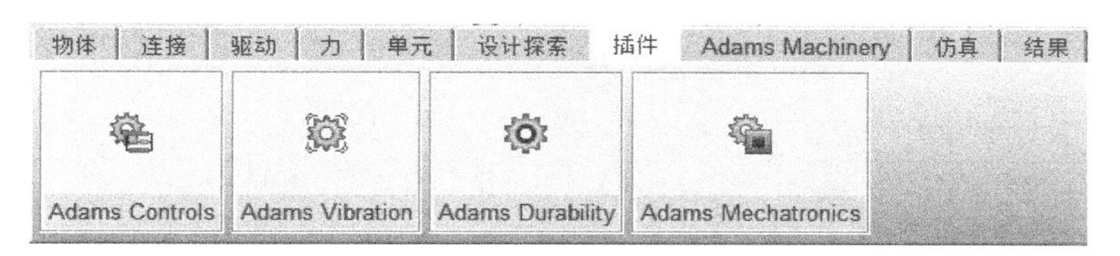

图 12-67 模块

12.4.6 仿真

Step 01 移动鼠标到ADAMS 2020 界面的菜单栏下，单击仿真（Simulation），系统弹出如图 12-68 所示的窗口，在窗口中单击⚙按钮，弹出仿真控制对话框。

Step 02 在终止时间（End Time）栏中输入 1.0，再在步数（Steps）栏中输入 100，单击开始仿真按钮▶，系统开始进行动力学仿真，如图 12-69 所示。

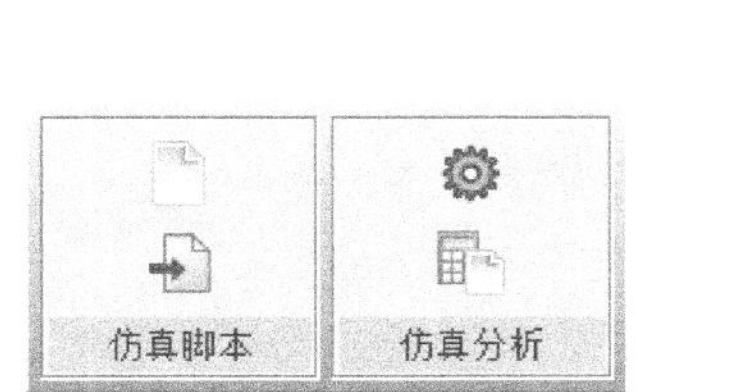

图 12-68 仿真模块

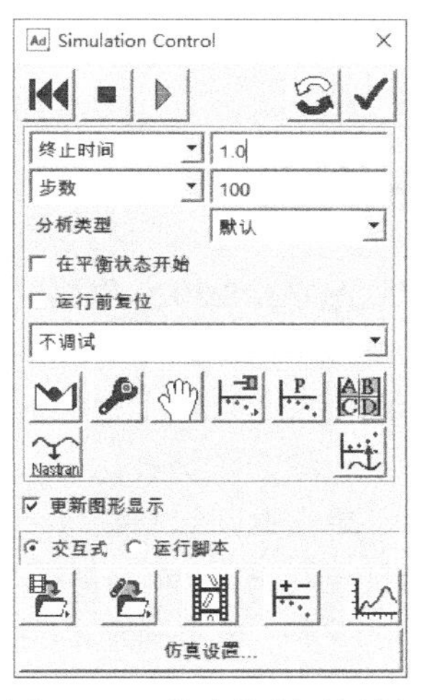

图 12-69 仿真控制对话框

Step 03 仿真结束，单击返回到初始状态按钮⏮，系统返回初始状态。移动鼠标至左下方，单击按钮，在弹出的对话框中输入sim_1，如图 12-70 所示，单击确定（OK）按钮完成保存。

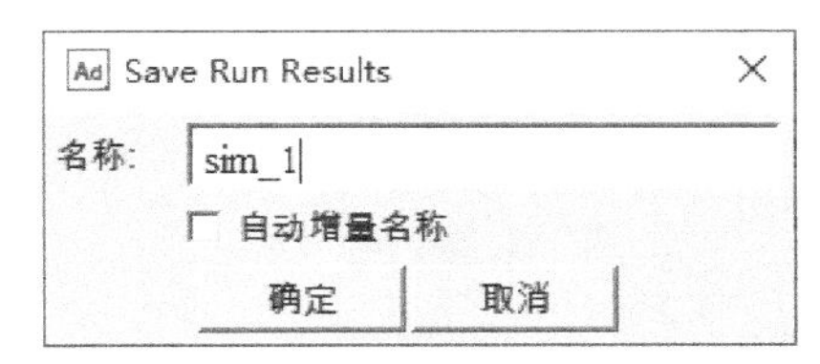

图 12-70 保存动力学仿真

12.4.7　重新单向力定义函数

右击单向力图标，在弹出的选项中选择Force_SFORCE，然后单击修改（Modify），弹出编辑力对话框。单击函数（Function）后的□图标，系统弹出函数生成器对话框。在函数生成器对话框中输入“2+3*sin（10*pi*time）”，如图 12-71 所示。

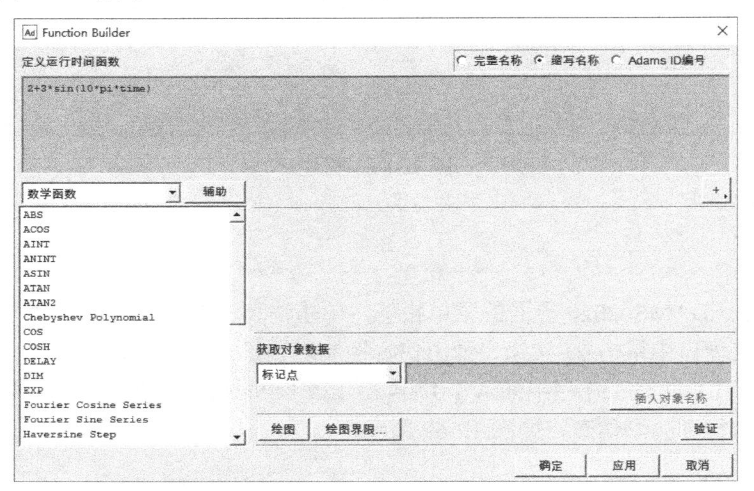

图 12-71　编辑单向力函数

12.4.8　重新仿真

Step 01　移动鼠标到ADAMS 2020 界面的菜单栏下，单击仿真（Simulation），在弹出的窗口中单击⚙按钮，弹出仿真对话框。

Step 02　在终止时间（End Time）栏中输入 2.0，在步数（Steps）栏中输入 100，单击开始仿真按钮▶，系统开始进行动力学仿真。

Step 03　仿真结束，单击返回到初始状态按钮⏮，系统返回初始状态。移动鼠标指针至左下方，单击按钮，在弹出的对话框中输入sim_2，如图 12-72 所示，单击确定（OK）按钮，完成保存。

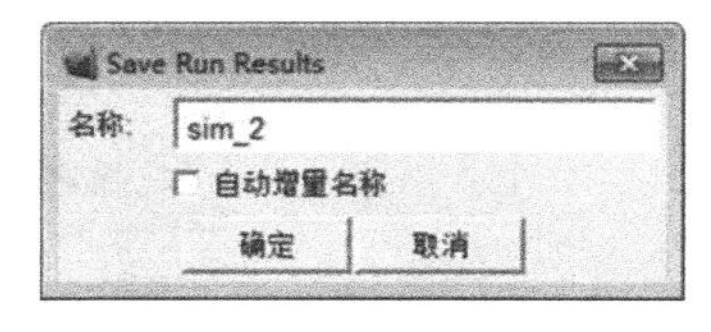

图 12-72　保存动力学仿真

Step 04　运行完以上仿真后，在终止时间（End Time）栏中输入 3.0，再在步数（Steps）栏中输入 100，单击开始仿真按钮▶，系统开始进行动力学仿真。

Step 05　仿真结束，单击返回到初始状态按钮⏮，系统返回初始状态。移动鼠标指针至左下方，单击按钮，在弹出的对话框中输入sim_3，单击确定（OK）按钮，完成保存。

12.4.9　后处理

1. 查看悬臂梁末端运行轨迹曲线

Step 01　在后处理界面的下方单击数据（Data）标签，在资源（Source）栏中选择对象（Objects），在仿真（Simulation）栏中单击.line，单击独立轴（Independent Axis）栏下的数据（Data），系统弹出创建运行轨迹栏，如图 12-73 所示。按照图 12-73 所示进行设置，然后单击确定（OK）按钮关闭，返回后处理界面。

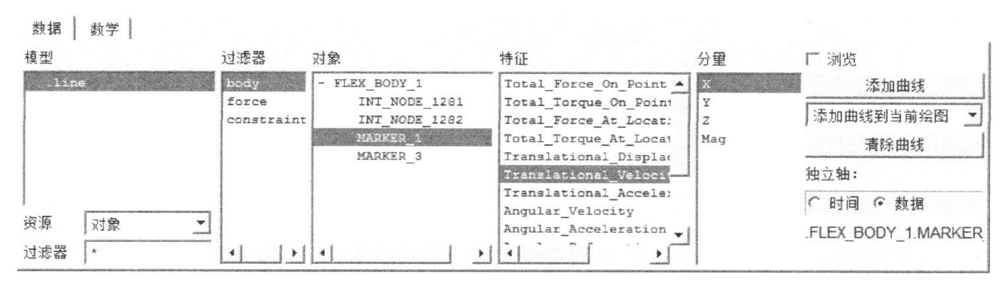

图 12-73　创建运行轨迹栏

Step 02 在后处理界面中按照图 12-74 所示进行设置，然后单击添加曲线（Add Curves）按钮，系统显示 MARKER_1 点的运动速度，如图 12-75 所示。

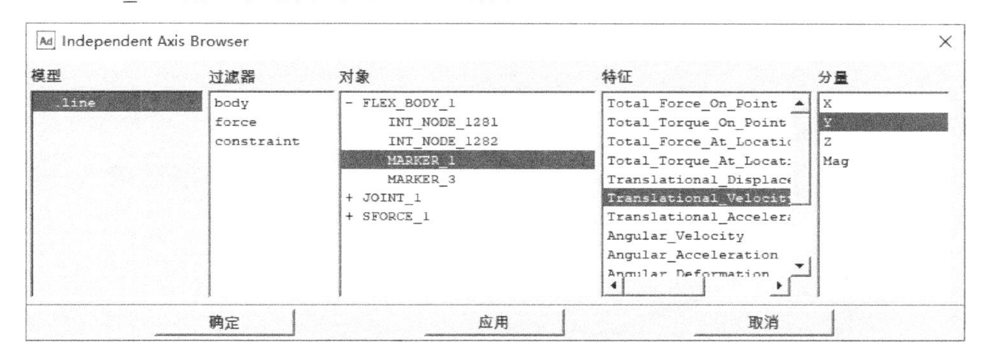

图 12-74　设置

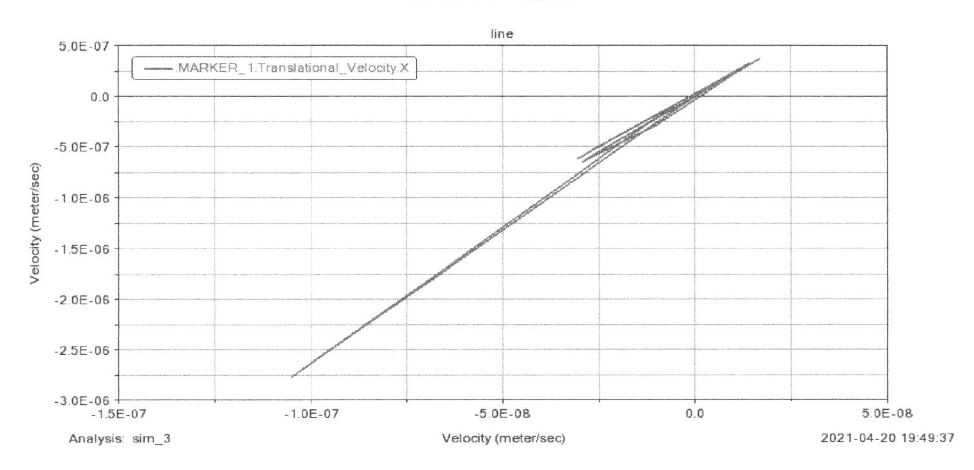

图 12-75　MARKER_1 速度曲线

2. 动画显示悬臂梁应力和应变

Step 01 单击图标，新建一个页面。

Step 02 在文件（File）菜单下方的下拉列表中选择动画（Animation）。

Step 03 右击空白区域，从弹出的窗口中单击加载动画（Load Animation）加载仿真动画，如图 12-76 所示。

Step 04 从弹出的窗口中选择sim_1 加载仿真动画，显示的动画界面如图 12-77 所示。

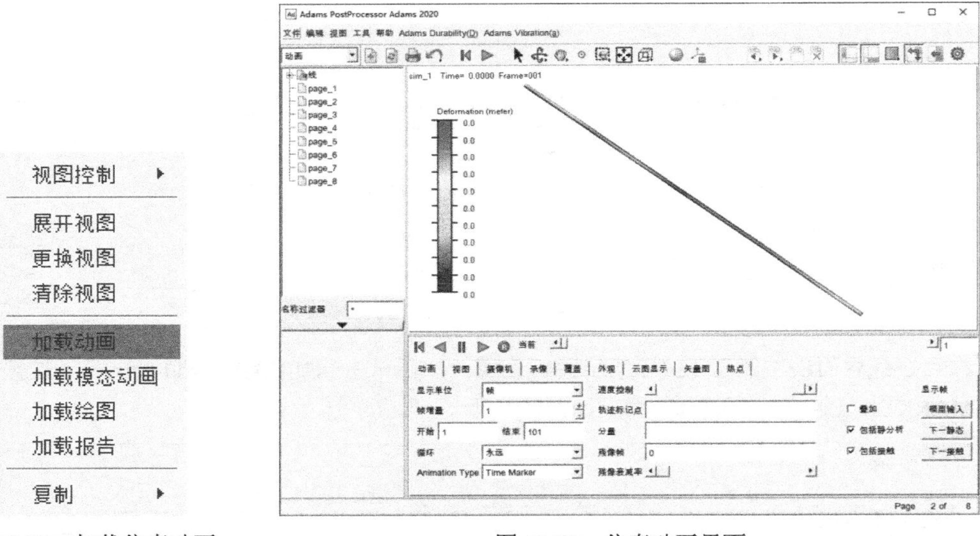

图 12-76 加载仿真动画

图 12-77 仿真动画界面

Step 05 运行仿真动画。单击动画（Animation）项，显示仿真对话框，单击运行仿真按钮 ▶，系统开始运行仿真。图 12-78 所示为系统运行到 0.29 秒时的仿真动画。

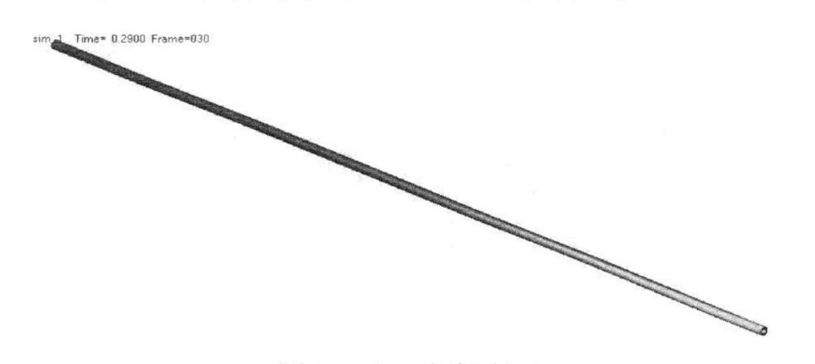

图 12-78 仿真动画

Step 06 查看应力和应变。单击仿真界面下方的云图显示（Contour Plots）标签，展开云图类型右侧的下拉菜单，选择应力或应变，如图 12-79 所示。

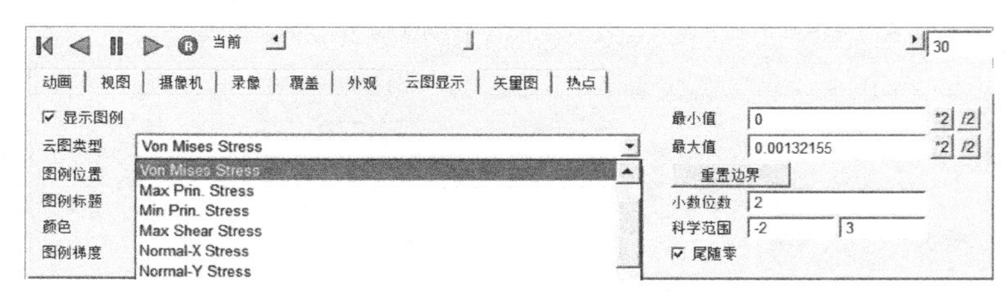

图 12-79 应力和应变设置选项卡

Step 07 在云图类型（Contour Plot Type）下拉列表中单击，选择等效应力显示，如图 12-80 所示。在图例位置（Legend Placement）下拉列表中选择左侧（Left），其余采用默认设置。系统在界面上显示等效应力信息，如图 12-81 所示。

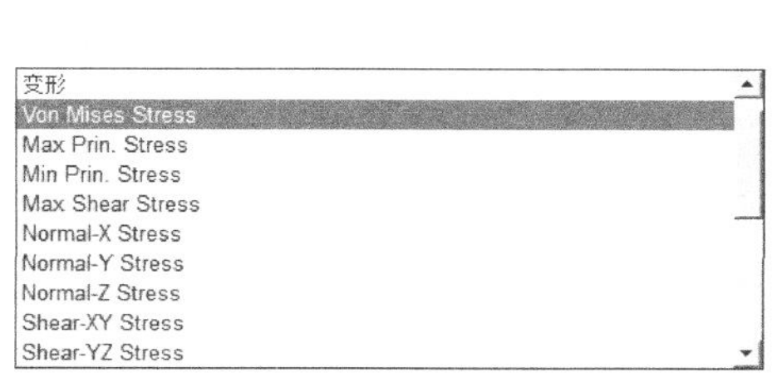

图 12-80　设置应力

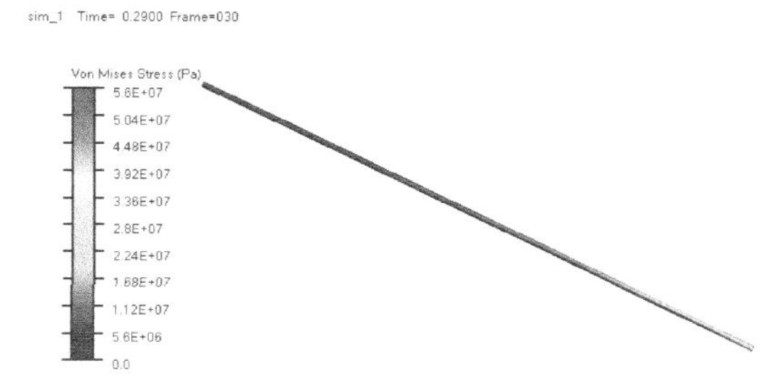

图 12-81　等效应力显示

Step 08　在云图类型（Contour Plot Type）下拉列表中单击，选择最大应变显示，如图 12-82 所示。在图例位置（Legend Placement）下拉列表中选择左侧（Left），其余采用默认设置。系统在界面上显示最大应变信息，如图 12-83 所示。

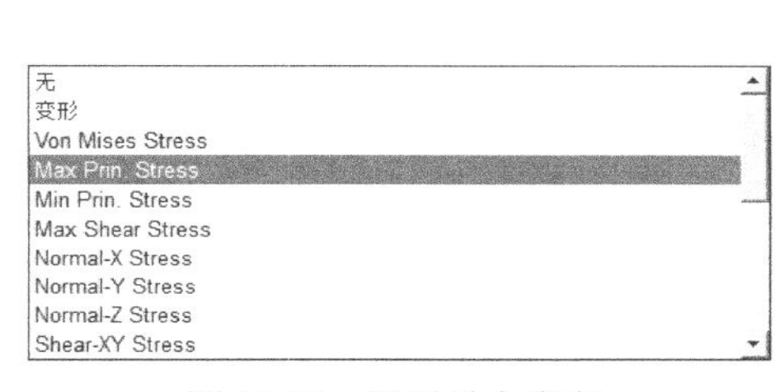

图 12-82　设置最大应变

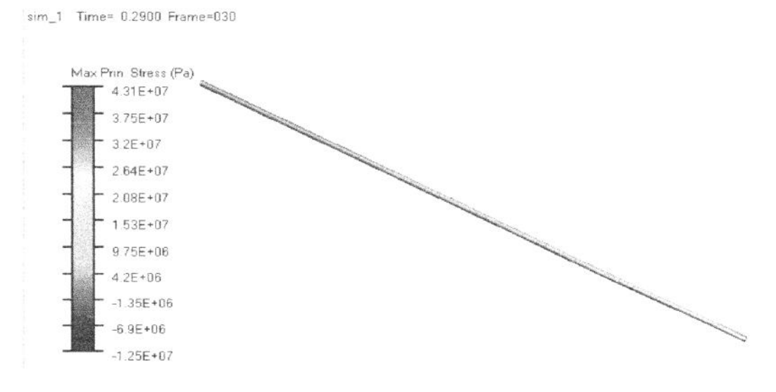

图 12-83　最大应变显示

Step 09　在云图类型（Contour Plot Type）下拉列表中单击，选择等效应变显示，如图 12-84 所示。在图例位置（Legend Placement）下拉列表中选择左侧（Left），其余采用默认设置。系统在界面上显示等效应变信息，如图 12-85 所示。

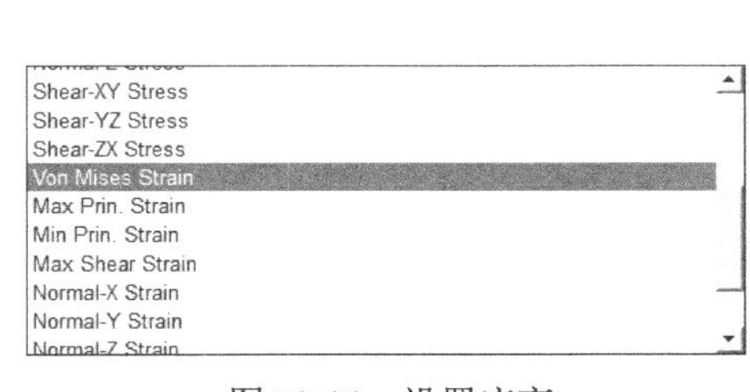

图 12-84　设置应变

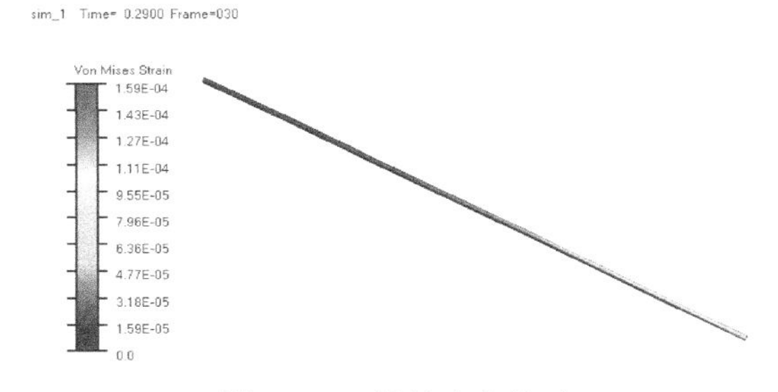

图 12-85　等效应变显示

Step 10　在云图类型（Contour Plot Type）下拉列表中单击，选择最大应变显示，如图 12-86 所示。在图例位置（Legend Placement）下拉列表中选择左侧（Left），其余采用默认设置。系统在界面上显示最大应变信息，如图 12-87 所示。

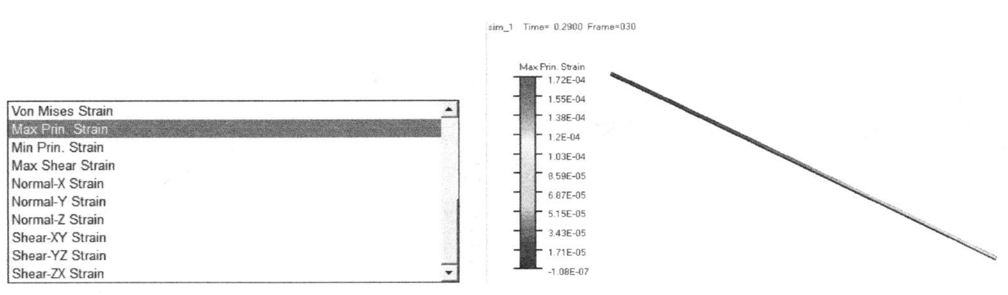

图 12-86　设置最大应变　　　　图 12-87　最大应变显示

3. 比较不同载荷下柔性梁的位移曲线

在文件（File）菜单下方的下拉列表中选择绘图（Plot），系统弹出警告窗口，单击确定（OK）按钮关闭警告。在模型（Model）栏中选择.line，在过滤器（Filter）栏中选择body（物体），其余选项设置如图 12-88 所示。显示柔性梁的位移曲线，如图 12-89 所示。

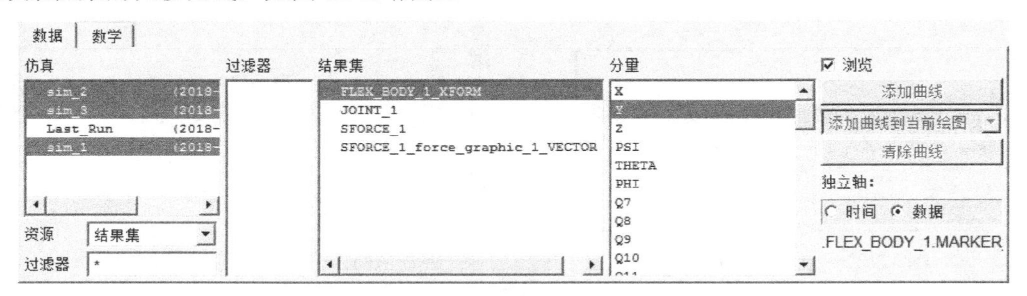

图 12-88　参数设置

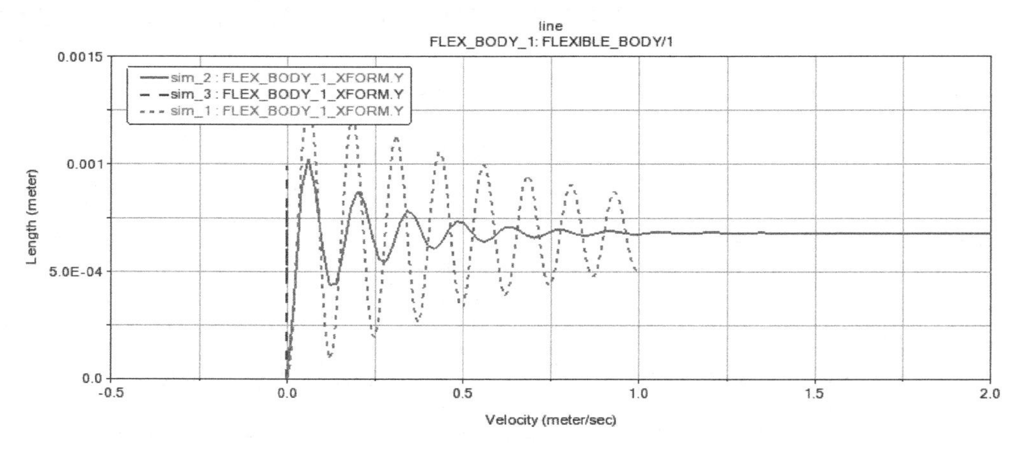

图 12-89　位移曲线

4. 比较不同载荷下柔性梁的速度曲线

在文件（File）菜单下方的下拉列表中选择绘图（Plot），系统弹出警告窗口，单击确定（OK）按钮关闭警告。在模型（Model）栏中选择.line，在过滤器（Filter）栏中选择body（物体），其余选项设置如图 12-90 所示。显示柔性梁的速度曲线，如图 12-91 所示。

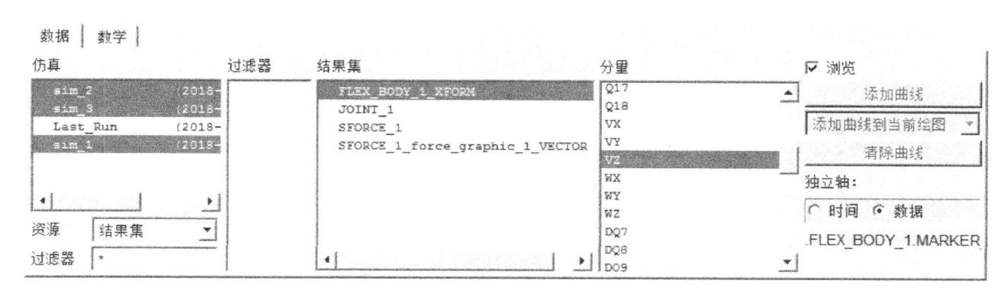

图 12-90　参数设置

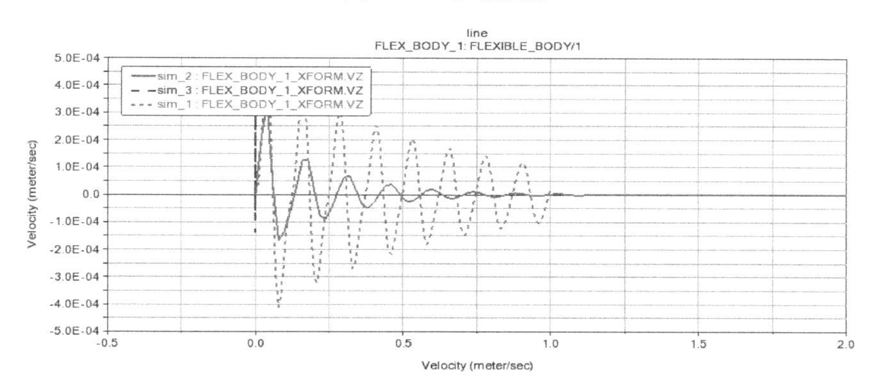

图 12-91　速度曲线

5. 比较不同载荷下柔性梁的加速度曲线

在文件（File）菜单下方的下拉列表中选择绘图（Plot），系统弹出警告窗口，单击确定（OK）按钮关闭警告。在模型（Model）栏中选择.line，在过滤器（Filter）栏中选择body（物体），其余选项设置如图 12-92 所示。显示柔性梁的加速度曲线，如图 12-93 所示。

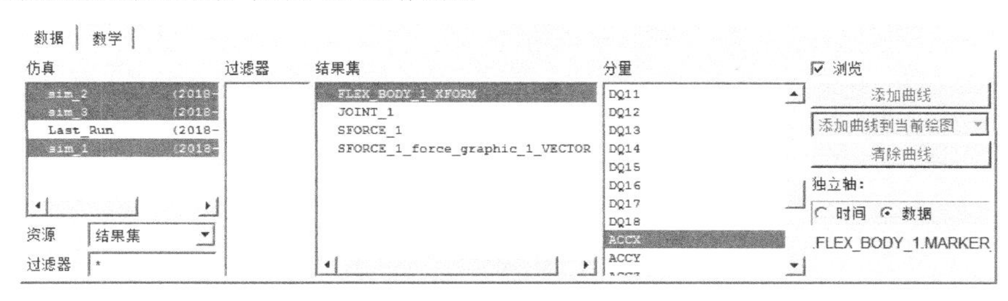

图 12-92　参数设置

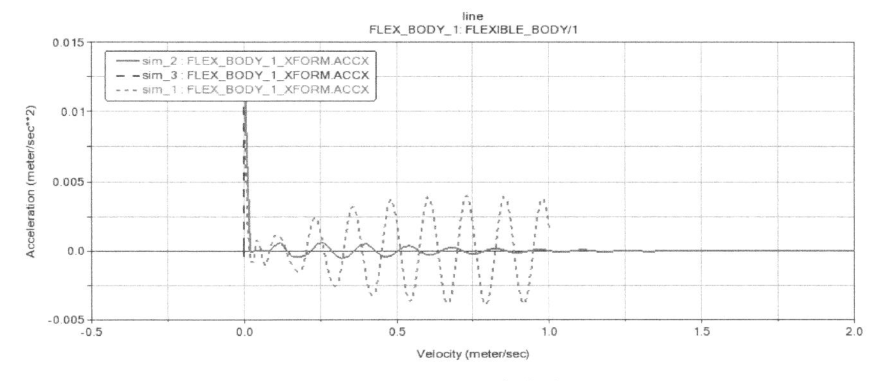

图 12-93　加速度曲线

6. 振动曲线

Step 01 单击图标，新建一个窗口，在新窗口下方的仿真（Simulation）中单击sim_2，在资源（Source）中选择结果集（Result Sets），在结果集（Result Sets）栏中单击FLEX_BODY_1_XFORM，在分量（Component）中单击ACCY选择Y方向的加速度，选中浏览（Surf），系统显示梁的Y方向加速度曲线，如图 12-94 所示。

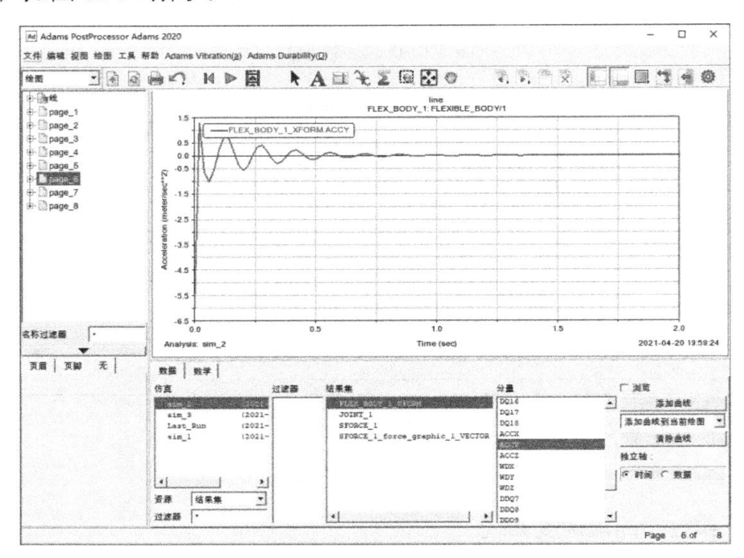

图 12-94 梁的 Y 方向加速度曲线

Step 02 单击梁的Y方向加速度曲线，然后单击绘图（Plot）菜单，从中选择FFT，系统弹出FFT窗口，按照图 12-95 所示进行设置。单击应用（Apply）按钮完成对加速度曲线的快速傅里叶变换，如图 12-96 所示。从图 12-96 中可以看出，柔性梁的共振频率在 5Hz附近，这与施加的载荷频率刚好一致。

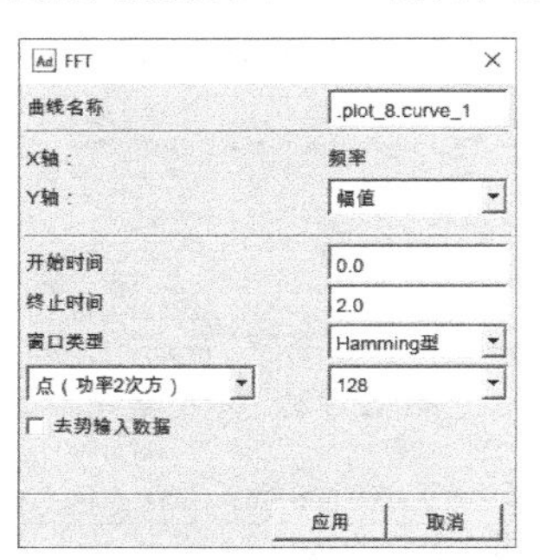

图 12-95 FFT 设置

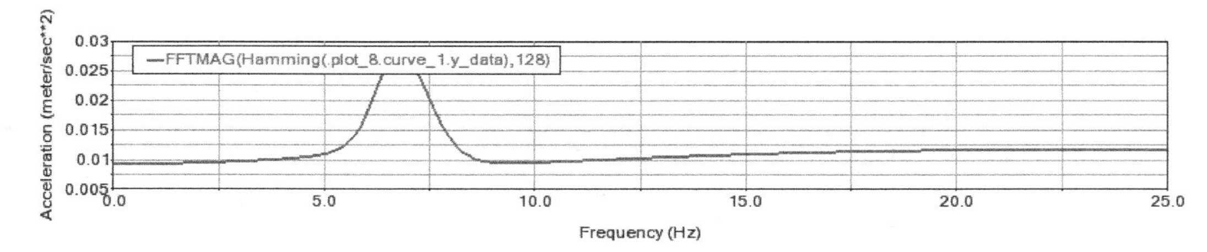

图 12-96 振动曲线

Step 03　单击梁的Y方向加速度曲线，然后单击绘图（Plot）菜单，从中选择FFT 3D，系统弹出FFT 3D窗口，按照图 12-97 所示进行设置。单击应用（Apply）按钮完成对加速度曲线的快速傅里叶变换，如图 12-98 所示。

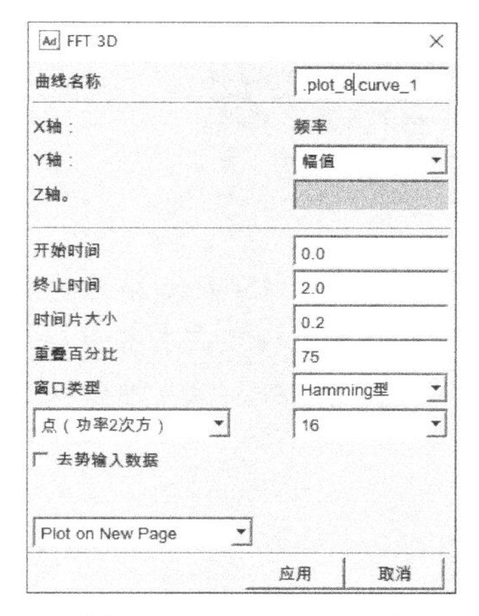

图 12-97　FFT 3D 设置

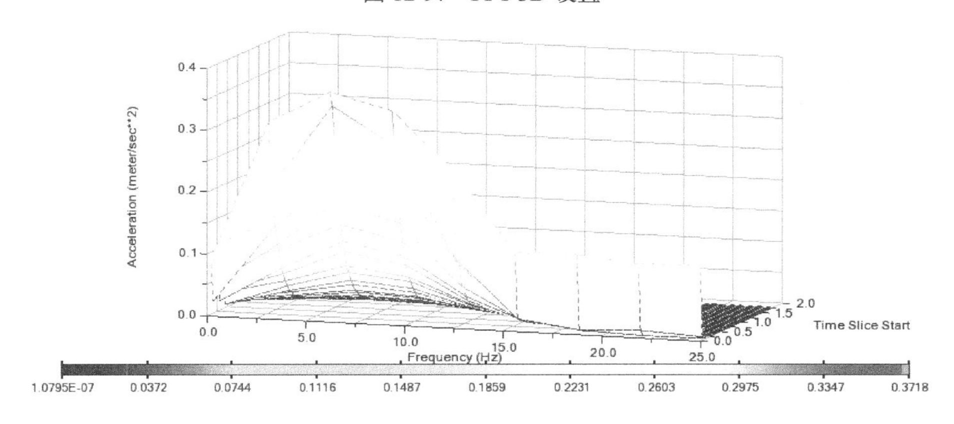

图 12-98　三维振动曲线

12.5 本章小结

本章以 3 个模型例子为基础，详细介绍了耐久性模块的使用。

通过本章的学习和分析，读者应对耐久性模块有深入的了解和认识，同时应学会通过耐久性模块查看模型的应力和应变信息并生成报告文件。

第 13 章 ADAMS 二次开发

ADAMS具有很强的二次开发功能，包括ADAMS/View界面的用户化设计、利用cmd语言实现自动建模和仿真控制、通过编制用户子程序满足用户的某些特定需求甚至拓展ADAMS的功能。本章主要介绍如何定制用户化界面、宏命令的用法和条件循环命令的用法，以及综合以上功能的应用实例。

知识要点

- 掌握定制用户化界面的基本过程。
- 掌握宏命令的用法和条件循环命令的用法。
- 通过实例讲解以上功能的用法。

13.1 定制用户界面

ADAMS/View的界面对象都是以层次结构存储在模型数据库中的，类似于零件模型的层次结构。所有定制的界面对象都存储在名为GUI的数据库中，该数据库很方便地管理所有的标准界面对象，如图 13-1 所示。

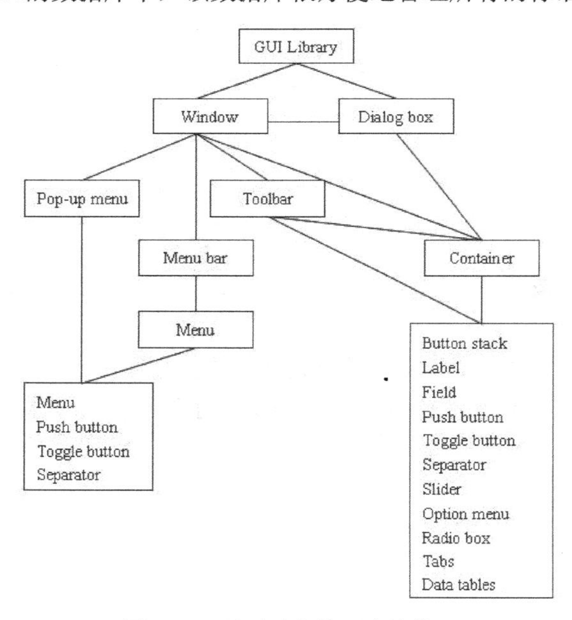

图 13-1　界面对象的层次结构

最上层的界面对象是窗口和对话框。如果主要建模窗口命名为main，那么数据库全名应为.gui.main。尽管窗口和对话框看起来很相似，但它们却是不相同的。窗口通常是在用户工作的时候在屏幕上停留一段时间，而对话框通常是在用户输入数据或进行访问控制时才会出现。窗口有工具栏和菜单栏，窗口和对话框还包含其他的界面对象，如按钮、标签等。

大多数用户化操作涉及创建对话框或者修改标准对话框。若不用创建一个完整的用户化界面，则通常只用修改菜单条和工具栏。

ADAMS所包含界面对象的属性如表 13-1 所示。

表 13-1　ADAMS所包含界面对象的属性

界面对象	对象属性
Window（窗口）	可包含用户自定义的菜单条和工具栏 可有一个以上的菜单条，但一次只能显示一个 包含所有低层次的界面对象
Toolbar（工具栏）	出现在窗口上端或下端的子区域 能包含其他的对象
Menu Bar（菜单条）	出现在窗口上端 可有子菜单 仅用于控制菜单
Menu（菜单）	包含 3 种类型：下拉式、弹出式或子菜单 可包含按钮、开关按钮、分割条和子菜单
Dialog box（对话框）	除菜单条和工具栏之外，还可包含其他对象
Container（界面对象区）	包含在对话框、窗口和工具栏内的子区域 可包含其他对象
Button stack（按钮串）	可包含多个按钮，而只显示一个按钮 仅一个按钮被激活 可通过右键操作显示所有按钮
Label（标签）	用在对话框中显示文本和图像
Field（数据区）	用于用户输入信息
Button（按钮）	激活操作 在按钮上显示文本和图像，对相应操作进行提示
Toggle button（开关按钮）	显示激活状态的按钮
Seperator（分割线）	画出水平分割线
Slider（滑动条）	通过滑动条设置当前范围内的整数值，而不用输入数值
Option menu（可选菜单项）	在多个菜单项中做选择 包含一个弹出菜单的图框 只显示一行选定菜单项
Radio box（状态设置框）	设置状态和模式
Tab container（标签界面对象）	给界面和对话框设置标签
Data table（数据表）	用来显示数据的表格，可增加栏或列

在大多数情况下，用户定制界面是指制作用户自己的菜单和对话框，通常可使用菜单编辑器和对话框编辑器来定制界面，通过它们可以很快访问并改变大多数界面对象和功能。下面就这两方面的内容做简单介绍。

13.1.1　定制菜单

1. 菜单编辑器

依次选择主菜单（Main menu）→工具（Tools）→菜单（Menu）→修改（Modify），弹出菜单编辑器窗口，如图 13-2 所示。

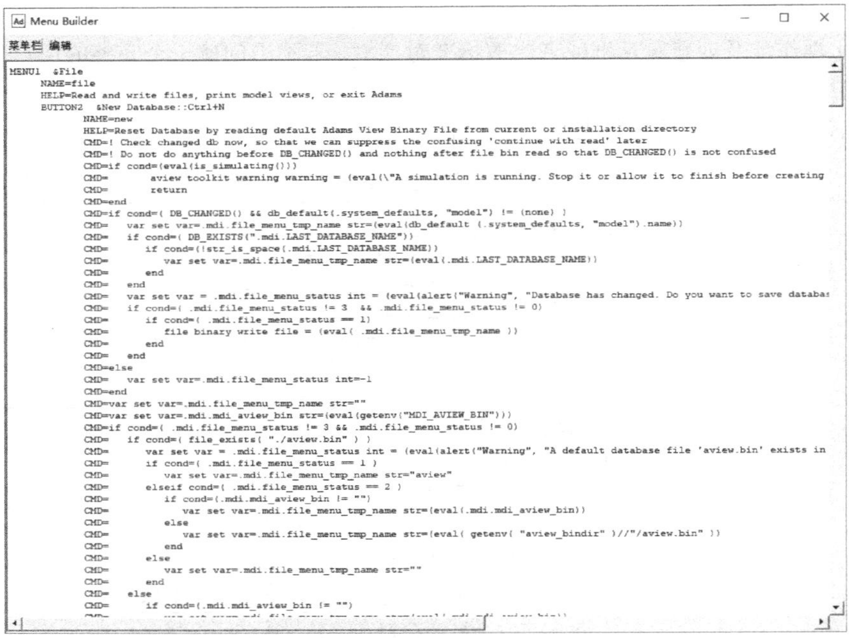

```
Menu Builder
菜单栏 编辑
MENU1  &File
     NAME=file
     HELP=Read and write files, print model views, or exit Adams
     BUTTON2  &New Database::Ctrl+N
            NAME=new
            HELP=Reset Database by reading default Adams View Binary File from current or installation directory
            CMD=! Check changed db now, so that we can suppress the confusing 'continue with read' later
            CMD=! Do not do anything before DB_CHANGED() and nothing after file bin read so that DB_CHANGED() is not confused
            CMD=if cond=(eval(is_simulating()))
            CMD=       aview toolkit warning warning = (eval(\"A simulation is running. Stop it or allow it to finish before creating
            CMD=       return
            CMD=end
            CMD=if cond=( DB_CHANGED() && db_default(.system_defaults, "model") != (none) )
            CMD=   var set var=.mdi.file_menu_tmp_name str=(eval(db_default (.system_defaults, "model").name))
            CMD=   if cond=( DB_EXISTS(".mdi.LAST_DATABASE_NAME"))
            CMD=      if cond=(!str_is_space(.mdi.LAST_DATABASE_NAME))
            CMD=         var set var=.mdi.file_menu_tmp_name str=(eval(.mdi.LAST_DATABASE_NAME))
            CMD=      end
            CMD=   end
            CMD=   var set var = .mdi.file_menu_status int = (eval(alert("Warning", "Database has changed. Do you want to save databas
            CMD=   if cond=( .mdi.file_menu_status != 3  && .mdi.file_menu_status != 0)
            CMD=      if cond=( .mdi.file_menu_status == 1)
            CMD=         file binary write file = (eval( .mdi.file_menu_tmp_name ))
            CMD=      end
            CMD=   end
            CMD=else
            CMD=   var set var=.mdi.file_menu_status int=-1
            CMD=end
            CMD=var set var=.mdi.file_menu_tmp_name str=""
            CMD=var set var=.mdi.mdi_aview_bin str=(eval(getenv("MDI_AVIEW_BIN")))
            CMD=if cond=( .mdi.file_menu_status != 3 && .mdi.file_menu_status != 0)
            CMD=   if cond=( file_exists( "./aview.bin" ) )
            CMD=      var set var = .mdi.file_menu_status int = (eval(alert("Warning", "A default database file 'aview.bin' exists in
            CMD=      if cond=( .mdi.file_menu_status == 1 )
            CMD=         var set var=.mdi.file_menu_tmp_name str="aview"
            CMD=      elseif cond=( .mdi.file_menu_status == 2 )
            CMD=         if cond=(.mdi.mdi_aview_bin != "")
            CMD=            var set var=.mdi.file_menu_tmp_name str=(eval(.mdi.mdi_aview_bin))
            CMD=         else
            CMD=            var set var=.mdi.file_menu_tmp_name str=(eval( getenv( "aview_bindir" )//"/aview.bin" ))
            CMD=         end
            CMD=      else
            CMD=         var set var=.mdi.file_menu_tmp_name str=""
            CMD=      end
            CMD=   else
            CMD=      if cond=(.mdi.mdi_aview_bin != "")
```

图 13-2　菜单编辑器窗口

在菜单编辑器窗口中显示的是ADAMS菜单文件。菜单文件是按照一定的语法书写的解释性程序文件。在默认情况下，菜单编辑器窗口中显示的是描述ADAMS标准菜单的菜单文件，按照一定的语法规则修改该菜单文件就可得到用户化的菜单。

下面的程序段是对标准ADAMS/View菜单文件的节选，粗略显示了标准ADAMS/View菜单文件的各个菜单项和文件（File）菜单项所包含的按钮和分割条界面对象，以便读者能把握菜单文件的全貌。图 13-3 所示为相应的图形界面。

```
MENU1  &File                                   ! File 菜单项
    NAME=file
    HELP=Read and write files, print model views, or exit ADAMS
BUTTON2  &New Database::Ctrl+N                 ! New Database 按钮
         NAME=new
    ......
BUTTON2  &Open Database::Ctrl+O                ! Open Database 按钮
         NAME=open
         HELP=Open a Database File  (ADAMS/View Binary File)
    ......
BUTTON2  Save Database &As...                  ! Save Database 按钮
......
SEPARATOR2                                     ! 分割线
......
BUTTON2  &Import                               ! Import 按钮
......
BUTTON2  &Export                       ! Export 按钮
......
```

```
SEPARATOR2                                    ! 分割线
……
BUTTON2  &Print...::Ctrl+P                ! Print 按钮
……
SEPARATOR2                                    ! 分割线
……
BUTTON2  &Select Directory.                   ! Select Directory.按钮
……
SEPARATOR2                                ! 分割线
……
BUTTON2  &Exit::Ctrl+Q                        ! Exit 按钮
……
MENU1  &Edit                                  ! Edit 菜单项
……
MENU1  &View                                  ! View 菜单项
……
MENU1  &Build                                 ! Build 菜单项
……
MENU1  &Simulate                          ! Simulate 菜单项
……
MENU1  &Review                                ! Review 菜单项
……
MENU1  &Settings                              ! Settings 菜单项
……
MENU1  &Tools                                 ! Tools 菜单项
……
MENU1  &Help                              !  Help 菜单项
```

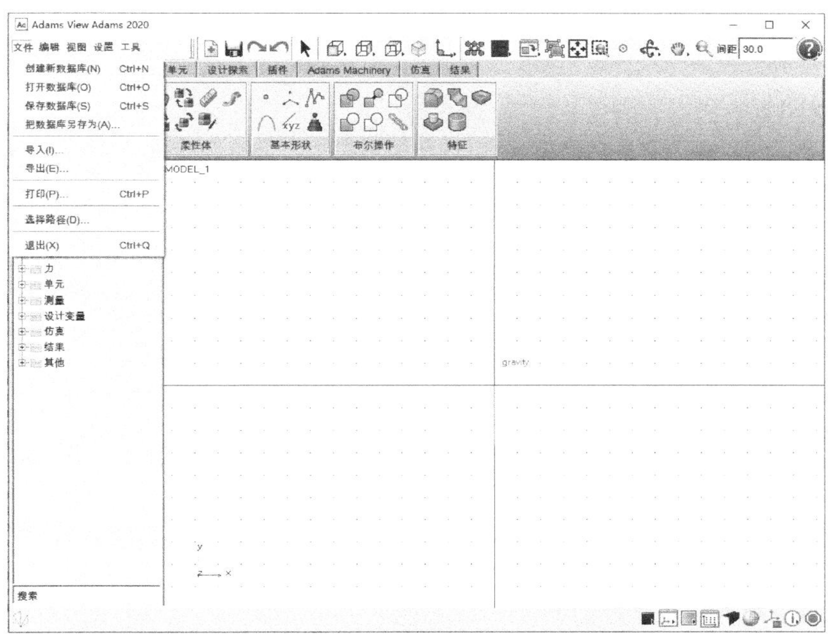

图 13-3　ADAMS/View 菜单

在菜单编辑器窗口中对菜单文件进行用户化修改后，单击编辑器窗口上的菜单栏（Menu bar）菜单项下的导出文本（Export Text）按钮，将用户化的菜单文件导入用户二次开发文件目录中。如果要重新调入菜单，使用菜单编辑器的导入文本（Import Text）按钮调入相应的菜单文件，然后单击应用（Apply）按钮或者直接通过以下菜单路径来实现：

```
Main menu→Tools→Menu→Read...
```

2. 菜单语法

如前所述，菜单文件实际上是用解释性语言编制的程序段，下面介绍该解释性语言的编程语法。

菜单对象有 4 种类型，即菜单、按钮或图标按钮、开关按钮和分割线，分别用关键词MENUn、BUTTONn、TOGGLEn和SEPARATORn定义。表 13-2 列出了菜单对象类型及其参数含义。

表 13-2　菜单对象类型及其参数含义

菜单对象	参数含义
MENUn	Label
BUTTONn	Label or name of icon file
TOGGLEn	Label
SEPERATORn	（none）

表 13-2 中菜单对象的参数含义如下。

- n是从 1 到 10 之间的整数，表示对象在菜单中出现的级别。例如，MENU1 出现在菜单栏，BUTTON2 出现在MENU1 之中。MENU菜单后面的n是必须要的，对于其他的对象则为可选项。如果忽略级别，ADAMS/View将默认该对象属于最后一个MENU。
- label是出现在菜单中的文本。对于图标按钮，指定图标的名字，或者其他图形格式文件。在Windows 中为bitmap（.bmp）格式的文件名字。

创建每种菜单对象的语法结构如下。

（1）创建 MENU

可创建多级菜单，第一级菜单为MENU1，出现在菜单栏上，低一级的菜单（如MENU2 和MENU3）出现在层叠的下拉菜单中。

语法：

```
MENUn  TITLE
       NAME=name
       HELP=Help
```

参数：

- n为整数值，表明该菜单在菜单条中出现的层数。n=1 时菜单出现在菜单栏上，n≥2 时菜单出现在下拉菜单中。
- TITLE为字符串，出现在菜单栏上，在前加一个&字符用作记忆法（如“&File”在菜单上显示为File）。
- NAME为模型数据库中对象的名字。
- HELP是出现在状态栏中的文字。

(2) 创建 BUTTON

每个按钮对应一个菜单命令，在下拉菜单或者子菜单上放置按钮。

语法：

```
BUTTONn  LABLE  ACCELERATOR
      NAME=name
      HELP=help
      CMD=command
```

参数：

- n为整数值，表明按钮出现的层数。n=2 时按钮出现在下拉菜单上，n≥3 时按钮出现在子菜单上。
- LABLE为按钮名，出现在下拉菜单或子菜单上。
- ACCELERATOR为键或键组，用来执行菜单命令。
- NAME为模型数据库中菜单对象的名字。
- HELP是出现在状态条上的文字。
- CMD是单击按钮时所执行的命令，当有多行命令时，每一行前面都要加CMD。

(3) 创建 SEPERATOR（分隔线）

在下拉菜单和子菜单中的各项目之间添加分隔线。

语法：

```
SEPERATORn
```

参数：

- n为整数值，表明分隔符出现的层数。n=2 时分隔符出现在下拉菜单中，n=3 时分隔符出现在子菜单中。

(4) 创建 TOGGLE

用于在两种状态之间设置切换开关，开关按钮在下拉菜单或者子菜单上。

语法：

```
TOGGLEn  TITLE
        NAME=name
        HELP=help
        STATE=state
        CMD=command
```

其参数含义同上面的其他对象。

下面是一个利用菜单编辑器定制用户化菜单的例子。该例在ADAMS/View标准菜单栏里定义了MyMenu菜单项和帮助（Help）菜单项，通过展开MyMenu（我的菜单）菜单项显示了用户菜单各层次之间的关系，如图 13-4 所示。

图 13-4　用户菜单 MyMenu 的层次结构

下面是本例的程序清单：

```
MENU1  &MyMenu
    NAME=mymenu
    HELP=A Menu Test
    BUTTON2  My Button &1
          NAME=My_Button_1
          HELP=Test of My Button 1
          CMD=ADAMS Command of My Button 1
    BUTTON2  My Button &2
          NAME=My_Button_2
          HELP=Test of My Button 2
          CMD=ADAMS Command of My Button 2
    BUTTON2  ……
          NAME=Some_Buttons
          HELP=Test of Some Button
          CMD=ADAMS Commands of Some Buttons
    BUTTON2  My Button &n
          NAME=My_Button_n
          HELP=Test of My Button n
          CMD=ADAMS Command of My Button n
    SEPARATOR2
    MENU2  &Son Menu 1
        BUTTON3  Son Button 1
              NAME=Son_Button_1
              CMD=ADAMS Command of Son Button 1
        BUTTON3  Son Button 2
              NAME=Son_Button_2
```

```
            CMD=ADAMS Command of Son Button 2
        BUTTON3  ……
            NAME=Some_Son_Button
            CMD=ADAMS Command of Some Son Button
        BUTTON3  Son Button n
            NAME=Son_Button_n
            CMD=ADAMS Command of Son Button n
        SEPARATOR3
        MENU3  Son's Son Menu
            BUTTON4  Son's Son Button
            BUTTON4  ……
        MENU3  .……
    MENU2  &Son Menu 2
    MENU2  ……
    MENU2  &Son Menu n
MENU1  &Help
……
```

13.1.2　定制对话框

ADAMS/View中使用的对话框包括各种界面对象，如标签、数据区、按钮等。使用ADAMS对话框编辑器来创建和修改对话框，以更好地满足用户的需要。例如，为标准对话框添加一个按钮来包含要操作的选项，或添加一个对话框以执行经常运行的步骤等。

1. 创建对话框

对话框编辑器包含用来创建对话框的所有工具，创建对话框的步骤如下。

Step 01　在菜单栏中依次选择工具（Tools）→对话框（Dialog Box）→创建（Create）选项，弹出对话框编辑器，如图 13-5 所示。

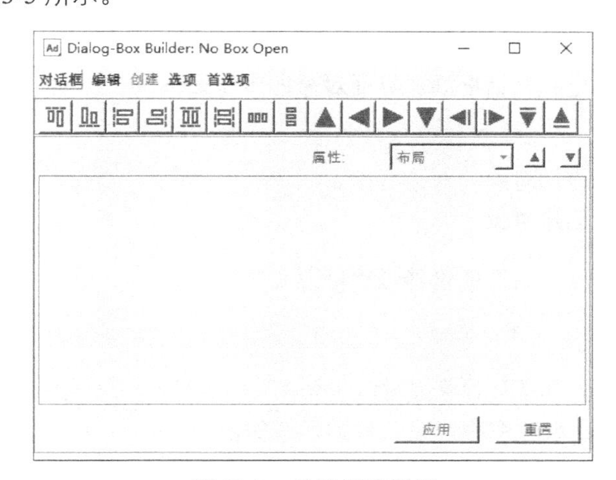

图 13-5　对话框编辑器

Step 02　在对话框（Dialog Box）菜单中单击新建（New）按钮，弹出新建对话框，如图 13-6 所示。

Step 03　在名称（Name）栏中输入对话框的标题，然后选择想在对话框上添加的默认按钮。

Step 04 单击确定（OK）按钮完成设置，新创建的对话框如图 13-7 所示。

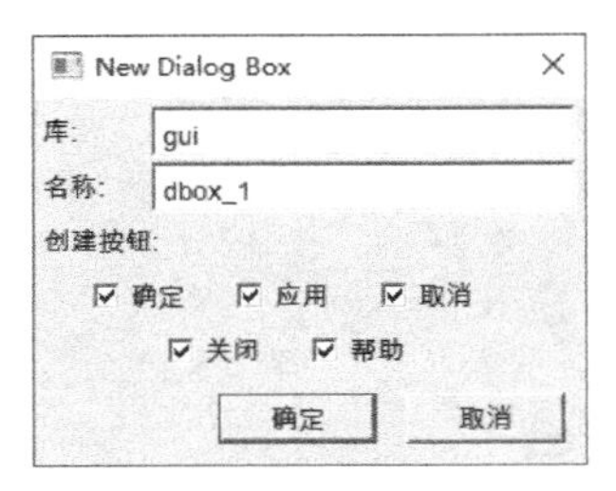

图 13-6　新建对话框

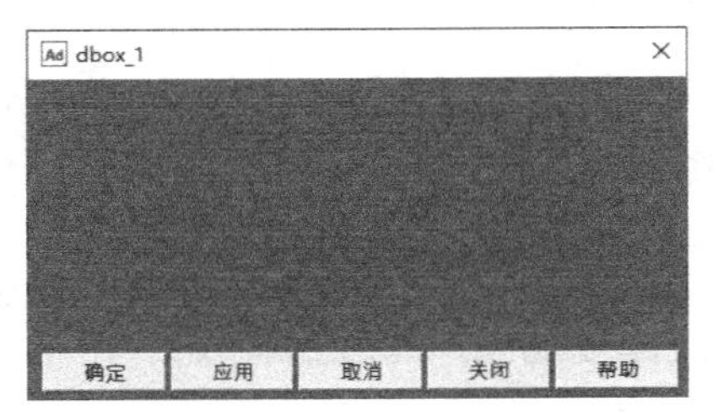

图 13-7　新创建的对话框

2. 修改对话框

Step 01 在菜单栏中依次选择工具（Tools）→对话框（Dialog Box）→修改（Modify），出现数据库向导。

Step 02 选择想要修改的对话框，在工具（Tools）菜单中选择对话框编辑器，之后双击弹出的对话框的背景，就显示对话框编辑器并修改对话框了。

3. 增加界面对象到用户定制对话框

利用对话框编辑器为用户定制对话框添加界面对象。ADAMS/View对话框中的界面对象有以下几种类型。

- Label（标签）：显示对话框中的文字和图像。
- Field（数据区）：提供输入文字和数值的空间。
- Button：激活操作，在按钮上有显示该操作的图像、标题或文字。
- Toggle button（开关按钮）：显示激活状态。
- Seperator（分割线）：画一条水平线。
- Slider（滑动条）：设置对象的数值，而不用输入数据。
- Option menu（可选菜单项）：从多个选项中挑选一个，有弹出式图框，以显示整个菜单。
- Radio box（状态设置框）：设置状态。
- Button stack（按钮串）：包含多个按钮，可通过右键弹出所有按钮。
- Container（界面对象区）：可添加信息。

利用对话框编辑器为用户定制对话框添加界面对象的步骤如下。

Step 01 在创建（Create）菜单中选择想添加的对象。

Step 02 将鼠标指针放在想添加对象的对话框中。

Step 03 单击鼠标并拖动来创建对象。

所有界面对象的属性都通过对话框编辑器进行修改。

4. 在对话框中使用命令

在用户定制对话框中，大多数界面对象都对应一个ADAMS/View可执行命令。这些命令是为了完成用户希望的某项功能，或改变模型，或改变用户输入数据，或做出选择。

用ADAMS/View命令语言（cmd）来为对象创建命令，也可通过命令向导找到所需要的命令。一旦找到命令，就可将其从命令窗口和log文件中复制并粘贴或输入到命令编辑框。

（1）查看对象的命令。通过如下操作查看界面对象所对应的命令：

- 双击想查看命令的对象。
- 从菜单的Attribute（属性）选项中选择Commands（命令）。

（2）将命令替换成文本。在执行命令之前，ADAMS/View 会执行一些文本替代操作。这些替代操作就是用界面对象的属性值来取代替换文本并将其用在命令中。替代文本表示字符为“$”，表明替代文本的位置，有以下 4 种形式的替代文本。

- $object_name：其名字与界面对象的名字相同。当ADAMS/View执行命令时，将当前object_name的值替换为$object_name的值。表 13-3 列出了不同界面对象的值。

表 13-3　不同界面对象的值

对象	数值含义
Field（数据区）	当前数据区内容
Option menu（可选菜单项）	当前选定的数据
Radio box（状态设置框）	当前选定的数据
Toggle button（开关按钮）	当前定义的开关值
Slider（滑动条）	当前的滑动整数值

例如，为将命令中的my_value值赋给参数，可用以下语句：

```
my_command my_parameter=$my_value
```

如果数据区内容为 123，那么在ADAMS/View中执行命令时：

```
my_command my_parameter=123
```

默认情况下，选择菜单或状态设置框的值为显示或选择按钮的文字，也为ADAMS/View的替换指定别的值。在Toggle button（开关按钮）值的属性中，由数据区来设置开关数值。在Option menu（可选菜单项）和Radio box（状态设置框）中用“|”来分割多个选择。

- $_value：替换包含该对象命令的值。例如，若名字为“my_toggle”的按钮上的命令，则$_value的含义与$_toggle是相同的。

在可能的情况下，应该使用$_value的值来替代实际对象的值，因为这样更容易理解和维护。如果在命令中看见了$_value，就应该知道它代表界面对象的值。另外，如果要改变对象的名字，不必改变命令。这一点对于Toggle button（开关按钮）、Radio box（状态设置框）和Option menu（可选菜单项）特别有用，因为可以在相关联的命令中改变这些对象的值。

- $_self，$_parent，$_topgui：可使对话框更容易理解和维护。例如，对话框能用以下命令调入它的子类数据：

```
interface field set field=$_self.myfield strings=…
```

一般应尽可能使用$_self或$_parent命令来指代对象名字，而不用真实的名字。

- $_1，$_2，$_3：用来指代窗口或对话框显示命令相关的参数，窗口或对话框以及它们的子类都在命令中使用$_1，$_2，$_3。当ADAMS/View执行命令时，它可替代参数的当前值。

（3）条件命令替换。替换文本被包含在单引号内，若在引号内的$name或$value为空，则ADAMS/View除去单引号之间的文本。如果返回文字为空（‘’），那么该对象无效或不显示，$name为空。

条件替代更容易处理选择或命令中的手工排除参数。例如，如果使用下列命令，而用户不提供参数，那么该命令就失效了：

```
my_command  my_parameter=$my_value…
```

相反，若使用下列命令，则该命令有效：

```
my_command  'my_parameter=$my_value'
```

在手工排除参数时使用相同的技巧，只要参数包含在单引号（‘’）内，并一次只显示一个选项或只有一个选项有效。

（4）Windows、Dialog Boxes和Container的特殊命令。Windows（窗口）、Dialog Boxes（对话框）和Container（界面对象区）都有特殊命令：start（开始）、execution（执行）和finish command（完成）。显示对象时ADAMS/View会自动执行开始命令，而且当对象被关闭时ADAMS/View会自动执行完成命令，通过interface dialog_box/window/container execute命令来执行。

开始和完成命令有助于对话框的初始化设置，当界面对象被显示时将默认值放入数据区，而完成命令可以在对象不显示时帮助清除参数设置。

执行命令是指在单击默认的确定（OK）和应用（Apply）按钮时所执行的命令。

（5）编辑命令。在对话框编辑器的命令区右击就会弹出选择菜单，如表 13-4 所示。通过菜单对命令进行编辑。

表 13-4 编辑器选择菜单

命令	功能
References（参考）	显示和插入$xxx 的对象文本
Pick（选取）	选择对象并在命令中插入名字
Browse（浏览）	显示数据库向导并在命令中插入所选的名字
Cut（剪切）	除去选择的文本并将其放在剪切板上
Copy（复制）	复制选择的文字到文字缓冲区
Paste（粘贴）	从剪切板上粘贴到光标位置
Edit（编辑）	显示文本编辑器（默认的，限于 UNIX）

5. 测试对话框

Step 01 在选项（Option）菜单中单击测试对话框（Test Box）按钮，ADAMS/View显示该对话框。

Step 02 测试要执行的对话框命令。

6. 保存对话框

在用户定制好自己的对话框之后，必须要对对话框进行保存。单击在对话框（Dialog Box）菜单中的导出（Export）按钮，然后单击命令文件（Command File）按钮，将用户对话框保存到适当的位置，以便下次调用。

7. 加载和显示对话框

（1）用户通过以下命令加载已经保存好的对话框：在文件（File）菜单中选择导入（Import），然后读入所需的对话框命令文件，用户定制的对话框就会被加载到数据库中。

（2）使用数据库向导显示对话框：标准的ADAMS/View对话框（以字母顺序）列在前面，接着是用户定制的对话框。显示对话框的步骤为：

Step 01 在工具（Tools）菜单中单击对话框（Dialog Box）按钮，然后单击显示（Display）按钮，就会出现数据库向导，其中列出了所有对话框。

Step 02 选择所需对话框，并单击确定（OK）按钮。

13.2 宏命令的使用

宏命令实际上是一组命令集，执行一连串的ADAMS/View命令。创建宏命令时，首先按顺序列出想执行的ADAMS/View命令的清单，然后将这些命令写成宏命令的形式。

在宏命令中使用参数。每次使用宏命令时，都将通过参数将数据传给宏。当执行带有参数的宏命令时，ADAMS/View将所提供的值替代到宏命令中。

ADAMS/View对宏命令与其他的ADAMS/View命令一样，在命令窗口中输入宏命令，从命令向导中选择；也可将其包含在其他的宏命令中，或者从自己的定制菜单、对话框或按钮中执行。

使用宏命令可以实现以下功能。

- 自动完成重复性的工作。
- 为ADAMS/View建立模型数据交换功能。
- 自动创建整个模型。
- 快速建立机械系统的多个变量。

13.2.1 创建宏命令

通常通过3种方式创建宏命令：记录方式、使用宏编辑器来编辑和创建宏命令、通过导入文件来创建宏命令。

1. 以记录方式创建宏命令

（1）记录宏

- 依次选择工具（Tools）→宏（Macro）→录制/回放（Record/Replay）→开始录制（Record Start）菜单命令，开始记录宏命令。
- 执行想在宏命令中进行的操作。
- 依次选择工具（Tools）→宏（Macro）→记录/回放（Record/Replay）→停止记录（Record Stop）菜单命令，停止记录宏。

（2）回放记录的宏

依次选择工具（Tools）→宏（Macro）→记录/回放（Record/Replay）→运行记录宏（Execute Record Macro）菜单命令，回放记录好的宏命令。

（3）保存记录的宏

依次选择工具（Tools）→宏（Macro）→记录/回放（Record/Replay）→写入记录宏（Write Record Macro）菜单命令，将ADAMS/View宏命令保存为macro.cmd的命令格式。

2. 使用宏编辑器来编辑和创建宏命令

使用宏编辑器是创建宏命令的另一种方式，具体创建步骤如下。

Step 01 依次选择工具（Tools）→宏（Macro）→编辑（Edit）→新建（New）或者修改（Modify）菜单命令，然后出现宏命令编辑器窗口，如图 13-8 所示。

Step 02 如果选择修改（Modify），就会出现数据库向导。

Step 03 如果创建新的宏，就在宏的名称（Macro Name）编辑框中输入宏的名字。

Step 04 在命令（Command）编辑框中输入执行宏命令的命令串，使用宏的名字选择使用宏名称（Use Macro Name）选项。

所输入的命令串的名字必须是唯一的，不能重新定义一个已存在的命令，但在已存在的命令中添加新的关键词。例如，输入 MARKER CREATE 就是无效的，因为 MARKER CREATE 是早已存在的命令，但输入 MARKER GENERATE 是有效的。

Step 05 指明整个宏命令是否能用单个的撤销（Undo）命令撤销。对于非常大的宏命令，单个的Undo会消耗大量的内存，甚至没有使用撤销操作都会显著地减慢宏命令的执行速度。一般情况下是在初始化创建和调试阶段采用撤销（Undo）=是（Yes），当确定宏命令正常工作之后，切换到撤销（Undo）=否（No）来提高运行速度。

Step 06 在命令文字区域输入要执行的命令，然后单击确定（OK）按钮。

3. 通过导入文件来创建宏命令

通过导入文件来创建宏命令是创建宏命令的第三种方式，具体步骤如下。

Step 01 选择工具（Tools）→宏（Macro）→读取（Read）菜单显示导入宏对话框，如图 13-9 所示。

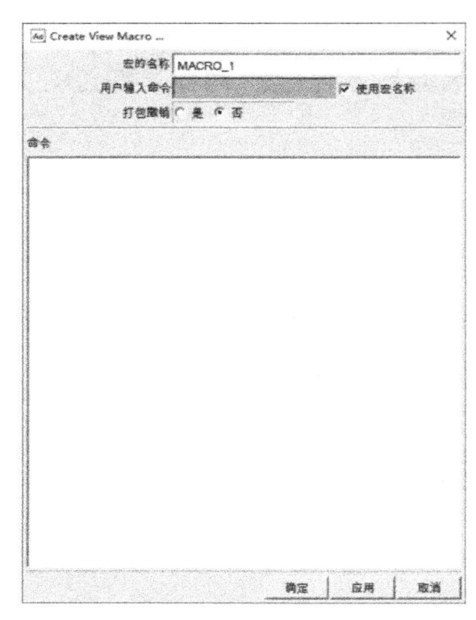

图 13-8 宏命令

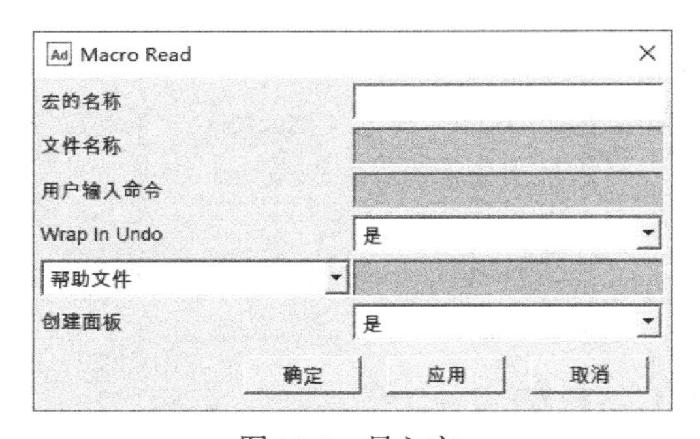

图 13-9 导入宏

Step 02 在宏的名称（Macro Name）编辑框中输入ADAMS/View将在当前数据库中保存的宏的名字。

Step 03 在文件名称（File Name）编辑框中输入包含要执行命令的文件。

Step 04 在用户输入命令（User Entered Command）编辑框中指明将要执行宏命令的命令串。如果不输入命令串的名字，就默认为宏命令的名字。

Step 05 指明整个宏命令能否被单个的撤销（Undo）命令撤销。对于大的宏命令，单个的撤销（Undo）命令会消耗大量的内存或者显著地减慢宏命令执行的速度。

Step 06 指明包含宏命令帮助文件或者输入字符串来描述宏。

Step 07 确信没有创建过期的对话框，从创建面板（Create Panel）下拉列表中选择否（No）。

Step 08 单击确定（OK）按钮。

13.2.2 在宏命令中使用参数

宏命令的参数是在实际执行宏命令时提供给系统信息的占位符，参数通常以“$”开头，后面跟着参数的名字。定义多个参数，也可将一个参数定义多次。

当创建宏命令时，ADAMS/View扫描命令文本，以确定所有的参数。当执行宏命令时，必须为参数提供值，或者它们有默认值，ADAMS/View将数值替代命令中参数的位置，然后执行命令。如果在命令中多次使用相同的参数，ADAMS/View将用同一个值替代每一个参数出现的地方。

1. 带参数宏命令的例子

下面是一个宏命令的例子，用它解释如何用宏命令改变力的大小和模型中的约束图标。宏中的命令名为icon_size，约束名为size。

```
Location
constraint attributes constraint_name=.*size_of_icon=$size
force attributes force_name=.*size_of_icon=$size
```

输入命令：

```
icon_size=25
```

ADAMS/View的执行命令为：

```
constraint attributes constraint_name=.*size_of_icon=25
force attributes force_name=.*size_of_icon=25
```

2. 扩展参数值

在某些情况下，ADAMS/View在将参数替代到命令中之前重新定义和扩展参数值，但ADAMS/View不会改变数值。在宏命令中替换时，ADAMS/View不会转换单位，而是直接将数值输入命令中，命令本身会转换单位。

ADAMS/View在将参数替换到宏命令中时会将数据库名扩展为全名，扩展名使用“.”来分割名字。使用“.”让程序直接访问数据库值。

例如，下面的例子是包含参数“name”的宏命令“Ipart”：

```
list_info part part_name=$name
```

当输入下列命令时：

```
Ipart name=left_wheel
```

ADAMS/View将全名left_wheel替换为$name，并执行命令：

```
List_info part part_name=.mod1.left_wheel
```

3. 通用参数格式

通用参数格式为：

```
$'name:q1: q2: q3: …'
```

其中，name为参数的名字；q1，q2，q3…是说明参数特征的一个或多个限定词。单引号和限定词是可选择性的，下面是可能的 4 种格式：

```
$name
$ 'name'
$name:: q1: q2: q3: …
$ 'name:q1: q2: q3: …'
```

4. 参数命名规则

参数名必须以字母开头，余下的名字可为字母（a－z，A－Z）、数值或者下画线，结尾字母可为字母、数字，不能是下画线。因而，$P、$P1 和$PART_1 是合法的，而$PART#1 和$1P是不合法的。

5. 参数限定词及其格式

限定词出现在参数第一次出现的时候，以对其属性进行控制。限定词是可选的，也只能在参数第一次出现时使用。

参数的限定词为Type（类型）、Range（范围）、Count（值）和Default（默认）。

（1）Type Qualifier

Type Qualifier是用户必须输入的类型，其格式为：

```
T=type
T=type (additional data)
```

其中，type是basic type、database object type或者database object classtype；additional data是可选的，或者需要由数据类型决定。

basic type包括real、integer、location、orientation、string、function、list（str1，str2，str3，…）和file（path wildcard）。

指明database object type意味着用户必须输入已存在该类型对象的名字，其前缀必须为new_，以指明该类型的新对象名字。例如，t=marker为已存在的marker点的名字，新marker点的名字应写为t=new_marker。

下面是一些例子。

```
$stiffness: t=real
$counter: t=integer
$end_point: t=location
$attitude: t=orientation
$mat: t=marker
```

通过下列步骤在 ADAMS/View 中查看 database object types 类型。

Step 01 在工具（Tools）菜单中选择函数创建器（Function Builder），从选择菜单中选择设计模式（Design Mode）。弹出函数创建器（Function Builder）对话框，如图 13-10 所示，在下拉菜单中选择其他函数，再从选择菜单的列表中选择SELECT_TYPE，然后单击辅助（Assist）。

Step 02 在辅助（Assist）对话框中输入所有（all），单击确定（OK）按钮，然后单击评估（Evaluate），出现所有对象类型的列表。Database Object-Class Type（对象类型数据库）包括如图 13-11 所示的对象类型。

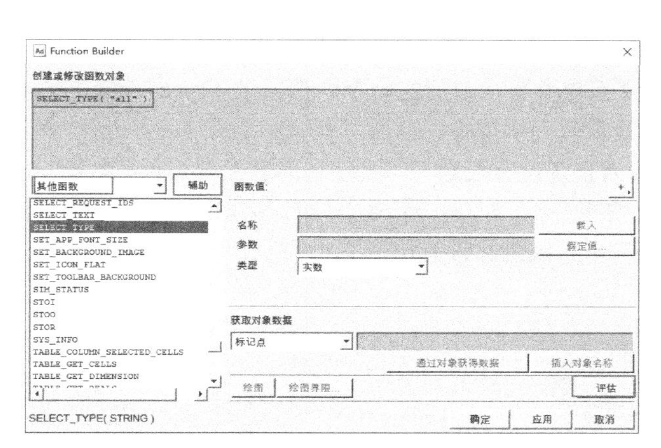

图 13-10　函数创建器（Function Builder）对话框

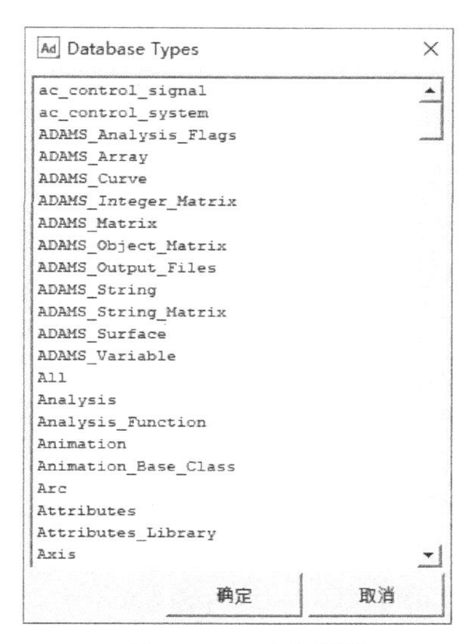

图 13-11　对象类型

（2）Range Qualifiers

Range Qualifiers指明参数的取值范围，仅适用于数值类型，参数格式如表 13-5 所示。

表 13-5　Range Qualifiers参数格式

格式	含义
GT=r	大于 r
GE=r	大于等于 r
LT=r	小于 r
LE=r	小于等于 r

（3）Count Qualifiers

Count Qualifiers指明数据的个数，参数格式如表 13-6 所示。

表 13-6　Count Qualifiers参数格式

格式	含义
C=0	大于或等于 1
C=n	等于 n
C=n，0	大于或等于 n
C=n，m	从 n 到 m

（4）Default Qualifiers

Default Qualifiers为可选限定词，如果没有默认，那么用户必须输入一个值来执行宏命令。有以下 3 种类型的默认限定词。

- Constant：可选，用户没有提供参数值时ADAMS/View将使用的默认值。格式为：

```
D=value
```

- Update：可选，用户没有提供参数值时ADAMS/View将使用最后一次使用的值。格式为：

```
U=value
```

- Database object：自动产生并应用默认的database objects。格式为：

```
A
```

6. 默认参数特性

命令文本会对第一次出现的参数定义参数特性。如果参数首次出现时有限定词，那么该限定词将决定参数的特性；如果没有限定词，而参数出现在“=”后，那么该参数从前面的命令参数继承了type、count和default；如果参数既没有限定词，又没有出现在“=”后，就默认为字符串。

在下面的例子中，参数$text默认为字符串，因为它既没有限定词，又没有出现在命令中；参数$numbers有限定词，指明了它是一个或多个大于零的整数；参数$part_1 是一个part，因为它出现在“=”后，继承了前面参数part_name的类型；参数$part_2 默认为字符串，因为它没有出现在“=”后；参数$part_3 和$part_4都是part。

```
! Parameter $text is a string
! $numbers：t=integer：c=0：gt=0
list_info part part_name=$part_1, $part2
list_info part part_name=$part_3：t=part, $part_4：t=part
```

13.3 循环命令和条件命令

ADAMS/View命令语言包含条件与循环结构语句，用它实现逻辑判断和循环功能。它们用在菜单命令、对话框命令和用户自己编写的宏命令程序文件中。

13.3.1 循环命令

循环命令的主要形式有FOR/END和WHILE/END两种。

1. FOR/END 循环结构

FOR/END循环结构的一般格式有两种。

（1）对参数数值的循环操作

```
FOR VARIABLE_NAME=var  START_VALUE=REAL &
     INCREMENT_VALUE=REAL &
     END_VALUE=REAL
   ……
END
```

格式中START_VALUE、INCREMENT_VALUE和END_VALUE是值为实数的表达式。INCREMENT_VALUE既可以是正数，也可以是负数，默认值为 1。在循环体内的命令调用循环变量作为可用的任何实数变量。

格式应用实例如下：

```
variable set variable_name=$_self.num integer=1
for variable_name=i start=1 end=6
  part create rigid_body name_and_position part_name &
```

```
= (eval ("ball_"//$_self.num))  &
location= (LOC_RELATIVE_TO ({0, 0, 100*i}, .my_model.ground))  &
orientation=0, 0, 0 &
relative_to=.my_model.ground
variable set variable_name=$_self.num integer= (eval ($_self.num+1))
......
end
variable delete variable_name=$_self.num
```

在上例中，变量i从1循环到6，一次建立了ball_1到ball_6共6个part，分别相对于地面（ground）的位置为（0,0,100）到（0,0,600）。在循环体中，变量$_self.num进行了自加。

（2）对一组模型对象进行循环操作

```
FOR VARIABLE_NAME=var  OBJECT_NAMES=object &
    TYPE=database_object_type &
    …
END
```

格式中循环变量var为database_object_type类型的变量，对OBJECT_NAMES内所有database_object_type类型的对象一个个地进行操作或赋值。

程序实例如下：

```
variable set variable_name=temp_num integer=1
for variable_name=my_part  object_names=.my_model.*  type=part
   part modify part_name= (eval (my_part))   ADAMS_id= (eval (temp_num))
   variable set variable_name=temp_num  integer= (eval (temp_num+1))
end
variable delete variable_name=temp_num
```

在上例中，ADAMS/View对my_model中所有part的ID号进行重新编码，从1开始，直至编码完成。

2. WHILE/END 循环结构

WHILE/END循环结构的一般格式为：

```
WHILE CONDITION= (expression)
   …
END
```

WHILE/END循环结构的功能是：循环执行WHILE和END之间的命令，直到条件不成立或为0时退出循环。

前述FOR/END的例子也用WHILE/END来编程：

```
variable set variable_name=$_self.num  integer=1
variable set variable_name=temp_num  integer=1
while condition= (temp_num<=6)
  part create rigid_body name_and_position part_name &
= (eval ("ball_"//$_self.num))  &
location= (LOC_RELATIVE_TO ({0, 0, 100*i}, .my_model.ground))  &
orientation=0, 0, 0 &
```

```
relative_to=.my_model.ground
variable set variable_name=$_self.num integer= (eval ($_self.num+1))
…
end
variable delete variable_name=$_self.num
variable delete variable_name=temp_num
```

13.3.2 条件命令

条件命令的主要形式有IF/ELSEIF/ELSE/END、BREAK和CONTINUE三种。

1. IF/ELSEIF/ELSE/END 命令

IF/ELSEIF/ELSE/END命令的功能为：用IF、ELSEIF、ELSE和END命令有条件地执行一组命令，用来实现逻辑判断功能。该组命令包含在IF和END内。该条件值取决于表达式（expression）的逻辑值。在IF/END内，如果表达式逻辑值为 1，就符合条件，转而执行内部命令；如果表达式逻辑值为 0，就不符合条件，转而执行ELSE/END中的命令。该命令用在命令语言、宏命令和命令文件中。

IF/ELSEIF/ELSE/END命令的一般格式为：

格式一：

```
IF CONDITION= (expression)
   ......
 END
```

格式二：

```
IF CONDITION= (expression)
   ......
   ELSE
   ......
 END
```

格式三：

```
IF CONDITION= (expression)
   ......
   ELSEIF
   ......
   ELSE
   ......
 END
```

下面是IF/ELSEIF/ELSE/END命令使用的一个例子：

```
if condition= (db_exists (".my_model.move"))
constraint modify motion motion_name=.my_model.rotate ADAMS_id=1 typ=rot &
   joint_name=.my_model.gibell_rev  function="0.0"
constraint modify motion motion_name=.my_model.move ADAMS_id=2  typ=rot &
```

```
   joint_name=.my_model.dummy1_rev  function="0.0"
else
  gimovement
constraint create motion motion_name=.my_model.rotate ADAMS_id=1 typ=rot &
   joint_name=.my_model.gibell_rev  function="0.0"
 constraint create motion motion_name=.my_model.move ADAMS_id=2 typ=rot  &
   joint_name=.my_model.dummy1_rev  function="0.0"
end
```

在上例中，如果数据库中存在.my_model.move，就对其进行修改；如果不存在.my_model.move，就调用命令文件gimovement创建它。

2. BREAK 命令

BREAK命令用在循环体内，用于中断命令并无条件退出循环命令的执行。

格式为：

```
BREAK
```

下面是一段程序例子：

```
variable creat variable_name=temp_num  integer_value=1
while  condition= (temp_num<=5)
if condition= (eval (DB_EXISTS ("MAR"//temp_num)))
break
end
marker creat marker_name= (eval ("MAR"//temp_num))  &
location= (eval (temp_num)), 0, 0
variable set variable_name=temp_num integer= (eval (temp_num +1))
end
variable delete variable_name=temp_num
```

上述命令创建了名称为MAR1、MAR2、MAR3、MAR4 和MAR5 的 5 个Markers，如果某个Markers存在，ADAMS/View就退出循环，停止创建Markers。

3. CONTINUE 命令

CONTINUE命令用在循环体内，用于中断命令并检查循环条件，如果不符合循环命令退出条件，就从循环体的开头重新执行命令；如果符合循环命令退出条件，就退出循环命令的执行。

格式为：

```
CONTINUE
```

程序例子：

```
variable creat variable_name=temp_num  integer_value=1
while  condition= (temp_num<=5)
if condition= (temp_num==3)
continue
end
marker creat marker_name= (eval ("MAR"//temp_num))  &
```

```
location= (eval (temp_num)), 0, 0
variable set variable_name=temp_num integer= (eval (temp_num +1))
end
variable delete variable_name=temp_num
```

上述命令创建了名称为MAR1、MAR2、MAR4 和MAR5 的 4 个Markers，而错过了MAR3，这是因为当temp_num的值为 3 时ADAMS/View会执行CONTINUE命令，程序跳到WHILE的END去重新循环。

13.4 本章小结

本章首先介绍了ADAMS二次开发用户界面的定制，然后讲解了宏命令的使用，最后讲解了循环命令和条件命令的使用。通过本章的学习，读者可以掌握二次开发的一些命令和知识。

第14章 ADAMS模型语言及仿真控制语言

本章将对ADAMS的模型语言及仿真控制语言进行简介。通过本章的学习，用户可以掌握ADAMS/Solver模型语言adm文件、ADAMS/Solver仿真控制语言acf文件的语法和结构，对一些关键语句进行深入的说明，深刻理解ADAMS中几何、约束、力元等的实质，脱离ADAMS/View环境，直接利用ADAMS/Solver进行一些高级应用，并为进一步的ADAMS二次开发打下基础。

知识要点

- 掌握ADAMS/Solver模型语言adm文件、ADAMS/Solver仿真控制语言acf文件的语法和结构。
- 深刻理解ADAMS中几何、约束、力元等的实质。

14.1 ADAMS的主要文件介绍

ADAMS中关于模型及分析主要有以下几种类型的文件：ADAMS/View二进制数据库bin文件、ADAMS/View命令cmd文件、ADAMS/Solver模型语言adm文件、ADAMS/Solver仿真控制语言acf文件，以及ADAMS/Solver仿真分析结果文件（req文件、res文件、gra文件、out文件、msg文件）。

ADAMS/View二进制数据库bin文件以 .bin为文件名后缀，文件中记录了从ADAMS启动后到存储为bin文件时的全部信息（包含模型的完整拓扑结构信息、模型仿真信息以及后处理信息），包含多个模型、多个分析工况和结果，保存ADAMS/View的各种设置信息。文件为二进制文件，不能阅读、编辑，只能通过ADAMS/View调阅。由于信息全面，因此一般文件都比较大。

ADAMS/View命令cmd文件以.cmd为文件名后缀，是由ADAMS/View命令编写的模型文件，包含模型的完整拓扑结构信息（包括所有几何信息）、模型仿真信息，为文本文件，可读性强，可进行编程，是ADAMS的二次开发语言，不包含ADAMS/View的环境设置信息，不包含仿真结果信息，只能包含单个模型。

ADAMS/Solver模型语言（ADAMS Data Language）adm文件以 .adm为文件名后缀，文件中包含模型中的拓扑结构信息，但有些几何形体（如link等）不能保留。ADAMS/View的环境设置不能保留。ADAMS/Solver读取adm文件，与ADAMS/Solver仿真控制语言acf文件配合，直接利用ADAMS/Solver进行求解。

ADAMS/Solver仿真控制语言acf文件以.acf为文件名后缀，文件中包含ADAMS/Solver命令，可对模型进行修改和控制，从而控制仿真的进行。

ADAMS/Solver将仿真分析结果中用户定义的输出变量输出到req文件，以.req为文件名后缀；ADAMS/Solver将仿真分析结果中模型的默认输出变量输出到res文件，以 .res为文件名后缀；ADAMS/Solver将仿真分析结果中图形部分结果输出到gra文件，以 .gra为文件名后缀。ADAMS/Solver将仿真分析结果中用户定义的输出变量以列表的形式输出到out文件，以 .out为文件名后缀；ADAMS/Solver将仿真过程中的警告信息、错误信息输出到msg文件，以.msg为文件名后缀。

图 14-1 所示为各文件之间的关系。

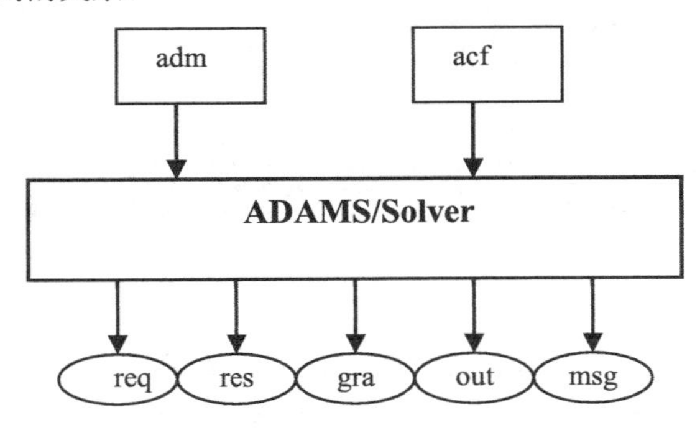

图 14-1　ADAMS 各文件间的关系

14.2　ADAMS/Solver 模型语言

14.2.1　ADAMS/Solver 模型语言分类及其语法介绍

ADAMS/Solver模型语言定义系统的拓扑结构、确定系统的输出、定义仿真分析参数等。表 14-1 是按功能分类的ADAMS/Solver模型语言分类。

表 14-1　ADAMS/Solver模型语言

模型语言类型	模型语言关键字
Dataset Delimiter	TITLE，END
Inertia and material data	PART，FLEX_BODY，POINT_MASS
Geometry	GRAPHICS，MARKER
Constraints	COUPLER，CVCV，GEAR，JOINT，JPRIM，MOTION，PTCV，UCON
Forces	ACCGRAV，BEAM，BUSHING，CONTACT，FIELD，FRICTION，GFORCE，MFORCE，NFORCE，SFORCE，SPRINGDAMPER，VFORCE，VTORQUE
Generic systems modeling	DIFF，GSE，LSE，TFSISO，VARIABLE
Aggregate element	TIRE
Reference data	ARRAY，CURVE，MATRIX，PINPUT，POUTPUT，SPLINE，STRING
Analysis parameters	DEBUG，EQUILIBRIUM，IC，INTEGRATOR KINEMATICS，SENSOR，UINT
Output	FEMDATA，LIST/NOLIST，MREQUEST，OUTPUT，REQUEST，RESULTS

1. 模型语言格式

$$NAME/[id,]ARG1\left[=\begin{Bmatrix} v1,\ldots,vn \\ c(v1,\ldots,vn) \\ e \end{Bmatrix}\right],\ldots ARGn\left[=\begin{Bmatrix} v1,\ldots,vn \\ c(v1,\ldots,vn) \\ e \end{Bmatrix}\right]$$

ADAMS/Solver模型语言的格式如上，一般必包括“/”、id号以及一个或多个变量表达式。现以MARKER语句说明。

$$MARKER/id\begin{bmatrix} ,PART=id \\ ,POINT\_MASS=id \end{bmatrix}\left[\left\{\begin{array}{c} \left[\left[\begin{array}{l} ,QP=x,y,z \\ ,REULER=a,b,c \end{array}\right]\right] \\ \left[\left[\begin{array}{c} QP=x,y,z \\ ZP=x,y,z \\ XP=x,y,z\left[,USEXP\right] \end{array}\right]\right] \\ ,FLOATING \end{array}\right\}\right]$$

其中，{}表示三项中必须选择一种参数，[ ]表示任选两种中的一种参数，[[ ]]表示一种参数组合。因此，在ADAMS/Solver模型语言中定义如下：

```
MARKER/201, PART=4, QP=100, 100, 100, REULER=90D, 0D, 0D
MARKER/202, PART=4, QP=100, 100, 100, ZP=100, 100, 105, XP=100, 105, 100
MARKER/203, PART=4, FLOATING
```

2. 变量表达式

其中，变量表达式分为以下几类：根据类别不同选择不同的变量名、变量由一系列数值赋值、变量由一系列字符串赋值、变量由表达式赋值。

（1）根据变量表达式类别不同选择不同的关键词

如上面MARKER的第三种定义，其中FLOATING为关键词，不需要赋值。又如：

```
SFORCE/10,  I=8,  J=9, TRANSLATION, FUNCTION=100 * DM (8,  9)  * *  (-1.3)  - 200
```

其中，TRANSLATION是在TRANSLATION和RORTATION两个关键词中选择一个，不需要赋值。

（2）变量由一系列数值赋值

如上面MARKER中的QP=100，100，100。

（3）变量由一系列字符串赋值

如积分算法说明定义：

```
INTEGRATOR/GSTIFF, PATTERN = T:F:F:F:T:F:F:F:T:T, HMIN = 1.0E-005, KMAX = 3, INTERPOLATE
= ON,  CORRECTOR = MODIFIED
```

其中，PATTERN = T:F:F:F:T:F:F:F:T:T 由一系列字符串赋值。

（4）变量由表达式赋值

```
MOTION/1,  JOINT=1,  FUNCTION=POLY (TIME, 0, 0, 360D)
MOTION/2,  JOINT=2,  FUNCTION=USER (0,  0,  17.28)
```

其中，FUNCTION=POLY（TIME,0,0,360D）为函数表达式，FUNCTION=USER（0,0,17.28）为用户子程序表达式。

3. 模型语言中的特殊约定

（1）关于角度：模型语言中角度默认单位为弧度，若需要用单位度，则需在数字后加D。例如，RELUER＝90D，0D，90D。在out文件中角度默认单位为弧度，通过OUTPUT语句中设置DSCALE变为度。

（2）关于变量：任意颠倒变量的先后次序；变量名利用缩写；变量可大写，也可小写；如果没有提供变量并赋值，ADAMS/Solver认为变量被赋默认值。不要将实型赋给整型变量。

（3）空格与制表符：一个变量中连续出现 5 个空格或更多的空格，ADAMS/Solver认为空格后无效，但TITLE和函数表达式除外。

（4）说明语句：感叹号后为说明，说明语句在任何位置。

（5）续行：第一列为“，”表示该行为续行，或行尾为“&”表示下行为续行。例如：

```
PART/2,  MASS = 2.3, CM = 5,  IP = 183.005, &17310.260,  17418.946
```

（6）分隔符：同一语句中变量间的分隔符使用“/”“=”“，”“\”“；”，其中“；”表示在一行写两个语句。

（7）id号：用于同一系统存在多个相同拓扑结构类型定义。例如：

```
MARKER/201, PART=4, QP=100, 100, 100, REULER=90D, 0D, 0D
MARKER/202, PART=4, QP=100, 100, 100, ZP=100, 100, 105, XP=100, 105, 100
```

其中，201、202 为id号，以区分同一语句MARKER。

（8）语句：一个语句必须在前 5 列开始，否则ADAMS/Solver认为该行为注释行；语句必须在 1~80 列之间，续行。

14.2.2　模型文件的开头与结尾

（1）TITLE

位于adm模型文件的第一行，为一串字符，例如：

```
This is The Truck Simulation Model 2003/10
```

（2）END

位于adm模型文件的最后一行。

TITLE 与END之间的语句构成ADAMS/Solver的主题，语句顺序变化。

14.2.3　惯性单元

惯性单元包含 3 种，即PART、FLEX_BODY和POINT_MASS。这里仅对PART进行简要介绍，FLEX_BODY、POINT_MASS可参考有关ADAMS的手册。

PART语句确定刚体的质量、惯量信息、质心位置、初始位置、方位、初始速度。

PART语句有两种，即PART/id和GROUND。如果是GROUND，那么表示该PART被定义为地面。

$$
\begin{aligned}
&PART/id,[,MASS=r]\,[,CM=r]\,[,IM=r]\\
&[,IP=xx,yy,zz\ [,xy,xz,yz]][,MATERIAL=mat\_name]\\
&\left[\left\{\begin{matrix}[[QG=x,y,z,REULER=a,b,c]]\\ [[[QG=x,y,z,ZG=x,y,z,XG=x,y,z]]\end{matrix}\right\}\right]\left[\begin{bmatrix},VX=x\\ ,VY=y\\ ,VZ=z\\ ,WX=a\\ ,WY=b\\ ,WZ=c\end{bmatrix}\right]\\
&[,VM=id][,WM=id][,EXACT=c1:c2:c3:c4:c5:c6]
\end{aligned}
$$

其中：

- MASS为PART的质量。
- CM为质心坐标系id号。
- IM为惯量坐标系id号。
- IP为PART相对于IM惯量坐标系的惯量，没有IM时为相对于CM质心坐标系的惯量。
- MATERIAL为PART的材料特性。
- QG为PART局部坐标系圆点。
- REULER为PART局部坐标系相对于地面坐标系的 3 个欧拉角。
- ZG为PART局部坐标系Z轴方向上的一点，XG为PART局部坐标系XOZ平面上的任一点。
- VX、VY、VZ为PART质心处初始速度在VM坐标系的 3 个投影分量。
- WX、WY、WZ为PART初始角速度在WM坐标系的 3 个投影分量。
- VM为定义初始速度的坐标系，默认为地面坐标系。
- WM为定义初始角速度的坐标系，默认为CM坐标系。
- EXACT为PART的质心坐标系，相对于局部坐标系 6 个坐标中的精确输入值，在初始装配中保持不变，关键字为X、Y、Z、PSI、THETA、PHI，其顺序任意。

举例如下：

```
PART/2,  QG = 0,  0,  10,  REULER=90D, 30D, 45D
,  MASS = 1.40,  CM = 3,  IP = 145.2,  137117.1,  13802.2,  VX = 10
,  VY = 10,  VZ = 0,  WX = 0D,  WY = 0D,  WZ = 10D,  EXACT = X:Y:PSI
```

上面的语句表明，该PART id号为 2，该PART局部坐标系圆点在地面坐标系中的位置为（0，0，10）；PART局部坐标系相对于地面坐标的欧拉角为 90D，30D，45D；质量为 1.40；质心坐标系标号为 3；相对于质心坐标系的惯量为 145.2，137117.1，13802.2，0，0，0；质心处初始速度（在地面坐标系分解）为 10，10，0；初始角速度在质心坐标系分解为 0D/sec，0D/sec，10D/sec，其中质心坐标x、y及在PART局部坐标系中的第一个欧拉角在初始装配中保持不变（或优先保持不变）。

14.2.4 几何单元

几何单元包含GRAPHICS、MARKER两种。

1. GRAPHICS

GRAPHICS语句用于确定接触碰撞或表达图形，可分为两类，分别是定义接触的、定义几何图形的。这里介绍用于定义接触的GRAPHICS语句。

用于接触的GRAPHICS语句如下：

$$
\text{GRAPHICS/id}\left[\begin{array}{l}
\text{, ARC, CM = id, RADIUS = r, RANGLE = r} \\
\text{, BOX, CORNER = id, X = x, Y = y, Z = z} \\
\text{, CIRCLE, CM = id, RADIUS = r} \\
\text{, CURVE, CID = id, CRM = id} \\
\text{, CYLINDER, CM = id, RADIUS = r, LENGTH = r,} \\
\text{RANGLE = r} \\
\text{, FRUSTUM, CM = id, RADIUS = r, LENGTH = r, TOP = r,} \\
\text{BOTTOM = r, [RANGLE = r]} \\
\text{, POINT, RM = id} \\
\text{, PLANE, RM = id, XMIN = r, XMAX = r, YMIN = r, YMAX = r} \\
\text{, ELLIPSOID, CM = id, XSCALE = r, YSCALE = r, ZSCALE = r} \\
\text{, EXTERNAL, RM = id, \{File = file\_name,} \\
\text{[ELEMENT = geometry\_name]\}}
\end{array}\right]
$$

（1）ARC：创建一个圆弧，由 3 个参数表达圆弧。

CM为圆弧的圆心坐标系的id号，RADIUS为圆弧的半径值，RANGLE为圆弧的角度。注意，CM坐标系的X轴为圆弧的始点。

例如：

```
MARKER/2,  PART = 3,  QP = -450,  -50,  0,  REULER = 1.565051177D,  0D,  0D
GRAPHICS/2,  ARC,  CM = 2,  RANGLE = 170D,  RADIUS = 158.0
```

表明在MARKER（id=2）处做一个半径为 158.0 的圆弧，范围为 170D。

（2）BOX：创建一个矩形体，由 4 个参数表达长方体。

CORNER为该长方体一个角处的坐标系id号；X、Y和Z是长方体沿着上面的坐标系X、Y和Z轴 3 个方向的长度。

（3）CIRCLE：创建一个圆，由 2 个参数表达圆。

CM为圆心处坐标系的id号，RADIUS为圆的半径。

（4）CURVE：创建基于数据单元CURVE语句的曲线图形。

CID为所需创建CURVE的id号，CRM为定义曲线的参考坐标系的id号。CONTACT和CVCV语句需要的曲线为平面曲线，且该平面必须为包含RM标记点的X、Y轴的平面。

（5）CYLINDER：创建一个顶面和底面都垂直于中心轴线的圆柱体，由 4 个参数表达。

CM为圆柱底面处圆心坐标系的id号，CM坐标系的Z轴方向为圆柱体的中心线；RADIUS为圆柱体半径；RANGLE为圆柱体圆弧的角度，且总是以CM坐标系的X轴为起始点；LENGTH为圆柱体的高度。

例如：

```
GRAPHICS/6,  CYLINDER,  CM = 5,  RANGLE = 160D,  LENGTH = -200,  RADIUS = 500
```

（6）ELLIPSOID：创建一个椭圆，由 4 个参数表达。

CM为椭圆的圆心坐标系id号。XSCALE、YSCALE和ZSCALE 为沿着CM坐标系的X、Y和Z轴的直径。如果三个值都相等，就会创建一个球。

（7）FRUSTRUM：创建一个顶面和底面都垂直于中心轴线的锥体，由 4 个参数表达。

CM为锥体底面的圆心坐标系id号，CM坐标系的Z轴为锥体的中心轴线；TOP和BOTTOM分别为锥体的上、下圆平面半径；RANGLE为锥体的旋转角度，且总是以CM坐标系X轴为起始点；LENGTH为锥体的高度。

例如：

```
GRAPHICS/10,  FRUSTUM,  CM = 5,  RANGLE = 260D,  LENGTH = 400,
```

```
SIDES = 20, TOP = 500, BOTTOM = 1000
```

（8）PLANE：创建一个有限平面，由 5 个参数表达。

RM为该平面的参考坐标系id号，该平面位于RM坐标系的XY平面内（也就是说RM坐标系的Z轴垂直于该平面，XMIN、XMAX、YMIN和YMAX为该平面在RM坐标系XY平面内的范围。平面为二维的，定义与其他单元（点、圆弧、圆和曲线以及球）接触碰撞。

（9）EXTERNAL：创建ADAMS/Solver识别的Parasolid图形，用于接触碰撞。

例如：

```
GRAPHICS/19, EXTERNAL, RM=100, FILE = test.xmt_txt, ELEMENT = part1
```

该GRAPHICS语句创建一个三维实体。该实体的数据包含在Parasolid的文件testl.Xmt_txt中。该文件中包含几个几何实体，其中一个名为Part1。该实体以坐标系 100 为参考坐标系。

2．MARKER

MARKER语句在空间中定义了一个几何点和以该点引申出来的 3 个相互垂直的坐标轴。它的描述形式如下：

$$MARKER/id\begin{bmatrix} ,PART=id \\ ,POINT\_MASS=id \end{bmatrix}\left[\left\{\begin{matrix} \left[\left[\begin{matrix} ,QP=x,y,z \\ ,REULER=a,b,c \end{matrix}\right]\right] \\ \left[\left[\begin{matrix} ,QP=x,y,z \\ ,ZP=x,y,z \\ ,XP=x,y,z\ [,USEXP] \end{matrix}\right]\right] \\ ,FLOATING \end{matrix}\right\}\right]$$

$$MARKER/id\ [,FLEX\_BODY=id],NODE\_ID=fem\_node\_id\left[\left[\begin{matrix} ,qp=x,y,z \\ ,REULER=a,b,c \end{matrix}\right]\right]$$

MARKER 必须从属于PART、POINT_MASS、FLEX_BODY这 3 种惯性单元之一。MARKER作为坐标系需要用一个点定义原点，关于方向有 3 种定义方法。

例如：

```
MARKER/6,  PART=4, QP=0, 1, 0,  REULER=90D, 45D, 100D
MARKER/7,  PART=4, QP=0, 1, 0,  ZP=0, 1, 10, XP=0, 10, 10
MARKER/8,  PART=4, QP=0, 1, 0,  ZP=0, 1, 10, XP=0, 10, 10, USEXP
MARKER/9,  PART=4, FLOTING
```

在以上 4 个坐标系中，6、7、8 为与PART 4 固定的坐标系；9 属于PART 4，但为浮动坐标系。浮动坐标系在ADAMS/Solver中的VTORQUE、VFORCE、GFORCE、CVCV和PTCV中需要。

坐标系 6 利用欧拉角定义该坐标系相对于PART 4 的物体局部坐标系。

坐标系 7 利用ZP表达坐标系的Z轴（QP指向ZP），XP为坐标系XOZ平面上的一点，但不能与QP、ZP共线。ADAMS/Solver自动确定其X轴。

坐标系 8 利用XP表达坐标系的X轴（QP指向XP），ZP为坐标系XOZ平面上的一点，但不能与QP、XP共线。ADAMS/Solver自动确定Z轴，这种用法必须使用USEXP关键字。

又如柔体上的坐标系：

```
MARKER/12,  FLEX_BODY=5, NODE_ID=40, REULER=90D, 30D, 45D
MARKER/13,  FLEX_BODY=5, QP=100, 100, 0, REULER=90D, 30D, 45D
```

坐标系 12 位于FLEX_BODY 5 上节点 40 处，利用欧拉角定义该坐标系相对于FLEX_BODY 5 的物体局部坐标系。

坐标系 13 位于FLEX_BODY 5 上，相对于FLEX_BODY 5 的物体局部坐标系的位置为 100,100,0，利用欧拉角定义该坐标系相对于FLEX_BODY 5 的物体局部坐标系。ADAMS/Solver自动确定并调整其到相近节点处。

14.2.5 约束单元

约束单元包括COUPLER、CVCV、GEAR、JOINT、JPRIM、MOTION、PTCV、UCON单元。这里分别对COUPLER、JOINT语句进行介绍，其他单元可参考相关手册。

1. COUPLER 语句

COUPLER语句将两个或者三个移动副或者转动副关联，其描述如下：

$$COUPLER/id, JOINTS = id1, id2[,id3]$$

$$\left[,TYPE = \begin{Bmatrix} T \\ R \end{Bmatrix} \left[:\begin{Bmatrix} T \\ R \end{Bmatrix}\right]\left[:\begin{Bmatrix} T \\ R \end{Bmatrix}\right]\right]\begin{Bmatrix} ,SCALES = [r1,]r2[,r3] \\ ,FUNCTION = USER(r1,...,r30) \end{Bmatrix}$$

其中存在关系式：

```
r1*q1+r2*q2+r3*q3=0
q2/q3=r2/r3
```

例如：

```
JOINT/1,  CYLINDRICAL,  I = 3,  J = 4
JOINT/2,  REVOLUTE,  I = 7,  J = 8
JOINT/3,  TRANSLATIONAL,  I = 10,  J = 11
COUPLER/1,  JOINTS = 3,  2,  1,  TYPE = T:R:T,  SCALES = 90D,  2,  -90D
```

该COUPLER语句将Joint 3 的平动连接到Joint 2 的转动上、Joint 1 的平动上。铰链间位移关系为（90D/180×3.14）×q1 +2×q2+（-90D/180×3.14）×q3＝0，同时满足q2/q3=2/（-90D/180×3.14）。关系式中角度变量需换算为弧度。

2. JOINT 语句

JOINT语句确定物体（刚体和柔性体）间的运动学约束。运动副（JOINT）的类型有等速副（constant-velocity）、圆柱副（cylindrical）、固定副（fixed）、虎克副（Hooke）、平面副（planar）、齿轮齿条副（rack-and-pinion）、转动副（revolute）、螺纹副（screw）、球副（spherical）、移动副（translational）和广义万向节副（universal joints）。

其格式如下：

$$JOINT/id,\ I=id,\ J=id,\begin{bmatrix} CONVEL \\ CYLINDRICAL \\ FIXED \qquad \begin{bmatrix}\left[,ICTRAN=r1,r2\right] \\ \left[,ICROT=\ r1,r2\right]\end{bmatrix} \\ HOOKE \\ PLANAR \\ RACKPIN,PD=r \\ REVOLUTE\ [,IC=r1,r2] \\ SCREW,PITCH=r \\ SPHERICAL \\ TRANSLATIONAL,[IC=r1,r2] \\ UNIVERSAL \end{bmatrix}$$

JOINT利用I、J MARKER来定义运动学铰链约束。下面对各种运动学约束的要求做介绍。

（1）CONVEL。该铰链定义两个 PART 具有相同转动速度， I、J MARKER的坐标必须相同且I、J MARKER的Z轴是两个 PART的转动轴，I MARKER Z轴方向背离J MARKER，J MARKER Z轴方向背离I MARKER，同时I MARKER X轴方向需与J MARKER X轴方向平行。CONVEL产生 4 个约束方程。

（2）CYLINDRICAL。该铰链定义两个 PART 沿着I、J MARKER的Z轴平动和转动。定义要求I、J MARKER的坐标必须相同，其Z轴需同向并重合。CYLINDRICAL产生 4 个约束方程。

（3）FIXED。该铰链定义两个 PART固接，要求I 和J MARKER坐标圆点重合。FIXED产生 6 个约束方程。

（4）HOOKE。该铰链定义两个PART分别沿I MARKER的X轴、JMARKER的Y轴转动。定义要求I MARKER的X轴垂直于J MARKER的Y轴，从而形成十字叉，I MARKER的Z轴、J MARKER的Z轴分别为其转轴方向，I 和J MARKER的原点重合在十字的中心。HOOKE与UNIVERSAL的功能相同，但两者之间MARKER的定义方式不同。HOOKE产生 4 个约束方程。

（5）PLANAR。该铰链定义一个PART的一个平面相对于第二个PART的一个平面滑动。定义要求I MARKER 和J MARKER的Z轴平行，XOY平面重合。PLANAR产生 3 个约束方程。

（6）RACKPIN。该铰链定义一个PART的一个转动自由度与另一个PART的移动自由度相关。定义要求I MARKER的Z轴为其转动轴向，J MARKER的Z轴为其移动轴向，PD应为I MARKER的Z轴到J MARKER的Z轴距离的两倍，产生一个约束方程，完全由COUPLER代替。

（7）REVOLUTE。该铰链定义一个PART相对于第二个PART以一个确定轴线转动。定义要求I MARKER和J MARKER的坐标圆点以及Z轴重合，Z轴为其相对转动轴，产生 5 个约束方程。

（8）SCREW。该铰链定义一个PART相对于第二个PART以一个确定轴线转动并同时沿着该轴线移动，只不过转动与移动存在一定的关系，即每转一圈产生一个螺距（PITCH）的移动。定义要求I MARKER和J MARKER的Z轴共线，产生一个约束方程。

（9）SPHERICAL。该铰链定义一个PART相对于第二个PART自由转动。定义要求I MARKER和J MARKER的坐标圆点重合，产生 3 个约束方程。

（10）TRANSLATIONAL。该铰链定义一个PART相对于第二个PART沿着一个轴线移动，不能转动。定义要求I MARKER 和J MARKER的Z轴共线，产生 5 个约束方程。

（11）UNIVERSAL。该铰链定义两个PART分别沿I MARKER的Z轴、J MARKER的Z轴转动。定义要求I MARKER的Z轴垂直于J MARKER的Z轴，从而形成十字叉， I 和J MARKER的原点重合，在十字的中心。UNIVERSAL与HOOKE的功能相同，但两者之间MARKER的定义方式不同。VNIVERSAL产生 4 个约束方程。

14.2.6 力元

力元包括ACCGRAV、BEAM、BUSHING、CONTACT、FIELD、FRICTION、GFORCE、MFORCE、NFORCE、SFORCE、SPRINGDAMPER、VFORCE、VTORQUE单元。这里分别对BEAM、FIELD语句进行介绍，其他单元可参考相关手册。

1. BEAM 语句

ADAMS使用无质量的等截面梁来定义两个PART之间的作用力。ADAMS/Solver根据输入梁的物理特性，按照铁木辛柯梁理论求解梁中的各种力。

其语句格式如下：

$$BEAM\,/\,id,\ I=id,\ J=id,\ LENGTH=r,\ IXX=r,\ IYY=r,\ IZZ=r$$
$$,AREA=r\ [,ASY=r]\ [,ASZ=r],\ EMODULUS=r,\ GMODULUS=r$$
$$\left[,\begin{Bmatrix} CMATRIX=r1,\ldots,r21 \\ CRATIO=r \end{Bmatrix}\right]$$

利用I MARKER、J MARKER定义一个无质量梁，其中 J MARKER的 X轴为梁的轴向。I MARKER在梁无变形时应在J MARKER 的 X 轴上，并且I MARKER、J MARKER 的坐标系平行。其他参数如下：

- LENGTH为梁沿着J MARKER X轴的非变形长度。
- IXX为沿J MARKER的 X轴极惯性矩。
- IYY、IZZ分别为沿着梁的横截面的中心轴（YY和ZZ）的惯性矩。
- AREA为梁的横截面积。梁的中性轴一定垂直通过该横截面。
- ASY为铁木辛柯梁Y方向的剪切修正因子。
- ASZ为铁木辛柯梁Z方向的剪切修正因子。
- EMODULUS为铁木辛柯梁的弹性杨氏模量。
- GMODULUS为铁木辛柯梁的弹性剪切模量。
- CMATRIX=r1,...,r21 为梁的结构阻尼矩阵元素。矩阵是对称的，只需要指明一半的数据。输入矩阵的值如下式：

$$\begin{bmatrix} r01 & & & & & \\ r02 & r07 & & & & \\ r03 & r08 & r12 & & & \\ r04 & r09 & r13 & r16 & & \\ r05 & r10 & r14 & r17 & r19 & \\ r06 & r11 & r15 & r18 & r20 & r21 \end{bmatrix}$$

- CRATIO为铁木辛柯梁结构阻尼矩阵与刚度矩阵的比率，默认为零。

在梁的两个端点之间，作用有线性的拉伸、弯曲和扭转力矩。梁中各种力的计算公式如下：

$$\begin{bmatrix} F_x \\ F_y \\ F_z \\ T_x \\ T_y \\ T_z \end{bmatrix} = -\begin{bmatrix} K_{11} & 0 & 0 & 0 & 0 & 0 \\ 0 & K_{22} & 0 & 0 & 0 & K_{26} \\ 0 & 0 & K_{33} & 0 & K_{35} & 0 \\ 0 & 0 & 0 & K_{44} & 0 & 0 \\ 0 & 0 & K_{53} & 0 & K_{55} & 0 \\ 0 & K_{62} & 0 & 0 & 0 & K_{66} \end{bmatrix} \begin{bmatrix} x-L \\ y \\ z \\ a \\ b \\ c \end{bmatrix} - \begin{bmatrix} C_{11} & C_{21} & C_{31} & C_{41} & C_{51} & C_{61} \\ C_{21} & C_{22} & C_{32} & C_{42} & C_{52} & C_{62} \\ C_{31} & C_{32} & C_{33} & C_{43} & C_{53} & C_{63} \\ C_{41} & C_{42} & C_{43} & C_{44} & C_{54} & C_{64} \\ C_{51} & C_{52} & C_{53} & C_{54} & C_{55} & C_{65} \\ C_{61} & C_{62} & C_{63} & C_{64} & C_{65} & C_{66} \end{bmatrix} \begin{bmatrix} V_x \\ V_y \\ V_z \\ \omega_x \\ \omega_y \\ \omega_z \end{bmatrix}$$

式中，F、T分别为力和力矩；X、Y、Z、a、b、c、V_x、V_y、V_z、ω_x、ω_y、ω_Z分别表示I、J MARKER之间的相对位移、转角、速度、角速度；K、C分别表示刚度系数和阻尼系数；L为梁I、J MARKER之间的距离（梁的长度）。

例如：

```
BEAM/2,  I=10,  J=20,  LENGTH=100
,  IXX=1000,  IYY=500,  IZZ=500,  AREA=25.0
,  ASY=1.11,  ASZ=1.11,  EMOD=28E6,  GMOD=10.6E6,
,  CRATIO=0.0001
```

2. FIELD 语句

FIELD 语句定义 I、J MARKER 之间平动和转动的作用力和反作用力。语句格式如下：

$$FIELD/id, I=id, J=id \begin{Bmatrix} \begin{bmatrix} \begin{bmatrix} \begin{Bmatrix} ,CRATIO = r \\ ,CMATRIX = r1,\ldots,r36 \end{Bmatrix} \\ ,KMATRIX = r1,\ldots,r36 \\ ,FORCE = r1,\ldots,r6 \\ ,LENGTH = r1,\ldots,r6 \end{bmatrix} \end{bmatrix} \\ ,FUNCTION = USER\ (r1[,\ldots,r30]) \\ [\backslash LENGTH = r1,\ldots,r6] \end{Bmatrix}$$

（1）CRATIO为CMATRIX相对于KMATRIX的比率。如果输入CRATIO，ADAMS/Solver就通过CRATIO乘以KMATRIX获得CMATRIX。默认值为零。

（2）CMATRIX为一个 6×6 的阻尼系数，格式如下：

$$\begin{bmatrix} r1 & r7 & r13 & r19 & r25 & r31 \\ r2 & r8 & r14 & r20 & r26 & r32 \\ r3 & r9 & r15 & r21 & r27 & r33 \\ r4 & r10 & r16 & r22 & r28 & r34 \\ r5 & r11 & r17 & r23 & r29 & r35 \\ r6 & r12 & r18 & r24 & r30 & r36 \end{bmatrix}$$

（3）KMATRIX为一个 6×6 的刚度系数矩阵，格式如下：

$$\begin{bmatrix} r1 & r7 & r13 & r19 & r25 & r31 \\ r2 & r8 & r14 & r20 & r26 & r32 \\ r3 & r9 & r15 & r21 & r27 & r33 \\ r4 & r10 & r16 & r22 & r28 & r34 \\ r5 & r11 & r17 & r23 & r29 & r35 \\ r6 & r12 & r18 & r24 & r30 & r36 \end{bmatrix}$$

（4）FORCE为对应于I、J MARKER 之间 3 个移动和 3 个转动的预载荷。

（5）LENGTH为I、J MARKER 之间 6 个自由状态下的初始位移。

（6）FUNCTION为利用用户子程序FIESUB来定义一个非线性力场。

FIELD的力与力矩关系如下式：

$$\begin{bmatrix} F_x \\ F_y \\ F_z \\ T_x \\ T_y \\ T_z \end{bmatrix} = -\begin{bmatrix} K_{11} & K_{12} & K_{13} & K_{14} & K_{15} & K_{16} \\ K_{21} & K_{22} & K_{23} & K_{24} & K_{25} & K_{26} \\ K_{31} & K_{32} & K_{33} & K_{34} & K_{35} & K_{36} \\ K_{41} & K_{42} & K_{43} & K_{44} & K_{45} & K_{46} \\ K_{51} & K_{52} & K_{53} & K_{54} & K_{55} & K_{56} \\ K_{61} & K_{62} & K_{63} & K_{64} & K_{65} & K_{66} \end{bmatrix} \begin{bmatrix} x-x_0 \\ y-y_0 \\ z-z_0 \\ a-a_0 \\ b-b_0 \\ c-c_0 \end{bmatrix} - \begin{bmatrix} C_{11} & C_{21} & C_{31} & C_{41} & C_{51} & C_{61} \\ C_{21} & C_{22} & C_{32} & C_{42} & C_{52} & C_{62} \\ C_{31} & C_{32} & C_{33} & C_{43} & C_{53} & C_{63} \\ C_{41} & C_{42} & C_{43} & C_{44} & C_{54} & C_{64} \\ C_{51} & C_{52} & C_{53} & C_{54} & C_{55} & C_{65} \\ C_{61} & C_{62} & C_{63} & C_{64} & C_{65} & C_{66} \end{bmatrix} \begin{bmatrix} V_x \\ V_y \\ V_z \\ \omega_x \\ \omega_y \\ \omega_z \end{bmatrix} + \begin{bmatrix} F_1 \\ F_2 \\ F_3 \\ T_1 \\ T_2 \\ T_3 \end{bmatrix}$$

FIELD的计算公式同BUSHING的计算公式相似，不同之处是FIELD计算公式中刚度和阻尼系数 K_{ij} 和 C_{ij}（$i \neq j$）不为零。同时，考虑初始位移X、Y、Z和转角a、b、c。FIELD提供了定义最一般力的方法，因此也利用FIELD来定义一般情况下的梁，比如定义变截面的梁或者是使用非线性材料的梁。

例如：

```
FIELD/1,  I=100,  J=57,  KMATRIX=0.198E+04
,  0,  0.126E-01,  0,  -0.147E+04,  0,
,  0,  0,  0,  0,  0,  0,
,  0.126E-01,  0,  0.208E+03,  0,  -0.933E-02,  0,
,  0,  0,  0,  0,  0,  0,
, -0.147E+04,  0,  -0.933E-02,  0,  0.763E+07,  0,
,  0,  0,  0,  0,  0,  0
,  LENGTH=0,  150,  0,  0,  0,  0
```

14.2.7　系统模型单元

系统模型单元包括DIFF、GSE、LSE、TFSISO、VARIABLE。这里分别对DIFF和VARIABLE语句进行介绍。

1. DIFF 语句

DIFF语句用于创建一个用户自定义的状态变量，利用一阶微分方程来表达该变量，格式如下：

$$DIFF/id\ IC = r1\ [,r2][,STATIC\_HOLD],\ FUNCTION = \begin{Bmatrix} e \\ USER(r1[,\ldots,r30]) \end{Bmatrix} [\backslash IMPLICIT]$$

当输入表达式为变量的显式时，IC为定义变量的初始值；如果输入表达式是一个隐函数表达式，IC就为定义变量的初始值及导数的近似值。若提供的是一个显函数，则不用提供变量导数的初值，因为ADAMS/Solver可从方程中直接计算出变量的导数。

STATIC_HOLD是指在静态分析和准静态分析中变量的值不允许改变。

IMPLICIT是指函数表达式或者DIFSUB子程序定义为隐式微分方程。在没有指明为IMPLICIT的情况下，ADAMS/Solver会假定表达式或者DIFSUB为显式方程。

$\text{FUNCTION}=\left\{\begin{matrix} e \\ \text{USER}(r1[,...,r30]) \end{matrix}\right\}$为微分方程表达式，用户自定义表达式来定义微分方程。其格式中，USER为字符串，r1[,…,r30]为数值表，传递系统变量到用户定义子程序DIFSUB中。在函数表达式中，DIF（i）为DIFF/i语句中定义的变量值。DIF1（i）为DIFF/i语句定义的变量的导数。

例如：

```
DIFF/1,  IC=2
, FUNCTION = -5.0*DIF (1)  + 8.0 + COS (TIME)
```

DIFF/1 定义变量的显式形式为：

$\dot{y}=-5y+8+\cos(t)$，y (0) = 2

```
DIFF/2,  IC=2,  IMPLICIT
,  FUNCTION = DIF1 (2)  + 5.0*DIF (2)  - 8.0 - COS (TIME)
```

DIFF/2 定义公式的隐式形式为：

$\dot{y}+5y-8-\cos(t)=0$，y (0) = 2

```
VARIABLE
```

2. VARIABLE 语句

VARIABLE语句以代数表达式的形式定义变量，格式如下：

$$VARIABLE/id,\ [IC=r] \qquad FUNCTION=\left\{\begin{matrix} e \\ USER(r1[,...,r30]) \end{matrix}\right\}$$

IC为VARIABLE的初始值。

$\text{FUNCTION}=\left\{\begin{matrix} e \\ \text{USER}(r1[,...,r30]) \end{matrix}\right\}$为VARIABLE的表达式子程序中定义的变量。如果想通过表达式来定义变量，FUNCTION后面就要有等号和表达式。如果用用户子程序来定义变量，那么FUNCTION后面需要有等号、字符串USER以及ADAMS/Solver将要传递给用户子程序VARSUB的值（r1[,…r30]）。

例如：

```
VARIABLE/4,  FUNCTION = IMPACT (DZ (10, 90),
,  VZ (10, 90),  1,  3E5,  1.2,  1, .05)
```

该VARIABLE语句利用碰撞函数定义了一个变量。

14.2.8　轮胎单元

TIRE语句定义轮胎单元。该语句模拟车辆与地面之间的相互作用力以及轮胎的旋转作用，需提供轮胎

的属性文件（.tpf）和路面数据文件（.rdf）。

轮胎属性文件包含一些参数，如ADAMS/Solver用来计算轮胎力的cornering stiffness（侧偏刚度）。轮胎模型类型不同，轮胎属性文件中提供的参数也不相同。路面数据文件（.rdf）定义了轮胎碾过的路面数据。

TIRE的格式如下：

```
TIRE/id, IP = xx, yy, zz[, xy, xz, yz], J = id, MASS = r, TPF = c
[[,IMARKID = id
  ,CMOFFSET = x, y, z
  ,RDF = c
  ,RGRA
  ,RLENGTH = r[, ALPHA0 = r]
  ,SEGS = i[, WIDTH = r]
  ,WZ = r                          ]]
[          { DELFT
           { FIALA
 ,MODEL =  { SMITHERS
           { UATIRE
           { USER [[,UPARAMETERS = r1[,...,r30]
                      ,USTRINGS = id[,...,id30] ]] } ]
[{ ,JOINT = NONE[, VX = r][, VY = r][, VZ = r]
                 ,JOINT = id                   }]
```

轮胎是一个综合单元，代表了由一些更基本的ADAMS/Solver语句组成的复杂实体，这些语句包括PART、MARKER、GRAPHICS和GFORCE。当每次创建一个TIRE时，ADAMS/Solver会自动创建这些语句。这些组成部分的作用如下。

- PART：用来表达轮胎的惯性力。
- GFORCE：以一组三维力和力矩来表达车辆与路面的相互作用。
- MARKERS：指定连接点处的坐标。
- JOINT：将轮胎连接到车辆上。
- GRAPHICS：显示轮胎和路面的状况。

语句中的各部分参数的意义如下。

- ALPHA0=r：指明 α old 的初始值，用来计算轮胎侧偏角的一阶滞后影响。
- CMOFFSET=x，y，z：定义从I MARKER点到轮胎质心处的位移。x、y和z为I MARKER的坐标值。轮胎质心MARKER与I MARKER的坐标方向相同。
- IMARKID=id：TIRE创建的I MARKER的id号。I MARKER为轮胎连接到车辆上的位置和方向。没有指明I MERKID时，ADAMS/Solver会在内部创建I MARKER。使用了JOINT = NONE选项时，必须指明I MARKER。
- IP=xx，yy，zz[，xy，xz，yz]：指明轮胎的 6 个惯性矩（积）。惯性矩（积）相对于轮胎的质心坐标CM。
- J=id：轮胎被连接到车辆上的MARKER的id号。J MARKER的Z轴必须平行于轮胎的旋转轴（使用右手法则）。如果车辆的 4 个轮子都向前旋转，那么 4 个轮胎的J MARKER的Z轴都要指向左边。
- JOINT=id：指明TIRE语句中创建的连接点转动铰链的id号。JOINT默认时为ADAMS/Tire自动创建的id值。

- JOINT=NONE：允许创建轮胎，但不直接连到车辆上。需要使用JOINT或者BUSHING语句才能将轮胎安装到车辆上。
- MASS=r：指明轮胎部分的质量。该值包括轮胎、轮辋和所有刚性连接的旋转子部件（如刹车片等）。
- RDF=c：指明路面数据文件（RDF）的路径和文件名。该路面数据文件包含一个三维路谱和路面的摩擦属性信息。
- RGRA：定义一个flag值（0或1），1使ADAMS/Solver自动生成路面图形。该图形是由TIRE命令中指明的路面数据文件中的数据生成的。
- RLENGTH：考虑轮胎侧偏角一阶滞后影响的松弛长度（relaxation length）。
- SEGS：圆柱和锥体两个平行圆之间绘制的直线段数量，近似代表圆的圆周。
- TPF=c：轮胎属性文件的路径和文件名。轮胎属性文件包含DAMS/Solver用来计算在给定的系统条件下的轮胎力和力矩的所有输入数据。
- UPARAMETERS=r1[,...,r30]：定义了至多30个实数，用来传递给TIRSUB函数。
- USTRINGS=id1[,...,id30]：定义了至多30个字符串标志符，相应的字符串被传递给TIRSUB。
- VX=r，VY=r，VZ=r：指明了轮胎质心处沿着全局坐标系的X、Y、Z轴的初始速度。
- WIDTH=r：轮胎的宽度。
- WZ=r：轮胎相对于I MARKER的Z轴的初始旋转速度。

例如：

```
TIRE/1,  J=303
,  MASS=10,
,  IP=25.0E4, 25.0E4, 33.0E4
,  TPF=TIRE.TPF
```

在该例中，默认文件为Fiala模型，默认的路面为平直路面。另外，所有需要的单元被自动创建。下面的一个例子涉及一些初始转速和路面图形：

```
TIRE/2,  J=305
,  MASS=10,
,  IP=25.09E4, 25.09E4, 33.56E4
,  TPF=TIRE.TPF
,  WZ=22.5
,  SEGS=5
,  RGRA
```

14.2.9 数据单元

数据单元包括ARRAY、CURVE、MATRIX、PINPUT、POUTPUT、SPLINE、STRING，这里分别对ARRAY和CURVE语句进行介绍。

1. ARRAY

ARRAY语句定义一组数组，其中可包括输入变量（U）、状态变量（X）和输出变量（Y），或者与系统单元GSE、LSE和TFSISO相关的初始条件。

其语句形式如下：

$$\text{ARRAY/id}\begin{Bmatrix} ,\text{X}\,[,\text{SIZE}=\text{i}] \\ ,\text{U}\,[,\text{SIZE}=\text{i}],\ \text{VARIABLES}=\text{id1}[,\ldots,\text{id1200}] \\ ,\text{Y}\,[,\text{SIZE}=\text{i}] \\ [,\text{IC}][,\text{SIZE}=\text{i}],\ \text{NUMBERS}=\text{r1}[,\ldots,\text{r1200}] \end{Bmatrix}$$

- IC：创建一维数组，在用户自定义子程序中引用，也为LSE或者GSE分配初始状态数组。
- NUMBERS=r1[,...,r1200]：当使用IC数组时，允许输入一维的实数组。
- SIZE=i：定义数组的大小，范围为 1~1200。
- VARIABLES=id1[,...,id1200]：全部VARIABLE 的id集合。
- X：对于系统单元LSE、GSE或者TFSISO，将 ARRAY命令指定为状态变量数组。
- U：将集合的VARIABLES创建为数组。
- Y：对于系统单元LSE、GSE或者TFSISO，将 ARRAY命令指定为输出数组。

例如：

```
ARRAY/1,  X
ARRAY/2,  U,  VARIABLES=2
ARRAY/3,  IC,  NUMBERS= 0.0,  0.0
```

2. CURVE

CURVE语句定义三维参数曲线，其表达式如下：

$$CURVE/id\begin{Bmatrix} OPEN \\ ,CLOSED \end{Bmatrix}$$

$$\begin{Bmatrix} ,FUNCTION=USER\ (r1[,\ldots,r30])\backslash & \left[\left[\begin{matrix} MINPAR=r \\ MAXPAR=r \end{matrix}\right]\right] \\ MATRIX=id\begin{Bmatrix} ,CONTROL\_POINTS \\ CURVE\_POINTS\ [,TENSION=r] \end{Bmatrix} & \end{Bmatrix}$$

- CLOSED：曲线是闭环曲线。
- OPEN：曲线为开环曲线。
- FUNCTION=USER(r1[,...,r30])\：定义并传递参数给用户子程序CURSUB，以计算曲线坐标和偏导。
- MAXPAR=r：用户子程序定义曲线参数的最大值，默认值为 1.0。
- MINPAR=r：用户子程序定义曲线参数的最小值，默认值为-1.0。
- MATRIX=id：包含曲线数据的MATRIX的id号。
- CONTROL_POINTS：基于控制点的三次多项式的B样条曲线。
- CURVE_POINTS：曲线通过数据点。
- TENSION=r：B样条曲线运算使用中的收敛因子，默认值为 0.05，范围为 0 到无穷大。

例如：

```
CURVE/5,  OPEN,  CURVE_POINTS,  MATRIX=2
```

该语句以MARTRIX/2 中的曲线点坐标创建了一条开环曲线。ADAMS/Solver以B样条曲线来对该点进行插值。

14.2.10　分析参数单元

分析参数单元包括DEBUG、EQUILIBRIUM、IC、INTEGRATOR、KINEMATICS、SENSOR、UINT。这里分别对DEBUG、EQUILIBRIUM语句进行介绍。

1. DEBUG

DEBUG语句用于输出数据的定义，以方便系统调试，语句形式如下：

$$\text{DEBUG/}\left[\left\{\begin{array}{c}\text{DUMP}\\ \text{EPRINT}\end{array}\right\}\right]\left[\{,\text{VEBOSE}\}\right]\left[\left[\begin{array}{l},\text{REQDUMP}\\ ,\text{JMDUMP}\\ ,\text{RHSDUMP}\end{array}\right]\right]\left[\left[\begin{array}{c},\text{DOF}\\ ,\text{TOPOLOGY}\end{array}\right]\right]$$

- DOF：将自由度信息以表格文件的形式打印，默认为Off。
- DUMP：将系统的方程按ADAMS/Solver内部表示法文件的形式打印，默认为Off。
- EPRINT：打印出每一步长下的信息，根据输出的信息确定误差的来源，默认为Off。
- JMDUMP：在每次迭代时输出雅可比矩阵运算信息，默认为Off。
- REQDUMP：在每次迭代时对REQUEST和MREQUEST进行输出，默认为Off。
- RHSDUMP：在每次迭代时对YY数组（状态向量）、RHS数组（误差信息）和DELTA数组（状态向量的增量）进行输出，默认为Off。
- TOPOLOGY：msg文件中打印出系统拓扑结构数据，默认为Off。
- VERBOSE：将附加的信息打印到屏幕，如子程序名等，默认为Off。

例如：

```
DEBUG/EPRINT
```

该DEBUG语句将打印出每一步长下的信息。

2. EQUILIBRIUM

EQUILIBRIUM语句指明了在静平衡分析和准静态分析中的误差和其他参数，语句形式如下：

$$EQUILIBRIUM\,/\left\{\begin{array}{l} STATIC,\left[\left[\begin{array}{l} ALIMIT\ = r\\ ,ERROR\ = r\\ ,IMBALANCE\ = r\\ ,MAXIT\ = r\\ ,PATTERN\ = c1\,[\ :\ ...\ :\ c10]\\ ,STABILITY\ = r\\ ,TLIMIT\ = r \end{array}\right]\right]\\ DYNAMIC,\left[\left[\begin{array}{l} ACCELERATION\_ERROR\ = r\\ ,GLOBAL\_DAMPING\ = r\\ ,KINETIC\_ENERGY\_ERROR\ = r\\ ,SETTLING\_TIME\ = r \end{array}\right]\right] \end{array}\right\}$$

- ACCELERATION_ERROR=r：利用动力学仿真进行静力学仿真时允许的最大加速度误差，默认值为1.0E-02，取值范围大于零。

- ALIMIT=r：在进行静态仿真时允许的最大角度增加量，默认值为 0.17453（10D），取值范围大于零。
- DYNAMIC：ADAMS/Solver利用动力学进行静力学仿真。
- ERROR=r：在静力学仿真时允许的最大相对位移误差，默认值为 1.0E-04，取值范围大于零。
- GLOBAL_DAMPING=r：指明动力学仿真时施加在所有物体上的阻尼系数，默认值为 0，取值范围大于等于零。
- IMBALANCE=r：在静态仿真时允许的最大不平衡力，默认值为 1.0E-04，取值范围大于零。
- KINETIC_ENERGY_ERROR=r：指明在静态仿真时的最大动能误差，默认值为 1.0E-02，取值范围大于零。
- MAXIT=I：在静态仿真时的最大迭代数，默认值为 25，取值范围大于零。
- PATTERN=c1[:...:c10]：在静力学仿真中Newton-Raphson迭代的雅可比矩阵是否进行更新运算。
- SETTLING_TIME=r：在利用动力学分析进行静力学仿真时允许的最长时间，默认值为 100，取值范围大于零。
- STABILITY=r：将质量阵和阻尼阵按此比例增加到刚度阵，将增加收敛速度而不影响精度。
- STATIC=r：ADAMS/Solver使用静态分析进行静力学仿真，默认为STATIC。
- TLIMIT=r：指明在静态仿真时的最大平移增量，默认值为 20，取值范围大于零。

例如：

```
EQUILIBRIUM/ STABILITY=0.01,  TLIMIT=10,  IMBALANCE=1.0E-05
```

14.2.11 输出单元

输出单元包括FEMDATA、LIST/NOLIST、MREQUEST、OUTPUT、REQUEST、RESULTS。这里分别对FEMDATA和MREQUEST语句进行介绍。

1. FEMDATA

FEMDATA语句输出构件载荷、变形、应力和应变的数据文件，以作为有限元分析或疲劳寿命分析的输入。如果使用OUTPUT命令，就必须指明FEMDATA产生文件的类型。只有在OUTPUT命令中指明了格式FEMDATA才会输出文件。其语句格式如下：

$$
\left\{\begin{array}{l}
\text{LOADS,}\left\{\begin{array}{c}\text{RM}=\text{id}\\ \text{FLEX\_BODY}=\text{id}\end{array}\right\}\text{,[PEAK\_SLICE}=\text{FX}:\text{FY}:\text{FZ}:\text{FMAG}:\text{GMAG]}\\
\text{MODAL\_DEFORMATION, FLEX\_BODY}=\text{id}\\
\text{NODAL\_DEFORMATION, FLEX\_BODY}=\text{id, DATUM}=\text{node\_id ,[NODE}=\text{id1 [,? idn]]}\\
\text{STRAIN, FLEX\_BODY}=\text{id,[NODE}=\text{id1 [,? idn]]}\\
\text{STRESS,, FLEX\_BODY}=\text{id,[NODE}=\text{id1 [,? idn]]}
\end{array}\right\}
$$

$$
\begin{array}{l}
\text{[,FILE}=\text{name]}\\
\text{[START}=\text{t1]}\\
\text{[,END}=\text{t2]}\\
\text{[,SKIP}=\text{n]}
\end{array}
$$

- LOADS：输出所有施加在指定物体上的外部力以及惯性力。
- RM = id：输出载荷的参考坐标系。

- FLEX_BODY = id：指明FENDATA输出数据的柔性体的ID值。
- PEAK_SLICE = FX:FY:FZ:FMAG:GMAG：在载荷的峰值处输出FEM载荷数据。
- MODAL_DEFORMATION：输出指定柔性体上的模态变形。
- NODAL_DEFORMATION：输出指定柔性体上的节点变形。
- DATUM = node_id：指明节点的ID。ADAMS/Solver根据节点的ID来计算节点的位移。
- NODE = id1 [,…,idn]：指明将要输出数据的节点集合。
- STRAIN：输出在指定物体上的应变信息。
- STRESS：输出在指定物体上的应力信息。
- FILE = name：对FEM数据指明输出文件名。
- START = t1：指明输出数据的开始时间，默认情况下为仿真开始时间。
- END = t2：指明时间t2，在该时间点终止数据输出。
- SKIP = n：当输出数据时，指明要跳过的输出步数，默认情况下n = 0（就是每一步都要输出）。

例如：

```
FEMDATA/1,  LOADS,  RM=201
,  PEAK_SLICE = GMAG
,  FILE = peak201.nas
OUTPUT/LOADS = NASTRAN
```

2. MREQUEST

MREQUEST语句定义多个输出数据（数据被ADAMS/Solver写进表格输出文件和请求文件中），格式如下：

$$
\begin{array}{l}
MREQUEST/id\left\{\begin{array}{c} DISPLACEMENT \\ VELOCITY \\ ACCELERATION \\ FORCE \end{array}\right\} \\
,\left\{\begin{array}{c} [J=id,]\ PARTS \\ JOINTS \\ JPRIM \\ APPFORS \end{array}\right\}=\left\{\begin{array}{c} id1[,\ldots,id30] \\ ALL \end{array}\right\} \\
[,RM=id]\,[,COMMENT=c]
\end{array}
$$

- DISPLACEMENT：输出质心处、铰链点或者施加力处MARKER的位移。
- VELOCITY：输出质心处、铰链点或者施加力处MARKER的速度。
- ACCELERATION：输出质心处、铰链点或者施加力处MARKER的加速度。
- FORCE：输出质心处、铰链点或者施加力处MARKER的力。
- J=id：要测量的质心处位移、速度或加速度的MARKER的id 号。
- RM=id：要测量的质心处位移、速度、加速度或力的参考坐标系MARKER的id号。
- COMMENT=c：在MREQUEST命令输出的每条信息顶部添加标题。

例如：

```
MREQUEST/01,  DISPLACEMENT,  PARTS=1, 2, 3
```

该 MREQUEST 输出 Part 1、2 和 3 处的位移。

```
MREQUEST/04, FORCE, JOINTS=ALL
```

该MREQUEST输出所有铰链的力的数据。

14.3 ADAMS/Solver 命令及仿真控制文件

14.3.1 ADAMS/Solver 命令结构及分类

在ADAMS/Solver中可用命令来控制仿真、修改语句中的定义、调用和控制仿真、显示仿真输出和状态信息。

表 14-2 是按功能分类的ADAMS/Solver命令。后面将会列出部分命令的使用说明。

表 14-2　ADAMS/Solver命令

命令类型	命令名称
Inertia and material data	PART
Geometry	MARKER，FLEX_BODY
Constraints	JOINT，MOTION，UCON
Forces	ACCGRAV，BEAM，BUSHING，FIELD，FRICTION GFORCE，SFORCE，SPRINGDAMPER，VFORCE VTORQUE
Reference data	ARRAY，SPLINE，STRING，VARIABLE
Analysis parameters	DEBUG，EQUILIBRIUM，IC，INTEGRATOR KINEMATICS，LSOLVER，SENSOR
Output	OUTPUT，REQUEST
Simulation	ACTIVATE，CONTROL，DEACTIVATE，EXECUTION FILE，LINEAR，PREFERENCES，RELOAD，SAVE SIMULATE，STOP
Information	HELP，HOTLINE，INFO，MENU，SHOW，TIME
显示（Display）	ACENTER，AINIT，AUTOSCALE，BACKUP/ZOOM CENTER，CLEAR，DISPLAY，DRAW，DT，ERASE/RESTORE PLOT，RETURN，SET

1. PART

PART命令列出创建部件对象的有关信息，在PART命令中重新定义质心标记点、惯量标记点、部件的方位和初始位置，也能定义部件的质量以及绕局部坐标系X、Y、Z方向的惯性张量值。

格式：

```
PART/id [, MASS=r] [, IP=xx, yy, zz] [, LIST]
```

其中，IP=xx，yy，zz为指定的相对于局部坐标系X、Y、Z方向的惯性张量；MASS=r为部件的质量。

例如：

```
PART/2, MASS=10              （定义部件 2 的质量为 10 单位）
PART/5, IP=0, 3, 6, LIST     （定义部件 5 的参考系 X、Y、Z 方向的转动惯量）
```

2. MARKER

MARKER命令可用来移动和重新定义已存在的标记点，也列出标记点位置的有关信息。
格式：

$$\text{MARKER/id}\left[\begin{array}{l} \left[\left[\begin{array}{c} \text{,QP=x,y,z} \\ \text{,REULER=a,b,c} \end{array}\right]\right] \\ \text{,QP=x,y,z}\left\{\begin{array}{l} \left[\left[\begin{array}{c} \text{,XP=x,y,z ,USEXP} \\ \text{,ZP=x,y,z} \end{array}\right]\right] \\ \text{, ZP =x, y, z}\left[\text{, XP=x, y, z}\right] \end{array}\right\} \end{array}\right]\left[,\mathit{LIST}\right]$$

参数定义：

- QP=x，y，z定义该标记点相对于其依附的部件的位置坐标，该坐标为局部坐标。
- REULER=a，b，c定义该标记点相对于局部坐标系的body313 欧拉方向角，即局部坐标系先绕其Z轴旋转a度，再绕X轴旋转b度，最后绕Z轴旋转c度后得到的方向。

例如：

```
MARKER/10, REULER=15D, 0, 0
```

该 MARKER 命令改变了标记点 10 的方位角。

```
MARKER/10, QP=2, 15, 0
```

该 MARKER 命令改变了标记点 10 的位置坐标。

```
MARKER/10, QP=2, 15, 0, ZP=3, 15, 0
```

该MARKER命令既改变标记点 10 的位置坐标，又改变其方向角。

3. JOINT

JOINT命令创建约束副。
格式：

```
JOINT/id [, LIST]
```

例如：

```
JOINT/10,  LIST
```

创建约束副 10 并列出所有数据。

4. GFORCE

GFORCE定义作用力并列出相关的数据，由 3 个正交的平动力分量和 3 个正交的力矩分量组成。
格式：

$$\text{GFORCE/ id}\left[,\text{I= id}\right]\left[,\text{JFLOAT= id}\right]\left[,\text{RM= id}\right]\left[,\text{LIST}\right]$$

$$\left[\left\{\begin{array}{c}\left[\begin{array}{l}\left[\text{,FX=e}[\backslash]\right] \\ \left[\text{FY=e}[\backslash]\right] \\ \left[\text{FZ=e}[\backslash]\right] \\ \left[\text{TX=e}[\backslash]\right] \\ \left[\text{TY=e}[\backslash]\right] \\ \left[\text{TZ=e}[\backslash]\right]\end{array}\right] \\ \text{,FUNCTION=USER}\left(\text{r1,[..., r30]}\right)[\backslash]\end{array}\right\}\right]$$

参数定义：

- FUNCTION=USER（r1[，...，r30]）为用户指定 30 个参数来计算用户自定义子程序GFOSUB。
- FX = e、FY=e、FZ=e为GFORCE平动力的 3 个正交分量，是相对于参考坐标而言的。
- I=id 为固定在受力物体上的标记点。
- JFLOAT=id为一个浮动标记点，与I标记点分属不同的部件并与I标记点叠加，随部件移动。利用J浮动标记点计算反力及反力矩。
- TX = e、TY=e、TZ=e为GFORCE转动力矩的 3 个正交分量，是相对于参考坐标而言的。力矩的正方向为绕坐标轴的逆时针方向。

例如：

```
GFORCE/1,  I=8,  JFLOAT=6,  RM=7,  LIST,  &
FY  =  0\  &
FZ  =  0\  &
TY  =  0\  &
TZ  =  0
```

该GFORCE命令重新定义并列举标记点I 和标记点J 之间广义力的 6 个分量。其中，FY、FZ、TY和TZ设置为 0，标记点I 和标记点J 叠加，反力/力矩FX和TX的值可通过J标记点得到。

5. VARIABLE

VARIABLE命令通过一系列参数的标量代数运算来定义变量。这些变量能在PINPUT、POUPUT和ARRAY等命令中使用。

格式：

$$\text{VARIABLE/id , }\left[\text{IC = r ,}\right]\left[\text{FUNCTION=}\left\{\begin{array}{c} e \\ \text{USER(r1,[... , r30])}\end{array}\right\}[\backslash]\right]\left[\text{,LIST}\right]$$

参数定义：

- FUNCTION=$\left\{\begin{array}{c} \text{e} \\ \text{USER(r1[,..., r30])}\end{array}\right\}$通过一个表达式的运算指明变量的值，或通过一系列参数输入变量子程序VARSUB中，以求解变量的值。
- IC=r 为变量指定一个初始值。ADAMS/View在计算中会对其进行调整。

6. SENSOR

SENSOR命令列出有关SENSOR声明的数据，并可通过表达式或子程序来重新定义SENSOR声明。
格式：

$$\text{SENSOR/ id,}\left[\text{FUNCTION=}\begin{Bmatrix} e \\ \text{USER(r1[,... , r30])}\end{Bmatrix}[\backslash]\right][\text{LIST}]$$

用来指定或定义并传递一系列参数给用户子程序，或者用计算表达式的值来定义SENSOR。
例如：

```
SENSOR/231, FUNCTION=DX (0202, 0307)
```

该SENSOR命令将定义到SENSOR/231 的函数表达式改为DX（0202，0307）。

7. REQUEST

REQUEST用来定义或修改需求的表达式命令。
格式：

$$\text{REQUEST/id ,}\left[\begin{Bmatrix} \left[\begin{array}{l} \text{F1=e }[\backslash] \\ \text{F2=e }[\backslash] \\ \text{F3=e }[\backslash] \\ \text{F4=e }[\backslash] \\ \text{F5=e }[\backslash] \\ \text{F6=e }[\backslash] \\ \text{F7=e }[\backslash] \\ \text{F8=e }[\backslash] \end{array}\right] \\ \text{FUNCTION=USER(r1[,..., r30])}[\backslash] \end{Bmatrix}\right][\text{LIST}]$$

F1=e，....，F8=e分别定义REQUEST的第 1 个到第 8 个分量，若被使用，则要么该分量为最后一个参数，要么后面紧跟符号“\”。ADAMS/Solver将这些表达式的值写进相应的输出表列，而不是写入REQUEST文件。
例如：

```
REQUEST/21, F4=DX (2110, 409) \F8=DX (2115, 409)
```

该REQUEST命令修改了REQUEST/21 的第 4 个和第 8 个表达式，其他的表达式不变。

8. SIMULATE

SIMULATE命令指明需要ADAMS/Solver进行仿真的类型，同时指明运行时间以及输出步长。
格式：

$$\text{SIMULATE/}\begin{Bmatrix} \text{DYNAMICS} \\ \text{KINEMATICS} \\ \text{TRANSIENT} \end{Bmatrix}\begin{Bmatrix} \text{,DURATION=r} \\ \text{,END=r} \end{Bmatrix}\begin{Bmatrix} \text{,DTOUT=r} \\ \text{,STEPS=i} \end{Bmatrix}$$

或者为

$$\text{SIMULATE/STATICS}\begin{Bmatrix} \text{,DURATION=r} \\ \text{,END=r} \end{Bmatrix}\begin{Bmatrix} \text{,DTOUT=r} \\ \text{,STEPS=i} \end{Bmatrix}$$

或者为

$$\text{SIMULATE/INITIAL\_CONDITIONS}\left[\left\{\begin{matrix}\text{,DISPLACEMENT}\\ \text{,VELOCITY}\\ \text{,ACCELERATION}\end{matrix}\right\}\right]$$

参数定义：

- DISPLACEMENT、VELOCITY、ACCELERATION指明机构需要执行的位移、速度和加速度分析，而这些分析最初没有被执行。
- DTOUT指明分析步长，以模型仿真时间为单位。
- DURATION 指明模型仿真分析的时间。
- END指明动力学、运动学和准静态平衡分析的结束时间。
- DYNAMICS 指定ADAMS/Solver去积分动力学方程。若一个具有 0 自由度的系统需要进行动力学分析，则ADAMS/Solver提供一个警告信息并将方程积分，而不会使用运动学分析。运动学分析比动力学分析快。
- KINEMATICS 指明ADAMS/Solver运行运动学仿真分析。若具有一个或多个自由度的系统需要进行运动学分析，则ADAMS/Solver提交错误信息，而不去执行整个命令。
- STATICS指明ADAMS/Solver执行一个静态平衡分析或一个准静态平衡分析。
- TRANSIENT 指明ADAMS/Solver当系统具有 0 自由度的时候运行运动学分析。当系统具有一个或多个自由度的时候进行动力学分析。

例如：

```
SIMULATE / KINEMATICS, END=5, STEPS=200
```

该仿真命令指定ADAMS/Solver从开始起的 5 秒内，以 200 步输出步长来执行运动学仿真。若在数据库中该进程是第一次仿真分析，则时间从 0 开始，而且仅在系统具有 0 自由度时才执行该命令。

```
SIMULATE / KINEMATICS, DURATION=2, DTOUT=.025
```

该仿真命令指定ADAMS/Solver实现运动学仿真，时间为 2 秒，每一步长为 0.025 秒。

9. SHOW

SHOW命令会列出CPU时间、图形选项、状态和当前时间。

格式：

$$\text{SHOW}[\text{CPUTIME}][\text{,GROPTIONS}]\left[\text{,STATUS=}\left[\left[\begin{matrix}\text{ALL}\\ \text{,GRAPHICS}\\ \text{,REQUESTS}\\ \text{,SIMULATION}\end{matrix}\right]\right]\right][\text{,TIME}]$$

参数定义：

- CPUTIME 列出当前执行过程中占用的CPU时间。
- GROPTIONS 列出控制图形显示的选项。

- STATUS= $\left[\left[\begin{array}{c}\text{ALL}\\ \text{,GRAPHICS}\\ \text{,REQUESTS}\\ \text{,SIMULATION}\end{array}\right]\right]$ 列出每个GRAPHICS声明的数据、每个REQUEST声明的数据、每次仿真的数据或者所有的数据，默认为SIMULATION。
- TIME 列出当前的时间和日期。

10. PLOT

PLOT命令将当前仿真数据集中的REQUEST和MEQUEST的声明以图表的形式输出。

格式：

$$
\begin{aligned}
&\text{PLOT YAXIS}=c1[id1][:c2[id2]:c3[id3]]\\
&[\text{,XAXIS}=c1[id1][:c2[id2]:c3[id3]]\ ]\\
&\left[\left[\begin{array}{l}\text{,XMIN=r}\\ \text{,XMAX=r}\end{array}\right]\right]\left[\left[\begin{array}{l}\text{,YMIN=r}\\ \text{,YMAX=r}\end{array}\right]\right]\left[\left[\begin{array}{l}\text{,TMIN=r}\\ \text{,TMAX=r}\end{array}\right]\right]\\
&[\text{,POINTS= i}]\left[\left\{\begin{array}{l}\text{,DEGREES}\\ \text{,RADIANS}\end{array}\right\}\right]
\end{aligned}
$$

参数定义：

- DEGREES 图表中使用旋转度数值。
- POINTS=i 指明图表数据中的增量值。例如，POINTS=2 以每两个点画出图线。
- RADIANS 图表中使用弧度值，弧度为默认参数值。
- TMIN=r、TMAX=r 指明ADAMS/Solver从REQUEST中获取分析数据时最小和最大的时间值，最小时间值必须大于等于初始输出时间，最大时间值必须小于等于当前仿真时间。
- XMIN=r、XMAX=r 指明ADAMS/Solver从REQUEST中获取分析数据时的最小和最大的X轴值。若两个参数都被运用，则XMIN必须小于XMAX；若只有一个参数被使用，则另一个应取图表中表示的X轴的极大值或极小值。
- YMIN=r、YMAX=r 指明ADAMS/Solver从REQUEST中获取分析数据时的最小和最大的Y轴值。若两个参数都被使用，则YMIN必须小于YMAX；若只有一个参数被使用，则另一个应取图表中表示的Y轴的极大值或极小值。
- $\begin{array}{l}\text{XAXIS}=c1[id1][:c2[id2]:c3[id3]]\\ \text{YAXIS}=c1[id1][:c2[id2]:c3[id3]]\end{array}$ 指明REQUEST和MREQUEST声明中需要用图表列出的信息。X轴和Y轴各能输出 3 种图表信息，这些参数是：

```
TIME        Output time steps
   X           X component
   Y           Y component
   Z           Z component
MAGNITUDE     Magnitude of polar vector
   ANG1         First angular component
   ANG2         Second angular component
```

```
        ANG3         Third angular component
    AMAGNITUDE     Magnitude of angular components
```

ADAMS/Solver将以图表方式列出Y轴和X轴数据信息一一对应的仿真曲线。

例如：

```
PLOT XAXIS=TIME:X 10, YAXIS=MAG 1:AMAG 2, POINTS=3 D
```

该命令图表列出对应于输出时间步长的Request 1 的大小信息，以及对应于Request 10 的X分量的Request 2 的角度信息。该命令以每 3 个输出点列表并以度数输出角度值。

14.3.2 创建 ADAMS/Solver 仿真控制文件

1. 创建命令文件

利用文本编辑器输入需要使用的命令来控制仿真。第一行必须包含数据集文件的名字，第二行是ADAMS/Solver创建的指定给输出文件的前缀名。其后各行包含ADAMS/Solver需要在仿真中执行的所有命令，最后一行是STOP命令。文件必须以.acf扩展名的形式保存。下面是ADAMS/Solver命令文件的例子：

```
! This is my simulation script.
compressor.adm
run1
output/noseparator
simulate/transient, &
end=2, dtout=0.1
deactivate/motion, id=201
simulate/transient, end=5, dtout=0.01
stop
```

在上例中，数据集文件名为compressor.adm，而由ADAMS/Solver创建的指定给所有输出文件的基名为run1（run1.msg、run1.out等）。run1 下面的 4 行命令打开仿真中的各种输出文件，执行transient仿真，驱动运动定义为失效，然后执行另一个transient仿真分析。最后以stop命令中止仿真。

2. 命令文件语法特例

ADAMS/Solver命令的语法规则特例如下。

（1）Angles：ADAMS/Solver通常假设其命令文件中所有的角度数据均以弧度表示，如果想用度作为输入数据的单位，就必须在每个数值之前加上D。

（2）Arguments：如果ADAMS/Solver发现命令参数中有下列语法错误，就会发布错误信息并取消执行整段命令。

- 参数的无效数值。
- 参数缩写混淆不清。
- 无效的参数类型值（例如参数需要的是数值，而输入的是字符；或参数需要整型值，而输入的是带小数的实数值）。
- 忽略了参数或代入参数的值。

如果输入了一个不符合参数值类型的值给该参数，那么ADAMS/Solver将发布错误信息忽略该参数，但仍然执行余下的命令。

（3）Continuations：ADAMS/Solver允许命令行最多有8个字符长。要输入超过一行长度的命令，就必须在该行的末尾字符之后加上连字符&。如果以交互方式输入命令，那么ADAMS/Solver 会要求你输入到下一行，而行数不受限制。

3. 复杂ADAMS/Solver仿真控制文件举例

下面为一个较为复杂的ADAMS/Solver仿真控制文件test.acf。

```
test.adm
testdemo1
INTEGRATOR/I3_GSTIFF,   & ERR=0.01, HINIT=0.001, HMAX=0.001, HMIN=1.0E-08, KMAX=2
sim/dyn, end=1, steps=256
show cputime, time
save/system, file=test.sav
sim/dyn, end=2, steps=100
show cputime, time
rel/system, file=test.sav, out=testdemo2
INTEGRATOR/SI2_GSTIFF,  & ERR=0.01, HINIT=0.001, HMAX=0.001, HMIN=1.0E-08, KMAX=2
sim/dyn, end=3.5, steps=250
save/system, file=test1_5.sav
show cputime, time
rel/system, file=test.sav, out=testdemo3
sim/dyn, end=4.5, steps=200
save/system, file=test3_0.sav
show cputime, time
rel/system, file=test1_5.sav, out=testdemo4
sim/dyn, end=5, steps=150
stop
```

运行时执行如下命令：

```
mdi ru-s test.acf
```

14.4 本章小结

本章首先简明扼要地介绍了ADAMS的主要文件，然后讲解求解器（Solver）模型语言分类并对每个模型语言与语法附带一个例子，最后介绍了求解器（Solver）命令及仿真控制文件。

通过本章的学习，读者可以深刻理解ADAMS中几何、约束、力元等的实质，脱离ADAMS/View环境直接利用ADAMS/Solver进行一些高级应用，并为进一步的ADAMS二次开发打下基础。

第 15 章 ADAMS 用户子程序

本章对ADAMS用户子程序进行简要的介绍，着重介绍CONSUB、GFOSUB和REQSUB的使用方法以及在用户子程序中两个常用的功能子程序SYSARY和SYSFNC的使用情况。通过本章的学习，读者应具备基本的开发用户子程序的能力。

知识要点

- 掌握用户子程序的分类和使用。
- 通过实例掌握线性静态结构分析的方法。
- 掌握功能子程序SYSARY和SYSFNC的使用情况。

15.1 ADAMS 用户子程序简介

一般情况下，ADAMS的大部分功能通过函数表达式完成。函数表达式很容易操作，因为不必编译或连接程序，而且ADAMS/Solver还会实时提供函数表达式。函数表达式提供的只是有限的编程结构，因此有些复杂的情况，特别是涉及一些逻辑表达时，用函数表达式则很难表达出来。因此，在需要采用一些ADAMS没有提供的特殊函数时采用用户子程序。

用户子程序更具有通用性，利用编程语言来定义模型元素或者特定的输出。用户将函数表达式写成子程序的形式并将其与ADAMS/View连接，它具有函数表达式所没有的通用性和灵活性。

子程序利用通用程序设计语言（FORTRAN或C）的功能来定义ADAMS/View不能提供的函数，并使之按照需要而量身设计。通过连接用户子程序，不会失去ADAMS/View的任何功效，也不会降低仿真速度。

当出现下列情况时，通常会使用到用户子程序：

- 数学函数很难表达。
- 需要定义多用户使用的函数。
- GSE和UCON声明时。
- 需要控制复杂仿真运行以及需要做决策逻辑时。

使用用户子程序时要小心，因为不正确的用户子程序会很难调试。

15.1.1 用户子程序的种类

根据用户子程序的功能，可将它们分为 3 类。

- Driver Subroutine：驱动子程序。

- Evaluation Subroutine：计算子程序。
- Restart Subroutine：重启子程序。

1．驱动子程序

驱动子程序用来驱动ADAMS/Solver。这样ADAMS/Solver在仿真时可进一步完成对模型的分析和修改的自动化工作。

CONSUB发出request（请求）、regulate（调整）和vary simulations（改变仿真）的命令，并通过做出的交互式命令来修改数据或者进行不同的分析。大多数运行ADAMS/Solver的情况都是交互式的，或者是以批处理的形式，一次只涉及单个的分析。使用CONSUB完成对数据的动态分析，改变前提条件并重复动态分析。

2．计算子程序

计算子程序为用户自定义。ADAMS/Solver可写子程序来对某些非标准的或复杂的计算式计算其数值。计算子程序的程序名和功能如表15-1所示。

表15-1　计算子程序的程序名和功能

子程序	功能
COUSUB，CONXX，COUXX2	定义用户自定义的COUPLER
CURSUB	计算曲线坐标以及CURVE的导数
DIFSUB	计算DIFF的微分方程值
DMPSUB	计算FLEX_BODY模型的阻尼比
FIESUB	对FIELD计算力和力矩以及它们的导数
GFOSUB	对GFORCE计算数值
GSE_DERIV GSE_UPDATE GSE_OUTPUT GSE_SAMP	用GSE来计算当前状态和输出的偏导数值
MFOSUB	对MFORCE计算模型值
MOTSUB	对MOTION计算铰点位移、速度和加速度
REQSUB	对REQUEST计算输出值
SENSUB	对SENSOR计算感应值
SFOSUB	对SFORCE计算力的大小
TIRSUB	对于轮胎接触，定义3个力和3个力矩
UCOSUB	对UCON计算约束值及其导数
VARSUB	对VARIABLE计算其代数值
VFOSUB	对VFOSUB计算力的分量
VTOSUB	对VTORUE计算力矩的分量

3．重启子程序

重启子程序由一对子程序组成，即SAVSUB和RELSUB。它们保存和重新加载子程序运行过程中的某些状态变量，这些状态变量是那些相关的用户子程序在重新启动或进行某些变量初始化时所必需的数据。

在用户子程序之间相互调用时，需要使用它们在子程序内部保存的数据。如果没有使用RELSUB和SAVSUB，在保存仿真文件时内部数据就会丢失。

虽然SAVE命令可将模型和仿真数据保存到文件中，而且通过使用RELOAD命令重新调入保存文件，并从该保存点重新启动仿真，但是SAVE和RELOAD不可能对用户子程序的内部数据进行特殊操作。在RELOAD

命令之后，ADAMS/Solver会从仿真流程中断点继续调用用户子程序，但是用户子程序中某些感兴趣的内部变量却没有得到保存。

例如，假设SFOSUB子程序中力的系数是一个内部状态变量，如果打算将第一次调用SFOSUB子程序时所计算的力的系数保存以便今后使用，那么使用SAVE和RELOAD时会产生数据丢失。可用SAVSUB将计算出来的系数保存在文件中并用RELSUB重新调入它们，或者仅仅用RELSUB来重新计算系数。重启子程序的程序名和功能如表 15-2 所示。

表 15-2　重启子程序的程序名和功能

子程序	功能
RELSUB	加载能使用户子程序重新启动的信息
SAVSUB	保存以后能重新启动用户子程序的信息

15.1.2　子程序的使用

相对于ADAMS/View来讲，用户定义子程序有两个任务：输入和输出。

输入就是在相应的命令、状态或在表明当前系统状态的计算结果中提供给ADAMS/View的相关信息。

输出就是从ADAMS/View中获得的相关信息。

1. 声明浮点变量

为了保证数值在子程序之间或者ADAMS/Solver和子程序之间能够正确传递，需要声明浮点变量，就像在ADAMS/Solver中的声明一样。

在UNIX和Windows机器上，ADAMS/Solver使用双精度浮点变量。因为未声明的浮点变量通常都是单精度的（如REAL），所以应当明确声明所有的浮点变量都是双精度的。

2. 参数的使用

ADAMS/View会从FUNCTION=USER()的表达式中提供给用户子程序参数值。例如，使用FUNTION=(4.0，5.0，6.0)，ADAMS/View将通过一个包含 4.0、5.0、6.0 的PAR数组参数以及一个值为 3 的NPAR参数传递这些数值。

通过使用这些功能使得用户子程序更加灵活。例如，如果计算需要marker101 和marker102 的距离，就将这些标志符直接写进用户子程序。

3. 避免不连续

在运行表达式中，当使用子程序来定义运动、传感器、力或者模型中的状态平衡方程时，应当保证这些函数是连续的。

不连续的函数很难处理，因为大多数数学理论都是假定系统方程是连续的。如果违反了该规则，ADAMS/Solver就会得出出人意料的结果。当使用IF声明将分段函数连接起来时，常常会产生不连续函数。为了保证函数是连续的，在使用该类型的函数时一定要小心。

4. 创建用户子程序

为了创建自己的用户子程序，ADAMS提供了子程序模板并将它们放在安装目录install_dir/ADAMS/solver/usersubs中。

子程序不能以C语言为模板。如果需要一个C语言的子程序，就必须通过修改FORTRAN文件来创建它，或者使用FORTRAN模板作为向导创建自己的C语言格式子程序。

创建用户子程序的步骤如下。

Step 01 决定需要创建什么样的用户子程序。例如，如果有GFORCE的声明，就创建GFOSUB的用户子程序。

Step 02 决定要计算什么，需要什么输入参数。

Step 03 将合适的用户子程序模板从安装目录复制到当前目录。模板目录中包含要使用的所有子程序模板。

Step 04 使用文字编辑器来查看用户子程序模板。

Step 05 按需要修改用户子程序。从用户子程序中调用功能子程序，或者其他FORTRAN或C语言子程序。

Step 06 保存用户子程序。因为可能对不同的模型会使用相同的子程序，所以最好给文件起一个容易区分的名字。

5. 调用用户子程序

通过使用声明或者命令来调用用户子程序。通过使用前面定义的用户子程序的名字来让ADAMS/Solver知道调用哪一个子程序，也使用子程序来定义一些模型元素。能调用用户子程序的声明或命令如表 15-3 所示。

表 15-3 调用用户子程序的声明或命令

要调用的子程序	使用的声明/命令
CONSUB	CONTROL
COUSUB，COUXX，COUXX2	COUPLER
CURSUB	CURVE
DIFSUB	DIFF
FIESUB	FIELD
GFOSUB	GFORCE
GSE_DERIV，GSE_UPDATE，GSE_OUTPUT，GSE_SAMP	GSE
MOTSUB	MOTION
RELSUB	RELOAD
REQSUB	REQUEST
SAVSUB	SAVE
SENSUB	SENSOR
SFOSUB	SFORCE
TIRSUB	TIRE
UCOSUB	UCON
VARSUB	VARIABLE
VFOSUB	VFORCE
VTOSUB	VTORQUE

从用户子程序中调用功能子程序。这些子程序的功能就像是用户的数据和用户使用的子程序接口一样。例如，在driver user-written subroutine（驱动用户子程序）中使用control、access功能子程序，从evaluation user-written subroutines（计算用户子程序）中调用access、function以及setup 函数（某些情况下）。换句话说，从上面任何一个用户子程序中都可调用access和function函数，但用户只能从driver subroutine中调用control函数，从某个evaluation subroutine中调用setup函数。

6. 编译、链接和运行库

在写完定制的子程序后，必须要将它们编译并链接到ADAMS，以创建到ADAMS/Solver的用户库文件中去。然后，连同该库与ADAMS/Solver一同运行。

必须有一个FORTRAN编译器，因为ADAMS本身不提供编译器。由用户子程序生成动态链接库的详细过程参见后半部分的介绍。

15.2 常用 ADAMS 用户子程序简介

15.2.1 使用 GFOSUB 用户子程序实例

为了使读者对用户子程序有一个直观的印象，本小节首先给出声明和调用GFOSUB子程序的例子，通过与GFORCE函数表达式的对比，说明使用用户子程序的必要性。

Step 01 假定有一个GFORCE函数表达式的声明，其函数表达式定义了小球和斜面之间的某种相互作用力关系（此处相互作用力不一定有确切的物理含义，仅为了说明GFORCE的定义过程），包括力矢量和力矩矢量。

Step 02 在GFORCE中描述这种相互作用力关系，如图 15-1 所示。在小球球心上定义标架Mark_I（ID为 2001），在斜面上定义标架Mark_R（ID为 2003），同时为了确定小球对斜面的反作用力点的位置，生成与标架Mark_I时刻重叠的标架Mark_J（ID为 2002），Mark_J隶属于斜面。

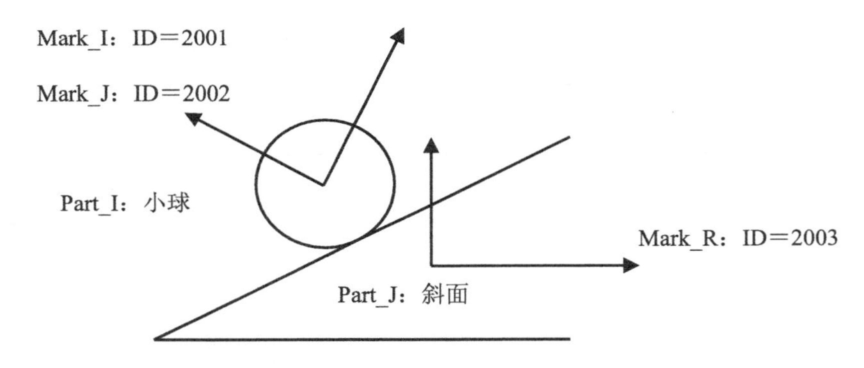

图 15-1　小球与斜面的坐标定义及相对关系

Step 03 使用GFORCE函数表达式的声明（该GFORCE自身的ID为 100）：

```
GFORCE/, 100  I=2001,  JFLOAT=2002,  RM=2003,
 FX = -10.0 * VX (2001, 2003, 2003)
 FY = -10.0 * VY (2001, 2003, 2003)
 FZ = -10.0 * VZ (2001, 2003, 2003)
 TX =-100.0 * WX (2001, 2003, 2003)
 TY = -100.0 * WY (2001, 2003, 2003)
 TZ = -100.0 * WZ (2001, 2003, 2003)
```

技巧提示　如果力和力矩的表达比较冗长，就使用 GFOSUB 用户子程序来代替 GFORCE 声明。

Step 04 用下面的语句调用已创建好的GFOSUB子程序，并向其传递参数：

```
GFORCE/, 100  I=2001,  JFLOAT=2002,  RM=2003,
FUNCTION=USER (10.0,  100.0,  2001,  2003,  2003)
```

GFOSUB用户子程序的程序体创建如下：

```
SUBROUTINE GFOSUB (ID,  TIME,  PAR,  NPAR,  DFLAG,
& IFLAG,  RESULT)
======================= 定义与声明 ===================
————————— 外部变量定义 —————————
INTEGER ID
DOUBLE PRECISION TIME
DOUBLE PRECISION PAR ( * )
INTEGER NPAR
LOGICAL DFLAG
LOGICAL IFLAG
DOUBLE PRECISION RESULT (6)

    ID       标志号，在内部程序中调用
    TIME     仿真时间
    PAR      不定维的数组，用以向程序传递参数，本例中维数为 5，分别为：
              PAR (1) =10.0
              PAR (2) =100.0
              PAR (3) =2001
              PAR (4) =2002
              PAR (5) =2003
    NPAR     PAR 数组的维数，本例中 NPAR = 5
    DFLAG    积分标志位
    IFLAG    初始标志位
    RESULT   返回的程序值，每一次调用返回 6 个值，本例中：
              RESULT (1) 为 FX 的值
              RESULT (2) 为 FY 的值
              RESULT (3) 为 FZ 的值
              RESULT (4) 为 TX 的值
              RESULT (5) 为 TY 的值
              RESULT (6) 为 TZ 的值
——————— 本地变量和参数定义 ———————
DOUBLE PRECISION  FCT,  TCR,  VEL (6)
INTEGER IPAR (3),  IM,  JM, RM, NSTATES
LOGICAL ERRFLG
========================可执行代码 =====================
FCT = PAR (1)
TCR = PAR (2)
IM = PAR (3)
JM = PAR (4)
RM = PAR (5)
…
```

调用SYSARY子程序获得计算信息：如果变量IFLAG的值为true，就将子程序初始化。

```
…
————将标架的移动和转动速度值赋给 VEL 数组————
IPAR (1) = IM
IPAR (2) = JM
IPAR (3) = RM
CALL SYSARY ('VEL', IPAR, 3, VEL, NSTATES, ERRFLG)
———— 通过 ERRMES 检查 SYSARY 调用效果 ————
…
CALL ERRMES (ERRFLG, 'Error calling SYSARY for VEL', ID, 'STOP')
———— 返回 GFORCE 的计算结果 ————
RESULT (1) = — FCT * VEL (1)
RESULT (2) = — FCT * VEL (2)
RESULT (3) = — FCT * VEL (3)
RESULT (4) = — TCR * VEL (4)
RESULT (5) = — TCR * VEL (5)
RESULT (6) = — TCR * VEL (6)

RETURN
END
```

15.2.2 常用用户定义子程序及实例

下面给出几个常用用户定义子程序的简介。对每个子程序都提供了定义、例子、相关说明等。

1. CONSUB 用户子程序

（1）定义

CONSUB驱动子程序用于驱动ADAMS/Solver。只能通过交互式命令CONTROL激活CONSUB，而别的用户子程序则不能调用CONSUB。

（2）调用

相应的调用命令：

```
CONTROL/[FUNCTION=USER (r1[, …, r30]) [\]]
```

[[ ]]中的内容表示是可选的。

（3）输入参数构成

CONSUB用户子程序的输入参数构成为：

```
SUBROUTINE CONSUB (par, npar)
```

（4）输入参数说明

- npar：整型变量，其值为par数组的维数。
- par：双精度常数数组，按顺序匹配CONTROL命令中USER括号内的参数值。

（5）主要功能

ADAMS/Solver将CONTROL中的常数以实数数组的形式传递给FUNCTION=USER()。从CONSUB中会调用一些功能子程序，如SYSARY、SYSFNC或者AKISPL等，可实现以下主要功能。

- MODIFY功能子程序以交互式的方式调用，用来改变ADAMS/Solver的声明。
- 调用ANALYS功能子程序的目的就是激活某一个ADAMS/Solver的分析子程序。
- 调用DATOUT功能子程序的目的就是处理从ADAMS/Solver仿真的输出。

当CONSUB停止执行时，ADAMS/Solver会提醒用户使用其他命令。如果程序的控制权交给了CONSUB，那么输出的自动生成会停止；如果想处理输出，就要调用DATOUT功能子程序。

（6）CONSUB 子程序的结构

下面给出CONSUB子程序的结构，从而看出该子程序是怎样工作的。

```
SUBROUTINE CONSUB ( PAR, NPAR )

======================= 定义与声明 ===================
————————— 外部变量定义 —————
INTEGER NPAR
DOUBLE PRECISION PAR ( * )
———————— 本地变量和参数定义 —————
...
=========================可执行代码 =====================
————————— 用户自己的程序代码 —————
...
RETURN
END
```

（7）CONSUB 子程序示例

下面给出一个CONSUB子程序应用的例子。在该例中，首先对模型进行一次静力学仿真（Static Simulation），然后改变Part 1 的质量后进行一次动力学仿真（Dynamic Simulation）并输出每次仿真的结果。

首先，用交互式的命令激活CONSUB：

```
CONTROL/ FUNCTION=USER (r1[, ..., r30])
```

相应的CONSUB 用户子程序为：

```
SUBROUTINE CONSUB (PAR, NPAR)

======================= 定义与声明 ===================
————————— 外部变量定义 —————
INTEGER NPAR
DOUBLE PRECISION PAR ( * )
———————— 本地变量和参数定义 —————
CHARACTER*10 ATYPE
CHARACTER*20 TITLE
LOGICAL ERRFLG, INIFLG
CHARACTER*80 COMMND, MESSGE
```

```
INTEGER STATUS

DOUBLE PRECISION DPZERO
PARAMETER  (DPZERO = 0.0)

=======================可执行代码 =====================
 ————————首先进行一次静力学分析 ————————
 指明分析类型和此次分析的名称：

ATYPE = 'STATIC'
TITLE = 'STATIC_2003'
INIFLG = .TRUE.
```

调用功能子程序ANALYS进行静力学分析：

```
CALL ANALYS (ATYPE,  TITLE,  DPZERO,  DPZERO,  INIFLG,
& STATUS)
```

如果仿真中出现错误，就调用ERRMES功能子程序返回错误信息并终止仿真：

```
ERRFLG = STATUS .NE. 0
MESSGE = 'Error calling ANALYS for STATIC_1.'
CALL ERRMES (ERRFLG,  MESSGE,  STATUS,  'STOP')
```

调用DATOUT功能子程序输出分析数据：

```
CALL DATOUT (STATUS)
```

调用MODIFY功能子程序改变 PART/1 的质量：

```
COMMND = 'PART/1,  MASS = 100'
CALL MODIFY (COMMND,  STATUS)
```

指明分析类型和分析的名称进行动力学分析：

```
ATYPE = 'DYNAMIC'
TITLE = ' DYNAMIC_2003'
INIFLG = .TURE.
CALL ANALYS (ATYPE,  TITLE,  DPZERO,  DPZERO,  INIFLG, & STATUS)
ERRFLG = STATUS .NE. 0
MESSGE = 'Error calling ANALYS for STATIC_2.'
CALL ERRMES (ERRFLG,  MESSGE,  STATUS,  'STOP')

CALL DATOUT (STATUS)

RETURN
END
```

2. GFOSUB 用户子程序

（1）定义

GFOSUB计算子程序用于计算GFORCE声明中的变量值。在GFORCE的函数表达式太复杂或计算流程需要做特殊控制时使用GFOSUB用户子程序。

（2）相应的调用命令

```
GFOCE/id, I=id, JFLOAT=id, RM=id
FUNCTION=USER (r1[, …, r30])
```

（[ ]）中的内容表示是可选的。

（3）输入参数构成

GFOSUB用户子程序的输入参数构成为：

```
SUBROUTINE GFOSUB (id, time, par, npar, dflag, iflag, result)
```

（4）输入参数说明

- dflag: 逻辑型变量。当ADAMS/Solver调用GFOSUB子程序求解某些特定的偏微分方程时其值为true，否则设为false。
- id: 整数变量，用于提供给GFORCE声明其自身的标志符。当需要GFOSUB的信息时，ADAMS/Solver可自动识别相应的函数声明中的其他信息（如par参数等）。
- iflag: 逻辑型变量。当需要从GFOSUB中获得函数相关信息时，ADAMS/Solver将其设置为true；当iflag值为false时，计算用户定义的表达式的值。
- npar: 整型变量，用于指明在USER括号中使用的实参数目，也就是GFOSUB子程序中数组par的维数。
- par: 双精度的常数数组。按顺序存放USER括号中实参的数值。
- time: 双精度变量，是传递给ADAMS/Solver当前的仿真时间。

（5）子程序的返回结果

双精度数组，返回GFORCE构成的 6 个值。

（6）GFOSUB 子程序的结构

```
SUBROUTINE GFOSUB (ID, TIME, PAR, NPAR, DFLAG,
& IFLAG, RESULT)
======================= 定义与声明 ===================
———————— 外部变量定义 ————————
INTEGER ID
DOUBLE PRECISION TIME
DOUBLE PRECISION PAR ( * )
INTEGER NPAR
LOGICAL DFLAG
LOGICAL IFLAG
DOUBLE PRECISION RESULT ( 6 )
——————— 本地变量和参数定义 ———————
...
========================可执行代码 =====================
——————— 用户自己的程序代码 ———————
...
```

调用SYSFNC 和/或 SYSARY为后续计算获得必要信息。若IFLAG为真，则这些实际上是在设置函数相关性。

```
CALL SYSFNC (...)
CALL ERRMES (...)
......
IF (IFLAG) THEN
——————— 子程序初始化 ———————
...
ENDIF
——————— GFORCE 的相关计算代码 ———————
...
```

得到计算结果 RESULT 数组的值：

```
RESULT (1) = ...
RESULT (2) = ...
RESULT (3) = ...
RESULT (4) = ...
RESULT (5) = ...
RESULT (6) = ...

RETURN
END
```

3. REQSUB 用户子程序

（1）定义

REQSUB用户子程序用于计算REQUEST的后处理参数的输出值，但并不是所有的REQUEST都要求有与之对应的REQSUB子程序，只有使用非标准的REQUEST输出时才会使用到。

（2）调用

相应的调用命令为：

```
REQUEST/, id FUNCTION USER ( 1[, ... , 30]) \ [TITLE c:1, …, c:8] [, COMMENT]
```

[[ ]]中的内容表示是可选的。

（3）输入参数构成

REQSUB 用户子程序的输入参数构成为：

```
SUBROUTINE REQSUB (id, time, par, npar, iflag, result)
```

（4）输入参数说明

- id: 整数变量，用于提供给REQRCE声明其自身的标志符。当需要REQSUB的信息时，ADAMS/Solver可自动识别相应的函数声明中的其他信息。
- iflag: 逻辑型变量。当需要从REQSUB中获得函数相关信息时，ADAMS/Solver将其设置为true；当iflag值为false时，计算用户定义的表达式的值。
- npar: 整型变量，用于指明在USER括号中使用的实参数目，也就是REQSUB子程序中数组par的维数。
- par: 双精度的常数数组，按顺序存放USER括号中实参的数值。
- time: 双精度变量，传递给ADAMS/Solver的当前仿真时间。

（5）REQSUB 子程序的结构

下面是REQSUB子程序的结构：

```
SUBROUTINE REQSUB ( ID, TIME, PAR, NPAR, IFLAG,
& RESULT )

====================== 定义与声明 ===================

—————————— 外部变量定义 ——————————

INTEGER ID
DOUBLE PRECISION TIME
DOUBLE PRECISION PAR ( * )
INTEGER NPAR
LOGICAL IFLAG
DOUBLE PRECISION RESULT ( 8 )
————————— 本地变量和参数定义 —————————
...
=======================可执行代码 =====================
IF ( IFLAG ) THEN
子程序初始化
...
ENDIF
创建 request 信息
————————— 用户自己的程序代码 —————————
...
将计算结果写入 result 数组中
RESULT (1) = ...
...
RESULT (8) = ...

RETURN
END
```

（6）REQSUB 子程序的示例

下面是一个REQSUB用户子程序的例子。该例仍以图 15-1 所示的小球与斜面为例，其功能是计算小球相对于斜面的速度矢量在XY平面的投影和小球相对于斜面的角速度矢量在YZ平面的投影，参考标架为斜面上的Mark_R，其ID为 2003。

为了比较REQSUB用户子程序和REQUEST函数表达式的区别，本例首先给出实现上述功能的函数表达式形式：

```
REQUEST/8,
& F2= SQRT (VX (2001, 2003, 2003) ** 2 + VY (2001, 2003, 2003))
& \ F3= SQRT (WY (2001, 2003, 2003) ** 2 + WZ (2001, 2003, 2003))
& \ COMMENT=SHOCK ENERGY
```

下面给出如何通过创建REQSUB用户子程序实现上述功能。

REQSUB用户子程序的调用语句为：

```
REQUEST/8,  FUNCTION=USER (2001, 2002, 2003) \ COMMENT=SHOCK ENERGY
```

所创建的REQSUB用户子程序为：

```
SUBROUTINE REQSUB  ( ID,  TIME,  PAR,  NPAR,  IFLAG,
& RESULT )

====================== 定义与声明 ===================

—————————— 外部变量定义 ————————

INTEGER ID
DOUBLE PRECISION TIME
DOUBLE PRECISION PAR ( * )
INTEGER NPAR
LOGICAL IFLAG
DOUBLE PRECISION RESULT ( 8 )
———————— 本地变量和参数定义 ———————
INTEGER IPAR (3),  IM,  JM, RM, NSTATES
DOUBLE PRECISION DIFVAL,  DERVAL, VEL (6)
LOGICAL ERRFLG
========================可执行代码 =====================
IM = PAR (1)
JM = PAR (2)
RM = PAR (3)
…
———通过调用 SYSARY 将标架的移动和转动速度值赋给 VEL 数组———
VEL (1) ～VEL (3) 分别代表力的三个分量
VEL (4) ～VEL (6) 分别代表力矩的三个分量
IPAR (1)  = IM
IPAR (2)  = JM
IPAR (3)  = RM
CALL SYSARY ('VEL',  IPAR,  3,  VEL,  NSTATES,  ERRFLG)
—————— 通过 ERRMES 检查 SYSARY 调用效果 ——————
CALL  RRMES (ERRFLG,  'Error calling SYSARY for VEL',  ID,  'STOP')

DIFVAL=SQRT (VEL (1) ** 2 + VEL (2) ** 2 )
DERVAL=SQRT (VEL (5) ** 2 + VEL (6) ** 2 )
…
———————— 返回计算结果 ————————
RESULT (1)  = 0.0
RESULT (2)  = DIFVAL
RESULT (3)  = DERVAL
RESULT (4)  = 0.0
RESULT (5)  = 0.0
RESULT (6)  = 0.0
RESULT (7)  = 0.0
RESULT (8)  = 0.0
```

```
RETURN
END
```

15.3 功能子程序

严格来讲，功能子程序（Utility Subroutine）并不属于用户子程序，由于实现用户子程序的功能需要经常（有时甚至是必须）调用功能子程序，因此本小节将对功能子程序进行简单介绍。

15.3.1 功能子程序概述

功能子程序是ADAMS提供的一类特殊子程序，不需要用户自己编写，其作用是提供dataset函数的全部功能及其他功能。通常利用功能子程序完成如下工作：

- 获取模型定义数据。
- 获得当前状态信息。
- 通过标准的曲线拟合技术实现数据点的插值。
- 计算标准函数的值。

功能子程序分为以下几类：

- 执行控制子程序（Execution Control Subroutine）。
- 数据获取子程序（Data Access Subroutine）。
- 自定义约束子程序（Setup Subroutine）。
- 调用ADAMS自带函数子程序（General Subroutine）。

以上各类功能子程序所包含的子程序名和功能分别如下。

（1）执行控制子程序如表15-4所示。

表15-4 执行控制子程序名及功能

子程序名	功能
ANALYS	控制ADAMS/Solver仿真进程
DATOUT	从某次仿真计算中输出所有的数据
MODIFY	允许执行ADAMS/Solver的任何命令

（2）数据获取子程序及功能如表15-5所示。

表15-5 数据获取子程序名及功能

子程序名	功能
AKISPL	使用Akima三次曲线拟合方法进行数据插值
CUBSPL	使用传统的三次曲线拟合方法进行数据插值
ERRMES	输出用户子程序中的错误信息
GETCPU	得到当前CPU时间
GETINM	得到ADAMS/Solver命令输入方式的信息（交互式还是文件驱动式）
GETINT	得到当前仿真积分器的类型

（续表）

子程序名	功能
GETMOD	得到当前指定分析方式的整型变量值
GETSLV	得到当前求解器的名字，是 HARWELL 还是 CALAHAN
GETSTM	得到当前仿真时间
GETVER	得到当前 ADAMS/Solver 的版本号
GTARAY	得到 ARRAY 中的双精度数值
GTCMAT	为 ADAMS/Solver 模型中的标架计算柔度矩阵
GTCURV	调用 CURVE 命令计算 B 样条或用户自定义曲线值
GTSTRG	调用 STRING 命令得到字符串的值
SYSARY	为用户子程序提供系统状态值，如入位移、速度等
SYSFNC	为用户子程序提供单个系统状态值，如位移、速度等
TIMGET	返回最后一次成功仿真步的仿真时间
TIRARY	为 REQSUB 和 SENSUB 提供轮胎状态值，如位移、速度、加速度和力等
USRMES	允许用户子程序输出文本信息

（3）自定义约束子程序及功能如表 15-6 所示。

表 15-6　自定义约束子程序名及功能

子程序名	功能
UCOVAR	和 UCOSUB 一起使用，通知 ADAMS/Solver 在用户自定义约束中使用哪一个惯性主轴

（4）调用ADAMS自带函数子程序及功能如表 15-7 所示。

表 15-7　调用ADAMS自带函数子程序名及功能

子程序名	功能
BISTOP	调用 BISTOP 函数
CHEBY	计算 Chebyshev 多项式
FORCOS	计算傅里叶余弦级数
FORSIN	计算傅里叶正弦级数
HAVSIN	计算 HAVSIN 函数
IMPACT	计算模型碰撞力函数
ISTRNG	将整型变量转换成字符型
POLY	计算多项式的值
RCNVRT	转换旋转标架
RSTRNG	将一个双精度变量转换为字符串
SHF	计算一个简谐函数
STEP	用三次多项式逼近 STEP 函数
STEP5	用五次多项式逼近 STEP5 函数
TCNVRT	将移动标架从一种类型转换成另一种类型

15.3.2　功能子程序 SYSARY 和 SYSFNC

在用户子程序中调用功能子程序可以实现许多非常有用的功能，其中SYSARY和SYSFNC功能子程序最为常用。本小节将分别介绍这两个子程序的使用情况。

1. SYSARY 功能子程序

SYSARY子程序向用户子程序提供系统的状态值，如位移和速度等。这些ADAMS/Solver系统状态值的各个分量一起被保存在特定的数组中，并以数组的形式传递给用户子程序。

SYSARY 功能子程序常常被 CONSUB、DIFSUB、GFOSUB、REQSUB、SENSUB、SFOSUB、VARSUB、VFOSUB 和 VTOSUB 等用户子程序调用，其调用格式为：

```
CALL SYSARY (fncnam, ipar, nsize, states, nstates, errflg)
```

参数表中各参数的含义如下。

- fncnam：字符型变量，用于SYSARY所调用的ADAMS函数的名字。
- ipar：nsize大小的整型数组，包含fncnam所对应函数的参数表。
- nsize：整型变量，其值为fncnam所对应函数的参数个数。
- states：双精度数组，其大小与包含SYSARY返回值的fncnam有关。
- nstates：整型变量，用于返回ADAMS/Solver放入states中数值的数目。
- errflg：逻辑型变量，当调用SYSARY发生错误时返回值为真。

在上述参数中，ADAMS通过读取fncnam来判断用户子程序需要调用的是哪一个ADAMS函数。fncnam的合法取值及其含义如表 15-8~表 15-12 所示。

表 15-8　位移函数

位移函数	含义
DISP	返回位移的 6 个分量
TDISP	返回位移的 3 个平动分量
RDISP	返回 B313 欧拉旋转角
Q	对于柔性体返回通用模态坐标
UVX	返回标架 I 的 X 轴在标架 J 中的方向余弦值
UVY	返回标架 I 的 Y 轴在标架 J 中的方向余弦值
UVZ	返回标架 I 的 Z 轴在标架 J 中的方向余弦值
DC	返回标架 I 的 X 轴、Y 轴和 Z 轴在标架 J 中的方向余弦值

表 15-9　速度函数

速度函数	含义
VEL	返回速度的 6 个分量
TVEL	返回平动速度的 3 个分量
RVEL	返回角速度的 3 个分量
QDOT	对于柔性体返回通用模态坐标的一阶导数

表 15-10　加速度函数

加速度函数	含义
ACC	返回加速度的 6 个分量
TACC	返回平动加速度的 3 个分量
RACC	返回角加速度的 3 个分量
QDDOT	对于柔性体返回通用模态坐标的二阶导数

表 15-11　一般力函数

一般力函数	含义
FORCE	返回作用在标架上合力的 6 个分量（力和力矩）
TFORCE	返回作用在标架上的 3 个力分量
RFORCE	返回作用在标架上的 3 个力矩分量

表 15-12　系统元素变量

系统元素变量	含义
PINPUT	返回 PINPUT 中所有分量的瞬时值
POUTPUT	返回 POUTPUT 中所有分量的瞬时值
ARRAY	返回 ARRAY 中所有分量的瞬时值

在 15.3.1 小节介绍REQSUB用户子程序的例子中调用了SYSARY功能子程序，为了更清楚地说明问题，将该例子除去无关部分，作为调用SYSARY的示例：

```
SUBROUTINE REQSUB ( ID, TIME, PAR, NPAR, IFLAG,
& RESULT )
...
INTEGER IPAR ( 1 )
DOUBLE PRECISION DIFVAL, DERVAL
LOGICAL ERRFLG
...
```

通过调用SYSARY将标架的移动和转动速度值赋给VEL数组。

VEL（1）～VEL（3）分别代表力的 3 个分量，VEL（4）～VEL（6）分别代表力矩的 3 个分量。

在调用STSARY之前，将相关标架的ID赋给数组IPAR：

```
IPAR (1) = IM
IPAR (2)  = JM
IPAR (3)  = RM
CALL SYSARY ('VEL', IPAR, 3, VEL, NSTATES, ERRFLG)
...
RETURN
END
```

2. SYSFNC 功能子程序

SYSFNC子程序的功能与SYSARY极为类似，也是向用户子程序提供系统的状态值。不同之处在于SYSARY子程序提供的是状态值数组，如位移的 6 个分量组成的数组，而SYSFNC子程序提供的是单个状态值，如沿X方向的位移值。

SYSFNC 子程序的调用格式为：

```
CALL SYSFNC (fncnam, ipar, nsize, state, errflg )
```

参数表中各参数的含义与SYSARY子程序相同，这里不再赘述。在上述参数中，ADAMS通过读取fncnam来判断用户子程序需要调用的是哪一个ADAMS函数。fncnam的合法取值及其含义如表 15-13 所示。

表 15-13　函数变量及其字符串

函数变量	字符串
位移	DM，DX，DY，DZ，AX，AY，AZ，PSI，PHI，THETA，YAW，PITCH，ROLL
速度	VM，VR，VX，VY，VZ，WM，WX，WY，WZ
加速度	ACCM，ACCX，ACCY，ACCZ，WDTM，WDTX，WDTY，WDTZ
力	FM，FX，FY，FZ，TM，TX，TY，TZ
约束反力	BEAM，BUSH，FIELD，SPDP，SFORCE，VFORCE，VTORQ，GFORCE，NFORCE，JOINT，JPRIM，MOTION，CVCV，PTCV
系统状态变量	DIF，DIF1，PINVAL，POUVAL，VARVAL，ARYVAL

作为对比，将上面调用SYSARY的例子改为调用SYSFNC子程序来实现，相应的代码如下：

```
SUBROUTINE REQSUB ( ID,  TIME,  PAR,  NPAR,  IFLAG,
& RESULT )
...
INTEGER IPAR (3)   IM,  JM, RM, NSTATES
DOUBLE PRECISION DIFVAL,  DERVAL, VX, VY, WY, WZ
LOGICAL ERRFLG
...
```

通过调用SYSFNC将标架的移动和转动速度分别赋给变量VX、VY、WY、WZ。

```
IPAR (1)  = IM
IPAR (2)  = JM
IPAR (3)  = RM
CALL SYSFNC ('VX',  IPAR,  3,  VX,  ERRFLG)
CALL SYSFNC ('VY',  IPAR,  3,  VY,  ERRFLG)
CALL SYSFNC ('WY',  IPAR,  3,  WY,  ERRFLG)
CALL SYSFNC ('WZ',  IPAR,  3,  WZ,  ERRFLG)

DIFVAL=SQRT (VX ** 2 + VY ** 2 )
DERVAL=SQRT (WY ** 2 +WZ ** 2 )
...

RETURN
END
```

15.4 本章小结

本章首先简明扼要地介绍了用户子程序的种类和使用的基础知识，然后通过例子讲解了GFOSUB用户子程序及常用的子程序，最后对功能子程序进行了概述，重点讲解了SYSARY和SYSFNC功能子程序。

通过本章的学习，读者将具备基本的开发用户子程序的能力。

第16章 车辆仿真与设计

本章先简要讲解ADAMS中专业车辆模块ADAMS/Car，再创建悬吊系统、整车装配等来展示如何应用这个专业模块进行仿真和设计。通过本章的学习，读者应掌握如何使用车辆模块创建整车模型以及进行仿真设计。

知识要点

- 掌握车辆模块的建模方式和方法。
- 通过实例掌握用ADAMS/Car进行整车设计与仿真。
- 掌握整车装配分析。

16.1 创建悬吊系统

Step 01 启动模块。依次选择开始→程序→Msc.Software→ADAMS 2020→Adams Car，启动ADAMS/Car模块，进入欢迎界面，如图16-1所示。

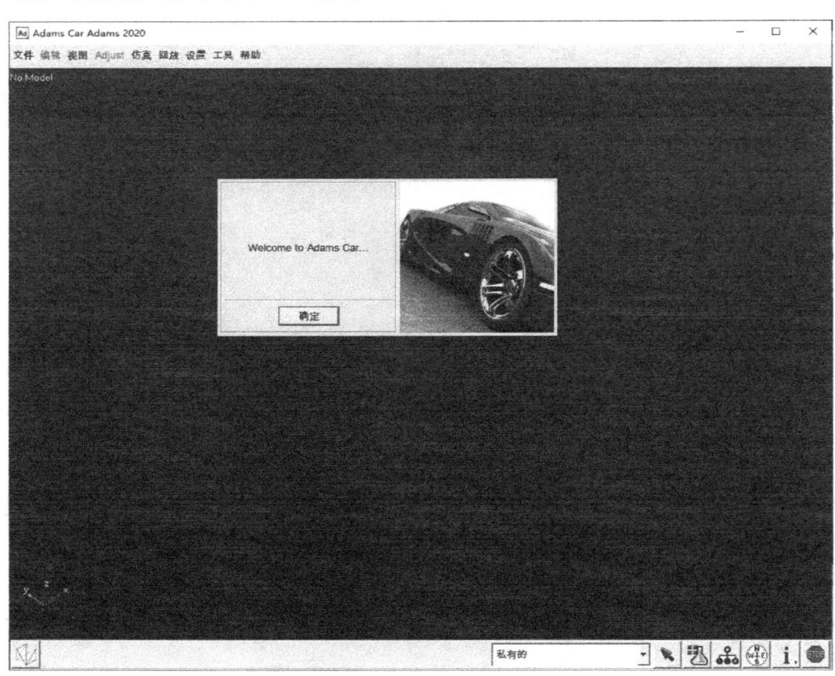

图16-1　欢迎界面

Step 02 单击确定（OK）按钮，进入ADAMS/Car模块界面。

Step 03 单击文件（File），从下拉列表中选择新建（New），然后单击子系统（Subsystem），系统弹出新建子系统（New Subsystem）对话框。

Step 04 在子系统名称（Subsystem Name）栏中输入UAN_FRT_SUSP。选择Minor Role为front。在模板名称（Template Name）栏中右击，选择搜索（Search）中的<acar_shared>/_template.tbl。

Step 05 在弹出的对话框中选择_double_wishbone.tpl，单击确定（OK）按钮。

Step 06 确定从默认位置平移（Translate from default position）选项前的“√”没被选择。

Step 07 单击注释（Comment）图标，弹出修改注释（Modify Comment）对话框。

Step 08 在注释文本（Comment Text）栏中输入Baseline UNA Front Suspension，单击确定（OK）按钮。

Step 09 系统返回新建子系统（New Subsystem）界面，单击确定（OK）按钮，系统显示悬吊装置子系统，如图 16-2 所示。

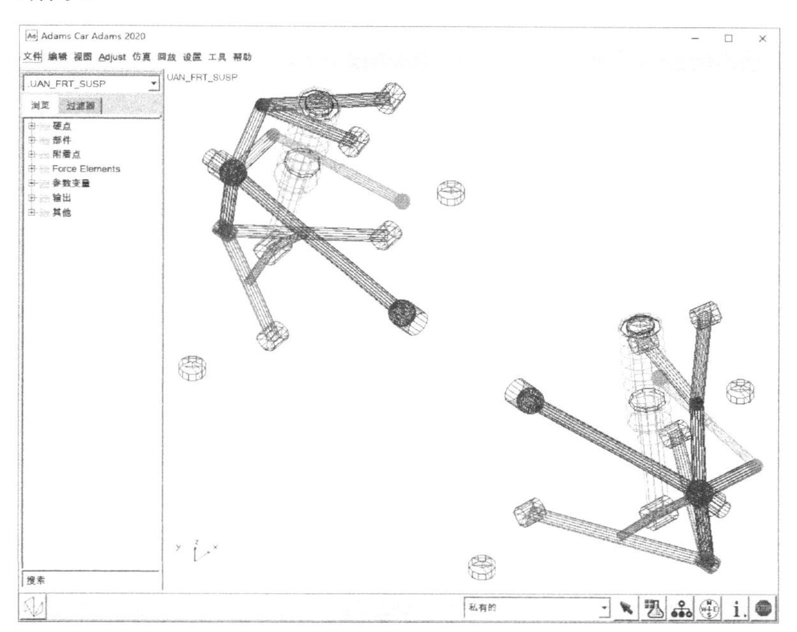

图 16-2　悬吊装置子系统

16.1.1　创建悬吊和转向系统

Step 01 单击文件（File）菜单，然后单击新建（New），再单击悬吊装配（Suspension Assembly）命令，在弹出的New Suspension Assembly（新建悬吊装配）对话框中的装配名称（Assembly Name）栏中输入my_assembly。

Step 02 单击悬吊子系统（Suspension Subsystem）右侧的文件夹图标，出现刚才建立的子系统的名字，文件夹图标变为。

Step 03 单击转向子系统（Steering Subsystem）栏前面的√。

Step 04 在转向子系统（Steering Subsystem）栏中右击，选择搜索（Search），然后单击<acar_shared>/sub_systems.TBL，在弹出的窗口中双击MDI_FRONT_STEERING.sub。单击确定（OK）按钮调入模型，返回New Suspension Assembly（新建悬吊装配）对话框，然后单击确定（OK）按钮。系统显示转向装配系统，如图 16-3 所示。

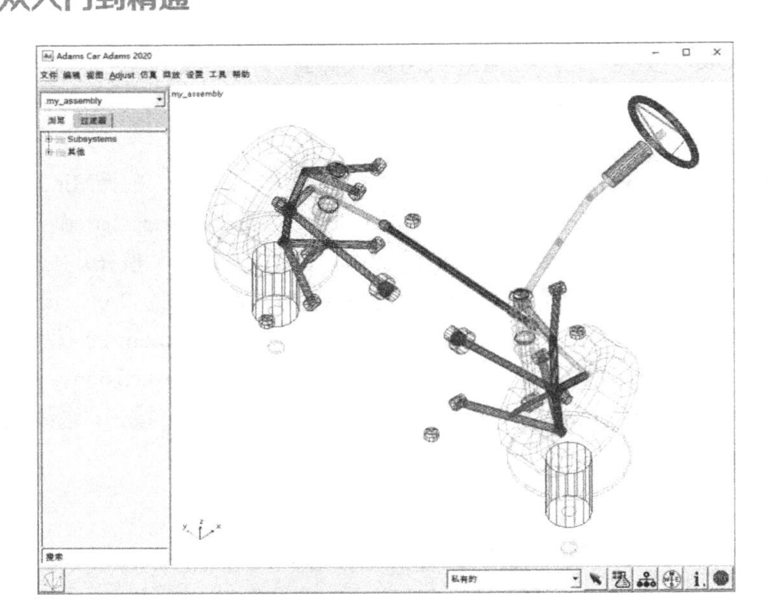

图 16-3　转向装配系统

这时系统会提示导入模型的进度和警告，不用理会这个，直接单击 Close 按钮关闭。

16.1.2　定义车辆参数

Step 01 单击仿真（Simulate）菜单，然后选择Suspension Analysis（悬吊分析）→Set Suspension Parameters（设置悬吊参数），弹出设置仿真参数对话框。

Step 02 在Wheel Mass栏中输入 10，在Sprung Mass栏中输入 1400，在CG Height栏中输入 300.0，在Wheelbase栏中输入 2765.0。移动Drive Ratio（% Front）滑块，指向 100；移动Brake Ratio（% Front）滑块，指向 64，其余采用默认设置。单击确定（OK）按钮，完成驱动力施加到前轮的设置，如图 16-4 所示。

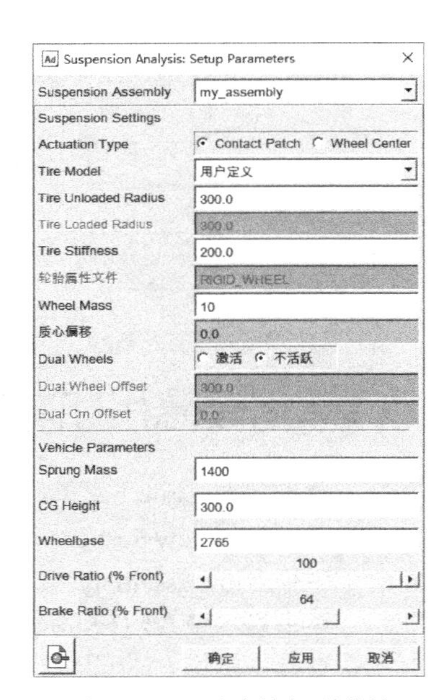

图 16-4　驱动力施加到前轮

Step 03 单击仿真（Simulate）菜单，然后选择Suspension Analysis（悬吊分析）→Parallel Wheel Travel（平行轮轨迹）。在输出前缀（Output Prefix）栏中输入baseline，在Number of Steps（步数）栏中输入 15，在Bump Travel（碰撞轨迹）栏中输入 100，在Rebound Travel（反弹轨迹）栏中输入-100，其余采用默认设置。

Step 04 单击Comment（注释），在弹出的对话框中输入Baseline Parallel Wheel Travel Analysis，单击确定（OK）按钮完成Comment（注释）的设置。回到Parallel Wheel Travel（平行轮轨迹）对话框，在对话框中单击确定（OK）按钮运行仿真，弹出提示信息框，如图 16-5 所示。单击Close按钮关闭。

Step 05 在菜单栏中单击回放（Review）按钮，然后选择动画控制（Animation Controls）→应用（Apply），

对模型进行 6 秒的仿真运算，如图 16-6 所示。

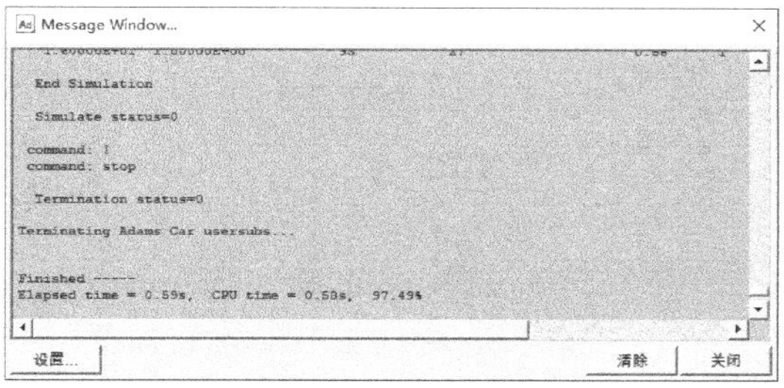

图 16-5　提示信息框

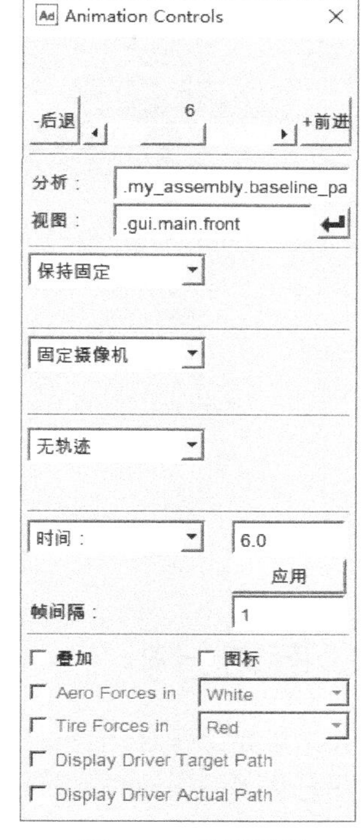

图 16-6　仿真设置

16.1.3　后处理

Step 01　单击回放（Review）菜单，然后单击Postprocessing Window（后处理窗口）或按F8 键即可进入后处理窗口，进行曲线绘制。

Step 02　在主菜单中选择绘图（Plot），然后单击创建绘图（Creat Plots）。在弹出对话框的绘图配置文件（Plot Configuration File）栏中右击，选择搜索（Search）→<acar_shared>/plot_configs.tbl，然后单击文件mdi_suspension_short.plt。在绘图标题（Plot Title）栏中输入Baseline Parallel Wheel Travel Analysis-UNA_FRT_SUSP，如图 16-7 所示。

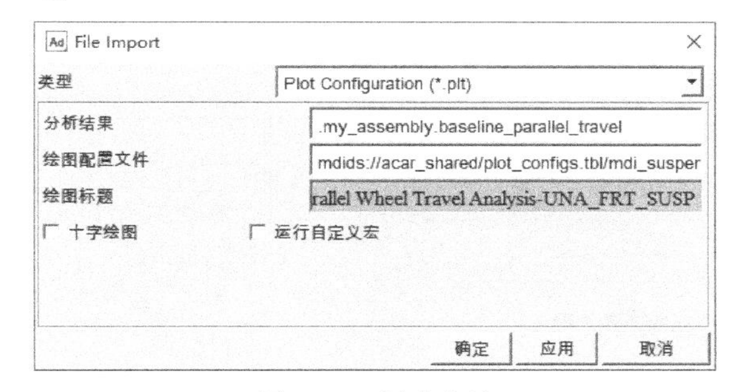

图 16-7　创建曲线

Step 03　单击确定（OK）按钮，即可在窗口中查看曲线，如图 16-8 所示。

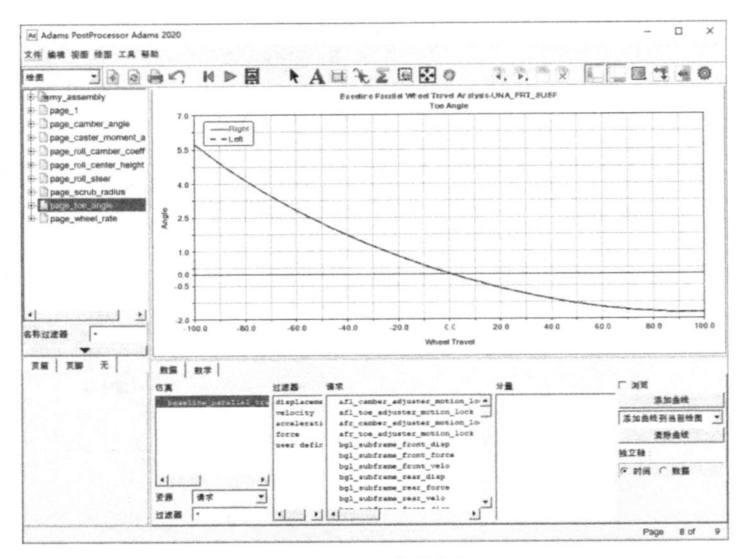

图 16-8　曲线图

16.1.4　推力分析

Step 01　关闭后处理界面，回到车辆模块，在主菜单中依次选择仿真（Simulate）→Suspension Analysis（悬吊分析）→Create Static Loadcase（创建工况），在弹出的对话框中按照图 16-9 所示进行设置，设置完毕后单击确定（OK）按钮。

Step 02　在主菜单中依次选择仿真（Simulate）→Suspension Analysis（悬吊分析）→External Files（外部文件），在弹出的对话框中输入C:\Users\vi\private.cdb\loadcases.tbl\brake_pull.lcf，如图 16-10 所示。

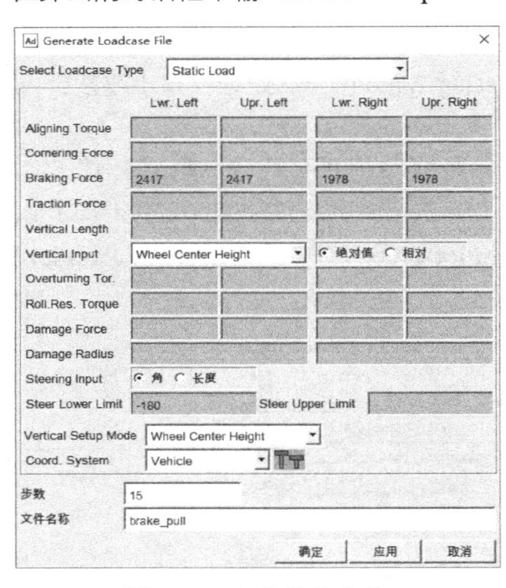

图 16-9　创建载荷文件

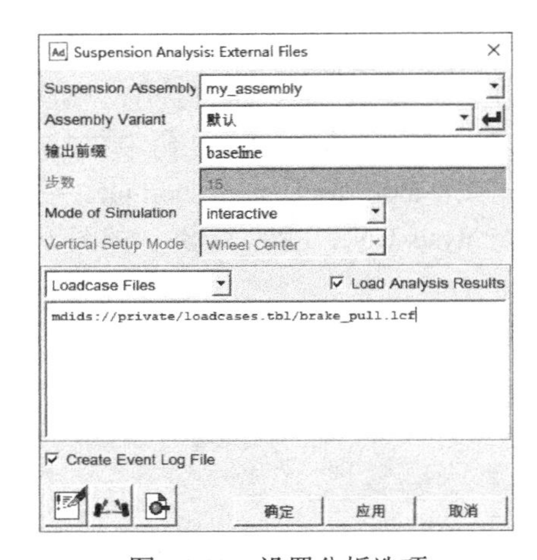

图 16-10　设置分析选项

Step 03　单击注释（Comments）图标，在弹出对话框的注释文本（Comment Text）栏中输入Baseline Pull Analysis，单击确定（OK）按钮，返回如图 16-11 所示的对话框，单击确定（OK）按钮。

Step 04　在菜单中选择回放（Review），然后单击动画控制（Animation Controls），单击开始仿真按钮▶进行一次仿真，如图 16-12 所示。

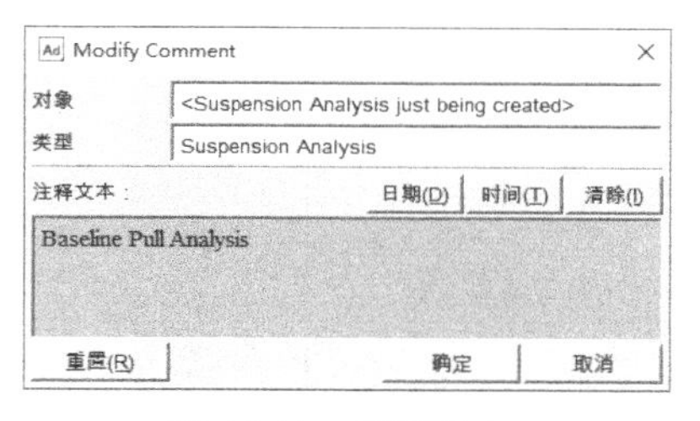

图 16-11　设置输出

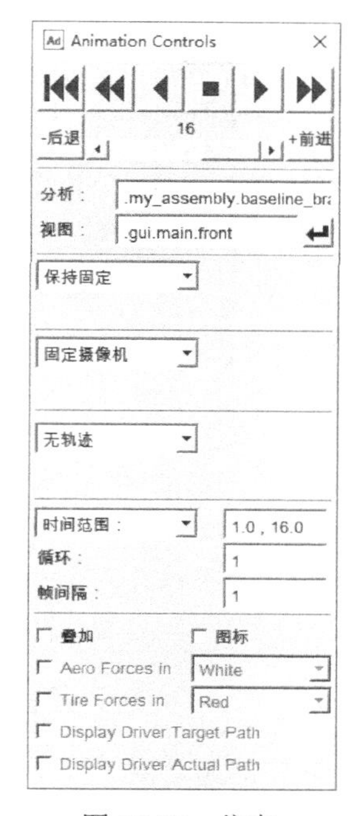

图 16-12　仿真

16.1.5　仿真结果绘图

Step 01　按F8 键进入后处理，单击左边树状图page_1，选择plot_1，在下边的编辑选项中取消选择自动标题（Auto Title）和自动副标题（Auto Subtitle）。在标题（Title）栏中输入Brake Full Analysis，在副标题（Subtitle）中输入Steering Wheel Torque vs Steering Wheel Angle。

Step 02　在树状图区域右击，打开快捷菜单，依次选择类型过滤器（Type Filter）→绘图（Plotting）→轴（Axes）。

Step 03　单击plot_1，选择haxis，在编辑栏标签（Label）中输入Steering Wheel Angle（degrees）。

Step 04　选择vaxis，在编辑栏标签（Label）中输入Steering Wheel Torque（Nmm），完成曲线图框的建立。

Step 05　在屏幕下方的资源（Source）选项中选择请求（Requests），在仿真（Simulation）列表中选择baseline_brake_pull。

Step 06　在过滤器（Filter）栏中选择user defined，在请求（Requests）列表中选择steering_angle，在分量（Component）列表中选择right，把右下角的独立轴（Independent Axis）设置为数据（Data）。

Step 07　在弹出的独立轴浏览器（Independent Axis Browser）对话框中的过滤器（Filter）列表中选择user defined，在请求（Requests）列表中双击testrig，然后选择steering_wheel_input选项。在分量（Component）列表中选择steering_wheel_input_torque选项，然后单击添加曲线（Add Curves）按钮，如图 16-13 所示。

Step 08　从主工具菜单中选择新建页面（Newpage）图标，新建一张页面page_2。

Step 09　选中page_2 的plot_2，不选自动标题（Auto Title）和自动副标题（Auto Subtitle）。在标题（Title）栏中输入Brake Full Analysis，在副标题（Subtitle）栏中输入Scrub Radius vs Steering Angle。

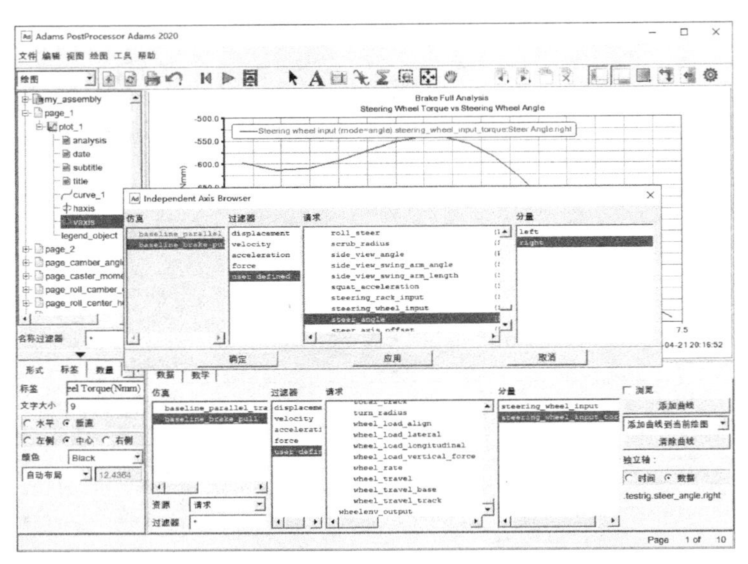

图 16-13　转向轮扭矩与转角的关系曲线

Step 10　在树状图区域右击，依次选择类型过滤器（Type Filter）→绘图（Plotting）→轴（Axes）。选择树状图下的haxis，在标签（Labels）栏中输入Steering Wheel Angle（degrees），同时将垂直轴命名为Scrub Radius（mm）。

Step 11　在下面的资源（Source）选项中选择请求（Requests），在仿真（Simulation）列表中选择baseline_brake_pull，在过滤器（Filter）列表中选择user defines，在请求（Requests）列表中选择steer_angle，在分量（Component）列表中选择right，把右下角的独立轴（Independent Axis）设置为数据（Data）。

Step 12　在弹出的独立轴浏览器（Independent Axis Browser）对话框中的过滤器（Filter）列表中选择user defined，在请求（Requests）列表中双击testrig，然后选择scrub_radius选项。在分量（Component）列表中选择right选项，然后单击添加曲线（Add Curves）按钮，如图 16-14 所示。

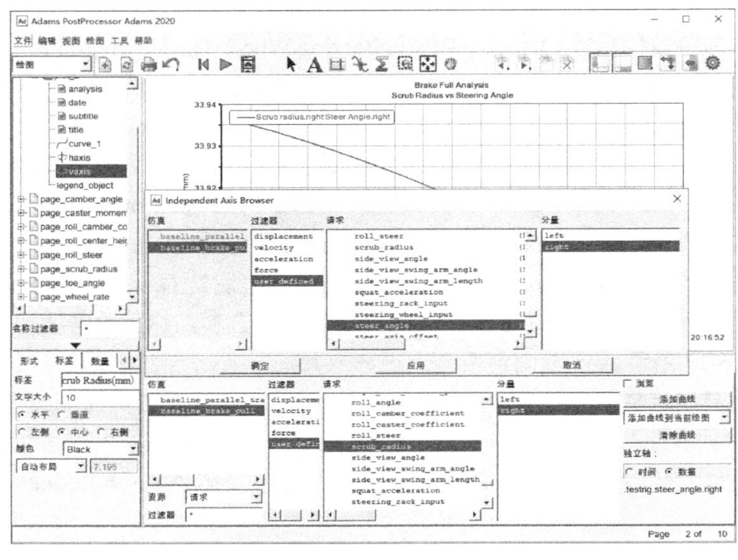

图 16-14　转向角与刮擦半径之间的关系

Step 13 按F8 键返回ADAMS/Car界面。

16.1.6 悬吊系统与转向系统的修改

Step 01 在ADAMS/Car环境下，从主界面菜单中依次选择视图（View）→Subsystem（子系统），系统弹出Display Subsystem（显示子系统）对话框，如图 16-15 所示，直接单击确定（OK）按钮。

Step 02 在菜单中单击Adjust（调整），然后单击Hardpoint，再单击表（Table），系统弹出Hardpoint修改表，把hp1_tierod_outer的loc_y由原来的-750 改为-775，把hp1_uca_outer的loc_y由原来的-675 修改为-700，单击确定（OK）按钮关闭对话框，如图 16-16 所示。

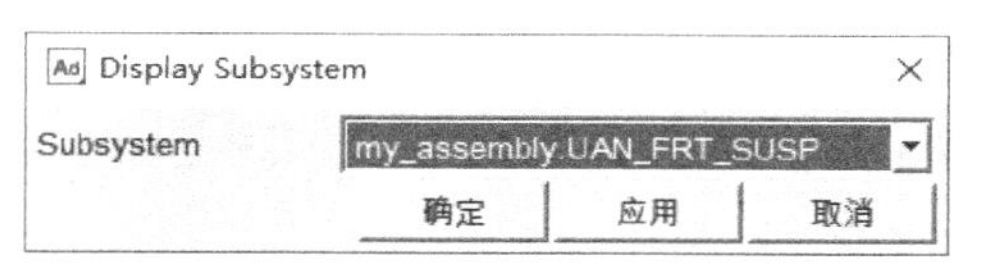

图 16-15 Display Subsystem 对话框

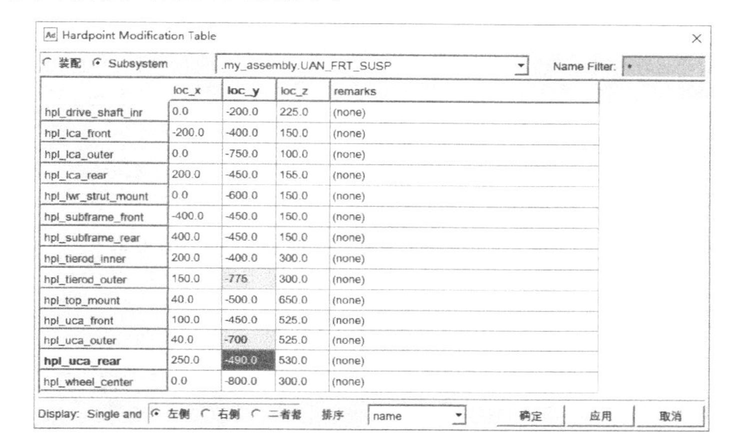

	loc_x	loc_y	loc_z	remarks
hpl_drive_shaft_inr	0.0	-200.0	225.0	(none)
hpl_lca_front	-200.0	-400.0	150.0	(none)
hpl_lca_outer	0.0	-750.0	100.0	(none)
hpl_lca_rear	200.0	-450.0	155.0	(none)
hpl_lwr_strut_mount	0.0	-600.0	150.0	(none)
hpl_subframe_front	-400.0	-450.0	150.0	(none)
hpl_subframe_rear	400.0	-450.0	150.0	(none)
hpl_tierod_inner	200.0	-400.0	300.0	(none)
hpl_tierod_outer	150.0	-775	300.0	(none)
hpl_top_mount	40.0	-500.0	650.0	(none)
hpl_uca_front	100.0	-450.0	525.0	(none)
hpl_uca_outer	40.0	-700	525.0	(none)
hpl_uca_rear	250.0	-490.0	530.0	(none)
hpl_wheel_center	0.0	-800.0	300.0	(none)

图 16-16 修改坐标

Step 03 单击文件（File）菜单，然后单击保存（Save）按钮，系统打开提示信息框，单击否（No）按钮不保留备份文件，如图 16-17 所示。

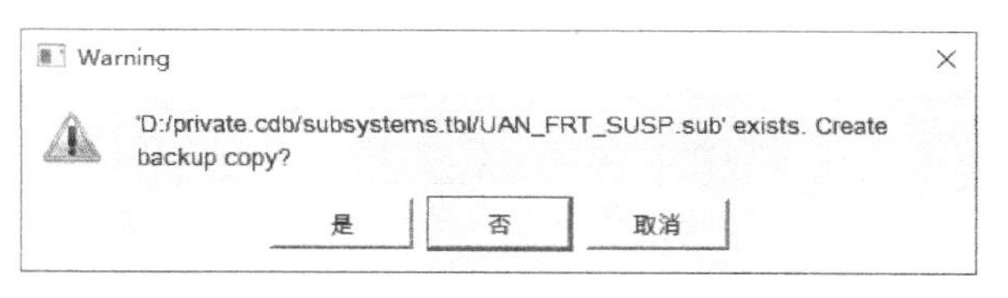

图 16-17 保存

16.1.7 修改后的系统模型分析

Step 01 在文件（File）菜单中选择仿真（Simulate），然后选择Suspension Analysis（悬吊分析）→External Files（外部文件），在弹出的对话框中的输出前缀（Output Prefix）右边的文本框中输入modified，如图 16-18 所示。

Step 02 单击注释（Comment）工具，在注释文本（Comment Text）栏中输入Steering axis moved 25mm outboard，如图 16-19 所示。

Step 03 单击确定（OK）按钮，返回参数设置对话框，然后单击参数设置对话框中的确定（OK）按钮，关闭参数设置对话框。

图 16-18　参数设置

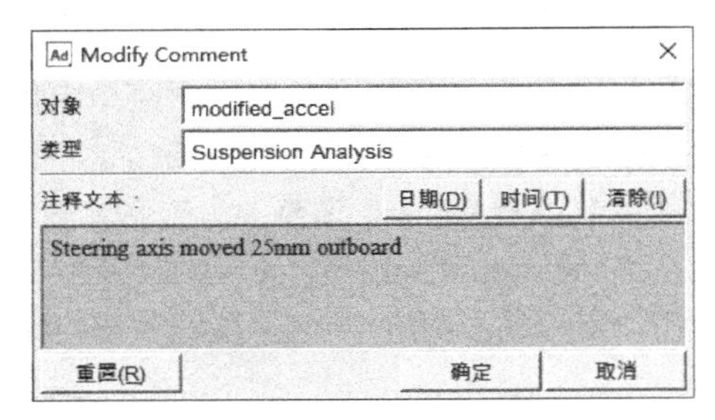

图 16-19　输入文本

16.1.8　分析结果

Step 01　按F8 键进入ADAMS后处理。

Step 02　在后处理界面下方按照图 16-20 所示进行设置，再选中Surf复选框，系统弹出转角曲线，如图 16-21 所示。

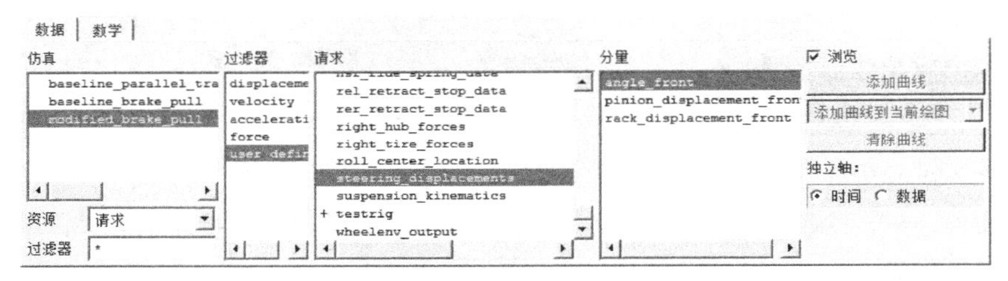

图 16-20　设置参数

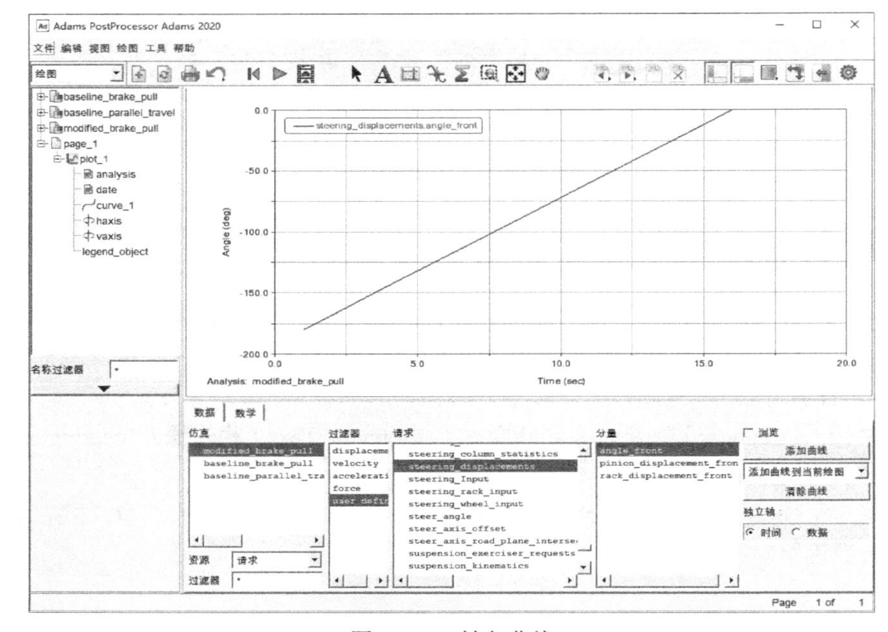

图 16-21　转角曲线

16.2 弹性体对悬吊和整车装配的影响

本节将创建包含弹性体控制臂的悬吊装配，并学习处理装配中的弹性体，执行分析并查看结果，对比弹性体和刚性体的不同。

16.2.1 创建悬吊装配

Step 01 在ADAMS/Car窗口的主菜单中依次选择文件（File）→新建（New）→Suspension Assembly（悬吊装配），在弹出对话框的装配名称（Assembly Name）栏中输入susp_assy，在悬吊子系统（Suspension Subsystem）栏中单击图标，在后面的文本框中右击，在弹出的快捷菜单中选择搜索（Search）→<acar_shared>/subsystems。在随后打开的选择文件对话框中选择TR_Front_Suspension.sub。系统进程完成后弹出提示信息框，如图 16-22 所示。

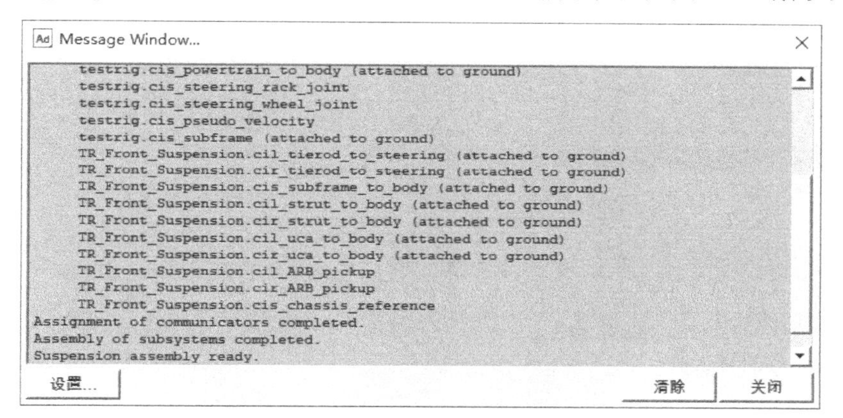

图 16-22 提示信息框

Step 02 单击关闭（Close）按钮，关闭提示信息框，显示装配图，如图 16-23 所示。

Step 03 在图形界面中右击，在弹出的快捷菜单中选择Shared<S>，查看阴影效果，如图 16-24 所示。

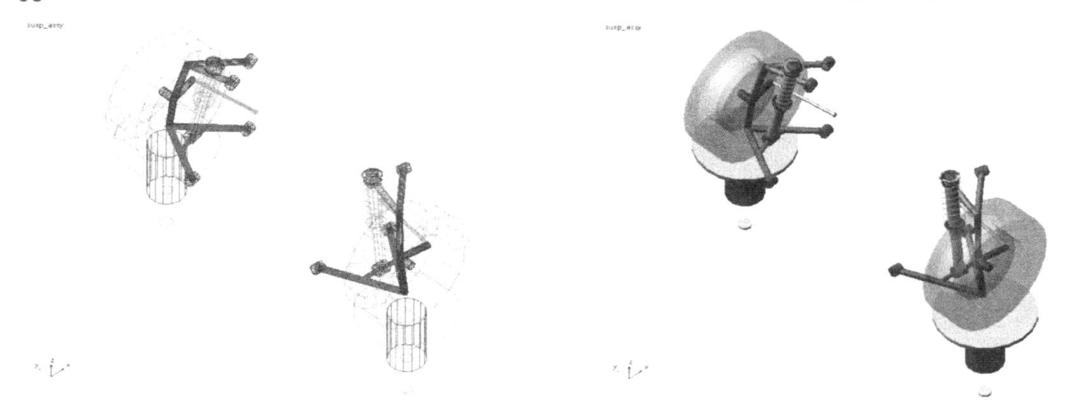

图 16-23 装配图

图 16-24 装配图阴影效果

16.2.2 创建弹性体

Step 01 右击左上侧的红色控制杆，在弹出的快捷菜单中选择ger_lower_control_arm，然后单击修改（Modify），弹出修改对话框，如图 16-25 所示。

Step 02 单击刚体转变成柔性按钮，弹出转换对话框，在MNF File栏中右击，在弹出的快捷菜单中选择搜索（Search），再单击<Acar shared>/flex_bodys.tbl，在弹出的对话框中双击LCA_right_tet.mnf，如图 16-26 所示。

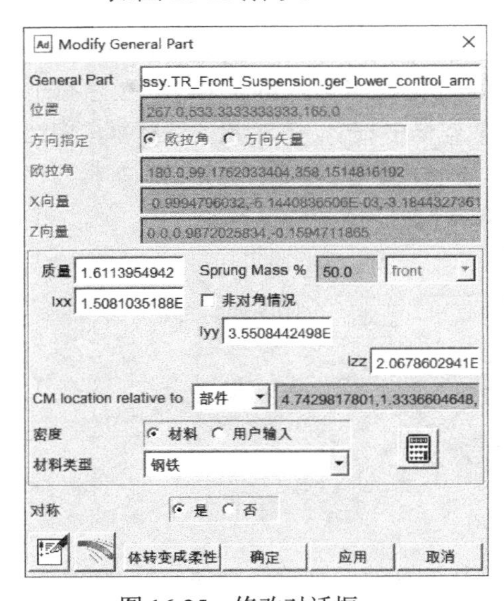

图 16-25　修改对话框

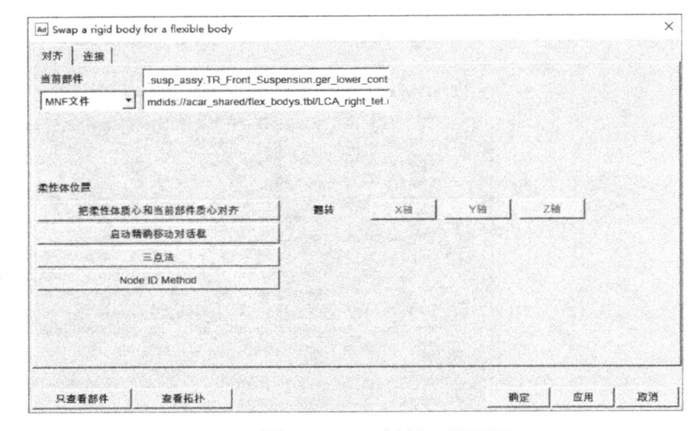

图 16-26　转换对话框

Step 03 单击连接(Connections)标签，选择移动(Move)整个列，然后单击保存表达式(Preserve expression)按钮，再单击确定（OK）按钮，如图 16-27 所示。ADAMS自动完成从刚性体到柔性体的转换，转换后的模型如图 16-28 所示。

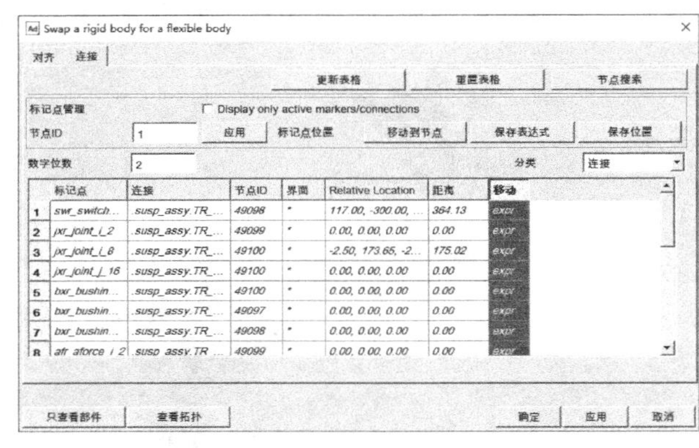

图 16-27　转换对话框

图 16-28　转换后的模型

Step 04 单击确定（OK）按钮，关闭修改对话框。

16.3 包含弹性体的整车装配

Step 01 在界面菜单文件（File）中选择打开（Open）→装配（Assembly）。

Step 02 右击Assembly Name（装配名称）文本框，在弹出的快捷菜单中依次选择搜索（Search）→acar_shared/assemblies.tbl，如图 16-29 和图 16-30 所示。

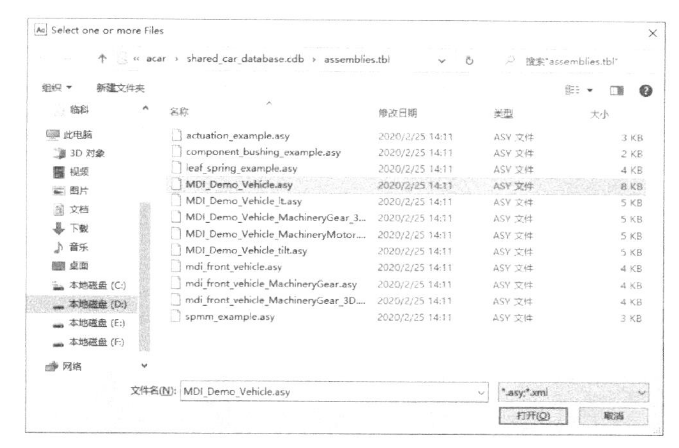

图 16-29　选择文件对话框

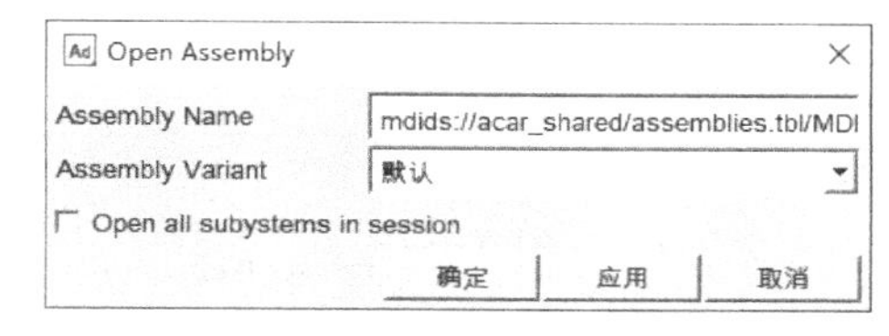

图 16-30　选择路径

Step 03 双击MDI_Demo_Vehicle.asy返回选择文件对话框，单击确定（OK）按钮导入模型，系统弹出提示信息框，如图 16-31 所示。

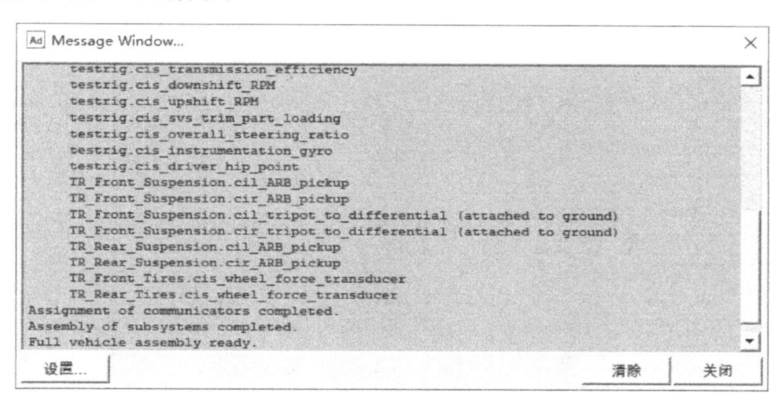

图 16-31　提示信息框

Step 04 单击关闭（Close）按钮，打开整车模型，在界面的空白区域右击，从中选择shared<S>，显示阴影，如图 16-32 所示。

Step 05 在菜单栏中单击仿真（Simulate），然后选择Full_Vehicle Analysis→Open-Loop Steering Events→Single Lane Change。

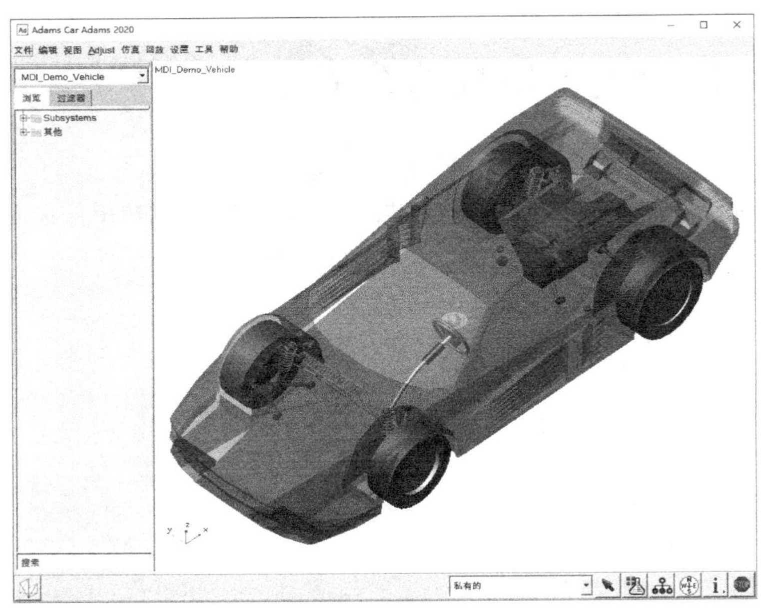

图 16-32　整车模型

Step 06　系统弹出仿真设置对话框，按照图 16-33 所示进行参数设置，然后单击OK（确定）按钮完成设置。

Step 07　仿真结束，弹出提示对话框，如图 16-34 所示，单击关闭（Close）按钮关闭。

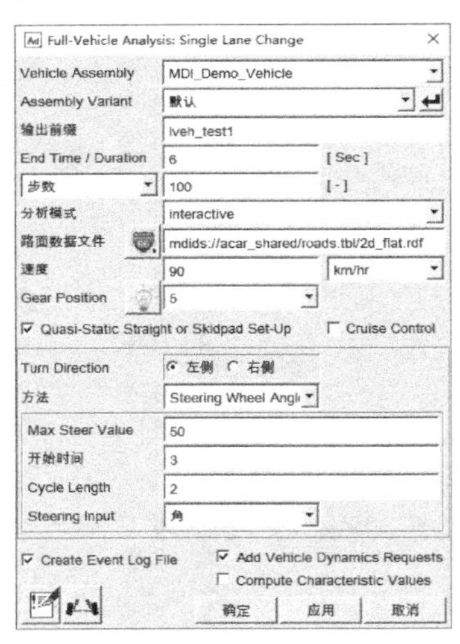

图 16-33　参数设置对话框

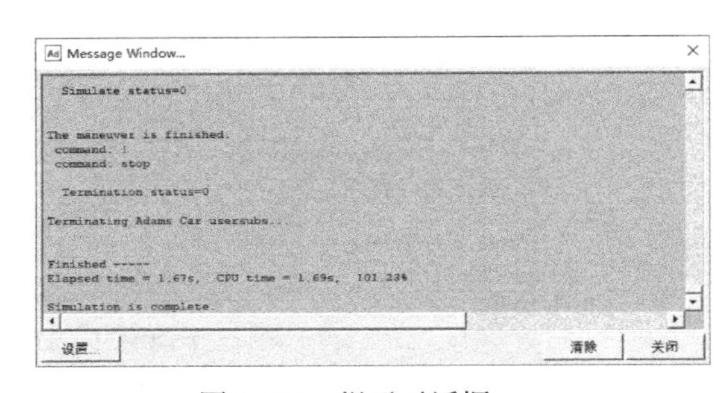

图 16-34　提示对话框

Step 08　按F8 键进入后处理界面。

Step 09　从资源（Source）中选择请求（Requests），从过滤器（Filter）中选择user defined。

Step 10　从请求（Requests）中选择chassis_velocities，从分量（Component）中选择lateral。

Step 11　单击添加曲线（Add Curves）按钮得到加速度曲线，如图 16-35 所示，可以看到在单移线中转向盘是正弦输入。

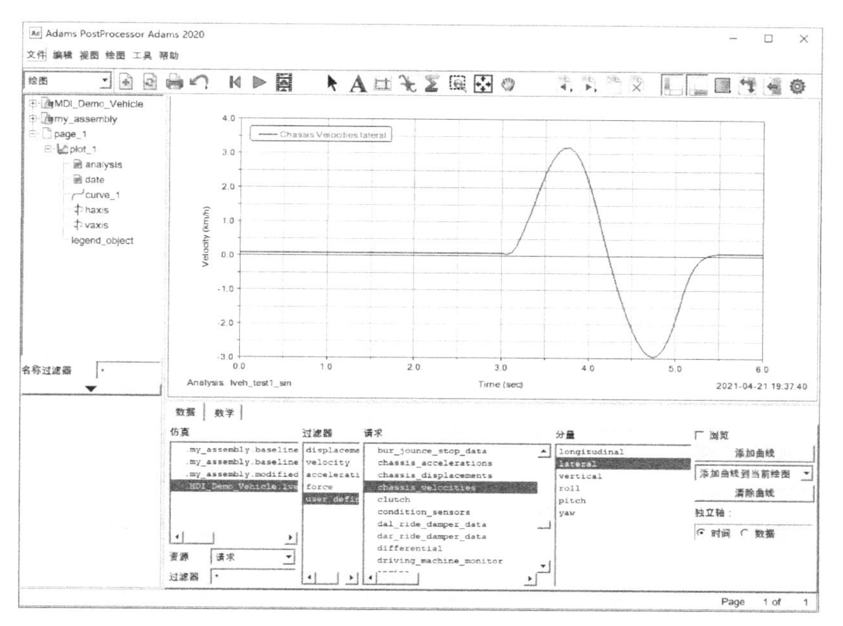

图 16-35 单移线仿真-车身侧向加速度

Step 12 单击右下侧的数据（Data）标签，按照图 16-36 所示进行参数设置。

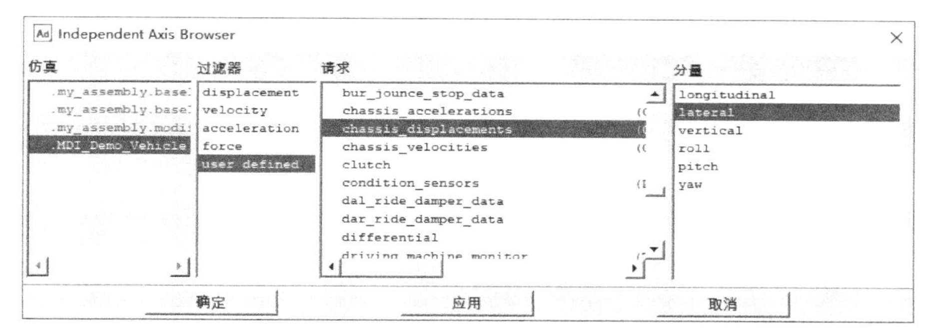

图 16-36 Date 设置

Step 13 设置完毕后单击确定（OK）按钮返回后处理界面，在界面上按照图 16-37 所示进行参数设置。

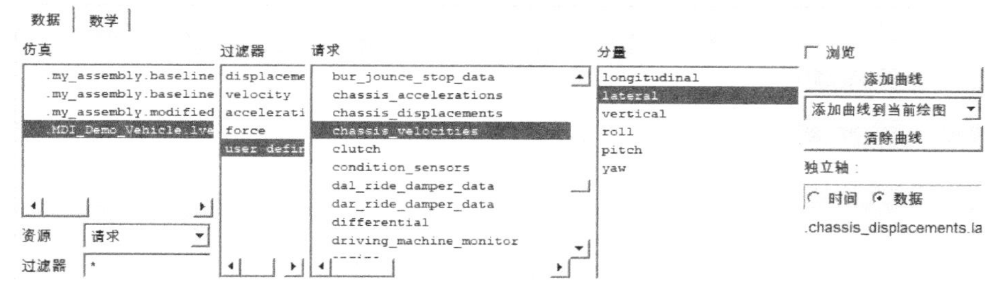

图 16-37 设置曲线

Step 14 选中浏览（Surf）复选框后，界面显示速度-位移速度曲线，如图 16-38 所示。

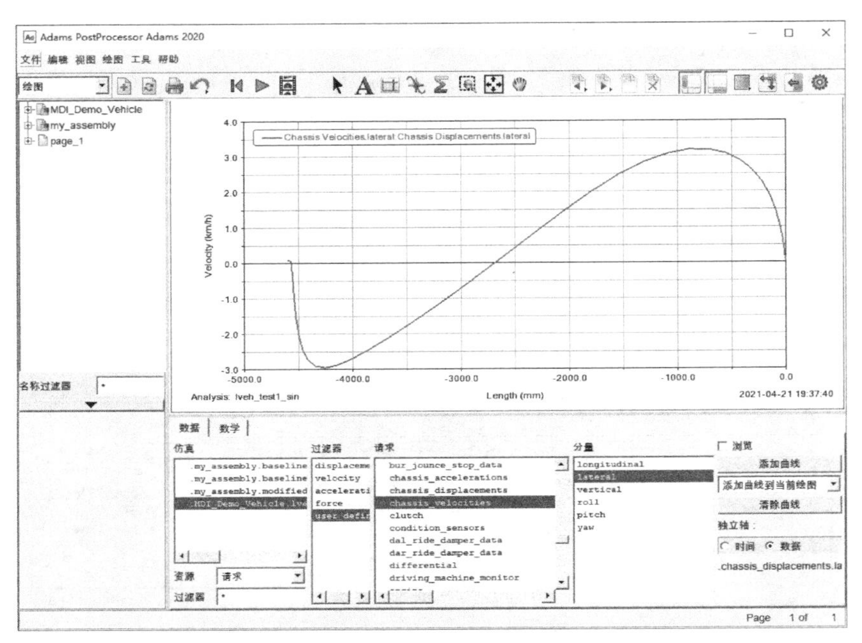

图 16-38　加速度-位移速度曲线

16.4 本章小结

本章首先简明扼要地介绍了车辆模块的基础知识，然后通过例子讲解了悬吊系统和转向系统的设置与应用，最后重点讲解了柔性体的装配和整车模型的建立。

通过本章的学习，读者将具备创建整车模型与仿真分析的能力。

第17章 ADAMS/View及ADAMS/Solver函数

本章主要介绍ADAMS/View提供的各类函数以及ADAMS/Solver支持的各类函数，并通过实例介绍一些重要函数的具体用法。通过本章的学习，读者将深入了解并掌握函数的基本使用方法，利用这些函数能够定义更为复杂的结构，更为灵活地应用ADAMS软件进行精确高效的建模与仿真。

知识要点

- ADAMS/View常用的函数。
- 了解和掌握函数的基本使用方法。
- 通过实例掌握函数的使用。

17.1 函数类型及建立

ADAMS/View函数包括设计函数与运行函数两种类型。函数的建立对应有表达式模式和运行模式两种。表达式模式下会在设计过程中对设计函数求值，而运行模式下会在仿真过程中对运行函数进行计算更新。ADAMS/Solver函数支持ADAMS/View运行模式下的函数，在仿真过程中采用ADAMS/Solver解算时对这些函数进行计算更新。

17.1.1 建立表达式模式下的函数

在进行建立表达式、产生和修改需要计算的测量及建立设计函数等操作时会采用表达式模式。

在建立表达式时，首先在接受表达式的文本框处右击，然后选择参数化（Parameterize）→表达式创建器（Expression Builder），弹出建立设计函数表达式对话框。在该对话框中输入表达式，然后单击确定（OK）按钮完成操作。

在建立设计函数时，首先在工具（Settings）菜单中选择Function Builder（函数创建器），然后选择Design Mode（设计模式），弹出Function Builder（函数创建器）对话框。在该对话框中输入表达式，然后单击确定（OK）按钮完成操作。

17.1.2 建立运行模式下的函数

在进行建立运行函数、产生和修改函数的测量等操作时会采用运行模式。

在建立设计函数时，首先在工具（Settings）菜单中选择Function Builder（函数创建器），然后选择Runtime Mode（运行模式），弹出Function Builder（函数创建器）对话框。在该对话框中输入表达式，然后单击确定

（OK）按钮完成操作。

17.2 ADAMS/View 设计函数

ADAMS/View设计函数在设计过程中定义模型时有效，无须到仿真过程中仿真分析时再进行计算更新。设计函数可用来将模型参数化，以便进行优化和灵敏度分析。

设计函数包括系统提供的函数和用户自定义函数，这里仅对系统提供的函数做简要介绍。

17.2.1 数学函数

数学函数适用于对标量和矩阵进行数学计算。如果输入变量为标量，其返回值就是标量；如果输入变量为矩阵，其返回值就是矩阵。在ADAMS/View中，系统提供的数学函数大致分为以下几类。

1. 基本数学函数

ABS（x）：数字表达式x的绝对值。
DIM（x1，x2）：x1>x2 时x1 与x2 之间的差值，x1<x2 时返回 0。
EXP（x）：数字表达式x的指数值。
LOG（x）：数字表达式x的自然对数值。
LOG10（x）：数字表达式x以 10 为底的对数值。
MAG（x，y，z）：向量[x，y，z]求模。
MOD（x1，x2）：数字表达式x1 对另一个数字表达式x2 取余数。
RAND（x）：返回 0 到 1 之间的随机数。
SIGN（x1，x2）：符号函数，当x2>0 时返回ABS（x），当x2<0 时返回–ABS（x）。
SQRT（x）：数字表达式x的平方根值。

2. 三角函数

SIN（x）：数字表达式x的正弦值。
SINH（x）：数字表达式x的双曲正弦值。
COS（x）：数字表达式x的余弦值。
COSH（x）：数字表达式x的双曲余弦值。
TAN（x）：数字表达式x的正切值。
TANH（x）：数字表达式x的双曲正切值。
ASIN（x）：数字表达式x的反正弦值。
ACOS（x）：数字表达式x的反余弦值。
ATAN（x）：数字表达式x的反正切值。
ATAN2（x1，x2）：两个数字表达式x1、x2 的四象限反正切值。

3. 取整函数

INT（x）：数字表达式x取整。
AINT（x）：数字表达式x向绝对值小的方向取整。
ANINT（x）：数字表达式x向绝对值大的方向取整。

CEIL（x）：数字表达式x向正无穷的方向取整。
FLOOR（x）：数字表达式x向负无穷的方向取整。
NINT（x）：最接近数字表达式x的整数值。
RTOI（x）：返回数字表达式x的整数部分。

17.2.2 位置/方向函数

位置/方向函数用于根据不同输入变量计算有关位置或方向的参数。ADAMS/View中系统提供的位置/方向函数分为以下几类。

1. 位置函数

LOC_ALONG_LINE：返回两点连线上与第一点距离为指定值的点。
LOC_CYLINDRICAL：将圆柱坐标系下的坐标值转化为笛卡儿坐标系下的坐标值。
LOC_FRAME_MIRROR：返回指定点关于指定坐标系下平面的对称点。
LOC_GLOBAL：返回参考坐标系下的点在全局坐标系下的坐标值。
LOC_INLINE：将一个参考坐标系下的坐标值转化为另一个参考坐标系下的坐标值并归一化。
LOC_LOC：将一个参考坐标系下的坐标值转化为另一个参考坐标系下的坐标值。
LOC_LOCAL：返回全局坐标系下的点在参考坐标系下的坐标值。
LOC_MIRROR：返回指定点关于指定坐标系下平面的对称点。
LOC_ON_AXIS：沿轴线方向平移。
LOC_ON_LINE：返回两点连线上与第一点距离为指定值的点。
LOC_PERPENDICULAR：返回平面法线上距离指定点单位长度的点。
LOC_PLANE_MIRROR：返回特定点关于指定平面的对称点。
LOC_RELATIVE_TO：返回特定点在指定坐标系下的坐标值。
LOC_SPHERICAL：将球面坐标转化为笛卡儿坐标。
LOC_X_AXIS：坐标系X轴在全局坐标中的单位矢量。
LOC_Y_AXIS：坐标系Y轴在全局坐标中的单位矢量。
LOC_Z_AXIS：坐标系Z轴在全局坐标中的单位矢量。

2. 方向函数

ORI_ALIGN_AXIS：将坐标系按指定方式旋转至与指定方向对齐所需旋转的角度。
ORI_ALONG_AXIS_EUL：将坐标系按指定方式旋转至与全局坐标系一个轴方向对齐所需旋转的角度。
ORI_ALL_AXES：将坐标系旋转至由平面上的点定义的特定方向（第一轴与指定平面上两点连线平行，第二轴与指定平面平行）时所需旋转的角度。
ORI_ALONG_AXIS：将坐标系旋转至其一轴线沿指定轴线方向时所需旋转的角度。
ORI_FRAME_MIRROR：返回坐标系旋转镜像到指定坐标系下所需旋转的角度。
ORI_GLOBAL：返回参考坐标系在全局坐标系下的角度值。
ORI_IN_PLANE：将坐标系旋转至特定方向（与指定两点连线平行、与指定平面平行）时所需旋转的角度。
ORI_LOCAL：返回全局坐标系在参考坐标系下的角度值。
ORI_MIRROR：返回坐标系旋转镜像到指定坐标系下所需旋转的角度。
ORI_ONE_AXIS：将坐标系旋转至其一轴线沿两点连线方向时所需旋转的角度。

ORI_ORI：将一个参考坐标系转化为另一个参考坐标系所需旋转的角度。

ORI_PLANE_MIRROR：返回坐标系旋转生成关于某平面的镜像所需旋转的角度。

ORI_RELATIVE_TO：返回全局坐标系下角度值相对指定坐标系的旋转角度。

17.2.3 建模函数

运动学建模函数返回标记点（marker）或构件之间位移的测量。这些函数有些与运行函数重名，但只是计算设计函数在前后关系中的瞬时值，只在模型定义时起作用，而不在仿真分析的时间步中起作用。

1. 距离函数

DM：返回两点之间的距离。

DX：返回在指定参考坐标系中两点间的X坐标值之差。

DY：返回在指定参考坐标系中两点间的Y坐标值之差。

DZ：返回在指定参考坐标系中两点间的Z坐标值之差。

2. 角度函数

AX：返回在指定参考坐标系中两点间关于X轴的角度差。

AY：返回在指定参考坐标系中两点间关于Y轴的角度差。

AZ：返回在指定参考坐标系中两点间关于Z轴的角度差。

3. 按 313 顺序的旋转角度

PSI：按照 313 旋转顺序，返回指定坐标系相对于参考坐标系的第一旋转角度。

THETA：按照 313 旋转顺序，返回指定坐标系相对于参考坐标系的第二旋转角度。

PHI：按照 313 旋转顺序，返回指定坐标系相对于参考坐标系的第三旋转角度。

4. 按照 321 顺序的旋转角度

YAW：按照 321 旋转顺序，返回指定坐标系相对于参考坐标系的第一旋转角度。

PITCH：按照 321 旋转顺序，返回指定坐标系相对于参考坐标系的第二旋转角度的相反数。

ROLL：按照 321 旋转顺序，返回指定坐标系相对于参考坐标系的第三旋转角度。

17.2.4 矩阵/数组函数

矩阵/数组函数可以很方便地完成针对矩阵/数组的操作。

1. 矩阵/数组的基本操作函数

ALIGN：将数组转换到从特定值开始。

ALLM：返回矩阵元素的逻辑值。

ANGLES：将方向余弦矩阵转换为指定旋转顺序下的角度矩阵。

ANYM：返回矩阵元素的逻辑和。

APPEND：将一个矩阵中的行添加到另一个矩阵。

CENTER：返回数列最大、最小值的中间值。

CLIP：返回矩阵的一个子阵。

COLS：返回矩阵列数。
COMPRESS：压缩数组，删除其中的空值元素（零、空字符及空格）。
CONVERT ANGLES：将 313 旋转顺序转化为用户自定义的旋转顺序。
CROSS：返回两个矩阵的向量积。
DET：返回方阵M的行列式值。
DIFF：返回给定数据组的逼近值。
DIFFERENTIATE：曲线微分。
DMAT：返回对角线方阵。
DOT：返回两个矩阵的内积。
ELEMENT：判断元素是否属于指定数组。
EXCLUDE：删除数组中的某元素。
FIRST：返回数组的第一个元素。
FIRST_N：返回数组的前N个元素。
INCLUDE：向数组中添加元素。
INTEGR：返回数据积分的逼近值。
INTERATE：拟合样条曲线后再积分。
INVERSE：方阵求逆。
LAST：返回矩阵最后一个元素。
LAST_N：返回矩阵后N个元素。
MAX：返回矩阵元素的最大值。
MAXI：返回矩阵元素最大值的位置索引。
MEAN：返回矩阵元素的平均值。
MIN：返回矩阵元素的最小值。
MINI：返回矩阵元素最小值的位置索引。
NORM2：返回矩阵元素平方和的平方根。
NORMALIZE：矩阵归一化处理。
RECTANGULAR：返回矩阵所有元素的值。
RESAMPLE：按照指定内插算法对曲线重新采样。
RESHAPE：按指定行数、列数提取矩阵元素，生成新矩阵。
RMS：计算矩阵元素的均方根值。
ROWS：返回矩阵行数。
SERIES：按指定初值、增量和数组长度生成数组。
SERIES2：按指定初值、终值和增量数生成数组。
SHAPE：返回矩阵行数、列数。
SIM_TIME：返回仿真时间。
SORT：依据一定顺序对数组元素排序。
SORT_BY：依据一定的排列位置索引对数组元素排序。
SORT_INDEX：依据一定顺序的数组元素排列位置索引。
SSQ：返回矩阵元素平方和。
STACK：合并相同列数的矩阵成一个新矩阵。

STEP：生成阶跃曲线。
SUM：矩阵元素求和。
TILDE：数组的TILDE函数。
TMAT：符合指定方向顺序的变换矩阵。
TRANSPOSE：求矩阵转置。
UNIQUE：删除矩阵中的重复元素。
VAL：返回数组中与指定值最接近的元素。
VALAT：返回数组中与另一个数组指定位置对应处的元素。
VALI：返回数组中与指定数值最接近元素的位置索引。

2. 样条插值

AKIMA_SOLINE：使用Akima迭代插值法生成内插样条曲线。
CSPLINE：生成 3 次内插样条曲线。
CUBIC_SPLINE：生成 3 阶内插多项式曲线。
DETREND：返回最小二乘拟合曲线与输入数据的差值。
HERMITE_SPLINE：使用荷尔米特插值法生成内插样条曲线。
LINEAR_SPLINE：线性插值生成内插样条曲线。
NOTAKNOT_SPLINE：生成 3 次光顺连续插值样条曲线。
SPLINE：生成插值样条曲线。

3. 频域分析

FFTMAG：返回快速傅里叶变换后的幅值。
FFTPHASE：返回快速傅里叶变换后的相位。
FILTER：返回按指定格式滤波处理后的数据。
FREQUENCY：返回快速傅里叶变换频率数。
HAMMING：采用HAMMING窗处理数据。
HANNING：采用HANNING窗处理数据。
WELCH：采用WELCH窗处理数据。
PSD：计算功率谱密度。

17.2.5 字符串函数

字符串函数允许对字符串进行操作。

STATUS_PRINT：将文本字符串返回到状态栏。
STR_CASE：将字符串按指定方式进行大小写变换。
STR_CHR：返回ASCII码为指定值的字符。
STR_COMPARE：返回两个字符在字母表上的位置差。
STR_DATE：按一定格式输出当前时间和日期。
STR_DELETE：从字符串中一定位置开始删除指定个数的字符。
STR_FIND：返回字符串在另一字符串中的位置索引。
STR_FIND_COUNT：返回字符串在另一字符串中出现的次数。

STR_FIND_N：返回字符串在另一字符串中重复出现指定次数时的位置索引。

STR_INSERT：将字符串插入另一字符串的指定位置。

STR_IS_SPACE：判断字符串是否为空。

STR_LENGTH：返回字符串长度。

STR_MATCH：判断字符串中所有字符是否均在另一字符串中找到。

STR_PRINT：将字符串写入aview.log文件。

STR_REMOVE_WHITESPACE：删除字符串中所有的头尾空格。

STR_SPLIT：从字符串中出现指定字符处切断字符串。

STR_SPRINTF：按C语言规则定义的格式得到字符串。

STR_SUBSTR：在字符串中从指定位置开始截取指定长度的子字符串。

STR_TIMESTAMP：以默认格式输出当前时间及日期。

STR_XLATE：将字符串中所有子串用指定子串代替。

17.2.6 数据库函数

数据库函数便于用户访问数据库。

DB_CHANGED：标记数据库元素是否被修改。

DN_CHILDREN：查询对象中符合指定类型的子对象。

DB_COUNT：查询对象中给定域数值的个数。

DB_DEFAULT：查询指定类型的默认对象。

DB_DELETE_DEPENDENTS：返回与指定对象具有相关性的对象数组。

DB_DEPENDENTS：返回与指定对象具有相关性且属于指定类型的所有对象。

DB_EXIT：判断指定字符串表示的对象是否存在。

DB_FIELD_FILTER：将对象按指定方式过滤。

DB_FIELD_TYPE：返回在指定对象域中数据类型的字符串。

DB_FILTER_NAME：名称满足指定过滤参数的对象字符串。

DB_FILTER_TYPE：数据类型满足指定过滤参数的对象字符串。

DB_IMMEDIATE_CHILDREN：返回属于指定对象子层的所有对象数组。

DB_OBJECT_COUNT：返回名称与指定值相同的对象的个数。

DB_OF_CLASS：判断对象是否属于指定类别。

17.2.7 GUI 函数组

GUI函数组可用来进行图形用户界面的操作。

ALERT：返回自定义标题的警告对话框。

FILE_ALERT：返回自定义文件名的警告对话框。

SELECT_FIELD：返回按指定对象类型确定的域。

SELECT_FILE：返回符合指定格式选项的文件名。

SELECT_MULTI_TEXT：返回多个选定字符串。

SELECT_OBJECT：返回一个按指定路径、名称和类型确定的对象。

SELECT_OBJECTS：返回所有按指定路径、名称和类型确定的对象。
SELECT_TEXT：返回单个选定字符串。
SELECT_TYPE：返回指定类型对象的列表。
TABLE_COLUMN_SELECTED_CELLS：返回选定的某单元在表格给定列中所在行的位置。
TABLE_GET_CELLS：返回在表格指定行列范围内满足指定条件的内容。
TABLE_GET_DIMENSION：返回指定表格的行数或列数。

17.2.8 系统函数组

系统函数组提供针对系统的操作。

CHDIR：判断是否成功转换到指定目录。
EXECUTE_VIEW_COMMAND：判断是否成功执行ADAMS/View。
FILE_EXISTS：判断是否存在指定文件。
FILE_TEMP_NAME：返回一个临时文件名。
GETCWD：返回当前工作路径。
GETENV：返回表示环境变量值的字符串。
MKDIR：判断是否成功创建自定义路径。
PUTENV：判断是否成功设置环境变量。
REMOVE_FILE：判断是否成功删除指定文件。
RENAME_FILE：判断是否成功更改文件名。
SYS_INFO：返回系统信息。
UNIQUE_FILE_NAME：返回文件名。

17.3 ADAMS/View运行函数及ADAMS/Solver函数

ADAMS/View运行函数能够表明定义系统行为的仿真状态间的数学关系。在ADAMS/View中将这些运行函数与其他不同元素一同创建各种系统变量，这些函数大多数都以施加力和产生运动为目的。在仿真中进行计算时，ADAMS/ Solver会用到这些变量函数并进行计算更新，在仿真过程中这些系统状态会发生改变，如随时间的改变而改变、随零件的移动而改变、施加的力以不同方式改变等。

17.3.1 位移函数

1. 线位移函数

DX：返回位移矢量在坐标系X轴方向的分量。
DY：返回位移矢量在坐标系Y轴方向的分量。
DZ：返回位移矢量在坐标系Z轴方向的分量。
DM：返回位移距离。

2. 角位移函数

AX：返回一指定标架绕另一标架X轴旋转的角度。
AY：返回一指定标架绕另一标架Y轴旋转的角度。
AZ：返回一指定标架绕另一标架Z轴旋转的角度。

3. 按照 313 顺序的角位移

PSI：按照 313 旋转顺序，返回指定坐标系相对于参考坐标系的第一旋转角度。
THETA：按照 313 旋转顺序，返回指定坐标系相对于参考坐标系的第二旋转角度。
PHI：按照 313 旋转顺序，返回指定坐标系相对于参考坐标系的第三旋转角度。

4. 按照 321 顺序的角位移

YAW：按照 321 旋转顺序，返回指定坐标系相对于参考坐标系的第一旋转角度。
PITCH：按照 321 旋转顺序，返回指定坐标系相对于参考坐标系的第二旋转角度的相反数。
ROLL：按照 321 旋转顺序，返回指定坐标系相对于参考坐标系的第三旋转角度。

17.3.2 速度函数

1. 线速度函数

VX：返回两标架相对于指定坐标系的速度矢量差在X轴的分量。
VY：返回两标架相对于指定坐标系的速度矢量差在Y轴的分量。
VZ：返回两标架相对于指定坐标系的速度矢量差在Z轴的分量。
VM：返回两标架相对于指定坐标系的速度矢量差的幅值。
VR：返回两标架的径向相对速度。

2. 角速度函数

WX：返回两标架的角速度矢量差在X轴的分量。
WX：返回两标架的角速度矢量差在Y轴的分量。
WX：返回两标架的角速度矢量差在Z轴的分量。
WM：返回两标架的角速度矢量差的幅值。

17.3.3 加速度函数

1. 线加速度函数

ACCX：返回两标架相对于指定坐标系的加速度矢量差在X轴的分量。
ACCY：返回两标架相对于指定坐标系的加速度矢量差在Y轴的分量。
ACCZ：返回两标架相对于指定坐标系的加速度矢量差在Z轴的分量。
ACCM：返回两标架相对于指定坐标系的加速度矢量差的幅值。

2. 角加速度函数

WDTX：返回两标架的角加速度矢量差在X轴的分量。
WDTY：返回两标架的角加速度矢量差在Y轴的分量。
WDTZ：返回两标架的角加速度矢量差在Z轴的分量。
WDTM：返回两标架的角加速度矢量差的幅值。

17.3.4 接触函数

IMPACT：生成单侧碰撞力。
BISTOP：生成双侧碰撞力。

17.3.5 样条差值函数

CUBSPL：标准三次样条函数插值。
CURVE：B样条拟合或用户定义拟合。
AKISPL：根据Akima拟合方式得到的插值。

17.3.6 约束力函数

JOINT：返回运动副上的连接力或力矩。
MOTION：返回由于运动约束而产生的力或力矩。
PTCV：返回点线接触运动副上的力或力矩。
CVCV：返回线线接触运动副上的力或力矩。
JPRIM：返回基本约束引起的力或力矩。
SFORCE：返回单个作用力施加在一个或一对构件上引起的力或力矩。
VFORCE：返回 3 个方向组合力施加在一个或一对构件上引起的力或力矩。
VTORQ：返回 3 个方向组合力矩施加在一个或一对构件上而引起的力或力矩。
GFORCE：返回 6 个方向组合力（力矩）施加在一个或一对构件上而引起的力或力矩。
NFORCE：返回一个由多点作用力施加在一个或一对构件上而引起的力或力矩。
BEAM：返回由梁连接施加在一个或一对构件上的力或力矩。
BUSH：返回由衬套连接施加在一个或一对构件上而引起的力或力矩。
FIELD：返回一个由场力施加在一个或一对构件上而引起的力或力矩。
SPDP：返回一个由弹簧阻尼力施加在一个或一对构件上而引起的力或力矩。

17.3.7 合力函数

FX：返回两标架间作用的合力在X轴上的分量。
FY：返回两标架间作用的合力在Y轴上的分量。
FZ：返回两标架间作用的合力在Z轴上的分量。
FM：返回两标架间作用的合力。

TX：返回两标架间作用的合力矩在X轴上的分量。
TY：返回两标架间作用的合力矩在Y轴上的分量。
TZ：返回两标架间作用的合力矩在Z轴上的分量。
TM：返回两标架间作用的合力矩。

17.3.8 数学函数

CHEBY：计算切比雪夫多项式。
FORCOS：计算傅里叶余弦级数。
FORSIN：计算傅里叶正弦级数。
HAVSIN：定义半正矢阶跃函数。
INVPSD：依据功率谱密度生成时域信号。
MAX：计算最大值。
MIN：计算最小值。
POLY：计算标准多项式。
SHF：计算简谐函数。
STEP：3 次多项式逼近阶跃函数。
STEP5：5 次多项式逼近阶跃函数。
SWEEP：返回按指定格式生成的变频正弦函数。

还有其他一些常用数学计算的数学函数与ADAMS/View设计函数中的数学函数相同。

17.3.9 数据单元

VARVAL：返回状态变量的当前值。
ARYVAL：返回数组中指定元素的值。
DIF：返回微分方程所定义变量的积分值。
DIF1：返回微分方程所定义变量的值。
PINVAL：返回输入信号中指定元素的运行值。
POUVAL：返回输出信号中指定元素的运行值。

17.4 函数应用实例

ADAMS/View函数和ADAMS/Solver函数功能强大、使用灵活，是应用ADAMS进行工程分析时的强大工具。下面结合一个多体动力学模型振动分析的例子具体介绍ADAMS/View函数和ADAMS/Solver函数的使用方法。该模型视为汽车振动系统的一个简化模型，可用于研究汽车的平顺性。

17.4.1 定义不同形式的驱动约束

应用函数定义不同形式的驱动约束。在上述模型中，所定义的驱动约束激励相当于路面不平度激励。根据实际路面不平度激励的形式有多种不同的形式，采用ADAMS/View函数和ADAMS/Solver函数对驱动约束进行定义、解算等。

1. 驱动约束中函数的建立

Step 01 在ADAMS/View的屏幕上右击驱动约束，会出现关于右击区域附近许多对象的浮动菜单，包括附近的其他构件、标架、约束及力等。这时需从中选择需要进行修改的驱动约束，然后在这个驱动约束名字后面的浮动菜单中选择修改（Modify），进入驱动约束修改对话框。

Step 02 在对话框中有一项函数（时间）（Function（time）），在接受表达式的文本框处右击，在弹出的快捷菜单中选择函数创建器（Function Builder），进入建立运行函数表达式对话框。在该对话框中输入表达式，然后单击确定（OK）按钮完成操作。

2. 阶跃函数、脉冲函数等形式的驱动约束

Step 01 阶跃函数的形式为：STEP（x，Begin At，Initial Function Value，End At，Final Function Value）。其中，x为自变量，当x小于Begin At值时，因变量的值为初始值Initial Function Value；当x大于End At值时，因变量的值为终止值Final Function Value；当x在初始值和终止值之间时，因变量依据一定规律光滑过渡，避免出现数值过渡突变、微分值不连续。

Step 02 在前述实例中，所用的阶跃函数形式为STEP(time,0.1,0.0,0.2,1.0）*8.0，通过计算生成阶跃函数。阶跃函数直接作用在构件 5 上，造成构件 5 的垂直方向位移为阶跃函数的形式，如图 17-1 所示。

Step 03 脉冲函数定义为STEP（time,0.1,0.0,0.2,1.0）*STEP（time,0.2,1.0,0.3,0.0）*8.0，通过计算生成脉冲函数。脉冲函数直接作用在构件 5 上，造成构件 5 的垂直方向位移为脉冲函数的形式，如图 17-2 所示。

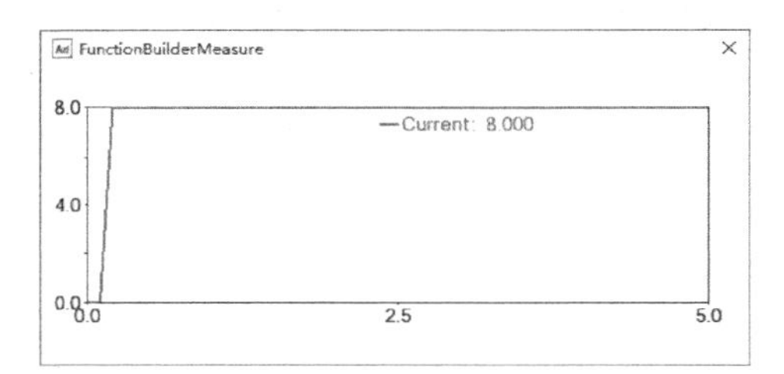

图 17-1　实例所用的阶跃函数

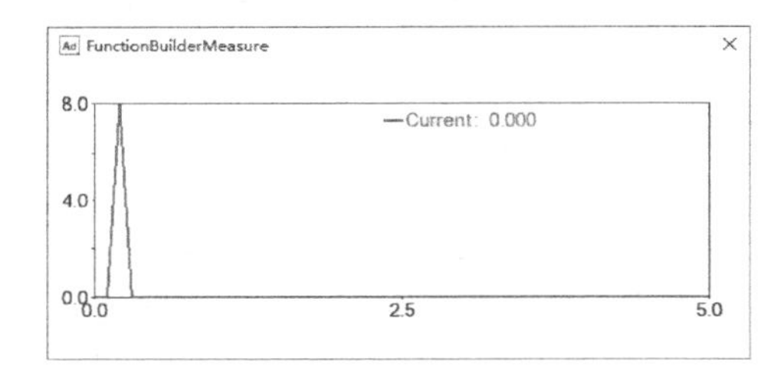

图 17-2　实例所用的脉冲函数

3. 样条函数形式的驱动约束

Step 01 将测试数据输入ADSMS/View中。在ADSMS/View的文件（File）菜单中选择导入（Import），然后在弹出的导入文件（File Import）对话框中将文件类型（File Type）设置为Test Data（*.*）。

Step 02 在文件类型（File Type）下面选中创建样条曲线（Create Spline）复选框，然后在读取文件（File to Read）文本框中输入（或者右击后从浏览（Browse）菜单中选择）所需读入的数据文件的文件名。

该文件中的数据为两列，分别为时间值和测试数据值。另外，还要在 Independent Column Index 文本框中输入数字 1，表示所输入的数据第一列就是自变量（时间）。

Step 03 单击确定（OK）按钮，测试数据就会以样条的形式输入ADSMS/View中了。

Step 04 观察由输入测试数据生成的样条。从ADSMS/View的创建（Build）菜单中选择数据单元（Data Element），再依次选择样条（Spline）→修改（Modify），然后从弹出的Data Navigator（数据导

航器）对话框中选择新产生的样条名称（如果前面没有输入过样条，这里就是默认的样条名称和编号SPLINE_1），进入Modify Spline（修改样条）对话框。

Step 05 所用的样条函数定义为AKISPL（time,0,SPLINE_1,0），通过计算生成样条函数。样条函数直接作用在构件上，造成构件的垂直方向位移为符合测试数据的形式，如图 17-3 所示。

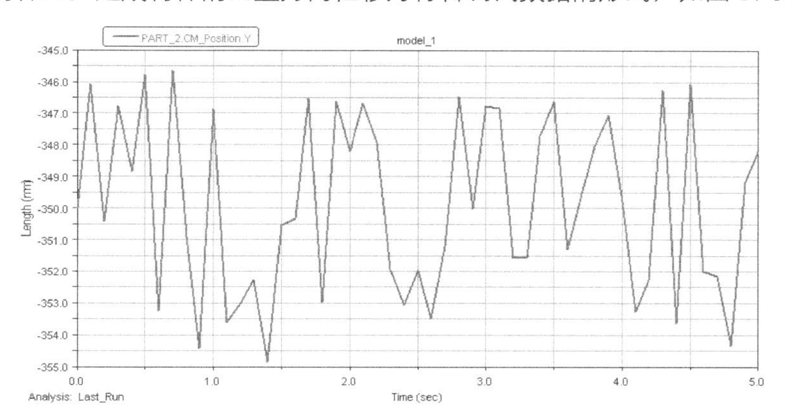

图 17-3 实例所用的样条函数

17.4.2 定义和调用系统状态变量

1. 系统状态变量的定义

Step 01 在创建（Build）菜单中选中系统单元（System Element），然后选择状态变量（State Variable）→新建（New），这时弹出参数系统状态变量对话框。

Step 02 在定义（Definition）文本框后选择运行表达式（Run-time expression）。在F（time，…）项处单击，在弹出的下拉菜单中选择函数创建器（Function Builder），进入建立运行函数表达式对话框。在该对话框中输入表达式DY（ To_Marker,From_Marker,Along_Marker）。

Step 03 单击确定（OK）按钮完成操作。

2. 系统状态变量的调用与主动控制力的定义

Step 01 构件 3 和构件 4 之间作用一个主动控制力，采用图标、命令行和命令导航器 3 种不同的形式。采用这 3 种形式生成一个SFORCE后，右击这个SFORCE，弹出Modify Force（修改力）对话框，然后在对话框上对这个力进行修改。

Step 02 在对话框中定义使用（Define Using）文本框后选择函数（Function），指定采用函数的形式定义这个力的大小。单击函数（Function），在后面的文本框中输入运行函数表达式VARVAL（1）×（-10.0）+VARVAL（2） ×*（-0.0） +VARVAL（2） ×（- 0.1），然后单击确定（OK）按钮完成操作。

3. 系统状态变量的其他应用

系统状态变量的用途较广。当采用ADAMS/Control模块时，需要将输入、输出变量定义为状态变量，然后将输入、输出变量发送到MATLAB/Simulink中进行控制策略的分析与研究。

17.4.3 测量或请求的定义和调用

应用函数还定义和调用系统中的测量。在仿真过程结束后，一般采用ADAMS/ PostProcessor观察基本对象的动画或曲线图，包括各构件的位移、速度、加速度及各种力元等。有时这样的简单结果尚不足以反映系统的特性，这时需要采用各种函数自定义一些更为复杂的测量或请求，以便更直观地反映系统的特性。

1. 函数型测量的定义

Step 01 需要定义函数型测量时，首先在设计探索（Design Exploration）菜单中选择测量（Measures），然后选择创建一个新的函数测量 f(t) 按钮，表明是函数型测量。

Step 02 选择新建（New）或修改（Modified）确定是新建还是修改，进入产生和修改函数型测量的对话框。在该对话框中输入所需的函数表达式，定义函数型测量的具体形式。采用函数表达式定义测量的具体形式。

Step 03 单击确定（OK）按钮完成操作。

2. 函数型请求的定义

Step 01 在设计探索(Design Exploration)菜单中选择测量(Measures)，然后选择请求，再选择新建(New)或修改（Modified）确定是新建还是修改，进入产生请求的对话框。

Step 02 在产生请求的对话框中单击定义使用函数表达式（Define Using Function Expression），选择函数型请求。

Step 03 在 8 个分量后面的文本框中输入运行函数表达式，定义函数型请求的具体形式。

Step 04 在接受表达式的文本框处右击，在弹出的快捷菜单中选择函数创建器（Function Builder），进入建立运行函数表达式对话框。在该对话框中输入表达式。

Step 05 单击确定（OK）按钮完成操作。

17.5 本章小结

本章首先简明扼要地介绍了ADAMS函数的基础知识，然后通过例子讲解了驱动约束、定义和调用系统状态变量和测量以及请求的定义和调用。

通过本章的学习，读者将对函数有进一步的认识和了解，提高对函数的掌握和理解。

附录

ADAMS的使用技巧

下面阐述ADAMS软件使用中经常会遇到的一些问题，使读者能对此类问题有详尽的认知。同时，这里列举了ADAMS软件的一些使用技巧，可以使读者更好地运用和掌握这门软件。

1．录制ADAMS/View界面上的动画

ADAMS/PostProcessor提供了产生.AVI格式动画的功能，利用它可以方便地将转至ADAMS/PostProcessor中的动画录制下来。更多的情况是在ADAMS/View环境下展示虚拟样机的仿真结果（包括动画和一些measure图形），此时用户可以尝试使用Camtasia Studio等视频录制软件进行录制。

2．一种特殊约束的定义

刚体A和左侧的地面间定义了1根弹簧，在弹簧力作用下，刚体A向右移动，其面1与刚体B的面2相抵（碰撞），由于刚体B以一定的速度向下运动，因此当刚体B运动一段距离后，刚体A的面 1 与刚体B的面 3相抵。

该模型在ADAMS/View中难以找到现成的约束类型，如果定义面接触，那么面1将始终和面2相抵而不能解脱。定义此种特殊约束时需要分析刚体水平方向的受力，刚体A开始受到一个较大的力（可用弹簧伸展长度算出，设为F1），后来弹簧伸张，它受到一个较小的力（设为F2）；刚体B一开始受力为F1，后来变为F2。据此，解决方案可有以下2种。

（1）在刚体A的面1与刚体B的面2间定义曲线和曲线碰撞，在刚体A的面1与刚体B的面3间定义一种平面碰撞。使用该方法时，曲线要有一定曲度，且能近似代表面1、面2的外廓。

（2）在刚体A与刚体B间定义一个单元素力sforce，用IF函数来设定其大小，使sforce力在开始时为F1、在面1与面2脱离接触瞬间跃变为F2。

3．修改密度、质量、转动惯量

右击一个连杆，选中Part，可以修改其密度、质量、转动惯量等属性；选中LINK，可以修改其形状属性；选中MARKER（质心），可以修改其质心标志（特征）点位置。

4．设置小坐标

依次单击设置（Settings）→对象位置手柄（Object Position Handle），然后选中位置，可设置小坐标。

5．编辑曲线

将测试曲线转到大表中编辑，在曲线上右击，选择转换到完整视图（Transfer to Full Plot）。

6．修改测量曲线属性

在测量曲线上右击，选择测量修改（Measure Modify），再选择左下角图标的测量属性（Measure Attributes），设置图线名称、单位等。

7．设置背景颜色

单击设置（Settings），然后单击视图背景颜色（View Background Color）。

8．设置坐标系、格栅颜色、线型和粗细

单击设置（Settings），然后单击工作格栅（Working Grid）。

9．仿真得到两条曲线

在测量（Measure）曲线上右击，在弹出的快捷菜单中选择保存曲线（Save Curve），再修改参数。

10．显示多条曲线

在后处理模块中，在仿真（Simulation）中选择last run，然后在资源（Source）中选择测量（Measure），在测量（Measure）中选择不同的测量名称，再单击添加曲线（Add Curve）按钮，在同一个窗口显示多条曲线。要在同一个后处理模块中显示多张曲线，可以在后处理模块中选择VIEW-PAGE-PAGE LAYOUTS，在不同的曲线显示区域选择不同的显示模式。选中后，在仿真（Simulation）中选择last run，在资源（Source）中选择测量（Measure），再在添加曲线（Add Curve）中选择添加曲线到当前（Add Curve to Current），然后装入曲线或仿真图即可。

11．傅里叶变换

在后处理模块中选择绘图（Plot），单击FFT，得到相频和幅频曲线，再选择横坐标和纵坐标的测量参数。

12．后处理出图

在后处理模块中，单击文件（File）菜单，选中打印（Print）和文件（File），选择JPG，即可出图。

13．输入点坐标

直接在工具板上输入点坐标，1、2、3 坐标间加逗号。先在工具板上选择点工具，再在窗口空白处点一下，右击即可输入点坐标。

14．修改物体位置或形状

在修改对话框中选择MORE，在位置表中列出了所有关键点的坐标和编辑位置表的工具。

15．修改后处理模块曲线

在后处理模块中选中曲线坐标轴，选择形式（Format）项，关闭自动比例（Auto Scale），在范围（Limits）栏修改范围上限；选择标签（Labels）、数量（Numbers）修改坐标轴名称和数量；选择轴的刻度（Tics），关闭自动分割（Auto Divide），在分割（Divitions）中修改刻度栏的数目。

16．改变实体的方向和位置

选择实体的 MAR_1，再选择修改（Modify），显示修改对话框，输入方向（Orientation）（0.0，0.0，

0.0），改变实体的方向，在位置（Location）栏中更改坐标值平移实体。

17. 装入仿真图

在后处理模型控制区中选中控制区，然后右击，选择加载动画（Load Animation），即可进行仿真运动，选择视图。

18. 装入曲线

在后处理模型控制区中选中控制区，然后右击，选择加载绘图（Load Plot），在资源（Source）栏中选择（OBJECT，result set），然后依次选择过滤器（Filter）（body（物体），force（力），constraint（约束）），在特征（Characteristic）栏中选择测量参数，在分量（Component）中选择（X，Y，Z，Mag（合力、合力矩）），再单击添加曲线（Add Curve）按钮，就出现了测量曲线。

19. 坐标类型

设置坐标系（Setting-Coordinate System），选择坐标类型，即Cartesian（笛卡儿坐标）、Cylindrical（圆柱坐标）、Spherical（球坐标）；坐标旋转系列，313；坐标旋转方式，Body Fixed（相对于局部坐标轴旋转）、Space Fixed（相对于全局坐标轴旋转）。

20. 测量角度

选择角度测量图标，先选择一条向量边（Vector）的顶点（Tip），再选择角顶点，然后选择第二条边的顶点。

21. 设置模型渲染模式

选择视图（View）-渲染模式（Render Mode），有 6 种方式。

22. 三种几何体：刚体、质点和柔性体

允许建立无质量的刚体（Dummy Part），此时伪刚体自由度必须为零，柔性体具有节点和单元等信息，质点只有质量。刚体有 6 个自由度，质点只有 3 个方向的移动自由度。

23. 曲线封闭

样条曲线封闭需要 8 个点，开放曲线只要 4 个点。

24. 创建点（Point）

Add to Ground表示加到地面，Add to Part表示加到部件，Don’t Attach表示不附着在零件上，Attach Near表示设计点连接到最近零件上。当连在零件上时，需要根据状态信息栏操作。

25. 创建标记点（Marker）

在任意零件或大地定义局部坐标系，标记点为局部坐标系的原点。ADAMS自动在几何体的质心和物体的空间定位处生成标记点。

26. 运动副

垂直格栅（Normal to Grid）将运动副设置为垂直于工作格栅的方向。选取几何特征（Pick Geometry Feature）需要在模型中确定方向矢量来定义运动副的方向。运动副添加初始运动和位移，还会添加摩擦力。

27. 出现点输入坐标框

先在工具栏中选择输入点，再在视图（View）窗口黑的地方先单击后右击，弹出直接输入点坐标框。

28. 移动物体

首先选择工具板中的移动工具，再选中移动物体，然后选中移动参考点，将其拖到要选的点即可。如果选了复制（COPY），就是在新位置复制一个物体。

29. 自动删除多余连接

当物体间有两个以上的连接时，系统自动删除多余的连接，默认一个连接。

30. ADAMS 中的单位问题

开始的时候需要为模型设置单位。在所有的预置单位系统中，时间单位是秒，角度是度。可设置为以下几项。

- MMKS：设置长度为毫米，质量为千克，力为牛顿。
- MKS：设置长度为米，质量为千克，力为牛顿。
- CGS：设置长度为厘米，质量为克，力为达因。
- IPS：设置长度为英寸，质量为斯勒格（Slug），力为磅。

31. 改变 ADAMS 的启动路径

用户一般习惯将自己的文件保存在某一文件夹下，但在ADAMS启动后，每次更改路径都很费时。事实上，在ADAMS的快捷方式上右击，选择属性，再在起始位置上输入想要的路径就可以实现。

32. 关于 ADAMS 的坐标系问题

当第一次启动ADAMS/View时，在窗口的左下角显示了一个三视坐标轴。该坐标轴为模型数据库的全局坐标系。默认情况下，ADAMS/View用笛卡儿坐标系作为全局坐标系。ADAMS/View将全局坐标系固定在地面上。

当创建零件时，ADAMS/View给每个零件分配一个坐标系，也就是局部坐标系。零件的局部坐标系随着零件一起移动。局部坐标系方便定义物体的位置，ADAMS/View也可返回零件的位置——零件局部坐标系相对于全局坐标系的位移的仿真结果。局部坐标系使得对物体上的几何体和点的描述比较方便。物体坐标系不太容易理解。

33. 关于物体的位置和方向的修改

有两种途径可以修改物体的位置和方向：一种是修改物体的局部坐标系位置，也就是修改（Modify）物体的位置（Position）属性；另一种是修改物体在局部坐标系中的位置，通过修改控制物体的关键点来实现。这两种方法的结果是不同的，但是对于仿真过程来说物体的位置就是质心的位置，所以对于仿真是一样的。

34. 关于 ADAMS 中方向的描述

对于初学的人来说，方向的描述不太容易理解。之前我们都是用方向余弦之类的量来描述方向的。

在ADAMS中，为了求解方程使计算方便，使用欧拉角来描述方向，就是用绕坐标轴转过的角度来定义。旋转的旋转轴自己定义，默认使用 313，也就是先绕 Z 轴，再绕 X 轴，接着绕 Z 轴。

35. Marker 点与 Pointer 点的区别

标记点（Marker）具有方向性，大部分情况都是伴随物件自动产生的；而点（Point）不具有方向性，都是用户自己建立的。标记点(Marker)用来定义构件的几何形状和方向，定义约束与运动的方向等；而点(Point)常用来作为参数化的参考点，若构件与参考点相连，当修改参考点的位置时，其所关联的物体也会一起移动或改变。

36．关于约束的问题

约束用来连接两个部件，使它们之间具有一定的相对运动关系。通过约束可以使模型中各个独立的部件联系起来，形成有机的整体。

ADAMS/View中有各种各样的约束，大体上可分为运动副约束、基本约束、运动约束和高副约束 4 类。

(1)运动副约束主要有旋转副(Revolute)、平移副(Translation)、圆柱副(Cylindrical)、球副(Spherical)、平面副（Planar）和恒速副（Constant Velocity）等。

(2）基本约束主要有点重合约束（ATPOINT）、共线约束（INLINE）、共面约束（INPLANE）、方向定位约束（ORIENTATION）、轴平行约束（PARALLEL_AXES）、轴垂直约束（PERPENDICULAR）等。

(3）运动约束通过对模型施加运动来实现对模型的约束，一旦定义好运动后，模型就会按照所定义的运动规律进行运动，而不考虑实现这种运动所需要的力和力矩。ADADS/View定义了两种类型的运动约束：运动副运动（Revolute Motion）和点运动（Point Motion）。

(4）两个构件通过点或线的接触组成的运动副称为高副。在ADAMS/View中，高副指的是凸轮机构，包括点线凸轮机构和线线凸轮机构。

37．驱动和力的区别

驱动和力都会引起物体的运动，但两者是有本质区别的。驱动产生确定的运动，消除物体的自由度。力产生的运动是不确定的，不能消除物体的自由度。

38．运动学仿真后，测量驱动力矩或者其他的物理量

在做机器人运动规划时，往往根据规划给出各个关节的运动轨迹，以进行运动学分析。如果要查看实现该运动各个关节需要加的驱动力矩，可以右击相应的驱动（Motion），然后选择测量（Measure），在出现的界面中选择扭矩（Torque），再单击确定（OK）按钮就显示力矩曲线了。其他物理量类似。

39．ADAMS/View 中输入函数的指定方法

输入函数是指从输入状态变量取值的时间函数。在建立的模型中，对需要进行控制的部件施加一定的力或力矩，然后对其进行函数化（其函数的自变量为所指定的输入状态变量），这样建立的模型就是受输入控制的系统。

40．ADAMS 中的文件类型介绍

模型及分析主要有以下几种类型文件。

- ADAMS/View二进制数据库bin文件。
- ADAMS/View命令.cmd文件。
- ADAMS/Solver模型语言.adm文件。
- ADAMS/Solver仿真控制语言.acf文件。
- ADAMS/Solver仿真分析结果文件：.req文件、.res文件、.gra文件、.out文件、.msg文件。

（1）ADAMS/View二进制数据库.bin文件以.bin为文件名后缀，记录了从ADAMS启动后到存储为bin文件时的全部信息——包含模型的完整拓扑结构信息、模型仿真信息以及后处理信息。.bin文件包含多个模型、多个分析工况和结果。它保存ADAMS/View的各种设置信息。文件为二进制形式，不能阅读、编辑，只能通过ADAMS/View调阅。由于信息全面，因此一般文件都比较大。

（2）ADAMS/View命令.cmd文件以.cmd为文件名后缀，是由ADAMS/View命令编写的模型文件，包含模型的完整拓扑结构信息（包括所有几何信息）、模型仿真信息，为文本文件，可读性强，进行编程，是ADAMS的二次开发语言，不包含ADAMS/View的环境设置信息，不包含仿真结果信息，只能包含单个模型。

（3）ADAMS/Solver模型语言（ADAMS Data Language）.adm文件以.adm为文件名后缀。文件中包含模型中的拓扑结构信息，但有些几何形体（如link等）不能保留。ADAMS/View的环境设置不能保留。ADAMS/Solver读取.adm文件，与ADAMS/Solver仿真控制语言.acf文件配合，直接利用ADAMS/Solver进行求解。

（4）ADAMS/Solver仿真控制语言.acf文件以.acf为文件名后缀。文件中包含ADAMS/Solver命令对模型进行修改和控制的命令，从而控制仿真的进行。

（5）ADAMS/Solver将仿真分析结果中用户定义的输出变量输出到.req文件，以.req为文件名后缀。ADAMS/Solver将仿真分析结果中模型的默认输出变量输出到.res文件，以.res为文件名后缀。ADAMS/Solver将仿真分析结果中图形部分结果输出到.gra文件，以.gra为文件名后缀。ADAMS/Solver将仿真分析结果中用户定义的输出变量以列表的形式输出到out文件，以.out为文件名后缀。ADAMS/Solver将仿真过程中的警告信息、错误信息输出到.msg文件，以.msg为文件后缀。

参考文献

[1] 陈立平. 机械系统动力学分析及ADAMS应用[M]. 北京：清华大学出版社，2005.

[2] 李增刚. ADAMS入门详解与实例[M]. 北京：国防工业出版社，2006.

[3] 葛正浩. ADAMS 2007 虚拟样机技术[M]. 北京：化学工业出版社，2010.

[4] 赵武云. ADAMS基础与应用实例教程[M]. 北京：清华大学出版社，2012.

[5] 李军，俊文，文洁. ADAMS实例教程[M]. 北京：北京理工大学出版社，2002.

[6] 王国强，进平，若丁. 虚拟样机技术及其在ADAMS上的实践[M]. 西安：西北工业大学出版社，2002.

[7] 郑建荣. ADAMS：虚拟样机技术入门与提高[M]. 北京：机械工业出版社，2001.

[8] 郭卫东. 虚拟样机技术与ADAMS应用实例教程[M]. 北京：北京航空航天大学出版社，2008.

[9] 党长营，文磊，连英. 大型风力发电机组柔体叶轮动力学分析[M]. 可再生能源，2010，28（6）：18~21.

[10] 郑凯. ADAMS 2005 机械设计高级应用实例[M]. 北京：机械工业出版社，2006.